范例导航系列丛书

Office 2016 电脑办公基础与应用

(Windows 7+Office 2016 版)(微课版)

文杰书院　编著

清华大学出版社
北　京

内 容 简 介

本书以通俗易懂的语言、精挑细选的实用技巧、翔实生动的操作案例，全面介绍了 Office 2016 基础知识以及应用案例，主要内容包括 Word 办公轻松上手、设计文字与段落排版效果、编排图文并茂的文章、创建与编辑表格、Word 2016 高级排版功能、Word 高效办公与打印输出、Excel 2016 电子表格快速入门、输入与编辑电子表格数据、在数据列表中简单分析数据、使用公式和函数计算数据、数据可视化应用与管理、PowerPoint 2016 演示文稿基本操作、媒体对象的操作与应用、设计动画与交互效果幻灯片、演示文稿的放映与输出等方面的知识、技巧及应用案例。

本书面向学习 Office 的初、中级用户，适合广大 Office 软件爱好者以及各行各业需要学习 Office 软件的人员使用，还可作为初、中级电脑培训班的培训教材或者学习辅导书。

图书在版编目(CIP)数据

Office 2016 电脑办公基础与应用(Windows 7+Office 2016 版)(微课版)/文杰书院编著. —北京：清华大学出版社，2019 (2024.9 重印)
(范例导航系列丛书)
ISBN 978-7-302-53087-9

Ⅰ. ①O… Ⅱ. ①文… Ⅲ. ①Windows 操作系统 ②办公自动化—应用软件 Ⅳ. ①TP316.7 ②TP317.1

中国版本图书馆 CIP 数据核字(2019)第 102163 号

责任编辑：魏 莹 杨作梅
装帧设计：杨玉兰
责任校对：吴春华
责任印制：杨 艳
出版发行：清华大学出版社
网 址：https://www.tup.com.cn, https://www.wqxuetang.com
地 址：北京清华大学学研大厦 A 座 邮 编：100084
社 总 机：010-83470000 邮 购：010-62786544
投稿与读者服务：010-62776969, c-service@tup.tsinghua.edu.cn
质量反馈：010-62772015, zhiliang@tup.tsinghua.edu.cn
课件下载：https://www.tup.com.cn, 010-62791865
印 装 者：三河市龙大印装有限公司
经 销：全国新华书店
开 本：185mm×260mm **印 张**：30 **字 数**：726 千字
版 次：2019 年 7 月第 1 版 **印 次**：2024 年 9 月第 5 次印刷
定 价：69.00 元

产品编号：081008-01

致 读 者

“范例导航系列丛书”将成为您“快速掌握电脑技能，灵活运用职场工作”的全新学习工具和业务宝典，通过“**图书+在线多媒体视频教程+网上技术指导**”等多种方式与渠道，为您奉上丰盛的学习与进阶的盛宴。

“范例导航系列丛书”涵盖了电脑基础与办公、图形图像处理、计算机辅助设计等多个领域，本系列丛书汲取目前市面中同类图书作品的成功经验，针对读者最常见的需求进行精心设计，从而让内容更丰富，讲解更清晰，覆盖面更广，是读者首选的电脑入门与应用类学习与参考用书。

热切希望通过我们的努力不断满足读者的需求，不断提高我们的图书编写与技术服务水平，进而达到与读者共同学习，共同提高的目的。

一、轻松易懂的学习模式

我们秉承“**打造最优秀的图书、制作最优秀的电脑学习视频、提供最完善的学习与工作指导**”的原则，在本系列图书编写过程中，聘请电脑操作与教学经验丰富的老师和来自工作一线的技术骨干倾力合作，为您系统化地学习和掌握相关知识与技术奠定扎实的基础。

1. 快速入门、学以致用

本套图书特别注重读者学习习惯和实践工作应用，针对图书的内容与知识点，设计了更加贴近读者学习的教学模式，采用“**基础知识学习+范例应用与上机指导+课后练习与上机操作**”的教学模式，帮助读者从**初步了解**到**掌握**再到**实践应用**，循序渐进地成为电脑应用高手与行业精英。

2. 版式清晰，条理分明

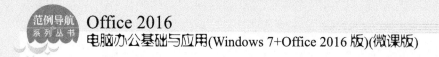

为便于读者学习和阅读本书，我们聘请专业的图书排版与设计师，根据读者的阅读习惯，精心设计了赏心悦目的版式，全书图案精美、布局美观，读者可以轻松完成整个学习过程，进而在愉快的阅读氛围中，快速学习、逐步提高。

3. 结合实践，注重职业化应用

本套图书在内容安排方面，尽量摒弃枯燥无味的基础理论，精选了更适合实际生活与工作的知识点，每个知识点均采用“**基础知识+范例应用**”的模式编写，其中“基础知识”的操作部分偏重在知识学习与灵活运用，“范例应用与上机指导”主要讲解该知识点在实际工作和生活中的综合应用。除此之外，每一章的最后都安排了“课后练习与上机操作”，帮助读者综合应用本章的知识进行自我练习。

二、言简意赅的教学体例

本套图书在编写过程中，注重内容起点低、操作上手快、讲解言简意赅，读者不需要复杂的思考，即可快速掌握所学的知识与内容。同时针对知识点及各个知识板块的衔接，科学地划分章节，知识点分布由浅入深，符合读者循序渐进与逐步提高的学习习惯，从而使学习达到事半功倍的效果。

- **本章要点**：在每章的章首页，我们以言简意赅的语言，清晰地表述了本章即将介绍的知识点，读者可以有目的地学习与掌握相关知识。
- **操作步骤**：对于需要实践操作的内容，全部采用分步骤、分要点的讲解方式，图文并茂，使读者不但可以动手操作，还可以在大量的实践案例练习中，不断提高操作技能和经验。
- **知识精讲**：对于软件功能和实际操作应用比较复杂的知识，或者难于理解的内容，进行更为详尽的讲解，帮助您拓展、提高与掌握更多的技巧。
- **范例应用与上机操作**：读者通过阅读和学习此部分内容，可以边动手操作，边阅读书中所介绍的实例，一步一步地快速掌握和巩固所学知识。
- **课后练习与上机操作**：通过此栏目内容，不但可以温习所学知识，还可以通过练习，达到巩固基础、提高操作能力的目的。

三、精心制作的在线视频教程

本套丛书配套在线多媒体视频教学课程，旨在帮助读者完成“从入门到提高，从实践操作到职业化应用”的一站式学习与辅导过程。读者在阅读本书的过程中，可以使用手机

网络浏览器或者微信等工具，扫描每节标题左侧的二维码，即可在打开的视频界面中实时在线观看视频教程，或者将视频课程下载到手机中，也可以将视频课程发送到自己的电子邮箱随时离线学习。

四、图书产品与读者对象

“范例导航系列丛书”涵盖电脑应用各个领域，为读者提供了全面的学习与交流平台，适合电脑的初、中级读者，以及对电脑有一定基础、需要进一步学习电脑办公技能的电脑爱好者与工作人员，也可作为大中专院校、各类电脑培训班的教材。本套丛书具体书目如下。

- Office 2010 电脑办公基础与应用(Windows 7+Office 2010 版)
- Dreamweaver CS6 网页设计与制作
- AutoCAD 2014 中文版基础与应用
- Excel 2010 电子表格入门与应用
- Flash CS6 中文版动画设计与制作
- CorelDRAW X6 中文版平面设计与制作
- Excel 2010 公式·函数·图表与数据分析
- Illustrator CS6 中文版平面设计与制作
- UG NX 8.5 中文版入门与应用
- After Effects CS6 基础入门与应用
- Office 2016 电脑办公基础与应用(Windows 7+Office2016 版)(微课版)
- Dreamweaver CC 中文版网页设计与制作(微课版)
- Flash CC 中文版动画设计与制作(微课版)

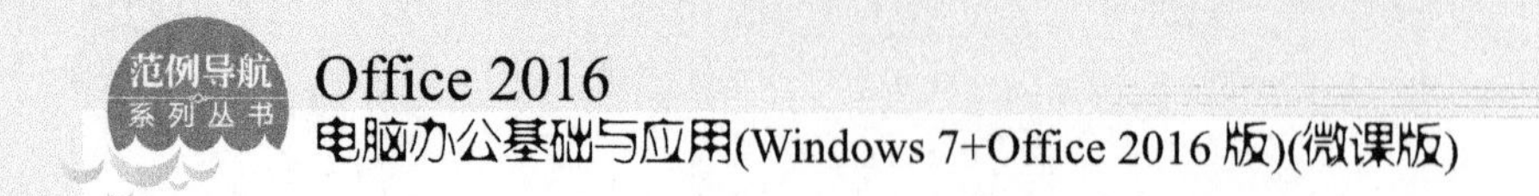

五、全程学习与工作指导

为了帮助您顺利学习、高效就业，如果您在学习与工作中遇到疑难问题，欢迎来信与我们及时交流与沟通，我们将全程免费答疑。希望我们的工作能够让您更加满意，希望我们的指导能够为您带来更大的收获，希望我们可以成为志同道合的朋友！

最后，感谢您对本系列图书的支持，我们将再接再厉，努力为读者奉献更加优秀的图书。衷心地祝愿您能早日成为电脑高手！

编　者

前 言

Office是目前主流的办公软件，主要包含Word、Excel和PowerPoint等多个办公组件，已成为广大电脑用户必备的应用软件之一。为了帮助电脑办公初学者快速地了解和应用Office 2016 电脑办公软件，以便在日常的学习和工作中学以致用，我们编写了本书。

一、购买本书能学到什么

本书在编写过程中根据电脑办公初学者的学习习惯，采用由浅入深的方式讲解，通过大量的实例，诠释 Office 2016 办公基础与应用的方法和技巧，读者还可以通过随书赠送的多媒体视频来学习。全书结构清晰，内容丰富，共分为 15 章，主要包括 3 个方面的知识。

1. Word 文档的办公基础与应用

第 1～6 章，主要介绍快速认识 Word 2016、设计文字与段落排版效果、编排图文并茂的文章、创建与编辑表格、Word 2016 高级排版功能以及 Word 高效办公与打印输出等方面的知识。

2. Excel 表格的办公基础与应用

第 7～11 章，主要介绍快速认识 Excel 2016、输入与编辑电子表格数据、在数据列表中简单分析数据、使用公式和函数计算数据以及数据可视化应用与管理等方面的知识。

3. PowerPoint 2016 演示文稿的基础与应用

第12～15章，主要介绍PowerPoint 2016演示文稿基本操作、媒体对象的操作与应用、设计动画与交互效果幻灯片、演示文稿的放映与输出等方面的知识。

二、如何获取本书的学习资源

为帮助读者高效、快捷地学习本书内容，我们不但为读者准备了与本书知识点有关的配套素材文件，而且还设计并制作了精品视频教学课程，同时还为教师准备了 PPT 课件资源。

读者在学习本书过程中，可以使用手机浏览器、QQ 或者微信的扫一扫功能，扫描本书各节标题左下角的二维码，在打开的视频播放页面中在线观看视频课程，也可以下载并保存到手机中离线观看。免费赠送的图书配套素材文件和 PPT 教学课件可登录清华大学出版社官方网站，打开网页后，搜索本书专属服务网页进行下载。

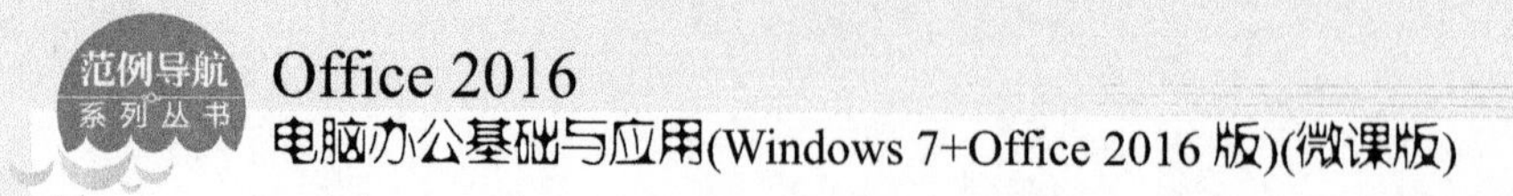

本书由文杰书院组织编写，参与本书编写工作的有李军、袁帅、文雪、李强、高桂华、蔺丹、张艳玲、李统财、安国英、贾亚军、蔺影、李伟、冯臣、宋艳辉等。

我们真切希望读者在阅读本书之后，可以开阔视野，增长实践操作技能，并从中学习和总结操作的经验和规律，达到灵活运用的水平。鉴于编者水平有限，书中纰漏和考虑不周之处在所难免，热忱欢迎读者予以批评、指正，以便我们日后能为您编写更好的图书。

编　者

目录

第 1 章　Word 办公轻松上手 1

1.1　快速认识 Word 2016 2

1.1.1　启动与退出 Word 2016 2

1.1.2　标题栏和状态栏 4

1.1.3　功能区 4

1.2　文档视图方式 5

1.2.1　页面视图 6

1.2.2　阅读版式视图 6

1.2.3　Web 版式视图 7

1.2.4　大纲视图 7

1.2.5　草稿视图 8

1.3　准备写作公文 9

1.3.1　新建空白文档 9

1.3.2　保存通知文档 10

1.3.3　打开已经保存的通知文档 11

1.4　编写通知文档 12

1.4.1　定位光标输入标题与正文 12

1.4.2　插入通知日期和时间 12

1.4.3　在通知中插入符号 13

1.4.4　选择文本内容 14

1.4.5　删除与修改文本 17

1.5　编辑通知文档 18

1.5.1　复制与粘贴文本 18

1.5.2　剪切与粘贴文本 19

1.5.3　撤销与恢复操作 20

1.5.4　使用“剪贴板”窗格 21

1.6　设置工具栏与功能区 22

1.6.1　增删快速访问工具栏中的命令按钮 22

1.6.2　隐藏或显示功能区 24

1.6.3　设置功能区提示 25

1.7　查找和替换文本 26

1.7.1　查找文本 26

1.7.2　替换文本 28

1.8　范例应用与上机操作 29

1.8.1　根据模板创建“传真” 29

1.8.2　给老朋友写一封信 30

1.9　课后练习与上机操作 31

1.9.1　课后练习 31

1.9.2　上机操作 32

第 2 章　设计文字与段落排版效果 33

2.1　设置文本格式 34

2.1.1　设置文本的字体 34

2.1.2　设置字体的字号 34

2.1.3　设置字体颜色 35

2.1.4　设置字体字形 36

2.1.5　设置上标或下标 37

2.1.6　为正文文本添加下划线 38

2.2　编排段落格式 38

2.2.1　设置段落对齐方式 38

2.2.2　设置段落间距和行间距 39

2.2.3　设置段落缩进方式 41

2.3　设置特殊的中文版式 42

2.3.1　首字下沉 43

2.3.2　文字竖排 43

2.3.3　中文注音 45

2.3.4　纵横混排 46

2.4　设置边框和底纹 47

2.4.1　设置页面边框 47

2.4.2　设置页面底纹 49

2.4.3　设置水印效果 50

2.5　范例应用与上机操作 51

2.5.1　分栏排版 51

2.5.2　设置带圈字符 52

2.5.3　设置字符边框 53

2.6　课后练习与上机操作 54

2.6.1　课后练习 54

2.6.2　上机操作 55

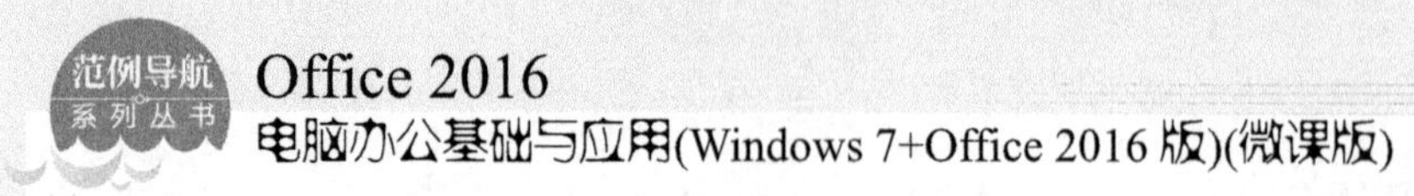

第 3 章 编排图文并茂的文章......57

3.1 图文混排知识......58
3.1.1 文档中的多媒体元素......58
3.1.2 图片选择的注意事项......60
3.1.3 图片设置的注意事项......61
3.2 插入与设置产品图片......62
3.2.1 插入本地电脑中的产品图片......62
3.2.2 调整图片大小和位置......63
3.2.3 旋转图片......65
3.2.4 裁剪图片......65
3.2.5 调整图片色彩......66
3.3 应用文本框......67
3.3.1 插入文本框......68
3.3.2 设置文本框大小......68
3.3.3 设置文本框样式......69
3.3.4 调整文本框位置......70
3.4 绘制与编辑自选图形......71
3.4.1 绘制自选图形......71
3.4.2 在图形中添加文字......72
3.4.3 更改形状......73
3.4.4 设置形状样式和效果......73
3.5 插入与编辑 SmartArt 图形......74
3.5.1 插入方案执行的 SmartArt 流程图形......74
3.5.2 编辑方案中的 SmartArt 图形......75
3.6 在文档中使用艺术字......78
3.6.1 插入艺术字......79
3.6.2 设置艺术字大小......79
3.6.3 设置艺术字环绕方式......80
3.7 范例应用与上机操作......81
3.7.1 创建组织结构图......81
3.7.2 设计一张宠物爱心卡......84
3.8 课后练习与上机操作......86
3.8.1 课后练习......86
3.8.2 上机操作......87

第 4 章 创建与编辑表格......89

4.1 创建表格......90
4.1.1 拖动行列数创建表格......90
4.1.2 指定行列数创建表格......90
4.2 在表格中输入和编辑文本......91
4.2.1 在表格中输入文本......92
4.2.2 选中表格中的文本......92
4.2.3 表格文本的对齐方式......93
4.3 编辑单元格......93
4.3.1 选择单元格......93
4.3.2 插入行、列与单元格......96
4.3.3 删除行、列与单元格......98
4.4 合并与拆分单元格......101
4.4.1 合并单元格......101
4.4.2 拆分单元格......101
4.5 美化表格格式......102
4.5.1 自动套用表格样式......102
4.5.2 设置表格属性......103
4.6 使用辅助工具......105
4.6.1 使用标尺......105
4.6.2 使用网格线......107
4.6.3 全屏显示......108
4.7 范例应用与上机操作......109
4.7.1 制作产品销售记录表......109
4.7.2 制作产品登记表......110
4.8 课后练习与上机操作......112
4.8.1 课后练习......112
4.8.2 上机操作......113

第 5 章 Word 2016 高级排版功能......115

5.1 设置文档视图......116
5.1.1 切换视图方式......116
5.1.2 更改文档显示比例......117
5.1.3 使用导航窗格......118
5.2 样式与模板概述......119
5.2.1 什么是样式......119
5.2.2 Word 中样式的重要性......120
5.2.3 什么是模板文件......121
5.3 使用样式......121
5.3.1 应用样式......121
5.3.2 新建样式......122

5.3.3 样式的修改与删除......124
5.3.4 使用样式集......126
5.4 使用模板......127
5.4.1 使用内置模板......128
5.4.2 自定义模板库......129
5.5 制作页眉和页脚......138
5.5.1 插入静态页眉和页脚......138
5.5.2 添加动态页码......139
5.6 脚注与尾注......140
5.6.1 添加脚注......140
5.6.2 添加尾注......141
5.7 制作目录与索引......142
5.7.1 自动生成目录......142
5.7.2 设置标题的大纲级别......142
5.7.3 更新文档目录......143
5.7.4 删除目录......144
5.7.5 修改目录样式......145
5.7.6 创建文档内容索引......147
5.8 范例应用与上机操作......149
5.8.1 使用向导制作信封......149
5.8.2 设置目录与页码之间的前导符样式......151
5.9 课后练习与上机操作......153
5.9.1 课后练习......153
5.9.2 上机操作......153

第6章 Word高效办公与打印输出......155

6.1 审阅与修订文档......156
6.1.1 添加和删除批注......156
6.1.2 修订文档......157
6.1.3 查看及显示批注和修订的状态......158
6.1.4 接受或拒绝修订......159
6.2 题注......160
6.2.1 使用题注......160
6.2.2 使用交叉引用......162
6.2.3 使用图表目录......163
6.2.4 设置题注编号格式......165
6.3 检查文档错误......166
6.3.1 自动更正设置......166
6.3.2 批量查找与替换的方法......167
6.3.3 检查拼写和语法......169
6.4 分栏排版......170
6.4.1 创建分栏......170
6.4.2 设置栏宽、间距和分隔线......170
6.4.3 使用分栏符......171
6.5 页面设置与打印文档......172
6.5.1 设置纸张的大小、方向和页边距......172
6.5.2 预览打印效果......173
6.5.3 快速打印文档......174
6.6 范例应用与上机操作......175
6.6.1 比较分析报告......175
6.6.2 为报告提供修订意见......177
6.7 课后练习与上机操作......179
6.7.1 课后练习......179
6.7.2 上机操作......180

第7章 Excel 2016电子表格快速入门......181

7.1 Excel基本概念的知识......182
7.1.1 认识Excel 2016操作界面......182
7.1.2 Excel 2016文档格式......184
7.1.3 什么是工作簿和工作表......185
7.1.4 工作簿、工作表和单元格的关系......185
7.2 工作表的基本操作......186
7.2.1 创建工作表......186
7.2.2 移动与复制工作表......188
7.2.3 删除工作表......190
7.2.4 重命名工作表......191
7.3 行与列的基本操作......192
7.3.1 认识行与列......192
7.3.2 选择行和列......193
7.3.3 设置行高和列宽......193
7.3.4 插入行与列......195
7.3.5 移动和复制行与列......197
7.3.6 删除行与列......199

7.4 单元格和区域的基本操作 200
7.4.1 认识单元格和区域 200
7.4.2 选择单元格和区域 200
7.4.3 插入和删除单元格 202
7.4.4 移动和复制单元格 204
7.4.5 合并和拆分单元格 204
7.5 范例应用与上机操作 205
7.5.1 应用模板建立销售报表 205
7.5.2 制作员工外出登记表 206
7.6 课后练习与上机操作 208
7.6.1 课后练习 208
7.6.2 上机操作 209

第 8 章 输入与编辑电子表格数据 211

8.1 认识数据类型 212
8.1.1 数值 212
8.1.2 文本 212
8.1.3 日期和时间 213
8.2 输入数据 213
8.2.1 输入文本 214
8.2.2 输入数值 215
8.2.3 输入日期和时间 219
8.2.4 输入特殊数据 221
8.3 自动填充数据 222
8.3.1 使用填充柄输入数据 222
8.3.2 输入等差序列 223
8.3.3 输入等比序列 224
8.3.4 自定义填充序列 225
8.4 编辑表格数据 227
8.4.1 修改单元格内容 227
8.4.2 移动表格数据 229
8.4.3 查找与替换数据 230
8.4.4 撤销与恢复 232
8.4.5 删除数据 233
8.5 设置数据有效性 234
8.5.1 认识数据有效性 234
8.5.2 设置数据有效性 235
8.6 设置单元格格式 237
8.6.1 设置单元格文本格式 237
8.6.2 设置单元格对齐方式 238
8.6.3 设置单元格边框和底纹 239
8.7 范例应用与上机操作 242
8.7.1 制作产品保修单 242
8.7.2 制作产品登记表 243
8.8 课后练习与上机操作 246
8.8.1 课后练习 246
8.8.2 上机操作 247

第 9 章 在数据列表中简单分析数据 249

9.1 认识数据列表 250
9.1.1 了解 Excel 数据列表 250
9.1.2 数据列表的使用 250
9.1.3 创建数据列表 251
9.1.4 使用“记录单”添加数据 251
9.2 数据列表排序 252
9.2.1 按一个条件排序 252
9.2.2 按多个条件排序 253
9.2.3 按姓氏的笔画排序 254
9.2.4 自定义排序 255
9.3 筛选数据列表 257
9.3.1 手动筛选数据 257
9.3.2 对指定数据的筛选 258
9.3.3 自定义筛选 259
9.3.4 高级筛选 260
9.3.5 取消筛选 261
9.4 数据的分类汇总 262
9.4.1 简单分类汇总 262
9.4.2 高级分类汇总 264
9.4.3 嵌套分类汇总 265
9.4.4 分级查看数据 267
9.5 范例应用与上机操作 267
9.5.1 将筛选结果显示在其他工作表中 267
9.5.2 将表格的空值筛选出来 269
9.6 课后练习与上机操作 271
9.6.1 课后练习 271
9.6.2 上机操作 271

第 10 章　使用公式和函数计算数据........273

10.1　认识与使用公式............................274

10.1.1　公式的概念............................274

10.1.2　公式的组成要素....................274

10.1.3　认识 Excel 运算符.................274

10.1.4　运算符的优先级....................276

10.1.5　公式的输入、编辑与删除....276

10.1.6　公式的复制与填充................278

10.2　引用单元格....................................279

10.2.1　A1 引用样式和 R1C1 引用样式.......279

10.2.2　相对引用、绝对引用和混合引用.......280

10.2.3　同一工作簿中的单元格引用.......284

10.2.4　引用其他工作簿中的单元格.......285

10.3　函数的基础知识............................286

10.3.1　函数的概念............................286

10.3.2　函数的结构............................287

10.3.3　函数参数的类型....................287

10.3.4　函数参数的分类....................288

10.4　输入和编辑函数............................290

10.4.1　通过快捷按钮插入函数........290

10.4.2　通过“插入函数”对话框输入函数.......291

10.4.3　手动输入函数........................292

10.4.4　使用嵌套函数........................293

10.4.5　查询函数................................294

10.5　使用数组公式................................295

10.5.1　认识数组公式........................295

10.5.2　输入数组公式........................295

10.5.3　修改数组公式........................296

10.6　范例应用与上机操作....................296

10.6.1　制作日常费用统计表............296

10.6.2　制作人事资料分析表............297

10.7　课后练习与上机操作....................298

10.7.1　课后练习................................298

10.7.2　上机操作................................300

第 11 章　数据可视化应用与管理...........301

11.1　认识图表..302

11.1.1　图表的类型............................302

11.1.2　图表的组成............................307

11.2　创建与编辑图表............................308

11.2.1　创建图表................................308

11.2.2　调整图表的大小和位置........310

11.2.3　修改或删除数据....................310

11.2.4　更改图表类型........................311

11.2.5　修改图表数据源....................312

11.3　添加图表元素................................313

11.3.1　为图表添加与设置标题........313

11.3.2　显示与设置坐标轴标题........314

11.3.3　显示与设置图例....................315

11.3.4　添加并设置图表标签............315

11.3.5　修改系列名称........................316

11.4　定制图表外观................................318

11.4.1　使用快速样式........................318

11.4.2　使用主题改变图表外观........319

11.4.3　快速设置图表布局和颜色....319

11.4.4　设置图表文字........................320

11.5　使用迷你图....................................321

11.5.1　插入迷你图............................321

11.5.2　删除迷你图............................323

11.5.3　编辑迷你图............................324

11.6　数据透视表....................................326

11.6.1　创建数据透视表....................327

11.6.2　在数据透视表中查看明细数据.......328

11.6.3　在数据透视表中筛选数据....328

11.6.4　更改值的汇总和显示方式....329

11.6.5　对透视表中的数据进行排序.......331

11.6.6　插入切片器并进行筛选........332

11.7　数据透视图....................................334

11.7.1　创建数据透视图....................334

11.7.2　设置数据透视图....................335

11.7.3 筛选数据透视图中的数据....337
11.8 范例应用与上机操作..........................338
11.8.1 制作员工业绩考核图表........338
11.8.2 分析采购清单........................340
11.9 课后练习与上机操作..........................346
11.9.1 课后练习................................346
11.9.2 上机操作................................347

第 12 章 PowerPoint 2016 演示文稿基本操作..349

12.1 演示文稿的视图模式..........................350
12.1.1 PowerPoint 2016 的工作界面..............................350
12.1.2 认识演示文稿的视图模式..352
12.1.3 切换视图模式........................354
12.2 创建演示文稿......................................355
12.2.1 PowerPoint 2016 文稿格式简介..355
12.2.2 创建空演示文稿....................355
12.2.3 根据模板创建演示文稿........356
12.3 插入与编辑幻灯片..............................357
12.3.1 选择幻灯片............................357
12.3.2 新建幻灯片............................358
12.3.3 删除幻灯片............................358
12.3.4 移动和复制幻灯片................359
12.4 输入与编辑文字..................................361
12.4.1 使用占位符............................361
12.4.2 使用大纲视图........................361
12.4.3 使用文本框............................363
12.5 使用主题美化演示文稿......................364
12.5.1 应用主题................................364
12.5.2 自定义主题颜色....................364
12.5.3 自定义主题字体....................366
12.5.4 设置主题背景样式................367
12.6 使用幻灯片母版..................................368
12.6.1 了解母版的类型....................368
12.6.2 打开和关闭母版视图............369
12.6.3 设置母版版式........................370
12.7 范例应用与上机操作..........................372
12.7.1 制作诗词类幻灯片................372
12.7.2 制作企业宣传演示文稿........374
12.8 课后练习与上机操作..........................377
12.8.1 课后练习................................377
12.8.2 上机操作................................377

第 13 章 媒体对象的操作与应用..........379

13.1 使用图形..380
13.1.1 绘制图形................................380
13.1.2 设置图形样式和效果............381
13.1.3 图形的组合和叠放................382
13.2 使用图片..383
13.2.1 制作相册................................383
13.2.2 使用预设样式设置图片........385
13.2.3 自定义图片样式....................386
13.3 使用 SmartArt 图形.............................386
13.3.1 创建 SmartArt 图形...............386
13.3.2 设计 SmartArt 图形的布局..388
13.3.3 设计 SmartArt 的样式..........389
13.4 在幻灯片中使用声音..........................390
13.4.1 插入外部声音文件................390
13.4.2 录制声音................................391
13.4.3 设置声音播放选项................391
13.4.4 控制声音播放........................392
13.5 在幻灯片中使用影片..........................393
13.5.1 插入视频文件........................393
13.5.2 设置视频................................394
13.6 使用艺术字与文本框..........................395
13.6.1 插入艺术字............................395
13.6.2 插入文本框............................396
13.7 范例应用与上机操作..........................396
13.7.1 制作产品销售秘籍演示文稿..396
13.7.2 制作申请流程图....................398
13.8 课后练习与上机操作..........................400
13.8.1 课后练习................................400
13.8.2 上机操作................................401

第 14 章　设计动画与交互效果幻灯片 403

14.1　幻灯片切换效果 404

14.1.1　添加幻灯片切换效果 404

14.1.2　设置幻灯片切换声音效果 404

14.1.3　设置幻灯片切换速度 405

14.1.4　设置幻灯片之间的换片方法......................................405

14.2　应用动画方案 406

14.2.1　使用动画方案 406

14.2.2　删除动画方案 407

14.3　设置自定义动画 408

14.3.1　添加动画效果 408

14.3.2　设置动画效果 409

14.3.3　使用动画窗格 411

14.3.4　调整动画顺序 412

14.4　创建动作路径动画 413

14.4.1　使用预设路径动画 413

14.4.2　创建自定义路径动画 414

14.5　实现幻灯片交互 415

14.5.1　链接到同一演示文稿的其他幻灯片 416

14.5.2　链接到其他演示文稿幻灯片 417

14.5.3　链接到新建文档 418

14.5.4　删除超链接 420

14.5.5　插入动作按钮 420

14.6　范例应用与上机操作 422

14.6.1　为消费群体报告创建动画效果......................................423

14.6.2　创建一份有交互效果的教育演示文稿........................424

14.7　课后练习与上机操作 426

14.7.1　课后练习 426

14.7.2　上机操作 427

第 15 章　演示文稿的放映与输出 429

15.1　放映设置 430

15.1.1　设置幻灯片放映类型............430

15.1.2　放映指定的幻灯片................431

15.1.3　设置换片方式........................431

15.1.4　使用排练计时放映................432

15.2　放映幻灯片 433

15.2.1　启动与退出幻灯片放映........433

15.2.2　放映演示文稿中的过程控制 434

15.2.3　添加墨迹注释........................436

15.3　输出与发布演示文稿........................437

15.3.1　输出为自动放映文件............438

15.3.2　打包演示文稿........................438

15.4　范例应用与上机操作........................440

15.4.1　让 PPT 自动演示..................440

15.4.2　打印并标记演示文稿为最终状态 443

15.5　课后练习与上机操作........................445

15.5.1　课后练习 445

15.5.2　上机操作 446

课后练习与上机操作答案............................447

第1章

Word办公轻松上手

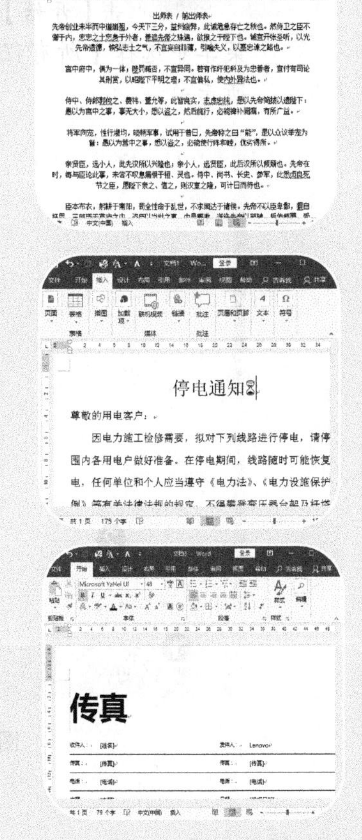

本章介绍 Word 方面的基础知识与技巧，主要讲解认识 Word 2016、文档视图方式、编写文档、编辑文档、设置工具栏与功能区、查找和替换文本等。通过本章的学习，读者可以掌握 Word 2016 方面的基础知识，为深入学习 Office 2016 电脑办公知识奠定基础。

本 章 要 点

1. 快速认识 Word 2016
2. 文档视图方式
3. 准备写作公文
4. 编写通知文档
5. 编辑通知文档
6. 设置工具栏与功能区
7. 查找和替换文本

Section 1.1 快速认识 Word 2016

手机扫描下方二维码，观看本节视频课程

Word 2016 是 Office 2016 中一个重要的组成部分，Word 2016 具有优秀的编辑界面，可以通过各种文字处理功能实现简单的文字输入、图文混排、高级文档编辑等，是时下最热门的文字编辑工具之一，深受人们的青睐。

1.1.1 启动与退出 Word 2016

如果准备使用 Word 2016 进行编辑操作，那么首先需要学习启动与退出 Word 2016 的基本操作，下面将分别予以详细介绍。

1. 启动 Word 2016

如果准备使用 Word 2016 进行文档编辑操作，首先需要启动 Word 2016，下面详细介绍启动 Word 2016 的操作方法。

step 1 在 Windows 7 系统桌面中，① 单击【开始】按钮，② 在弹出的菜单中选择【所有程序】菜单项，如图 1-1 所示。

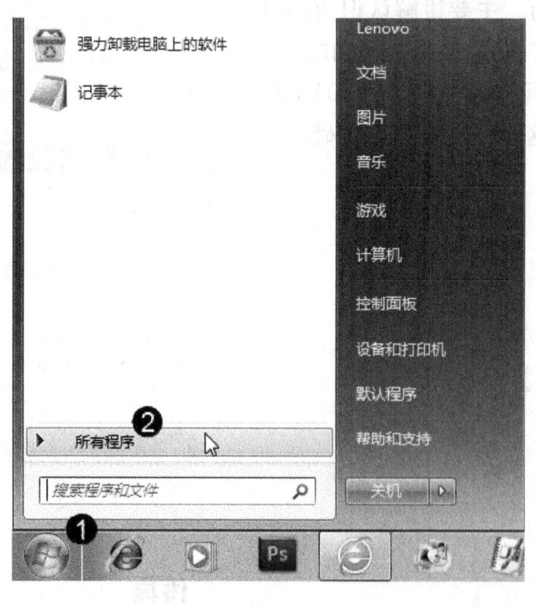

图 1-1

step 2 在【所有程序】菜单中，选择 Word 菜单项，如图 1-2 所示。

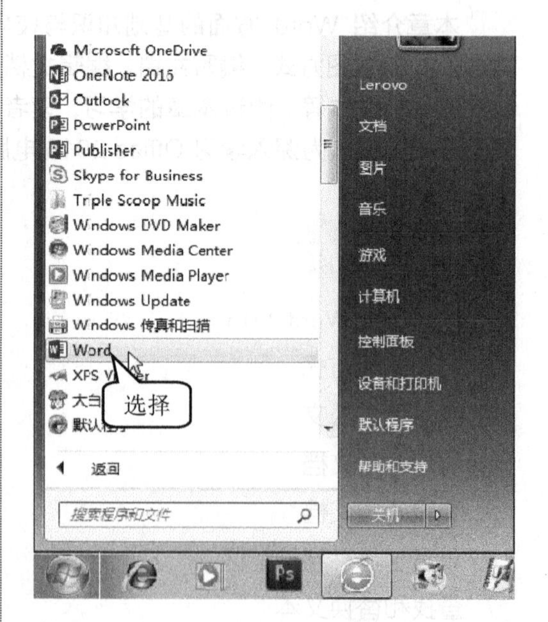

图 1-2

进入选择文档模板界面，单击【空白文档】选项，如图 1-3 所示。

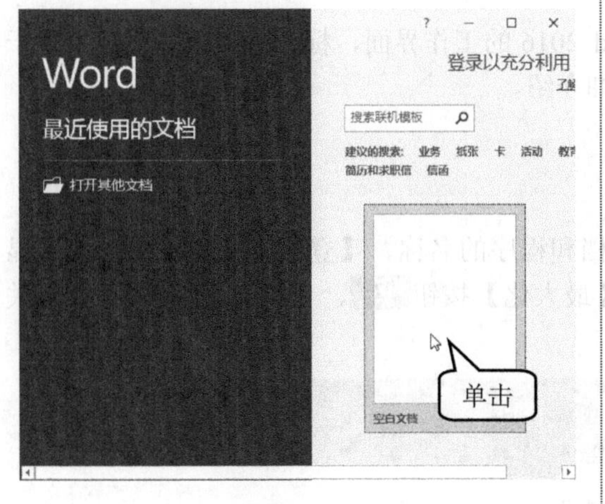

图 1-3

新建一个空白文档，并进入到软件主界面，通过上述操作即可启动 Word 2016，如图 1-4 所示。

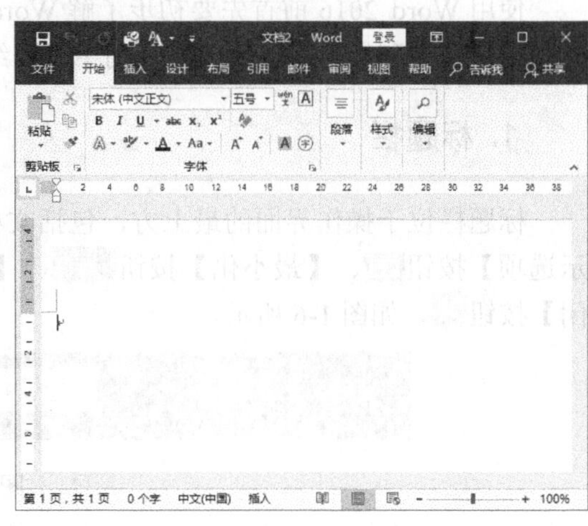

图 1-4

2. 退出 Word 2016

在 Word 2016 中完成文档的编辑和保存操作后，如果不再使用 Word 2016，可以选择退出 Word 2016，从而节省内存空间。

在 Word 2016 工作界面中完成文档的保存操作后，单击【文件】按钮，在弹出的界面中选择【关闭】选项即可退出 Word 2016，如图 1-5 所示。

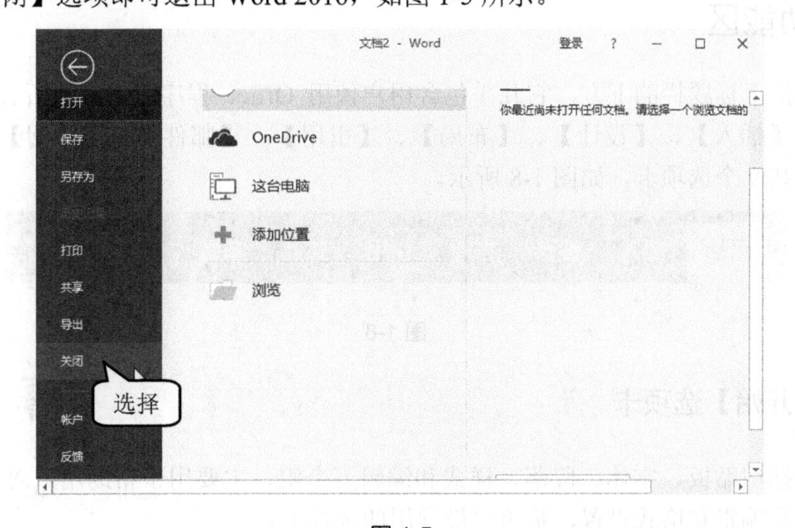

图 1-5

知识精讲

在 Word 2016 工作界面中完成文档的保存操作后，用户还可以直接单击界面右上角的【关闭】按钮 ×，快速退出 Word 2016。

1.1.2 标题栏和状态栏

使用 Word 2016 前首先要初步了解 Word 2016 的工作界面，标题栏和状态栏分别位于界面的最上方和最下方，下面将分别予以详细介绍。

1. 标题栏

标题栏位于操作界面的最上方，包括文档和程序的名称、【登录】按钮、【功能区显示选项】按钮、【最小化】按钮、【最大化】按钮、【还原】按钮和【关闭】按钮，如图 1-6 所示。

图 1-6

2. 状态栏

状态栏位于文档编辑区的下方，包括显示当前文本的页数、字数、输入状态等信息的状态区，切换文档视图方式的快捷按钮以及设置显示比例的滑块，如图 1-7 所示。

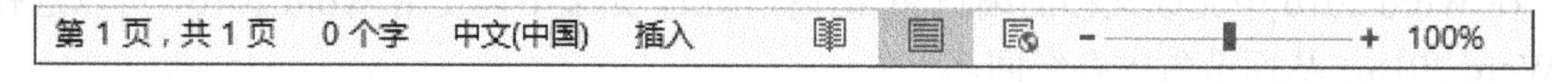

图 1-7

1.1.3 功能区

功能区位于标题栏的下方，它几乎包含用户使用 Office 程序时需要的所有功能，包括【开始】、【插入】、【设计】、【布局】、【引用】、【邮件】、【审阅】、【视图】和【帮助】共 9 个选项卡，如图 1-8 所示。

图 1-8

1. 【开始】选项卡

其中包括剪贴板、字体、段落、样式和编辑五个组，主要用于帮助用户对 Word 2016 文档进行文字编辑和格式设置，是用户最常用的选项卡。

2. 【插入】选项卡

其中包括页面、表格、插图、应用程序、媒体、链接、批注、页眉和页脚、文本和符号几个组，主要用于在 Word 2016 文档中插入各种元素。

3. 【设计】选项卡

其中包括文档格式和页面背景两个组，主要用于文档的格式以及背景设置。

4. 【布局】选项卡

其中包括页面设置、稿纸、段落和排列四个组，主要用于帮助用户设置 Word 2016 文档页面样式。

5. 【引用】选项卡

其中包括目录、脚注、引文与书目、题注、索引和引文目录几个组，主要用于实现在 Word 2016 文档中插入目录等比较高级的功能。

6. 【邮件】选项卡

其中包括创建、开始邮件合并、编写和插入域、预览结果和完成几个组，该选项卡的作用比较专一，专门用于在 Word 2016 文档中进行邮件合并方面的操作。

7. 【审阅】选项卡

其中包括校对、语言、中文简繁转换、批注、修订、更改、比较和保护几个组，主要用于对 Word 2016 文档进行校对和修订等操作，适用于多人协作处理 Word 2016 长文档。

8. 【视图】选项卡

其中包括文档视图、显示、显示比例、窗口和宏几个组，主要用于帮助用户设置 Word 2016 操作窗口的视图类型，以方便操作。

9. “帮助”选项卡

其中包括帮助、反馈和显示培训，该选项卡的作用就是使用 Office 2016 的帮助服务来查询遇到的问题。

Section 1.2 文档视图方式

手机扫描下方二维码，观看本节视频课程

视图方式是指查看或编辑 Word 文档的视觉方式。在 Word 2016 中提供了多种视图方式供用户选择，如页面视图、阅读版式视图、Web 版式视图、大纲视图等。本节将详细介绍 Word 文档视图方面的相关知识。

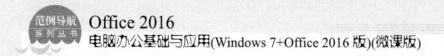

1.2.1 页面视图

页面视图是 Word 2016 的默认视图效果，用于显示文档所有内容在整个页面的分布状况和整个文档在每一页上的位置，并可对其进行编辑操作。在 Word 2016 中，设置页面视图的方式有两种，下面介绍设置页面视图的操作方法。

1. 通过功能按钮应用页面视图效果

在 Word 2016 中，选择【视图】选项卡，单击【视图】组中的【页面视图】按钮即可应用页面视图，如图 1-9 所示。

图 1-9

2. 通过快捷按钮应用页面视图效果

在 Word 2016 窗口下方的状态栏中有切换视图方式的快捷按钮，用户通过单击这些快捷按钮即可完成视图方式的切换，如图 1-10 所示。

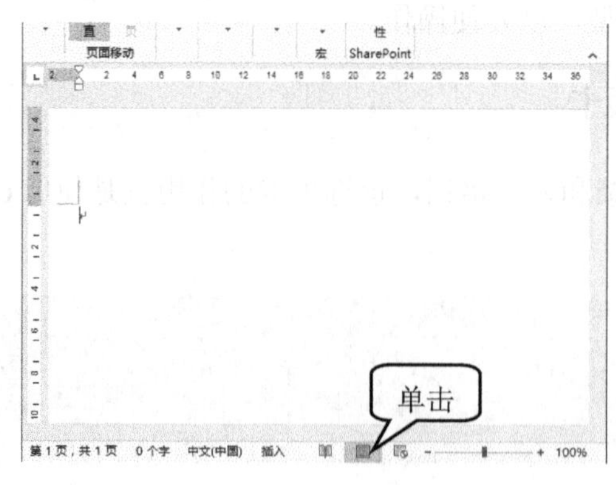

图 1-10

1.2.2 阅读版式视图

阅读版式视图方式一般应用于阅读和编辑长篇文档，文档将以最大空间显示页面中的文档。下面详细介绍设置阅读版式视图的操作方法。

打开文档，① 选择【视图】选项卡，② 在【视图】组中，单击【阅读视图】按钮，如图 1-11 所示。

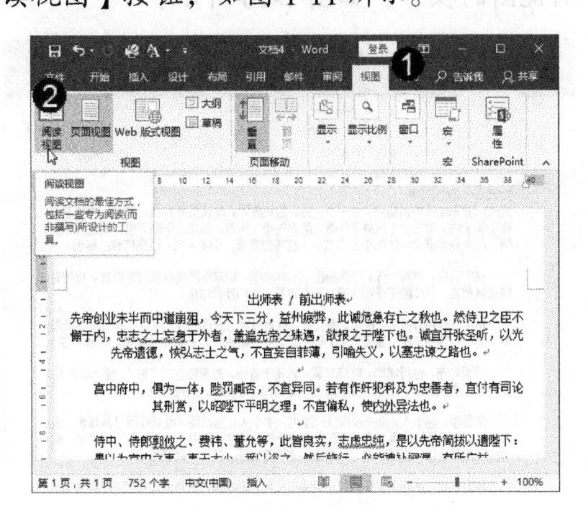

图 1-11

Word 2016 以阅读版式视图方式显示文档，通过以上步骤即可完成使用阅读版式视图显示文档的操作，如图 1-12 所示。

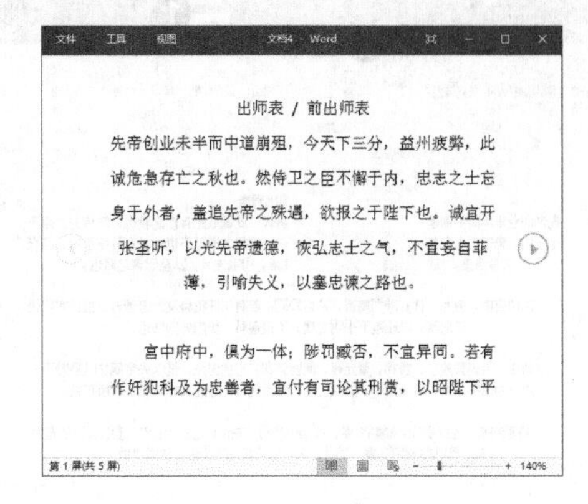

图 1-12

1.2.3 Web 版式视图

Web 版式视图是显示文档在 Web 浏览器中的外观，在 Web 版式视图中没有页码、章节等信息。下面介绍设置 Web 版式视图的方法。

打开文档，① 选择【视图】选项卡，② 在【视图】组中，单击【Web 版式视图】按钮，如图 1-13 所示。

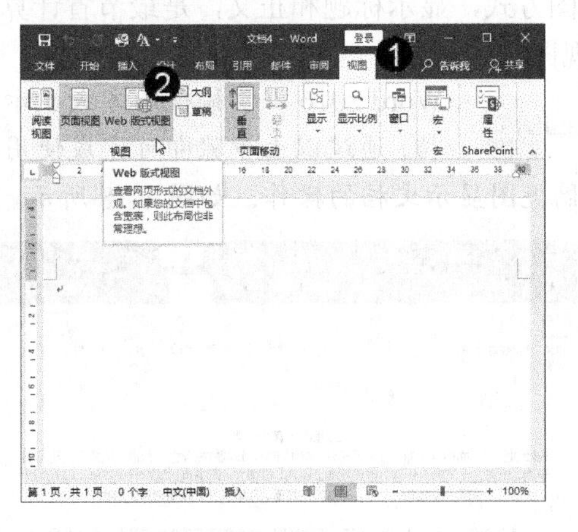

图 1-13

Word 2016 以 Web 版式视图方式显示文档，通过以上步骤即可完成使用 Web 版式视图显示文档的操作，如图 1-14 所示。

图 1-14

1.2.4 大纲视图

大纲视图是用缩进文档标题的形式表示标题在文档结构中的级别，使用大纲视图处理主控文档，不用复制和粘贴就可以移动文档的整章内容。下面介绍设置大纲视图的方法。

step 1 打开文档，① 选择【视图】选项卡，② 在【视图】组中，单击【大纲】按钮，如图 1-15 所示。

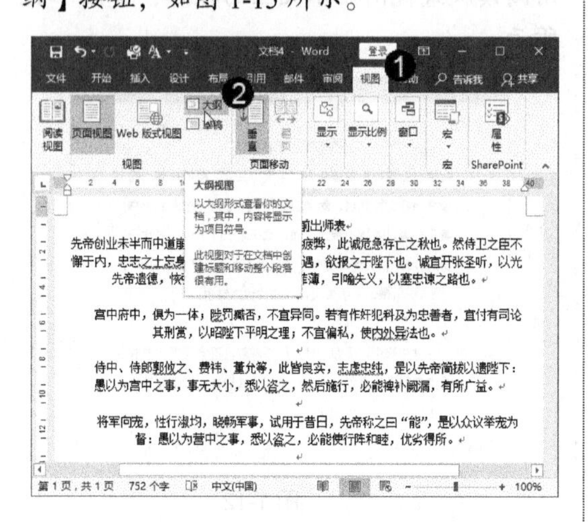

图 1-15

step 2 Word 2016 以大纲视图方式显示文档，通过以上步骤即可完成使用大纲视图的操作，如图 1-16 所示。

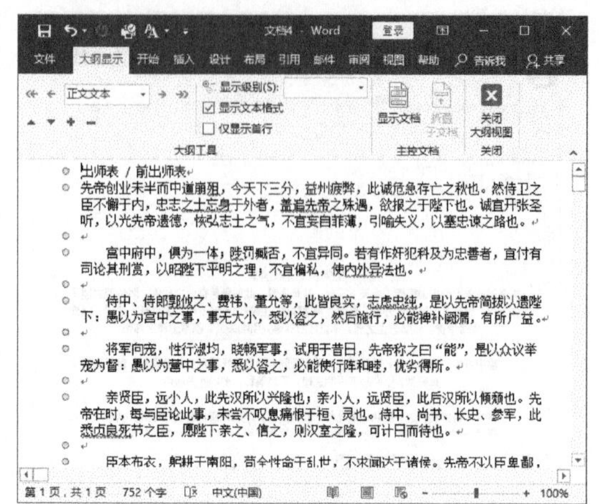

图 1-16

知识精讲

在 Word 2016 窗口下方的状态栏中，单击【大纲视图】快捷按钮，同样可以应用大纲视图效果。如果用户需要退出大纲视图，在【大纲显示】选项卡的【关闭】选项组中，单击【关闭大纲视图】按钮即可。

1.2.5 草稿视图

草稿视图是 Word 2016 最新添加的一种视图方式，显示标题和正文，是最节省计算机系统硬件资源的视图方式。下面介绍设置草稿视图的方法。

step 1 打开文档，① 选择【视图】选项卡，② 在【视图】组中，单击【草稿】按钮，如图 1-17 所示。

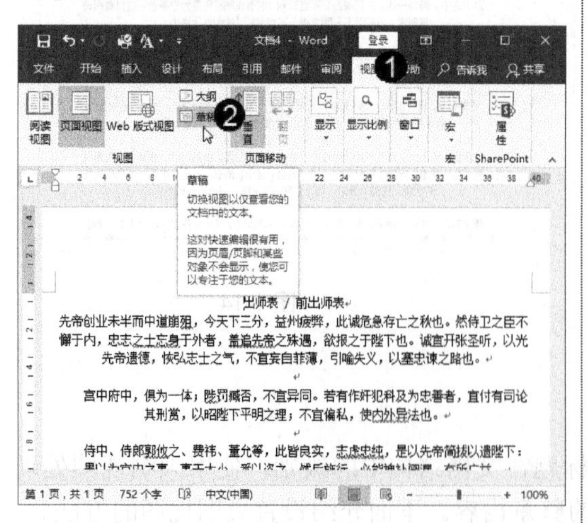

图 1-17

step 2 Word 2016 以草稿视图方式显示文档，通过以上步骤即可完成使用草稿视图显示文档的操作，如图 1-18 所示。

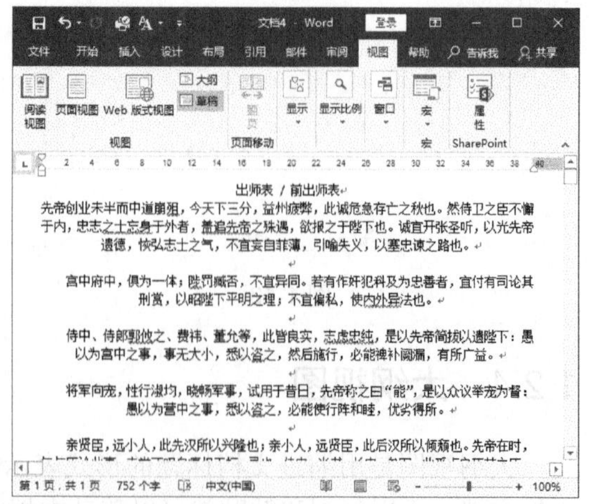

图 1-18

Section 1.3 准备写作公文

手机扫描下方二维码，观看本节视频课程

了解完 Word 2016 的一些基本知识及操作后，就可以利用 Word 进行公文写作了，包括新建文档、打开文档、保存文档等操作，以及设置文档的自动保存时间间隔和路径、设置默认的文档保存格式和路径。

1.3.1 新建空白文档

如果需要创建新的文档，用户可以使用【文件】选项卡进行创建。下面详细介绍新建空白文档的操作方法。

step 1 启动 Word 2016，选择【文件】选项卡，如图 1-19 所示。

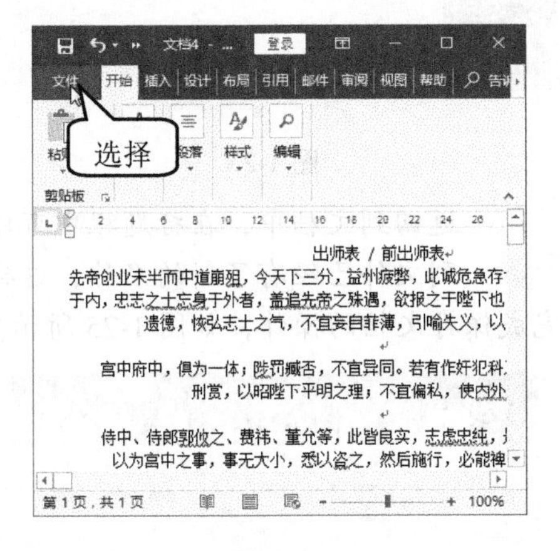

图 1-19

step 2 进入 Backstage 视图，① 选择【新建】选项，② 选择【空白文档】模板，如图 1-20 所示。

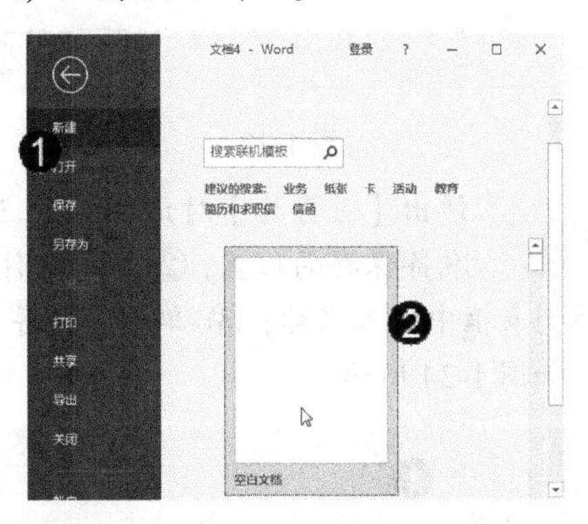

图 1-20

step 3 这样即可完成新建空白文档的操作，新建的文档如图 1-21 所示。

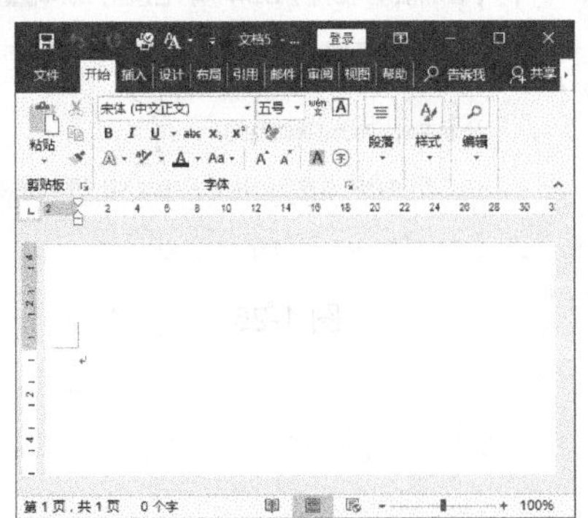

图 1-21

智慧锦囊

在【新建】界面中，用户还可以利用提供的模板，创建各种文档类型。

考考您

请您根据上述方法进行新建空白文档的操作，测试一下您的学习效果。

1.3.2 保存通知文档

创建好通知文档后，用户应及时将其保存，以方便下次进行查看和编辑。下面介绍保存通知文档的操作方法。

step 1 完成对新建文档的编辑操作后，选择【文件】选项卡，如图 1-22 所示。

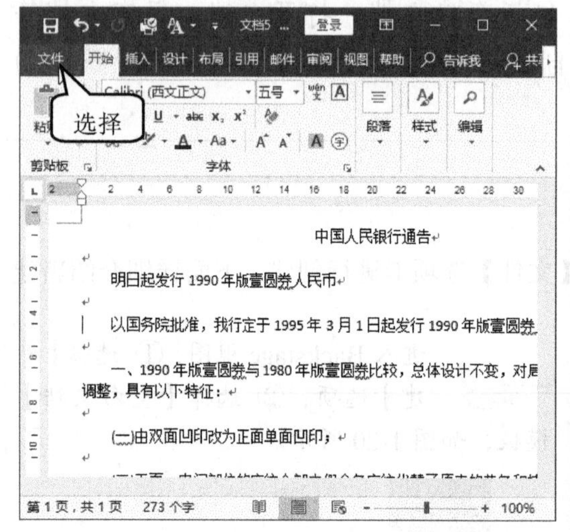

图 1-22

step 2 进入 Backstage 视图，① 选择【另存为】选项，② 双击【这台电脑】选项，如图 1-23 所示。

图 1-23

step 3 弹出【另存为】对话框，① 选择准备保存的位置，② 在【文件名】下拉列表框中输入名称，③ 单击【保存】按钮，如图 1-24 所示。

图 1-24

step 4 返回到文档中，在标题栏中可以看到文件已经有了新的名称，这样即可完成保存文档的操作，如图 1-25 所示。

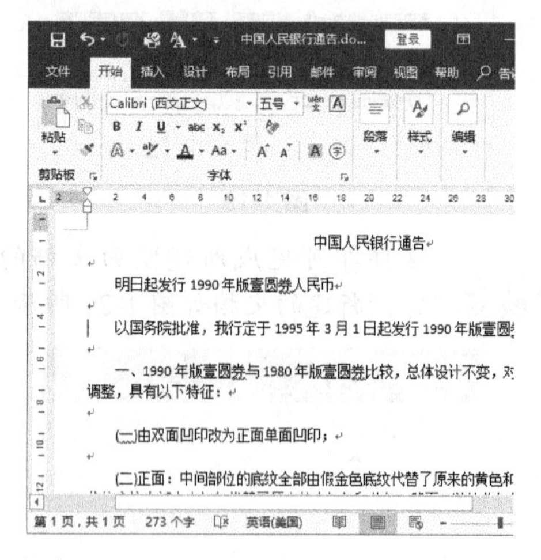

图 1-25

1.3.3 打开已经保存的通知文档

用户可以将电脑中保存的通知文档再次打开进行查看和编辑，下面详细介绍打开已经保存的通知文档的操作方法。

step 1 启动 Word 2016，选择【文件】选项卡，如图 1-26 所示。

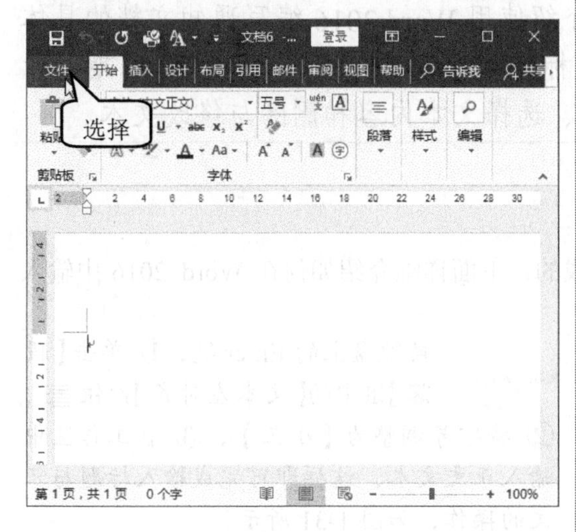

图 1-26

进入 Backstage 视图，① 选择【打开】选项，② 双击【这台电脑】选项，如图 1-27 所示。

图 1-27

step 3 弹出【打开】对话框，① 选择要打开文件的位置，② 选择需要打开的文件，③ 单击【打开】按钮，如图 1-28 所示。

图 1-28

step 4 可以看到选择的文档已被打开，这样即可完成打开已经保存的通知文档的操作，如图 1-29 所示。

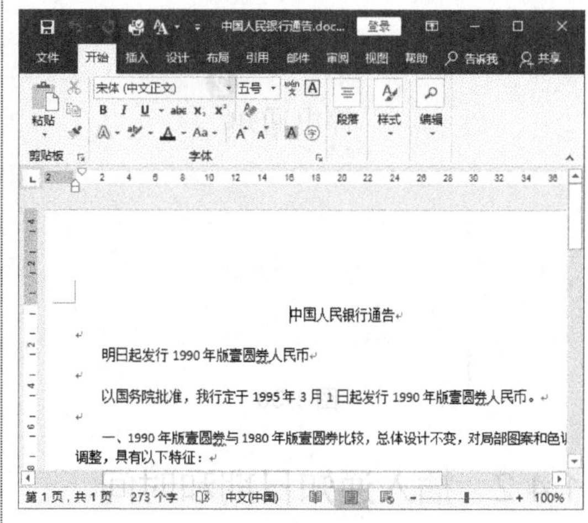

图 1-29

知识精讲

启动 Word 2016 后，用户可以按键盘上的 Ctrl+O 组合键，快速进入【打开】界面，进行打开文档的操作。

Section 1.4 编写通知文档

手机扫描下方二维码，观看本节视频课程

通知是向特定对象告知或转达有关事项的文件，让对象知道或执行的公文。本节介绍使用 Word 2016 编写通知文档的具体操作方法，包括定位光标输入标题与正文、插入通知日期和时间、在通知中插入符号、选择文本内容和删除与修改文本。

1.4.1 定位光标输入标题与正文

通知文档的主体主要是由标题与正文构成的，下面详细介绍如何在 Word 2016 中输入通知文档的标题与正文。

step 1 新建一个空白文档，① 选择【开始】选项卡，在【字体】组中，将字号调整为【一号】，② 在工作区中输入“停电通知”作为标题，③ 单击【段落】组中的【居中】按钮，如图 1-30 所示。

图 1-30

step 2 按键盘上的 Enter 键，① 单击【段落】组中的【文本左对齐】按钮，② 将字号调整为【小三】，③ 在工作区中输入正文文本，这样即可完成输入标题与正文的操作，如图 1-31 所示。

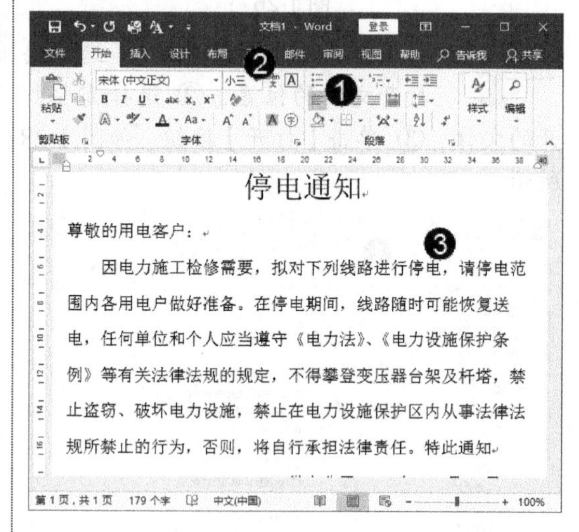

图 1-31

1.4.2 插入通知日期和时间

标题与正文输入完成后，可以使用 Word 2016 快速将当前时间插入文档中。下面详细介绍插入通知日期和时间的具体操作方法。

step 1 ① 在工作区中，将鼠标光标停留在准备插入日期和时间的位置，② 选择【插入】选项卡，③ 单击【文本】组中的【日期和时间】按钮，如图 1-32 所示。

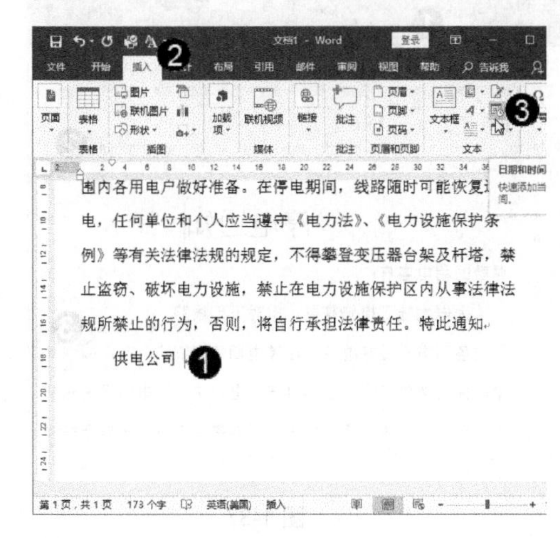

图 1-32

step 2 ① 弹出【日期和时间】对话框，在【语言(国家/地区)】下拉列表框中，选择【中文(中国)】列表项，② 在【可用格式】列表框中，选择准备使用的日期和时间格式，③ 单击【确定】按钮，如图 1-33 所示。

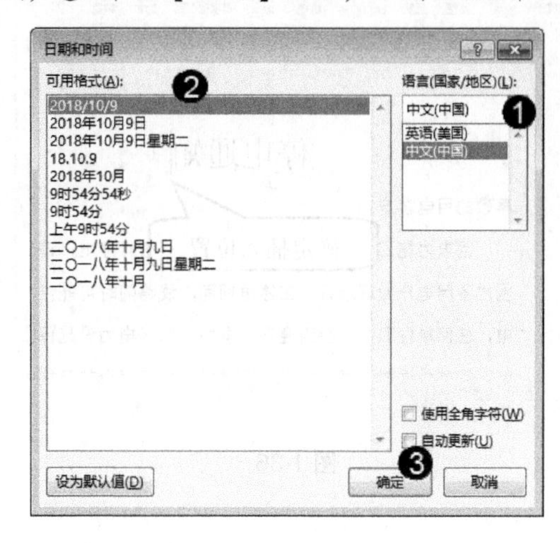

图 1-33

step 3 返回到通知文档界面，可以看到已经插入的日期和时间，如图 1-34 所示。

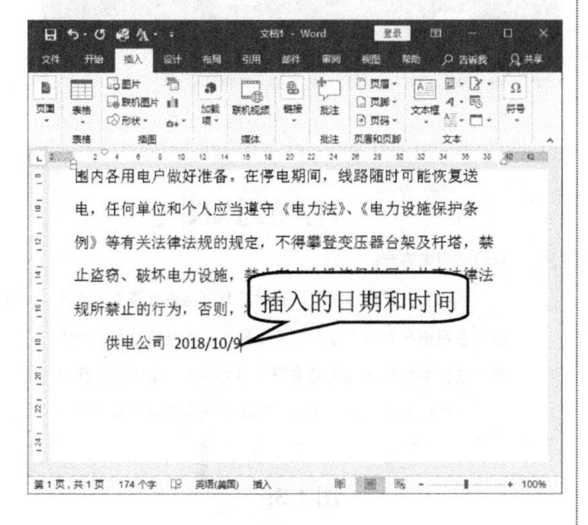

图 1-34

step 4 将插入的日期和时间调整至合适的位置，这样即可完成插入通知日期和时间的操作，如图 1-35 所示。

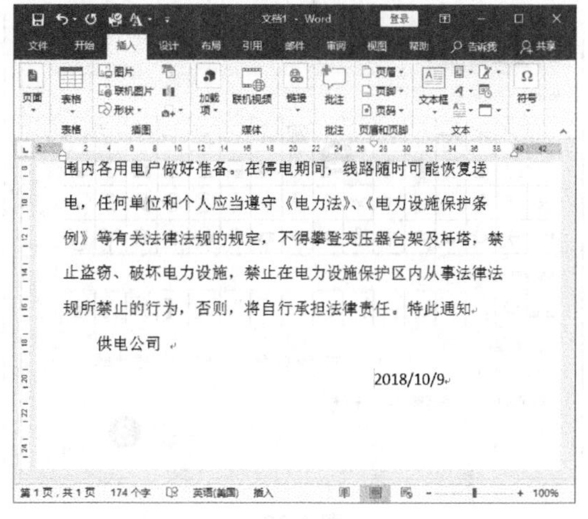

图 1-35

1.4.3 在通知中插入符号

符号是指具有某种代表意义的标识，最常用的符号包括逗号、句号、顿号、问号、叹号和引号等。下面详细介绍插入符号的操作方法。

step 1 将光标停留在准备插入符号的文本位置，如图 1-36 所示。

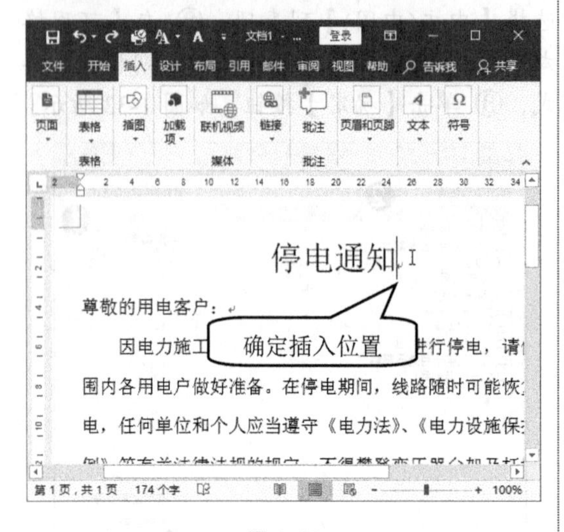

图 1-36

step 2 ① 选择【插入】选项卡，② 单击【符号】组中的【符号】下拉按钮 Ω，③ 在弹出的下拉菜单中，选择【其他符号】菜单项，如图 1-37 所示。

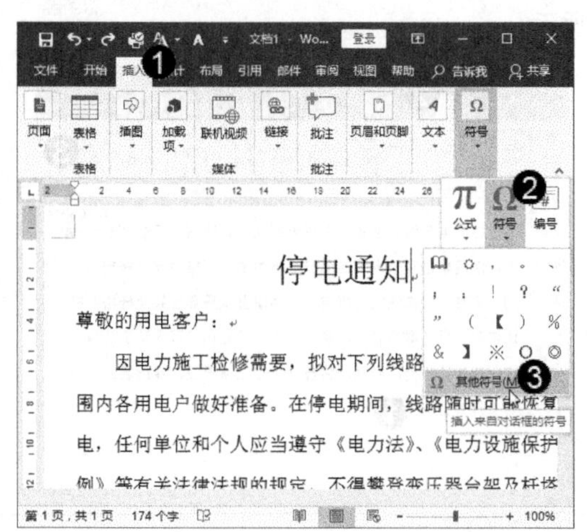

图 1-37

step 3 弹出【符号】对话框，① 选择【符号】选项卡，② 选择准备插入的符号，③ 单击【插入】按钮，如图 1-38 所示。

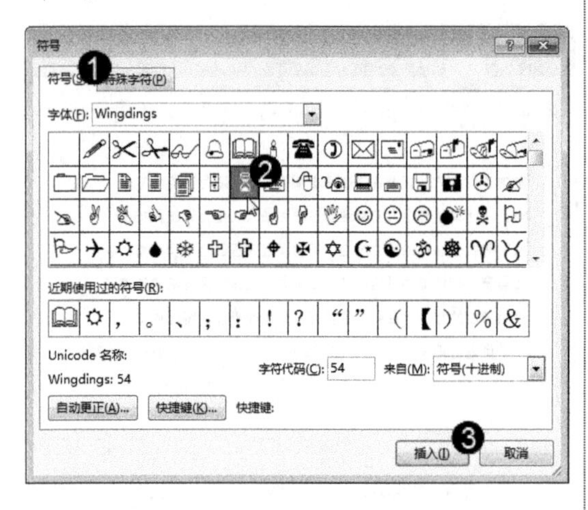

图 1-38

step 4 返回到文档界面，可以看到插入的符号，通过以上操作，即可在通知中插入符号，如图 1-39 所示。

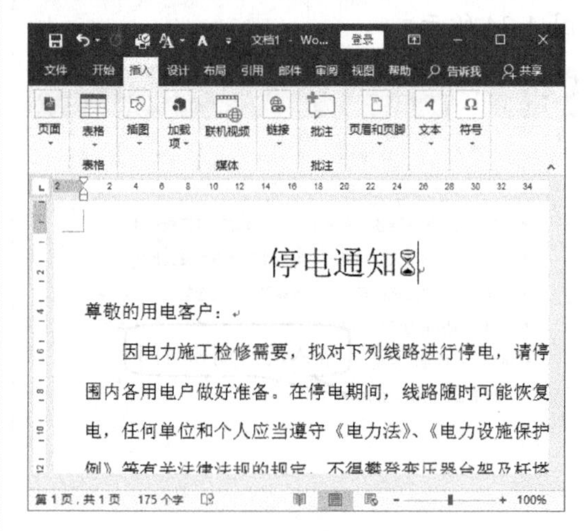

图 1-39

1.4.4 选择文本内容

选择文本内容是在使用 Word 程序编辑文档时经常会用到的一种操作，选择文本有多种方式，例如选择任意文本，选择一个词组，选择一行文本，选择整段文本等，下面分别予以详细介绍。

1. 选择任意文本

在文档中，可以根据个人需要选择文档中的任意文本，可以是一个文字或者多个文字，下面详细介绍具体操作步骤。

step 1 在打开的通知文本中，在需要选择的文本开始处，按住鼠标左键进行拖动，如图 1-40 所示。

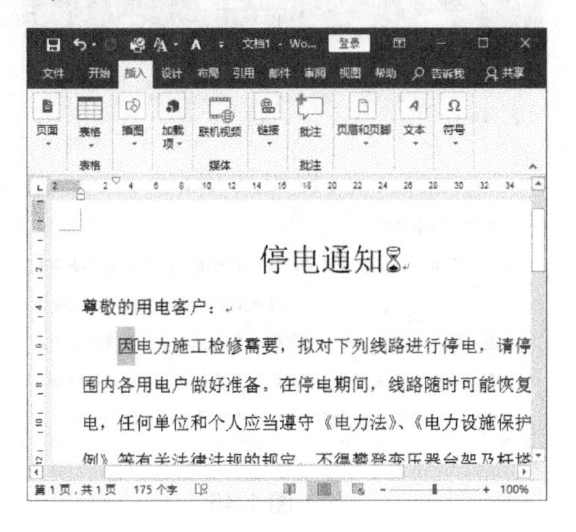

图 1-40

step 2 拖动鼠标指针到需要的位置后，释放鼠标左键。通过以上方法，即可完成选择任意文本的操作，如图 1-41 所示。

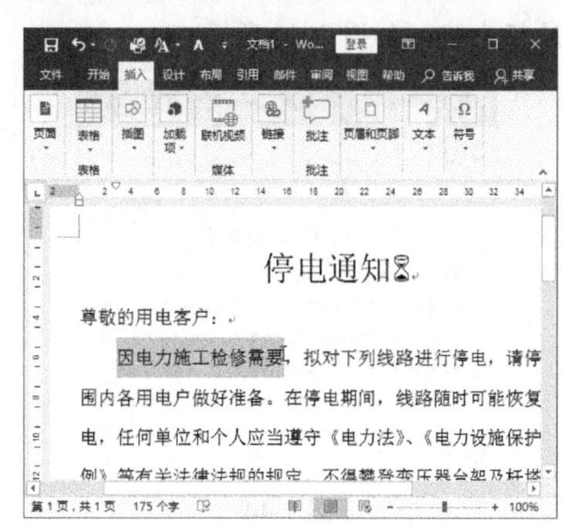

图 1-41

2. 选择一个词组

在 Word 文档中，可以通过双击的方式选择一个词组，下面详细介绍选择一个词组的具体操作方法。

在打开的通知文本中，在准备选择的词组处，双击鼠标左键，如图 1-42 所示。

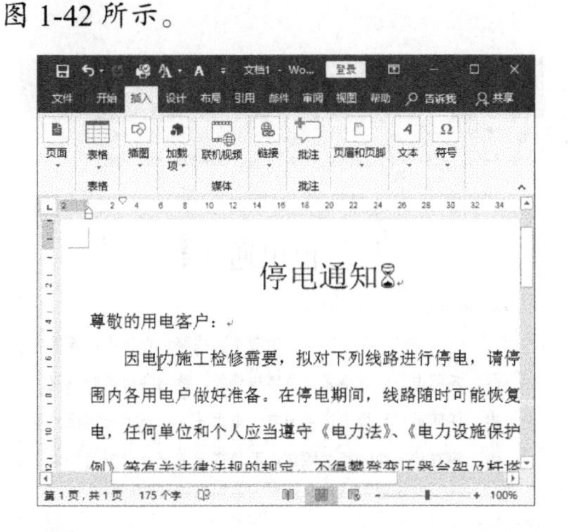

图 1-42

通过以上方法即可完成选择一个词组的操作，如图 1-43 所示。

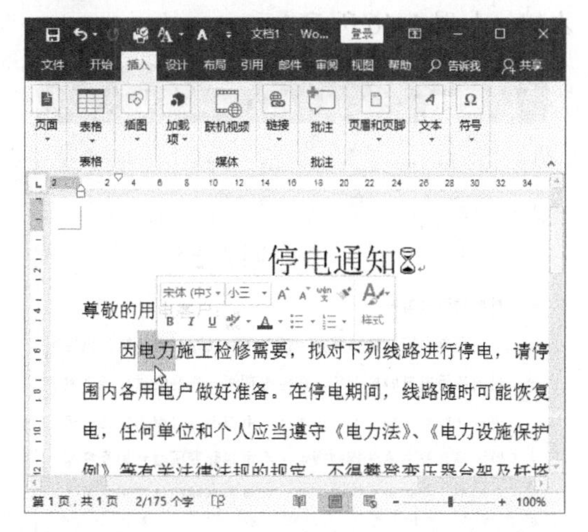

图 1-43

3. 选择一行文本

在 Word 文档中，用户可以对整行的文本进行选择，下面详细介绍选择一行文本的具体操作方法。

step 1 打开文本文件，将鼠标指针放在准备选择的某一行文本行首空白处，当鼠标指针变成右向箭头形状的时候，单击鼠标左键，如图 1-44 所示。

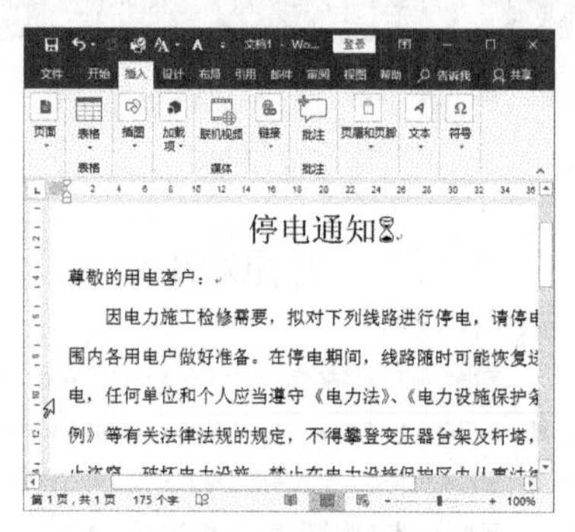

图 1-44

step 2 通过以上方法，即可完成选择一行文本的操作，如图 1-45 所示。

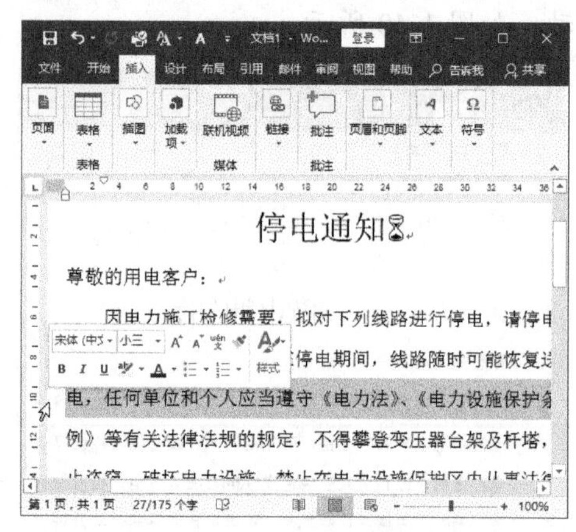

图 1-45

4. 选择整段文本

选择整段文本是将文档中任意一段文本，从开头到末尾的文本内容全部选中，下面详细介绍选择整段文本的具体操作方法。

step 1 打开文本文件，将鼠标指针放在准备选择的一段文本的左侧，当鼠标指针变成右向箭头形状的时候，双击鼠标左键，如图 1-46 所示。

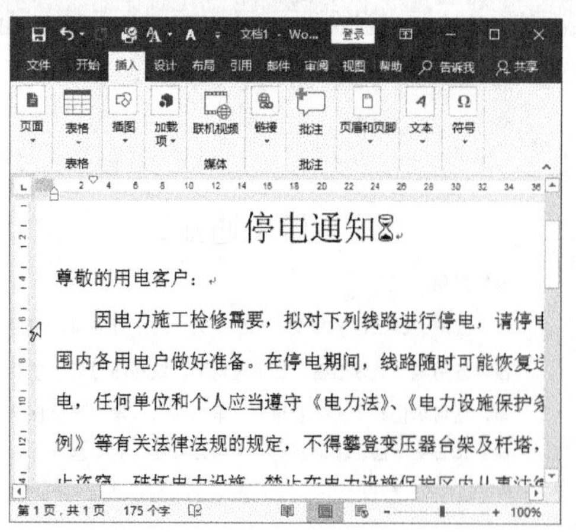

图 1-46

step 2 通过以上方法，即可完成选择整段文本的操作，如图 1-47 所示。

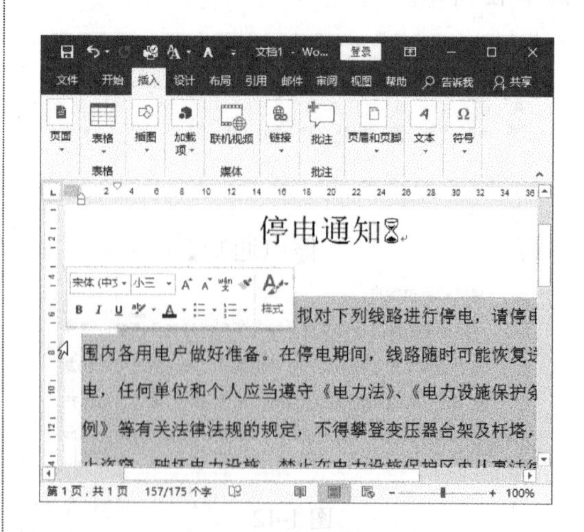

图 1-47

若不想选择整行，只是选择从任意地方开始到行末，可以将光标定位到想开始的地方，同时按 Shift+End 组合键。不想选择整行，只是选择从行初到任意地方，可以将光标定位到想结束的地方，同时按 Shift+Home 组合键。

1.4.5 删除与修改文本

在使用 Word 编辑文档的时候，经常会出现输入错误的情况，用户可以删除或修改错误的文本。下面详细介绍删除与修改文本的操作方法。

1. 删除文本

在使用 Word 2016 编辑文档时，可以将多余的文本删除。下面详细介绍删除多余文本的操作。

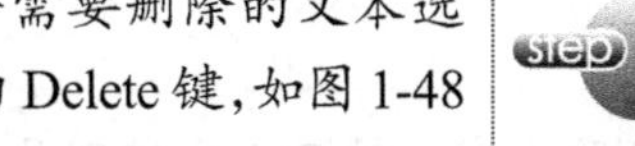

在文档中，将需要删除的文本选中，按键盘上的 Delete 键，如图 1-48 所示。

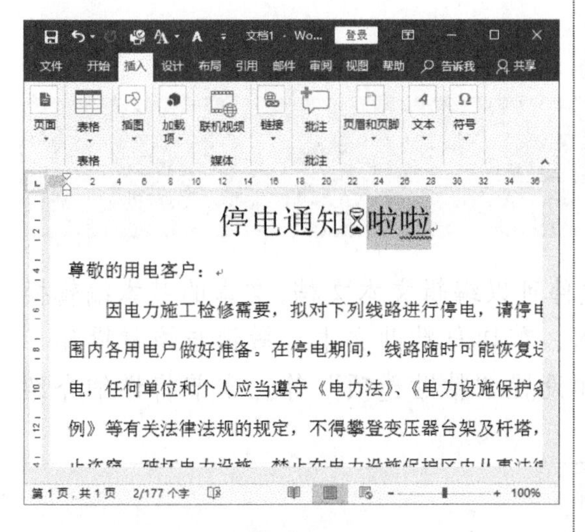

图 1-48

通过以上方法，即可完成删除文本的操作，如图 1-49 所示。

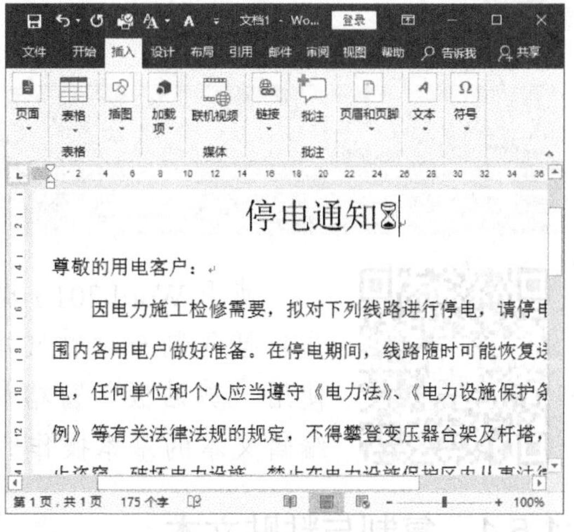

图 1-49

2. 修改文本

修改文本是将错误的文本替换成正确的文本，并且不保留原本错误的文本。下面详细介绍修改文本的具体操作方法。

在文档中，将需要修改的文本选中，使用键盘输入准备使用的文本，如图 1-50 所示。

通过以上方法，即可完成修改文本的操作，如图 1-51 所示。

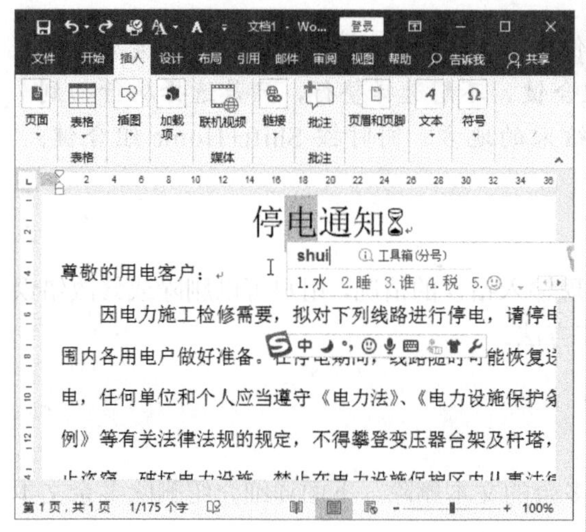

图 1-50

图 1-51

知识精讲

按 Backspace 键会向前删除文字，按 Delete 键则是向后删除文字。

Section 1.5

编辑通知文档

手机扫描下方二维码，观看本节视频课程

使用 Word 2016 软件可以编辑文本文档，文本的基本编辑操作包括复制与粘贴文本、剪切与粘贴文本、撤销与恢复操作、使用“剪贴板”窗格和设置“粘贴选项”等。本节将详细介绍编辑文本的基本操作。

1.5.1 复制与粘贴文本

复制与粘贴文本是将文本从一处复制一份完全一样的，在另一处进行粘贴，而原来的文本依然保留。下面详细介绍复制与粘贴文本的具体操作方法。

step 1 ① 在 Word 文档中，将准备复制的文本选中，② 选择【开始】选项卡，③ 单击【剪贴板】组中的【复制】按钮，如图 1-52 所示。

step 2 ① 在文档中，将鼠标光标定位在准备粘贴文本的位置，② 单击【剪贴板】组中的【粘贴】按钮，如图 1-53 所示。

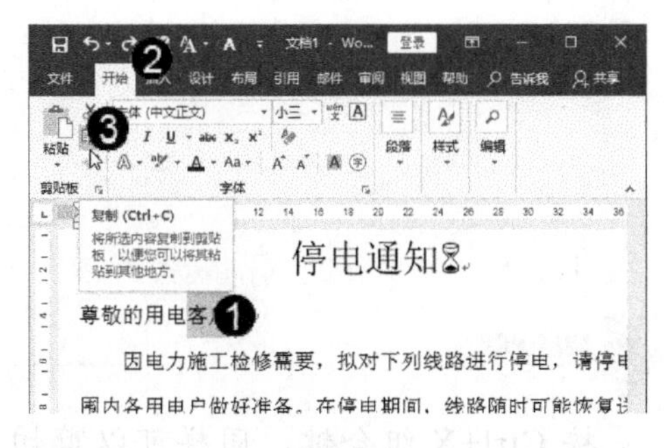

图 1-52

通过以上方法，即可完成复制与粘贴文本的操作，如图 1-54 所示。

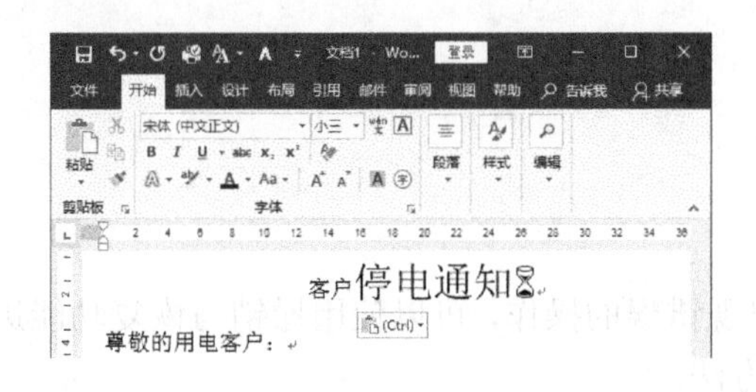

图 1-54

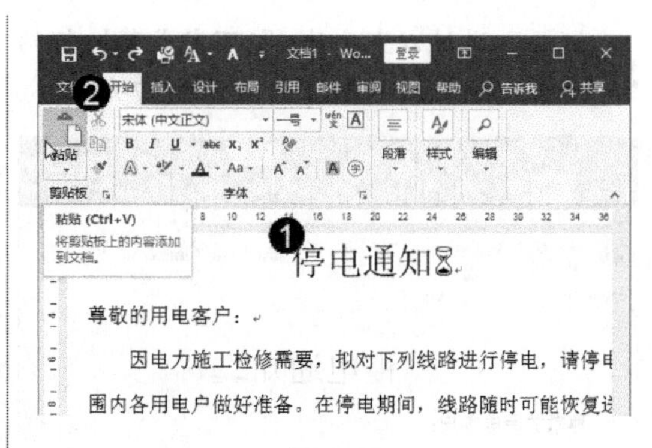

图 1-53

智慧锦囊

按 Ctrl+C 组合键，同样可以复制文本；按 Ctrl+V 组合键，同样可以粘贴文本。

1.5.2 剪切与粘贴文本

剪切文本和复制文本基本相同，同样是将文本从一处复制到另一处，但不同的是，剪切后原文本将不被保留。下面详细介绍剪切与粘贴文本的具体操作方法。

step 1 ① 在 Word 文档中，将准备剪切的文本选中，② 选择【开始】选项卡，③ 单击【剪贴板】组中的【剪切】按钮，如图 1-55 所示。

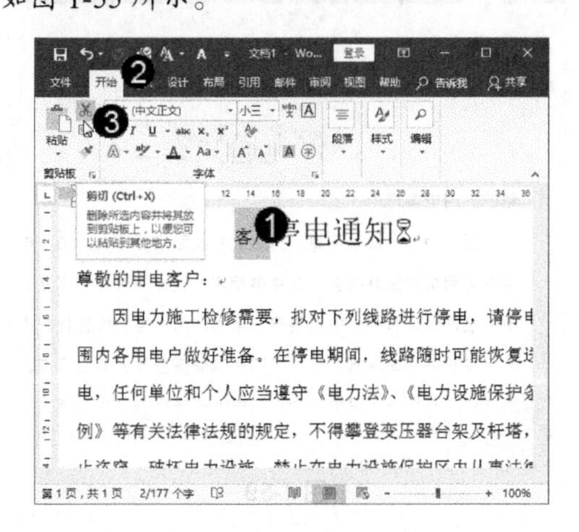

图 1-55

step 2 ① 在文档中，将鼠标光标定位在准备粘贴文本的位置，② 单击【剪贴板】组中的【粘贴】按钮，如图 1-56 所示。

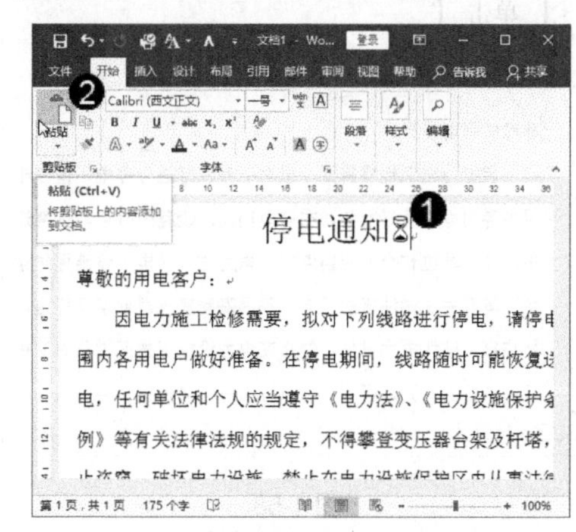

图 1-56

通过以上方法，即可完成剪切与粘贴文本的操作，如图 1-57 所示。

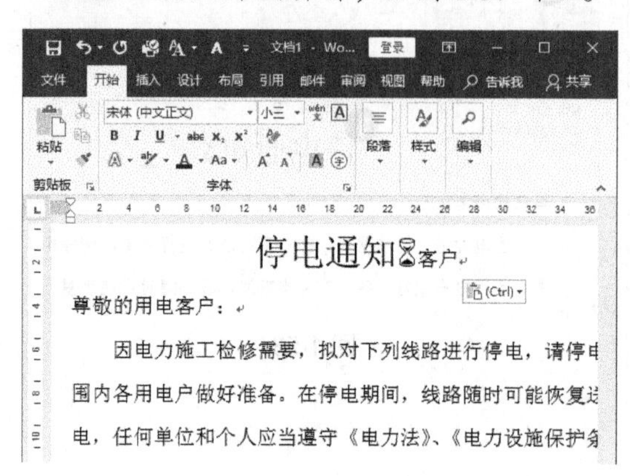

图 1-57

智慧锦囊

按 Ctrl+X 组合键，同样可以剪切文本。

1.5.3 撤销与恢复操作

在使用 Word 程序编辑文档的时候，如果出现错误的操作，可以使用撤销与恢复功能进行调整。下面详细介绍撤销与恢复操作的具体方法。

1. 撤销操作

撤销操作指的是，将文本文档当前的状态取消，恢复到上一步状态的一种操作，也是常用的一种操作。下面以撤销误删除标题为例，详细介绍撤销的操作方法。

step 1 在 Word 文档中，如果不小心将标题删除，则单击快速访问工具栏中的【撤销】按钮，如图 1-58 所示。

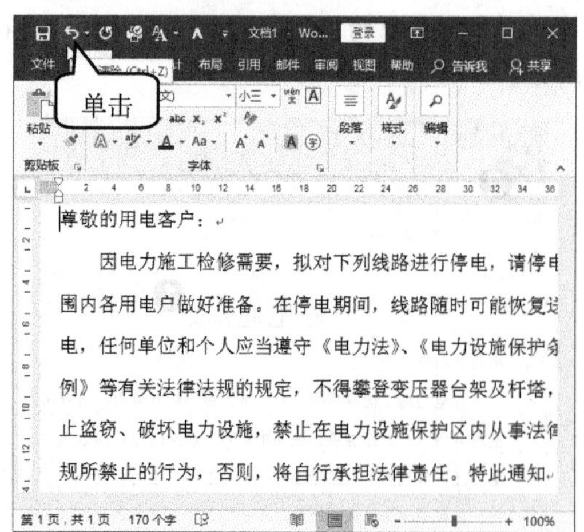

图 1-58

step 2 可以看到已经将标题还原回来，通过以上方法，即可完成撤销的操作，如图 1-59 所示。

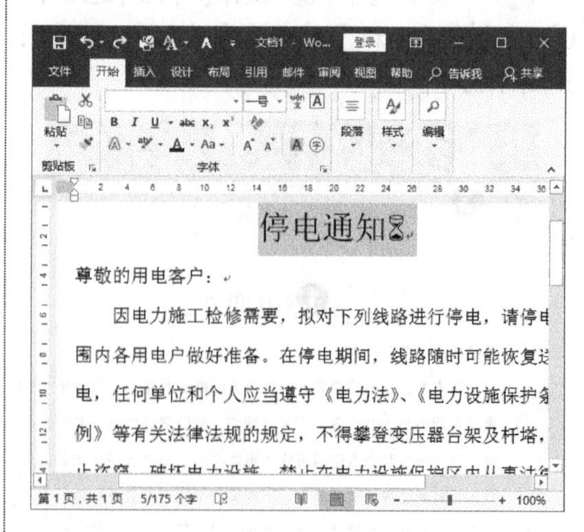

图 1-59

2. 恢复操作

恢复操作大致上与撤销操作一样，是用来返回到上一步状态的操作，不同的是恢复操作是用来恢复撤销操作的一种操作。下面详细介绍恢复的操作方法。

step 1　在 Word 文档中，如果不小心多使用了一次撤销操作，可以单击快速访问工具栏中的【恢复】按钮，如图 1-60 所示。

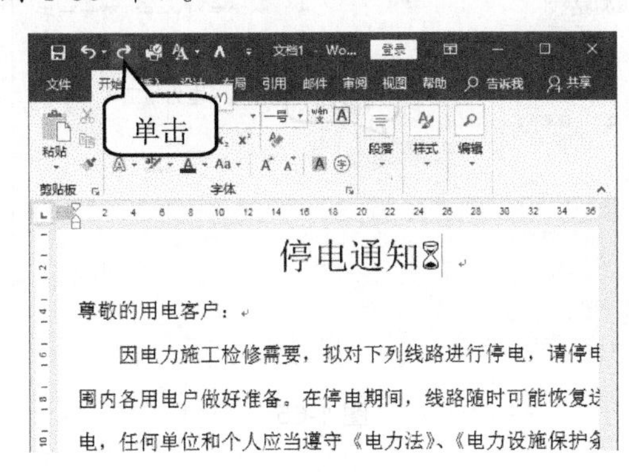

图 1-60

step 2　通过以上方法，即可完成恢复的操作，如图 1-61 所示。

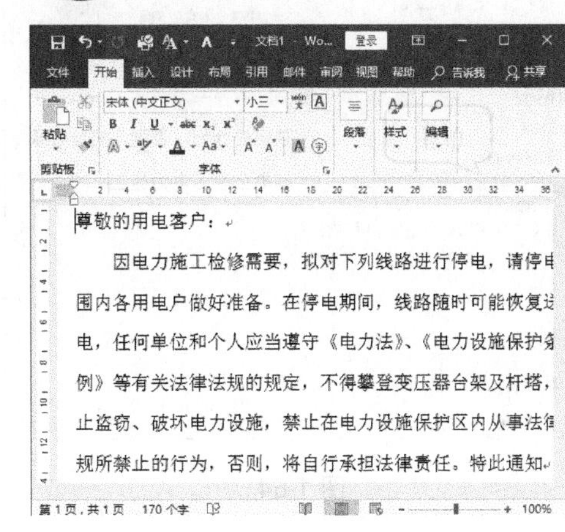

图 1-61

1.5.4　使用“剪贴板”窗格

剪贴板是计算机中暂时存放内容的区域，Office 2016 为方便用户使用系统剪贴板，提供了剪贴板工具，在 Word 2016 中显示为“剪贴板”窗格。使用“剪贴板”窗格，用户能够一次性对多个对象进行复制与粘贴操作，也可以对同一个对象多次进行操作。下面详细介绍 Word 2016 中“剪贴板”窗格的使用方法。

step 1　在【开始】选项卡的【剪贴板】组中单击【剪贴板】按钮，打开【剪贴板】窗格，如图 1-62 所示。

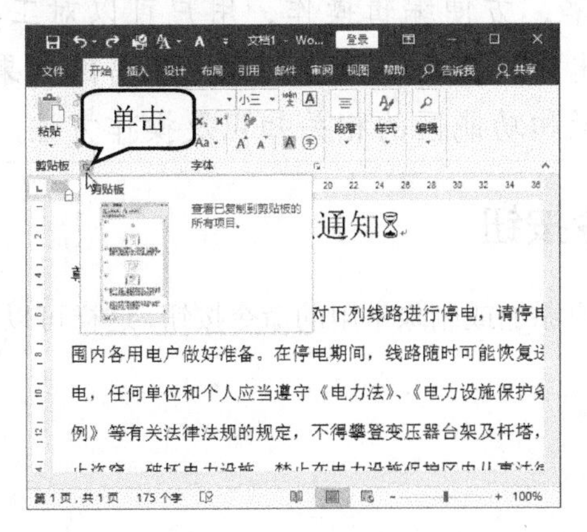

图 1-62

step 2　在文档中选择需要复制的文本后按 Ctrl+C 组合键执行复制操作，此时复制的对象将按照操作的先后顺序放置于“剪贴板”窗格的列表中。后复制的对象将位于先复制对象的上层，如图 1-63 所示。

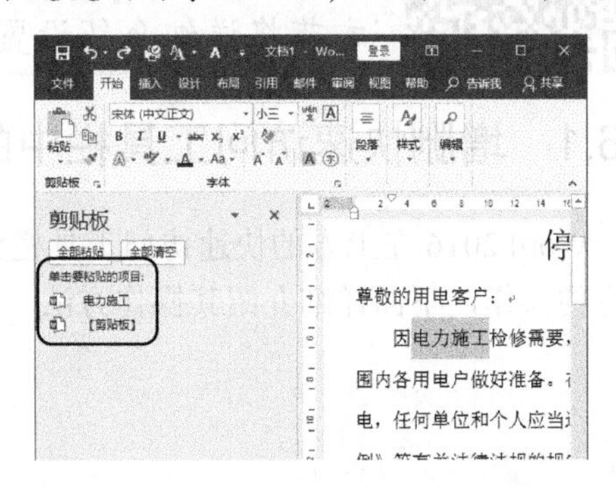

图 1-63

step 3 将插入点光标放置到文档中需要粘贴对象的位置，在“剪贴板”窗格中单击需要粘贴的对象即可将其粘贴到指定位置，如图 1-64 所示。

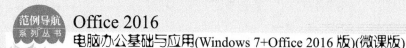

图 1-64

step 4 如果“剪贴板”窗格中的对象不再需要使用，可单击被粘贴对象右侧的下三角按钮后选择菜单中的“删除”命令，将其从剪贴板中删除，如图 1-65 所示。

图 1-65

知识精讲

在“剪贴板”窗格中单击“全部清空”按钮，将删除剪贴板中的所有内容。单击“全部粘贴”按钮，会将剪贴板中的所有对象同时粘贴到文档中插入点光标所在的位置。使用鼠标拖动“剪贴板”窗格的标题栏可以将其放置到屏幕的任意位置。单击窗格右上角的“关闭”按钮可以关闭“剪贴板”窗格。

Section 1.6 设置工具栏与功能区

手机扫描下方二维码，观看本节视频课程

Word 2016 的工具栏和功能区相对比较复杂，在编辑文档的过程中，为了提高工作效率，方便编辑操作，用户可以对工具栏和功能区进行一些个性化的设置，从而达到事半功倍的效果。本节将详细介绍设置工具栏和功能区的相关知识及操作方法。

1.6.1 增删快速访问工具栏中的命令按钮

Word 2016 左上方的快速访问工具栏允许用户添加或删除常用的命令按钮，这样可以大大方便操作，下面详细介绍其操作方法。

1. 通过下拉菜单增删命令按钮

通过下拉菜单可以快速添加命令按钮，或删除自定义的命令按钮，下面详细介绍其操作方法。

step 1 在快速访问工具栏区域中，① 单击【自定义快速访问工具栏】下拉按钮，② 在弹出的下拉菜单中提供了常用的工具按钮，选择需要经常使用的按钮，如【打开】命令按钮，即可将其添加到快速访问工具栏中，如图 1-66 所示。

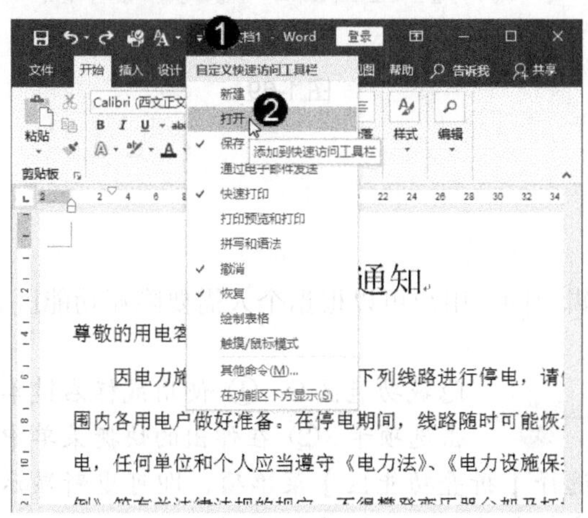

图 1-66

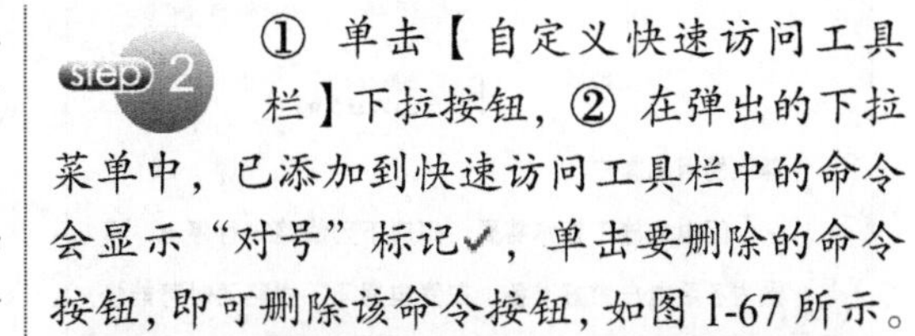

step 2 ① 单击【自定义快速访问工具栏】下拉按钮，② 在弹出的下拉菜单中，已添加到快速访问工具栏中的命令会显示“对号”标记✔，单击要删除的命令按钮，即可删除该命令按钮，如图 1-67 所示。

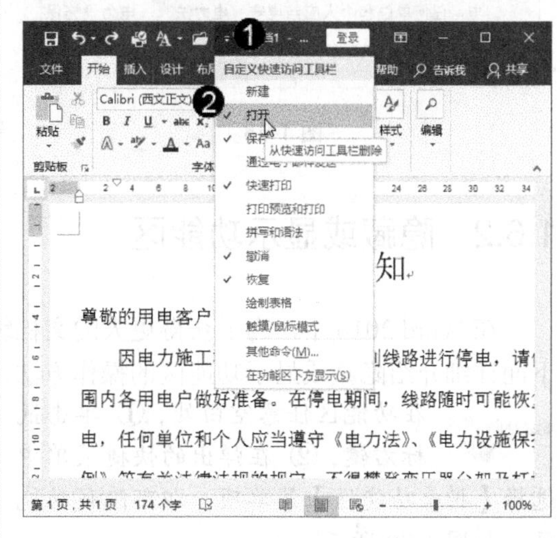

图 1-67

2. 通过快捷菜单增删命令按钮

通过右键快捷菜单可以快速添加命令按钮，或者删除自定义的命令按钮，下面详细介绍其操作方法。

知识精讲

如果需要一次性向快速访问工具栏中添加或删除多个命令按钮，可以切换到【文件】选项卡，选择【选项】选项，打开【选项】对话框，在其中的快速访问工具栏选项卡中进行设置。

step 1 在功能区中切换到相应的选项卡，① 使用鼠标右键单击需要添加到快速访问工具栏中的命令按钮，② 在弹出的快捷菜单中选择【添加到快速访问工具栏】菜单项即可增加命令按钮，如图 1-68 所示。

step 2 在快速访问工具栏中，① 使用鼠标右键单击要删除的命令按钮，② 在弹出的快捷菜单中选择【从快速访问工具栏删除】菜单项即可删除命令按钮，如图 1-69 所示。

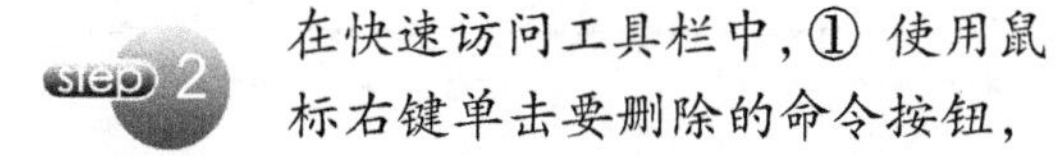

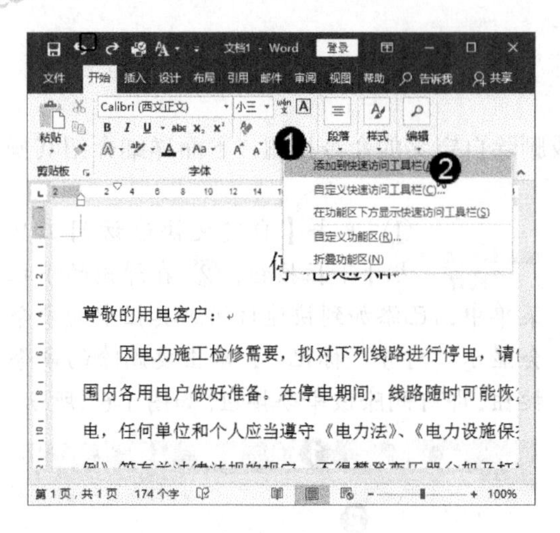

图 1-68

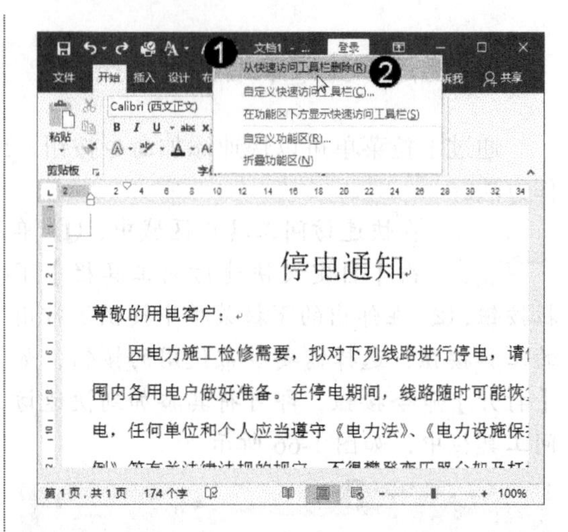

图 1-69

1.6.2 隐藏或显示功能区

在 Word 2016 中，为了获得更大的文档编辑空间，用户可以根据个人需要隐藏功能区。下面详细介绍隐藏或显示功能区的操作方法。

step 1 在功能区任意空白处，① 单击鼠标右键，② 在弹出的快捷菜单中选择【折叠功能区】菜单项，即可隐藏功能区，如图 1-70 所示。

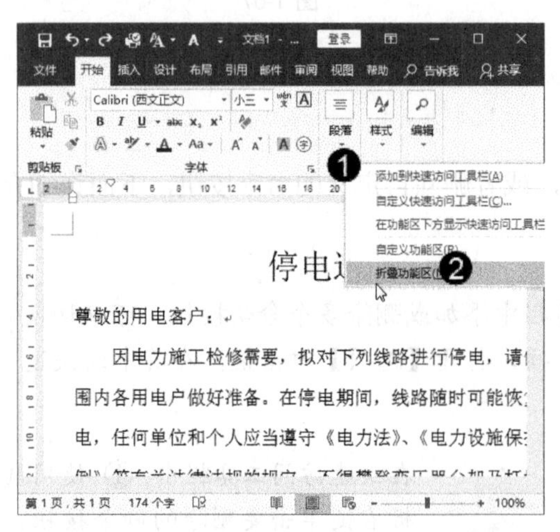

图 1-70

step 2 隐藏功能区后，① 使用鼠标右键单击选项卡，② 在弹出的快捷菜单中选择【折叠功能区】菜单项，即可重新显示出整个功能区，如图 1-71 所示。

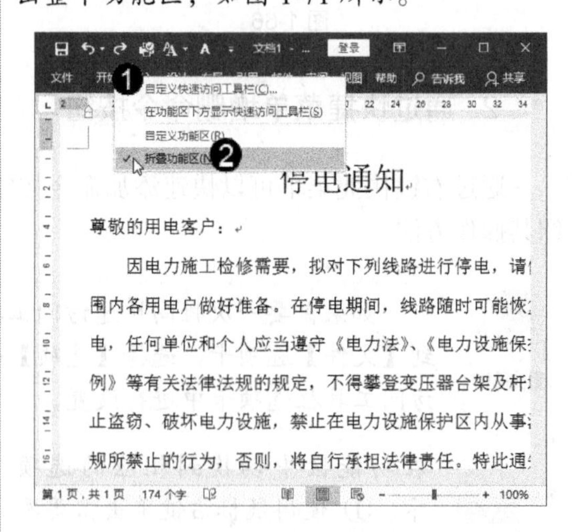

图 1-71

step 3 在标题栏中，① 单击【功能区显示选项】按钮，② 在弹出的下拉菜单中，根据需要选择一种功能区的显示模式即可。其中，【自动隐藏功能区】命令的意思是隐藏整个功能区，并自动最大化程序窗口；【显示选项卡】命令的意思是只显示选项卡名称；【显示选项卡和命令】的意思是显示整个功能区，如图 1-72 所示。

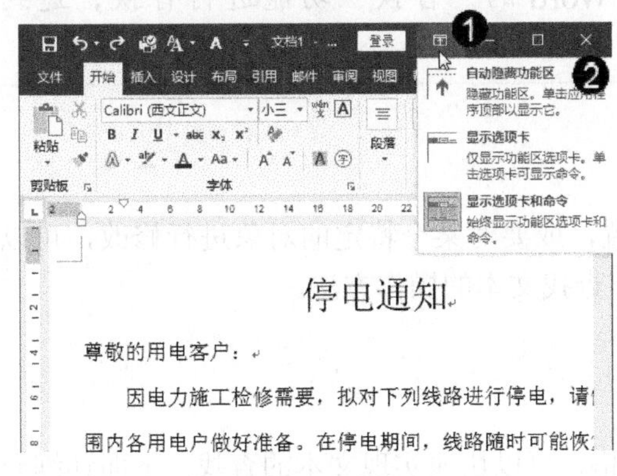

图 1-72

step 4 在功能区中，双击除【文件】选项卡之外的任意选项卡，即可只显示选项卡名称，隐藏后，再次双击除【文件】选项卡之外的任意选项卡，即可显示整个功能区，如图 1-73 所示。

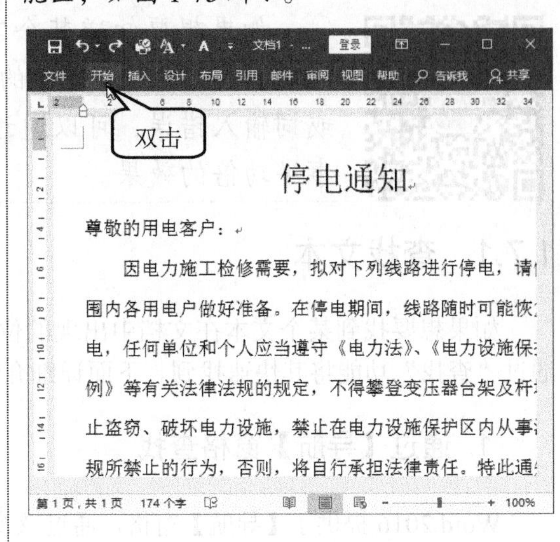

图 1-73

1.6.3 设置功能区提示

在 Word 2016 中，为了便于用户了解功能区中的各个命令按钮的功能，提供了屏幕提示功能。将光标放置在功能区的某个按钮上时，系统会显示一个提示框，其中包含该按钮的相关操作信息，如按钮名称、功能介绍和快捷键等。

step 1 切换到【文件】选项卡，进入 Backstage 视图，选择最下方的【选项】选项，如图 1-74 所示。

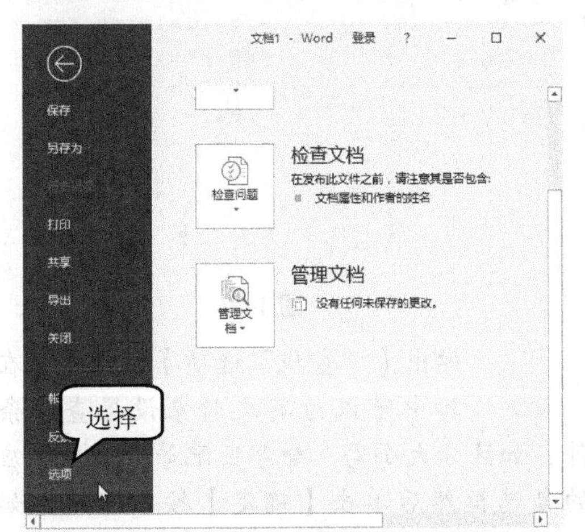

图 1-74

step 2 弹出【Word 选项】对话框，① 选择【常规】选项卡，② 在【用户界面选项】区域下方，打开【屏幕提示样式】下拉列表，在其中根据需要选择相应的选项，③ 单击【确定】按钮即可设置功能区提示，如图 1-75 所示。

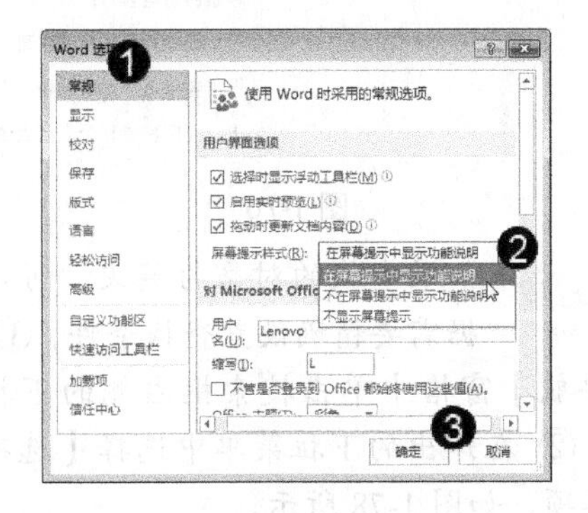

图 1-75

Section 1.7 查找和替换文本

手机扫描下方二维码，观看本节视频课程

如果想要知道某个字、词或一句话是否在文档中及所在的位置，可以用 Word 中的“查找”功能进行查找。若发现某个字或词输入错误，可以通过 Word 的“替换”功能进行替换，达到事半功倍的效果。

1.7.1 查找文本

如果想要找到某个文本在文档中出现的位置，或要对某个特定的对象进行修改，可以通过“查找”功能将其快速找到。下面详细介绍查找文本的操作方法。

1. 通过【导航】窗格查找

Word 2016 提供了【导航】窗格，通过该窗格，可以快速实现文本的查找。下面详细介绍使用【导航】窗格查找文本的操作方法。

step 1 ① 切换到【视图】选项卡，② 选中【显示】组中的【导航窗格】复选框，显示出【导航】窗格，如图 1-76 所示。

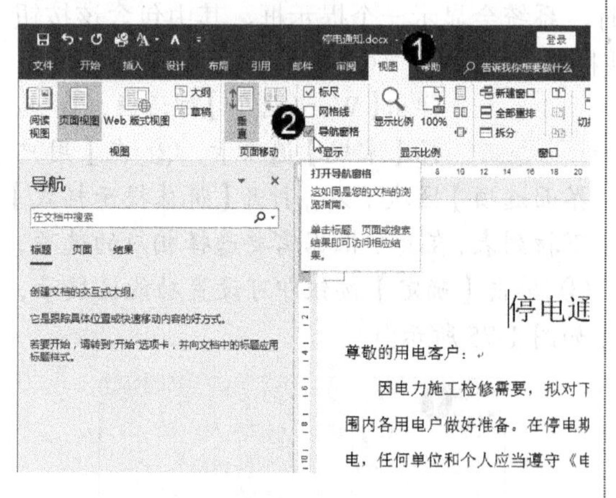

图 1-76

step 2 在打开的【导航】窗格的搜索框中输入要查找的文本内容，此时文档中将突出显示要查找的全部内容，如图 1-77 所示。

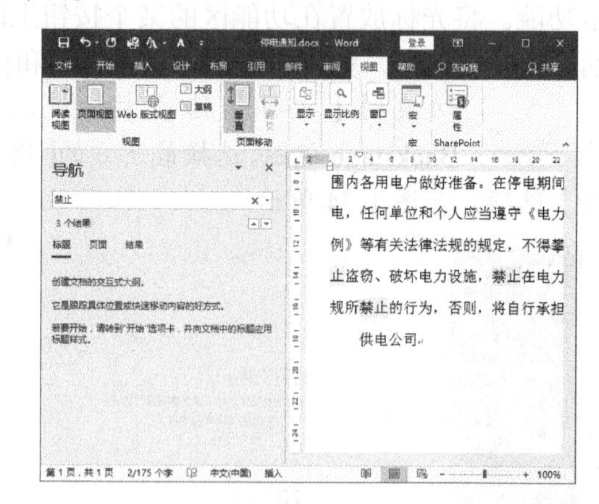

图 1-77

step 3 如果查找的对象为英文，可以根据需要精确设置查找条件，① 在【导航】窗格中单击搜索框右侧的下拉按钮，② 在弹出的下拉菜单中选择【选项】菜单项，如图 1-78 所示。

step 4 弹出【“查找”选项】对话框，在其中可以为英文对象设置查找条件，如区分大小写、全字匹配等，选中相应的复选框然后单击【确定】按钮即可，如图 1-79 所示。

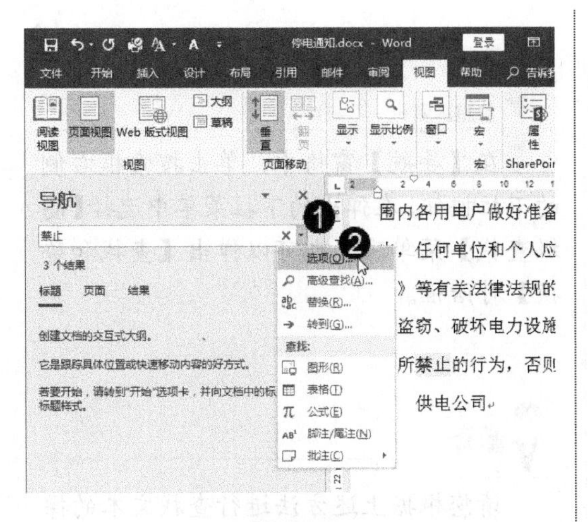

图 1-78

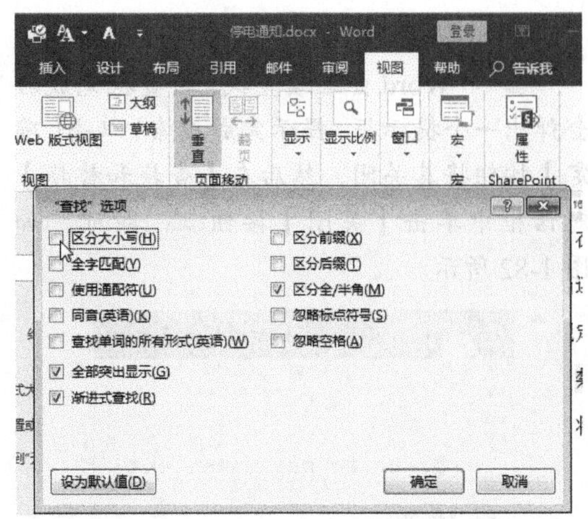

图 1-79

2. 通过对话框查找

在 Word 2016 中，除了通过【导航】窗格查找文本外，还可以通过【查找和替换】对话框进行查找，下面详细介绍其操作方法。

step 1 在 Word 文档的【开始】选项卡中，① 单击【编辑】组中的【查找】下拉按钮，② 在弹出的下拉菜单中选择【高级查找】菜单项，如图 1-80 所示。

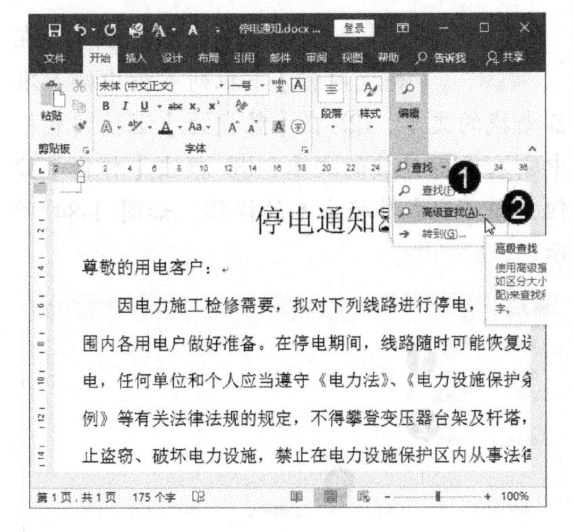

图 1-80

step 2 弹出【查找和替换】对话框，① 输入要查找的文本内容，② 单击【查找下一处】按钮，此时 Word 会自动从光标插入点所在位置开始查找，当找到第一个位置时，将以选中的形式显示，如图 1-81 所示。

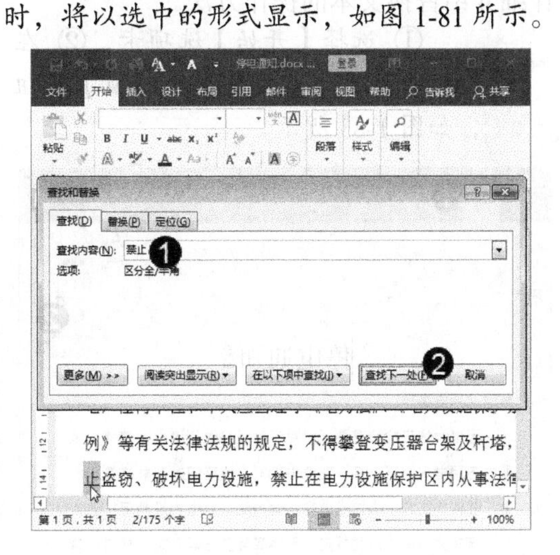

图 1-81

step 3 若继续单击【查找下一处】按钮，Word 会继续查找，当查找完成后会弹出一个提示框，提示完成搜索，单击【确定】按钮将其关闭，然后在【查找和替换】对话框中单击【关闭】按钮即可，如图 1-82 所示。

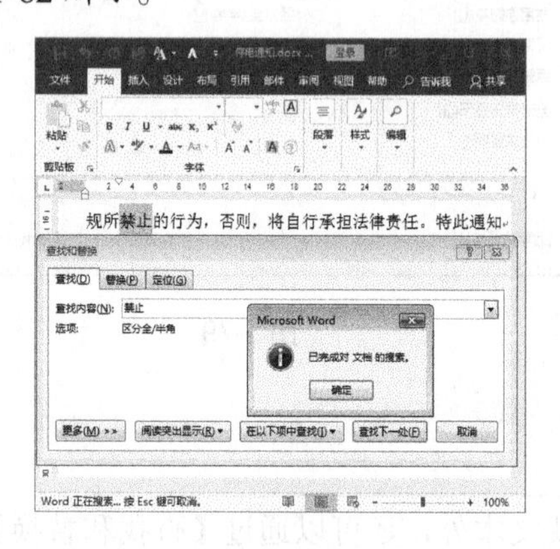

图 1-82

智慧锦囊

在【导航】窗格中，单击搜索框右侧的下拉按钮，在弹出的下拉菜单中选择【高级查找】菜单项，也可以弹出【查找和替换】对话框。

考考您

请您根据上述方法进行查找文本的操作，测试一下您的学习效果。

1.7.2 替换文本

通过 Word 的“替换”功能可以自动查找指定的内容，并将其替换为需要的内容，下面详细介绍替换文本的操作方法。

step 1 ① 选择【开始】选项卡，② 在【编辑】组中单击【替换】按钮 替换，如图 1-83 所示。

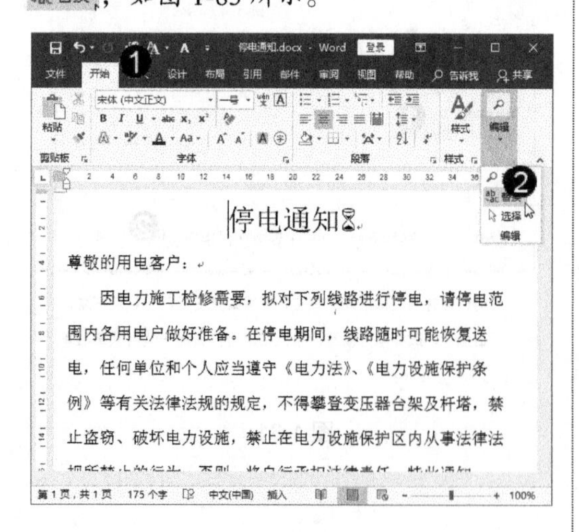

图 1-83

step 2 弹出【查找和替换】对话框，① 在【查找内容】下拉列表框中输入准备查找的文本，② 在【替换为】下拉列表框中输入准备替换的文本，③ 单击【替换】按钮，即可完成替换文本的操作，如图 1-84 所示。

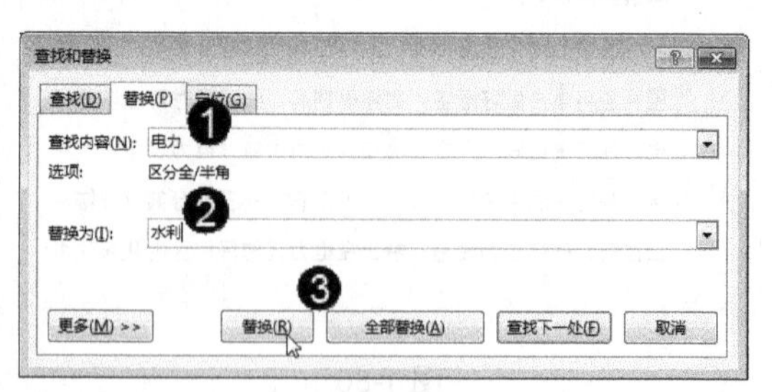

图 1-84

Section 1.8 范例应用与上机操作

手机扫描下方二维码，观看本节视频课程

通过本章的学习，读者可以掌握 Word 的基础知识和操作，下面介绍“根据模板创建‘传真’”和“给老朋友写一封信”范例应用，上机操作练习，以达到巩固学习、拓展提高的目的。

1.8.1 根据模板创建“传真”

传真是日常工作中常见的公文形式，是一种传送文件复印本的电信技术。下面详细介绍根据模板创建“传真”的具体操作方法。

素材文件 无

效果文件 第1章\效果文件\传真.doc

step 1 ① 打开 Word 2016 程序，选择【文件】选项卡，选择【新建】选项，② 在搜索框中输入“传真”，③ 单击【搜索】按钮，如图 1-85 所示。

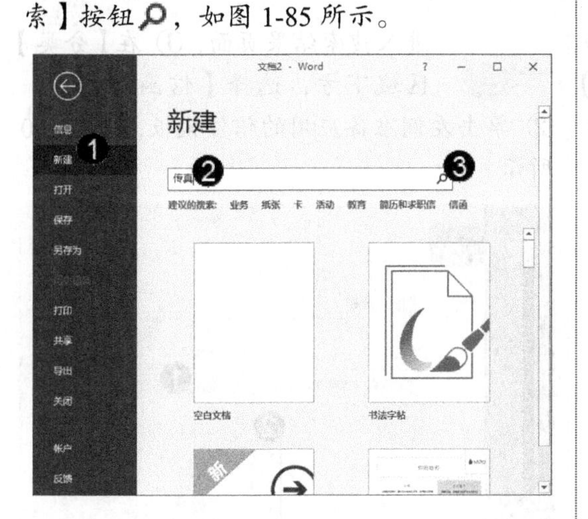

图 1-85

step 2 进入到搜索结果页面，① 在【分类】区域下方，选择【传真封面】选项，② 单击左侧准备应用的传真模板，如图 1-86 所示。

图 1-86

弹出该模板对话框，单击【创建】按钮，如图 1-87 所示。

step 4 在文档各个文本框处，输入相应的文本信息，即可完成根据模板创建“传真”的操作，如图 1-88 所示。

图 1-87

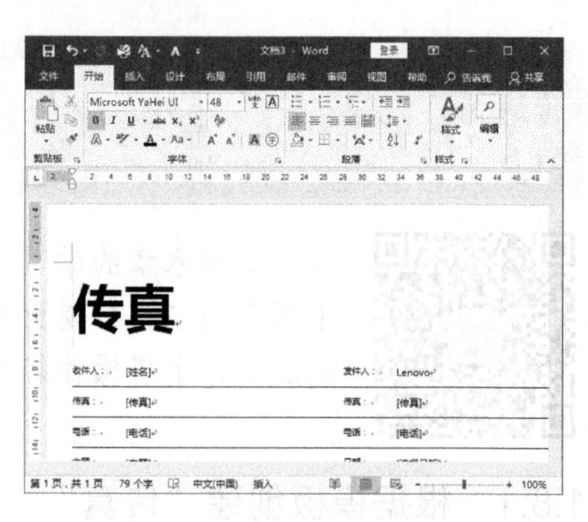

图 1-88

1.8.2 给老朋友写一封信

使用 Word 2016 软件，不仅可以编辑公文，还可以编写电子信件。下面详细介绍使用 Word 2016 编写电子信件的具体操作方法。

素材文件 无

效果文件 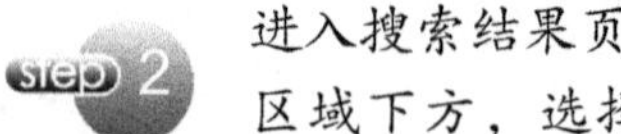
第1章\效果文件\信件.doc

step 1 ① 打开 Word 2016 程序，选择【文件】选项卡，选择【新建】选项，② 在搜索框中输入“信函”，③ 单击【搜索】按钮🔍，如图 1-89 所示。

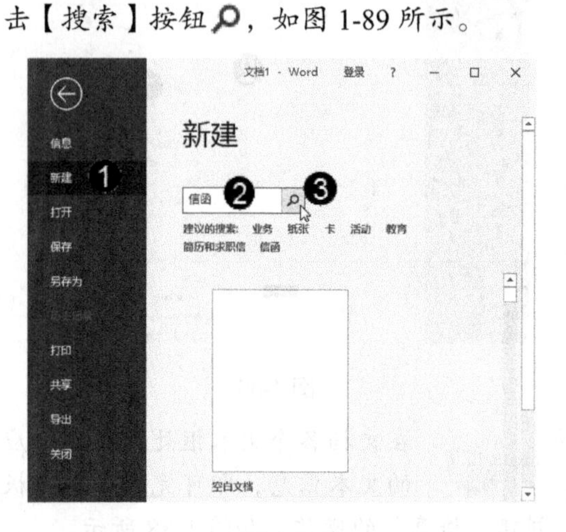

图 1-89

step 2 进入搜索结果页面，① 在【分类】区域下方，选择【信函】选项，② 单击左侧准备应用的信件模板，如图 1-90 所示。

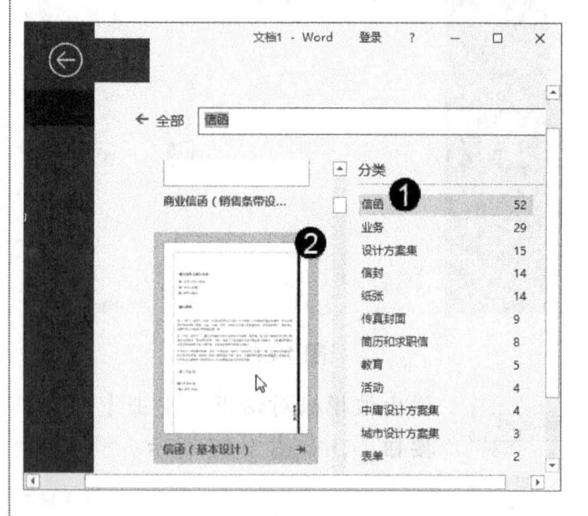

图 1-90

弹出该模板对话框，单击【创建】按钮，如图 1-91 所示。

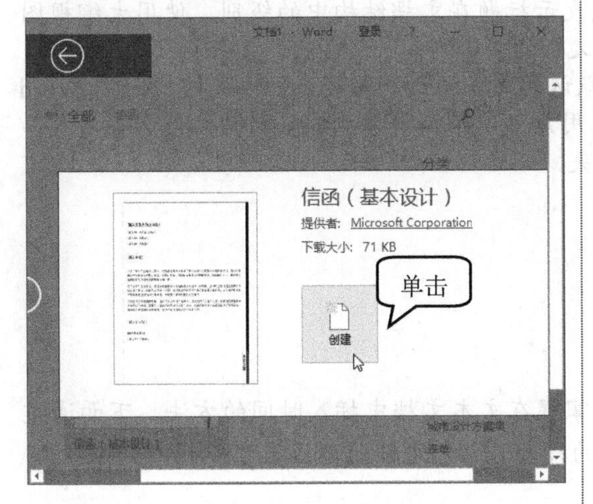

图 1-91

step 4 在文档工作区处，输入信件内容，这样即可完成根据模板创建“信件”的操作，如图 1-92 所示。

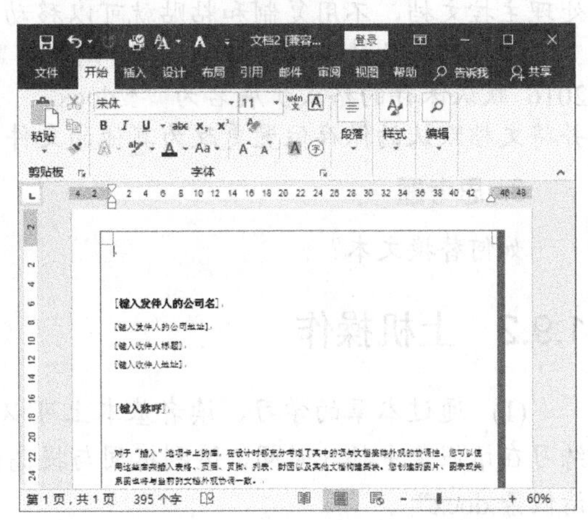

图 1-92

Section 1.9 课后练习与上机操作

本节内容无视频课程，习题参考答案在本书附录。

1.9.1 课后练习

1. 填空题

(1) ________位于文档编辑区的下方，包括显示当前文本的页数、字数、输入状态等信息的状态区，切换文档视图方式的快捷按钮以及设置显示比例的滑块。

(2) __________位于操作界面的最上方，包括文档和程序的名称、【登录】按钮、【功能区显示选项】按钮、【最小化】按钮、【最大化】按钮、【还原】按钮和【关闭】按钮。

(3) ______是 Word 2016 的默认视图效果，用于显示文档所有内容在整个页面的分布状况和整个文档在每一页上的位置，并可对其进行编辑操作。

(4) __________是显示文档在 Web 浏览器中的外观，此视图中没有页码、章节等信息。

(5) _________是 Word 2016 新添加的一种视图方式，显示标题和正文，是最节省计算机系统硬件资源的视图方式。

2. 判断题

(1) 在 Word 2016 中，【文件】选项卡位于 Word 2016 文档窗口的左上角。单击【文件】按钮可以打开【文件】界面，其中包括【信息】、【新建】、【打开】、【保存】、【另存为】、【打印】、【共享】、【导出】、【关闭】、【账户】和【选项】等选项。

(   )

(2) 页面版式视图方式一般应用于阅读和编辑长篇文档，文档将以最大空间显示两个页面的文档。 ( )

(3) 大纲视图是用缩进文档标题的形式表示标题在文档结构中的级别，使用大纲视图处理主控文档，不用复制和粘贴就可以移动文档的整章内容。 ( )

(4) 在默认情况下，Office 2016 均使用默认的文档格式和路径来保存文档，例如，Word 2016 默认保存的格式扩展名为“*.docx”。用户可以根据需要更改默认的文档保存格式，并将文档默认的保存位置更改为其他的文件夹。 ( )

3. 思考题

如何替换文本？

1.9.2 上机操作

(1) 通过本章的学习，读者基本上可以掌握在文本文档中插入时间的方法，下面通过练习在请假条中插入时间，达到巩固与提高的目的。素材文件的路径为“第 1 章\效果文件\请假条.docx”。

(2) 通过本章的学习，读者基本可以掌握如何创建一份 Word 文档，下面通过练习建立一份基本简历，达到巩固与提高的目的。素材文件的路径为“第 1 章\效果文件\基本简历.docx”。

设计文字与段落排版效果

本章介绍设计文字与段落排版效果方面的知识与技巧，主要内容有设置文本格式、编排段落格式、设置特殊的中文版式以及边框和底纹等。通过本章的学习，读者可以掌握使用 Word 2016 设计文字与段落排版样式方面的基础知识，为深入学习 Office 2016 电脑办公知识奠定基础。

1. 设置文本格式
2. 编排段落格式
3. 设置特殊的中文版式
4. 设置边框和底纹

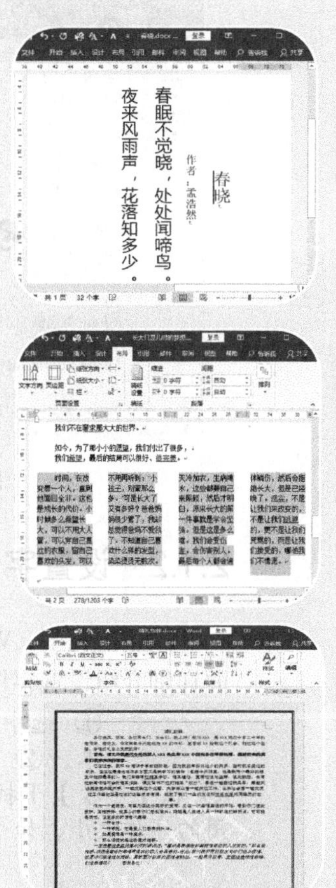

Section 2.1 设置文本格式

手机扫描下方二维码，观看本节视频课程

在使用 Word 2016 的过程中，用户可以设置文本的字体、字号和字体颜色，同时可以设置标题字体字形、正文加粗与倾斜、下划线和上标或下标等效果，以便制作的文档更加美观。本节将介绍定义文档的文本格式方面的知识与操作。

2.1.1 设置文本的字体

默认情况下，Word 2016 显示的字体为“宋体”，用户可以自定义需要的字体。下面详细介绍设置文本字体的操作方法。

step 1 ① 选中准备设置标题字体的文本，② 选择【开始】选项卡，③ 在【字体】下拉列表框中，选择准备应用的字体，如“汉真广标”，如图 2-1 所示。

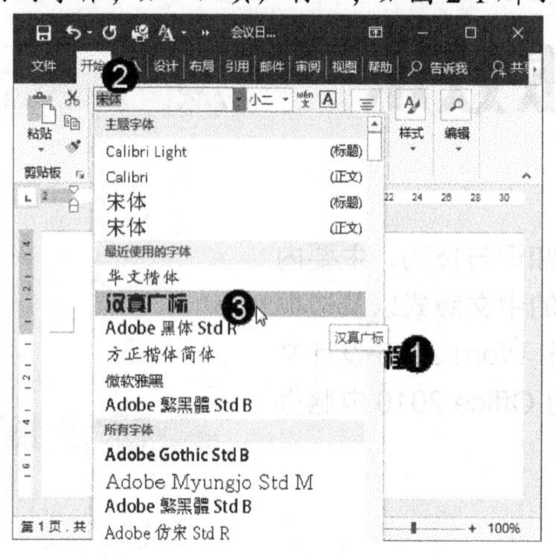

图 2-1

step 2 可以看到已经将选中的文本的字体设置为“汉真广标”，这样即可完成设置文本字体的操作，如图 2-2 所示。

图 2-2

2.1.2 设置字体的字号

默认情况下，Word 2016 显示的文本字号为“五号”，用户可以自定义需要的字号。下面详细介绍设置字体字号的操作方法。

step 1 ① 选中准备设置标题字号的文本，② 选择【开始】选项卡，③ 在【字号】下拉列表框中，选择准备应用的字体大小，如“小初”，如图 2-3 所示。

step 2 可以看到已经将选中的文本的字号设置为“小初”，这样即可完成设置文本字号的操作，如图 2-4 所示。

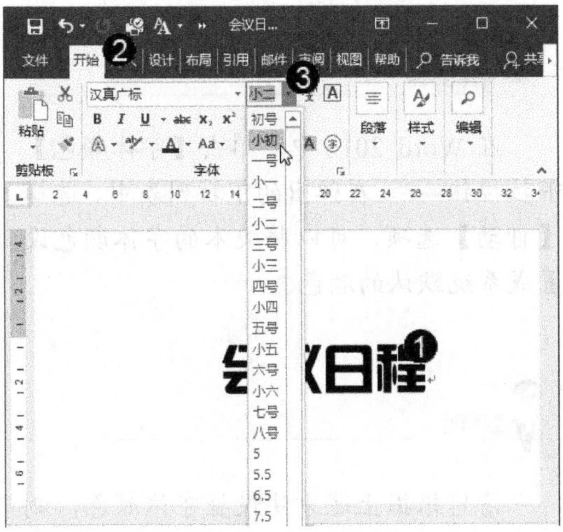

图 2-3

图 2-4

知识精讲

在 Word 2016 中，选择【开始】选项卡，在【字体】组中，单击【增大字体】按钮A^ 或【缩小字体】按钮A^ˇ，同样可以调整字体大小。

2.1.3 设置字体颜色

Word 2016 默认的字体颜色为“黑色”，用户可以根据需要自定义字体颜色。下面详细介绍设置字体颜色的操作方法。

① 选中准备设置标题字体颜色的文本，② 选择【开始】选项卡，③ 单击【字体颜色】下拉按钮A▾，如图 2-5 所示。

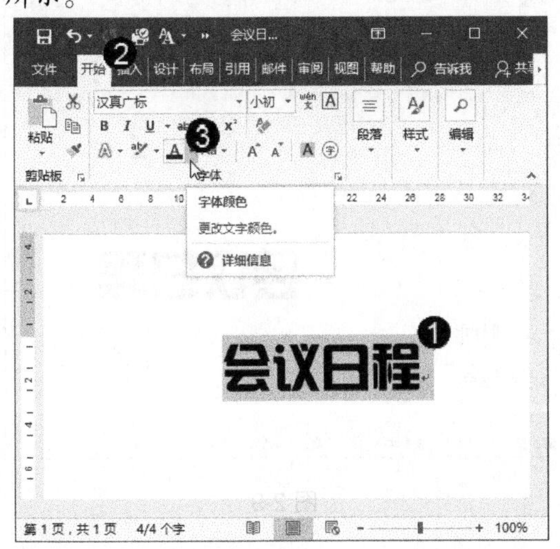

图 2-5

在弹出的下拉列表中，选择准备应用的颜色，如选择“红色”，如图 2-6 所示。

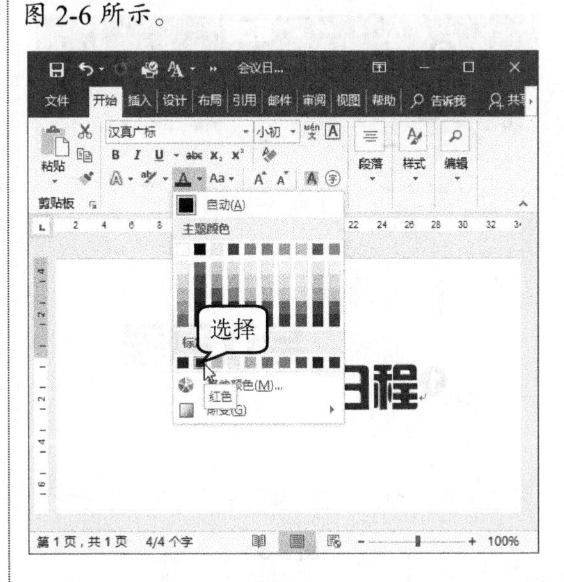

图 2-6

step 3 可以看到选中的文本已被设置为“红色”字体颜色，这样即可完成设置标题字体颜色的操作，如图 2-7 所示。

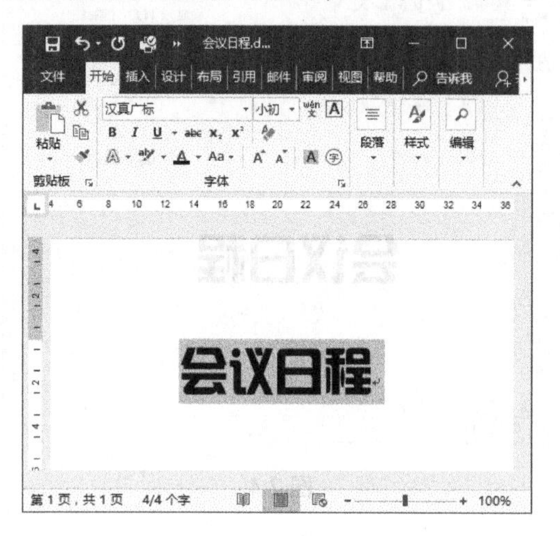

图 2-7

在 Word 2016 中，单击【字体颜色】下拉按钮，在弹出的下拉列表中，选择【自动】选项，可以将文本的字体颜色设置成系统默认的颜色。

请您根据上述方法设置字体颜色，测试一下您的学习效果。

2.1.4 设置字体字形

使用 Word 2016，可以设置标题字体字形，达到美化文本的作用。下面详细介绍设置标题字体字形的操作。

step 1 ① 选中准备设置标题字体字形的文本，② 选择【开始】选项卡，③ 在【字体】组中，单击【加粗】按钮 B，如图 2-8 所示。

图 2-8

step 2 可以看到已经将选中的文本设置为加粗，这样即可完成设置标题字体字形的操作，如图 2-9 所示。

图 2-9

2.1.5 设置上标或下标

在 Word 2016 中，使用上标或下标功能，可以在文本字符的上方或下方添加小字符，以便起到注释的作用。下面详细介绍设置上标或下标的操作方法。

step 1 ① 选中准备设置上标的文本，②选择【开始】选项卡，③ 在【字体】组中，单击【上标】按钮 x^2，如图 2-10 所示。

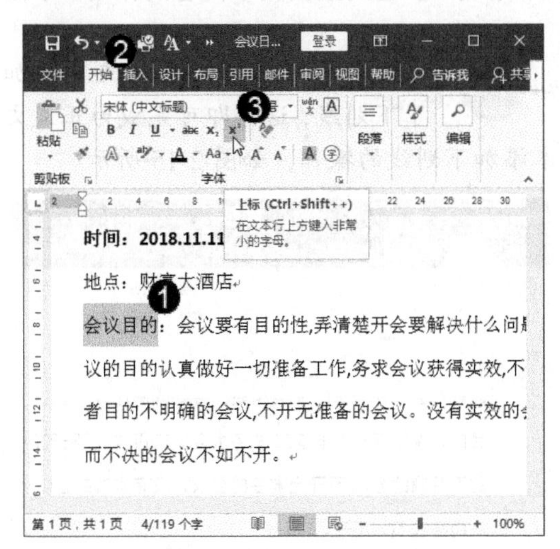

图 2-10

step 2 可以看到选中的文本已被设置为“上标”显示，这样即可完成设置上标的操作，如图 2-11 所示。

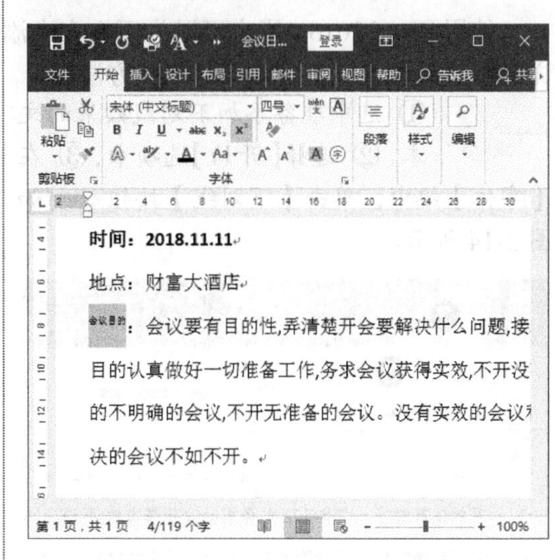

图 2-11

step 3 ① 选中准备设置下标的文本，② 选择【开始】选项卡，③ 在【字体】组中，单击【下标】按钮 x_2，如图 2-12 所示。

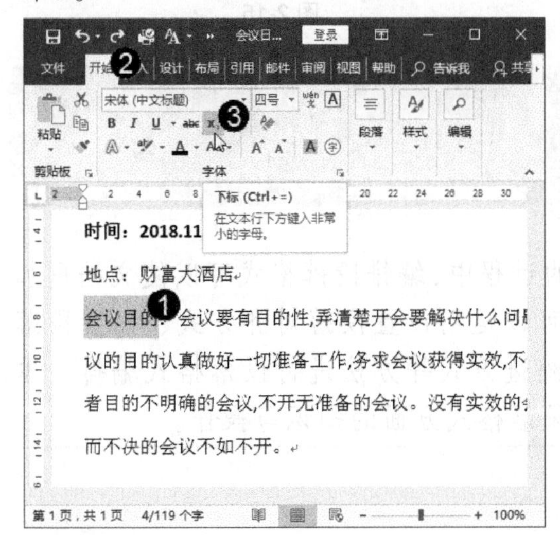

图 2-12

step 4 可以看到选中的文本已被设置为“下标”显示，这样即可完成设置下标的操作，如图 2-13 所示。

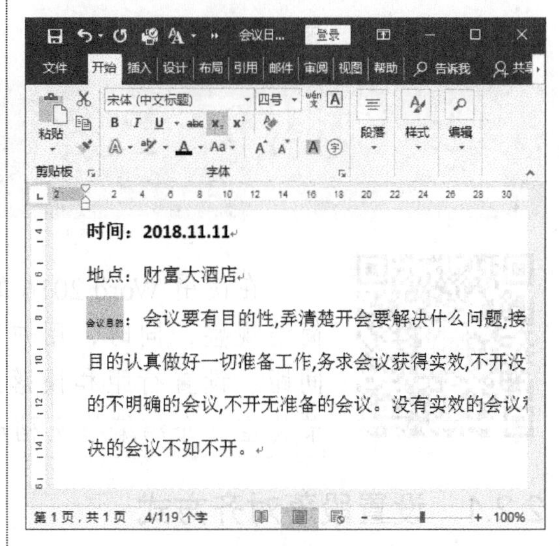

图 2-13

知识精讲

在 Word 2016 中，将设置成上标或下标的文本选中并右击，在弹出的快捷菜单中选择【样式】|【清除格式】菜单项，即可取消文本上标或下标的状态，恢复常规状态；再次单击【上标】按钮 x^2 或【下标】按钮 x_2，文本也将恢复到常规状态。

2.1.6 为正文文本添加下划线

使用 Word 2016，用户可以为正文文本添加下划线，以达到强调文本内容的作用。下面详细介绍设置正文倾斜效果的操作方法。

step 1 ① 选中准备添加下划线效果的文本，② 选择【开始】选项卡，③ 在【字体】组中，单击【下划线】按钮 U，如图 2-14 所示。

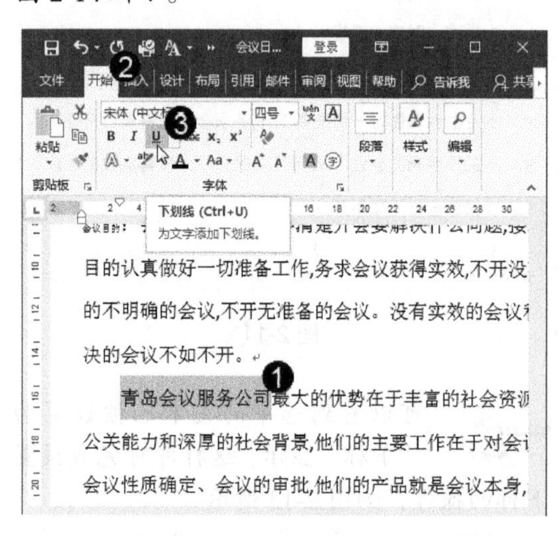

图 2-14

step 2 可以看到已经为选中的文本添加了下划线，这样即可完成为正文文本添加下划线的操作，如图 2-15 所示。

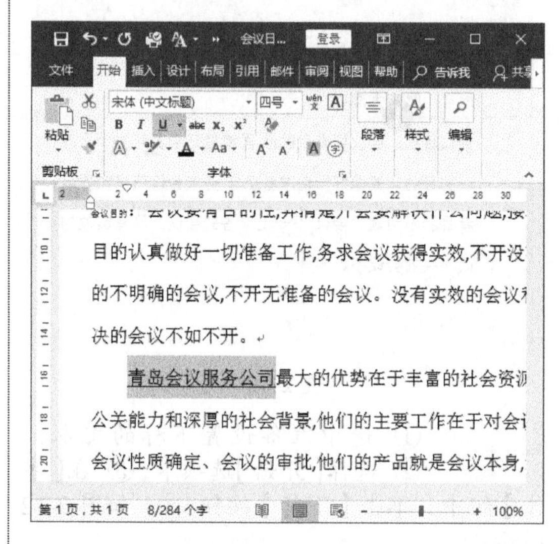

图 2-15

Section 2.2 编排段落格式

手机扫描下方二维码，观看本节视频课程

在使用 Word 2016 的过程中，编排段落格式可以使文档更加简洁规整，同时，用户可以运用设置段落对齐方式、设置段落间距、设置行距和段落缩进方式等方法进行段落格式编排。本节将重点介绍编排文档段落格式方面的知识与操作。

2.2.1 设置段落对齐方式

对齐方式是指段落在文档中的相对位置，在 Word 2016 中，用户可以自定义段落的对

齐方式。下面以设置右对齐方式为例，详细介绍设置段落对齐方式的操作方法。

step 1 ① 选中准备设置段落对齐方式的文本，② 选择【开始】选项卡，③ 在【段落】组中，单击右下角处的功能扩展按钮，如图 2-16 所示。

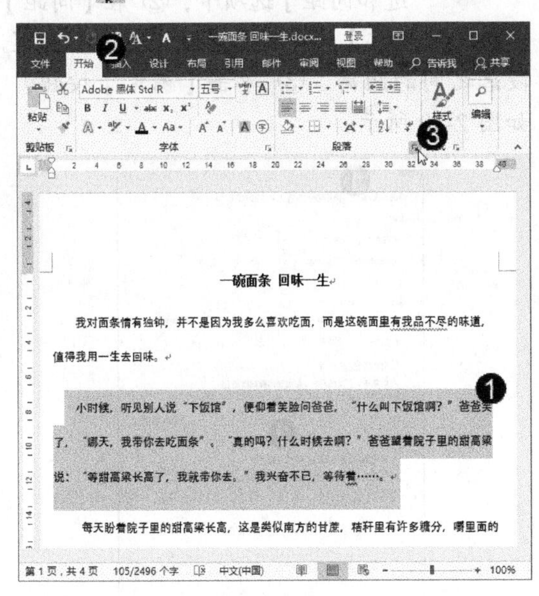

图 2-16

step 2 ① 弹出【段落】对话框，选择【缩进和间距】选项卡，② 在【常规】区域的【对齐方式】下拉列表框中，选择【右对齐】选项，③ 单击【确定】按钮，如图 2-17 所示。

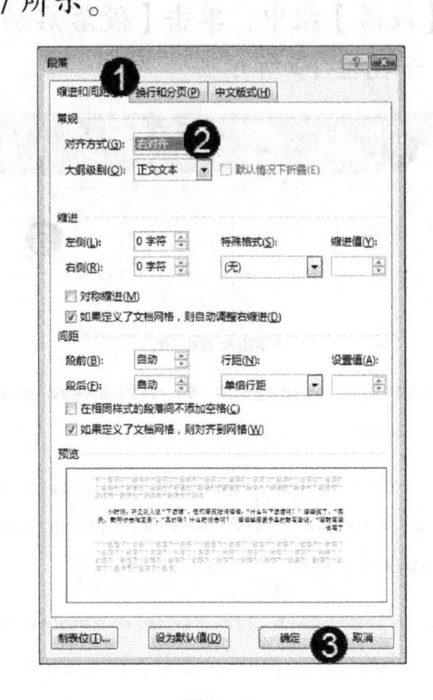

图 2-17

step 3 可以看到已经将选中的段落进行右对齐，这样即可完成设置段落对齐的操作，如图 2-18 所示。

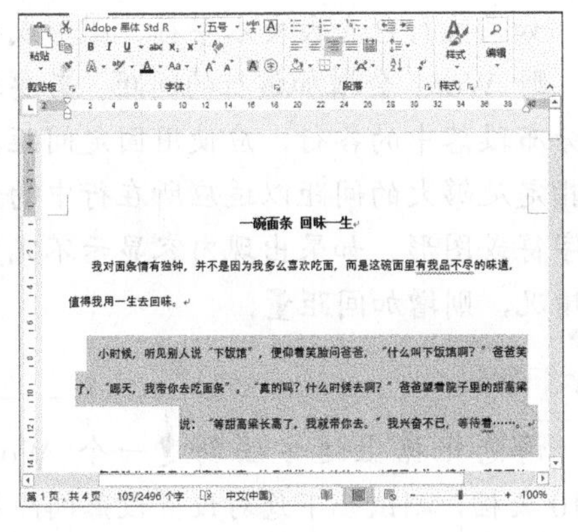

图 2-18

智慧锦囊

在 Word 2016 中，选择【开始】选项卡，在【段落】组中，单击【文本左对齐】按钮、【居中】按钮和【文本右对齐】按钮等，同样可以设置段落对齐的方式。

考考您

请您根据上述方法设置一个段落对齐方式，测试一下您对设置段落对齐方式的学习效果。

2.2.2 设置段落间距和行间距

为了使整个文档看起来疏密有致，可以为段落设置合适的间距和行距。下面详细介绍设置段落间距和行间距的操作方法。

1. 设置段落间距

段落间距是指文档中段落与段落之间的距离，下面详细介绍设置段落间距的操作。

step 1 ① 选中准备设置段落间距的文本，② 选择【开始】选项卡，③ 在【段落】组中，单击【段落启动器】按钮，如图 2-19 所示。

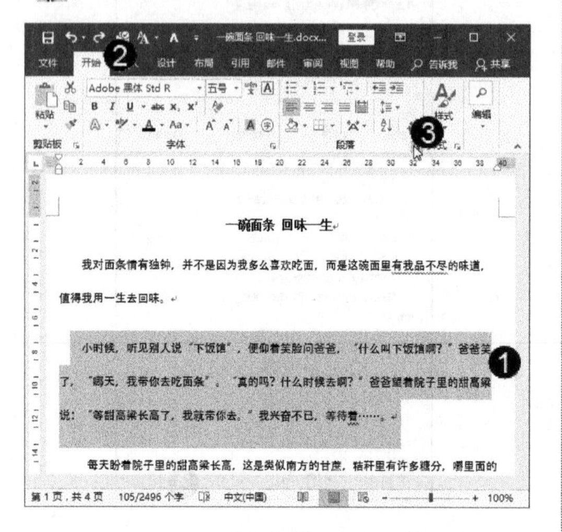

图 2-19

step 3 通过上述操作即可完成设置段落间距的操作，如图 2-21 所示。

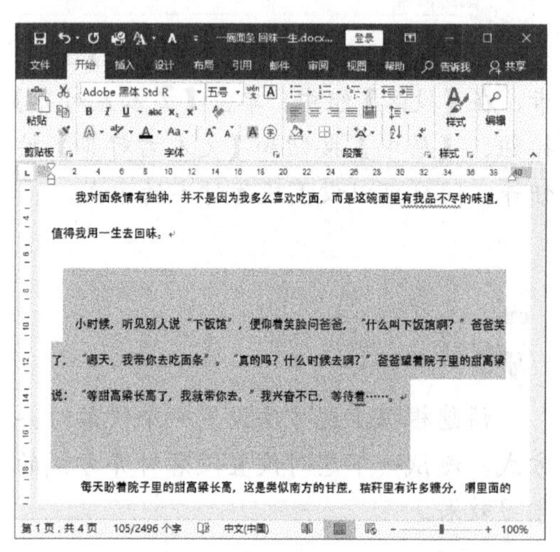

图 2-21

step 2 ① 弹出【段落】对话框，选择【缩进和间距】选项卡，② 在【间距】区域的【段前】和【段后】微调框中，设置段落之间的距离，③ 单击【确定】按钮，如图 2-20 所示。

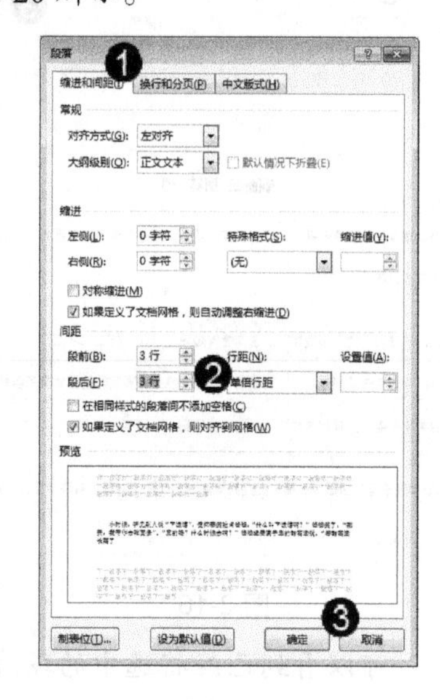

图 2-20

智慧锦囊

如果某行包含大文本字符、图形或公式，则 Word 会增加该行的间距。若要均匀分布段落中的各行，应使用固定间距，并指定足够大的间距以适应所在行中的最大字符或图形。如果出现内容显示不完整的情况，则增加间距量。

考考您

请您根据上述方法创建一个 Word 2010 文档，测试一下您对设置段落间距知识的学习效果。

2. 设置行距

行距是指文档中行与行之间的距离，下面详细介绍设置行距的操作方法。

① 选中准备设置段落行距的文本，② 选择【开始】选项卡，③ 在【段落】组中，单击【段落启动器】按钮，如图 2-32 所示。

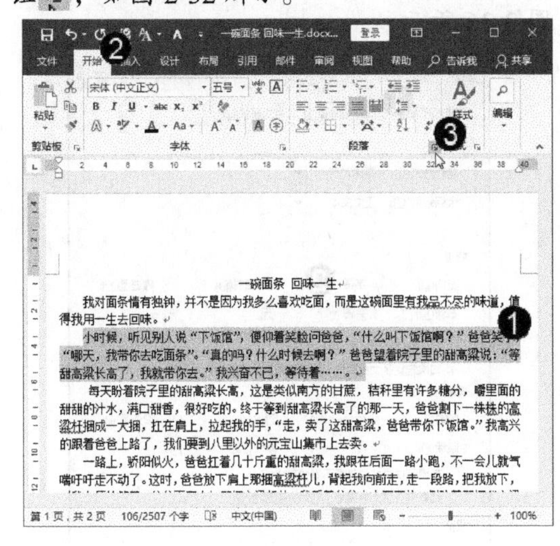

图 2-22

① 弹出【段落】对话框，选择【缩进和间距】选项卡，② 在【间距】区域的【行距】下拉列表框中，选择【1.5 倍行距】选项，③ 单击【确定】按钮，如图 2-23 所示。

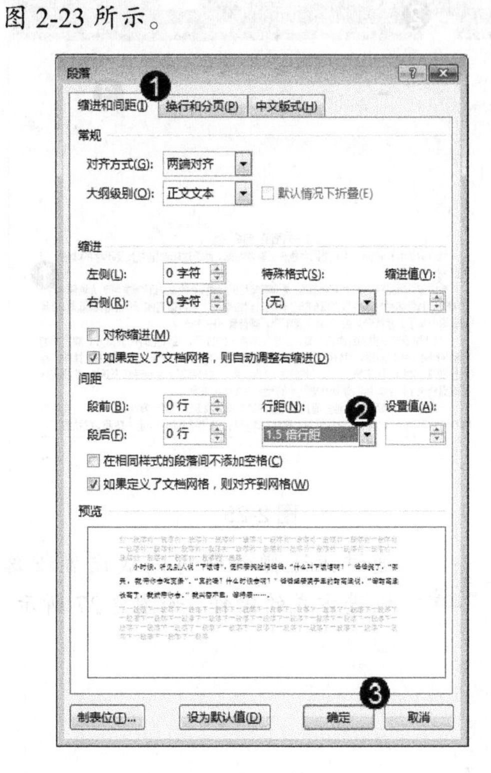

图 2-23

通过上述操作即可完成设置段落行距的操作，如图 2-24 所示。

图 2-24

智慧锦囊

打开【段落】对话框，在【行距】下拉列表框中，选择【单倍行距】选项，此选项将行距设置为该行最大字体的高度加上一小段额外间距。额外间距的大小取决于所用的字体。

2.2.3 设置段落缩进方式

在 Word 2016 中，为了增强文档的层次感，提高可阅读性，还可以设置段落的缩进方式，方便用户更好地展示文本内容。下面介绍设置段落缩进方式的操作方法。

step 1 ① 选中准备设置段落缩进方式的文本，② 选择【开始】选项卡，③ 在【段落】组中，单击【段落启动器】按钮，如图 2-25 所示。

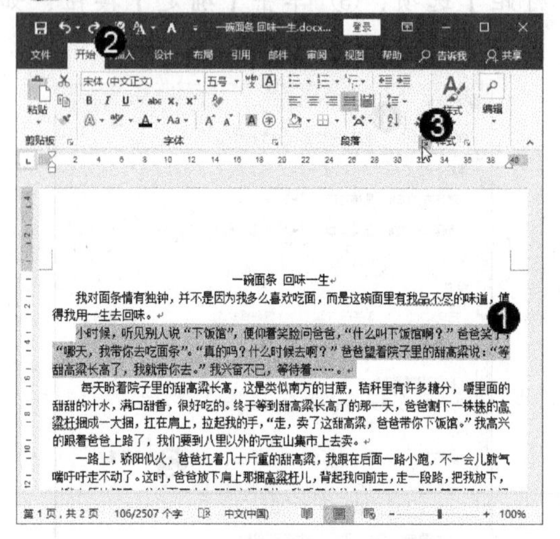

图 2-25

step 3 通过上述操作即可完成设置段落缩进方式的操作，如图 2-27 所示。

剪贴板 字体 段落 样式

一碗面条 回味一生

我对面条情有独钟，并不是因为我多么喜欢吃面，而是这碗面里有我品不尽的味道，值得我用一生去回味。

小时候，听见别人说“下饭馆”，便仰着笑脸问爸爸，“什么叫下饭馆啊？”爸爸笑了，“哪天，我带你去吃面条”。“真的吗？什么时候去啊？”爸爸望着院子里的甜高粱说：“等甜高粱长高了，我就带你去。”我兴奋不已，等待着……。

每天盼着院子里的甜高粱长高，这是类似南方的甘蔗，秸秆里有许多糖分，嚼里面的甜甜的汁水，满口甜香，很好吃的。终于等到甜高粱长高了的那一天，爸爸割下一株株的高粱杆捆成一大捆，扛在肩上，拉起我的手，“走，卖了这甜高粱，爸爸带你下饭馆。”我高兴的跟着爸爸上路了，我们要到八里以外的元宝山集市上去卖。

一路上，骄阳似火，爸爸扛着几十斤重的甜高粱，我跟在后面一路小跑，不一会儿就气喘吁吁走不动了。这时，爸爸放下肩上那捆高粱杆儿，背起我向前走，走一段路，把我放下，

第 1 页，共 2 页 106/2507 个字 中文(中国) 100%

图 2-27

step 2 ① 弹出【段落】对话框，选择【缩进和间距】选项卡，② 在【缩进】区域的【左侧】和【右侧】微调框中，设置段落缩进的数值，③ 单击【确定】按钮，如图 2-26 所示。

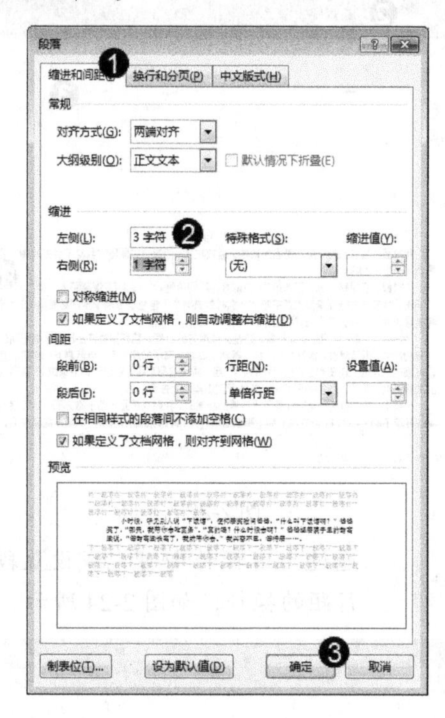

图 2-26

考考您

请您根据上述方法设置段落缩进方式，测试一下您对设置段落缩进方式知识的学习效果。

Section 2.3 设置特殊的中文版式

手机扫描下方二维码，观看本节视频课程

如果用户需要制作带有特殊效果的文档，可以应用一些特殊的排版方式，Word 2016 提供了许多的特殊版式，如首字下沉、双行合一、使用拼音指南、为段落添加项目符号或编号和添加多级列表等。本节将详细介绍设置特殊版式方面的知识。

2.3.1 首字下沉

首字下沉是将段落的第一行第一个字的字体变大，并且向下移动一定的距离，段落的其他部分保持原样。下面详细介绍首字下沉的操作方法。

step 1 ① 选中准备设置首字下沉的段落文本，② 选择【插入】选项卡，③ 在【文本】组中，单击【首字下沉】下拉按钮，④ 在弹出的下拉菜单中，选择准备应用的样式，如“下沉”，如图 2-28 所示。

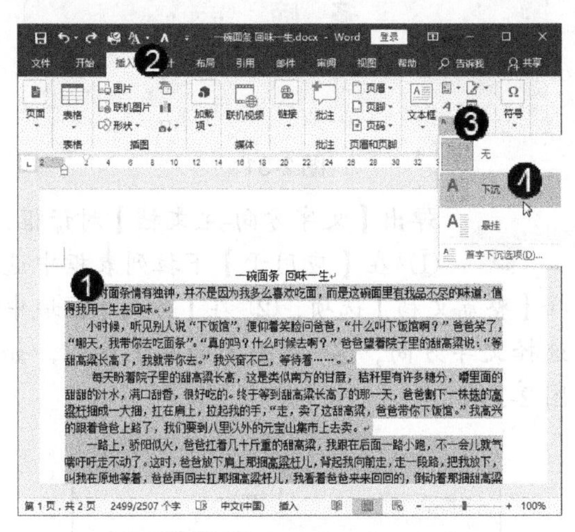

图 2-28

step 2 可以看到已经将选中的文本首字设置为“下沉”状态，这样即可完成设置首字下沉的操作，如图 2-29 所示。

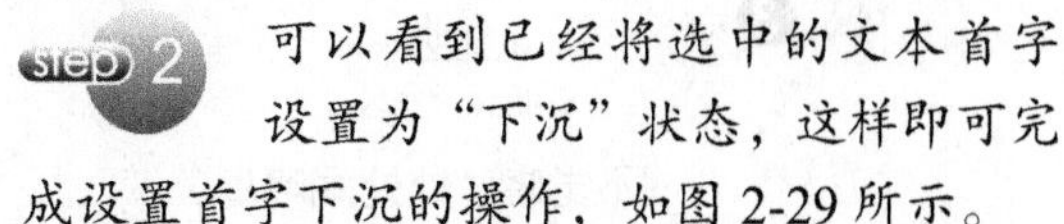

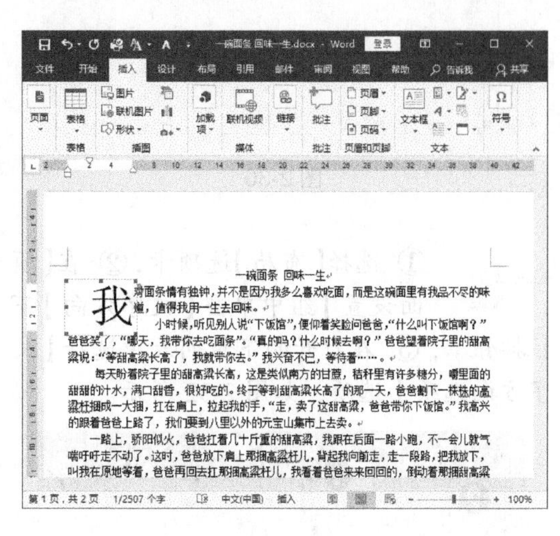

图 2-29

知识精讲

在 Word 2016 中，首字下沉可分为下沉和悬挂两种。选中准备设置首字下沉的段落文本后，选择【插入】选项卡，在【文本】组中，单击【首字下沉】下拉按钮，在弹出的下拉菜单中，选择【首字下沉选项】菜单项，可以设置首字下沉的样式和参数。

2.3.2 文字竖排

通常情况下，文档的排版方式为水平排版，不过有时也需要对文档进行竖直排版，以追求更完美的文档效果。下面详细介绍文字竖排的操作方法。

step 1 ① 选择【布局】选项卡，② 在【页面设置】组中单击【文字方向】下拉按钮，③ 在打开的下拉菜单中选择【垂直】菜单项，如图 2-30 所示。

step 2 可以看到已经将文本设置为“竖排”显示，这样即可完成文字竖排的操作，如图 2-31 所示。

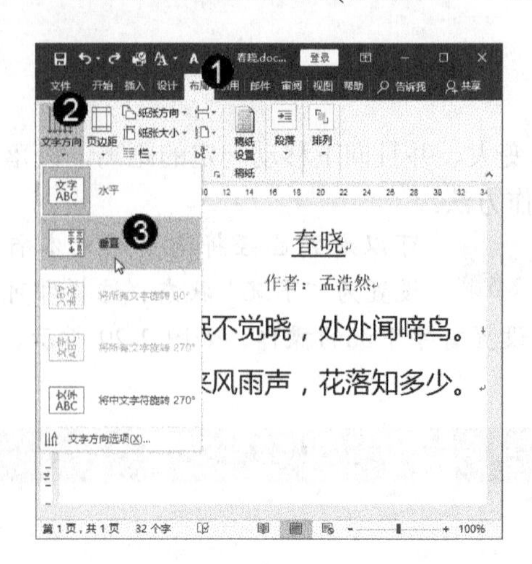

图 2-30

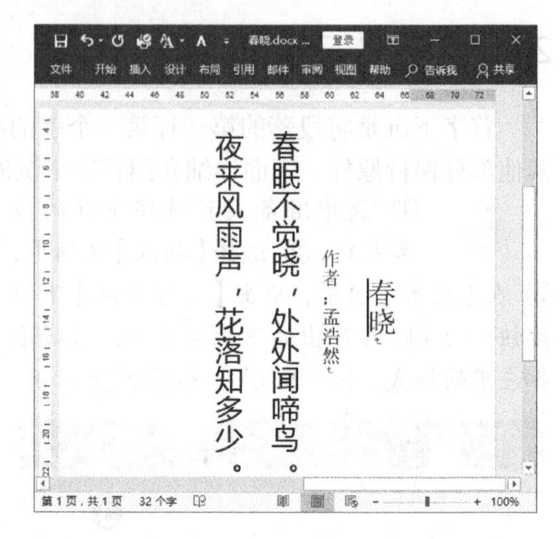

图 2-31

step 3 ① 选择【布局】选项卡，② 在【页面设置】组中单击【文字方向】下拉按钮，③ 在打开的下拉列表中选择【文字方向选项】选项，如图 2-32 所示。

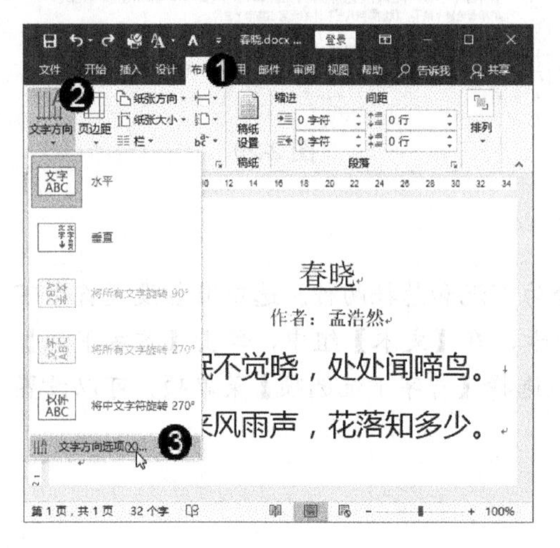

图 2-32

step 4 弹出【文字方向-主文档】对话框，① 在【应用于】下拉列表框中选择【整篇文档】选项，② 在【方向】区域中选择文字方向，③ 单击【确定】按钮，如图 2-33 所示。

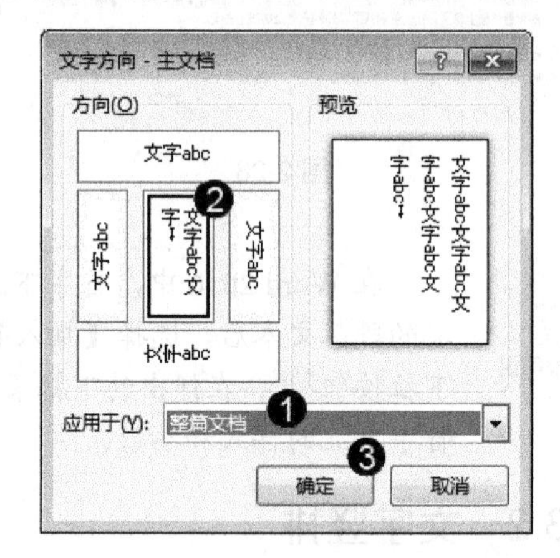

图 2-33

在【文字方向-主文档】对话框中，在【应用于】下拉列表框中选择应用范围为“插入点之后”，文档将另起一页，将光标插入点后的文字改变方向。

请您根据上述方法设置文字竖排，测试一下您对文字竖排知识的学习效果。

可以看到已经将文本设置为“竖排”显示，这样也可以完成设置文字竖排的操作，如图 2-34 所示。

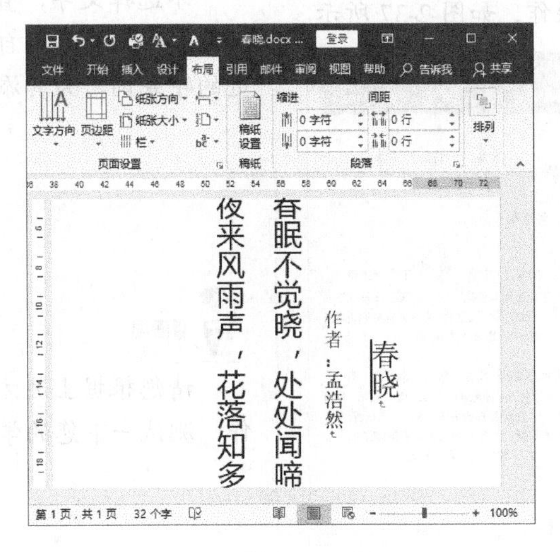

图 2-34

2.3.3 中文注音

Word 2016 提供了中文注音功能，通过该功能可以快速在中文文字上方添加拼音标注。下面详细介绍其操作方法。

① 选中要标注拼音的文字，② 选择【开始】选项卡，③ 在【字体】组中，单击【拼音指南】按钮 wén 文，如图 2-35 所示。

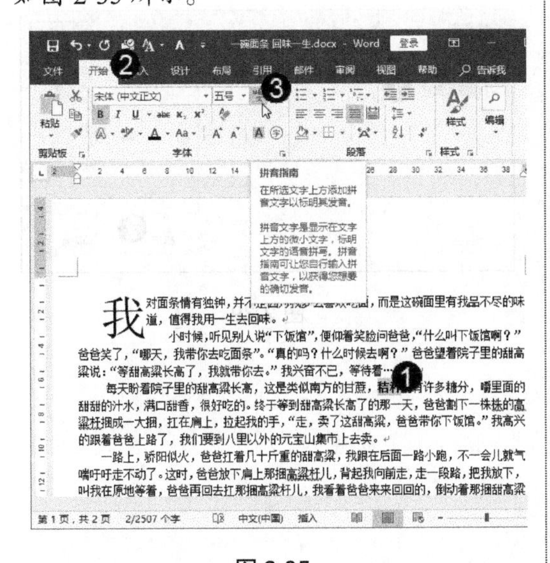

图 2-35

step 2 弹出【拼音指南】对话框，在其中可以对拼音的对齐方式、字体、字号、偏移量等进行设置，设置完成后，单击【确定】按钮，如图 2-36 所示。

拼音指南

基准文字(B):	拼音文字(R):
秸	jiē
秆	gǎn

组合(G)　单字(M)　清除读音(C)　默认读音(D)

对齐方式(L): 1-2-1　偏移量(O): 0 磅

字体(F): 宋体　字号(S): 5 磅

预览

jiēgǎn 秸秆

确定　取消

图 2-36

返回到文档中，可以看到已经在选中的文字上方添加拼音标注，这样即可完成中文注音的操作，如图 2-37 所示。

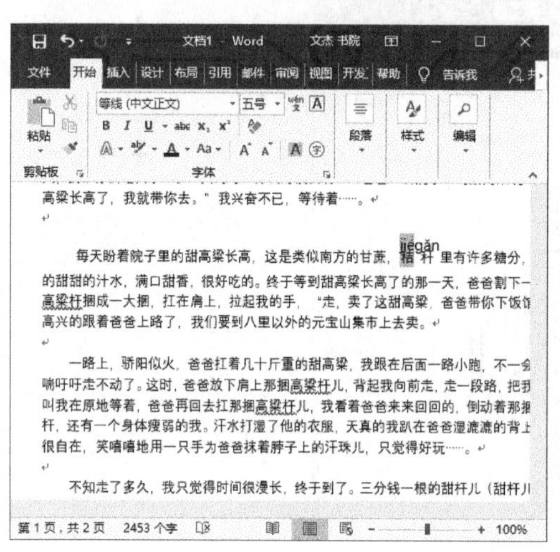

图 2-37

不选择文字，直接单击【拼音指南】按钮，Word 将自动选择光标插入点附近的字或词，为其添加拼音。

考考您

请您根据上述方法进行中文注音的操作，测试一下您的学习效果。

2.3.4 纵横混排

使用 Word 的纵横混排功能，可以在横排的段落中插入竖排的文本，制作出特殊的段落效果。下面详细介绍纵横混排的操作方法。

step 1 ① 选择要纵向放置的文字，② 选择【开始】选项卡，③ 在【段落】组中，单击【中文版式】下拉按钮，④ 在弹出的下拉列表中选择【纵横混排】选项，如图 2-38 所示。

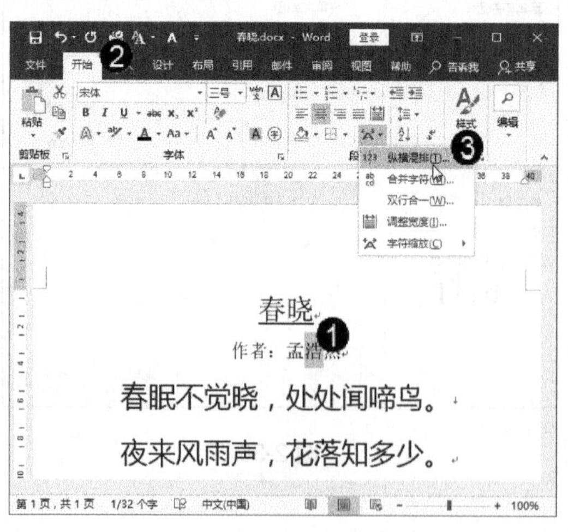

图 2-38

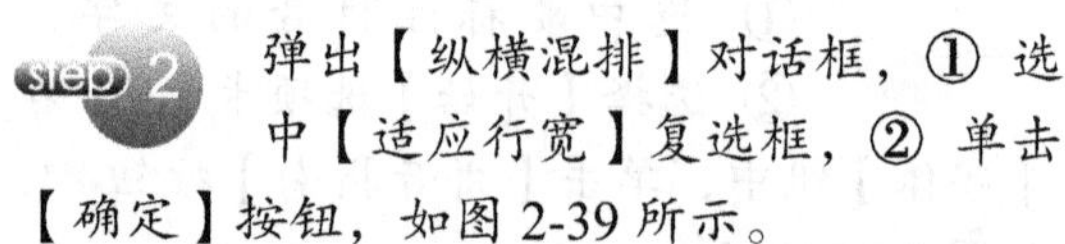

弹出【纵横混排】对话框，① 选中【适应行宽】复选框，② 单击【确定】按钮，如图 2-39 所示。

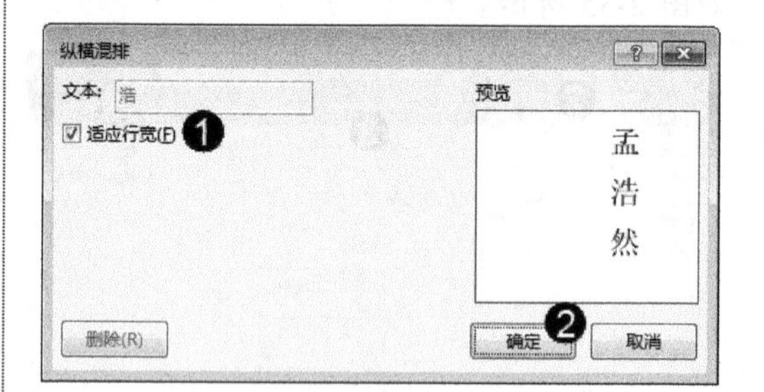

图 2-39

step 3 返回到文档中，可以看到已经将选中的文字设置为纵向放置，这样即可完成纵横混排的操作，如图 2-40 所示。

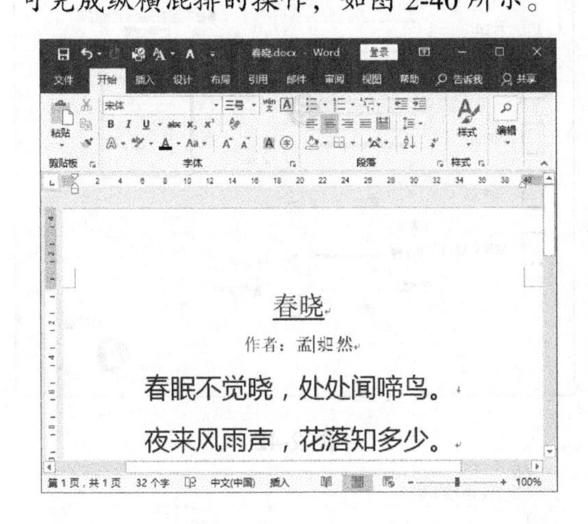

图 2-40

请您根据上述方法进行纵横混排的操作，测试一下您的学习效果。

Section 2.4 设置边框和底纹

手机扫描下方二维码，观看本节视频课程

在使用 Word 2016 的过程中，用户还可以给文档添加一些外观效果，如设置页面边框、设置页面底纹、设置水印效果和设置页面颜色等。本节将重点介绍设置边框和底纹方面的知识与操作技巧。

2.4.1 设置页面边框

在 Word 2016 中，设置页面边框可以为文档的外围或内部添加边框线效果。下面详细介绍设置页面边框的操作方法。

step 1 ① 选择【设计】选项卡，② 在【页面背景】组中，单击【页面边框】按钮，如图 2-41 所示。

step 2 ① 弹出【边框和底纹】对话框，选择【页面边框】选项卡，② 在【设置】区域中，选择【方框】选项，③ 在【样式】区域中，选择准备应用的样式，④ 单击【确定】按钮，如图 2-42 所示。

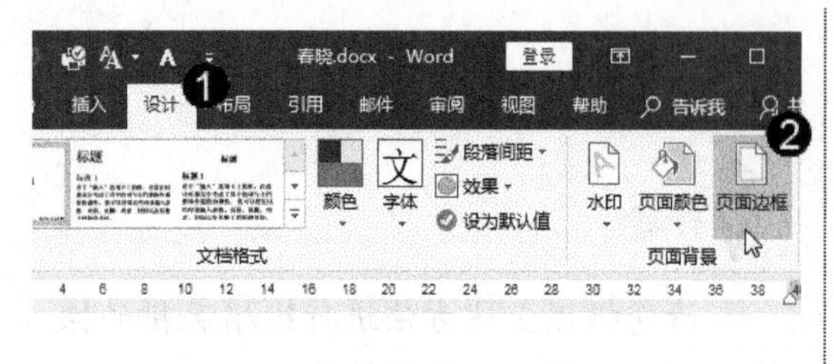

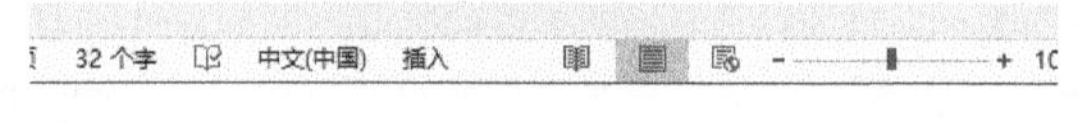

图 2-41

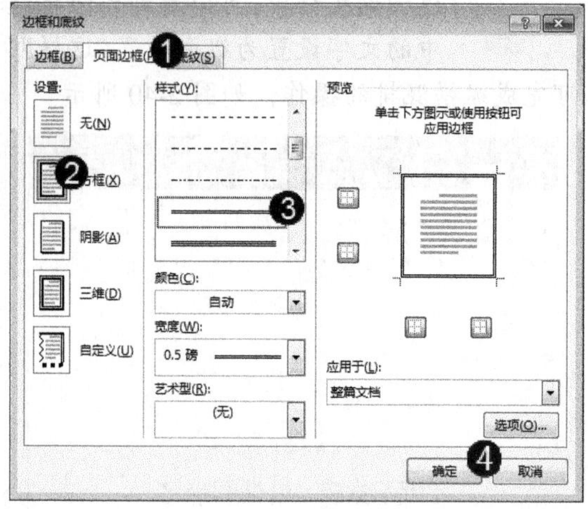

图 2-42

智慧锦囊

在【边框和底纹】对话框中，通过【预览】区域中的【上边框】按钮、【下边框】按钮、【左边框】按钮和【右边框】按钮，可以自行决定添加任意位置的边框线。通过【应用于】下拉列表框，用户也可以决定为整篇文档、本节、本节首页还是本节除首页外的所有页添加边框。

返回到文档中，可以看到已经为文档页面添加了边框，这样即可完成设置页面边框的操作，如图 2-43 所示。

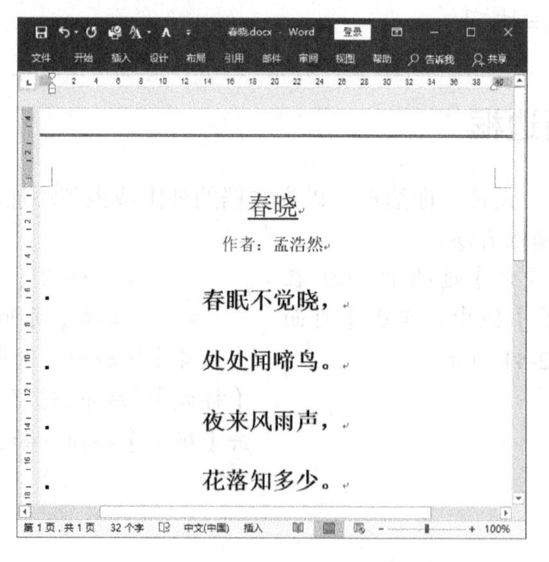

图 2-43

2.4.2 设置页面底纹

在 Word 2016 中，选中文本后可以自定义页面底纹。下面详细介绍设置页面底纹的操作方法。

step 1 ① 选中准备设置页面底纹的文本，② 选择【设计】选项卡，③ 在【页面背景】组中，单击【页面边框】按钮，如图 2-44 所示。

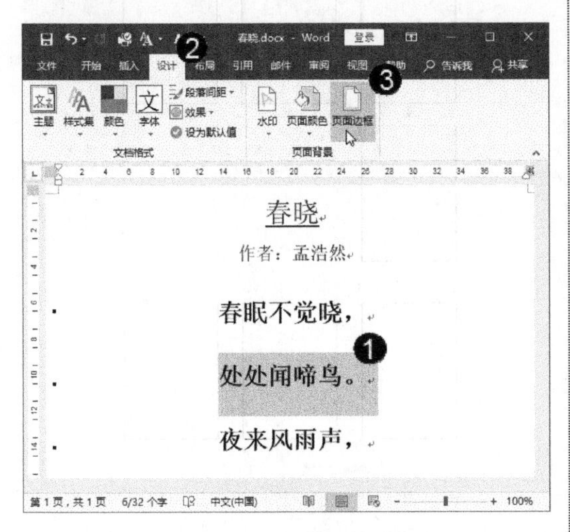

图 2-44

step 2 ① 弹出【边框和底纹】对话框，选择【底纹】选项卡，② 单击【填充】下拉按钮，③ 在弹出的下拉列表中，选择准备应用的底纹颜色，如图 2-45 所示。

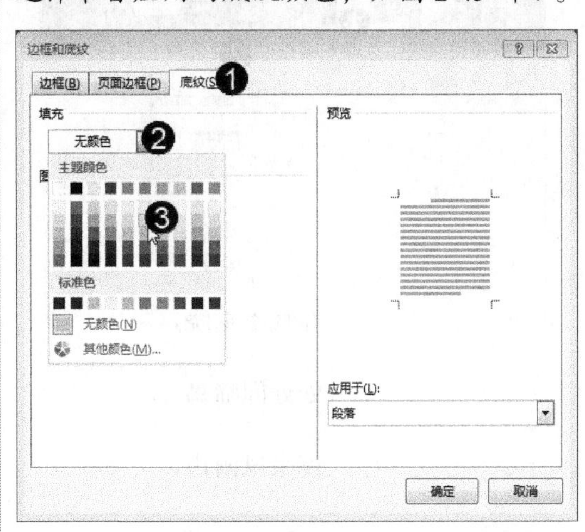

图 2-45

step 3 ① 在【预览】区域下方的【应用于】下拉列表框中，选择【段落】选项，② 单击【确定】按钮，如图 2-46 所示。

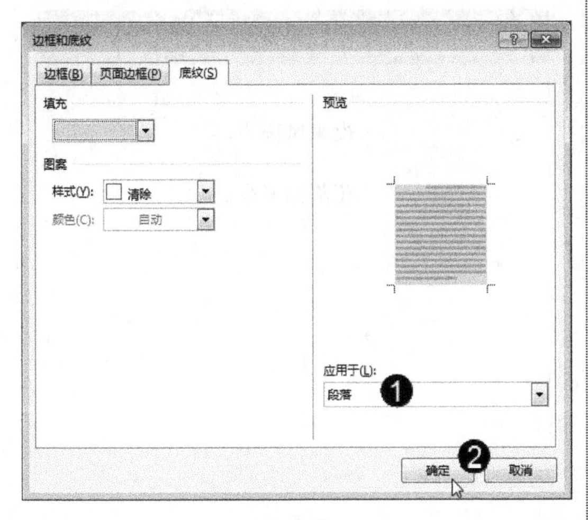

图 2-46

step 4 返回到文档中，可以看到选择的文本已被添加了底纹样式，这样即可完成设置页面底纹的操作，如图 2-47 所示。

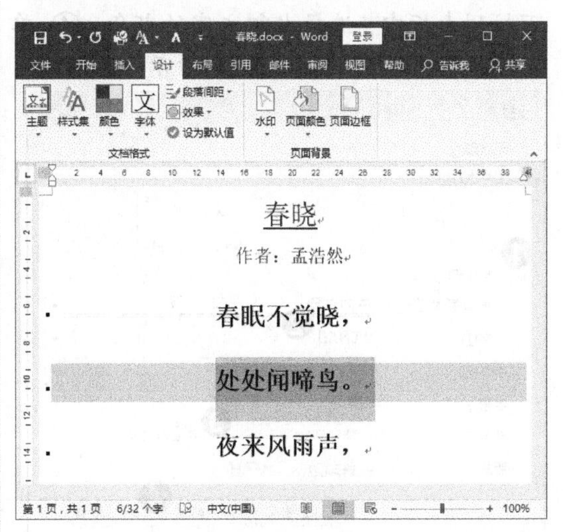

图 2-47

2.4.3 设置水印效果

水印效果是指在页面的背景上添加一种颜色略浅的文字或图片。下面详细介绍设置水印效果的操作方法。

step 1 ① 选择【设计】选项卡，② 在【页面背景】组中，单击【水印】下拉按钮，如图 2-48 所示。

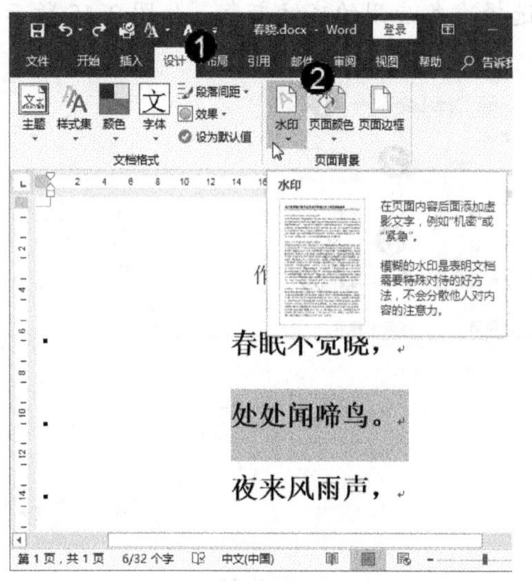

图 2-48

step 2 在弹出的下拉列表中，选择【自定义水印】选项，如图 2-49 所示。

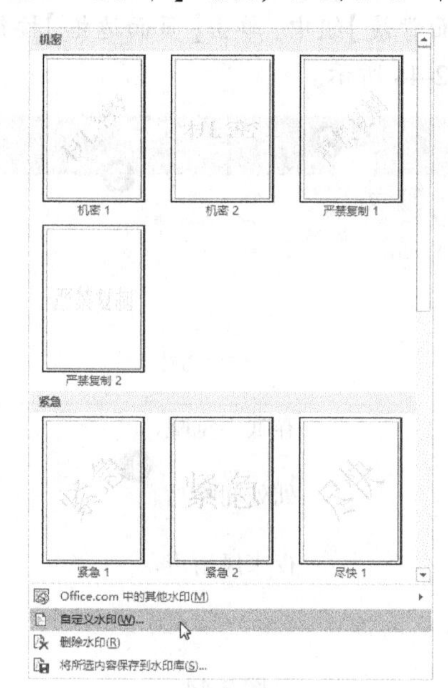

图 2-49

step 3 ① 弹出【水印】对话框，选中【文字水印】单选按钮，② 在【文字】下拉列表框中输入水印文字，③ 在【颜色】下拉列表框中，选择水印文字的颜色，④ 单击【确定】按钮，如图 2-50 所示。

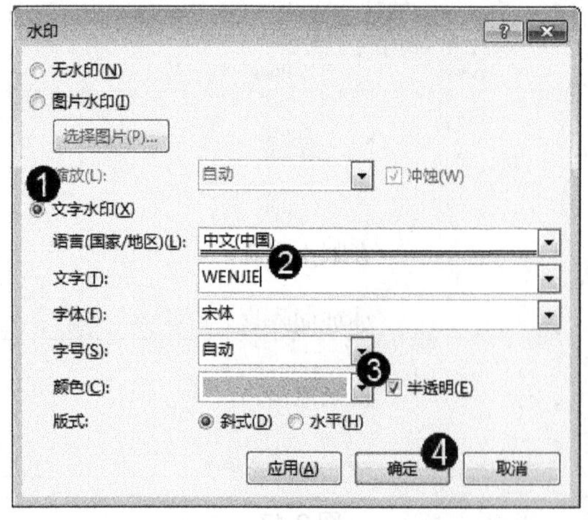

图 2-50

step 4 返回到文档中，可以看到已经为文档添加了水印效果，这样即可完成设置水印效果的操作，如图 2-51 所示。

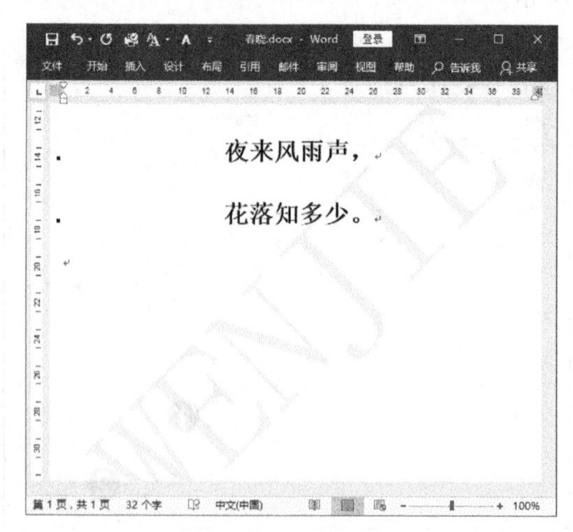

图 2-51

Section 2.5

范例应用与上机操作

手机扫描下方二维码，观看本节视频课程

通过本章的学习，读者可以掌握设计文字与段落排版样式的基础知识和操作，下面介绍“分栏排版”“设置带圈字符”和“设置字符边框”等范例应用，上机操作练习一下，以达到巩固学习、拓展提高的目的。

2.5.1 分栏排版

为了提高阅读兴趣、创建不同风格的文档或节约纸张，用户可以进行分栏排版。下面详细介绍分栏排版的相关知识及操作方法。

素材文件 第2章\素材文件\长大只是儿时的梦想.docx

效果文件 第2章\效果文件\分栏排版.docx

step 1 ① 选择要进行分栏排版的文本，② 选择【布局】选项卡，③ 在【页面设置】组中单击【分栏】下拉按钮，④ 在打开的下拉列表中选择【两栏】选项，如图 2-52 所示。

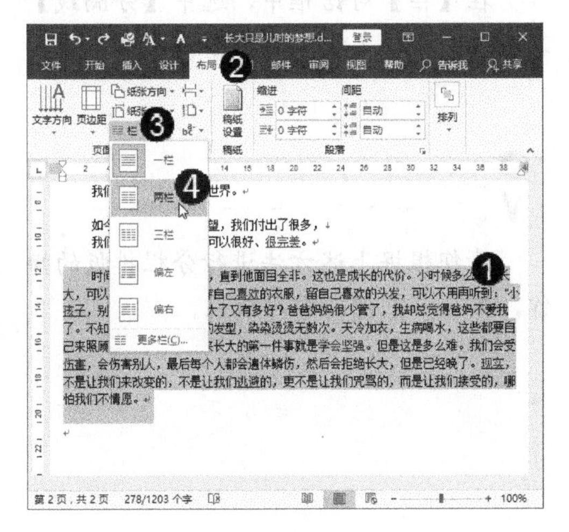

图 2-52

step 2 可以看到已经将选中的文本进行分栏排版，这样即可完成分栏排版的操作，如图 2-53 所示。

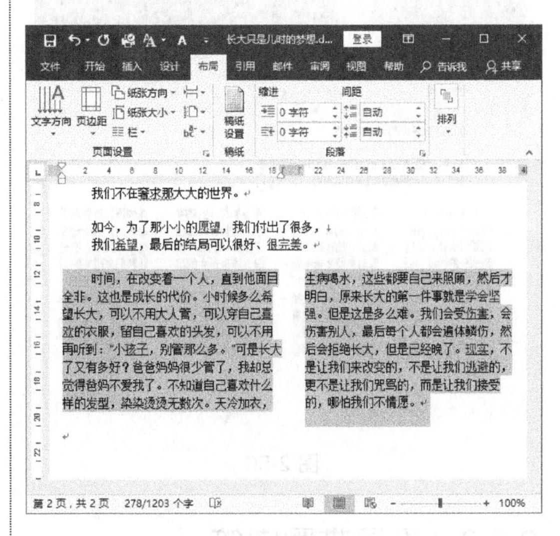

图 2-53

step 3 如果 Word 提供的预设分栏方式不能满足需求，① 可以选中要进行分栏排版的文本，② 选择【布局】选项卡，③ 在【页面设置】组中单击【分栏】下拉按钮，④ 在打开的下拉列表中选择【更多栏】选项，如图 2-54 所示。

step 4 弹出【栏】对话框，① 在该对话框中，根据需要设置栏数、栏宽和间距等，② 设置完成后，单击【确定】按钮，如图 2-55 所示。

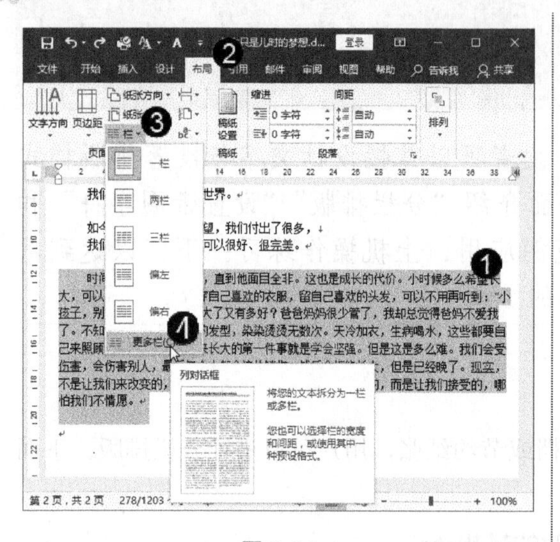

图 2-54

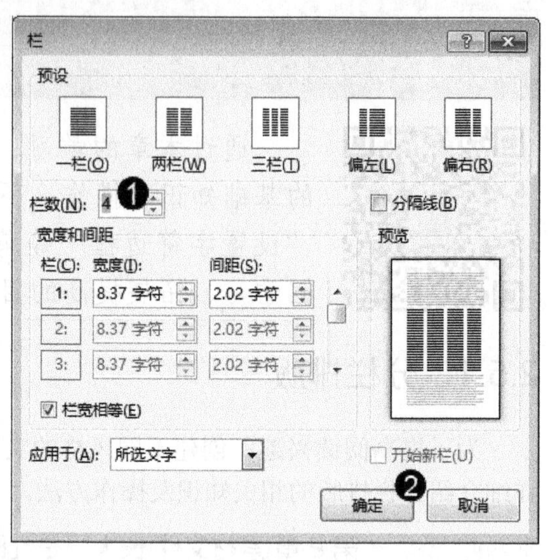

图 2-55

可以看到已经将选中的文本分为四栏排版，这样也可以完成分栏排版的操作，如图 2-56 所示。

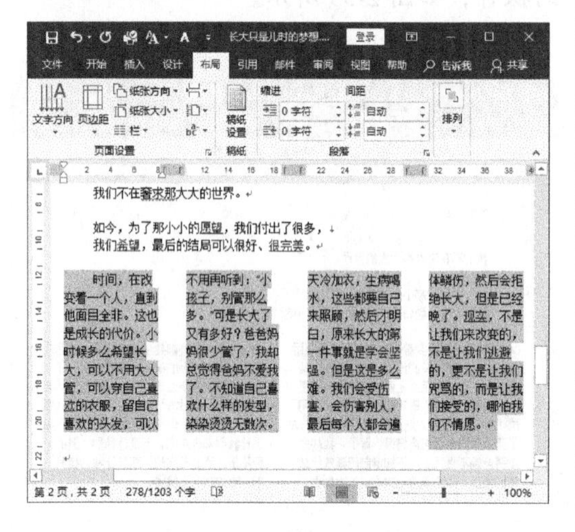

图 2-56

在【栏】对话框中，选中【分隔线】复选框，将在文档中显示各栏的分隔线。

请您根据上述方法进行分栏排版的操作，测试一下您的学习效果。

2.5.2 设置带圈字符

在使用 Word 2016 的时候，如果感觉文本没有样式并且太过单一，那么用户可以设置带圈的字符，以突出显示字符。下面详细介绍设置带圈字符的操作方法。

素材文件 第 2 章\素材文件\在荒芜的岁月里.docx

效果文件 第 2 章\效果文件\带圈字符.docx

step 1 打开素材文件“在荒芜的岁月里.docx”，① 选中准备设置带圈字符的文字，② 在【字体】组中，单击【带圈字符】按钮㊫，如图 2-57 所示。

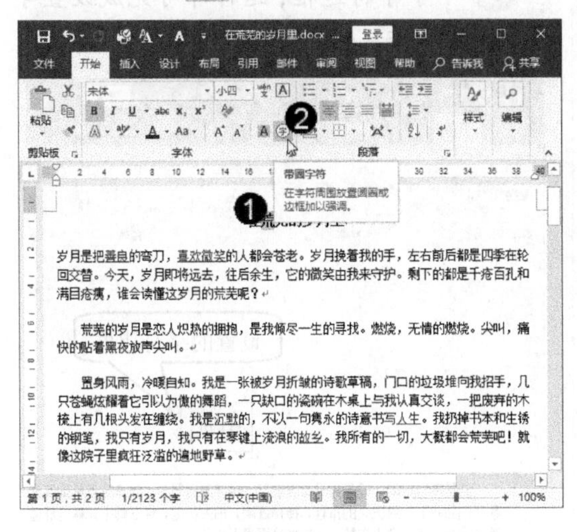

图 2-57

step 2 弹出【带圈字符】对话框，① 在【样式】区域，选择准备应用的样式，② 在【圈号】区域中，选择准备应用的圈号，③ 单击【确定】按钮，如图 2-58 所示。

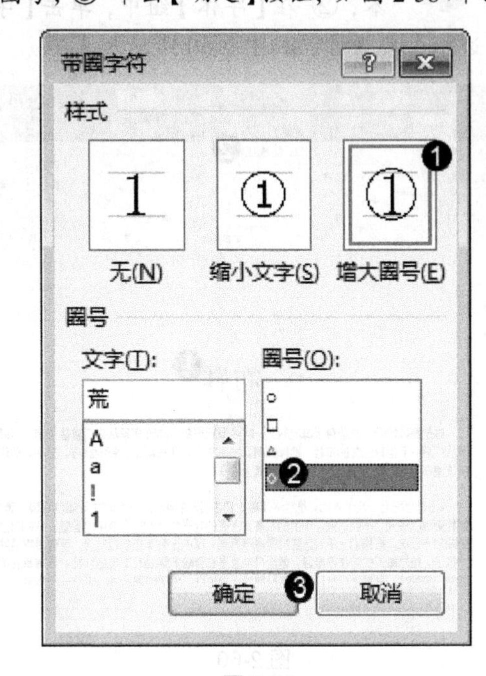

图 2-58

step 3 返回到文档中，可以看到已经将选中的文字设置为带圈字符，这样即可完成设置带圈字符的操作，如图 2-59 所示。

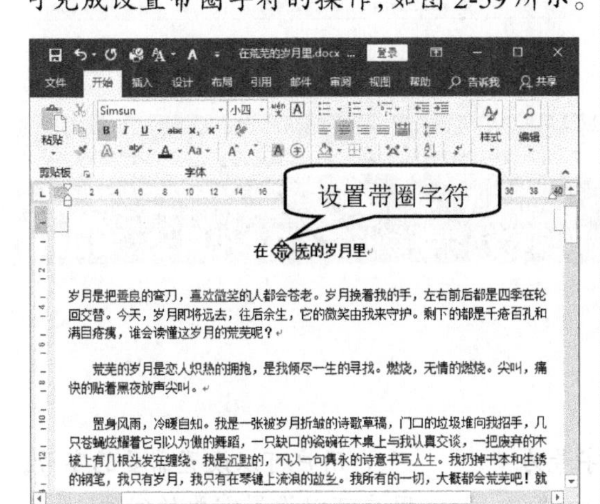

图 2-59

考考您

请您根据上述方法进行设置带圈字符的操作，测试一下您的学习效果。

2.5.3 设置字符边框

有时为了工作的需要，需在文字的四周添加边框，以达到美观的效果。下面详细介绍设置字符边框的操作方法。

素材文件 第2章\素材文件\布鞋.docx

效果文件 第2章\效果文件\设置字符边框.docx

step 1 ① 选中准备设置字符边框的文本，② 在【字体】组中，单击【字符边框】按钮A，如图 2-60 所示。

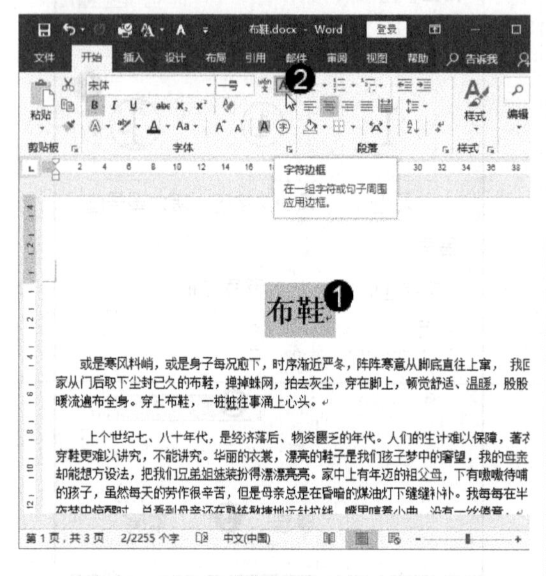

图 2-60

step 2 可以看到已经为选择的文本设置了字符边框，这样即可完成设置字符边框的操作，如图 2-61 所示。

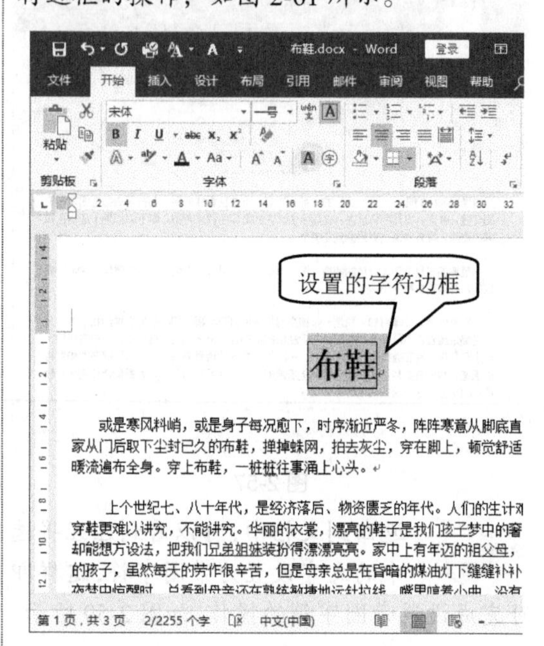

图 2-61

Section 2.6 课后练习与上机操作

本节内容无视频课程，习题参考答案在本书附录。

2.6.1 课后练习

1. 填空题

(1) 默认情况下，Word 2016 显示的文本字号为“______”，用户可以设置需要的字号。

(2) 默认情况下，Word 2016 显示的字体为“____”，用户可以设置需要的字体。

(3) 在 Word 2016 中，使用______或______功能，可以在文本字符的上方或下方添加小字符，以便起到注释的作用。

(4) ________是指文档中行与行之间的距离。

(5) ________是指文档中段落与段落之间的距离。

(6) ________是将段落的第一行第一个字的字体变大，并且下移一定的距离，段落的其他部分保持原样。

(7) ________是指在页面的背景上添加一种颜色略浅的文字或图片。

2. 判断题

(1) Word 2016 默认的字体颜色为“蓝色”，用户可以根据需要自定义字体颜色。( )

(2) 在 Word 2016 中，除了可以通过【开始】选项卡的【字体】组中的一些按钮设置文字格式外，还可以通过【字体】对话框进行各种详细的设置。 ( )

(3) 在 Word 2016 中，为了增强文档的层次感，提高可阅读性，还可以设置段落的缩进方式，方便用户更好地展示文本内容。 ( )

(4) 通常情况下，文档的排版方式为竖排排版，不过有时也需要对文档进行横排排版，以追求更完美的文档效果。 ( )

(5) 使用 Word 的纵横混排功能，可以在横排的段落中插入竖排的文本，制作出特殊的段落效果。 ( )

3. 思考题

(1) 如何设置首字下沉？

(2) 如何设置页面边框？

2.6.2 上机操作

(1) 通过本章的学习，读者基本可以掌握办公文档版面设计与编排方面的知识。下面通过练习设计一份入党申请书，达到巩固与提高的目的。本素材路径为“第 2 章\素材文件\入党申请书.doc”。

(2) 通过本章的学习，读者基本可以掌握办公文档版面设计与编排方面的知识。下面通过练习设计一份大学生自我鉴定报告，达到巩固与提高的目的。本素材路径为“第 2 章\素材文件\大学生自我鉴定报告.doc”。

第 3 章

编排图文并茂的文章

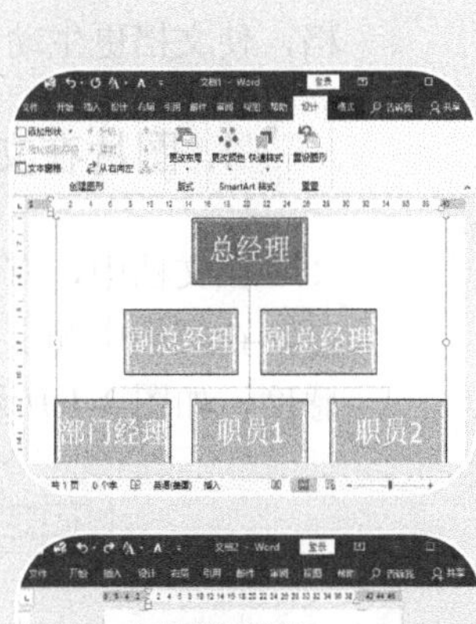

本章介绍编排图文并茂的文章方面的知识与技巧，主要内容包括图文混排、插入与设置产品图片、应用文本框、绘制与编辑自选图形、插入与编辑 SmartArt 图形和在文档中使用艺术字等。通过本章的学习，读者可以掌握编排图文并茂文章方面的基础知识，为深入学习 Office 2016 电脑办公知识奠定基础。

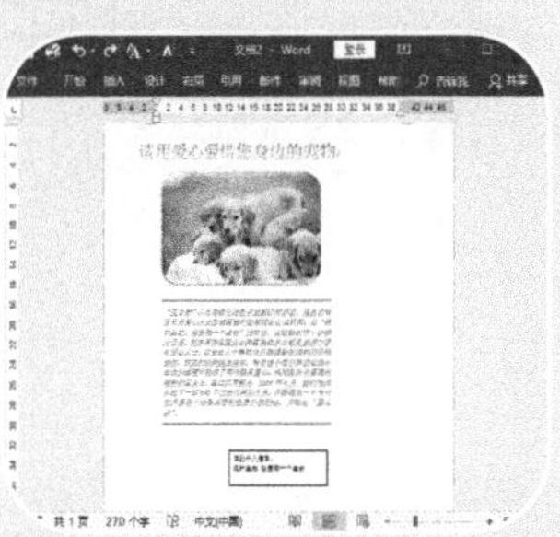

1. 图文混排
2. 插入与设置产品图片
3. 应用文本框
4. 绘制与编辑自选图形
5. 插入与编辑 SmartArt 图形
6. 在文档中使用艺术字

Section 3.1 图文混排知识

手机扫描下方二维码，观看本节视频课程

文档中除了文字内容外，经常还需要用到图片、图形等内容，这些元素有时会作为文档的主要内容，有时是用来修饰文档。只有合理地安排这些元素，才能使文档更具有艺术性，更能吸引阅读者，并且更有效地传达文档要表达的意义。本节将详细介绍图文混排的相关知识。

3.1.1 文档中的多媒体元素

“多媒体”是指组合两种或两种以上媒体元素的一种人机交互式信息交流和传播的媒体，而多媒体元素包括文字、图像、图形、链接、声音、动画、视频和程序等。那么对于编辑文档，与多媒体有什么关系呢？

在用 Word 编排文档时，除了使用文字外，还可以应用图像、图形、视频，甚至 Windows 系统中的很多元素。利用这些多媒体元素，不仅可以表达具体的信息，还能丰富和美化文档，使文档更生动、更具特色。

1. 图片在文档中的应用

在文档中，有时需要配上实物照片，如制作产品介绍、产品展示等产品宣传类的文档时，在文档中配上产品图片，不仅可以更好地展示产品，吸引客户，还可以增加页面的美感度，如图 3-1 所示。

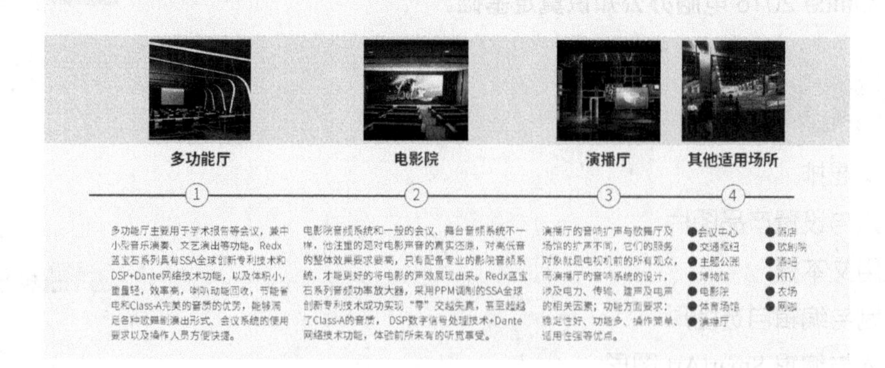

图 3-1

图片除了可用于对文档内容进行说明外，还可用于修饰和美化文档，如作为文档背景，用小图点缀页面等，如图 3-2 所示。

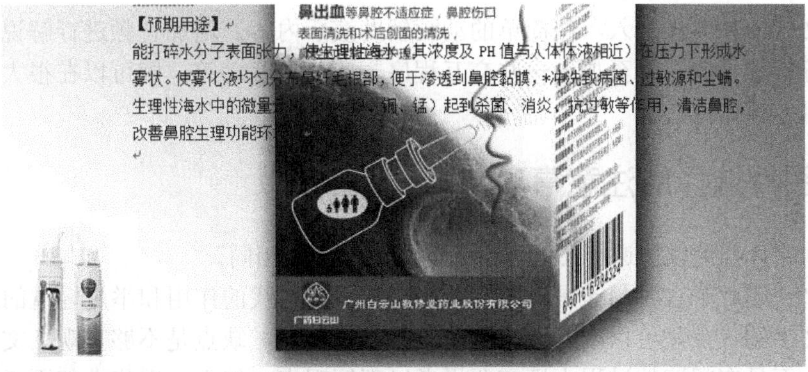

图 3-2

2. 图形在文档中的应用

在文档中要表达一个信息，通常使用的方法是通过文字进行描述，但有一些信息可能用文字描述需要使用一大篇文字甚至还不一定能表达清楚。例如，要想表达项目开展的情况，如图 3-3 所示基本上可以说明一切，但如果用文字来描述，那就得花上很多工夫写大量的文字，这就是图形元素的一种应用。

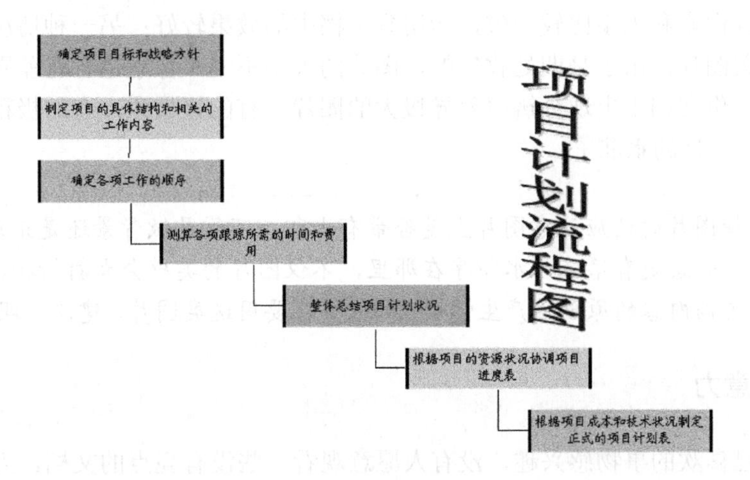

图 3-3

3. 其他多媒体元素在文档中的应用

在 Word 中还可以插入一些特殊的媒体元素，如超链接、动画、音频、视频和交互程序等。当然，这类多媒体元素若用在需要打印的文档中，效果不太明显，所以通常应用在通过网络或电子方式传播的文档中。例如，电子版的报告、电子版的商品介绍或网页等。

在电子文档中应用各种多媒体元素，可以最大限度地吸引阅读者，为阅读者提供方便。超链接是电子文档中应用最多的一种交互元素，应用超链接可以提高文档的可操作性和体验性，方便读者快速阅读文档。例如，文档中相关联的内容可以建立书签和超链接，当用户对该内容感兴趣时，可以单击链接快速切换到相应的内容部分进行查阅。

电子文档中如果再加入一些简单的动画辅助演示内容、增加音频进行解说或翻译、加入视频进行宣传推广，甚至加入一些交互程序与阅读者互动等，则可以在很大程度上提高文档的吸引力和体验性。

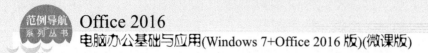

3.1.2 图片选择的注意事项

文字和图片都可以传递信息，但给人的感觉却各不相同。

都说“一图胜千言”，这是对图片在文档中不可替代的作用和举足轻重的地位最有力的概括。文字的优点是可以准确地描述概念、陈述事实，缺点是不够直观。文字需要一行行去细读，而且在阅读的过程中还需要思考以理解观点。然而，现代人却更喜欢直白地传达各种信息，图片正好能弥补文字的这种局限，将要传达的信息直接展示在观众面前，不需要观众进行太多思考。所以“图片+文字”应该是文档传递信息的最好组合。

图片设计是有讲究的，绝不是随意添加的。因此配图时，设计者至少要考虑到以下几个方面。

1. 图片质量

一般情况下，文档中使用的图片有两个来源：一种情况是专为文档精心拍摄或制作的图片，这样的图片像素和大小比较一致，运用到文档中的效果较好；另一种情况是通过其他途径收集的相关图片，由于是四处收集的，图片的大小不一，像素也各有差别，运用时就容易导致在同一份文档中出现分辨率差异极大的图片，有的极精致，有的极粗糙，这样就不知该如何评价文档的水准了。

选择图片时还应注意图片上是否带有水印，不管是做背景还是正文中的说明图片，若总是有第三方水印浮在那里，不仅图片的美感会大打折扣，还会让观众对文档内容的原创性产生怀疑。如果实在要用这类图片，建议处理后再用。

2. 吸引注意力

观众只对自己喜欢的事物感兴趣，没有人愿意观看一些没有亮点的文档。为了抓住观众的注意力，除了要完整表达文档信息外，在为文档配图时不仅要选择质量好的，还要尽量选择有视觉冲击力和感染力的图片。

3. 形象说明

配图，就是指要让图片和文档内容相契合，尽量不要使用无关配图。若随意找些与主题完全不相关的漂亮图片插入文档，会带给观众错误的暗示和期待，让人觉得文档徒有其表而没有内容。

图片要用得贴切、用得巧妙，只有这样才能发挥其作用。用图片之前最好思考一下为什么要插入这张图片，考虑它与观点的相关性，图片既是对观点的解释、支持证明，也是观点的延伸。

在图片说明上，不应只做简单的说明，还要追求创意、幽默的说明，创意幽默的说明极具说服力，它往往比较新奇，出乎读者意料，能在瞬间打动读者内心，让观点深入人心。

4. 适合风格

不同类型的图片给人的感觉各不相同，有的严肃正规，有的轻松幽默，有的诗情画意，有的则稍显另类。在选取图片时应注意其风格是否与文档的整体风格相匹配。

3.1.3 图片设置的注意事项

好的配图会有画龙点睛的作用，但要从琳琅满目的图片中选出最合适的图片需要时间和耐心。找到合适的图片也不是直接就能用的，还需要进行设计，把图片作为页面元素的一部分进行编排。下面详细介绍一些处理图片的经验。

1. 调整图片大小

图片有主角的身价，不能只把它当作填充空间的花瓶。在有的文档中，图片被缩小到上面的字迹已经揉成一团，这种处理方式完全不可取。有的图片分辨率低，强行拉大后根本看不清上面的文字，这种图片根本不能用。

图片处理最基本的操作就是设置大小，图片的大小不同意味着其重要性和吸引力的不同。若希望读者看到图片上的文字，最好让图片中的文字和正文等大。对于不含文字，或文字并非重点的图片，只要清晰就好，让它保持与上下文情境相匹配的尺寸。

2. 裁剪图片

收集来的图片有大有小，必须根据页面的需要将其裁剪为合适的大小。有的图片画面中可能包含没有用的背景或元素，也需要通过裁剪将其去掉。还有的图片中可能画面版式并不都适合用户的需要，这时可通过裁剪其中的一部分内容对画面进行重新构图。

3. 调整图片效果

Word 2016 有对图片进行明度、对比度和色彩美化的功能。准确的明度和对比度可以让图片有精神，适当地调高图片色温可以给人温暖的感觉。利用 Word 2016 自带的油画、水彩等效果还可以方便地制作出各种艺术化效果，让图片看上去更有“情调”。

4. 设置图片样式

在 Word 2016 中预设了一些图片样式，选择这些样式可以快速为图片添加边框、阴影和发光等效果。用户也可以自定义图片样式，为图片添加边框可以做成相片的感觉，添加阴影会有立体的效果。

5. 排列图片

在一些内容轻松活泼的文档中，整齐地罗列图片会略显呆板，规整的版式布局也会使页面缺失灵活性。为了营造出休闲轻松的氛围，可以将图片倾斜，形成一种散开摆放的效果。

Section 3.2 插入与设置产品图片

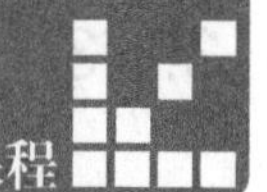

手机扫描下方二维码，观看本节视频课程

在制作图文混排的文档效果时，常常需要用一些图片对文档进行补充说明，为了让插入的图片更加符合实际需要，还可以设置图片效果。本节将详细介绍插入与设置产品图片的相关知识及操作方法。

3.2.1 插入本地电脑中的产品图片

在使用 Word 2016 软件插入产品图片时，用户还可以将本地电脑硬盘中的图片插入文档。下面详细介绍插入本地电脑中的图片的操作方法。

step 1 ① 选择【插入】选项卡，② 在【插图】组中单击【图片】按钮 图片，如图 3-4 所示。

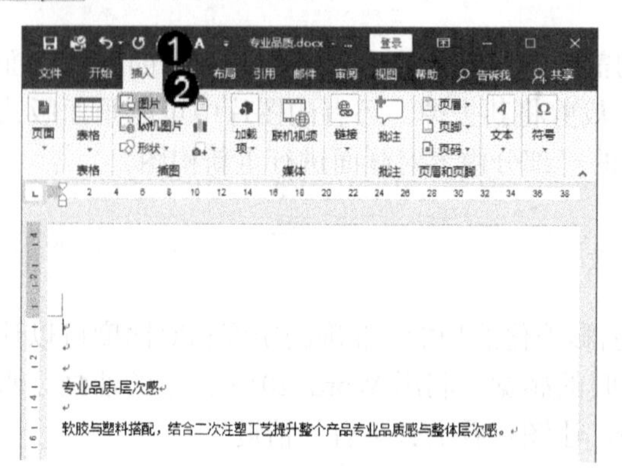

图 3-4

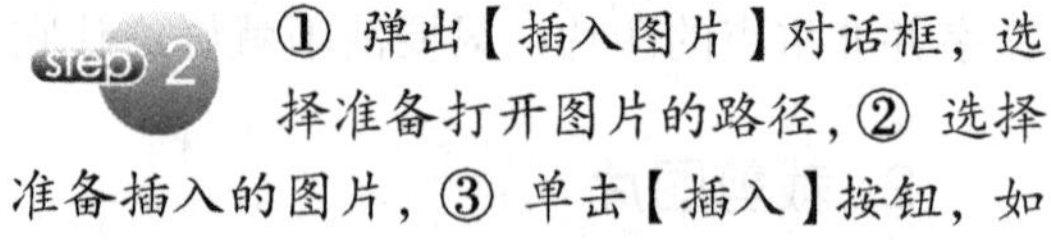

step 2 ① 弹出【插入图片】对话框，选择准备打开图片的路径，② 选择准备插入的图片，③ 单击【插入】按钮，如图 3-5 所示。

图 3-5

考考您

请您根据上述方法创建一个具有图片的文档，测试一下您的学习效果。

智慧锦囊

在 Word 文档中插入的图片是彩色图片，而且是保留原有格式的图片，图片在 Word 文档中插入的位置与文档的输入光标有关，光标在文档的什么位置，插入的图片就在文档的什么位置显示。

本地电脑中的图片已被插入 Word 文档中，这样即可插入本地电脑中的图片，如图 3-6 所示。

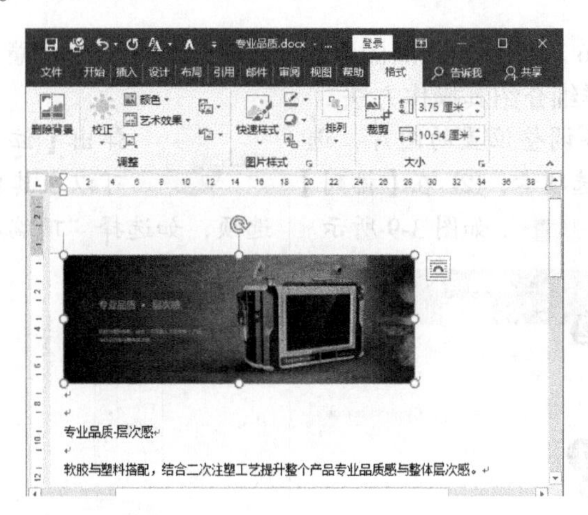

图 3-6

3.2.2 调整图片大小和位置

在 Word 文档中插入图片后，如果图片过大或过小，都可以根据需要调整其大小。此外，读者还可以根据实际情况设置图片在文档中的位置，即所谓的图文混排方式。

1. 调整图片大小

在使用 Word 2016 软件插入产品图片后，如果对其大小不满意，用户还可以改变图片大小。下面详细介绍其操作方法。

step 1 ① 双击准备改变大小的图片，② 在【大小】组的高度和宽度微调框中设置图片的大小数值，如图 3-7 所示。

图 3-7

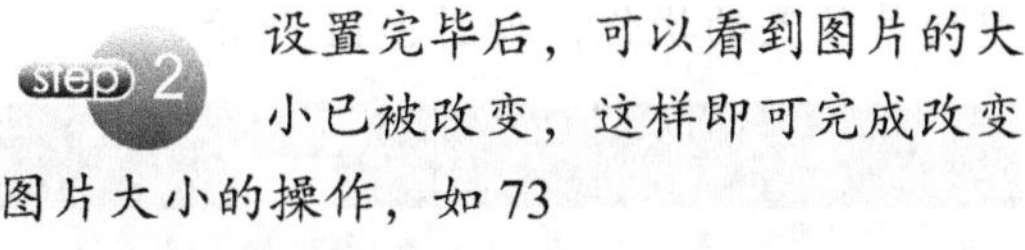

step 2 设置完毕后，可以看到图片的大小已被改变，这样即可完成改变图片大小的操作，如 73 图 3-8 所示。

图 3-8

2. 调整图片位置

在使用 Word 2016 软件插入产品图片后，如果对其位置不满意，用户还可以适当地调整图片的位置。下面详细介绍其操作方法。

step 1 ① 双击准备调整位置的图片，选择【格式】选项卡，② 在【排列】组中单击【位置】按钮 位置，如图 3-9 所示。

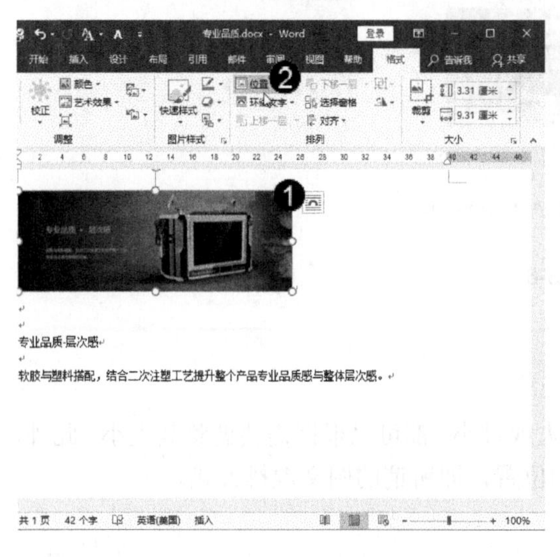

图 3-9

step 2 弹出【位置】下拉列表框，用户可以在其中选择准备应用的位置选项，如选择“顶端居中”选项，如图 3-10 所示。

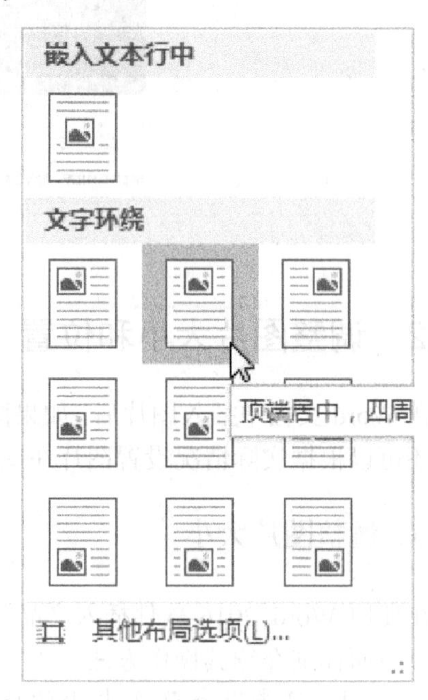

图 3-10

step 3 返回到文档中，可以看到插入的图片位置已经改变，这样即可完成调整图片位置的操作，如图 3-11 所示。

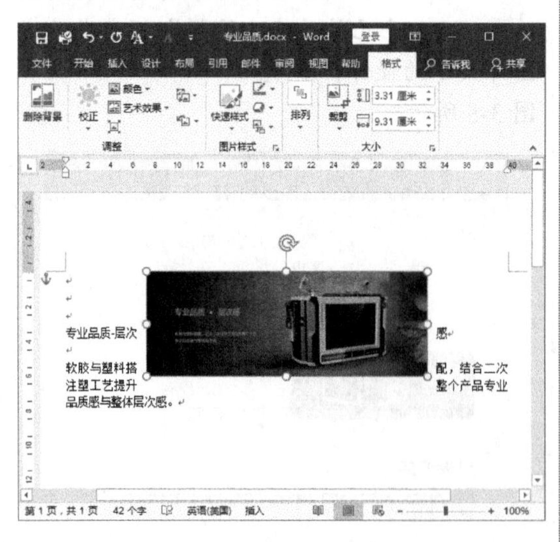

图 3-11

智慧锦囊

在【位置】下拉列表框中，可以选择【其他布局选项】选项，然后会弹出【布局】对话框，用户可以在其中详细设置位置和文字环绕等布局参数。

3.2.3 旋转图片

将图片插入文档后，还可以将其进行翻转，即旋转 90°、水平翻转等。下面详细介绍旋转图片的操作方法。

① 双击准备进行旋转的图片，② 在【排列】组中单击【旋转对象】按钮，③ 在展开的下拉列表中选择【水平翻转】选项，如图 3-12 所示。

图 3-12

可以看到选择的图片已被旋转，这样即可完成旋转图片的操作，图 3-13 所示。

图 3-13

知识精讲

如果要为图片设置更加精确的旋转角度，可以在【旋转】下拉列表框中选择【其他旋转选项】选项，在弹出的【布局】对话框中默认切换到【大小】选项卡，在【旋转】微调框中输入精确的旋转角度值，然后单击【确定】按钮即可。

3.2.4 裁剪图片

将图片插入文档后，读者还可以将图片中不需要的部分裁剪掉。下面详细介绍裁剪图片的操作方法。

step 1 ① 双击准备进行裁剪的图片，②选择【格式】选项卡，③ 在【大小】组中单击【裁剪】按钮，如图 3-14 所示。

step 2 此时图片四周的 8 个控制点上将出现黑色的竖条，单击某个竖条，按住鼠标左键进行拖动，此时鼠标指针变为黑色十字状，在合适位置释放鼠标左键，如图 3-15 所示。

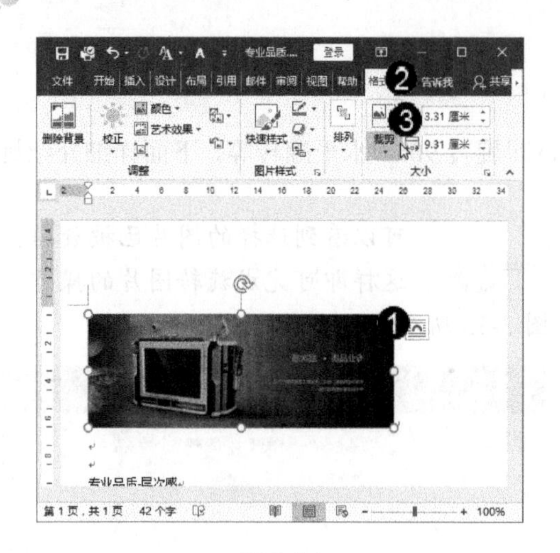

图 3-14

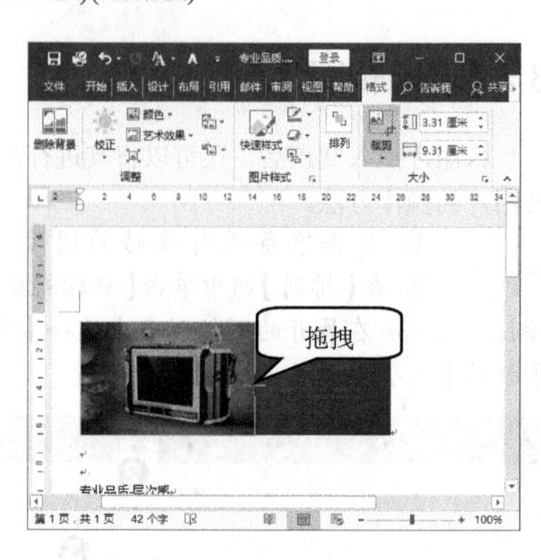

图 3-15

按键盘上的 Enter 键，确认裁剪即可，效果如图 3-16 所示。

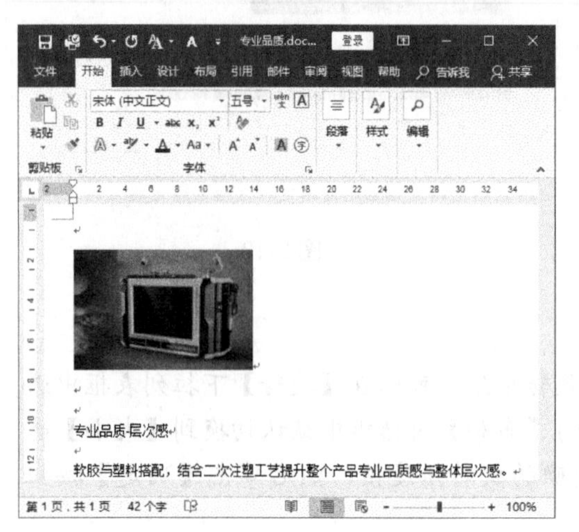

图 3-16

选中要裁剪的图片，切换到【格式】选项卡，单击【大小】组中的【裁剪】下拉按钮，在弹出的下拉列表中选择【裁剪为形状】选项，在展开的子菜单中选择需要的形状选项即可将图片裁剪为该形状。

3.2.5 调整图片色彩

在 Word 2016 中插入图片之后，还可以根据需要调整图片的锐化/柔化、亮度/对比度和颜色等。

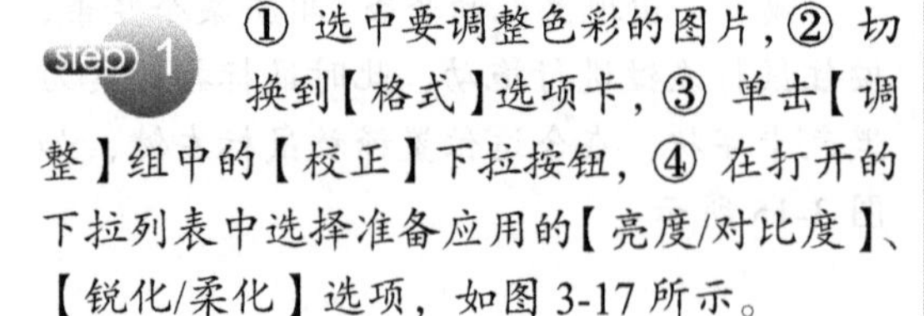

step 1 ① 选中要调整色彩的图片，② 切换到【格式】选项卡，③ 单击【调整】组中的【校正】下拉按钮，④ 在打开的下拉列表中选择准备应用的【亮度/对比度】、【锐化/柔化】选项，如图 3-17 所示。

step 2 可以看到选择的图片已被应用了选择的亮度调整效果，如图 3-18 所示。

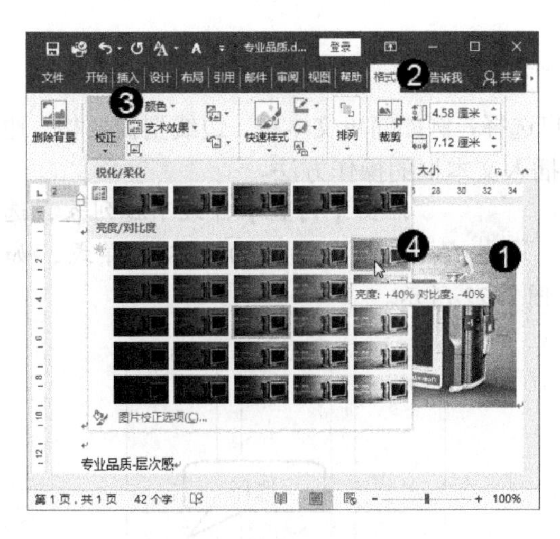

图 3-17

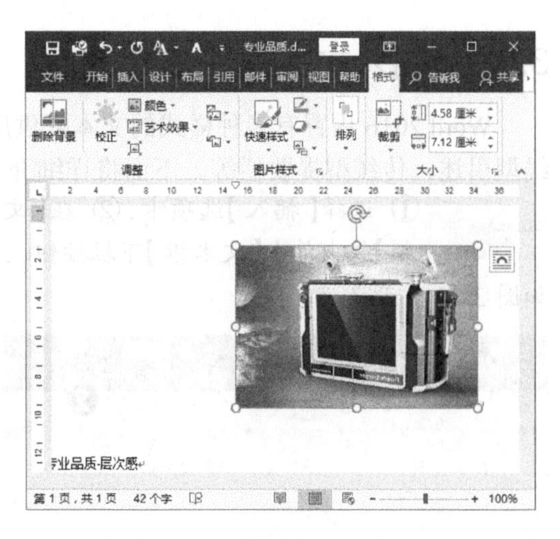

图 3-18

step 3 ① 选中要调整颜色的图片，② 切换到【格式】选项卡，③ 单击【调整】组中的【颜色】下拉按钮 颜色，④ 在打开的下拉列表中选择准备应用的【颜色饱和度】、【色调】、【重新着色】选项，如图 3-19 所示。

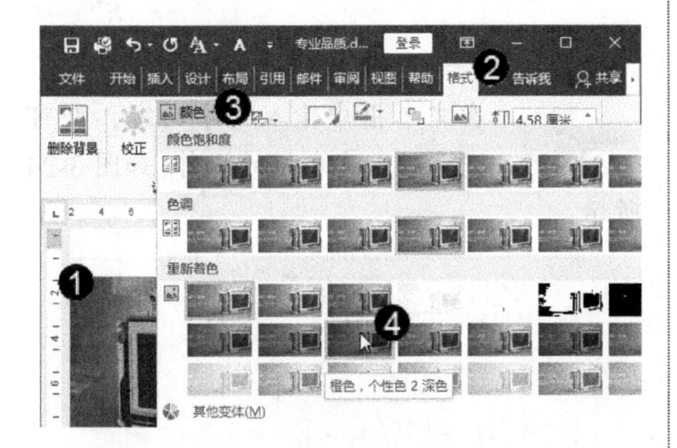

图 3-19

step 4 可以看到选择的图片已被应用了选择的颜色调整效果，如图 3-20 所示。

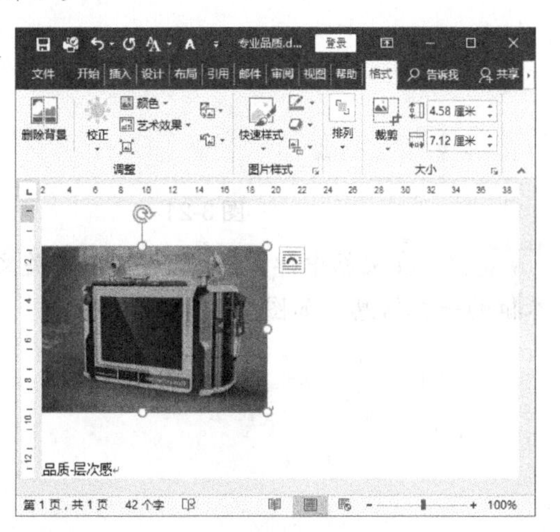

图 3-20

Section 3.3 应用文本框

手机扫描下方二维码，观看本节视频课程

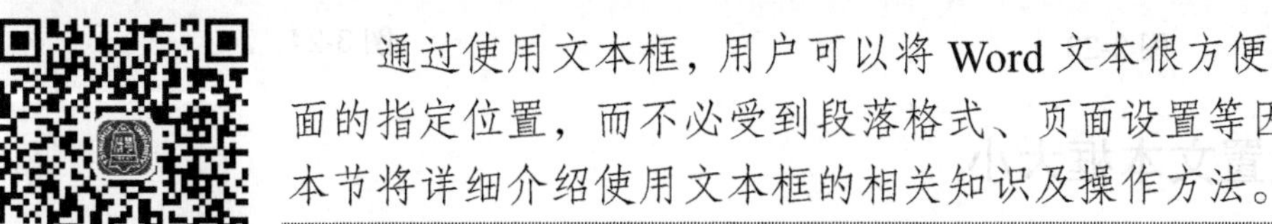

通过使用文本框，用户可以将 Word 文本很方便地放置到页面的指定位置，而不必受到段落格式、页面设置等因素的影响。本节将详细介绍使用文本框的相关知识及操作方法。

3.3.1 插入文本框

Word 2016 内置有多种样式的文本框供用户选择，例如简单文本框、边线型提要栏、边线型引述、传统型提要栏等。下面将详细介绍插入文本框的操作方法。

① 选择【插入】选项卡，② 在【文本】组中单击【文本框】下拉按钮，如图 3-21 所示。

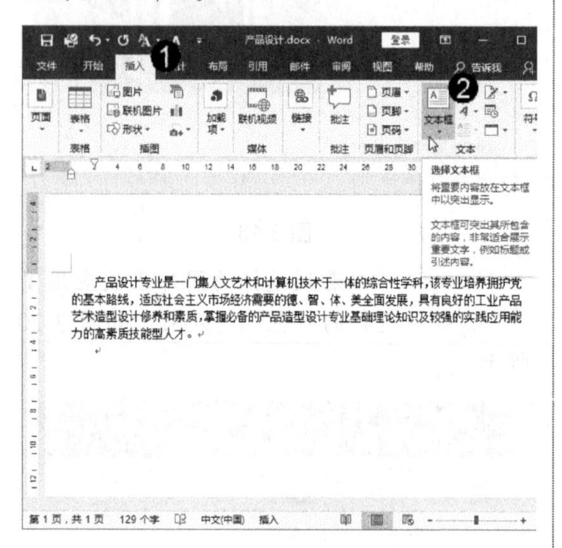

图 3-21

弹出【内置】样式下拉列表，选择准备插入的文本框样式，如图 3-22 所示。

图 3-22

step 3

在文档中弹出文本框，提示有关文本框的一些信息，如图 3-23 所示。

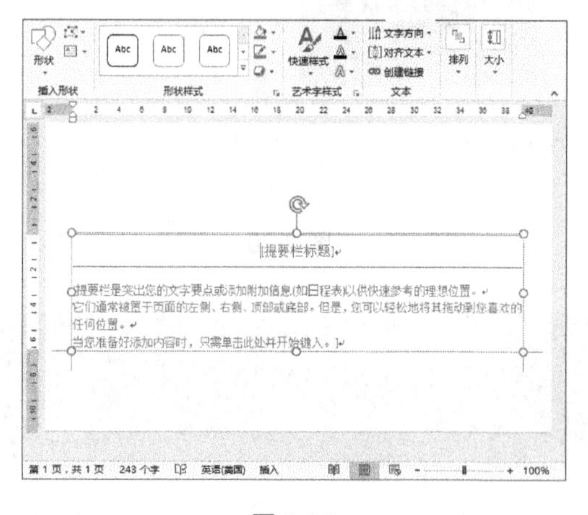

图 3-23

在文本框中输入文字内容，即可完成插入文本框的操作，如图 3-24 所示。

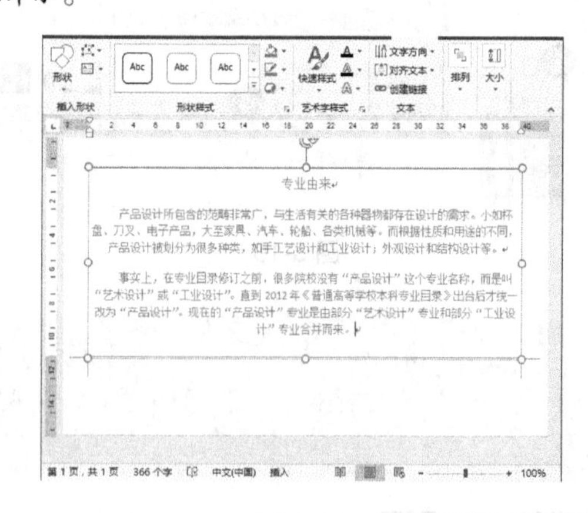

图 3-24

3.3.2 设置文本框大小

插入文本框后，用户可以根据个人需要对文本框的大小进行更改。下面介绍设置文本框大小的操作方法。

step 1 ① 选中需要调整大小的文本框，② 选择【格式】选项卡，③ 单击【大小】下拉按钮，④ 调整【高度】和【宽度】微调框的数值，如图 3-25 所示。

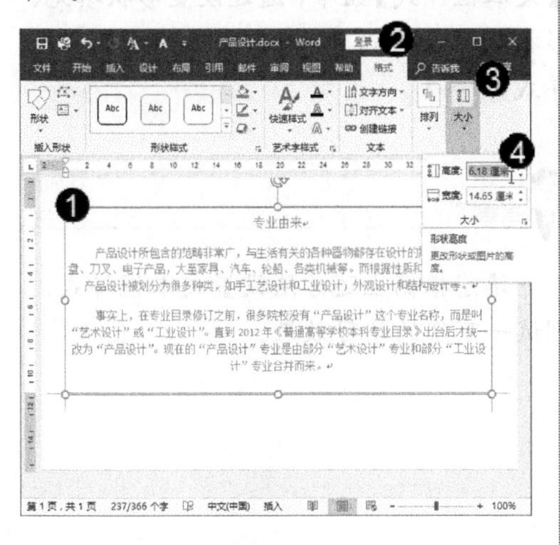

图 3-25

step 2 可以看到选择的文本框大小已被改变，这样即可完成设置文本框大小的操作，如图 3-26 所示。

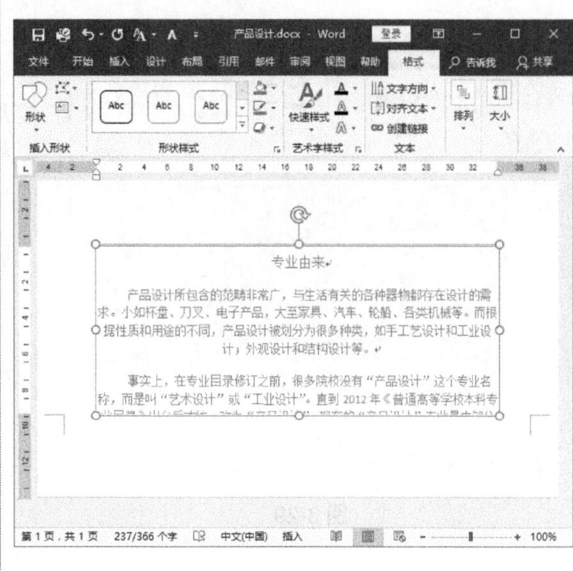

图 3-26

3.3.3 设置文本框样式

在 Word 2016 软件中，用户可以通过【格式】选项卡，对文本框的样式等格式进行设置。下面介绍设置文本框样式的操作方法。

step 1 ① 选中准备设置样式的文本框，② 选择【格式】选项卡，③ 在【形状样式】组中单击【其他】按钮，如图 3-27 所示。

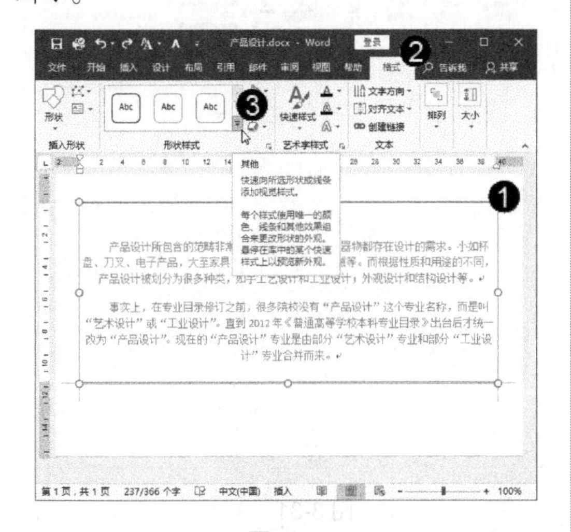

图 3-27

step 2 弹出【主题样式】下拉列表，用户可以在其中选择准备应用的文本框样式，如选择“细微效果-灰色，强调颜色 3”，如图 3-28 所示。

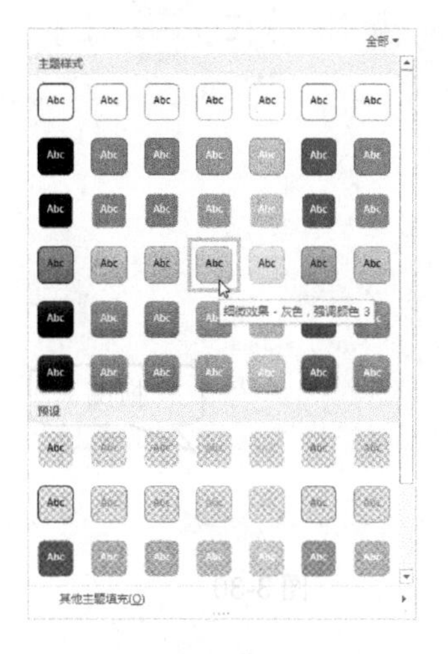

图 3-28

step 3 选中的文本框样式以“细微效果-灰色，强调颜色 3”方式出现，这样即可设置文本框样式，如图 3-29 所示。

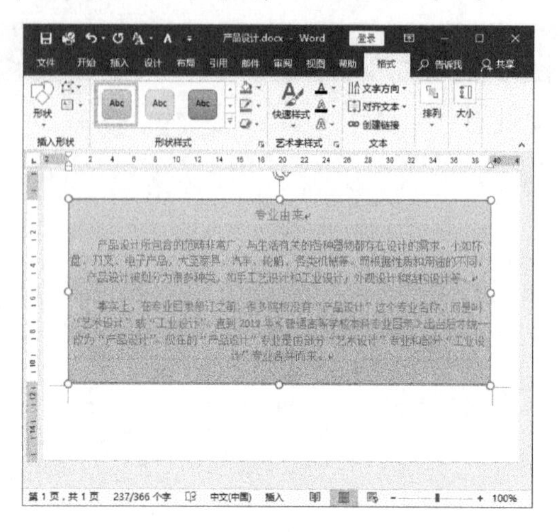

图 3-29

在设置文本框样式时，用户还可以在【文本框样式】组中，通过设置形状填充、形状轮廓和更改形状等，来设置文本框样式。

请您根据上述方法设置文本框样式，测试一下您的学习效果。

3.3.4 调整文本框位置

创建并设置完文本框样式后，用户还可以适当地调整文本框的位置，以适应文档版面。下面详细介绍调整文本框位置的操作方法。

step 1 将鼠标指针移动至文本框的边缘，待鼠标指针变为形状时，拖曳至合适的位置，如图 3-30 所示。

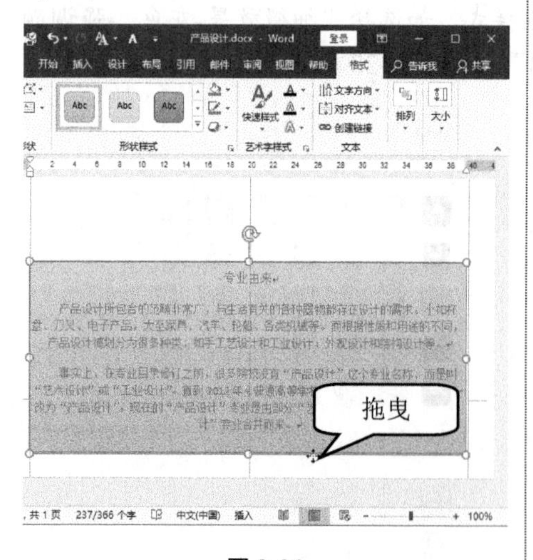

图 3-30

step 2 释放鼠标后，即可完成调整文本框位置的操作，调整后的文本框位置效果如图 3-31 所示。

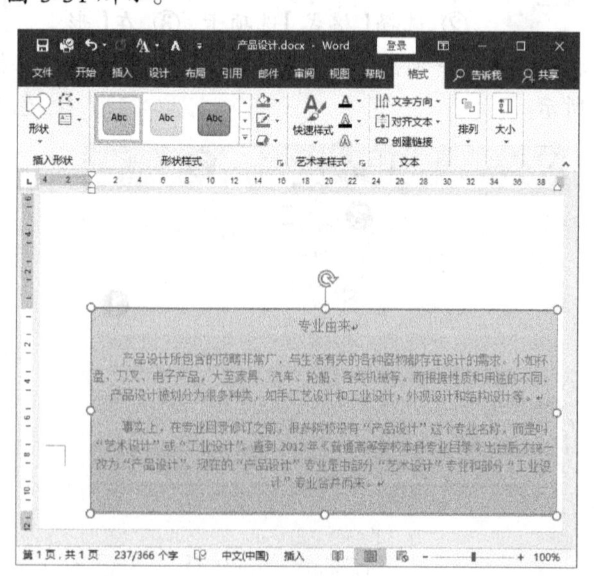

图 3-31

Section 3.4 绘制与编辑自选图形

手机扫描下方二维码，观看本节视频课程

通过 Word 2016 提供的绘制图形功能，可以在文档中“画”出各种样式的形状，如线条、椭圆和旗帜等，以满足文档设计的需要。本节将详细介绍绘制与编辑自选图形的相关知识及操作方法。

3.4.1 绘制自选图形

图形是文本的一种表现形式，为了内容需要，用户可以绘制自选图形，从而使文档内容更加丰富美观。在 Word 2016 中绘制自选图形的方法十分简单，下面详细介绍其操作方法。

① 选择【插入】选项卡，② 在【插图】组中单击【形状】下拉按钮 形状▾，如图 3-32 所示。

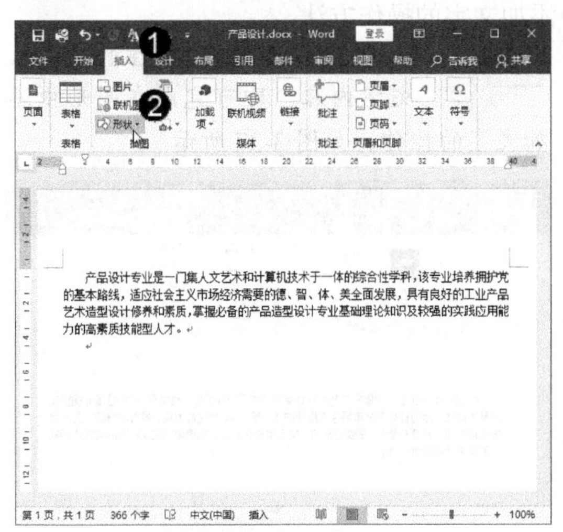

图 3-32

在弹出的下拉列表中选择准备插入的图形样式，如图 3-33 所示。

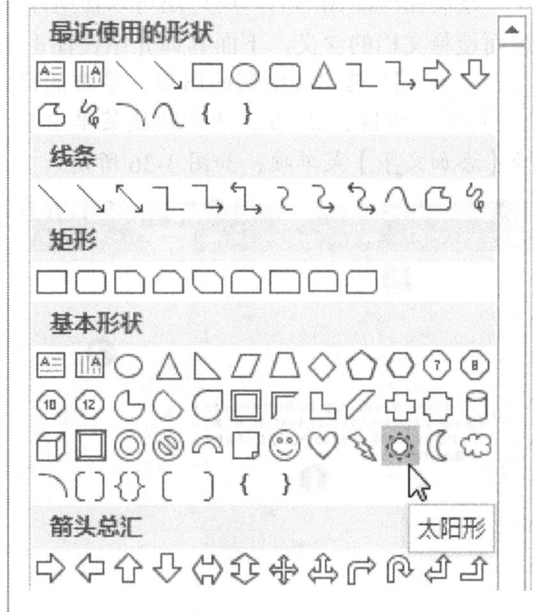

图 3-33

step 3 在 Word 文档中的鼠标指针将变成十字样式，在准备添加图形的位置单击并拖动鼠标进行绘制，如图 3-34 所示。

step 4 松开鼠标左键，图形会插入文本中，这样即可完成绘制图形的操作，如图 3-35 所示。

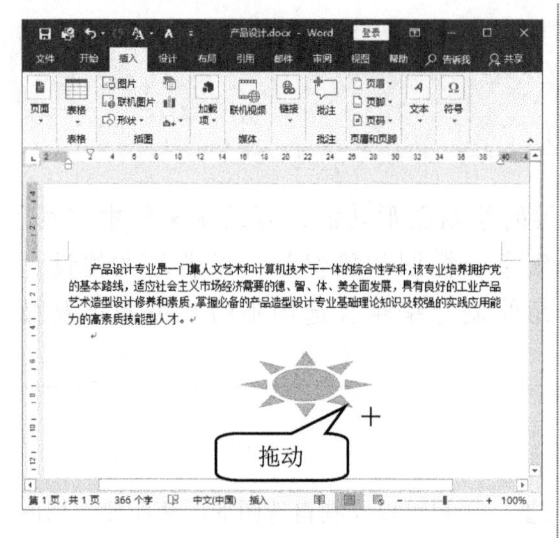

图 3-34

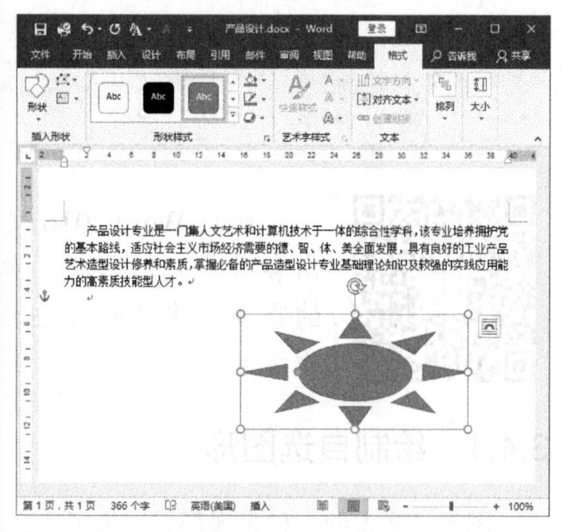

图 3-35

3.4.2 在图形中添加文字

绘制完产品图形后，用户还可以在所绘制的图形中添加一些文字，说明所绘制的图形，进而诠释文档的含义，下面具体介绍在图形中添加文字的操作方法。

step 1 ① 选中所绘制的图形，单击鼠标右键，② 在弹出的快捷菜单中选择【添加文字】菜单项，如图 3-36 所示。

图 3-36

step 2 选择合适的输入法，在其中输入文字内容，即可完成在图形中添加文字的操作，如图 3-37 所示。

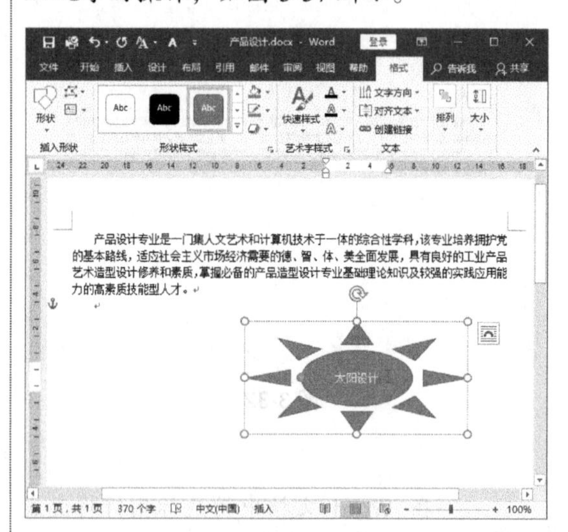

图 3-37

单击【插图】组中的【形状】按钮后，在弹出的下拉列表中右击某个绘图工具，在弹出的快捷菜单中选择【锁定绘图模式】菜单项，可连续使用该绘图工具进行绘制。当需要退出绘图模式时，按 Esc 键即可。

3.4.3 更改形状

绘制自选图形后，还可以根据需要更改自选图形的形状。下面详细介绍更改形状的操作方法。

step 1 ① 选中所绘制的图形，② 切换到【格式】选项卡，③ 在【插入形状】组中单击【编辑形状】下拉按钮，④ 在打开的下拉列表中展开【更改形状】子列表，⑤ 在其中选择需要的形状，如图 3-38 所示。

图 3-38

step 2 可以看到选择的图像已经更改为所选择的形状，这样即可完成更改形状的操作，如图 3-39 所示。

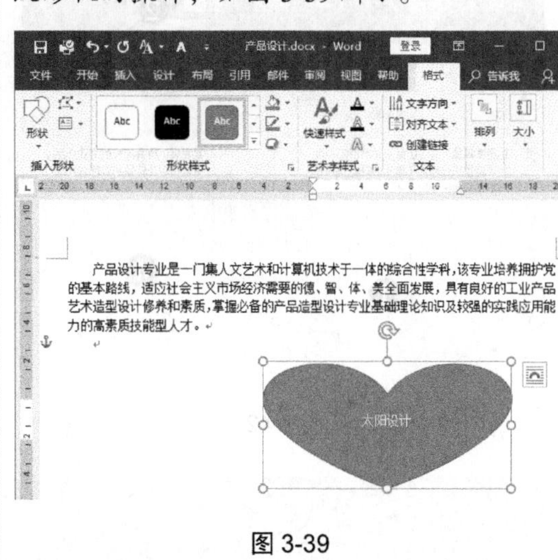

图 3-39

3.4.4 设置形状样式和效果

在文档中绘制自选图形之后，还可以根据需要对形状样式进行设置，例如设置填充颜色、形状轮廓、形状效果等，或快速套用内置的形状样式。下面详细介绍其操作方法。

step 1 ① 选中所绘制的图形，② 切换到【格式】选项卡，③ 在【形状样式】组中单击【形状填充】下拉按钮，④ 在打开的下拉列表中，可以根据需要设置纯色、渐变、纹理、图片等填充形状，如图 3-40 所示。

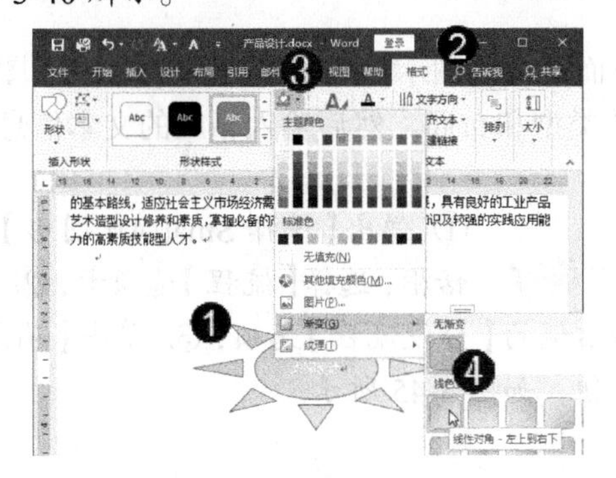

图 3-40

step 2 ① 选中所绘制的图形，② 切换到【格式】选项卡，③ 在【形状样式】组中单击【形状轮廓】下拉按钮，④ 在打开的下拉列表中，可以根据需要设置形状轮廓的线条样式、线条粗细、线条颜色等，如图 3-41 所示。

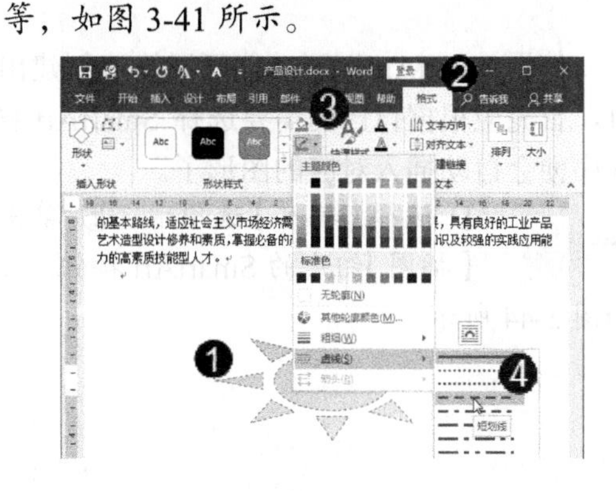

图 3-41

step 3 ① 选中所绘制的图形，② 切换到【格式】选项卡，③ 在【形状样式】组中单击【形状填充】下拉按钮，④ 在打开的下拉列表中，可以展开相应的子列表，根据需要设置阴影、映像、发光、柔化边缘、棱台、三维旋转等形状效果，如图 3-42 所示。

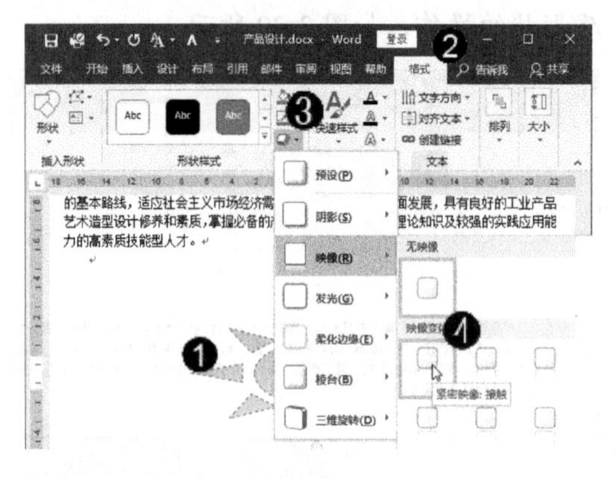

图 3-42

step 4 ① 选中所绘制的图形，② 切换到【格式】选项卡，③ 在【形状样式】组的快速样式列表框右侧单击【其他】下拉按钮，④ 在打开的形状样式下拉列表中，可以选择一种样式快速套用，如图 3-43 所示。

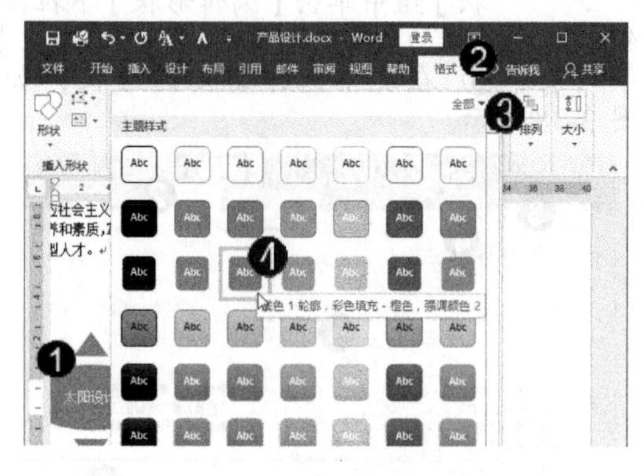

图 3-43

Section 3.5 插入与编辑 SmartArt 图形

手机扫描下方二维码，观看本节视频课程

为了使文字之间的关联表示得更加清晰，经常会使用配有文字的图形进行说明。对于普通内容，只需绘制形状后在其中输入文字即可。如果要表达的内容具有某种关系，则可以借助 SmartArt 图形功能来制作具有专业设计师水准的插图本节将详细介绍插入与编辑 SmartArt 图形的相关知识及操作方法。

3.5.1 插入方案执行的 SmartArt 流程图形

使用 SmartArt 图形功能可以快速创建出专业而美观的图示化效果，插入 SmartArt 图形时，首先应根据自己的需要选择 SmartArt 图形的类型和布局，然后输入相应的文本信息，程序便会自动插入对应的图形了。

 ① 选择【插入】选项卡，② 单击【插图】组中的 SmartArt 按钮，如图 3-44 所示。

step 2 ① 弹出【选择 SmartArt 图形】对话框，选择【流程】选项卡，② 选择右侧的【分段流程】选项，③ 单击【确定】按钮，如图 3-45 所示。

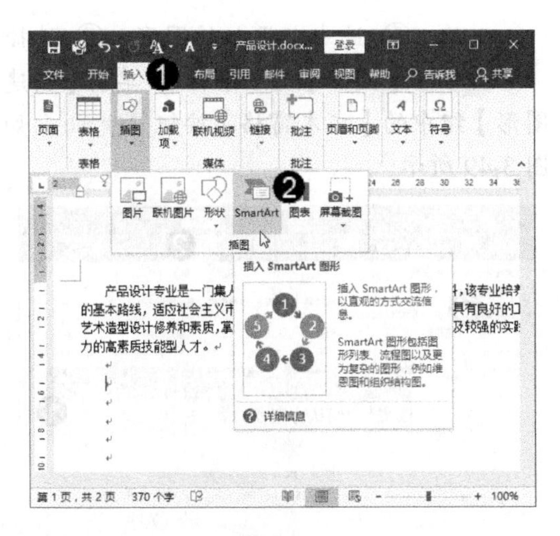

图 3-44

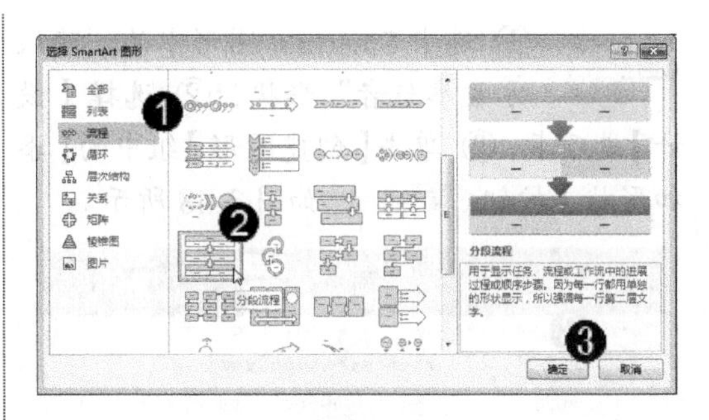

图 3-45

step 3 通过以上操作即可完成插入分段流程图，效果如图 3-46 所示。

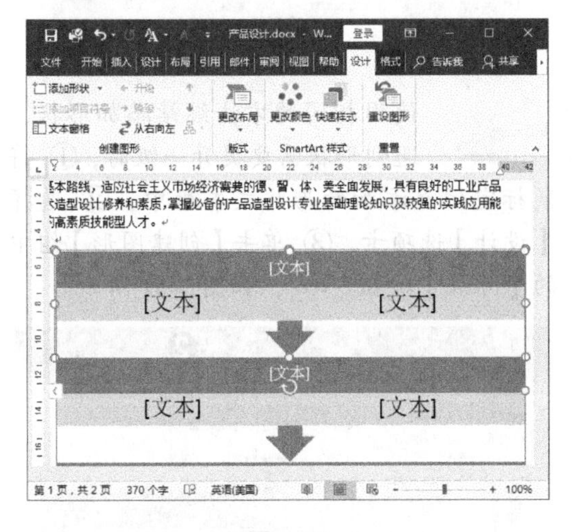

图 3-46

step 4 在文本框的位置处添加流程图的文字信息，即可完成方案执行的 SmartArt 流程图形，如图 3-47 所示。

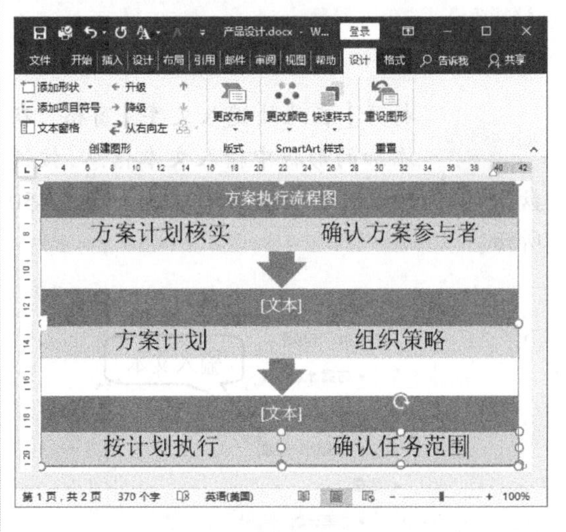

图 3-47

3.5.2 编辑方案中的 SmartArt 图形

插入 SmartArt 图形后，都是默认的形状个数，若图形不够，可以添加形状。为了让制作的图示更加美观，可以为制作的图示设置样式和颜色。

1. 添加形状

默认情况下，每一种 SmartArt 图形布局都有固定数量的形状。用户可以根据实际工作需要删除或添加形状，下面详细介绍其操作方法。

step 1 ① 选中 SmartArt 图形中的“确认方案参与者”形状，② 选择【设计】选项卡，③ 单击【创建图形】组中的【添加形状】按钮 添加形状 ，如图 3-48 所示。

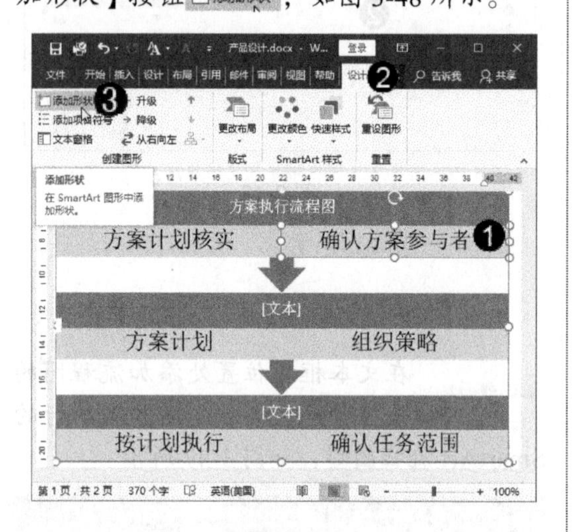

图 3-48

step 3 打开【在此处键入文字】窗格，在添加的形状中输入文本信息，按键盘上的 Enter 键继续添加形状，如图 3-50 所示。

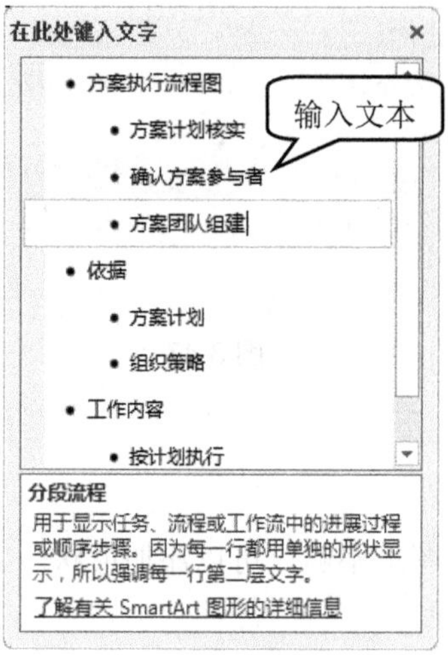

在此处键入文字
- 方案执行流程图
  - 方案计划核实
  - 确认方案参与者
  - 方案团队组建
- 依据
  - 方案计划
  - 组织策略
- 工作内容
  - 按计划执行

输入文本

分段流程
用于显示任务、流程或工作流中的进展过程或顺序步骤。因为每一行都用单独的形状显示，所以强调每一行第二层文字。
了解有关 SmartArt 图形的详细信息

图 3-50

step 5 在【在此处键入文字】窗格中，① 按键盘上的 Enter 键，在下方继续添加一个形状，选中新添加的形状，② 选择【设计】选项卡，③ 单击【创建图形】组中的【降级】按钮 降级 ，如图 3-52 所示。

step 2 ① 选中新添加的图形，② 选择【设计】选项卡，③ 单击【创建图形】组中的【文本窗格】按钮 文本窗格 ，如图 3-49 所示。

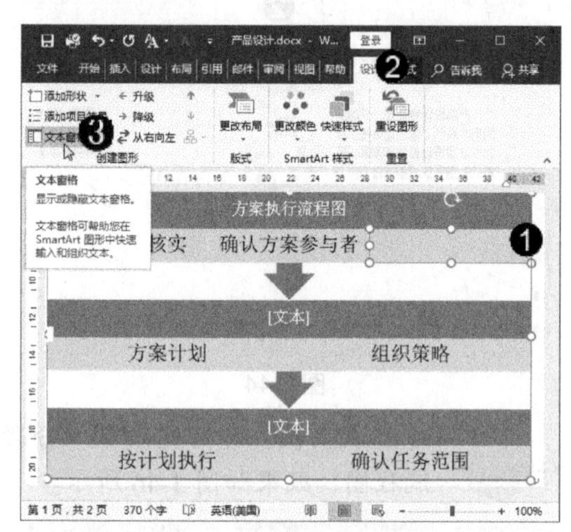

图 3-49

step 4 使用相同的方法继续添加形状，遇到形状需要提升一级时，① 将鼠标定位至添加的形状文本框中，② 选择【设计】选项卡，③ 单击【创建图形】组中的【升级】按钮 升级 ，如图 3-51 所示。

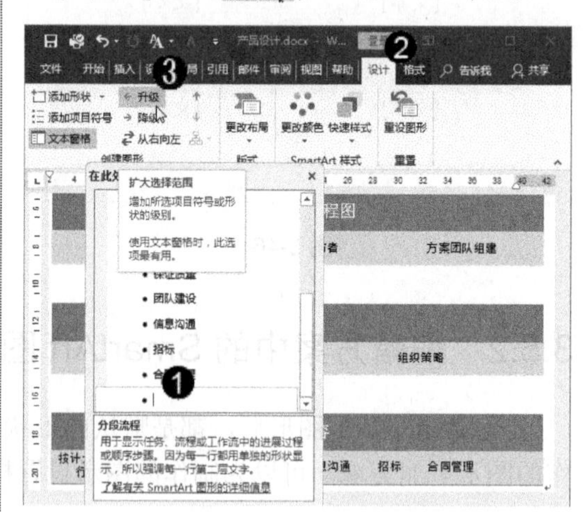

图 3-51

step 6 为 SmartArt 图形添加完形状和文本信息后，单击【关闭】按钮 ✕ ，关闭【在此处键入文字】窗格，如图 3-53 所示。

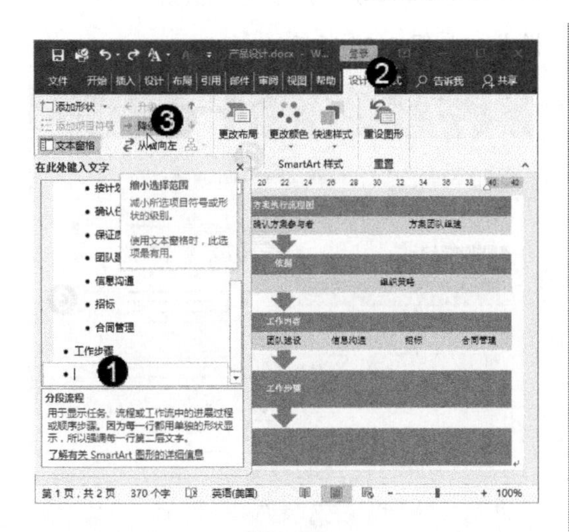

图 3-52

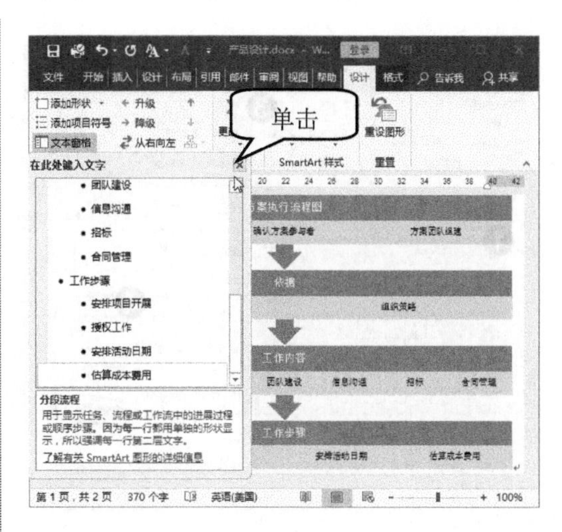

图 3-53

经过上述操作，即可完成添加形状并输入文本信息的操作，效果如图 3-54 所示。

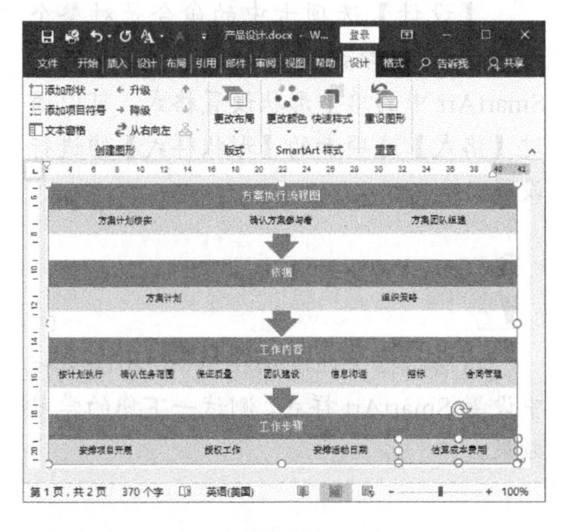

图 3-54

智慧锦囊

对于 SmartArt 图形固有的形状，用户也可以根据需要将多余的形状删除。选中需要删除的图形，按键盘上的 Delete 键，即可将其快速删除。

考考您

请您根据上述方法在 Word 2016 文档中为 SmartArt 图形添加形状，测试一下您的学习效果。

2. 设置 SmartArt 样式

要使插入的 SmartArt 图形更符合自己的需求或更具个性化，还需要设置其样式，包括设置 SmartArt 图形的布局、主题颜色、形状的填充、边距、阴影、线条样式、渐变和三维透视等。下面详细介绍具体操作方法。

①选中 SmartArt 图形，② 选择【设计】选项卡，③ 在【SmartArt 样式】组中单击【快速样式】下拉按钮，④ 选择【嵌入】样式，如图 3-55 所示。

① 选择【设计】选项卡，② 在【SmartArt 样式】组中，单击【更改颜色】按钮，③ 在弹出的下拉列表中选择需要的颜色，如【彩色范围-个性色 4 至 5】

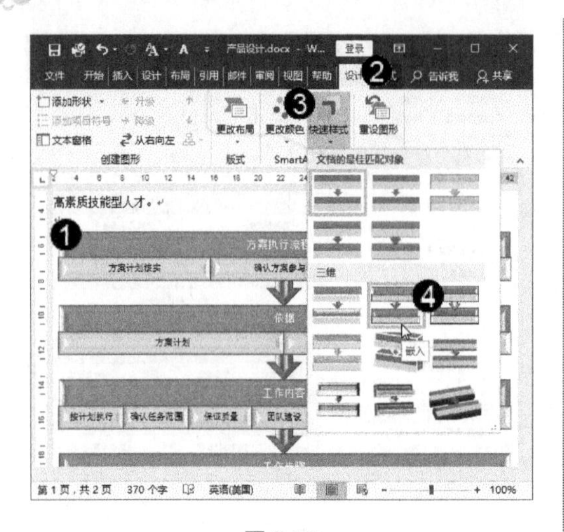

图 3-55

step 3 通过以上操作即可设置插入的 SmartArt 图形的样式和颜色，效果如图 3-57 所示。

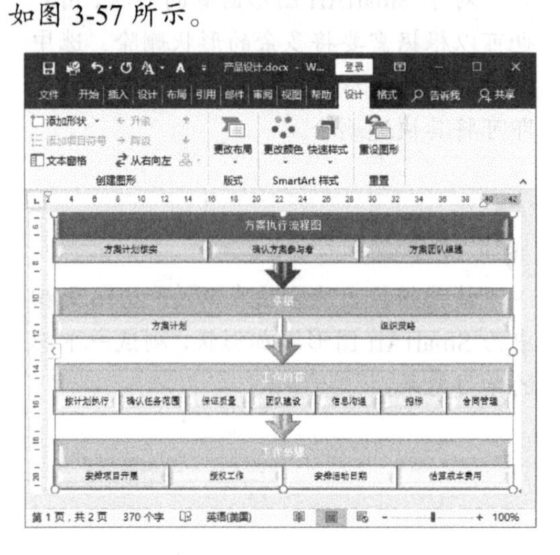

图 3-57

样式，如图 3-56 所示。

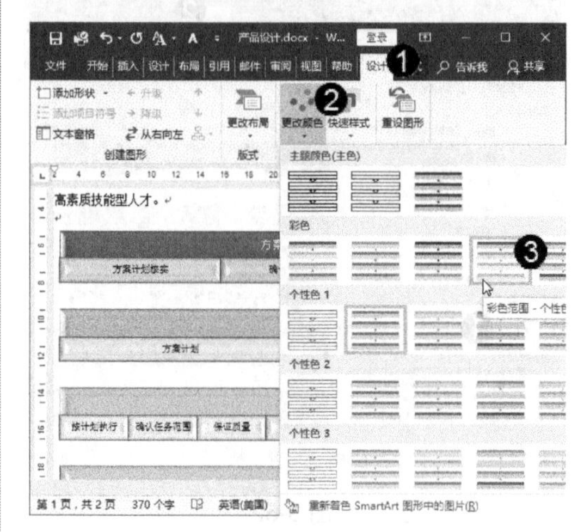

图 3-56

智慧锦囊

【设计】选项卡中的命令是对整个 SmartArt 图形设置样式，如果只想对 SmartArt 中的单个形状设置格式，可以通过【格式】选项卡的【形状样式】组进行设置。

考考您

请您根据上述方法在 Word 2016 文档中设置 SmartArt 样式，测试一下您的学习效果。

Section 3.6 在文档中使用艺术字

手机扫描下方二维码，观看本节视频课程

艺术字是经过专业的字体设计师艺术加工的汉字变形字体，为了提升文档的整体效果，在文档内容中常常需要应用一些具有艺术效果的文字，为此 Word 中提供了插入艺术字的功能。本节将详细介绍在文档中使用艺术字的相关知识及操作方法。

3.6.1 插入艺术字

艺术字是 Word 的一个特殊功能，可以更改文本的外观效果，插入艺术字可以达到装饰文档的效果，使文档更加丰富美观。下面将详细介绍插入艺术字的操作方法。

step 1 ① 选择【插入】选项卡，② 在【文本】组中单击【艺术字】下拉按钮，如图 3-58 所示。

图 3-58

step 2 弹出【艺术字样式】下拉列表，用户可以在其中选择准备插入的艺术字样式，如选择“渐变填充：金色，主题色 4；边框：金色，主题色 4”，如图 3-59 所示。

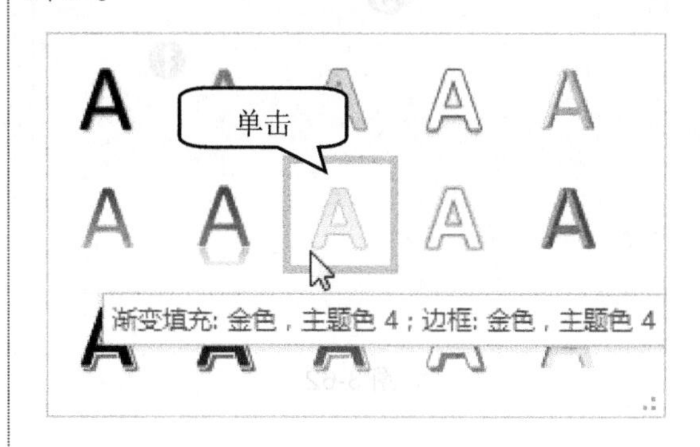

图 3-59

step 3 弹出一个文本框，在“请在此放置您的文字”区域输入准备插入的艺术字文字，如输入“文杰书院”，如图 3-60 所示。

图 3-60

step 4 所输入的艺术字已被插入，这样即可完成插入艺术字的操作，如图 3-61 所示。

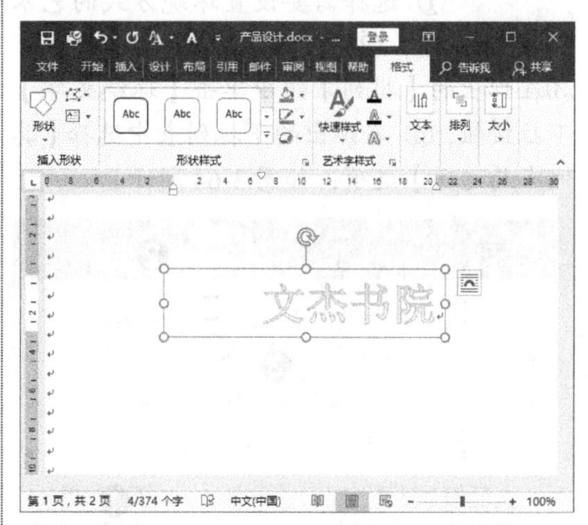

图 3-61

3.6.2 设置艺术字大小

在 Word 文档中插入艺术字后，如果用户对艺术字的大小不满意，可以对其进行修改。下面介绍修改艺术字大小的操作方法。

step 1 ① 选择需要设置大小的文字内容，② 选择【开始】选项卡，③ 在【字体】组中选择准备使用的字号，如“三号”，如图 3-62 所示。

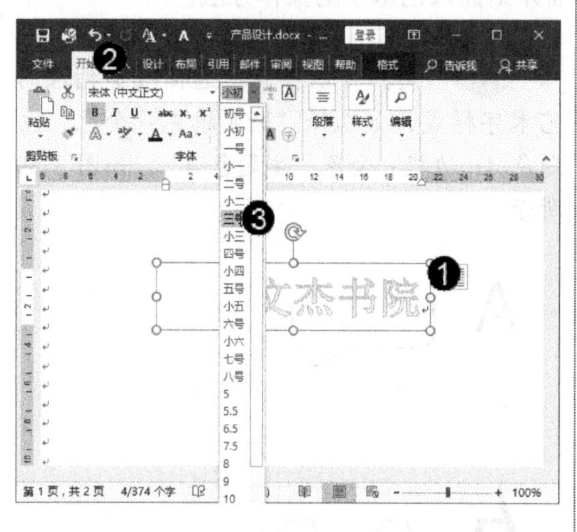

图 3-62

step 2 选中的艺术字大小已被修改，这样即可设置艺术字的大小，如图 3-63 所示。

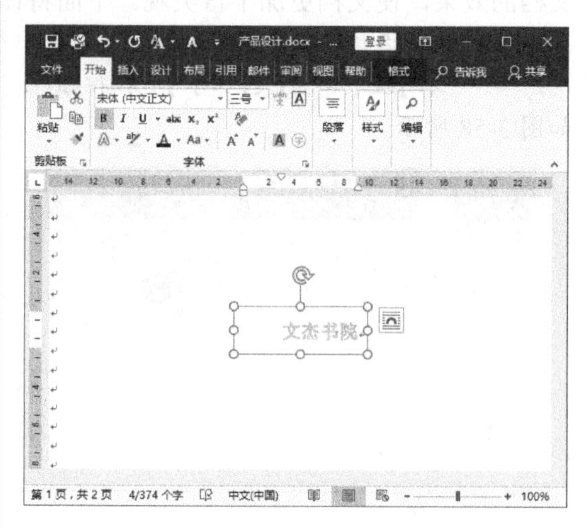

图 3-63

3.6.3 设置艺术字环绕方式

用户可以通过设置艺术字的环绕方式，使文本文字和艺术字等的表现方式更加美观，从而更加适合文本的需要。下面将详细介绍设置艺术字环绕方式的操作方法。

step 1 ① 选择需要设置环绕方式的艺术字，② 选择【格式】选项卡，③在弹出的【排列】组中单击【环绕文字】下拉按钮，④ 在弹出的下拉列表中选择【其他布局选项】选项，如图 3-64 所示。

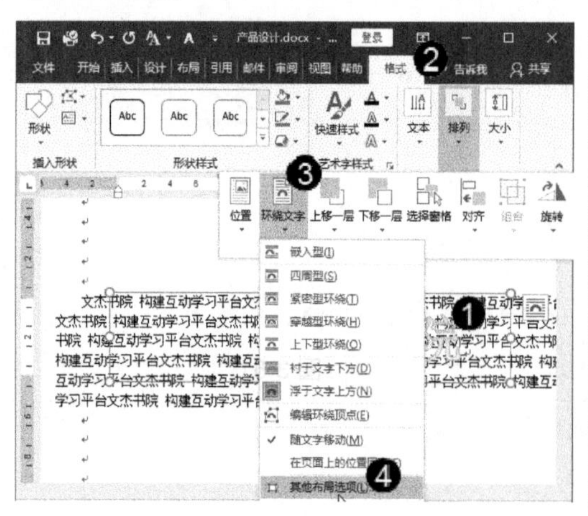

图 3-64

step 2 弹出【布局】对话框，① 选择【文字环绕】选项卡，② 在【环绕方式】区域中，选择准备使用的环绕方式，如“四周型”，③ 单击【确定】按钮，如图 3-65 所示。

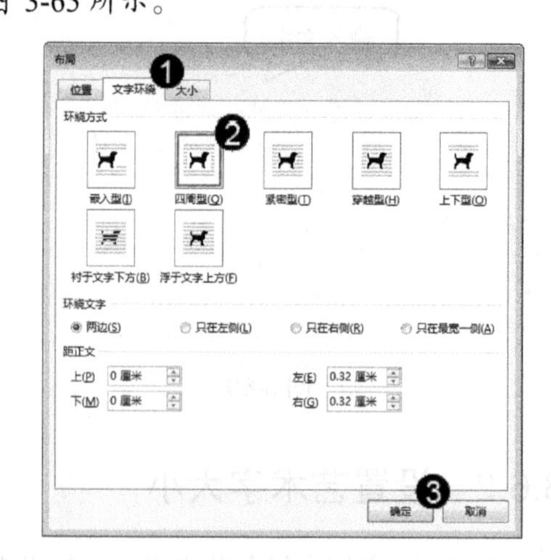

图 3-65

选中的艺术字以“四周型”的环绕方式出现，这样即可设置艺术字环绕方式，如图 3-66 所示。

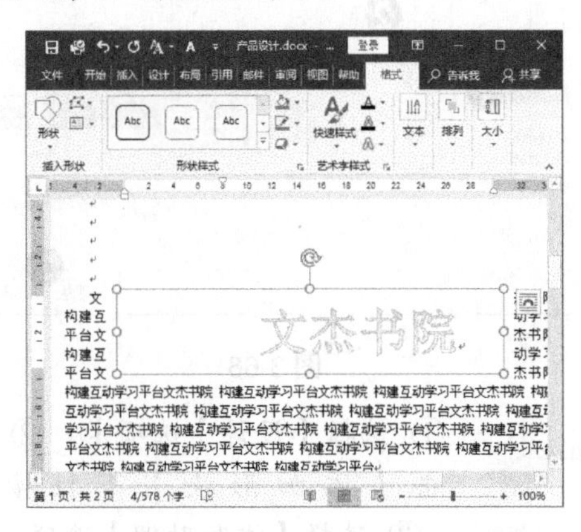

图 3-66

智慧锦囊

在弹出的【布局】对话框中，用户可以设置的文字环绕方式有嵌入型、四周型、紧密型、穿越型、上下型、衬于文字下方和浮于文字上方等方式，用户可以根据个人需要进行选择。

Section 3.7 范例应用与上机操作

手机扫描下方二维码，观看本节视频课程

通过本章的学习，读者可以掌握编排图文并茂的文章的基础知识和操作。下面介绍“创建组织结构图”“设计一张宠物爱心卡”等范例应用，上机操作练习一下，以达到巩固学习、拓展提高的目的。

3.7.1 创建组织结构图

在 Word 2016 中，通过使用 SmartArt 图形可以创建出组织结构图。SmartArt 图形是信息和观点的视觉表示形式，可以快速、轻松、有效地传达信息。下面详细介绍创建组织结构图的相关操作方法。

素材文件 无

效果文件 第 3 章\效果文件\组织结构图.docx

① 创建一张空白文档，选择【插入】选项卡，② 单击 SmartArt 按钮，如图 3-67 所示。

① 弹出【选择 SmartArt 图形】对话框，选择对话框左侧的【层次结构】选项，② 选择【组织结构图】选项，③ 单击【确定】按钮，如图 3-68 所示。

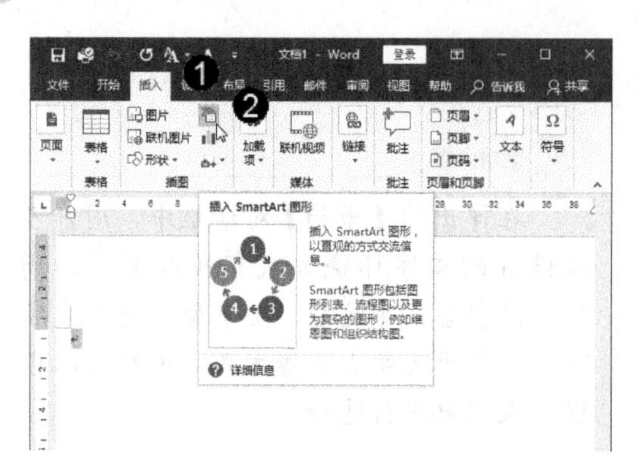

图 3-67

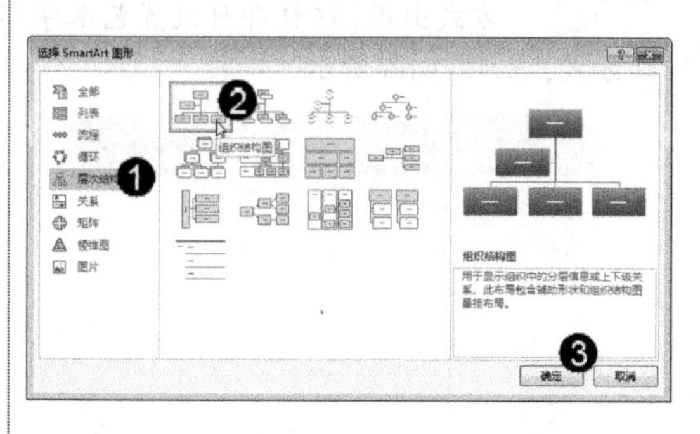

图 3-68

 返回到编辑区可以看到创建的组织结构图，如图 3-69 所示。

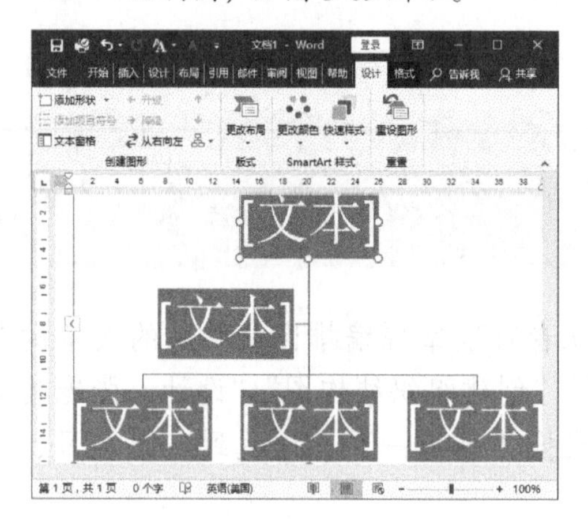

图 3-69

step 4 ① 选择【设计】选项卡，② 单击【添加形状】下拉按钮 添加形状，③ 选择【添加助理】选项，如图 3-70 所示。

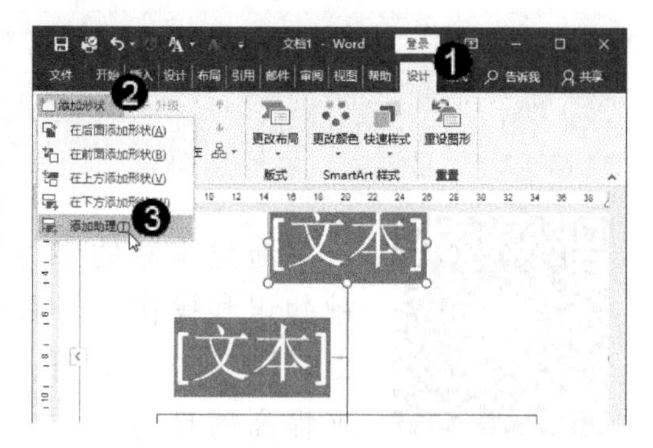

图 3-70

step 5 ① 返回编辑区中，可以看到添加了一个助理形状，② 在【创建图形】组中单击【文本窗格】按钮 文本窗格，如图 3-71 所示。

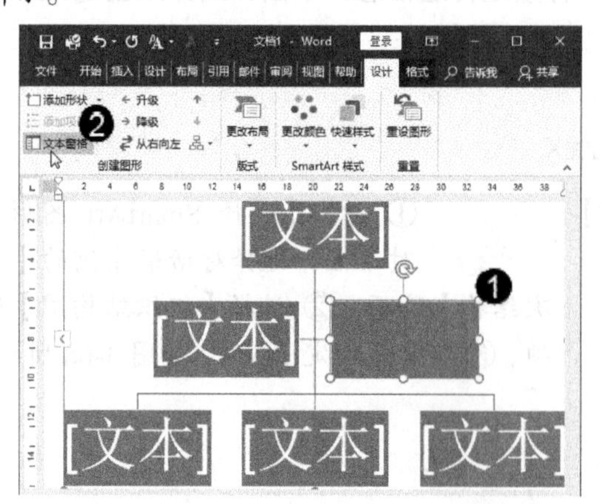

图 3-71

step 6 ① 弹出【在此处键入文字】窗格，输入各部门名称，② 完成输入后，单击【关闭】按钮 ✕，如图 3-72 所示。

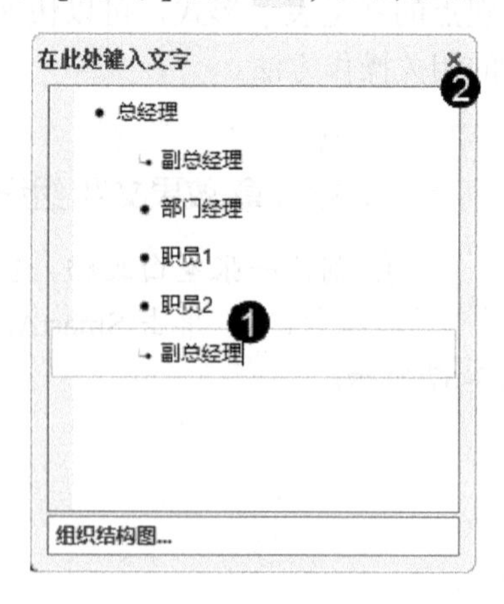

图 3-72

step 7 ① 返回编辑区，可以看到在创建的组织结构图中已添加文本内容，② 单击【SmartArt 样式】组中的【快速样式】按钮，如图 3-73 所示。

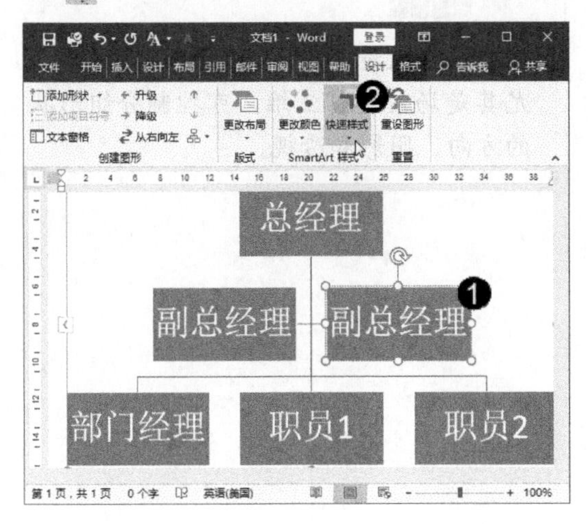

图 3-73

step 8 弹出【SmartArt 样式】下拉列表，在其中选择准备应用的 SmartArt 样式，如选择【三维】区域中的【卡通】样式，如图 3-74 所示。

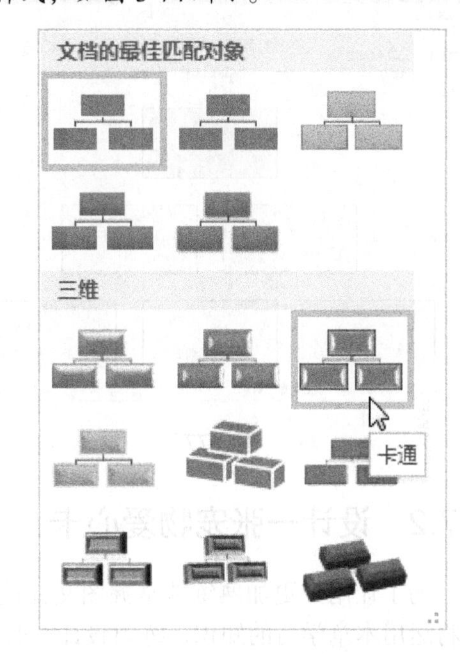

图 3-74

step 9 ① 返回编辑区，可以看到创建的组织结构图已经应用所选的样式，② 单击【SmartArt 样式】组中的【更改颜色】按钮，如图 3-75 所示。

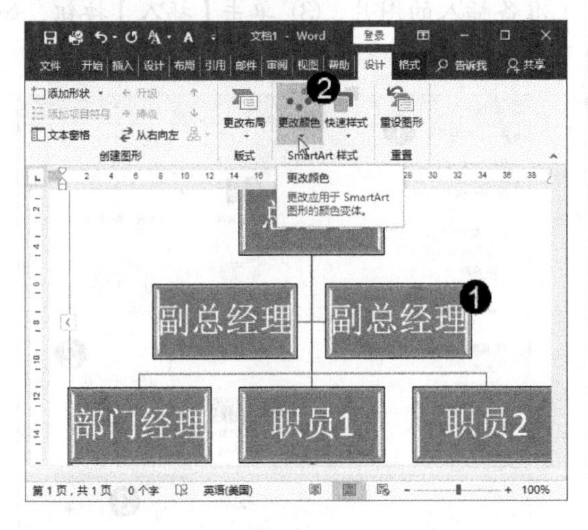

图 3-75

step 10 弹出【SmartArt 颜色】下拉列表，在其中选择准备应用的 SmartArt 颜色，如选择【彩色】区域中的【彩色范围-个性色 3 至 4】选项，如图 3-76 所示。

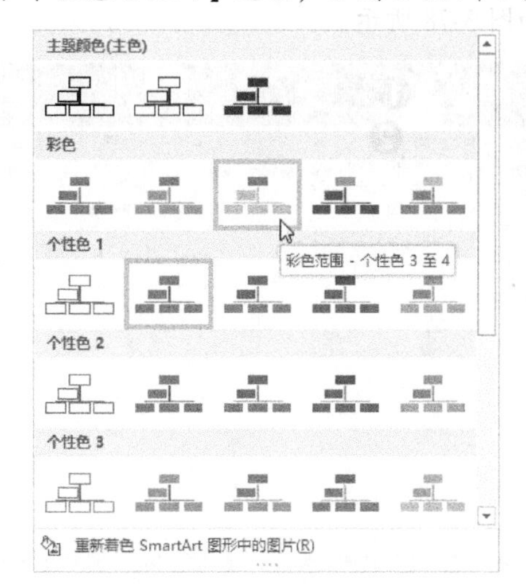

图 3-76

step 11 通过以上步骤即可完成编辑组织结构图的操作，如图 3-77 所示。

图 3-77

智慧锦囊

如果大量使用三维 SmartArt 样式，尤其是场景连贯三维，可控制分组形状的方向、阴影和透视。

3.7.2 设计一张宠物爱心卡

为了让用户更加熟练地掌握图文并茂的文字排版的基本知识以及一些常见的操作，下面将运用本章学习的知识，练习设计一张宠物爱心卡。

素材文件 无
效果文件 第 3 章\效果文件\宠物爱心卡.docx

step 1 ① 选择【插入】选项卡，② 在【插图】组中单击【图片】按钮图片，如图 3-78 所示。

图 3-78

step 2 ① 弹出【插入图片】对话框，选择准备打开图片的路径，② 选择准备插入的图片，③ 单击【插入】按钮，如图 3-79 所示。

图 3-79

step 3 ① 选择【格式】选项卡，② 在【大小】组的高度和宽度微调框中设置图片的大小数值，如图 3-80 所示。

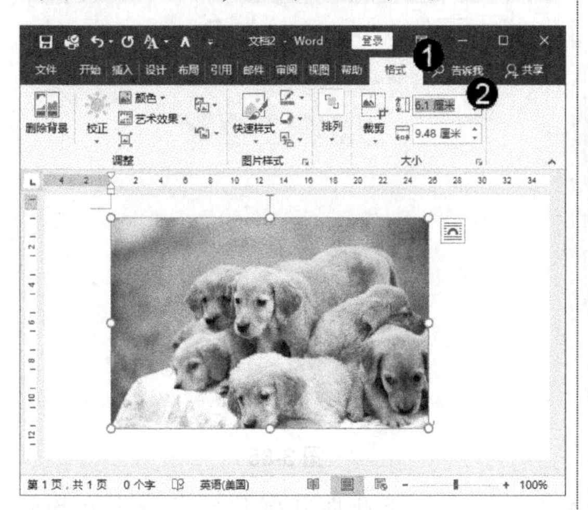

图 3-80

step 4 ① 完成设置图片大小后，选择该图片，② 选择【格式】选项卡，③ 单击【快速样式】按钮，④ 在弹出下拉列表中选择准备应用的样式，如选择“棱台矩形”，如图 3-81 所示。

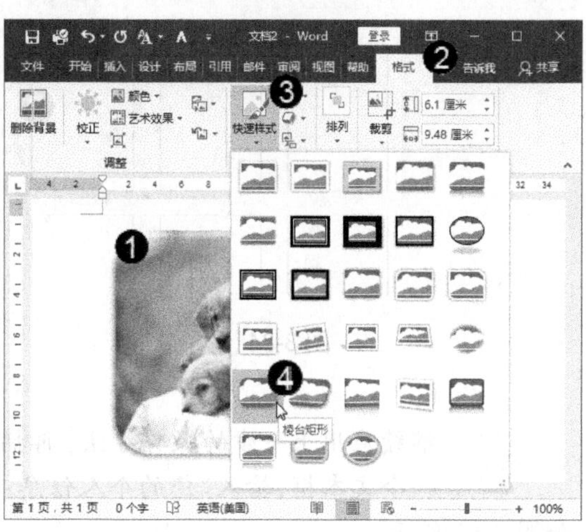

图 3-81

step 5 ① 单击【艺术字】按钮，② 在弹出的下拉列表中选择准备应用的艺术字样式，如选择“渐变填充，灰色”，如图 3-82 所示。

图 3-82

step 6 在插入的艺术字文本框中输入需要的文字内容，如输入“请用爱心爱惜您身边的宠物”字样，如图 3-83 所示。

图 3-83

step 7 ① 选择【插入】选项卡，② 在【文本】组中单击【文本框】下拉按钮，③ 选择准备应用的文本框样式，如选择“奥斯汀引言”，如图 3-84 所示。

step 8 在插入的文本框中输入需要的文字内容，如图 3-85 所示。

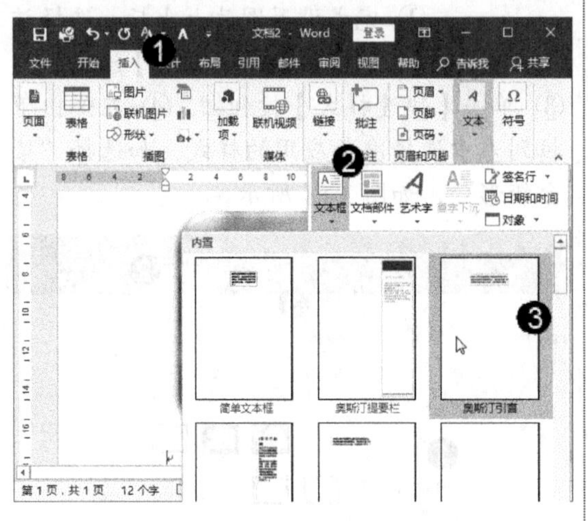

图 3-84

图 3-85

step 9 继续应用上一步的操作方法，再插入一个文本框，输入“您的个人信息:”，如图 3-86 所示。

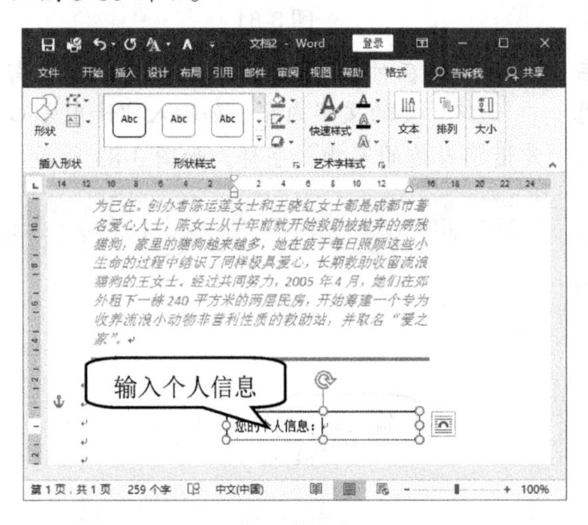

图 3-86

step 10 至此即可制作完成一张宠物爱心卡，最终的效果如图 3-87 所示。

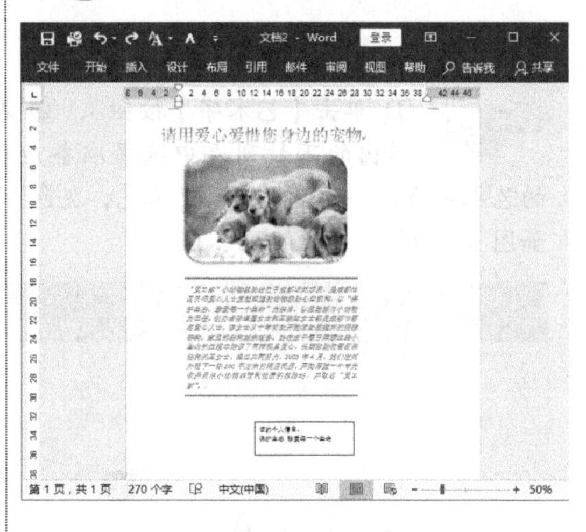

图 3-87

Section 3.8 课后练习与上机操作

本节内容无视频课程，习题参考答案在本书附录。

3.8.1 课后练习

1. 填空题

(1) 在 Word 2016 软件中，用户可以通过__________选项卡，对文本框的样式等格式

进行设置。

(2) 绘制完产品图形后，用户还可以在所绘制的图形中添加一些________，说明所绘制的图形，进而诠释文档的含义。

(3) 如果所绘制的图形较多，在文档中显得杂乱无章，可以将多个图形进行________显示，这样会使文档整洁干净，从而设计出好看的封面图案。

(4) 插入 SmartArt 图形后，都是默认的形状个数，若图形不够，可以________。

(5) 艺术字是 Word 的一个特殊功能，可以更改________的外观效果，插入艺术字可以达到装饰文档的效果，使文档更加丰富美观。

2. 判断题

(1) Word 2016 内置有多种样式的文本框供用户选择，例如简单文本框、边线型提要栏、边线型引述、传统型提要栏等。 (　　)

(2) 图形是文本的一种表现形式，为了内容需要用户可以绘制自选图形，从而使文档内容更加丰富美观。 (　　)

(3) 使用 SmartArt 图形功能可以快速创建出专业而美观的图示化效果，插入 SmartArt 图形时，首先用户应输入相应的文本信息，然后根据自己的需要选择 SmartArt 图形的类型和布局，程序便会自动插入对应的图形了。 (　　)

3. 思考题

(1) 如何旋转图片？

(2) 如何插入艺术字？

3.8.2 上机操作

(1) 通过本章的学习，读者基本可以掌握图文并茂的文章排版方面的知识。下面通过练习设计一张商品礼券，达到巩固与提高的目的。素材文件的路径为“第 3 章\效果文件\商品礼券.docx”。

(2) 通过本章的学习，读者基本可以掌握图文并茂的文章排版方面的知识。下面通过练习设计一张端午节海报，达到巩固与提高的目的。素材文件的路径为“第 3 章\效果文件\端午节海报.docx”。

第4章

创建与编辑表格

本章介绍创建与编辑表格方面的知识与技巧，主要内容包括创建表格、在表格中输入和编辑文本、编辑单元格、合并与拆分单元格、美化表格格式和使用辅助工具等。通过本章的学习，读者可以掌握创建与编辑表格方面的基础知识，为深入学习 Office 2016 电脑办公知识奠定基础。

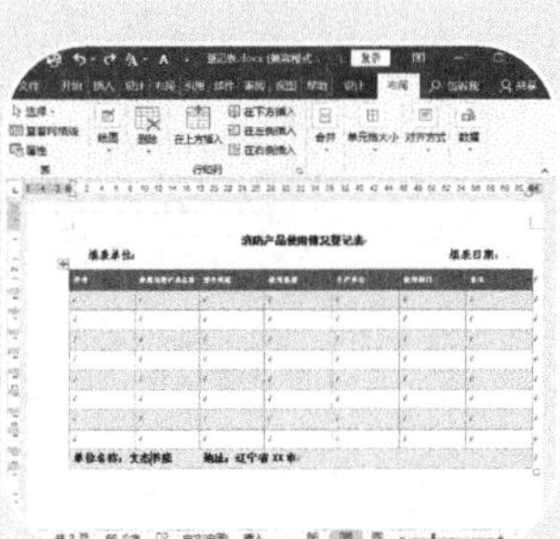

本 章 要 点

1. 创建表格
2. 在表格中输入和编辑文本
3. 编辑单元格
4. 合并与拆分单元格
5. 美化表格格式
6. 使用辅助工具

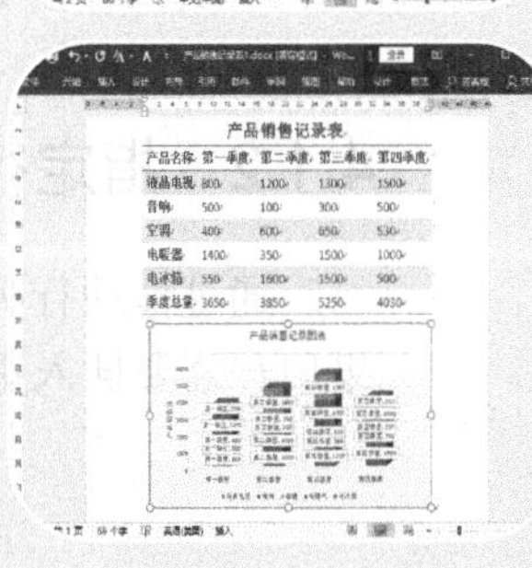

Section 4.1 创建表格

手机扫描下方二维码，观看本节视频课程

在 Microsoft Word 2016 中，创建表格是日常办公中应用十分广泛的一种操作，例如当需要处理一些简单的数据信息时，就可以应用表格，并且为了使表格更加美观可以对表格样式进行设置。本节将详细介绍创建表格的相关知识及操作方法。

4.1.1 拖动行列数创建表格

如果要创建的表格行列很规则，而且在 10 列 8 行以内，就可以通过在虚拟表格中拖动行列数的方法来创建表格，下面详细介绍其操作方法。

step 1 将文本插入点定位到文档中要插入表格的位置，① 选择【插入】选项卡，② 单击【表格】组中的【表格】按钮，③ 在弹出的下拉列表的虚拟表格内拖动鼠标光标到所需的行数和列数，如图 4-1 所示。

图 4-1

step 2 可以看到已经按照拖动选择的行列数创建了一个表格，这样即可完成拖动行列数创建表格的操作，如图 4-2 所示。

图 4-2

4.1.2 指定行列数创建表格

通过拖动行列数的方法创建表格虽然很方便，但创建表格的列数和行数都受限制。如果用户需要插入更多行数或列数的表格时，就需要通过【插入表格】对话框来完成了。

step 1 ① 选择【插入】选项卡，② 在【表格】组中单击【表格】下拉按钮，③ 在弹出的下拉列表中选择【插入表格】选项，如图 4-3 所示。

图 4-3

step 3 通过以上操作步骤即可完成指定行列数创建表格，如图 4-5 所示。

图 4-5

step 2 ① 弹出【插入表格】对话框，在【表格尺寸】区域中调节【列数】和【行数】微调框，设置需要插入表格的列数和行数，② 单击【确定】按钮，如图 4-4 所示。

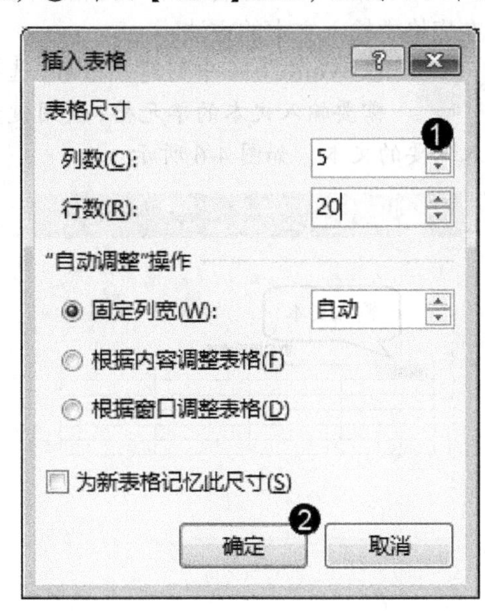

图 4-4

智慧锦囊

在【插入表格】对话框中选中【固定列宽】单选按钮，可让每个单元格保持当前尺寸；选中【根据内容调整表格】单选按钮，表格中的每个单元格将根据内容多少自动调整高度和宽度；选中【根据窗口调整表格】单选按钮，表格尺寸将根据页面的大小自动改变其大小。

Section 4.2 在表格中输入和编辑文本

手机扫描下方二维码，观看本节视频课程

创建并设计完表格样式后，用户可以对表格进行字符输入和文本编辑，同时可以对表格中的文本进行选中和设置文本的对齐方式等操作。本节将详细介绍在表格中输入和编辑文本的相关知识及操作方法。

4.2.1 在表格中输入文本

一个表格中可以包含多个单元格，用户可以将文本内容输入指定的单元格中。下面介绍在表格中输入文本的方法。

step 1 在 Word 2016 中创建表格后，选择需要输入文本的单元格，使用键盘输入需要的文本，如图 4-6 所示。

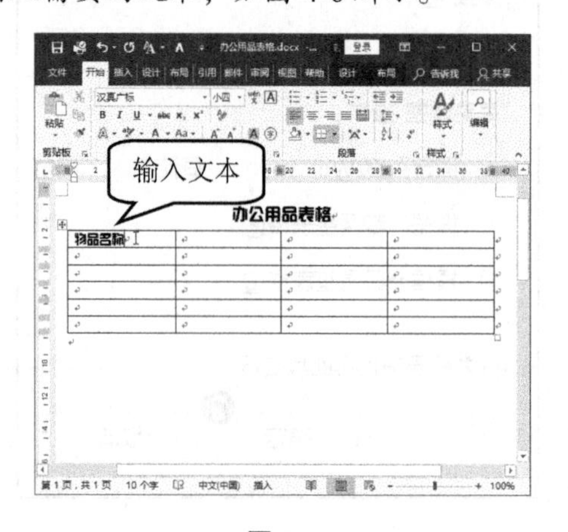

图 4-6

step 2 通过以上操作步骤即可完成表格中的文本输入，如图 4-7 所示。

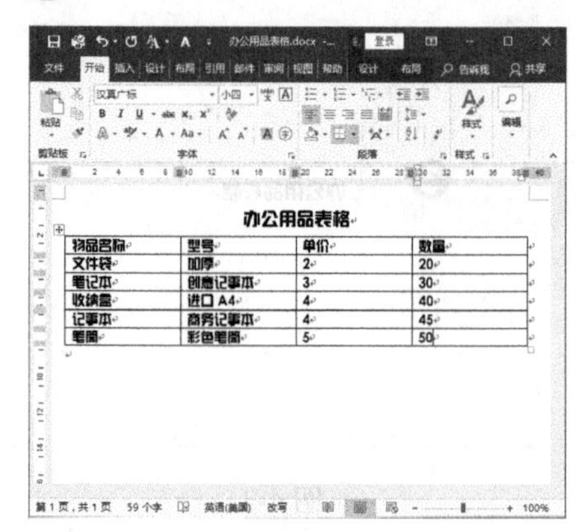

图 4-7

知识精讲

在 Word 表格中，可以根据输入内容的多少，改变每个单元格的列宽，这样输入的内容将在表格中完整显示。

4.2.2 选中表格中的文本

用户可以随时对表格中的文本进行修改和编辑，在对文本进行修改和编辑时，需要将表格中的文本选中。下面介绍选中表格中文本的操作方法。

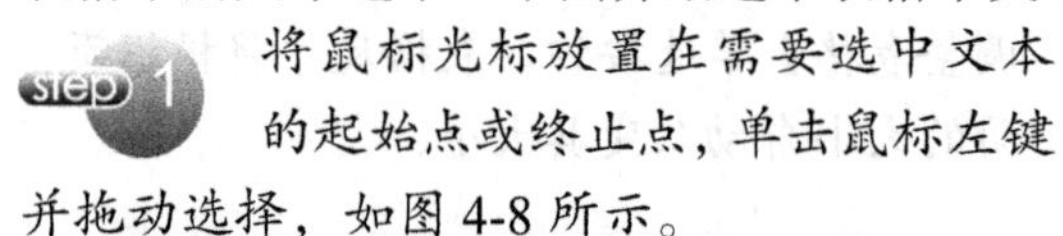

step 1 将鼠标光标放置在需要选中文本的起始点或终止点，单击鼠标左键并拖动选择，如图 4-8 所示。

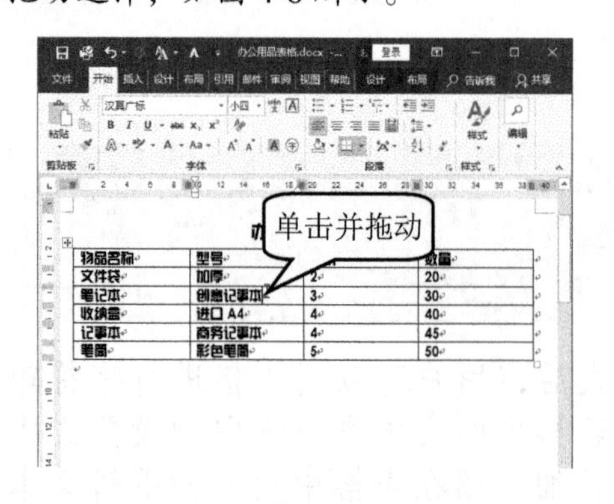

图 4-8

step 2 通过以上操作步骤即可在表格中选中文本，如图 4-9 所示。

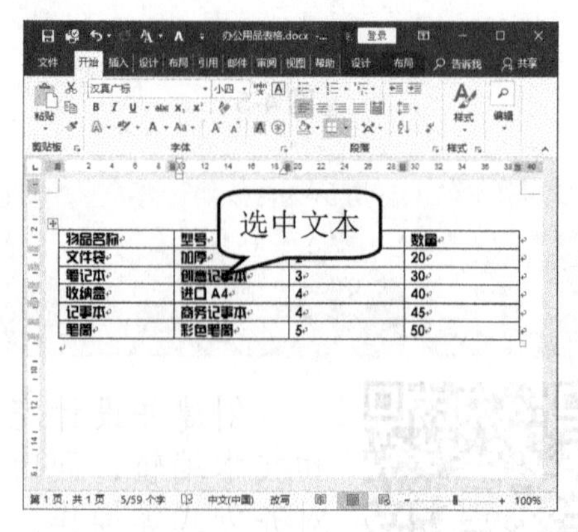

图 4-9

4.2.3 表格文本的对齐方式

由于表格中的每个单元格相当于一个小文档，因此能对选定的单个单元格、多个单元格、行或者列里的文本设置对齐方式，包括左对齐、右对齐、两端对齐、居中和分散对齐等。下面介绍设置表格文本的对齐方式的操作。

step 1 ① 选中需要对齐的文本，② 选择【布局】选项卡，③ 单击【对齐方式】下拉按钮，④ 选择准备使用的对齐方式，如选择“水平居中”对齐方式，如图 4-10 所示。

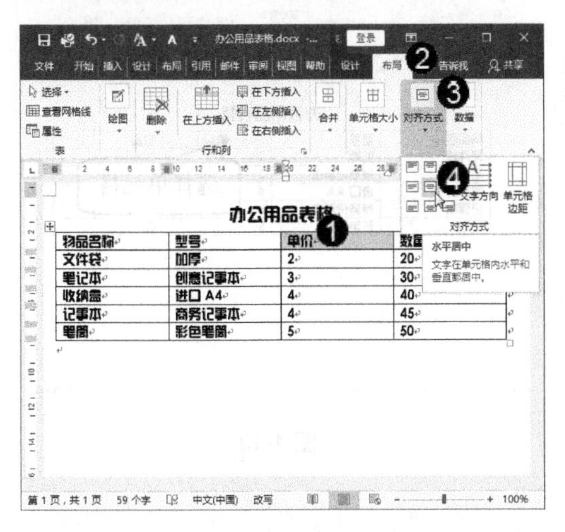

图 4-10

step 2 可以看到已经将选中的文本设置为“水平居中”显示，这样即可完成设置表格文本对齐方式的操作，如图 4-11 所示。

图 4-11

Section 4.3 编辑单元格

手机扫描下方二维码，观看本节视频课程

创建并设计完表格后，由于文本内容的编排需要，用户还可以进行插入行、列与单元格，删除行、列与单元格等操作。本节将详细介绍编辑单元格的相关知识及操作方法。

4.3.1 选择单元格

选择单元格中的文本内容，可以对文本进行编辑和设置。选择单元格的方法共 5 种，分别是选择一个单元格、选择一行单元格、选择一列单元格、选择多个单元格和选中整个表格的单元格。下面将详细介绍选择单元格的方法。

1. 选择一个单元格

用户可以在表格中选择任意一个单元格进行文本的修改、编辑和设置，下面介绍选择一个单元格的方法。

step 1 将鼠标光标放置在单元格左侧，当光标变成【选择】标志后，单击鼠标左键，如图 4-12 所示。

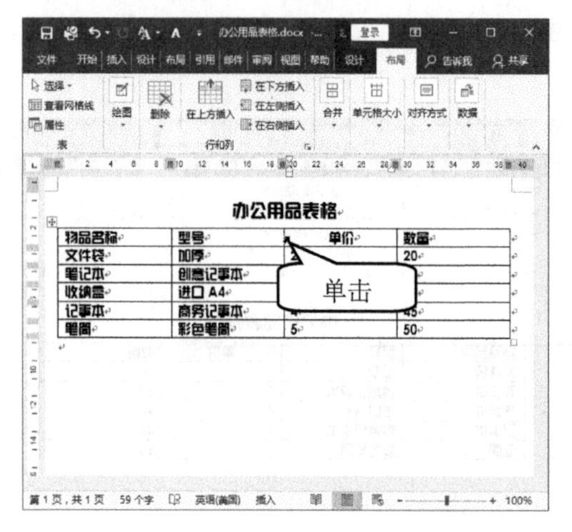

图 4-12

step 2 可以看到已经选择了该单元格，通过以上操作步骤即可完成选择一个单元格的操作，如图 4-13 所示。

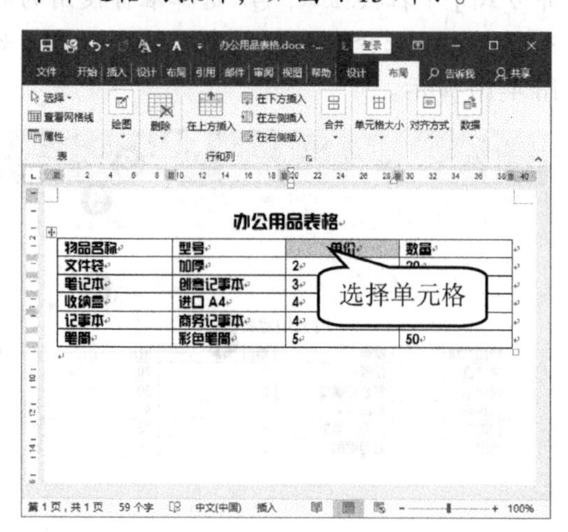

图 4-13

2. 选择一行单元格

用户可以在表格中选择任意一行单元格进行文本的修改、编辑和设置，下面将介绍选择一行单元格的方法。

step 1 将鼠标光标放置在一行单元格的左侧，当光标变成【选择】标志后，单击鼠标左键，如图 4-14 所示。

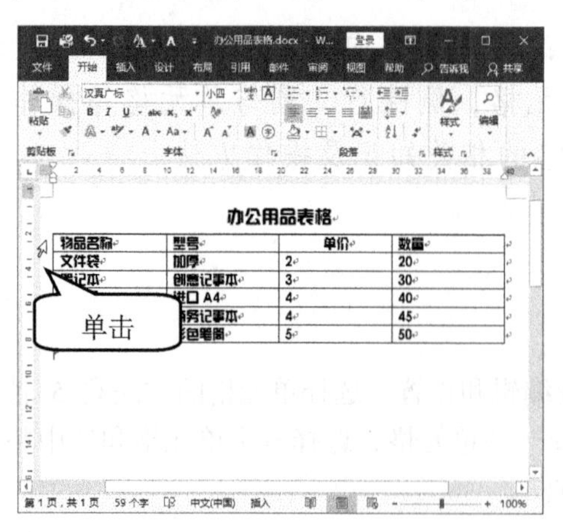

图 4-14

step 2 通过以上操作步骤即可选择一行单元格，如图 4-15 所示。

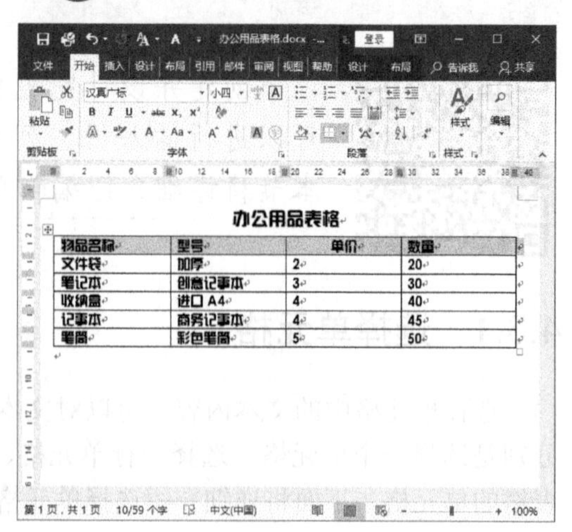

图 4-15

3. 选择一列单元格

用户可以在表格中选择任意一列单元格进行文本的修改、编辑和设置，下面介绍选择一列单元格的方法。

step 1 将鼠标光标放置在一列单元格的最上方，当光标变成【选择】标志⬇后，单击鼠标左键，如图 4-16 所示。

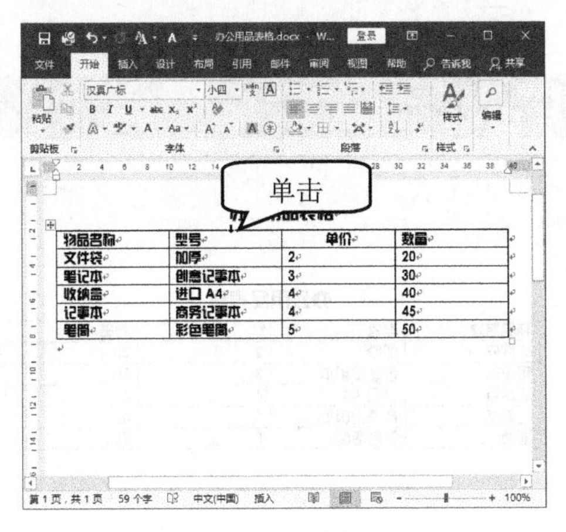

图 4-16

step 2 通过以上操作步骤即可选择一列单元格，如图 4-17 所示。

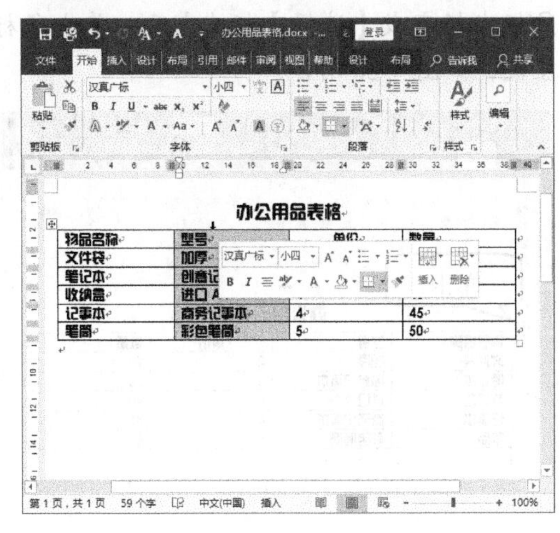

图 4-17

4. 选择多个连续的单元格

用户可以在表格中选择多个单元格进行文本的修改、编辑和设置，下面介绍选择多个单元格的方法。

step 1 选择一个起始单元格，然后按住键盘上的 Shift 键，在准备终止的单元格内单击，如图 4-18 所示。

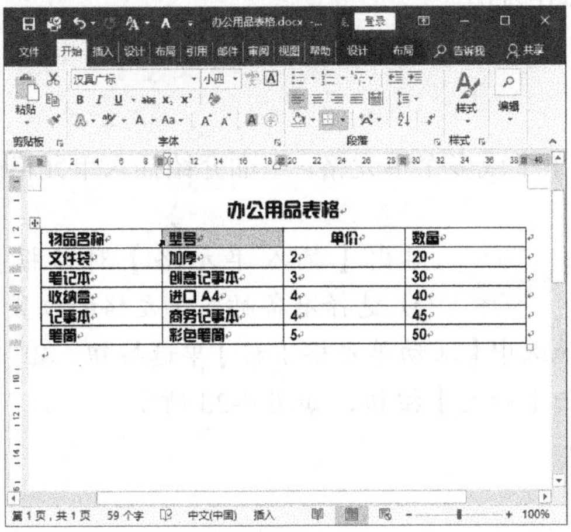

图 4-18

step 2 通过以上操作步骤即可选择多个连续的单元格，如图 4-19 所示。

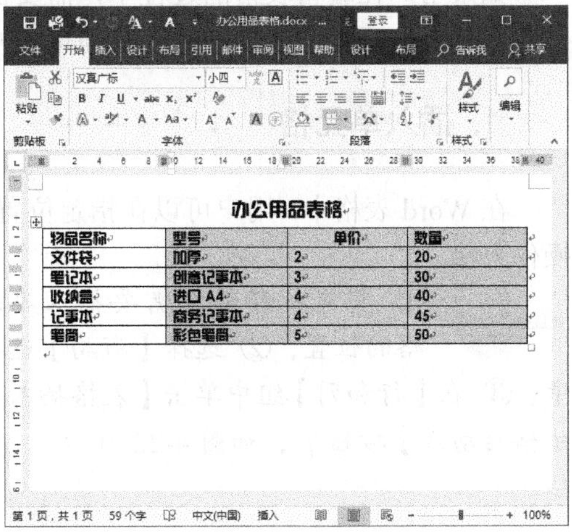

图 4-19

5. 选择整个表格的单元格

用户可以选择整个表格进行文本的修改、编辑和设置，下面介绍选择整个表格的单元格的方法。

step 1 将鼠标光标放置在准备选择整个表格单元格的左上角图标⊞上，当鼠标光标变成【选择】标志后，单击鼠标左键，如图 4-20 所示。

单击

办公用品表格

物品名称	型号	单价	数量
文件袋	加厚	2	20
笔记本	创意记事本	3	30
收纳盒	进口 A4	4	40
记事本	商务记事本	4	45
笔筒	彩色笔筒	5	50

图 4-20

step 2 可以看到已经选中了整个表格的单元格，这样即可完成选择整个表格单元格的操作，如图 4-21 所示。

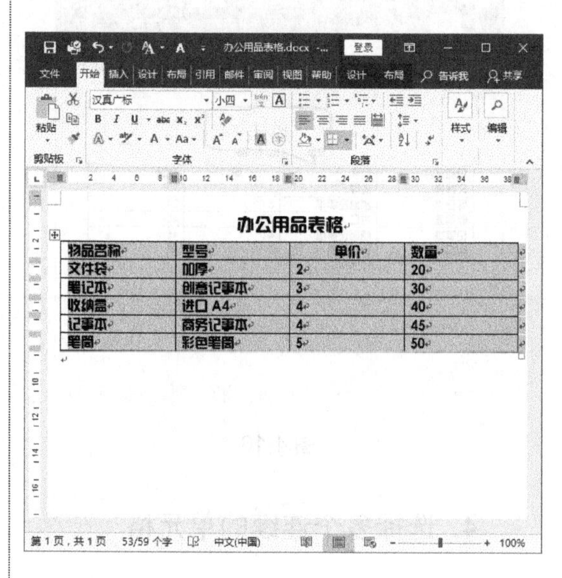

办公用品表格

物品名称	型号	单价	数量
文件袋	加厚	2	20
笔记本	创意记事本	3	30
收纳盒	进口 A4	4	40
记事本	商务记事本	4	45
笔筒	彩色笔筒	5	50

图 4-21

4.3.2 插入行、列与单元格

如果用户在编辑表格的过程中，需要在指定的位置增加内容时，可以在表格中插入行、列和单元格。下面介绍插入行、列与单元格的操作方法。

1. 插入单元格

在 Word 表格中，用户可以在指定位置添加单个或多个单元格。下面介绍插入单元格的操作方法。

step 1 ① 将光标移动至需要插入单元格的位置，② 选择【布局】选项卡，③ 在【行和列】组中单击【表格插入单元格启动器】按钮，如图 4-22 所示。

step 2 弹出【插入单元格】对话框，① 选择准备插入单元格的位置，如选中【活动单元格下移】单选按钮，② 单击【确定】按钮，如图 4-23 所示。

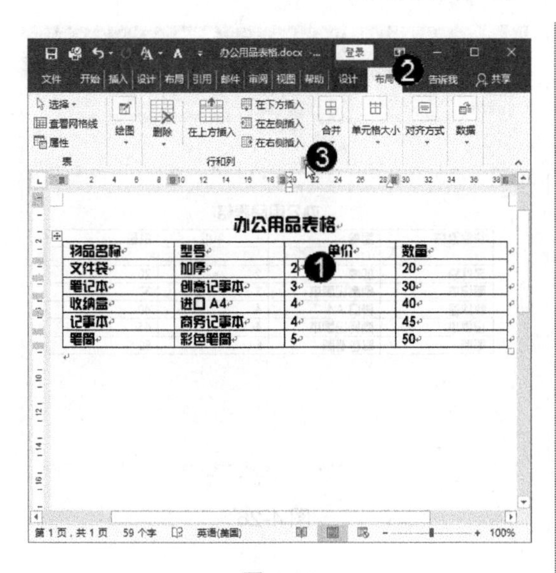

图 4-22

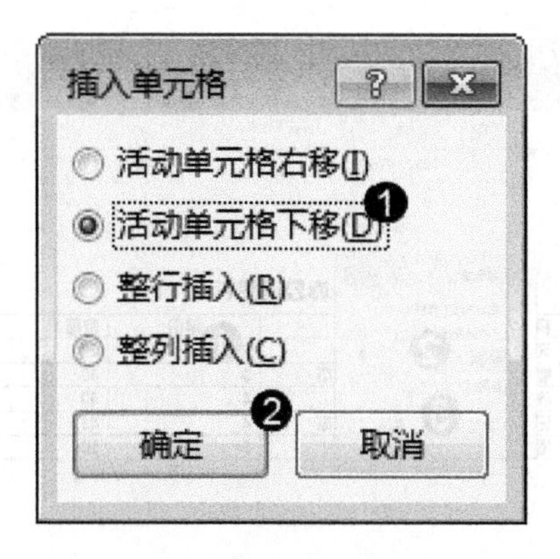

图 4-23

step 3 通过以上操作步骤即可在表格中插入一个单元格，如图 4-24 所示。

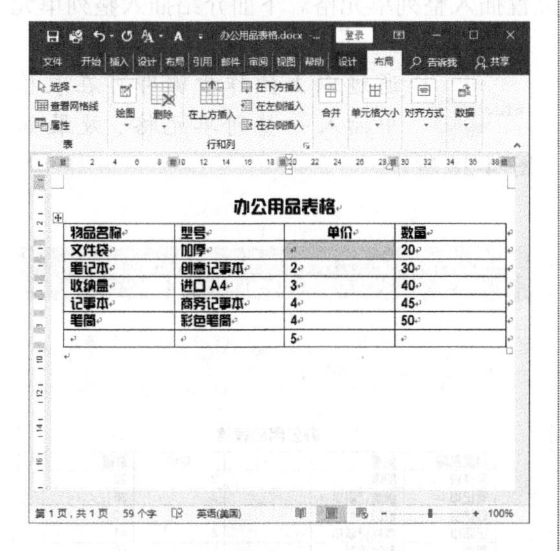

图 4-24

智慧锦囊

在 Word 中制作表格时，如果遇到需要输入竖排字符的单元格，只要将光标移动到单元格中，然后选择【布局】选项卡，单击【对齐方式】按钮，在弹出的下拉列表中选择【改变文字方向】选项即可更改文字的方向，将横排文字变成竖排文字。

考考您

请您根据上述方法插入一个单元格，测试一下您学习插入单元格的效果。

2. 插入整行单元格

在 Word 2016 表格中，用户可以在指定位置插入整行单元格。下面介绍插入整行单元格的操作方法。

step 1 ① 将光标移动至需要插入整行单元格的位置，② 打开【插入单元格】对话框，选中【整行插入】单选按钮，③ 单击【确定】按钮，如图 4-25 所示。

step 2 通过以上操作步骤即可在表格中插入一整行单元格，效果如图 4-26 所示。

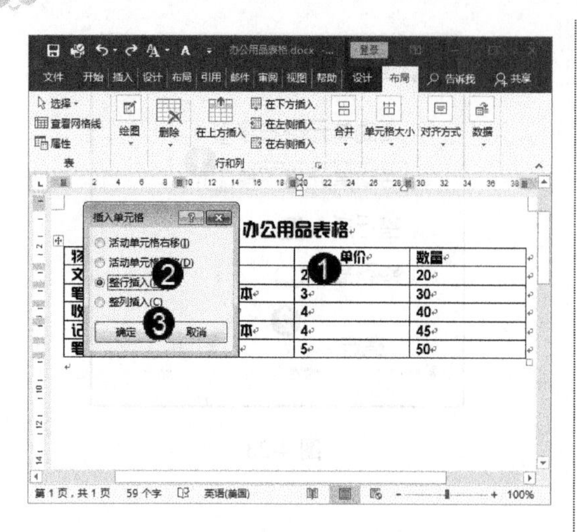

图 4-25

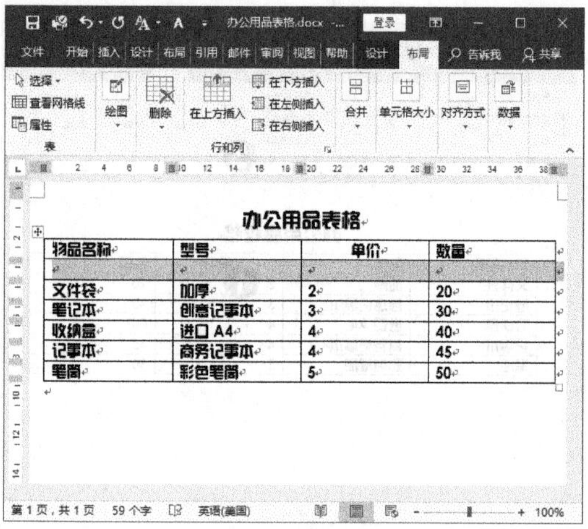

图 4-26

3. 插入整列单元格

在 Word 2016 表格中，用户可以在指定位置插入整列单元格。下面介绍插入整列单元格的操作方法。

step 1 ① 将光标移动至需要插入整列单元格的位置，② 打开【插入单元格】对话框，选中【整列插入】单选按钮，③ 单击【确定】按钮，如图 4-27 所示。

step 2 通过以上操作步骤即可在表格中插入一整列单元格，效果如图 4-28 所示。

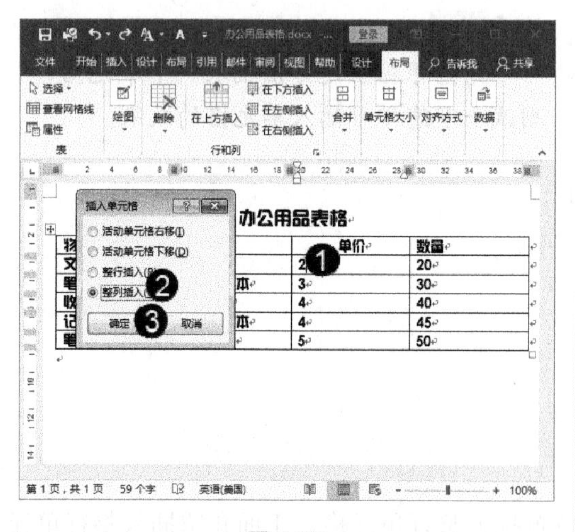

图 4-27

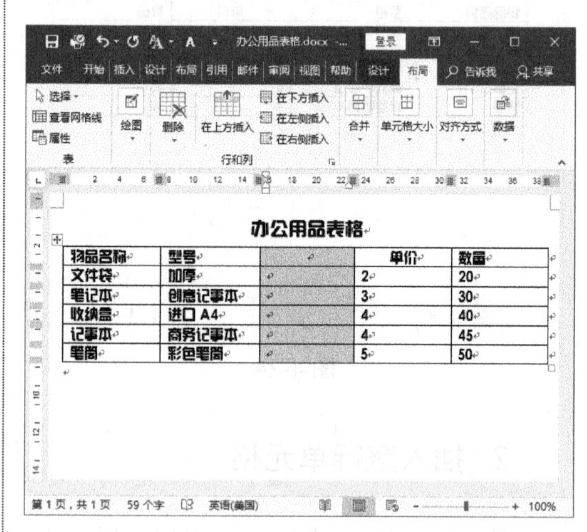

图 4-28

4.3.3 删除行、列与单元格

在 Word 2016 表格中，用户可以将不需要的行、列和单元格删除，下面将分别详细介绍删除行、列与单元格的操作方法。

1. 删除单元格

在 Word 2016 表格中，用户可以在指定位置删除某个单元格。下面介绍删除单元格的操作方法。

step 1 ① 选择需要删除的单元格，② 选择【布局】选项卡，③ 单击【删除】按钮，④ 选择【删除单元格】选项，如图 4-29 所示。

文件 开始 插入 设计 布局 引用 邮件 审阅 视图 帮助 设计 布局 告诉我 共享

选择 查看网格线 属性 表 绘图 删除 在上方插入 在下方插入 在左侧插入 在右侧插入 合并 单元格大小 对齐方式 数据

删除单元格(D)... 删除列(C) 删除行(R) 删除表格(T)

办公用品表格

物品名称	型号	单价	数量	
文件袋	加厚		2	20
笔记本	创意记事本	3	30	
收纳盒	进口 A4	4	40	
记事本	商务记事本	4	45	
笔筒	彩色笔筒	5	50	

第 1 页，共 1 页 59 个字 英语(美国) 100%

图 4-29

step 2 弹出【删除单元格】对话框，①选中【右侧单元格左移】单选按钮，② 单击【确定】按钮，如图 4-30 所示。

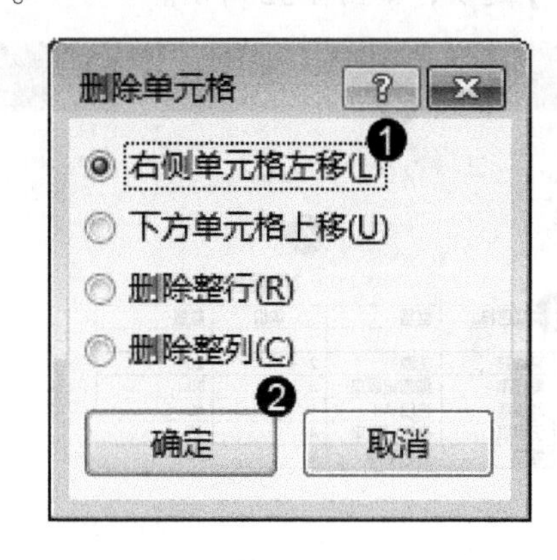

图 4-30

step 3 返回到文档中，可以看到选择的单元格已被删除，这样即可完成删除一个单元格的操作，如图 4-31 所示。

文件 开始 插入 设计 布局 引用 邮件 审阅 视图 帮助 设计 布局 告诉我 共享

选择 查看网格线 属性 表 绘图 删除 在上方插入 在下方插入 在左侧插入 在右侧插入 行和列 合并 单元格大小 对齐方式 数据

办公用品表格

物品名称	型号	单价	数量
文件袋	加厚	2	20
笔记本	创意记事本	3	30
收纳盒	进口 A4	4	40
记事本	商务记事本	4	45
笔筒	彩色笔筒	5	50

第 1 页，共 1 页 59 个字 英语(美国) 100%

图 4-31

智慧锦囊

在【布局】选项卡的【行和列】组中，通过【在上方插入】按钮、【在下方插入】按钮 在下方插入、【在左侧插入】按钮 在左侧插入 和【在右侧插入】按钮 在右侧插入，同样可以在需要的位置插入行和列。

考考您

请您根据上述方法删除一个单元格，测试一下您学习删除单元格的效果。

2. 删除整行单元格

在 Word 2016 表格中，用户还可以在指定位置删除整行单元格。下面介绍删除整行单元格的操作方法。

step 1 ① 将光标移动至需要删除整行单元格的起始位置，② 选择【布局】选项卡，③ 单击【删除】按钮，④ 选择【删除行】选项，如图 4-32 所示。

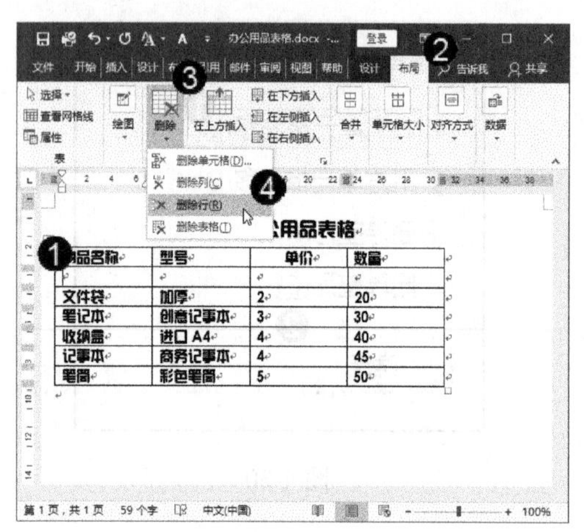

图 4-32

step 2 可以看到已经删除了一整行的单元格，这样即可完成删除一整行单元格的操作，如图 4-33 所示。

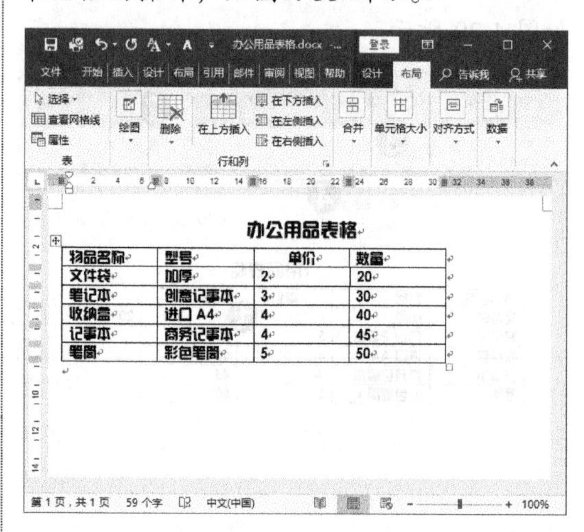

图 4-33

3. 删除整列单元格

在 Word 表格中，用户可以在指定位置删除整列单元格。下面介绍删除整列单元格的操作方法。

step 1 ① 将光标移动至需要删除整列单元格的起始位置，② 选择【布局】选项卡，③ 单击【删除】按钮，④ 选择【删除列】选项，如图 4-34 所示。

图 4-34

step 2 通过以上操作步骤即可删除一整列单元格，如图 4-35 所示。

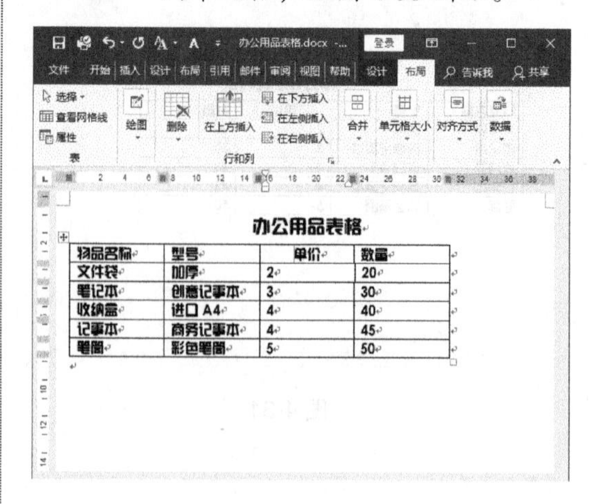

图 4-35

Section 4.4 合并与拆分单元格

手机扫描下方二维码，观看本节视频课程

合并单元格是指将多个连续的单元格组合成一个单元格，拆分单元格是指将一个单元格分解成多个连续的单元格，合并与拆分单元格的操作多用于 Word 或 Excel 中的表格。本节将详细介绍合并与拆分单元格的相关知识及操作方法。

4.4.1 合并单元格

在表格中，用户可以根据个人需要将多个连续的单元格合并成一个单元格。下面介绍合并单元格的操作方法。

step 1 ① 选择需要合并的连续单元格，② 选择【布局】选项卡，③ 在【合并】组中单击【合并单元格】按钮，如图 4-36 所示。

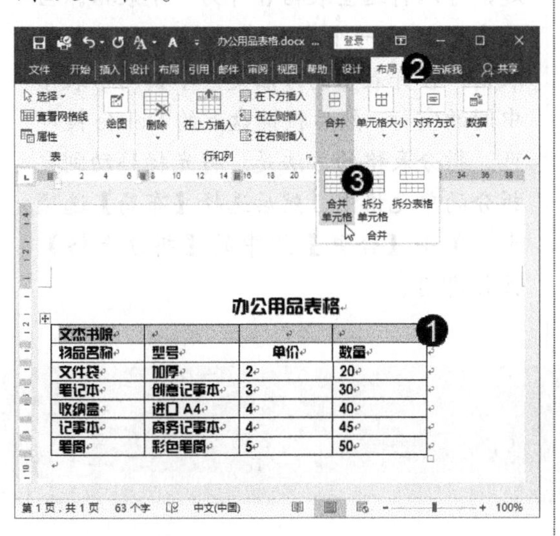

图 4-36

step 2 可以看到选择的连续单元格已被合并为一个单元格，这样即可完成合并单元格的操作，如图 4-37 所示。

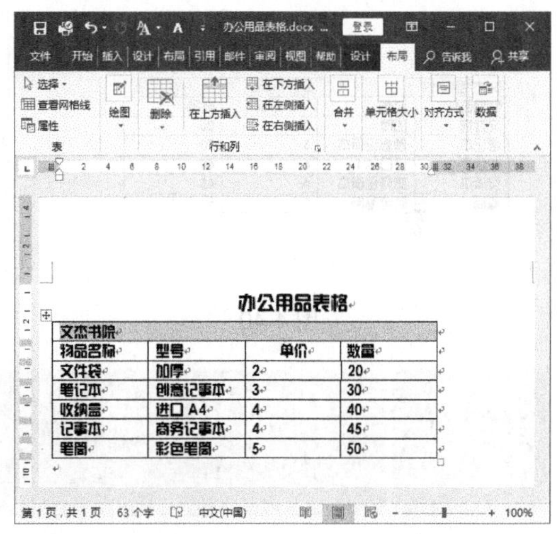

图 4-37

4.4.2 拆分单元格

拆分单元格是将 Word 文档表格中的一个单元格，分解成两个或多个单元格。下面介绍拆分单元格的操作方法。

step 1 ① 选择需要拆分的单元格，② 选择【布局】选项卡，③ 在【合并】组中单击【拆分单元格】按钮，如图 4-38 所示。

step 2 弹出【拆分单元格】对话框，①在【列数】和【行数】微调框中，输入要拆分的数值，② 单击【确定】按钮，如图 4-39 所示。

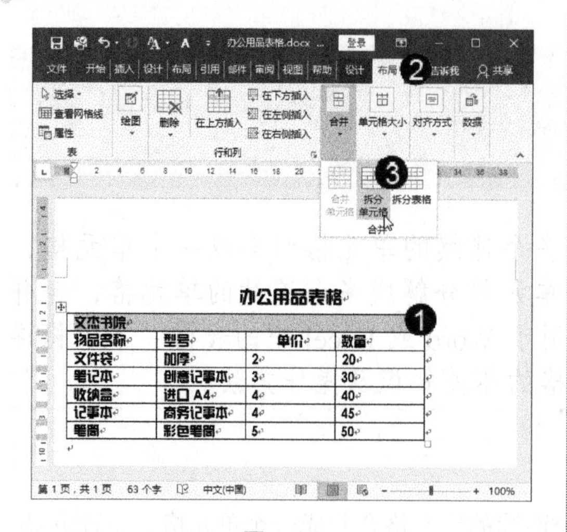

图 4-38

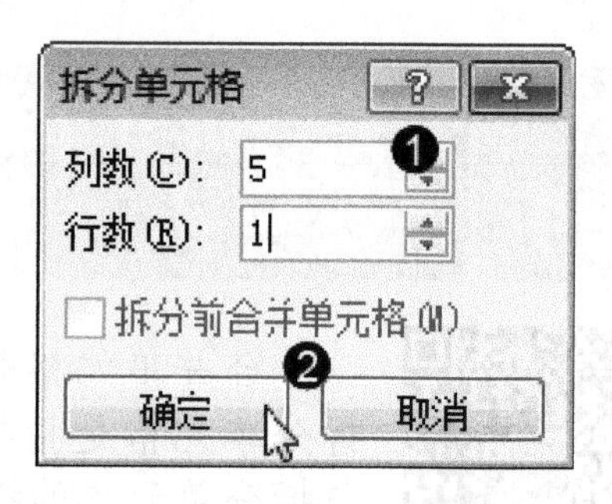

图 4-39

通过以上操作步骤即可拆分选中的单元格，如图 4-40 所示。

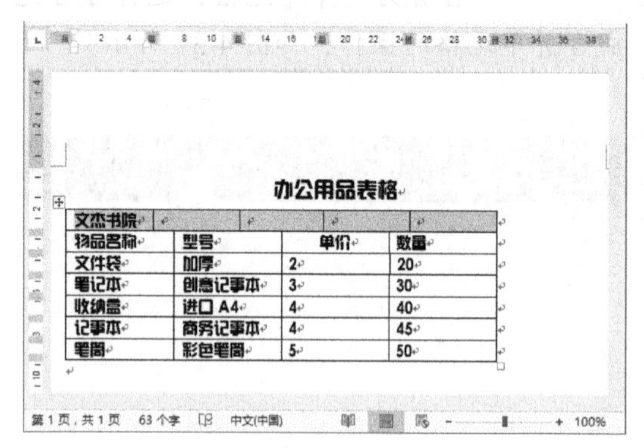

图 4-40

在 Word 2016 中，如果存在几个不同的表格，为了将各表格中的数据组合到一起，可以将这些表格合并为一个表格。当然也可以将一个大的表格拆分成几个小表格。合并表格的方法是：单击两个表格中间的空行，然后按键盘上的 Delete 键即可。拆分表格的方法是：将光标移动到要拆分的单元格中，然后选择【布局】选项卡，单击【合并】组中的【拆分表格】按钮即可。

Section 4.5 美化表格格式

手机扫描下方二维码，观看本节视频课程

直接插入的表格比较普通，不够美观。为了创建出更高水平的表格，需要对创建后的表格进行格式上的设置，如自动套用表格样式、设置表格属性等。本节将详细介绍美化表格格式的相关知识及操作方法。

4.5.1 自动套用表格样式

在文档中插入表格后，用户还可以对表格的外观样式进行设置，使其更加美观。Word 2016 内置了多种表格样式，方便用户快速套用到表格中。下面详细介绍自动套用表格样式

的操作方法。

step 1 ① 选择要应用内置样式的表格，② 选择【设计】选项卡，③ 在【表格样式】组中单击【其他】下拉按钮，如图 4-41 所示。

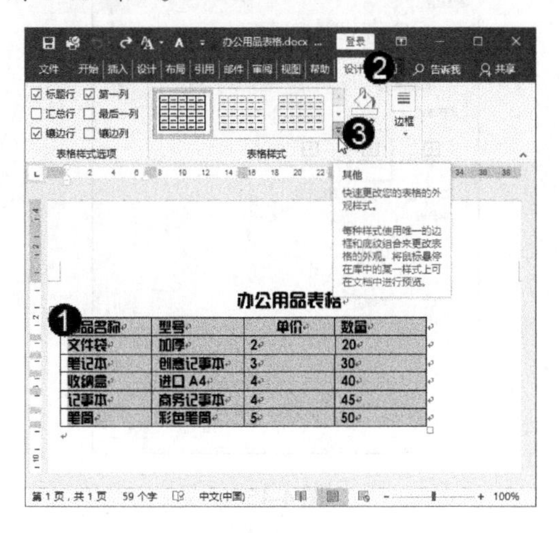

图 4-41

step 3 可以看到选择的表格已经应用了内置的表格样式，这样即可完成自动套用表格样式的操作，如图 4-43 所示。

图 4-43

step 2 打开【快速样式】下拉列表，在其中选择一种内置的表格样式，如选择“网格表 4-着色 5”，如图 4-42 所示。

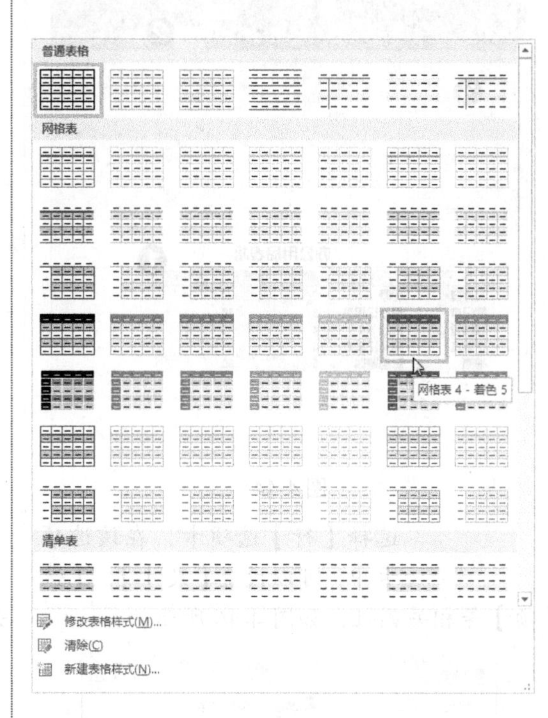

图 4-42

智慧锦囊

在 Word 2016 中，切换到【设计】选项卡，在【表格样式】组中，单击【底纹】下拉按钮，在打开的下拉列表中可以根据需要设置表格底纹；在【边框】组中，可以根据需要设置表格边框的线条样式、粗细、颜色等。

4.5.2 设置表格属性

完成自动套用表格样式后，用户还可以对表格的属性进行一些设置，表格属性包括尺寸、对齐方式和文字环绕等。下面详细介绍设置表格属性的操作方法。

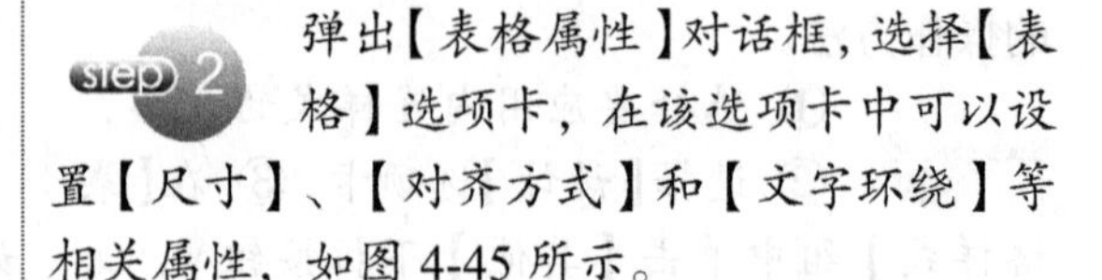

step 1 ① 选择需要设置属性的表格，② 选择【布局】选项卡，③ 在【表】组中单击【属性】按钮 属性，如图 4-44 所示。

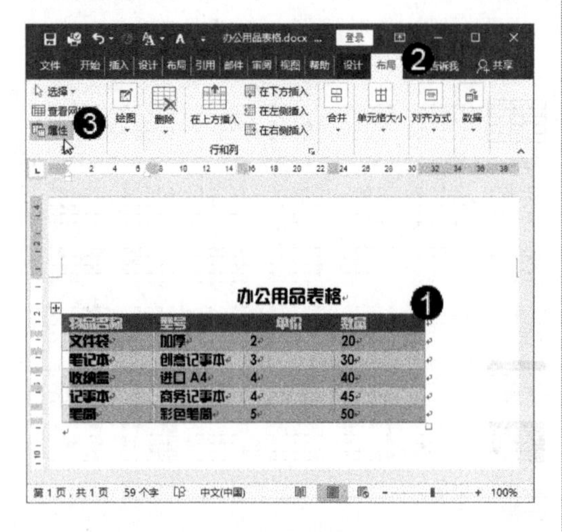

图 4-44

step 2 弹出【表格属性】对话框，选择【表格】选项卡，在该选项卡中可以设置【尺寸】、【对齐方式】和【文字环绕】等相关属性，如图 4-45 所示。

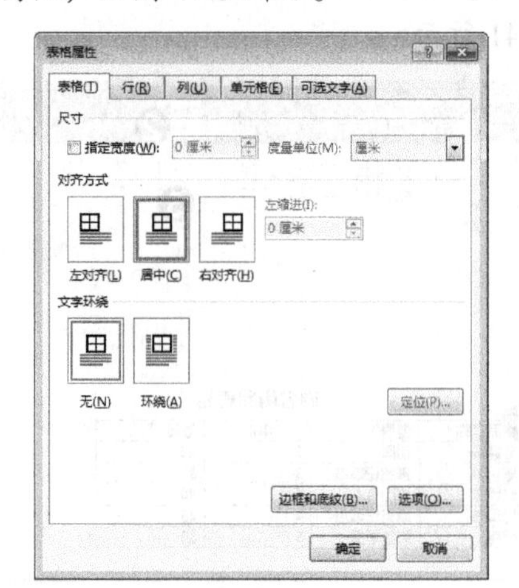

图 4-45

step 3 选择【行】选项卡，在该选项卡中，可以设置【尺寸】、【选项】等相关属性，如图 4-46 所示。

图 4-46

step 4 选择【列】选项卡，在该选项卡中可以设置【字号】等相关属性设置，如图 4-47 所示。

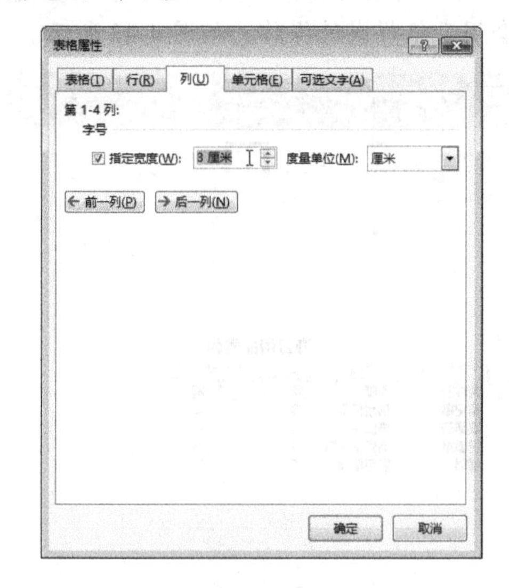

图 4-47

step 5 选择【单元格】选项卡，在该选项卡中，可以设置单元格的【字号】、【垂直对齐方式】等属性，完成设置后单击【确定】按钮，如图 4-48 所示。

step 6 返回到文档中，可以看到设置表格属性后的效果，这样即可完成设置表格属性的操作，如图 4-49 所示。

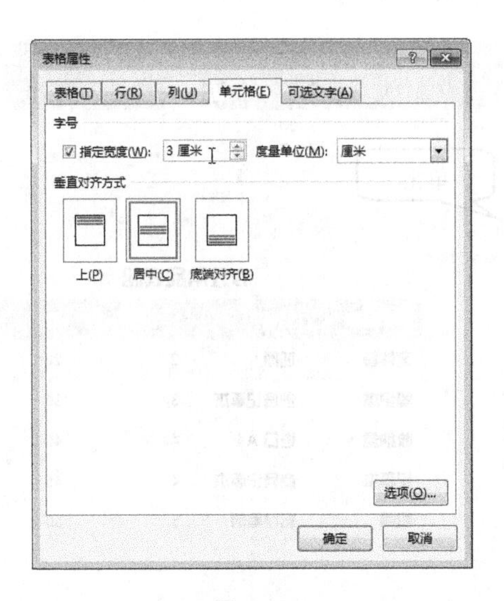

图 4-48

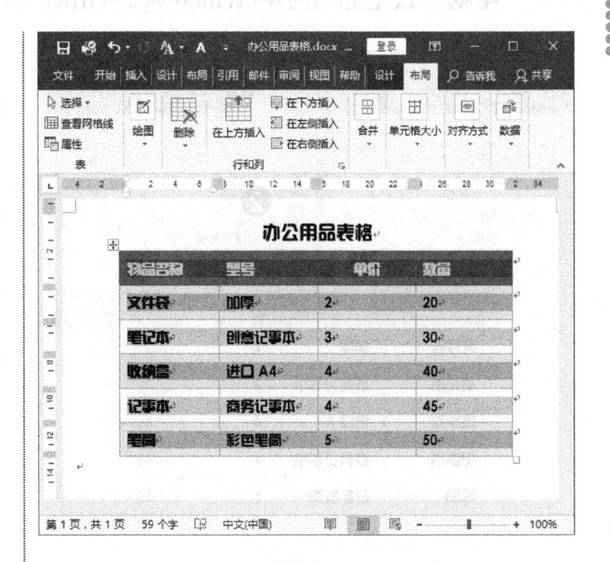

图 4-49

Section 4.6 使用辅助工具

手机扫描下方二维码，观看本节视频课程

在使用 Word 2016 编辑文档的过程中，用户可以巧妙地应用其辅助工具来提高编辑文档的质量和效率，例如使用标尺、使用网格线、全屏显示等。本节将详细介绍使用辅助工具的相关知识及操作方法。

4.6.1 使用标尺

标尺是 Word 编辑软件中的一个重要工具。利用标尺，可以调整边距、改变段落的缩进值、改变表格的行高及列宽和进行对齐方式的设置。下面将详细介绍使用标尺的方法。

step 1 首先需要将标尺打开，① 选择【视图】选项卡，② 在【显示】组中选中【标尺】复选框，如图 4-50 所示。

step 2 标尺显示后，单击水平标尺左边的小方块，可以方便地设置制表位的对齐方式，其中包括左对齐式、居中式、右对齐式、小数点对齐式、竖线对齐式和首行缩进、悬挂缩进等，如图 4-51 所示。

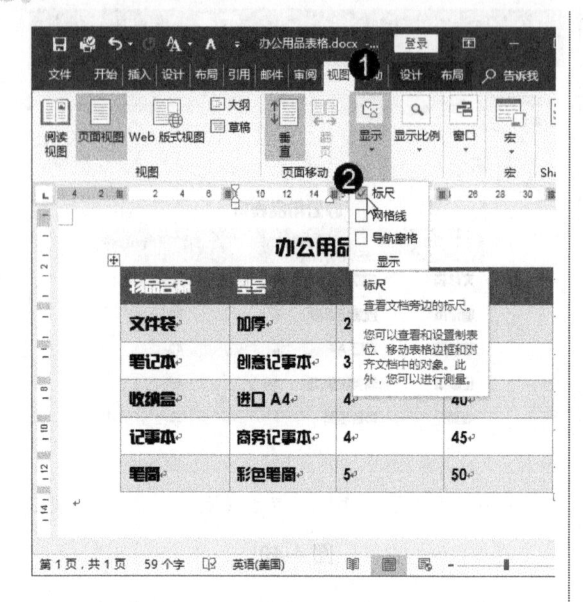

图 4-50

step 3 拖动水平标尺上的三个游标，可以快速地设置段落(选定的或是光标所在段落)的左缩进、右缩进和首行缩进，如图 4-52 所示。

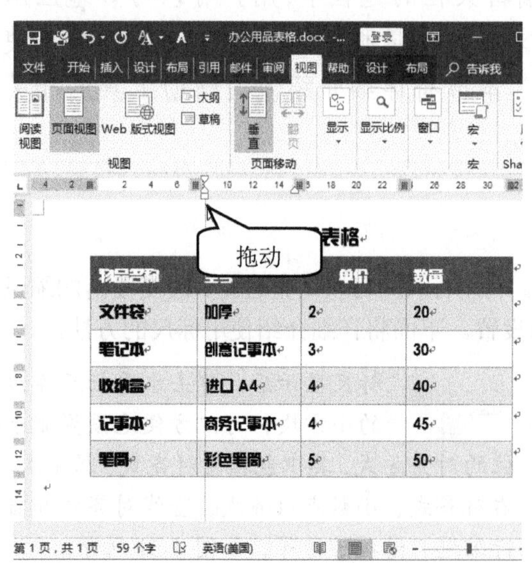

图 4-52

step 5 双击水平标尺上的任意一个游标，都将快速地弹出【段落】对话框，如图 4-54 所示。

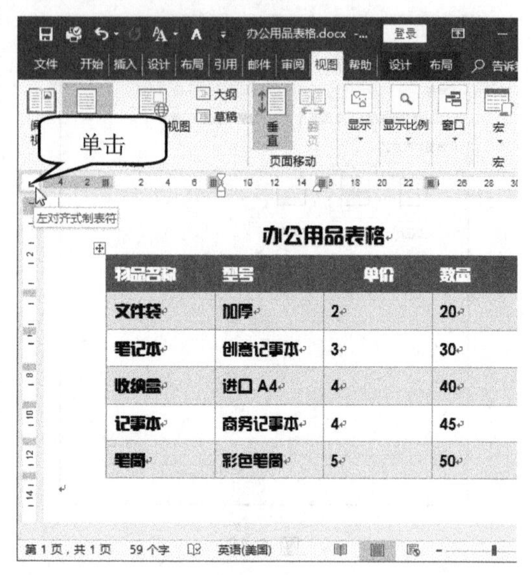

图 4-51

step 4 拖动水平和垂直标尺的边界，就可以方便地设置页边距；如果同时按 Alt 键，可以显示出具体的页面长度，如图 4-53 所示。

图 4-53

step 6 双击标尺的数字区域，可迅速地弹出【页面设置】对话框，如图 4-55 所示。

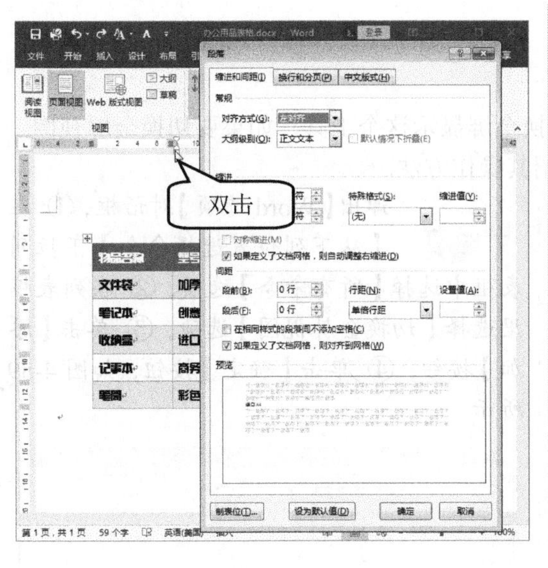

图 4-54

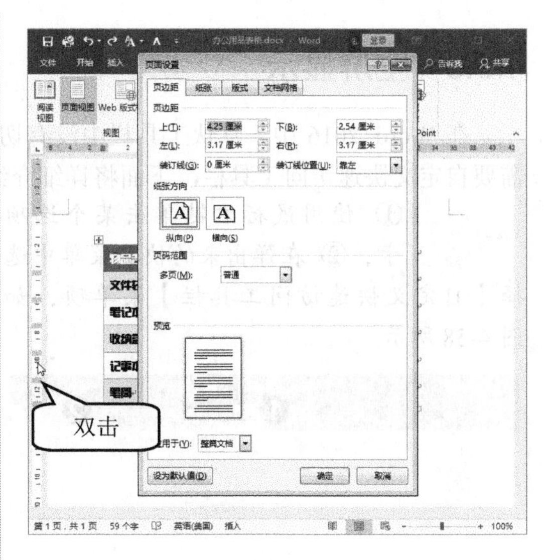

图 4-55

4.6.2　使用网格线

在 Word 2016 中，可以随意设置显示或隐藏网格线，只要在视图功能区中进行相应的设置就可以了。Word 2016 默认是不显示网格线的，但有的时候，网格线是非常有用的。下面详细介绍使用网格线的操作方法。

step 1　① 选择【视图】选项卡，② 在【显示】组中选中【网格线】复选框，如图 4-56 所示。

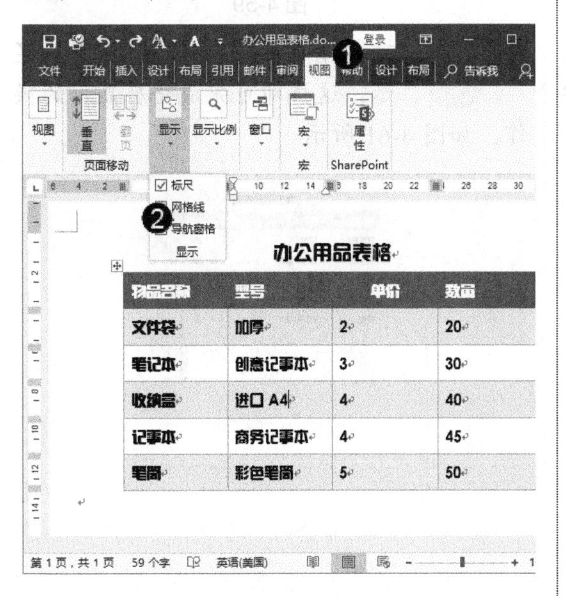

图 4-56

step 2　可以看到在文档中，出现了对象对齐要用到的网格线，如果需要隐藏网格线，在【显示】组中取消选中【网格线】复选框即可，如图 4-57 所示。

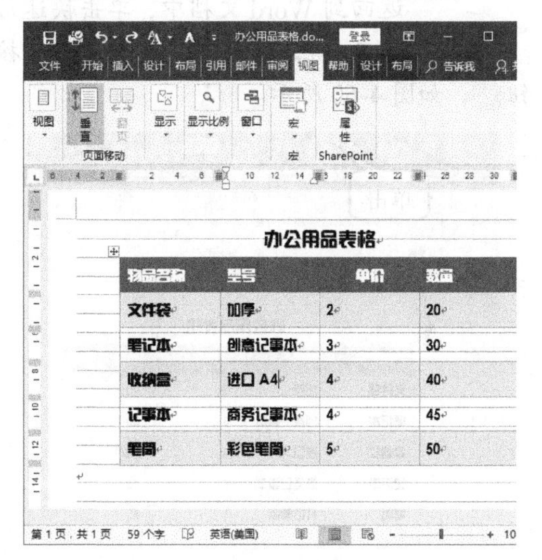

图 4-57

4.6.3 全屏显示

在 Word 2016 中，默认工具栏中没有切换全屏显示这个工具，如果要切换全屏视图，需要自定义快速访问工具栏，下面将详细介绍其操作方法。

step 1 ① 使用鼠标右键单击某个选项卡，② 在弹出来的快捷菜单中选择【自定义快速访问工具栏】菜单项，如图 4-58 所示。

图 4-58

step 3 返回到 Word 文档中，单击快速访问工具栏中的【切换全屏视图】按钮，如图 4-60 所示。

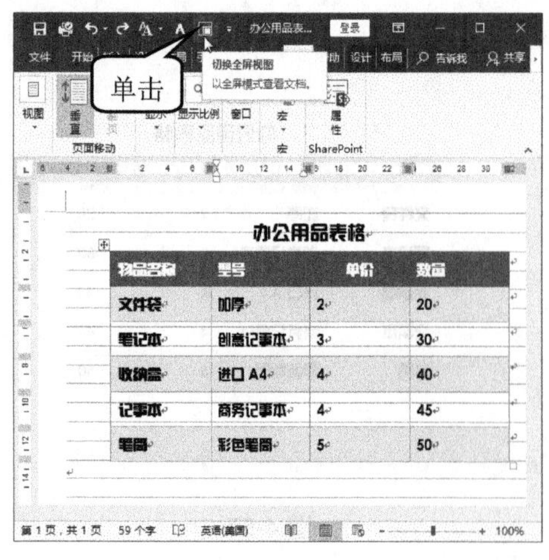

图 4-60

step 2 弹出【Word 选项】对话框，① 在【从下列位置选择命令】下拉列表框中选择【所有命令】选项，② 在列表框里选择【切换全屏视图】选项，③ 单击【添加】按钮，④ 单击【确定】按钮，如图 4-59 所示。

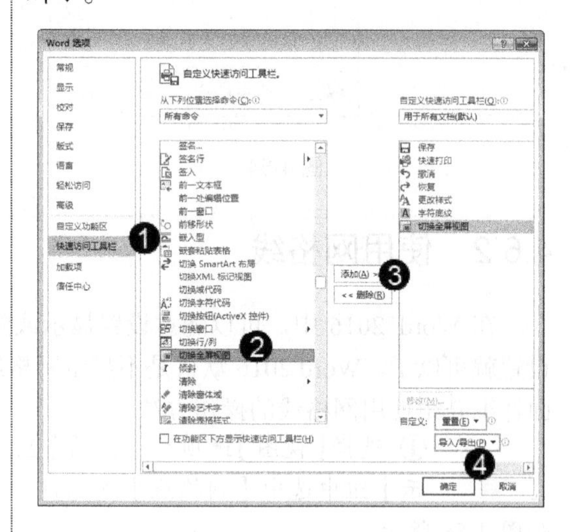

图 4-59

step 4 可以看到文档会以全屏方式显示，这样即可完成全屏显示的操作，如图 4-61 所示。

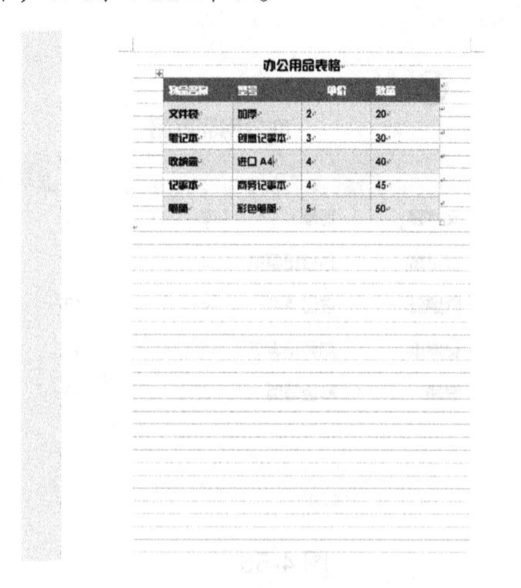

图 4-61

Section 4.7

范例应用与上机操作

手机扫描下方二维码，观看本节视频课程

通过本章的学习，读者可以掌握创建与编辑表格的基础知识和操作。下面介绍“制作产品销售记录表”“制作产品登记表”等范例应用，上机操作练习一下，以达到巩固学习、拓展提高的目的。

4.7.1 制作产品销售记录表

结合本章所讲的知识要点，下面详细介绍在 Word 2016 文档中制作产品销售记录表的操作方法。

素材文件 第 4 章\素材文件\产品销售记录表.docx

效果文件 第 4 章\效果文件\制作产品销售记录表.docx

step 1 打开素材文件“产品销售记录表.docx”，① 将光标定位到要插入表格的位置，② 选择【插入】选项卡，③ 在【表格】组中单击【表格】下拉按钮，④ 在打开的下拉列表中通过虚拟表格快速在文档中插入一个9列8行的表格，如图 4-62 所示。

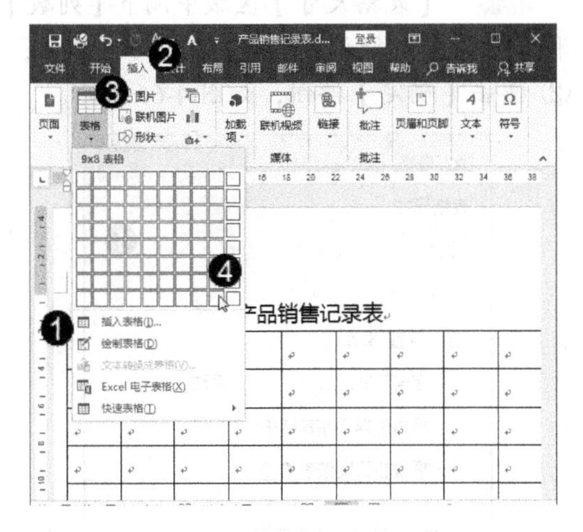

图 4-62

step 2 在表格的第 8 行中，① 选中第 2 列到第 9 列的单元格，② 选择【布局】选项卡，③ 在【合并】组中单击【合并单元格】按钮，如图 4-63 所示。

图 4-63

step 3 根据需要在表格中输入文字内容，删除多余空行即可完成制作产品销售记录表的操作，效果如图 4-64 所示。

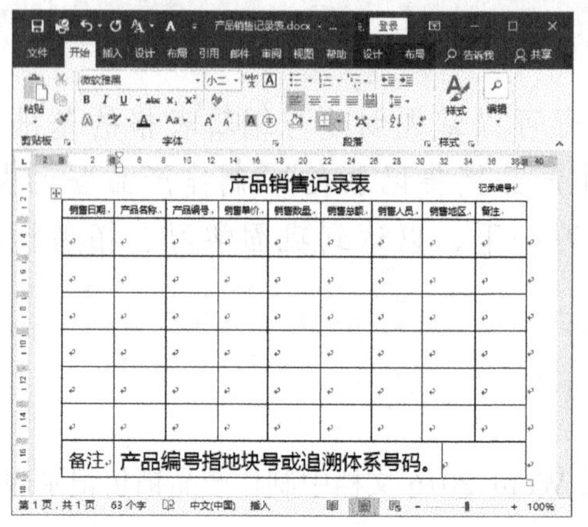

图 4-64

智慧锦囊

在处理复杂的数据关系时，可以通过 Word 2016 调用 Excel 电子表格，在【插入】选项卡中单击【表格】下拉按钮，选择【Excel 电子表格】选项，此时 Word 文档中将自动生成一个 Excel 表格，用户可以在 Excel 表格中进行编辑，完成后单击表格外的任意空白处，即可退出表格的编辑状态。

4.7.2 制作产品登记表

为了让用户更加熟练地掌握制作与设计精美表格的基本知识以及一些常见的操作，下面将运用本章学习的知识，练习设计一张产品登记表。

素材文件 第 4 章\素材文件\登记表.docx
效果文件 第 4 章\效果文件\产品登记表.docx

step 1 ① 打开素材文件“登记表.docx”，选择【插入】选项卡，② 在【表格】组中单击【表格】下拉按钮，③ 在弹出的下拉列表中选择【插入表格】选项，如图 4-65 所示。

图 4-65

step 2 ① 弹出【插入表格】对话框，在【表格尺寸】区域中调节【列数】和【行数】的微调框，设置为 7 列 10 行，② 单击【确定】按钮，如图 4-66 所示。

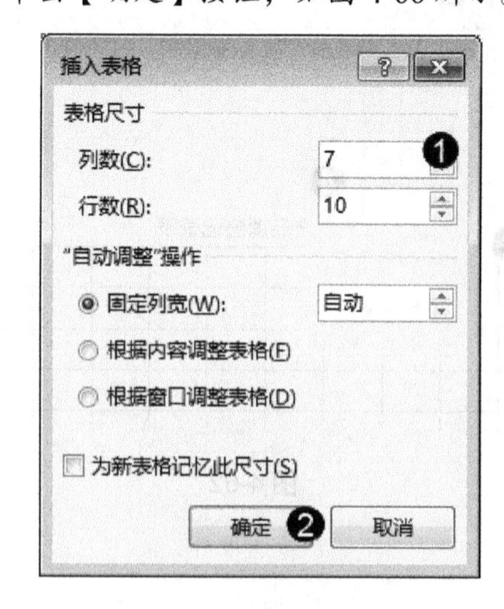

图 4-66

step 3 ① 创建表格后，选择该表格，② 选择【设计】选项卡，③ 在【表格样式】组中单击【其他】下拉按钮，如图 4-67 所示。

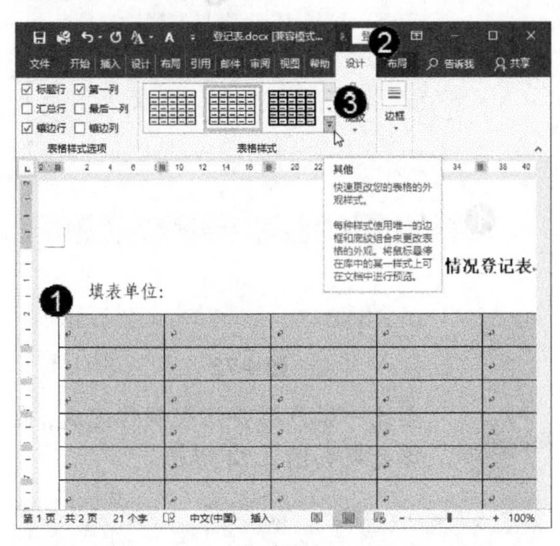

图 4-67

step 4 系统会弹出一个表格样式列表框，选择准备使用的表格样式，如选择“网格表 4-着色 4”，如图 4-68 所示。

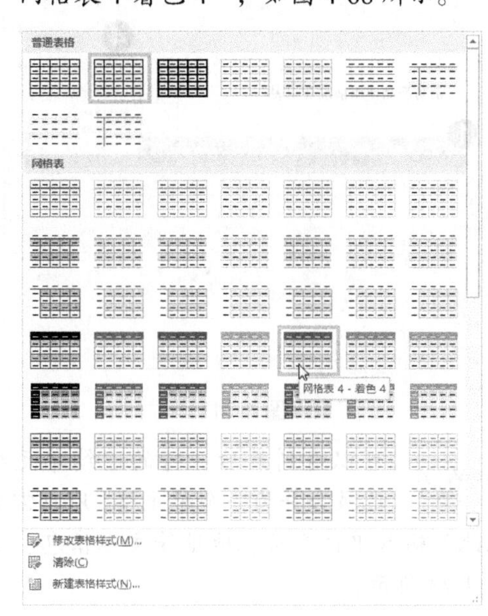

图 4-68

step 5 完成设计表格样式后，选择需要输入文本的单元格，使用键盘输入需要的文本，如图 4-69 所示。

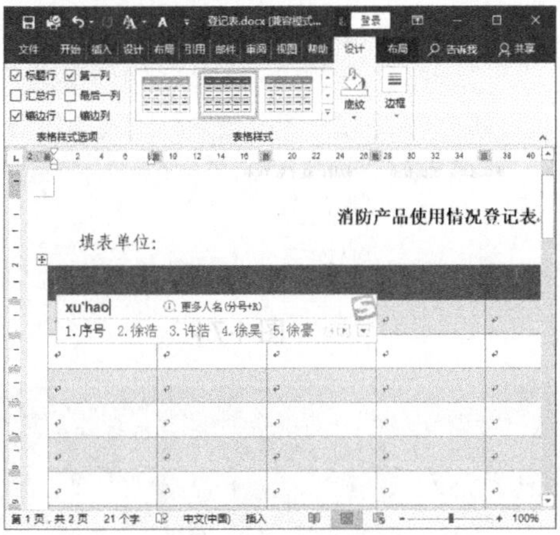

图 4-69

step 6 在单元格中输入文本内容的效果如图 4-70 所示。

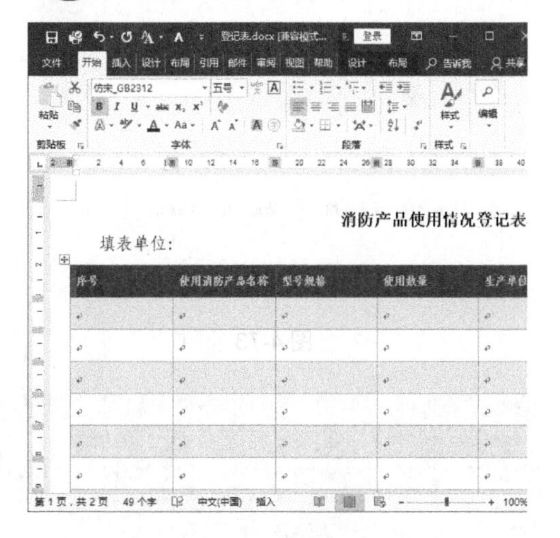

图 4-70

step 7 接下来设置文本的对齐方式，① 选中需要对齐的文本，② 选择【布局】选项卡，③ 单击【对齐方式】下拉按钮，④ 选择准备使用的对齐方式，如选择“靠上两端对齐”对齐方式，如图 4-71 所示。

step 8 接下来需要合并单元格，① 选择最后一行的连续单元格，② 选择【布局】选项卡，③ 在【合并】组中单击【合并单元格】按钮，如图 4-72 所示。

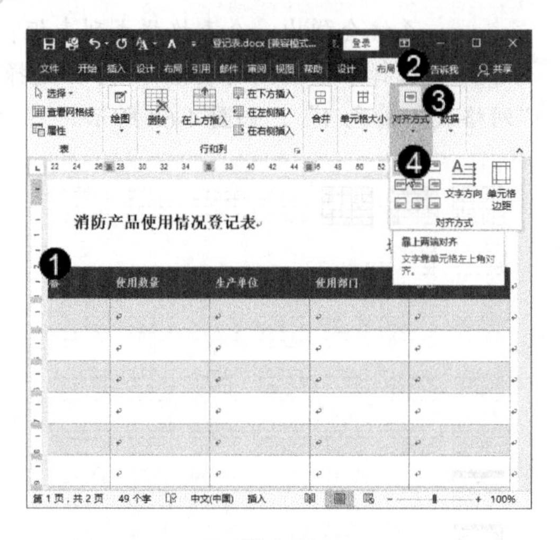

图 4-71

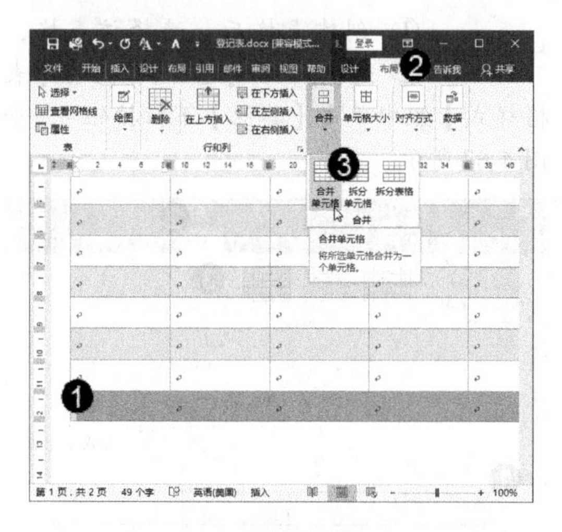

图 4-72

step 9 可以看到最后一行的连续单元格已被合并为一个单元格，用户需要在此处输入单位名称、地址等文本信息，如图 4-73 所示。

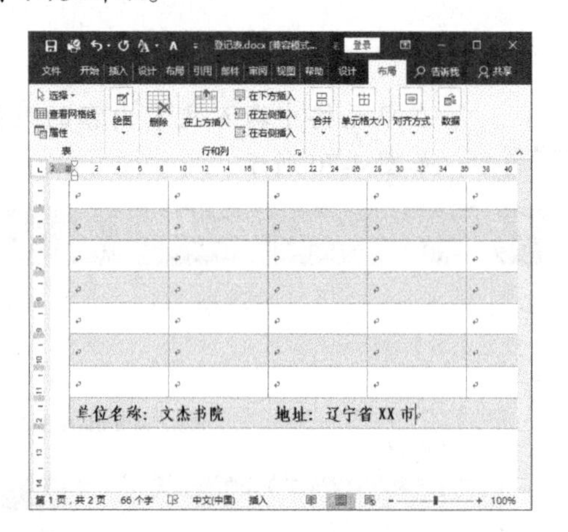

图 4-73

step 10 至此一张产品登记表制作完成，最终效果如图 4-74 所示。

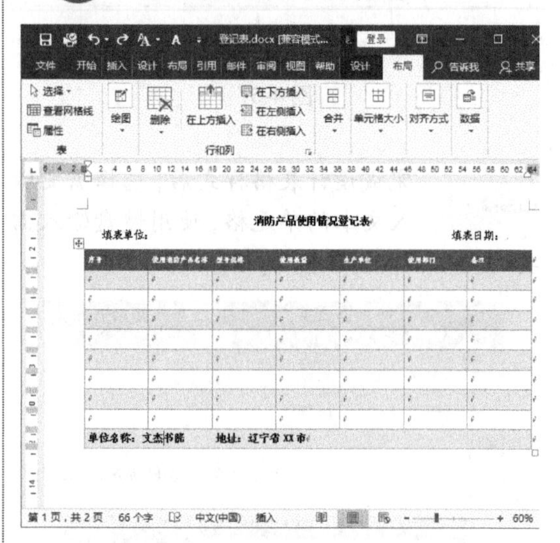

图 4-74

Section 4.8 课后练习与上机操作

本节内容无视频课程，习题参考答案在本书附录。

4.8.1 课后练习

1. 填空题

(1) 如果要创建的表格行列很规则，而且在________以内，就可以通过在虚拟表格中拖动行列数的方法来创建表格。

(2) 通过拖动行列数的方法创建表格虽然很方便，但创建表格的列数和行数都受限制。若用户需要插入更多行数或列数的表格，就需要通过________对话框来完成了。

(3) 由于表格中的每个单元格相当于一个________，因此能对选定的单个单元格、多个单元格、行或者列里的文本设置对齐方式，包括左对齐、右对齐、两端对齐、居中和分散对齐等。

(4) 选择单元格中的文本内容，可以对文本进行编辑和设置。选择单元格的方法共 5 种，分别是选择一个单元格、选择________单元格、选择一列单元格、选择________单元格和选中整个表格的单元格。

(5) 标尺是 Word 编辑软件中的一个重要工具。利用标尺，可以调整________、改变段落的缩进值、改变表格的行高及列宽和进行________的设置。

2. 判断题

(1) 一个表格中可以包含多个单元格，用户可以将文本内容输入到指定的单元格中。(　　)

(2) 用户可以随时对表格中的文本进行修改和编辑，在对文本进行修改和编辑时，需要将表格中的文本选中。(　　)

(3) 在 Word 2016 中，不可以随意设置显示或隐藏网格线。(　　)

(4) Word 2016 默认是不显示网格线的，而有的时候，网格线是非常有用的。(　　)

(5) 在 Word 2016 中，默认工具栏中没有切换全屏显示这个工具，如果要切换全屏视图，需要自定义快速访问工具栏。(　　)

3. 思考题

(1) 如何合并单元格？

(2) 如何拆分单元格？

(3) 如何自动套用表格样式？

4.8.2 上机操作

(1) 通过本章的学习，读者基本可以掌握制作与设计精美表格方面的知识。下面通过练习设计一份考勤记录，达到巩固与提高的目的。素材文件的路径为“第 4 章\素材文件\考勤记录.docx”。

(2) 通过本章的学习，读者基本可以掌握制作与设计精美表格方面的知识，下面通过练习设计一份顾客资料，达到巩固与提高的目的。素材文件的路径为“第 4 章\效果文件\顾客资料.docx”。

第5章

Word 2016 高级排版功能

本章介绍 Word 2016 高级排版功能方面的知识与技巧，主要内容包括设置文档视图、样式与模板概述、使用样式、使用模板、制作页眉和页脚、制作脚注与尾注、制作目录与索引等。通过本章的学习，读者可以掌握 Word 2016 高级排版功能方面的基础知识，为深入学习 Office 2016 电脑办公知识奠定基础。

本章要点

1. 设置文档视图
2. 样式与模板概述
3. 使用样式
4. 使用模板
5. 制作页眉和页脚
6. 制作脚注与尾注
7. 制作目录与索引

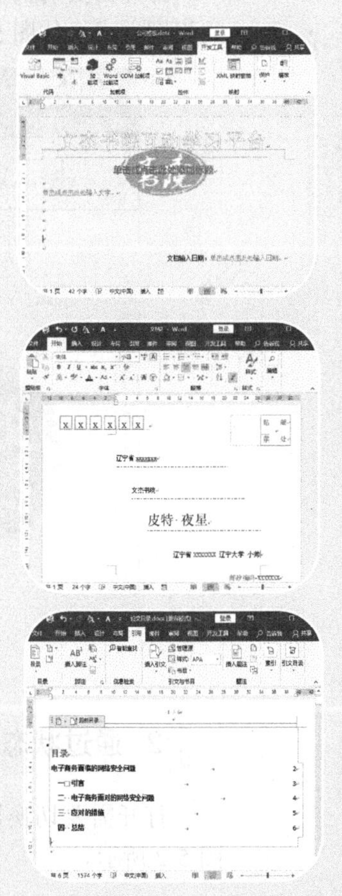

Section 5.1 设置文档视图

手机扫描下方二维码，观看本节视频课程

在 Word 2016 中查看文档时，用户可以在多种视图方式中进行选择。此外，还可以通过调节文档显示比例的方式进行查看。本节将详细介绍切换视图方式、更改文档显示比例和使用导航窗格查看文档的相关知识及操作方法。

5.1.1 切换视图方式

Word 2016 提供了页面视图、阅读版式视图、Web 版式视图、大纲视图和草稿视图 5 种视图方式供用户选择。默认情况下，文档以页面视图方式显示，如果需要切换到其他视图方式可以通过以下两种方法来实现。

1. 通过功能区切换

打开需要切换视图的 Word 文档，切换到【视图】选项卡，单击【文档视图】组中需要的视图方式，如图 5-1 所示。

图 5-1

2. 通过状态栏切换

打开需要切换视图的 Word 文档，单击窗口下方状态栏右侧需要的视图方式按钮，如图 5-2 所示。

图 5-2

5.1.2　更改文档显示比例

默认情况下，Word 2016 将以 100%的比例显示文档的内容，用户可以根据需要调整文档的显示比例，从而更大范围地显示文档中的内容。更改文档显示比例的方法有以下两种。

1. 通过功能区

切换到【视图】选项卡，单击【显示比例】组中的【显示比例】按钮，如图 5-3 所示，即可弹出【显示比例】对话框。在【显示比例】区域，用户可以设置合适的比例选项或精确的比例值，然后单击【确定】按钮即可，如图 5-4 所示。

图 5-3

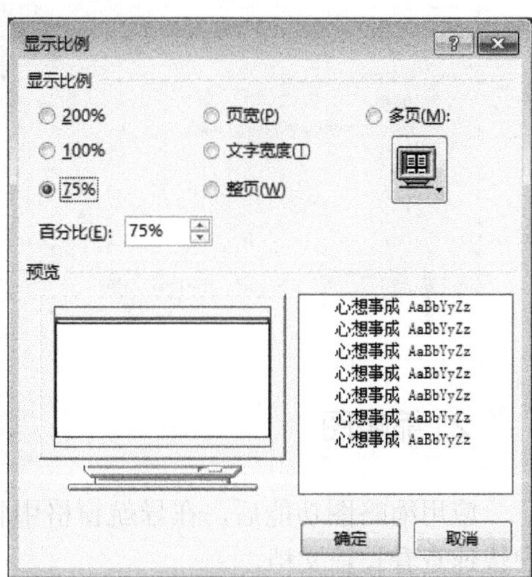

图 5-4

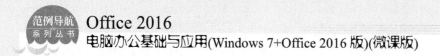

2. 通过状态栏

单击状态栏显示比例调节工具 - ——▮—— + 中的【缩小】按钮 - 或【放大】按钮 + 进行调整，拖动其中的滑块▮也可以进行调整。此外，单击右侧的【缩放级别】按钮 100%，也可以弹出【显示比例】对话框，从而更改文档的显示比例。

5.1.3 使用导航窗格

除了前面介绍的视图模式，用户还可以通过文档结构图和缩略图方式查看文档的内容，下面将分别详细介绍。

1. 文档结构图

使用文档结构图之前，首先需要为文档中的文本应用标题样式，然后在应用文档结构图功能时，Word 会自动根据标题样式将文档的结构图显示出来。

使用文档结构图功能的方法为：切换到【视图】选项卡，选中【显示】组中的【导航窗格】复选框，在窗口左侧的【导航】窗格中，默认显示文档应用了样式后的标题结构，如图 5-5 所示。

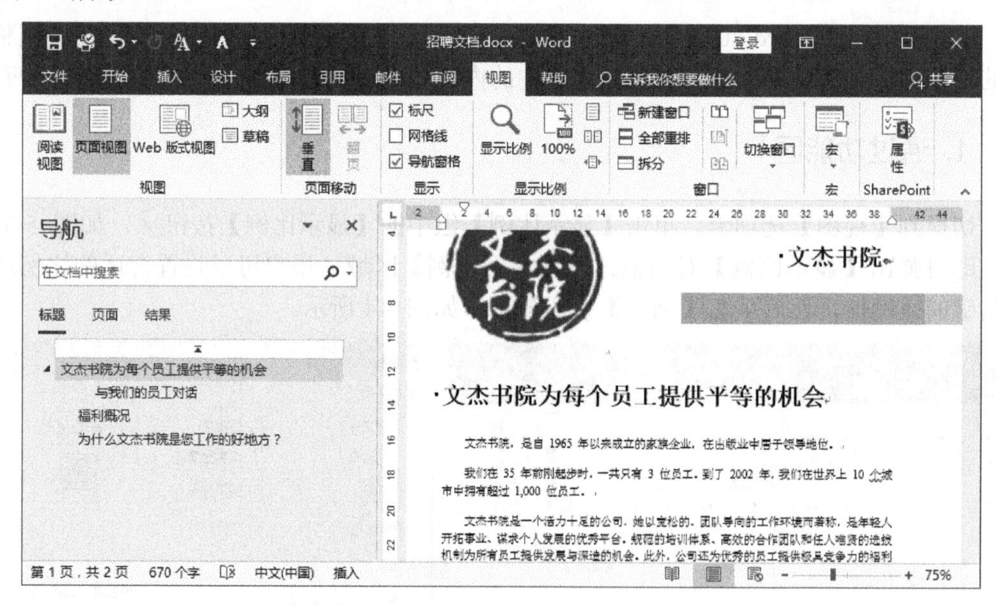

图 5-5

2. 缩略图

应用缩略图功能后，在导航窗格中将通过小图片显示每页中的内容，这样可以方便用户快速查看长篇文档。

切换到【视图】选项卡，选中【显示】组中的【导航窗格】复选框，在窗口左侧显示的【导航】窗格中切换到【页面】选项卡，如图 5-6 所示。

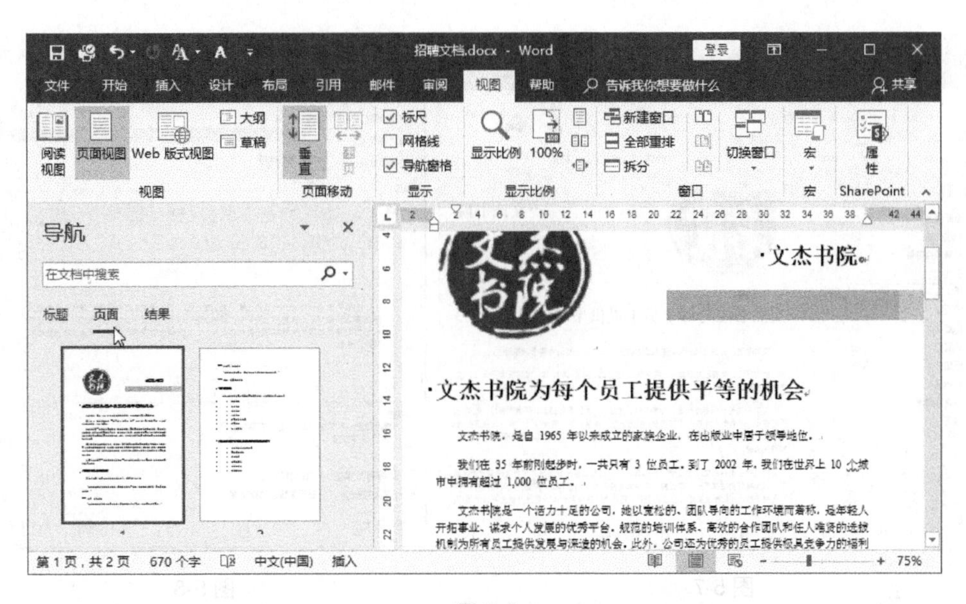

图 5-6

在编辑大型文档或要求具有统一格式风格的文档时，需要为多个段落重复设置相同的文本格式，这时可以通过样式来重复应用格式，以减少工作量。如果需要在多个文档中使用相同的样式，还可以自定义样式后将其保存为模板，下次使用时直接导入模板文件即可。本节将详细介绍样式与模板的相关知识。

5.2.1 什么是样式

所谓样式，就是用以呈现某种“特定身份的文字”的一组格式(包括字体类型、字体大小、字体颜色、对齐方式、制表位和边距、特殊效果、缩进位置等)。

文档中特定身份的文字(如正文、页眉、大标题、小标题、章名、程序代码、图表、脚注等)必然需要呈现特定的风格，并在整份文档中一以贯之。Word 允许用户将这样的设置存储起来并赋予一个特定的名称，将来即可快速套用于文字，配合快捷键使用更为方便。

根据样式作用对象的不同，样式可分为段落样式、字符样式、链接段落和字符样式、表格样式、列表样式 5 种类型。其中，段落样式和字符样式使用非常频繁。前者作用于被选择的整个段落中，后者只作用于被选择的文字本身。

单击【开始】选项卡的【样式】组中的【对话框开启】按钮，打开【样式】任务窗格，单击左下角的【新建样式】按钮，在打开的【根据格式化创建新样式】对话框中可以查看样式的 5 种类型，如图 5-7 和图 5-8 所示。

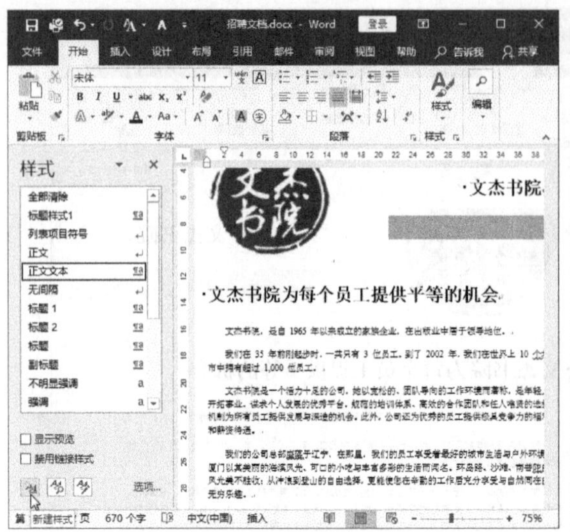

图 5-7

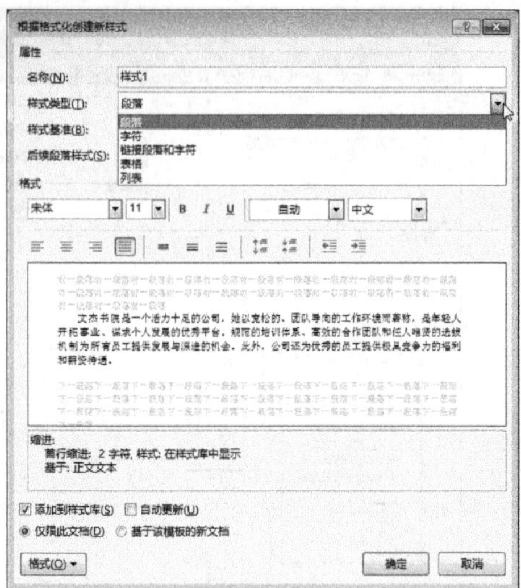

图 5-8

5.2.2 Word 中样式的重要性

很多人都认为 Word 的默认样式太简陋，也不及格式刷用起来方便，所以都更习惯于使用格式刷来设置文本格式。其实，这都是由于用户对 Word 样式的功能了解不深所致。

样式是一切 Word 排版操作的基础，也是整个排版工程的灵魂。下面详细介绍样式在排版(尤其是长文档的排版)中的作用。

1. 系统化管理页面元素

文档中的内容除了文字就是图、表、脚注等，通过样式可以系统地对整份文档中的所有可见页面元素加以归类命名，如章名、大标题、小标题、正文、图、表等。事实上，Word 提供的内置样式中已经代表了部分页面元素的样式。

2. 同步级别相同的标题格式

样式就是各种页面元素的形貌设置。使用样式可以帮助用户确保同一种内容格式编排的一致性，从而避免许多重复的操作。因此可见的页面元素都应该以适当的样式进行管理，而不要逐一进行设置和调整。

3. 快速修改样式

设置样式后，若打算调整整个文档中某种页面元素的形貌，并不需要重新设置文本格式，只需修改对应的样式即可快速更新一个文档的设计，在短时间内排出高质量的文档。

4. 实现自动化

Word 提供的每一项自动化项目(如目录和索引的收集)，都是根据用户事先规划的样式

来完成的。只有使用样式后，才可以自动化制作目录并设置目录形貌、自动化制作页眉和页脚等。有了样式，排版不再是一字一句、一行一段的辛苦细作，而是着眼于整篇文档，再加上少量部分的微调。

5.2.3　什么是模板文件

模板又称为样式库，它是指一群样式的集合，并包含各种版面设置参数(如纸张大小、页边距、页眉和页脚位置等)。一旦用模板创建新文档，便载入了模板中的版面设置参数和其中的所有样式设置，用户只需在其中填写具体的数据即可。Word 2016 中提供了多种模板供用户选择，如图 5-9 所示为一些内置模板。

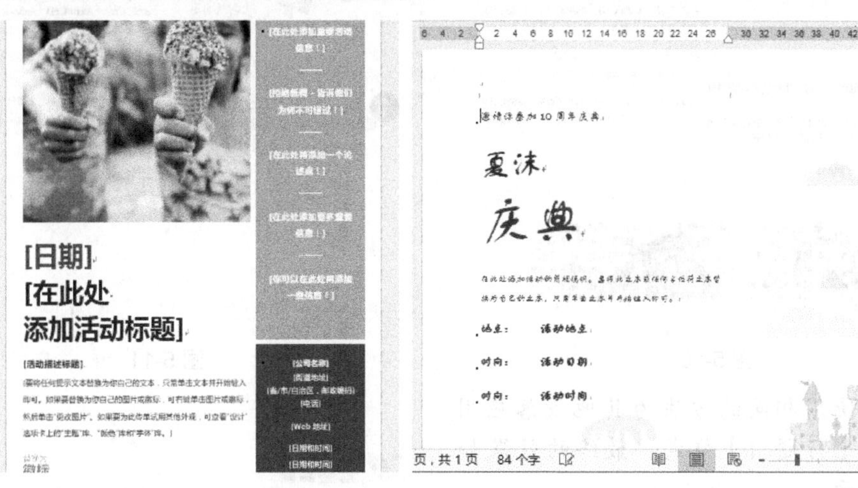

图 5-9

有的公司就将内部经常需要处理的文稿都设置为模板，这样员工就可以从公司计算机中调出相应的模板进行加工，从而让整个公司制作的同类型文档格式都是相同的，方便查阅者的使用，节省了时间，也有利于提高工作效率。

Section
5.3
使用样式
手机扫描下方二维码，观看本节视频课程

Word 为提高文档格式设置的效率而专门预设了一些默认的样式，如正文、标题 1、标题 2、标题 3 等，掌握样式功能的使用，可以快速提高工作效率。本节将详细介绍使用样式的相关知识及操作方法。

5.3.1　应用样式

在【开始】选项卡的【样式】组的样式列表框中包含许多系统预设样式，使用这些样式可以快速地为文档中的文本或段落设置文字格式和段落级别。下面详细介绍应用样式的操作方法。

step 1 ① 选中需要应用样式的文本，② 选择【开始】选项卡，③ 在【样式】组中选择准备应用的样式，如选择【标题 1】，如图 5-10 所示。

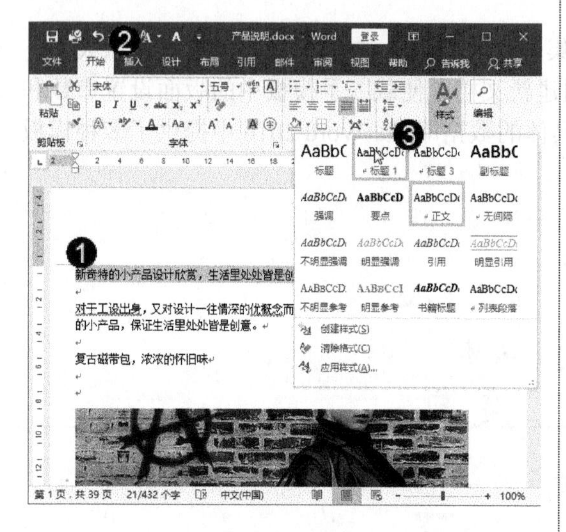

图 5-10

step 2 ① 选中需要应用样式的文本，② 选择【开始】选项卡，③ 在【样式】组中选择准备应用的样式，如选择【标题 2】，如图 5-11 所示。

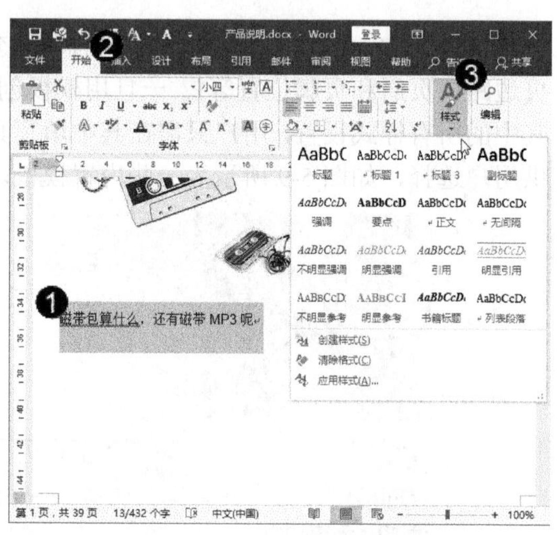

图 5-11

step 3 使用相同的方法为其他段落应用【标题 1】样式，最终的效果如图 5-12 所示。

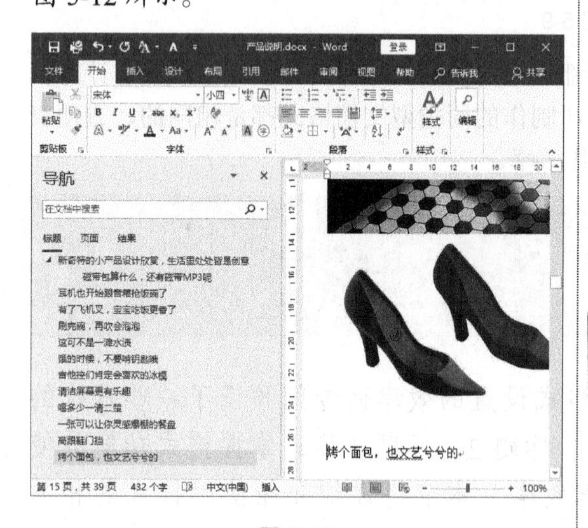

图 5-12

智慧锦囊

如果要设置多个标题文本为【标题 1】样式，可以先选中需要设置的文本，然后再单击【样式】组中的【标题 1】样式。

考考您

请您根据上述方法为 Word 文档中的内容应用样式，测试一下您的学习效果。

5.3.2 新建样式

Word 程序中虽然预设了一些样式，但是数量有限，要制作一篇有特色的 Word 文档，用户还可以自己创建与设计样式。下面详细介绍新建样式的操作方法。

step 1 ① 将鼠标光标定位到需要设置样式的段落字符中，② 选择【开始】选项卡，③ 在【样式】组中单击【对话框启动】按钮，如图 5-13 所示。

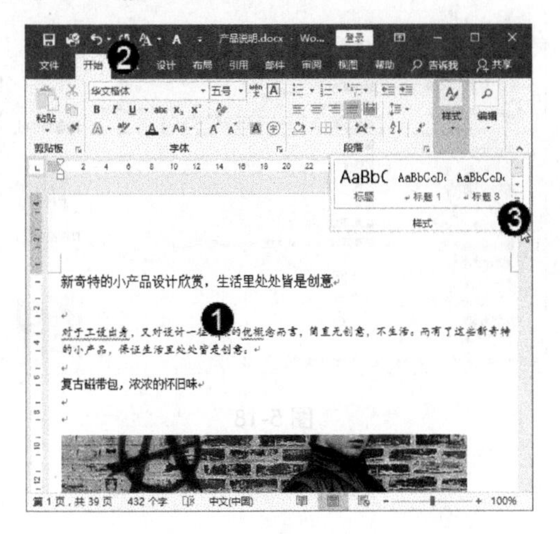

图 5-13

step 2 打开【样式】窗格，单击【新建样式】按钮，如图 5-14 所示。

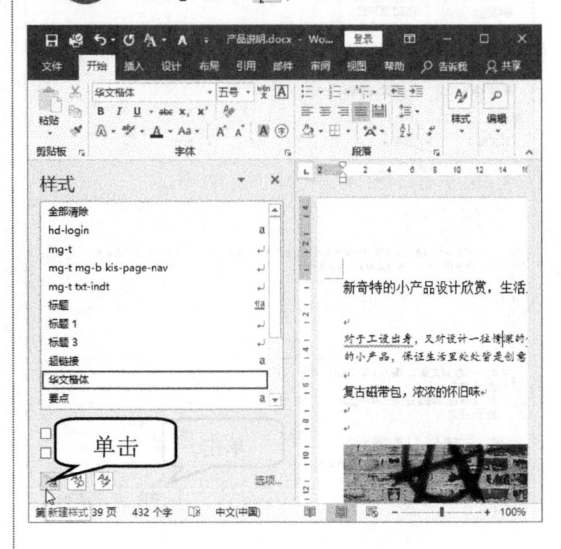

图 5-14

step 3 打开【根据格式化创建新样式】对话框，① 在【名称】文本框中输入新建样式的名称，如“调整边距样式”，② 单击【格式】按钮，③ 选择列表中的【段落】选项，如图 5-15 所示。

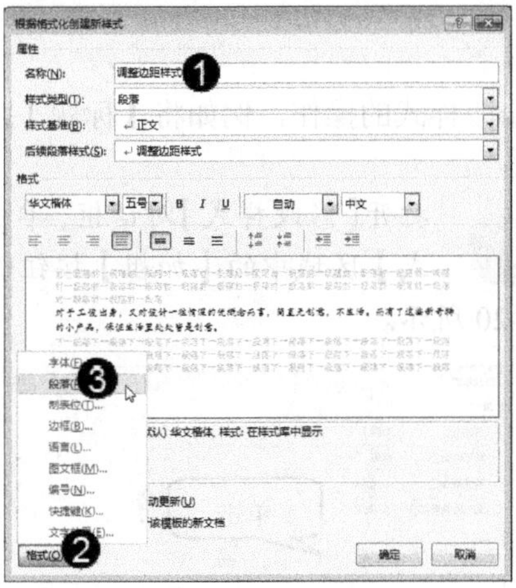

根据格式化创建新样式

属性

名称(N): 调整边距样式

样式类型(T): 段落

样式基准(B): 正文

后续段落样式(S): 调整边距样式

格式

华文楷体 五号 B I U 自动 中文

对于工设出身，又对设计一往情深的优概念而言，简直无创意，不生活，而有了这些新奇特的小产品，保证生活里处处皆是创意。

字体(F)...
段落(P)...
制表位(T)...
边框(B)...
语言(L)...
图文框(M)...
编号(N)...
快捷键(K)...
文字效果(E)...

(默认) 华文楷体, 样式: 在样式库中显示

自动更新(U)

基于该模板的新文档

格式(O) 确定 取消

图 5-15

step 4 打开【段落】对话框，① 在【缩进】区域中设置左右缩进间距，如左右各缩进【1 字符】，② 单击【确定】按钮，如图 5-16 所示。

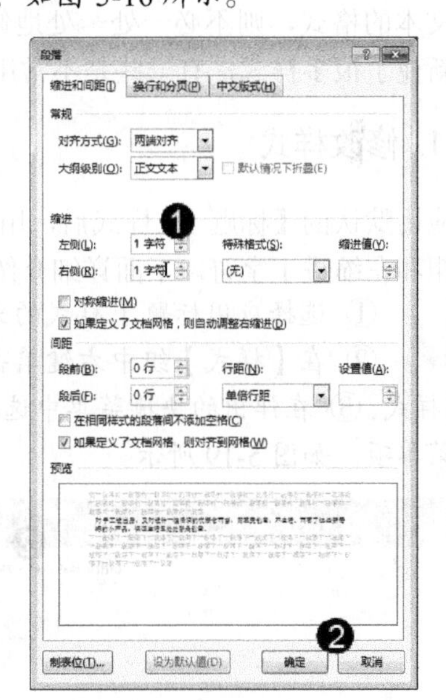

图 5-16

step 5 返回【根据格式化创建新样式】对话框，单击【确定】按钮，如图 5-17 所示。

step 6 经过以上操作，鼠标光标定位的段落即可应用新建的样式，效果如图 5-18 所示。

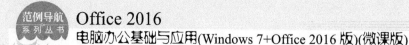

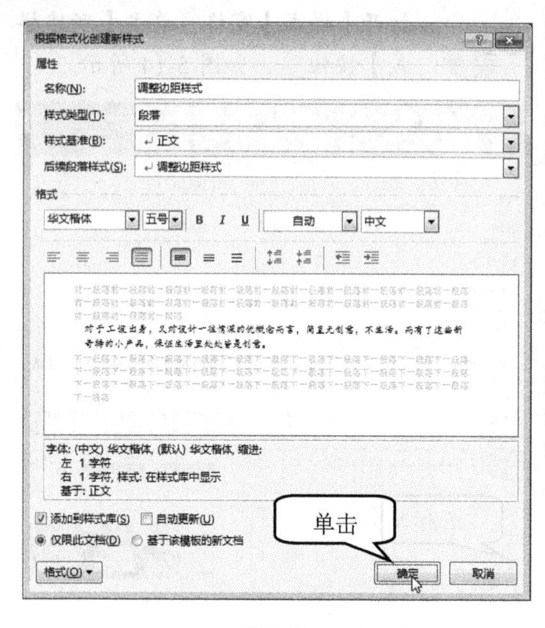

图 5-17

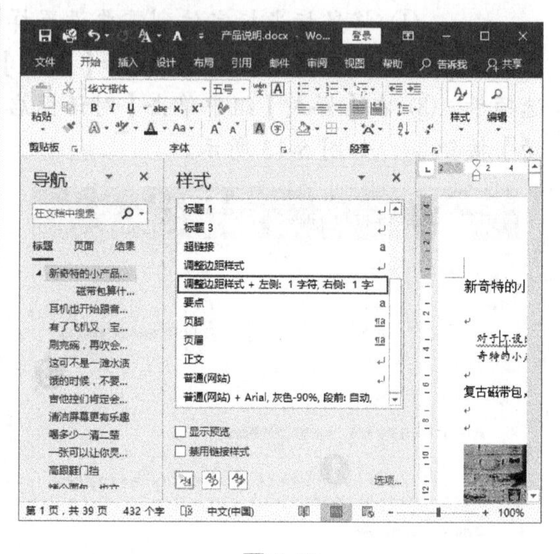

图 5-18

5.3.3 样式的修改与删除

在编辑一篇文档时，如果已经为文档中的某些文本设置了相同的样式，但又需要更改这些文本的格式，则不必一处一处地修改，可直接通过修改相应的样式来完成。如果在文档中新建了很多样式，有一些是不常用的，也可以将其删除。

1. 修改样式

应用默认的【标题 1】样式后，用户可以进行修改样式的操作，例如将【标题 1】设置为加粗和左缩进 1 字符。下面详细介绍其操作方法。

step 1 ① 选择应用标题 1 样式的文本，② 在【样式】组中右键单击【标题 1】样式，③ 在弹出的快捷菜单中选择【修改】菜单项，如图 5-19 所示。

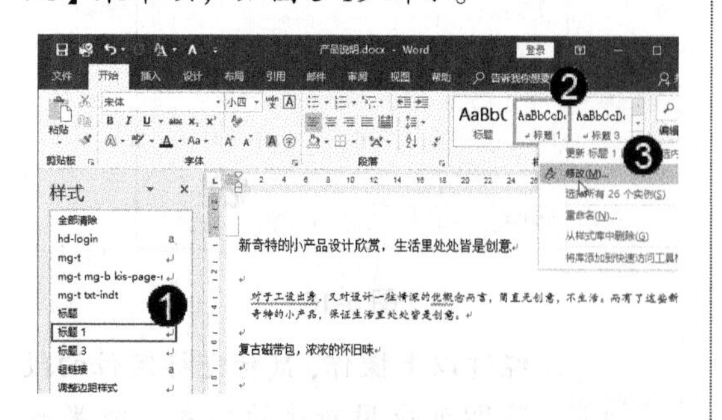

图 5-19

step 2 打开【修改样式】对话框，单击【格式】区域中的【加粗】按钮**B**，如图 5-20 所示。

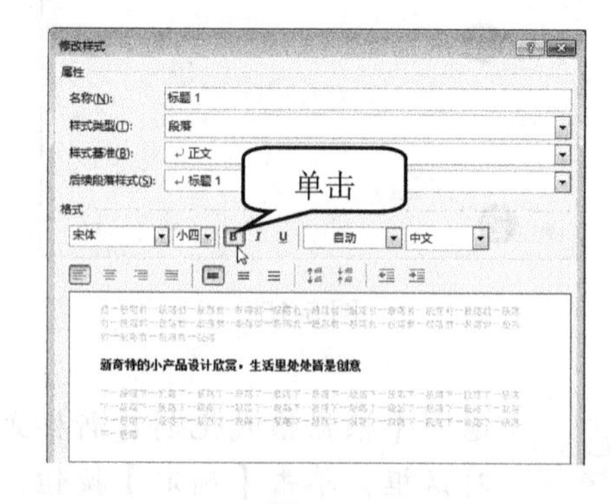

图 5-20

step 3 在【修改样式】对话框中，① 单击【格式】按钮，② 在展开的下拉列表中选择【段落】选项，如图 5-21 所示。

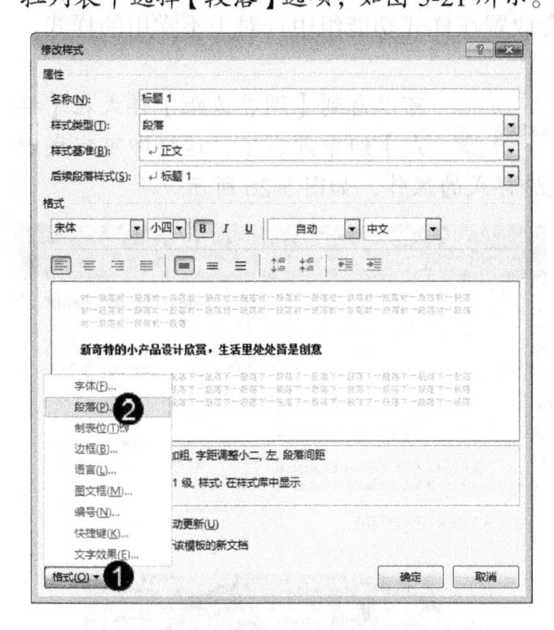

图 5-21

step 4 打开【段落】对话框，① 在【缩进】区域中设置左缩进间距，如左缩进【1 字符】，② 单击【确定】按钮，如图 5-22 所示。

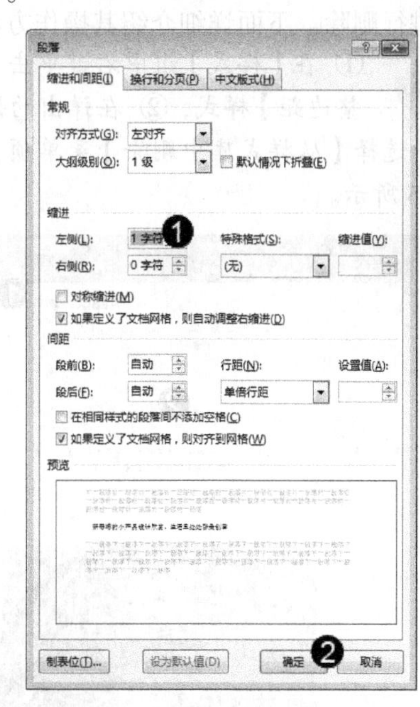

图 5-22

step 5 返回到【修改样式】对话框，单击【确定】按钮，如图 5-23 所示。

图 5-23

step 6 通过以上操作即可完成样式的修改，修改【标题 1】的样式效果如图 5-24 所示。

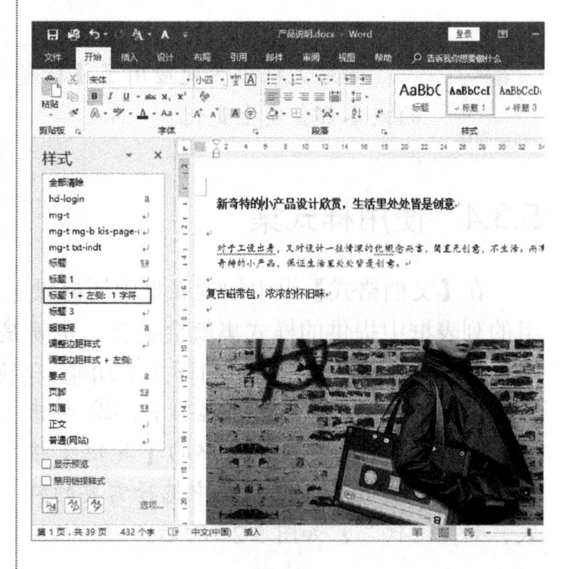

图 5-24

2. 删除样式

无论是内置的样式还是新建的样式，都会放置在样式功能组中，对于不常用的样式，可以进行删除。下面详细介绍其操作方法。

step 1 ① 在【样式】组中右键单击【调整边距】样式，② 在弹出的快捷菜单中选择【从样式库中删除】菜单项，如图 5-25 所示。

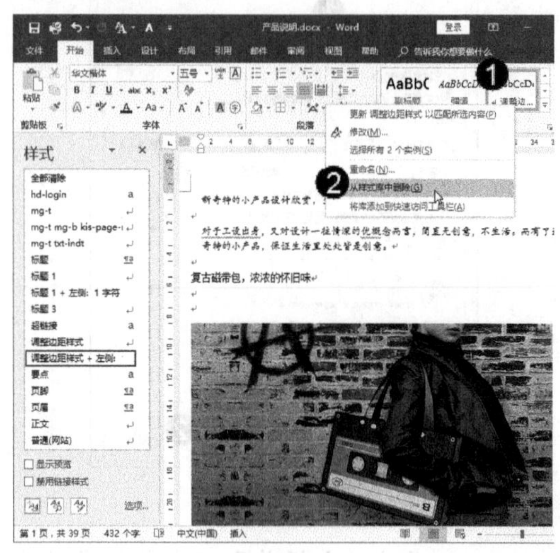

图 5-25

step 2 可以看到【调整边距】样式在【样式】组中没有了，这样即可完成删除样式的操作，如图 5-26 所示。

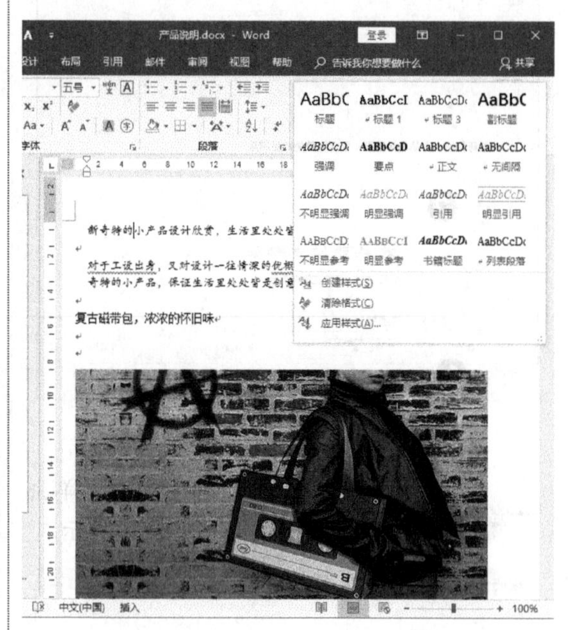

图 5-26

知识精讲

如果文档中多处应用了【标题 1】样式，修改样式后，所有应用相同样式的文本都会发生变化。

5.3.4 使用样式集

在【文档格式】组中的列表框中还提供了多种样式集，当主题被设定后，【文档格式】组的列表框中提供的样式集就会更新。也就是说，不同的主题，对应一组不同的样式集。结合使用 Word 提供的主题和样式集功能，能够快速高效地格式化文本。

step 1 ① 选择【设计】选项卡，② 单击【文档格式】组中的【其他】按钮，③ 在弹出的下拉列表中选择需要的样式，如“现代”，如图 5-27 所示。

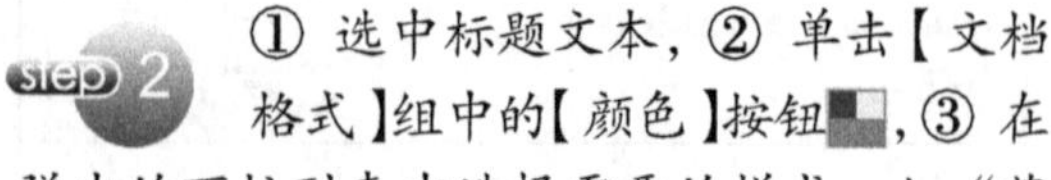

step 2 ① 选中标题文本，② 单击【文档格式】组中的【颜色】按钮，③ 在弹出的下拉列表中选择需要的样式，如“蓝色”，如图 5-28 所示。

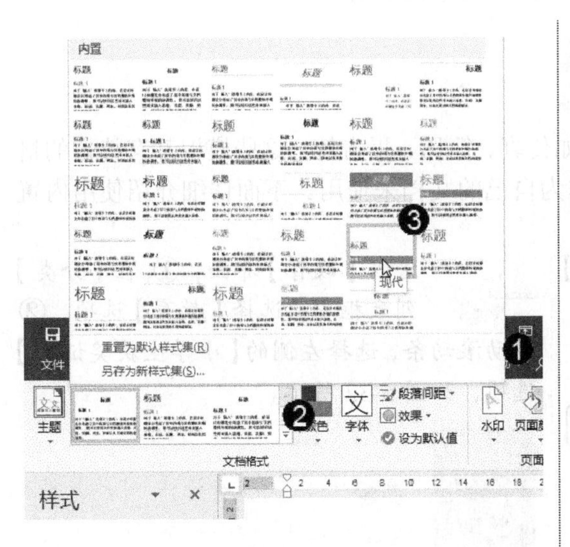

图 5-27

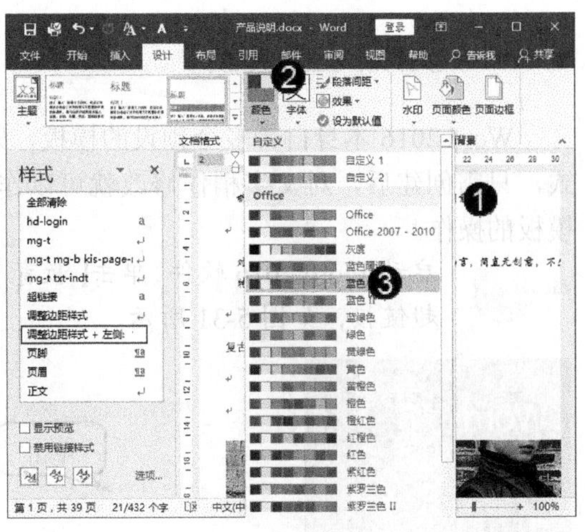

图 5-28

step 3 ① 选中标题文本，② 单击【文档格式】组中的【字体】按钮，③ 在弹出的下拉列表中选择需要的字体，如“微软雅黑”，如图 5-29 所示。

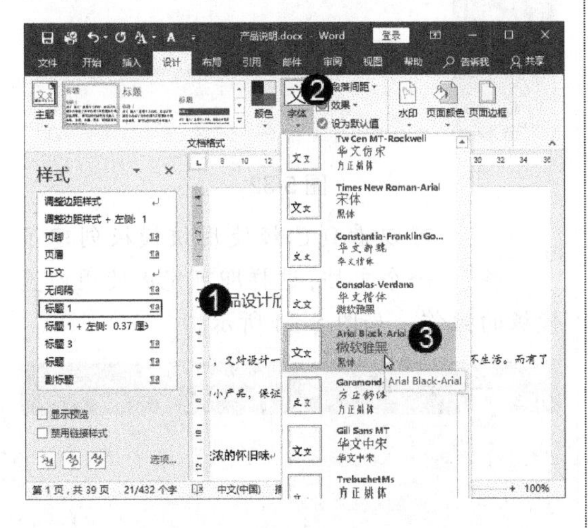

图 5-29

step 4 通过以上操作即可完成为文档应用样式集和修改颜色、字体的目的，效果如图 5-30 所示。

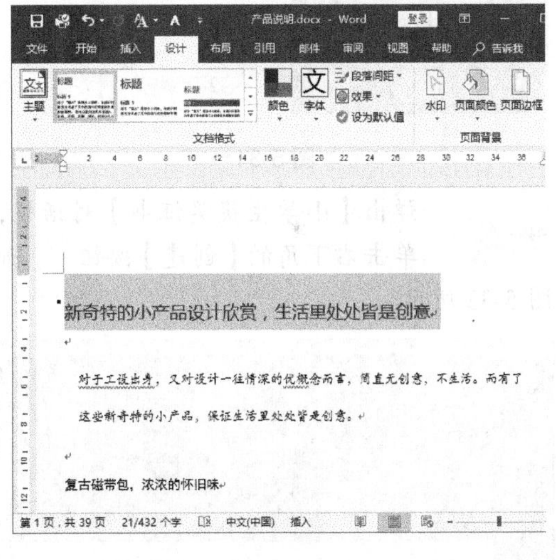

图 5-30

Section 5.4 使用模板

手机扫描下方二维码，观看本节视频课程

在 Word 2016 中，模板分为 3 种：第一种是安装 Office 2016 时系统自带的模板；第二种是用户自己创建后保存的自定义模板；第三种是 Office 网站上的模板，需要下载才能使用。本节将详细介绍使用模板的相关知识及操作方法。

5.4.1 使用内置模板

Word 2016 本身自带多个预设的模板，如传真、简历、报告等。这些模板都有特定的格式，只需创建后，对文字稍作修改就可以作为自己的文档来使用。下面详细介绍使用内置模板的操作。

step 1 启动 Word 2016 软件，单击【教育】超链接，如图 5-31 所示。

图 5-31

step 2 进入【教育】界面，① 在【分类】列表框中，选择【教育】选项，② 拖动滚动条，选择左侧的【小学生获奖证书】选项，如图 5-32 所示。

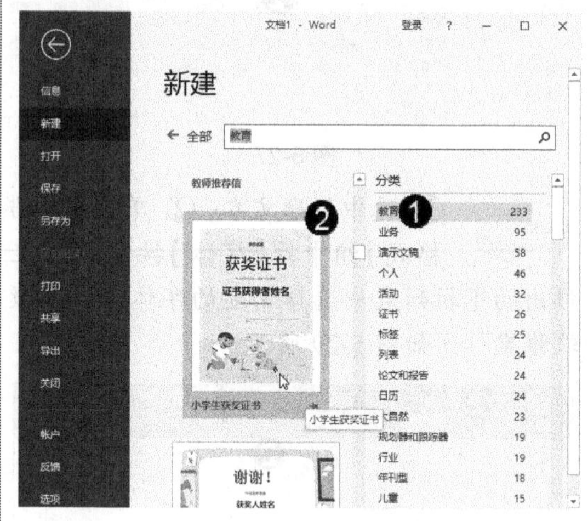

图 5-32

step 3 弹出【小学生获奖证书】对话框，单击右下角的【创建】按钮，如图 5-33 所示。

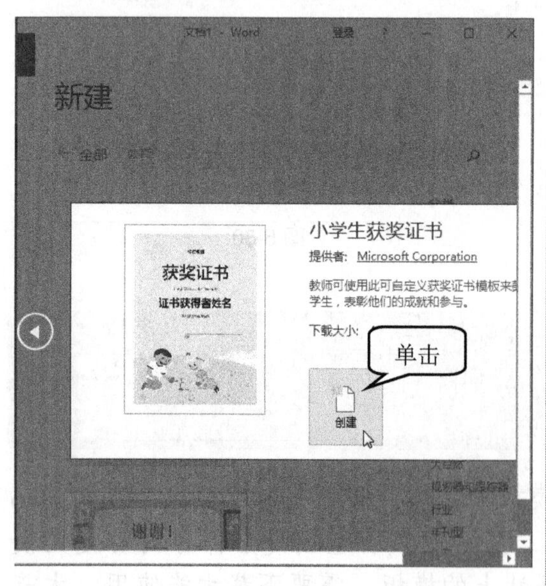

图 5-33

step 4 可以看到已经使用该模板创建了一个文档，这样即可完成使用内置模板的操作，如图 5-34 所示。

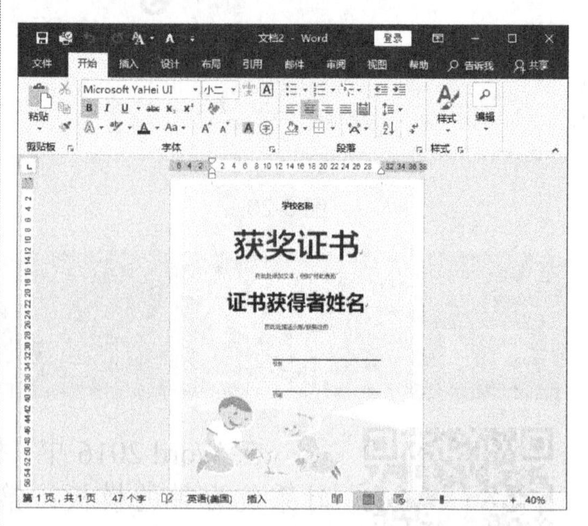

图 5-34

5.4.2 自定义模板库

要制作企业文件模板，首先需要在 Word 2016 中新建一个模板文件，同时为该文件添加相关的属性以进行说明和备注。

1. 保存模板

为了避免在制作过程中由于突发状况而引起的数据丢失现象，应先将文档保存为模板文件。下面详细介绍其操作方法。

step 1 新建一篇空白文档，① 选择【文件】选项卡，在弹出的【文件】菜单中选择【另存为】选项，②双击【这台电脑】选项，如图 5-35 所示。

图 5-35

step 2 弹出【另存为】对话框，① 选择文件存放路径，② 在【文件名】下拉列表框中输入模板名称，③ 在【保存类型】下拉列表框中选择【Word 模板】选项，④ 单击【保存】按钮，如图 5-36 所示。

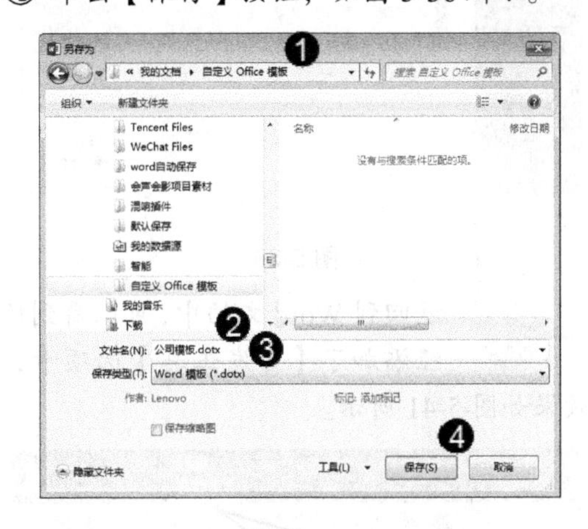

图 5-36

step 3 ① 在【文件】菜单中选择【信息】选项，② 单击【显示所有属性】超链接，如图 5-37 所示。

图 5-37

step 4 在窗口右侧的【属性】栏的各属性中输入相关的文档属性内容，即可完成保存模板的操作，如图 5-38 所示。

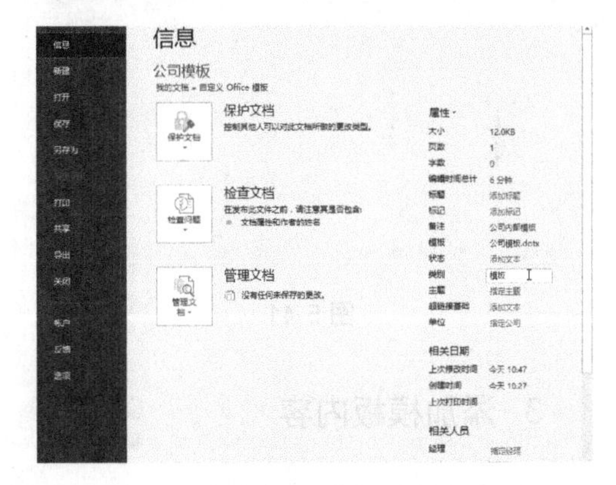

图 5-38

2. 添加【开发工具】选项卡

制作文档模板时，常常需要用到【开发工具】选项卡中的一些文档控件，因此要在 Word 2016 的功能区中显示出【开发工具】选项卡。下面详细介绍其操作方法。

step 1 在【文件】菜单中选择【选项】命令，如图 5-39 所示。

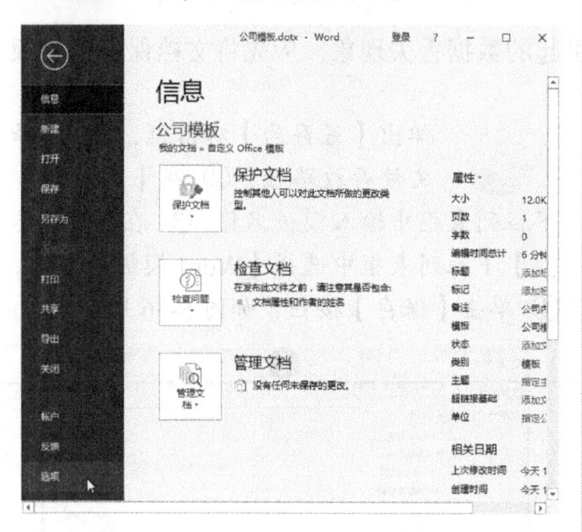

图 5-39

step 2 弹出【Word 选项】对话框，① 选择左侧的【自定义功能区】选项，② 在右侧【主选项卡】列表框中选中【开发工具】复选框，③ 单击【确定】按钮，如图 5-40 所示。

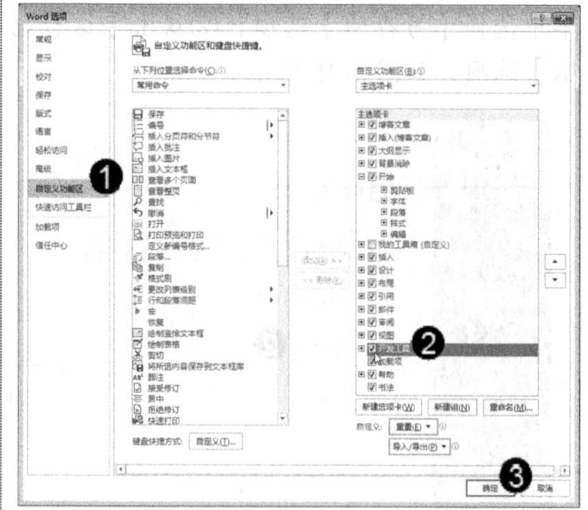

图 5-40

step 3 返回到 Word 文档中，可以看到已经添加了【开发工具】选项卡，效果如图 5-41 所示。

图 5-41

考考您

请您根据上述方法为 Word 文档添加选项卡，测试一下您的学习效果。

3. 添加模板内容

创建好模板文件后，就可以将需要在模板中显示的内容添加和设置到该文件中，以便今后应用该模板直接创建文件。通常情况下，模板文件中添加的内容应是固定的一些修饰成分，如固定的标题、背景等。下面详细介绍其操作方法。

step 1　① 选择【设计】选项卡，② 在【页面背景】组中单击【页面颜色】按钮，③ 在弹出的下拉列表中选择需要设置为文档背景的颜色，如图 5-42 所示。

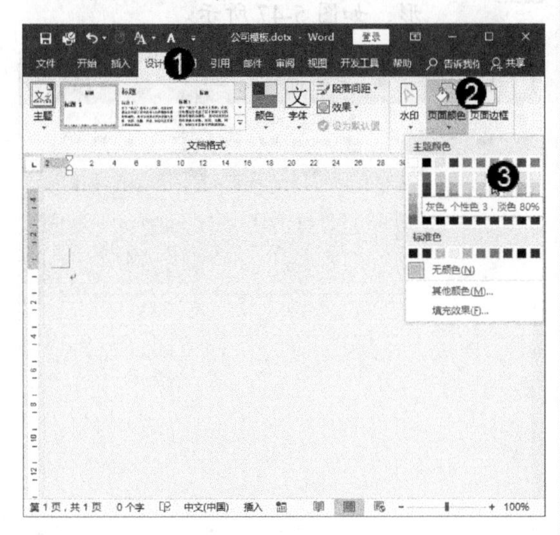

图 5-42

step 3　弹出【水印】对话框，① 选中【文字水印】单选按钮，② 输入水印文字，设置字体、字号和颜色，③ 单击【确定】按钮，如图 5-44 所示。

图 5-44

step 2　① 单击【页面背景】组中的【水印】按钮，② 在弹出的下拉列表中选择【自定义水印】选项，如图 5-43 所示。

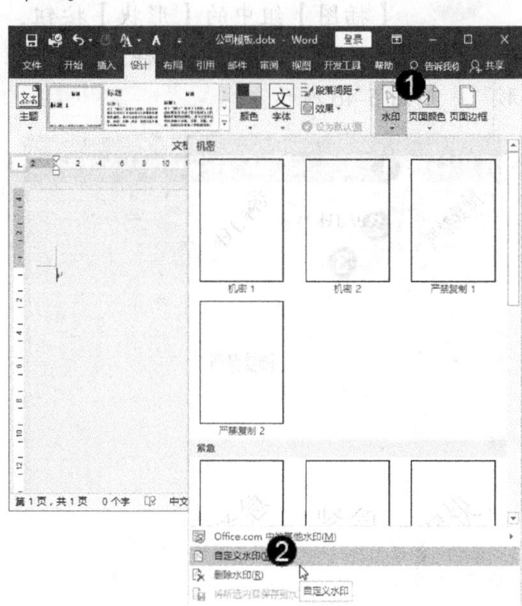

图 5-43

step 4　返回到 Word 文档中，可以看到已经为模板添加背景颜色和水印等内容，如图 5-45 所示。

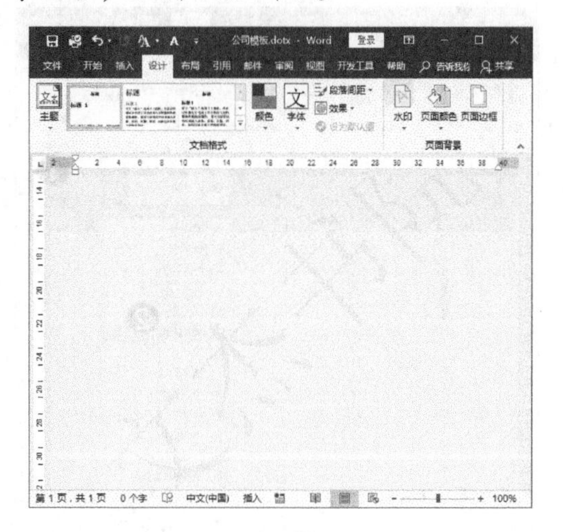

图 5-45

4. 添加页面元素

为了让自定义的模板效果较好，可以使用形状和页眉为模板添加页面元素。下面详细介绍其操作方法。

① 选择【插入】选项卡，② 单击【插图】组中的【形状】按钮，③ 选择下拉列表中需要的形状样式，如“矩形”，如图 5-46 所示。

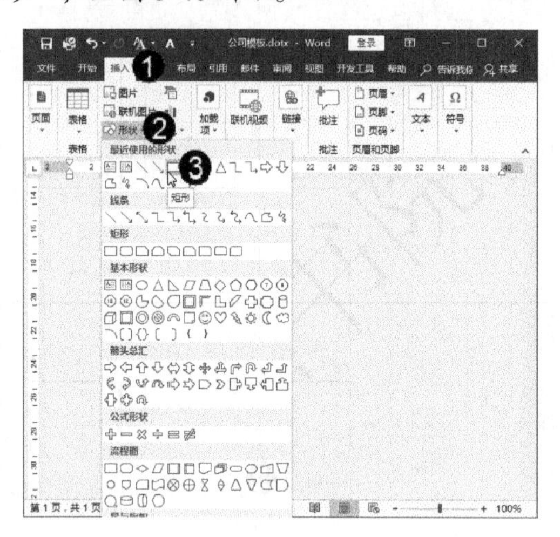

图 5-46

① 右键单击绘制的矩形，② 在弹出的快捷菜单中选择【编辑顶点】菜单项，如图 5-48 所示。

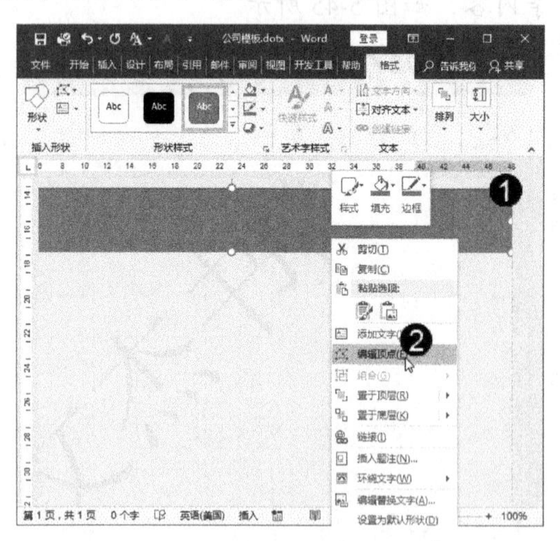

图 5-48

执行“矩形”命令后，拖动绘制矩形，如图 5-47 所示。

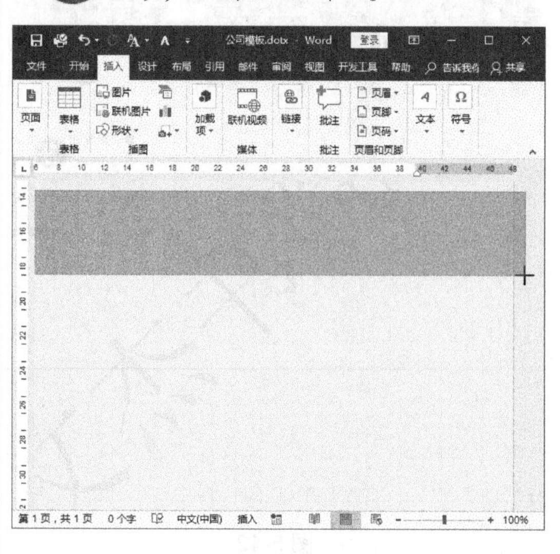

图 5-47

当矩形处于编辑状态时，单击任意一个角的顶点，拖动调整弧度，如图 5-49 所示。

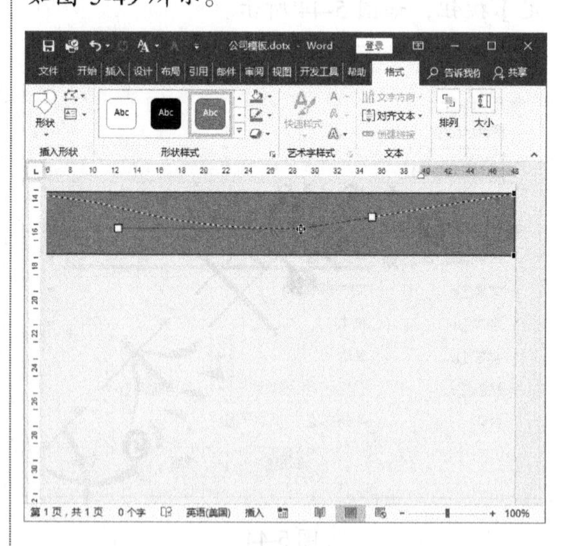

图 5-49

step 5 选中矩形，①选择【格式】选项卡，② 单击【形状样式】组中的【形状填充】下拉按钮，③ 在下拉列表中选择需要的颜色，如“浅绿”，如图 5-50 所示。

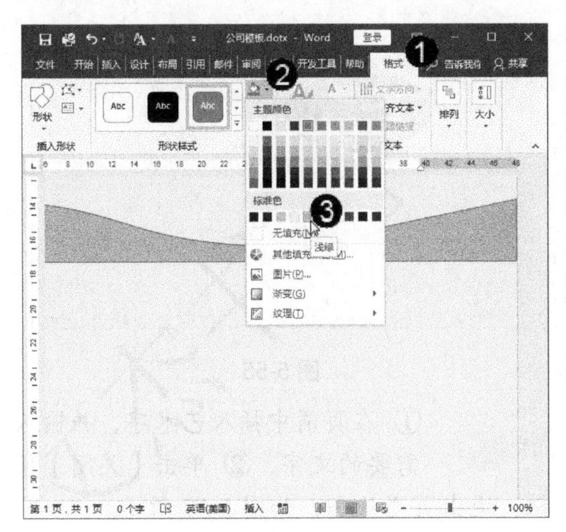

图 5-50

step 6 选中矩形，① 选择【格式】选项卡，② 单击【形状样式】组中的【形状轮廓】下拉按钮，③ 选择【无轮廓】选项，如图 5-51 所示。

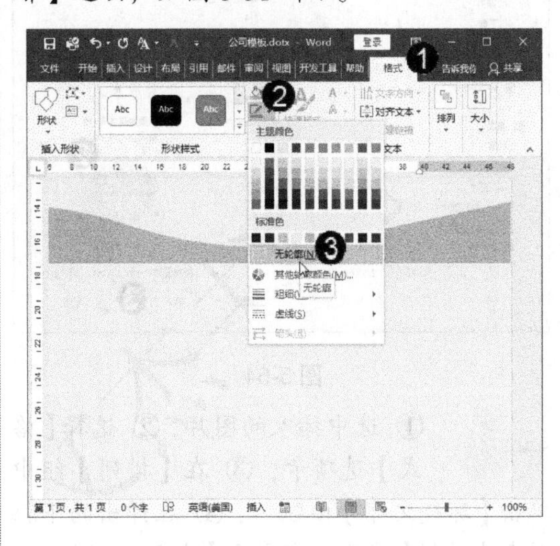

图 5-51

step 7 ① 选择【插入】选项卡，② 单击【页眉和页脚】组中的【页眉】按钮，③ 选择下拉列表中的【编辑页眉】选项，如图 5-52 所示。

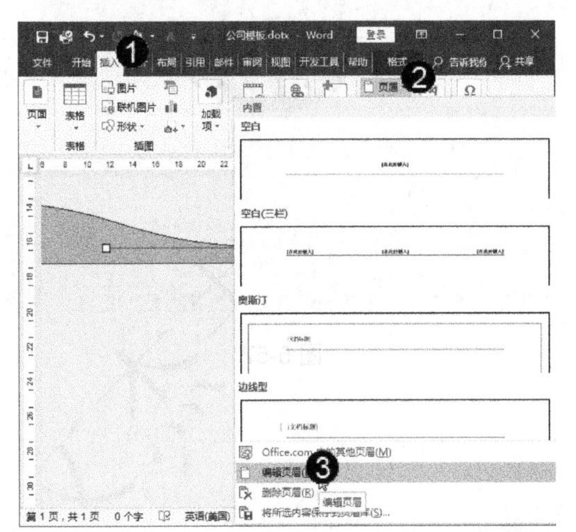

图 5-52

step 8 在页眉中，设置左对齐，①选择【设计】选项卡，② 单击【插入】组中的【图片】按钮，如图 5-53 所示。

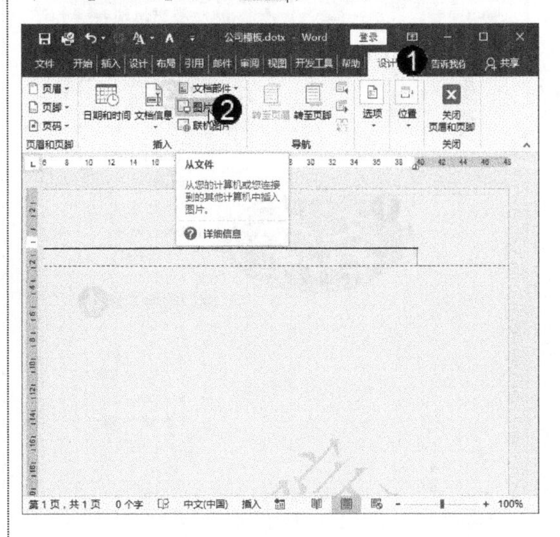

图 5-53

step 9 打开【插入图片】对话框，① 选择图片存放路径，② 单击需要插入的图片，③ 单击【插入】按钮，如图 5-54 所示。

step 10 ① 选中插入的图片，② 选择【格式】选项卡，③ 在【大小】组中设置图片的大小，如图 5-55 所示。

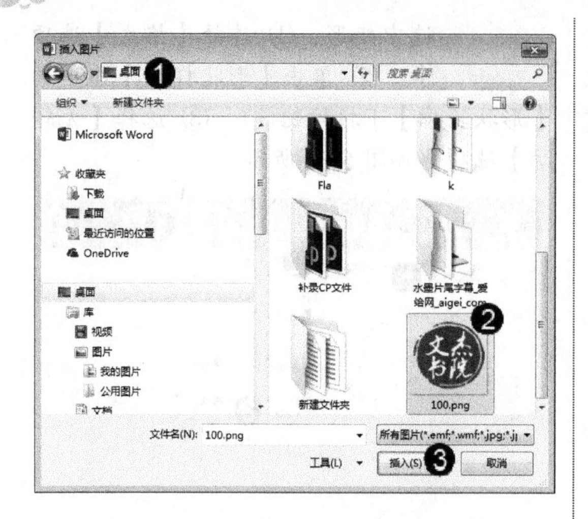

图 5-54

step 11 ① 选中插入的图片，② 选择【格式】选项卡，③ 在【排列】组中单击【环绕文字】按钮，④ 在弹出的下拉列表中选择【浮于文字上方】选项，如图 5-56 所示。

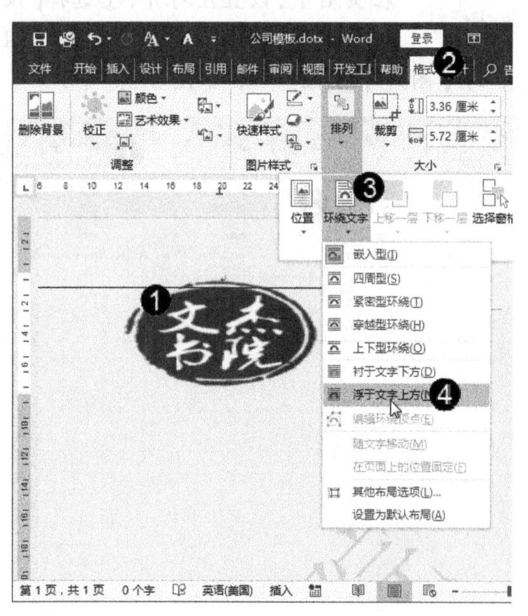

图 5-56

考考您

请您根据上述方法为 Word 文档添加一些页面元素，测试一下您的学习效果。

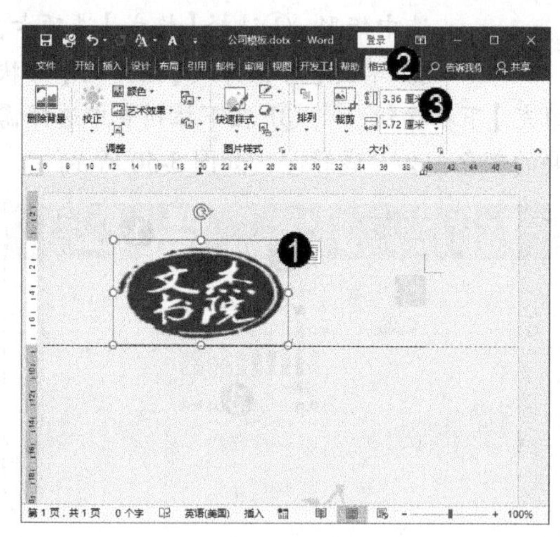

图 5-55

step 12 ① 在页眉中插入艺术字，并输入需要的文字，② 单击【关闭】按钮，退出页眉状态，如图 5-57 所示。

图 5-57

智慧锦囊

选中页眉中的内容，在【开始】选项卡下，单击【段落】组中的【边框】右侧的下拉按钮，选择【边框和底纹】选项，可以为插入的页眉内容添加边框和底纹。

关闭页眉后，可以看到已经为 Word 文档添加了多种页面元素，如图 5-58 所示。

图 5-58

5. 添加控件

在模板文件中通常要制作一些固定的格式，可利用【开发工具】选项卡中的格式文本内容控件进行设置。这样，在应用模板创建新文件时只需要修改少量文件内容即可。

step 1 ① 选择【开发工具】选项卡，② 单击【控件】组中的【格式文本内容控件】按钮，如图 5-59 所示。

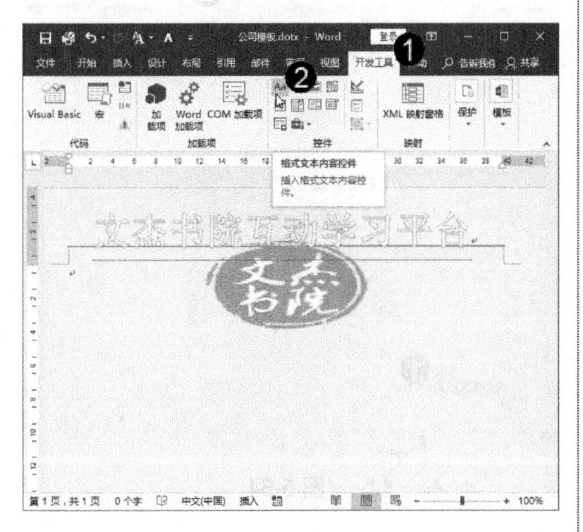

图 5-59

step 2 ① 选择【开发工具】选项卡，② 在【控件】组中，单击【设计模式】按钮，进入设计模式，如图 5-60 所示。

图 5-60

step 3 ① 修改控件中的文本为“单击或点击此处添加标题”，选中控件所在的整个段落，② 在【字体】组中设置合适的字体格式，③ 单击【开始】选项卡的【段落】组中的【居中】按钮，如图 5-61 所示。

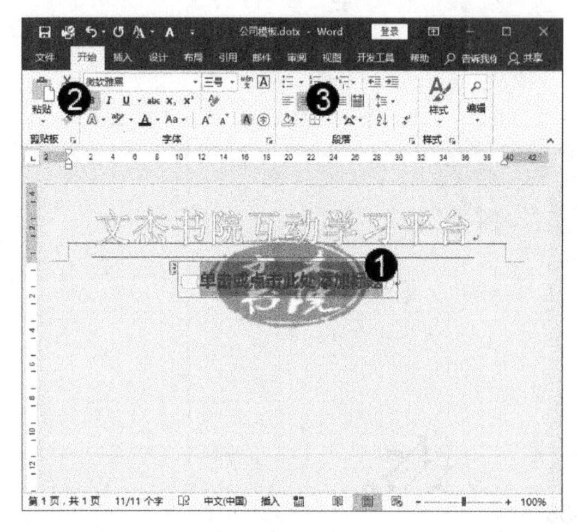

图 5-61

step 4 ① 在第 3 行处插入格式文本内容控件，修改其中的文本并设置合适的格式，② 单击【开发工具】选项卡的【控件】组中的【控件属性】按钮，如图 5-62 所示。

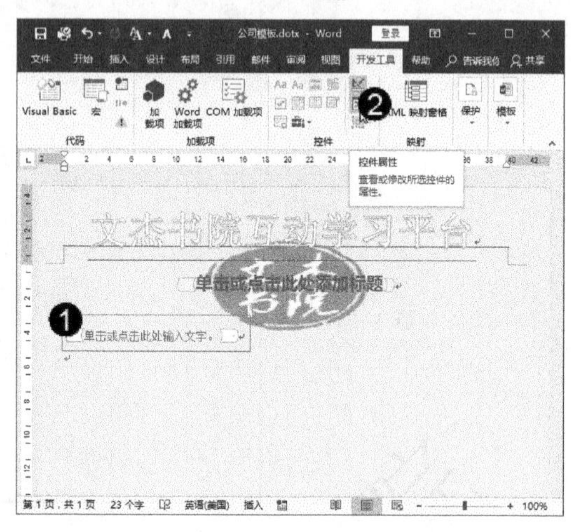

图 5-62

step 5 弹出【内容控件属性】对话框，① 设置标题为“正文”，② 选中【内容被编辑后删除内容控件】复选框，③ 单击【确定】按钮，如图 5-63 所示。

内容控件属性
常规
标题(T): 正文
标记(A):
显示为(S): 边界框
颜色(C):
使用样式设置键入空控件中的文本格式(U)
样式(S): 默认段落字体
新建样式(N)...
内容被编辑后删除内容控件(R)
锁定
无法删除内容控件(D)
无法编辑内容(E)
确定 取消

图 5-63

step 6 ① 在文档合适的位置输入文本“文档输入日期：”，② 单击【开发工具】选项卡的【控件】组中的【日期选取器内容控件】按钮，如图 5-64 所示。

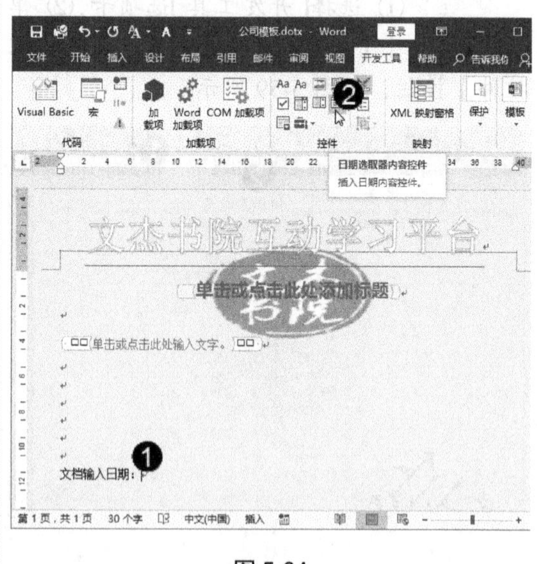

图 5-64

step 7 ① 为内容控件设置合适的格式，② 单击【开发工具】选项卡的【控件】组中的【控件属性】按钮，如图 5-65 所示。

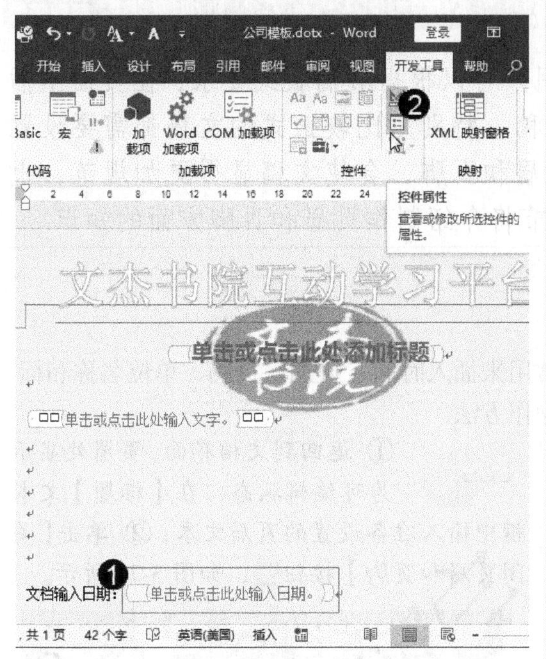

图 5-65

step 8 弹出【内容控件属性】对话框，① 选中【无法删除内容控件】复选框，② 在【日期选取器属性】区域的列表框中选择日期格式，③ 单击【确定】按钮，如图 5-66 所示。

图 5-66

step 9 ① 选择日期控件所在的段落，② 在【开始】选项卡的【字体】组中设置文本字体和字号，③ 单击【开始】选项卡的【段落】组中的【右对齐】按钮，如图 5-67 所示。

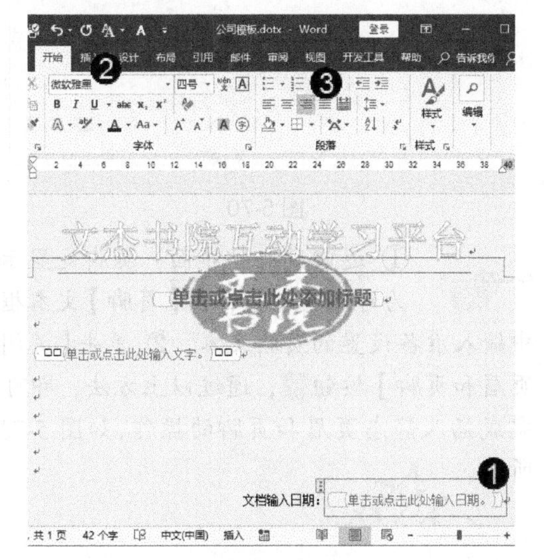

图 5-67

step 10 在【控件】组中，取消选择【设计模式】按钮，退出设计模式，即可完成自定义模板的制作，效果如图 5-68 所示。

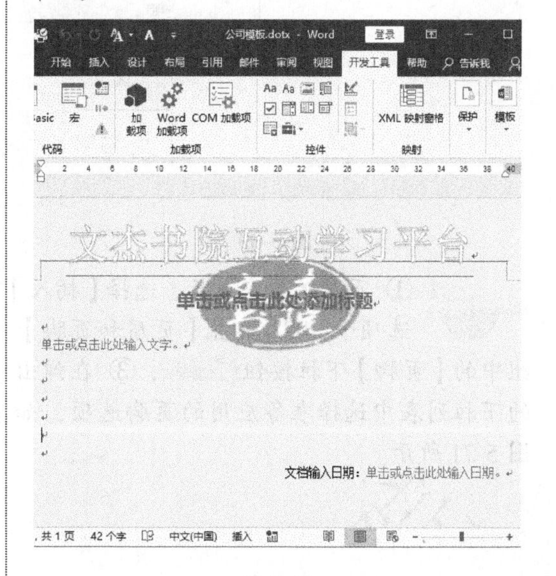

图 5-68

Section 5.5 制作页眉和页脚

手机扫描下方二维码，观看本节视频课程

在 Word 文档中，用户可以根据书稿版式要求，在页面中插入页眉和页脚，许多文稿，特别是比较正式的文稿都需要设置页眉和页脚。得体的页眉和页脚，会使文稿显得更加规范，也会给阅读提供方便。本节将介绍制作页眉和页脚方面的知识。

5.5.1 插入静态页眉和页脚

页眉和页脚通常显示文档的附加信息，常用来插入时间、日期、页码、单位名称和标识等。下面详细介绍插入静态页眉和页脚的操作方法。

step 1 ① 选择【插入】选项卡，② 单击【页眉和页脚】组中的【页眉】下拉按钮 页眉，③ 在弹出的下拉列表中选择准备应用的页眉选项，如图 5-69 所示。

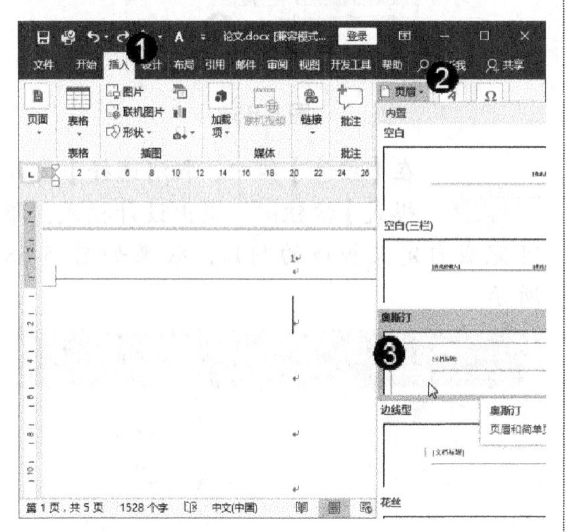

图 5-69

step 3 ① 页眉编辑完成后，选择【插入】选项卡，② 单击【页眉和页脚】组中的【页脚】下拉按钮 页脚，③ 在弹出的下拉列表中选择准备应用的页脚选项，如图 5-71 所示。

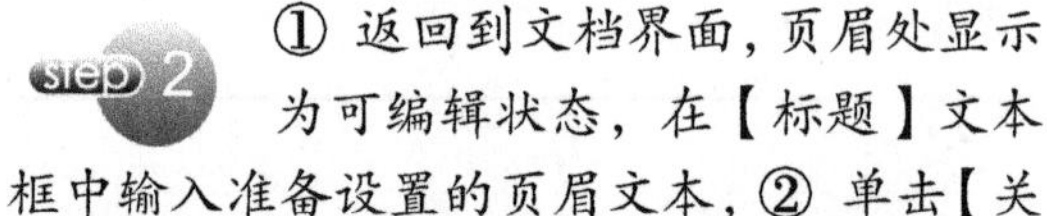

step 2 ① 返回到文档界面，页眉处显示为可编辑状态，在【标题】文本框中输入准备设置的页眉文本，② 单击【关闭页眉和页脚】按钮 ×，如图 5-70 所示。

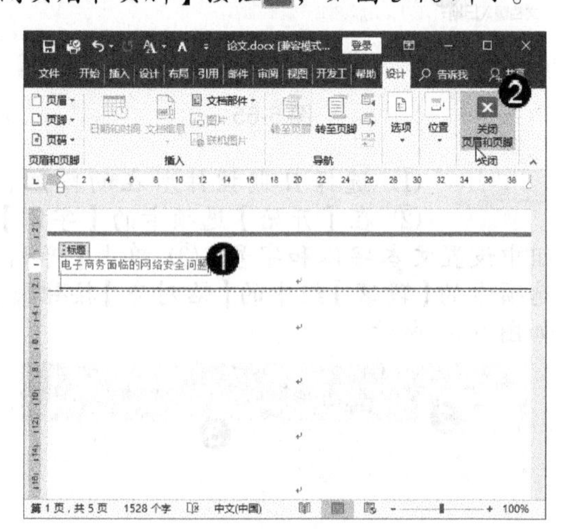

图 5-70

step 4 ① 返回到文档界面，页脚处显示为可编辑状态，在【页脚】文本框中输入准备设置的页脚文本，② 单击【关闭页眉和页脚】按钮 ×，通过以上方法，即可完成插入静态页眉和页脚的操作，如图 5-72 所示。

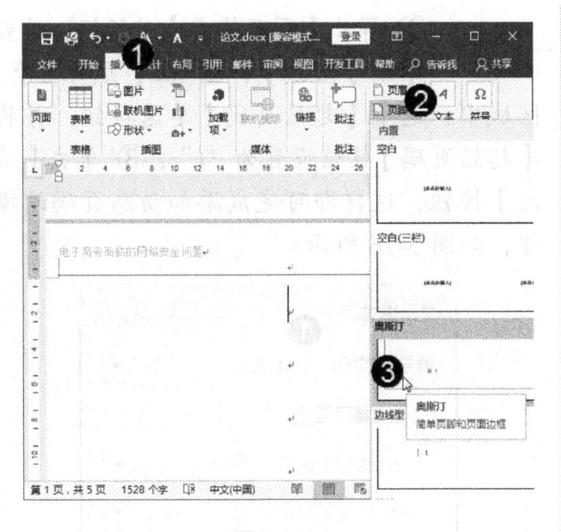

图 5-71

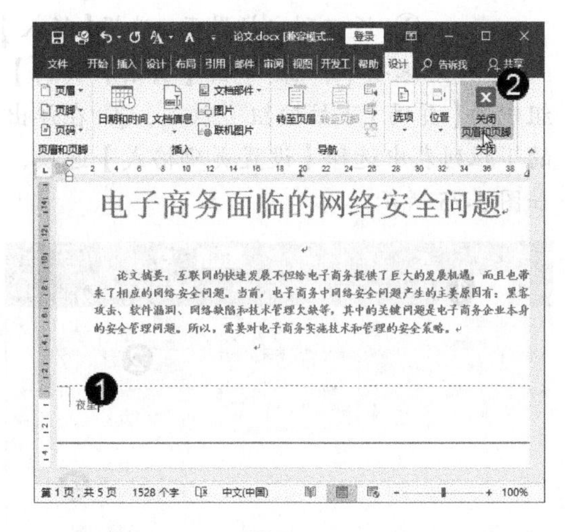

图 5-72

5.5.2　添加动态页码

页码是页面上标明次序的编码或其他数字，用以统计书籍的面数，便于读者检索。下面以设置“页面顶端”页码为例，详细介绍添加动态页码的具体操作方法。

step 1　① 选择【插入】选项卡，② 单击【页眉和页脚】组中的【页码】下拉按钮 页码，③ 在弹出的下拉列表中选择【页面顶端】选项，④ 在弹出的子列表中，选择准备应用的子选项，如图 5-73 所示。

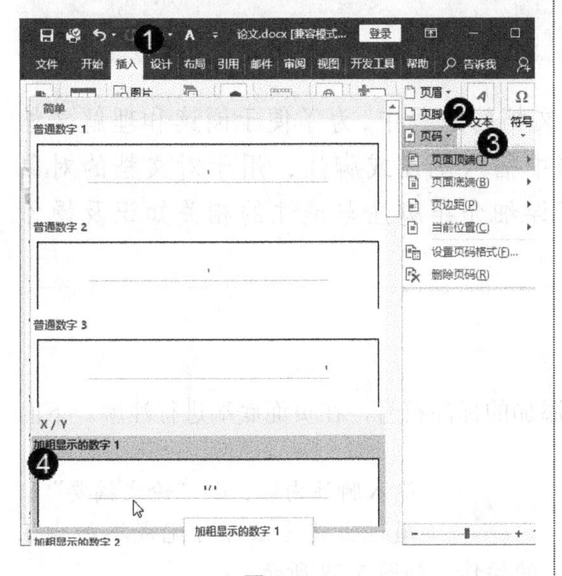

图 5-73

step 2　返回到文档界面，页眉处显示为可编辑状态，单击【关闭页眉和页脚】按钮 ，如图 5-74 所示。

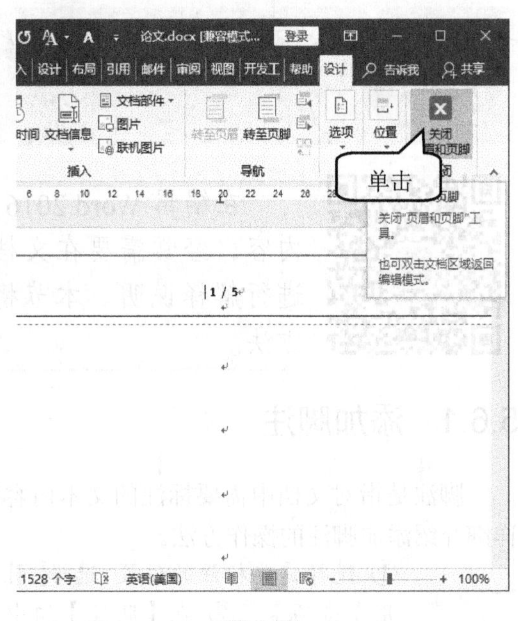

图 5-74

step 3 ① 返回到文档界面，选择【插入】选项卡，② 单击【页眉和页脚】组中的【页码】下拉按钮，③ 在弹出的下拉列表中选择【设置页码格式】选项，如图 5-75 所示。

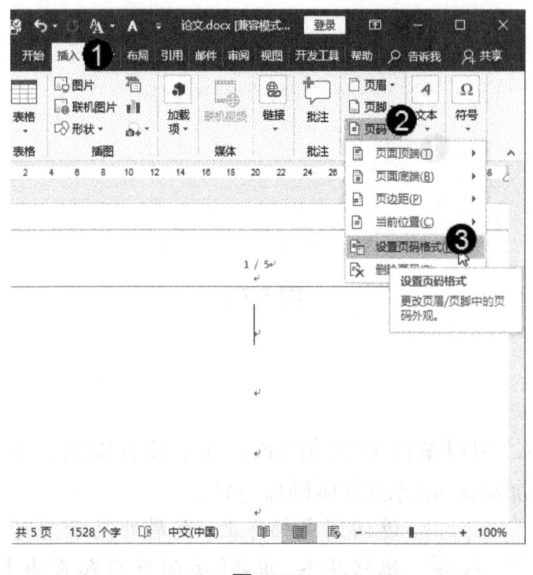

图 5-75

step 4 ① 弹出【页码格式】对话框，设置【编号格式】，② 在【页码编号】区域中，选中【起始页码】单选按钮，并将【起始页码】数值设置为“1”，③ 单击【确定】按钮，这样即可完成添加动态页码的操作，如图 5-76 所示。

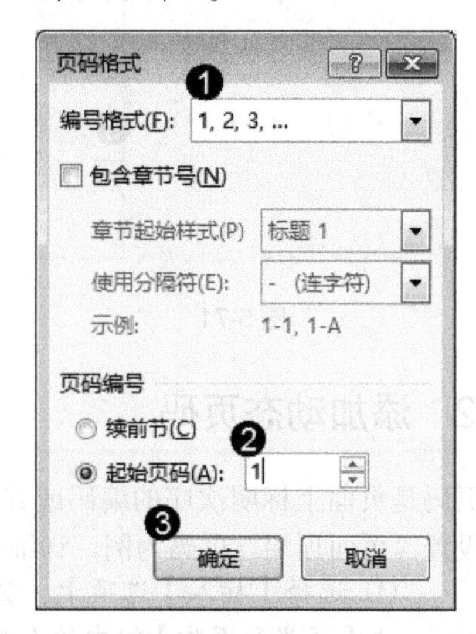

图 5-76

Section 5.6 脚注与尾注

手机扫描下方二维码，观看本节视频课程

在编辑 Word 2016 文档的过程中，为了便于阅读和理解文档内容，经常需要在文档中插入尾注或脚注，用于对文档的对象进行解释说明。本节将详细介绍脚注与尾注的相关知识及操作方法。

5.6.1 添加脚注

脚注是指对文档中需要标注的文本内容添加的标注符号，在页面底端进行注解。下面详细介绍添加脚注的操作方法。

step 1 ① 选择需要标注的位置，选择【引用】选项卡，② 在【脚注】组中单击【插入脚注】按钮，如图 5-77 所示。

step 2 输入脚注内容，如“论文摘要”，通过上述方法即可完成添加脚注的操作，如图 5-78 所示。

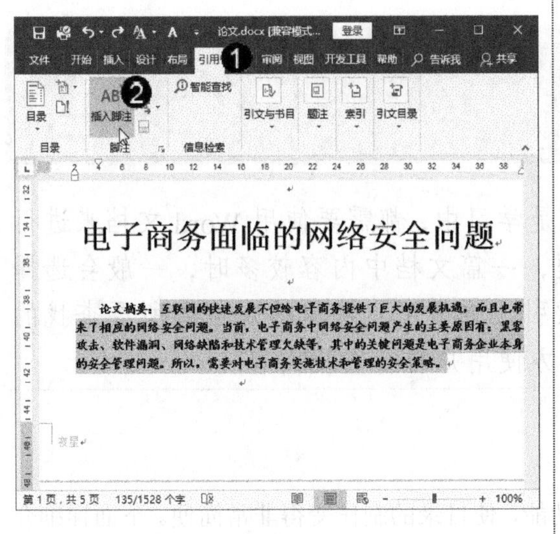

图 5-77

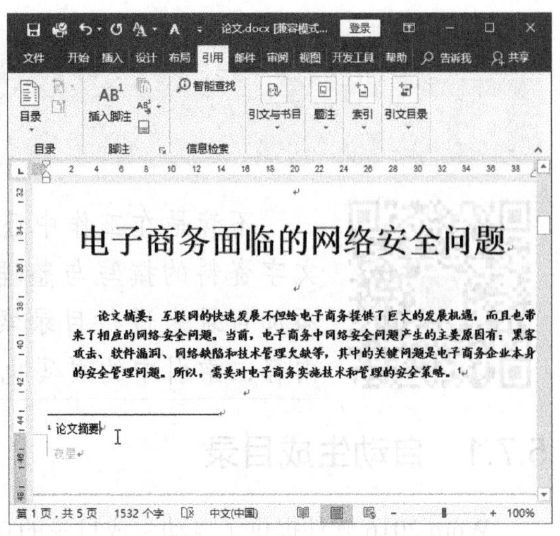

图 5-78

5.6.2 添加尾注

尾注与脚注的功能基本相同，同样是对文本的一种补充说明，不过脚注位于页面的底部，而尾注标注在文档的末尾。下面详细介绍添加尾注的操作方法。

step 1 ① 选择需要标注的位置，选择【引用】选项卡，② 在【脚注】组中单击【插入尾注】按钮，如图 5-79 所示。

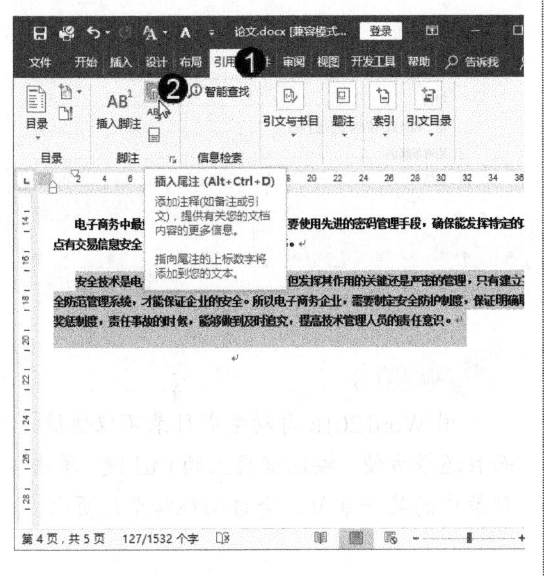

图 5-79

step 2 输入尾注内容，如“2018 年 00 月 24 星期三”，通过上述方法即可完成添加尾注的操作，如图 5-80 所示。

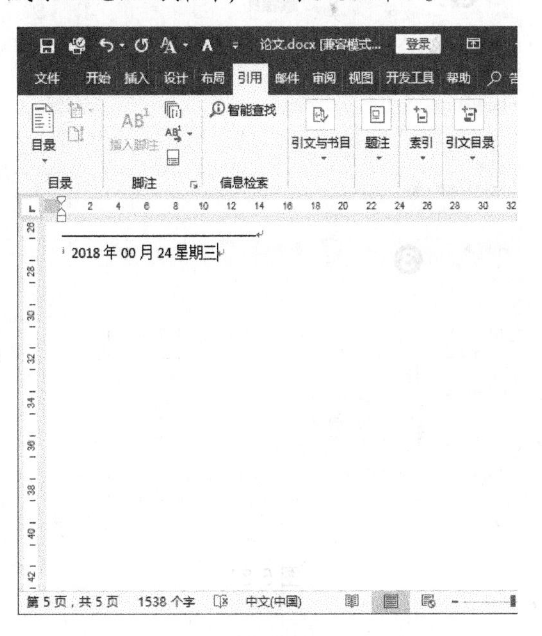

图 5-80

Section 5.7 制作目录与索引

手机扫描下方二维码，观看本节视频课程

不管是在工作中还是学习中，都需要使用 Word 文档来进行文字资料的撰写与整理，一篇文档中内容较多时，一般会选择添加目录来进行目录索引，方便用户快速地定位到所要查找的内容，索引中的页码也方便用户自行查找内容。

5.7.1 自动生成目录

Word 2016 软件提供了自动生成目录的功能，使目录的制作变得非常简便。下面详细介绍自动生成目录的操作方法。

step 1 ① 在【论文】文档中，将光标固定在准备生成目录的文本位置，选择【引用】选项卡，② 单击【目录】组中的【目录】下拉按钮，③ 在弹出的下拉列表中，选择准备生成的目录选项，如图 5-81 所示。

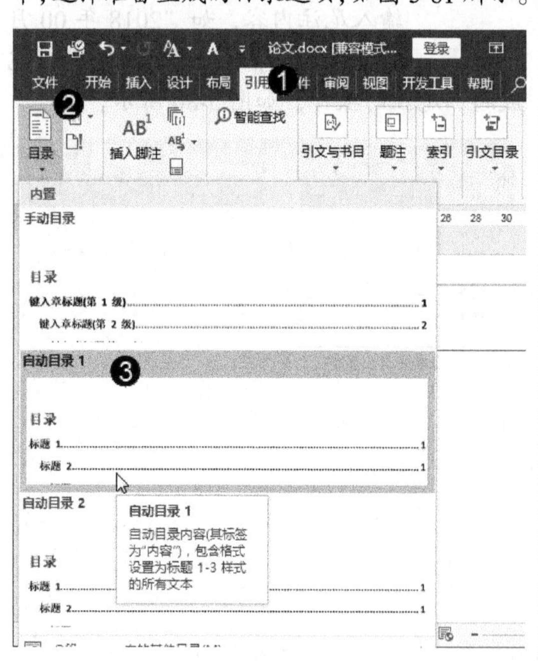

图 5-81

step 2 返回到文档界面，可以看到自动生成的目录，这样即可完成自动生成目录的操作，如图 5-82 所示。

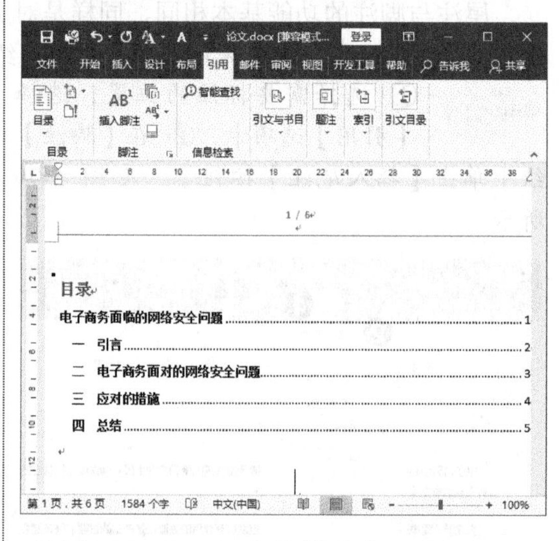

图 5-82

智慧锦囊

用 Word 2016 自动生成目录不仅快捷，而且还很方便，按住键盘上的 Ctrl 键，单击目录中的某一章节，会自动跳转至该页面。

5.7.2 设置标题的大纲级别

大纲级别是用于为文档中的段落指定等级结构的段落格式。下面以设置标题大纲级别

"1 级"为例，详细介绍设置标题大纲级别的操作方法。

step 1 ① 打开【论文】文档，将标题选中，② 单击【段落】下拉按钮，在弹出的选项中单击【启动器】按钮，如图 5-83 所示。

图 5-83

智慧锦囊

大纲级别一共分为 1 级至 9 级，指定了大纲级别后，可在大纲视图或文档结构图中处理文档。

考考您

请您根据上述方法，将文内其他二、三级标题分别设置相应的级别。

step 2 ① 弹出【段落】对话框，选择【缩进和间距】选项卡，② 将【大纲级别】调整为"1 级"，③ 单击【确定】按钮，这样即可完成设置标题大纲级别为"1 级"的操作，如图 5-84 所示。

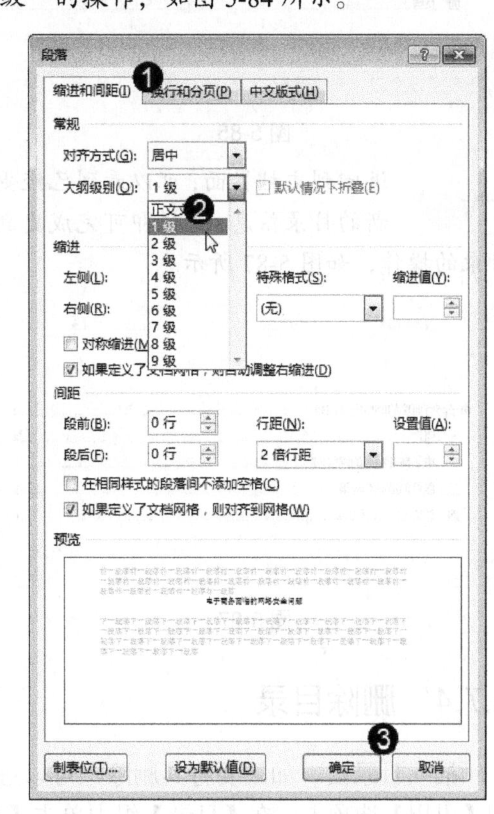

图 5-84

5.7.3 更新文档目录

如果文档的内容发生了变化，如页码或者标题发生了变化，可以使用更新目录的功能快速地将新的目录展现出来。下面详细介绍更新目录的操作方法。

step 1 ① 使用鼠标左键单击【目录】区域中的任意位置，② 【目录】区域转换为可编辑状态，单击【更新目录】按钮 ，如图 5-85 所示。

step 2 ① 弹出【更新目录】对话框，选中【更新整个目录】单选按钮，② 单击【确定】按钮，如图 5-86 所示。

图 5-85

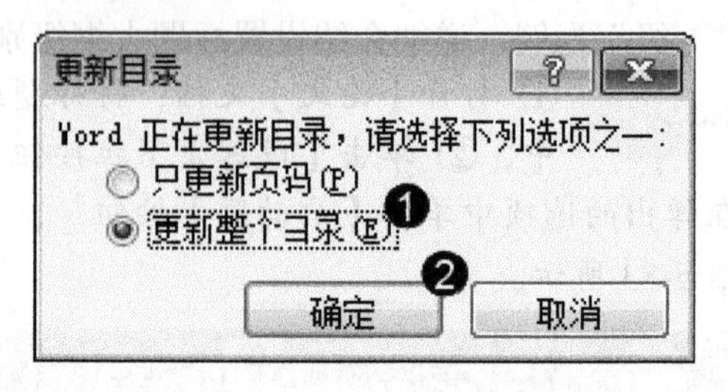

图 5-86

step 3 返回到文档界面，可以看到已经更新的目录信息，这样即可完成更新目录的操作，如图 5-87 所示。

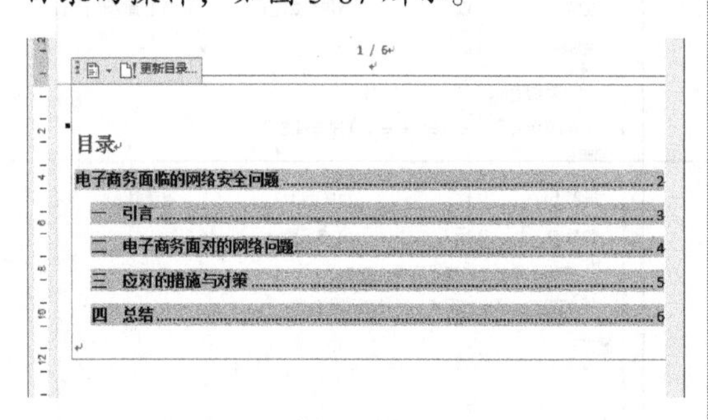

图 5-87

智慧锦囊

目录是以文档的内容为依据生成的，如果文档的内容发生了变化，如页码或者标题发生了变化，则要更新目录，使它与文档的内容保持一致。

智慧锦囊

最好不要直接修改目录，因为这样容易导致目录与文档的内容不一致。

5.7.4 删除目录

插入目录后，如果要将其删除，可以进行以下操作：将光标定位到目录列表中，切换到【引用】选项卡，在【目录】组中单击【目录】按钮，在打开的下拉列表中选择【删除目录】选项，即可删除当前目录，如图 5-88 所示。

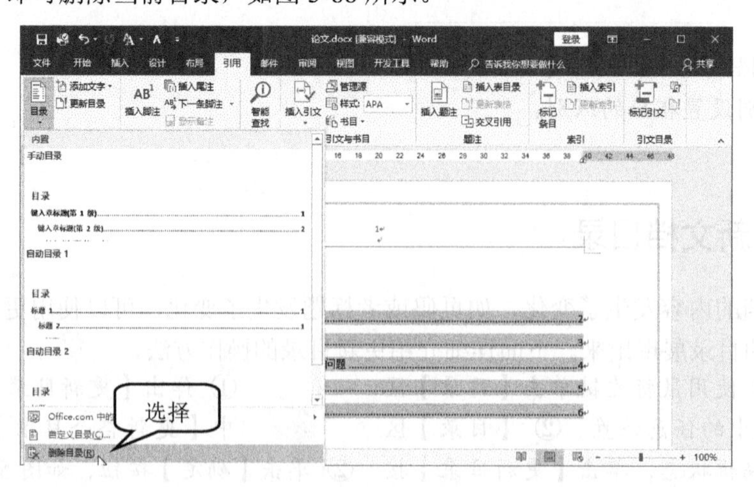

图 5-88

如果插入的是内置样式的目录，单击目录所在区域，将显示一个框，单击左上角的【目录】按钮，在弹出的下拉列表中选择【删除目录】选项，也可以快速删除目录，如图 5-89 所示。

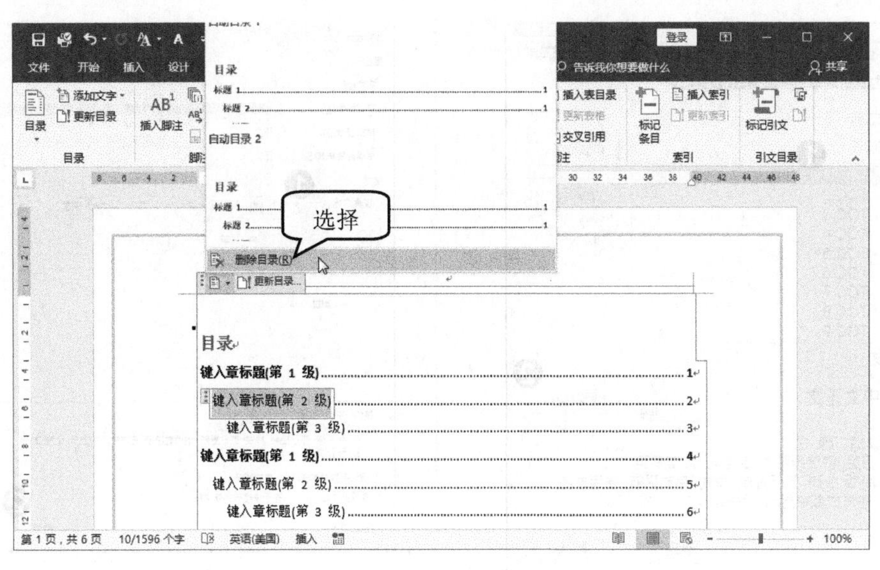

图 5-89

5.7.5 修改目录样式

做好目录后，如果格式不符合用户的要求，可以进行修改。下面详细介绍修改目录样式的操作方法。

step 1 ① 选择【引用】选项卡，② 单击【目录】组中的【目录】下拉按钮，③ 在弹出的下拉列表中，选择【自定义目录】选项，如图 5-90 所示。

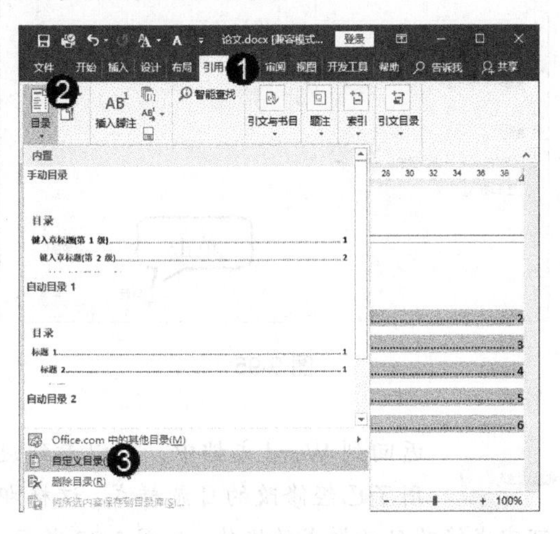

图 5-90

step 2 弹出【目录】对话框，① 选择【目录】选项卡，② 单击右下角处的【修改】按钮，如图 5-91 所示。

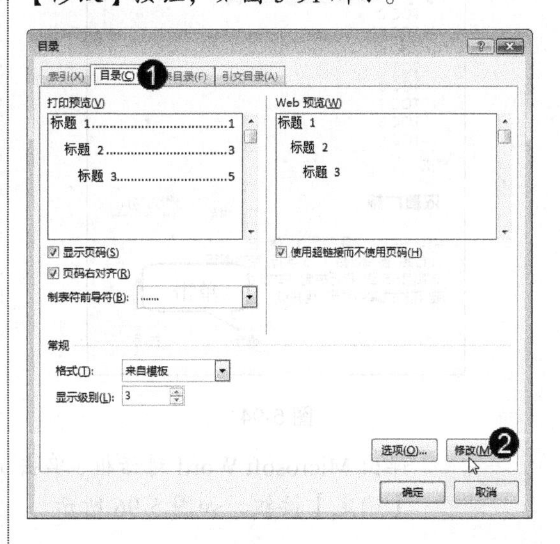

图 5-91

第 5 章 Word 2016 高级排版功能

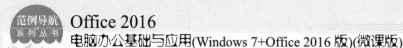

step 3 弹出【样式】对话框，① 选择一个合适的样式，② 单击【修改】按钮，如图 5-92 所示。

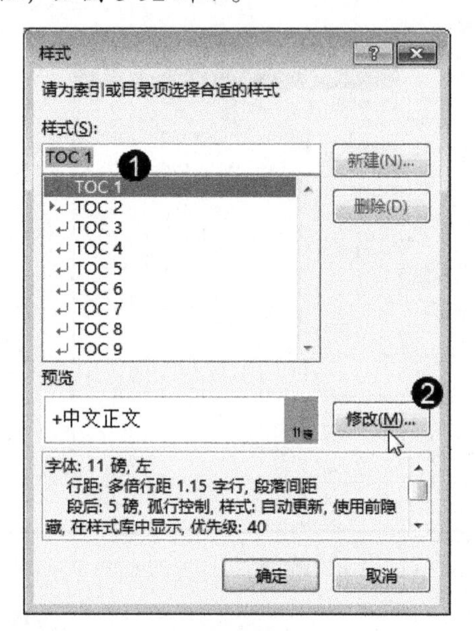

图 5-92

step 4 弹出【修改样式】对话框，① 设置样式的属性、格式等，② 单击【确定】按钮，如图 5-93 所示。

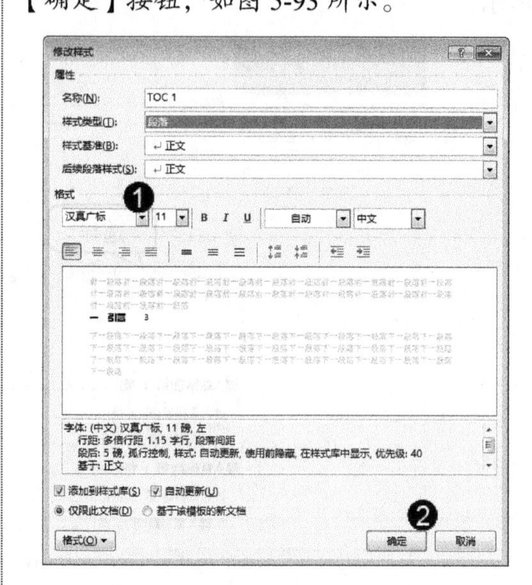

图 5-93

step 5 返回到【样式】对话框，单击【确定】按钮，如图 5-94 所示。

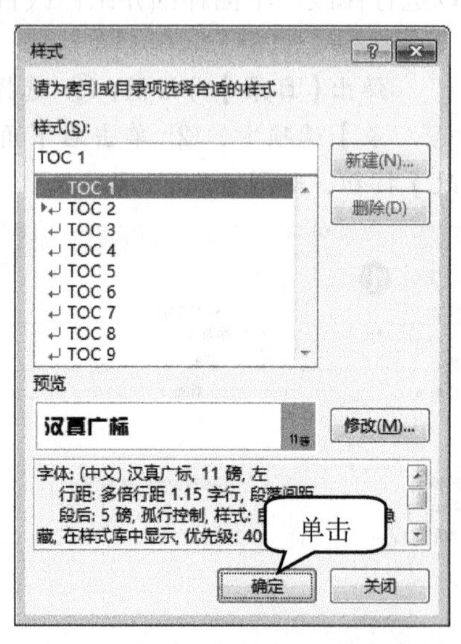

图 5-94

step 6 返回到【目录】对话框，单击【确定】按钮，如图 5-95 所示。

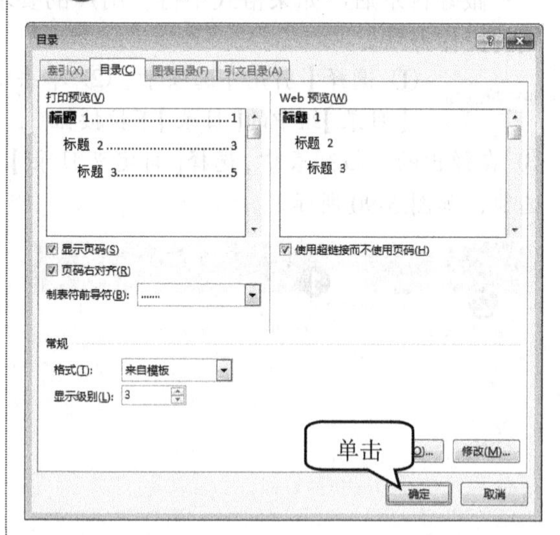

图 5-95

step 7 弹出 Microsoft Word 对话框，单击【确定】按钮，如图 5-96 所示。

step 8 返回到 Word 文档中，可以看到应用了已经修改的目录样式，这样即可完成修改目录样式的操作，如图 5-97 所示。

图 5-96

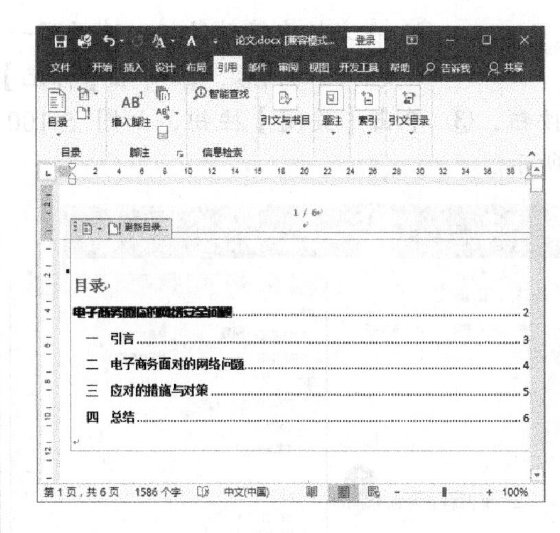

图 5-97

5.7.6 创建文档内容索引

索引是根据一定需要，把书刊中的主要概念或小标题名称摘录下来，标明出处、页码，按一定次序分条排列，以供查阅的资料。下面详细介绍创建索引的操作方法。

1. 标记文档索引项

索引是一种常见的文档注释，将文档内容标记为索引项本质上是插入一个隐藏的代码，以便于查询。下面详细介绍其操作方法。

step 1 ① 选择文档中要作为索引的文本内容，② 选择【引用】选项卡，③ 单击【索引】组中的【标记条目】按钮，如图 5-98 所示。

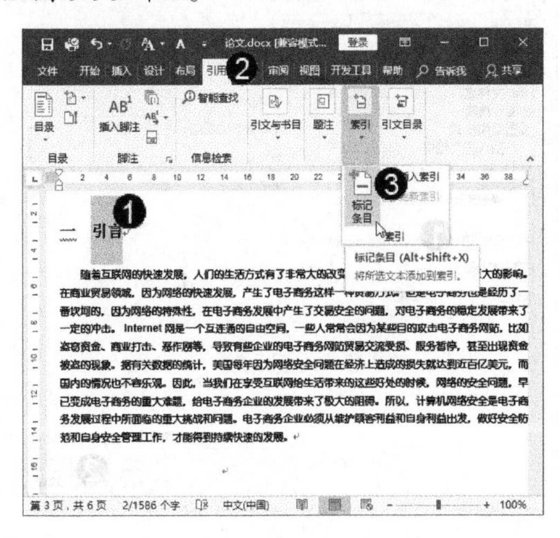

图 5-98

step 2 弹出【标记索引项】对话框，单击【标记】按钮，如图 5-99 所示。

图 5-99

step 3 ① 在文档中滚动鼠标，选择下一个要标记的内容，② 单击【标记】按钮，③ 单击【关闭】按钮，如图 5-100 所示。

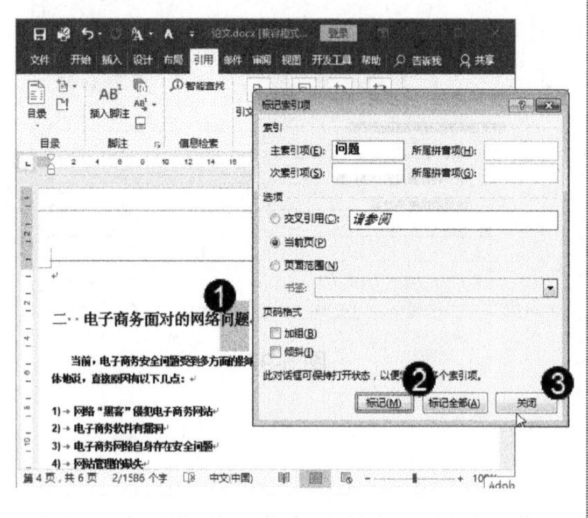

图 5-100

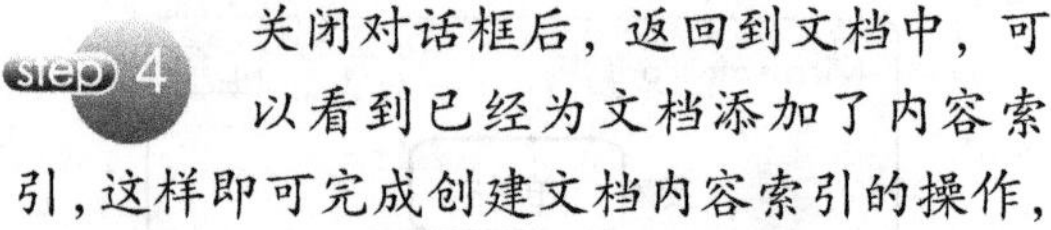

step 4 关闭对话框后，返回到文档中，可以看到已经为文档添加了内容索引，这样即可完成创建文档内容索引的操作，如图 5-101 所示。

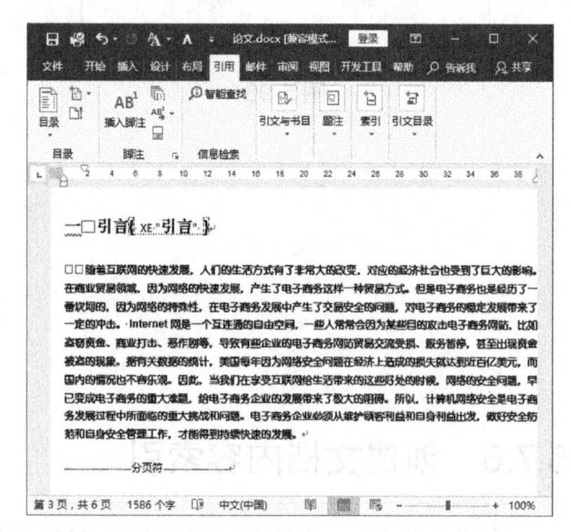

图 5-101

2. 创建索引目录

将文档中的内容标记为索引项后，还可以将这些索引提取出来，制作成索引目录，以方便查找。下面详细介绍创建索引目录的操作方法。

step 1 ① 将鼠标光标定位到文档中，② 单击【引用】选项卡的【索引】组中的【插入索引】按钮 插入索引，如图 5-102 所示。

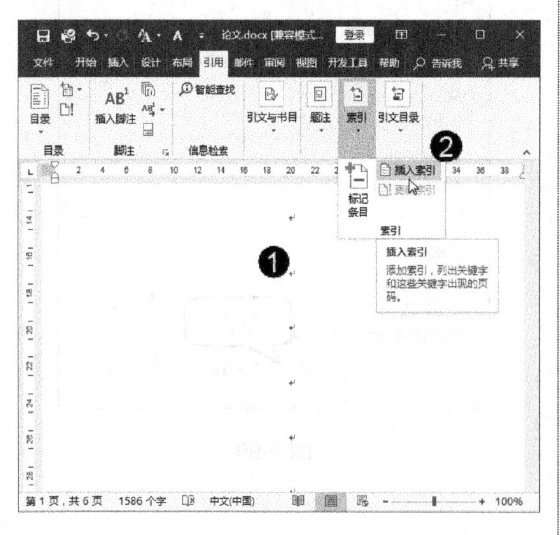

图 5-102

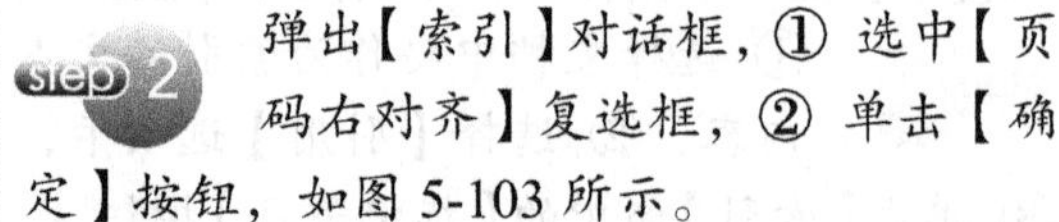

step 2 弹出【索引】对话框，① 选中【页码右对齐】复选框，② 单击【确定】按钮，如图 5-103 所示。

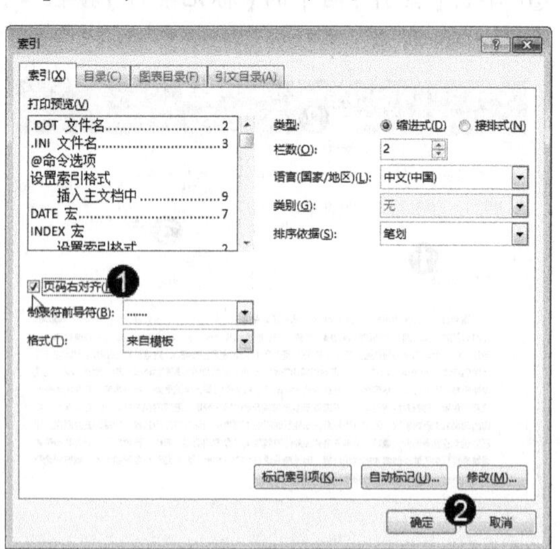

图 5-103

通过以上步骤即可完成创建索引目录的操作，效果如图 5-104 所示。

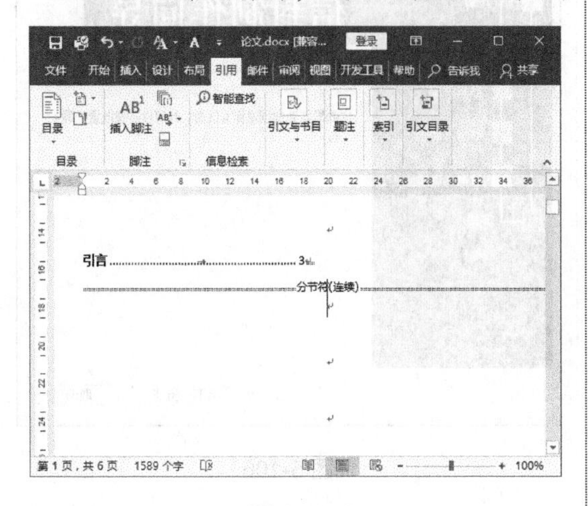

图 5-104

在文档中插入索引标记项后，如果不想在文档中看到 XE 域，可单击【开始】选项卡的【段落】组中的【显示/隐藏编辑标记】按钮。

Section 5.8 范例应用与上机操作

手机扫描下方二维码，观看本节视频课程：1 分 50 秒

通过本章的学习，读者可以掌握 Word 2016 高级排版功能的知识和操作。下面介绍“使用向导制作信封”“设置目录与页码之间的前导符样式”等范例应用，上机操作练习一下，以达到巩固学习、拓展提高的目的。

5.8.1 使用向导制作信封

虽然现在许多办公室都会配置一台或多台打印机，但大部分打印机都不能直接将邮政编码、收件人、寄件人打印至信封的正确位置。

信封上的内容虽然不多，但是项目并不少，有收件人及其邮政编码、地址和发件人及其邮政编码等。如果手动制作信封，不但费时费力，而且尺寸很难符合邮政规范。

Word 2016 软件提供了信封制作向导功能，可以协助用户快速制作和打印信封。下面详细介绍使用向导制作信封的具体操作方法。

素材文件 无
效果文件 第 5 章\效果文件\信封.docx

step 1 ① 打开 Word 2016 软件，选择【邮件】选项卡，② 单击【创建】组中的【中文信封】按钮，如图 5-105 所示。

step 2 弹出【信封制作向导】对话框，单击【下一步】按钮，如图 5-106 所示。

图 5-105

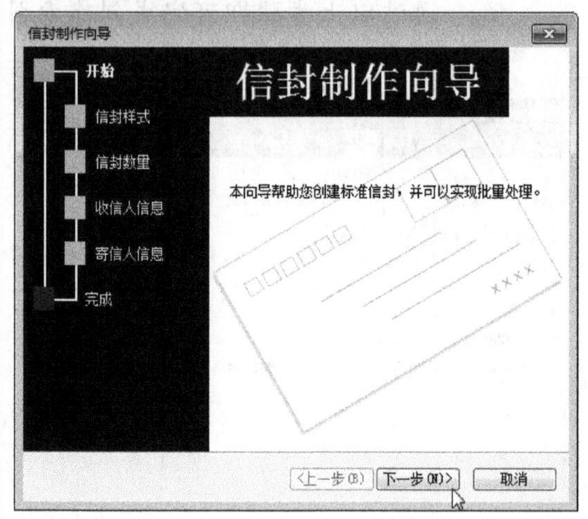

图 5-106

step 3 进入【选择信封样式】界面，① 设置准备应用的【信封样式】，② 选中【信封样式】下方所有的复选框，③ 单击【下一步】按钮，如图 5-107 所示。

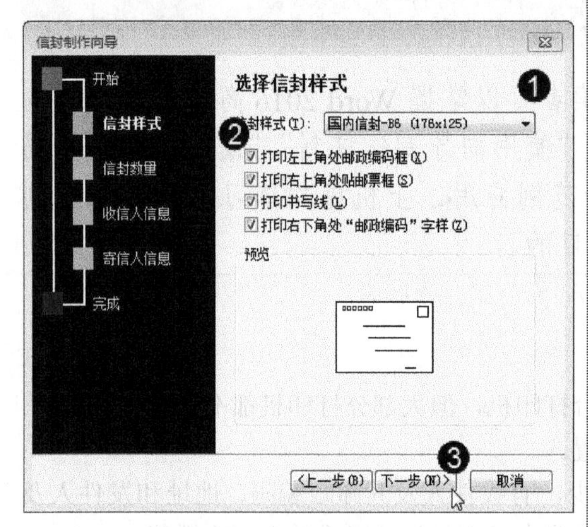

图 5-107

step 4 进入【选择生成信封的方式和数量】界面，① 选中【键入收信人信息，生成单个信封】单选按钮，② 单击【下一步】按钮，如图 5-108 所示。

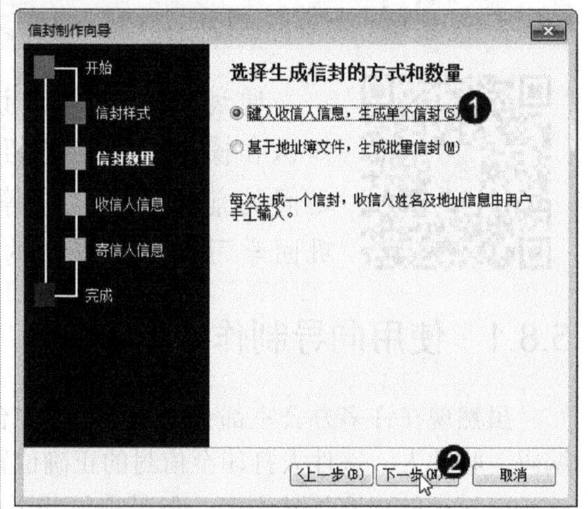

图 5-108

step 5 进入【输入收信人信息】界面，① 分别在【姓名】、【称谓】、【单位】、【地址】和【邮编】文本框中输入相应的信息，② 单击【下一步】按钮，如图 5-109 所示。

step 6 进入【输入寄信人信息】界面，① 分别在【姓名】、【单位】、【地址】和【邮编】文本框中输入相应的信息，② 单击【下一步】按钮，如图 5-110 所示。

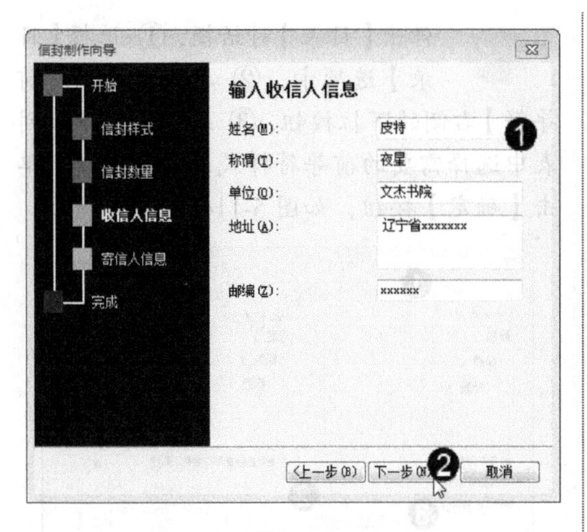

图 5-109

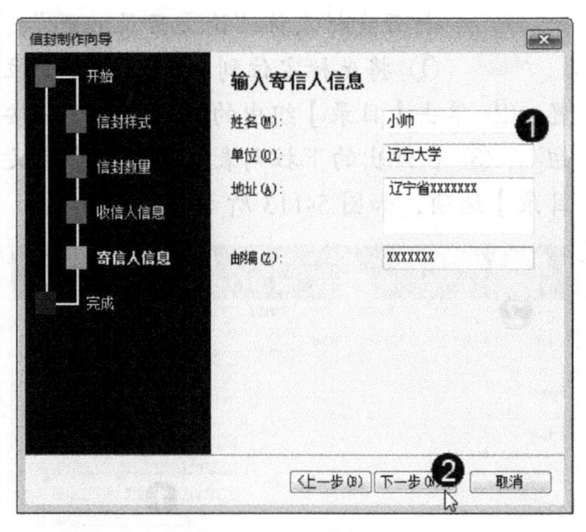

图 5-110

step 7 进入【信封制作向导】界面，提示"以上是向导创建信封所需要的全部信息！单击'完成'按钮返回，并可在 Word 中进一步查看或编辑文档"信息，单击【完成】按钮，如图 5-111 所示。

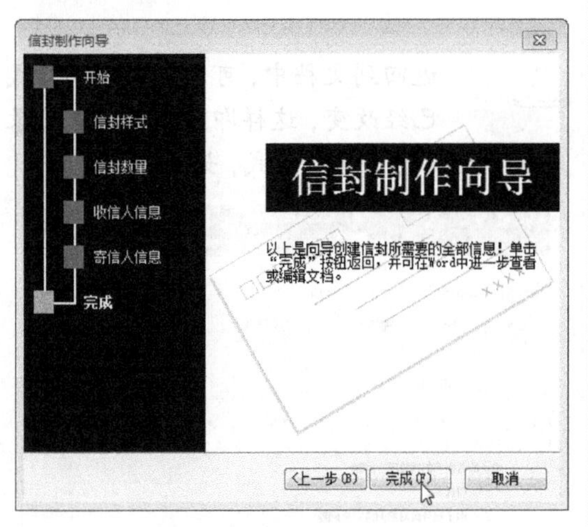

图 5-111

step 8 返回到 Word 文档界面，可以看到已经创建好的信封样式，这样即可完成使用向导制作信封的操作，如图 5-112 所示。

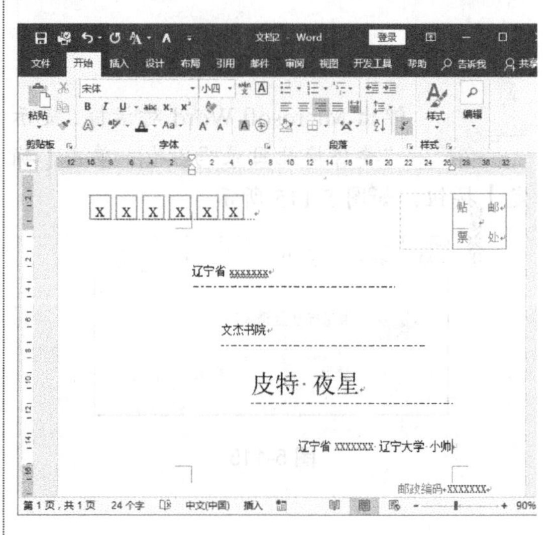

图 5-112

5.8.2 设置目录与页码之间的前导符样式

默认情况下，提取目录时位于标题和页码之间的前导符为省略号，用户也可以设置其他样式的前导符。下面详细介绍其操作方法。

素材文件 第5章\素材文件\论文目录.docx
效果文件 第5章\效果文件\设置目录.docx

step 1 打开素材文件“论文目录.docx”，① 将光标定位到目录中的任意位置，② 单击【目录】组中的【目录】下拉按钮，③ 在弹出的下拉列表中选择【自定义目录】选项，如图 5-113 所示。

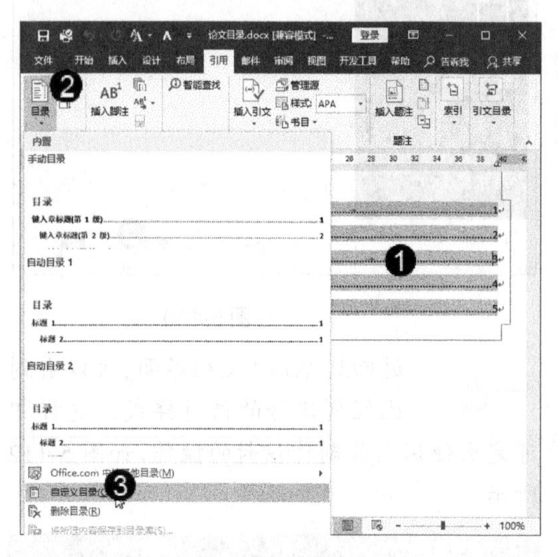

图 5-113

step 2 弹出【目录】对话框，① 选择【目录】选项卡，② 单击【制表符前导符】右侧的下拉按钮，③ 在弹出的下拉列表中选择需要的前导符样式，如“无”，④ 单击【确定】按钮，如图 5-114 所示。

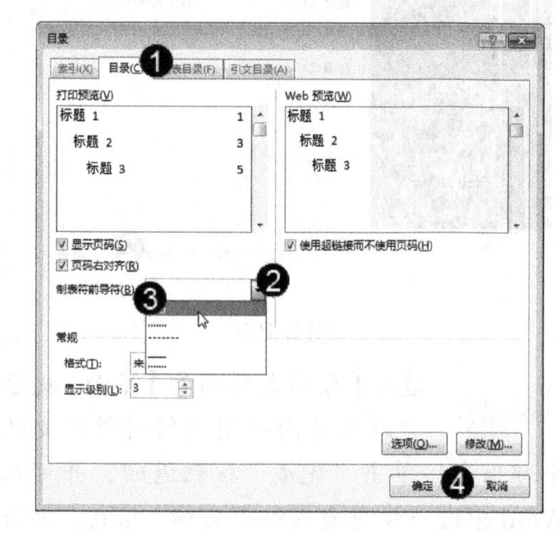

图 5-114

step 3 弹出 Microsoft Word 对话框，提示“要替换此目录吗？”，单击【确定】按钮，如图 5-115 所示。

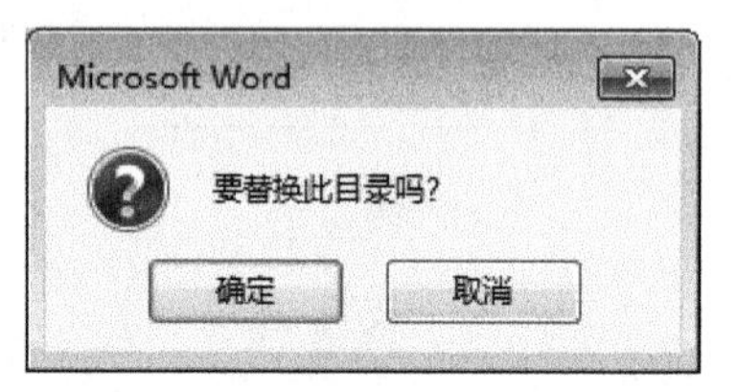

图 5-115

step 4 返回到文档中，可以看到目录样式已经改变，这样即可设置完成目录与页码之间的前导符样式，如图 5-116 所示。

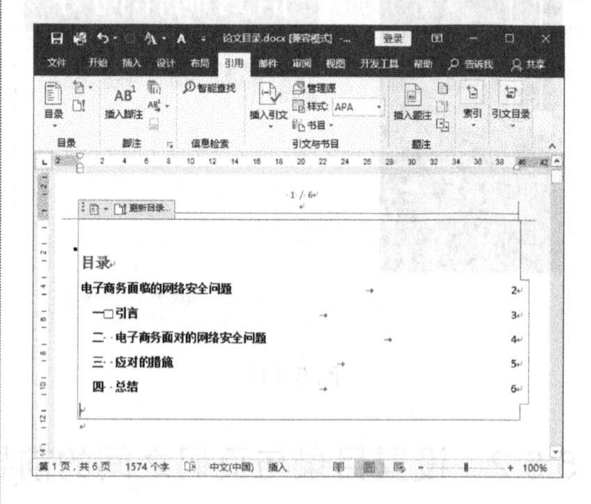

图 5-116

知识精讲

默认情况下，提取目录时会显示标题所在的页码，且标题和页码之间的前导符为省略号，如果不需要显示页码，可以取消选中【显示页码】和【页码右对齐】两个复选框。

Section 5.9 课后练习与上机操作

本节内容无视频课程，习题参考答案在本书附录。

5.9.1 课后练习

1. 填空题

(1) Word 2016 提供了页面视图、________视图、Web 版式视图、____视图和草稿视图 5 种视图方式供用户选择。

(2) _____又称为样式库，它是指一群样式的集合，并包含各种版面设置参数(如纸张大小、页边距、页眉和页脚位置等)。

2. 判断题

(1) 默认情况下，文档以页面视图方式显示。 ( )

(2) 尾注与脚注功能基本相同，同样是对文本的一种补充说明，不过脚注位于页面的末尾，而尾注标注在文档的底部。 ( )

3. 思考题

(1) 如何应用样式？

(2) 如何添加脚注？

5.9.2 上机操作

(1) 通过本章的学习，读者基本可以掌握如何设置分栏排版。下面通过练习将文档设置为“三栏”，达到巩固与提高的目的。素材文件的路径为“第 5 章\效果文件\三十六计.doc”。

(2) 通过本章的学习，读者基本可以掌握如何设置标题的大纲级别。下面通过练习设置标题大纲级别为“1 级”，达到巩固与提高的目的。素材文件的路径为“第 5 章\效果文件\念奴娇.docx”。

第 6 章

Word 高效办公与打印输出

本章介绍 Word 高效办公与打印输出方面的知识与技巧，主要内容包括审阅与修订文档、题注、检查文档错误、分栏排版、页面设置与打印文档等。通过本章的学习，读者可以掌握 Word 高效办公与打印输出方面的基础知识，为深入学习 Office 2016 电脑办公知识奠定基础。

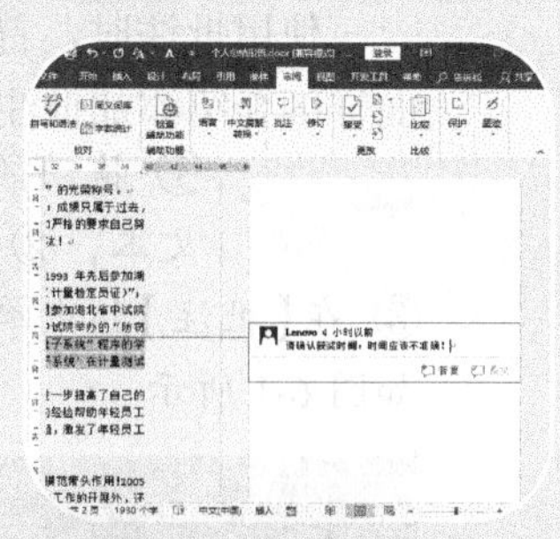

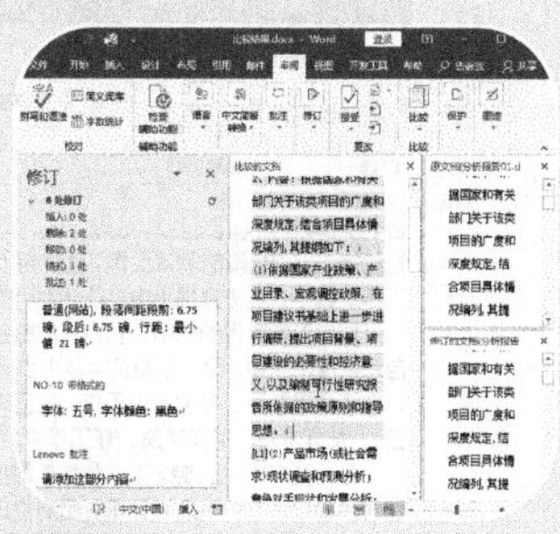

本 章 要 点

1. 审阅与修订文档
2. 题注
3. 检查文档错误
4. 分栏排版
5. 页面设置与打印文档

Section 6.1 审阅与修订文档

手机扫描下方二维码，观看本节视频课程

在日常工作中，某些文件需要领导审阅或者经过大家讨论后才能执行，这时就需要在这些文件上进行一些批示和修改，Word 2016 提供了批注、修订、更改等审阅工具，从而提高了办公效率。本节将详细介绍审阅与修订文档的知识。

6.1.1 添加和删除批注

批注是指文章的编写者或审阅者为文档添加的注释或批语，在对文章进行审阅时，可以使用批注来对文档中的内容做出说明意见，方便文档的审阅者与编写者进行交流。下面将分别介绍添加和删除批注的操作方法。

1. 添加批注

使用批注时，首先需要在文档中插入批注框，然后在批注框中输入批注内容即可。下面详细介绍添加批注的操作方法。

step 1 ① 拖动鼠标选中需要添加批注的文本，② 选择【审阅】选项卡，③ 在【批注】组中单击【新建批注】按钮，如图 6-1 所示。

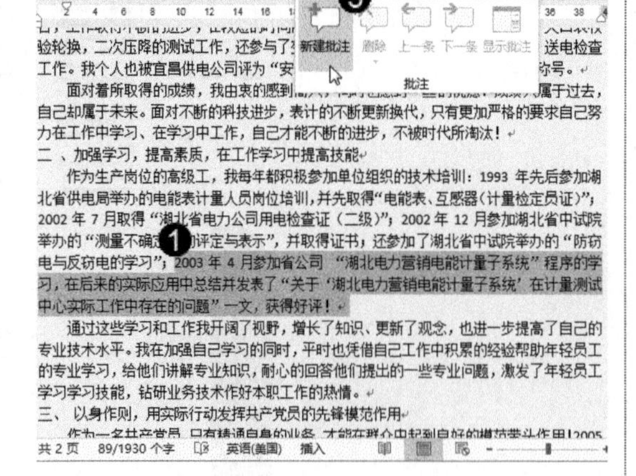

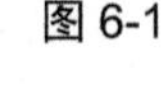

图 6-1

step 2 在窗口右侧显示批注框，且自动将插入点定位到其中，输入批注的相关信息即可完成添加批注的操作，如图 6-2 所示。

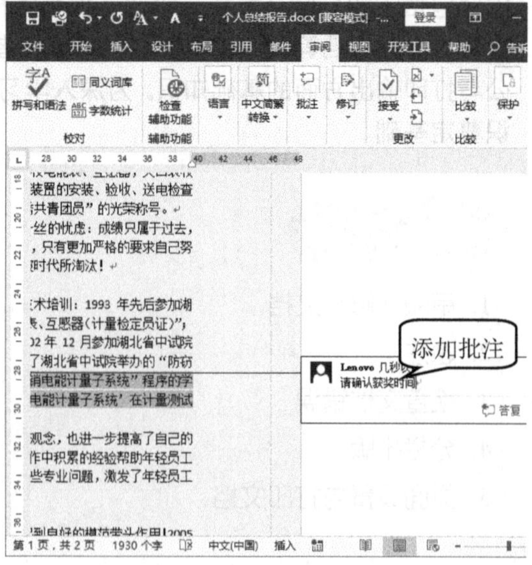

图 6-2

2. 删除批注

当编写者按照批注者的意见修改文档后，如果不再需要显示批注，就可以将其删除了。下面详细介绍删除批注的操作方法。

step 1 ① 拖动鼠标光标定位至批注框，② 选择【审阅】选项卡，③ 在【批注】组中单击【删除批注】按钮，如图 6-3 所示。

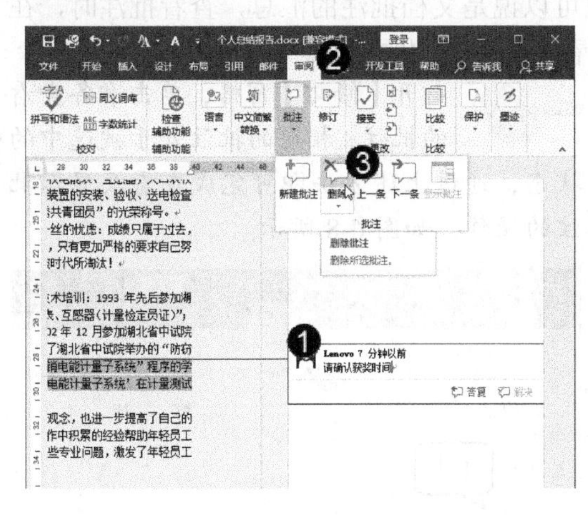

图 6-3

step 2 可以看到已经将定位的批注删除了，效果如图 6-4 所示。

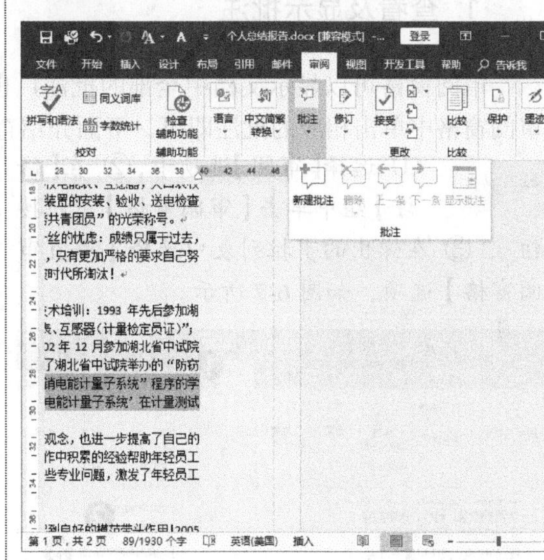

图 6-4

6.1.2 修订文档

在审阅其他用户编辑的文稿时，只要启用了修订功能，Word 就会自动根据修订内容的不同，以不同的修订标记格式显示。下面详细介绍修订文档的操作方法。

step 1 ① 选中准备修订的文本，② 选择【审阅】选项卡，③ 单击【修订】组中的【修订】按钮，如图 6-5 所示。

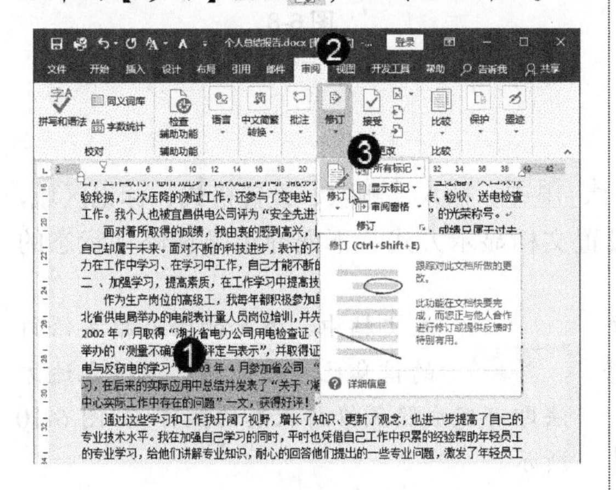

图 6-5

step 2 按键盘上的 Delete 键删除选中的内容，在文档中会显示出修订的标记，效果如图 6-6 所示。

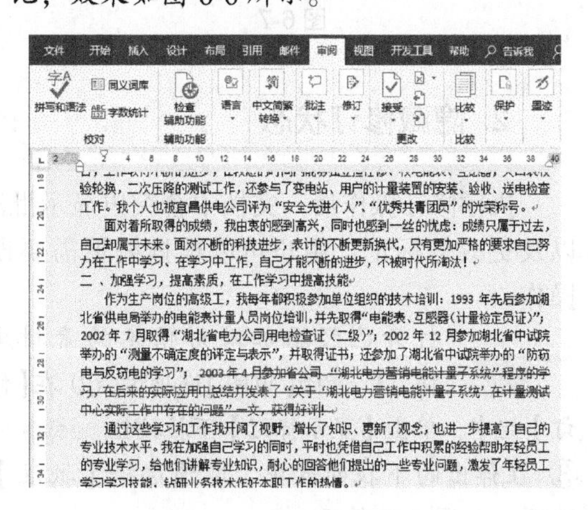

图 6-6

6.1.3 查看及显示批注和修订的状态

在 Word 2016 中阅读文档时，为了能方便地查看批注和文档的显示状态，可通过不同的方法来查看。下面详细介绍查看及显示批注和修订的状态的操作方法。

1. 查看及显示批注

审阅窗格可以显示文档中全部的批注，也可以说是文档批注的汇总，查看批注时，在审阅窗格中单击相应的批注即可。下面介绍查看及显示批注的操作。

step 1 ① 选择【审阅】选项卡，② 在【修订】组中单击【审阅窗格】下拉按钮，③ 在弹出的下拉列表中选择【垂直审阅窗格】选项，如图 6-7 所示。

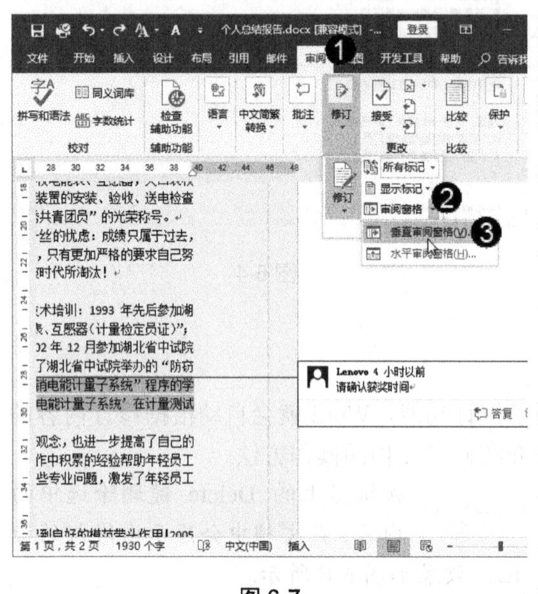

图 6-7

step 2 打开【修订】窗格，单击准备查看的批注，相应的批注处于被选中的状态，通过上述方法即可完成查看及显示批注的操作，如图 6-8 所示。

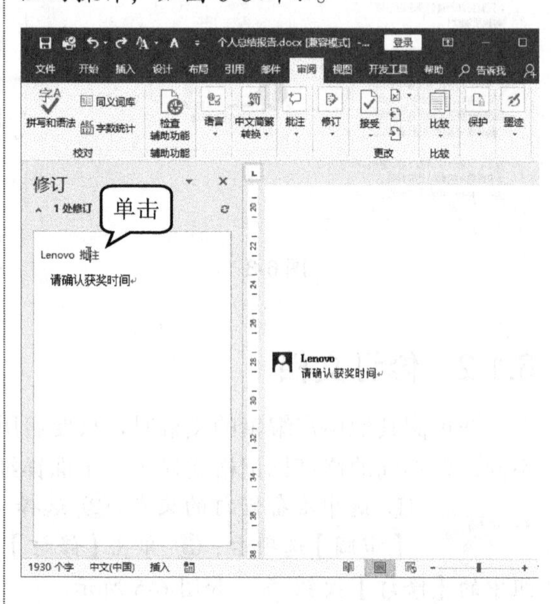

图 6-8

2. 隐藏修订状态

执行修订操作后，文档中会突出显示批注、墨迹、插入、删除、设置格式、标记区域，以及更改等标记，用户可以根据编辑需要设置文档显示方式。下面介绍隐藏修订状态的操作。

step 1 打开已经添加修订信息的素材文档，① 选择【审阅】选项卡，② 在【修订】组中，单击【显示标记】下拉按钮，③ 在弹出的下拉列表中，取消选择【批注】选项，如图 6-9 所示。

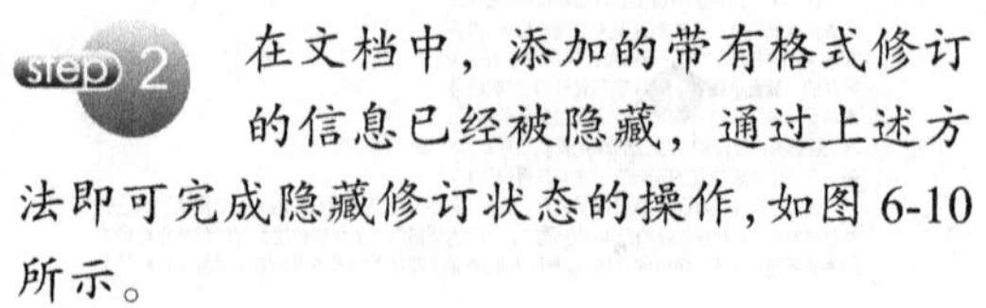

step 2 在文档中，添加的带有格式修订的信息已经被隐藏，通过上述方法即可完成隐藏修订状态的操作，如图 6-10 所示。

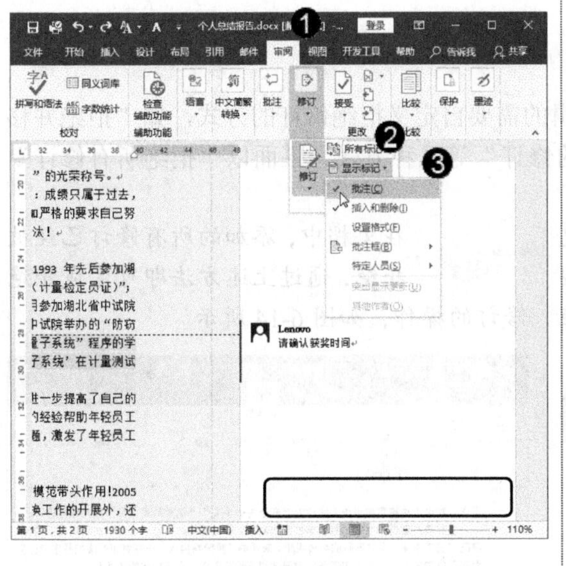

图 6-9

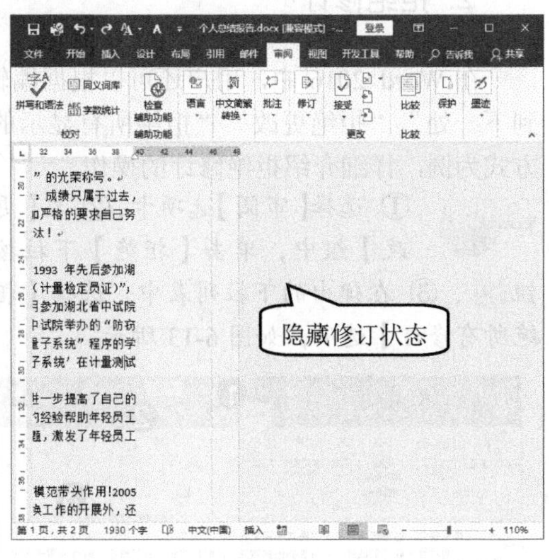

图 6-10

6.1.4 接受或拒绝修订

审阅文档后，作者可以根据编辑的要求接受或拒绝他人添加的修订。下面详细介绍接受或拒绝修订的操作方法。

1. 接受修订

在 Word 2016 中，用户可以根据需要自定义接受修订的方式，如“接受并转到下一条”“接受此修订”“接受所有修订”和“接受所有修订”几种方式，下面以“接受对文档的所有修订”方式为例，详细介绍接受修订的操作。

① 选择【审阅】选项卡，② 在【更改】组中，单击【接受】下拉按钮，③ 在弹出的下拉列表中，选择【接受所有修订】选项，如图 6-11 所示。

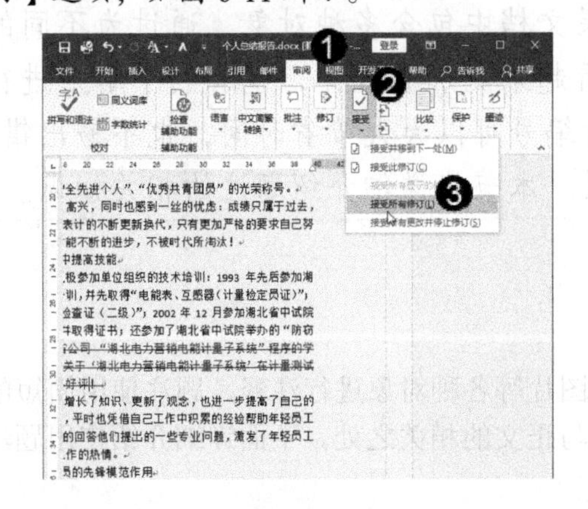

图 6-11

在文档中，添加的所有修订已经被接受，通过上述方法即可完成接受修订的操作，如图 6-12 所示。

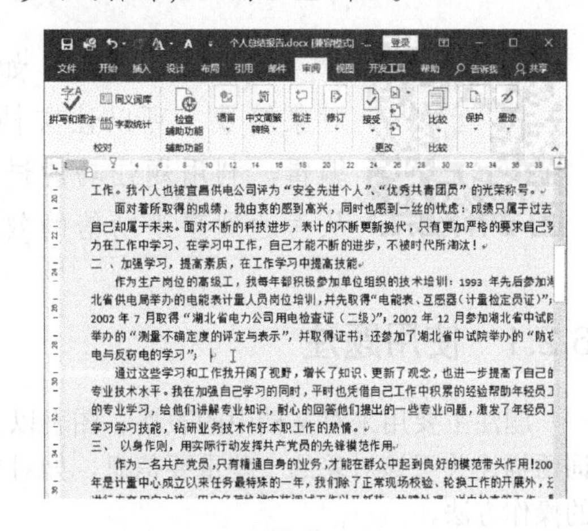

图 6-12

2. 拒绝修订

在 Word 2016 中，用户还可以根据编辑的需要自定义拒绝修订的方式，如“拒绝并移到下一处”“拒绝更改”“拒绝所有显示的修订”等几种方式。下面以“拒绝所有修订”方式为例，详细介绍拒绝修订的操作。

step 1 ① 选择【审阅】选项卡，② 在【更改】组中，单击【拒绝】下拉按钮，③ 在弹出的下拉列表中，选择【拒绝所有修订】选项，如图 6-13 所示。

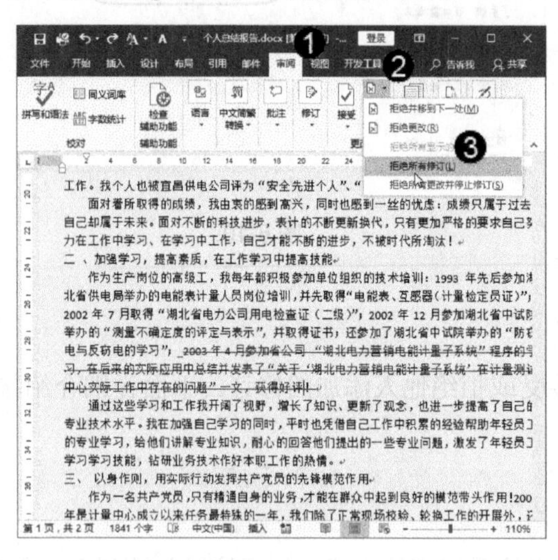

图 6-13

step 2 在文档中，添加的所有修订已经被拒绝，通过上述方法即可完成拒绝修订的操作，如图 6-14 所示。

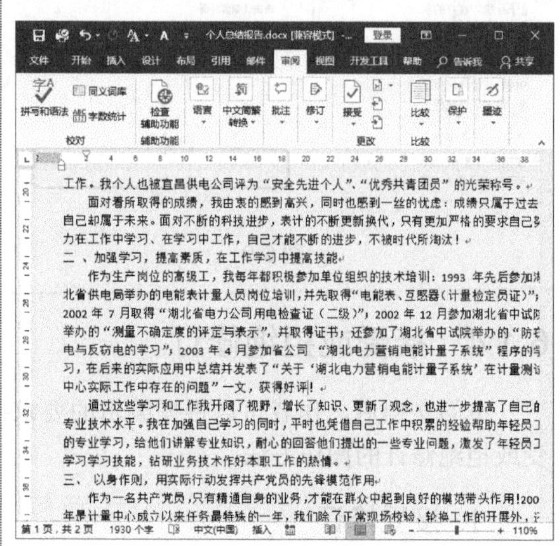

图 6-14

Section 6.2 题注

手机扫描下方二维码，观看本节视频课程

编辑长文档时，如果文档中包含多种对象，通过为不同的对象编号，可以让文档看起来更加有规律，也有利于用户进行编辑。利用题注功能进行编号可以大大节省时间，也不易出错，从而达到事半功倍的效果。本节将详细介绍题注的相关知识。

6.2.1 使用题注

题注主要用来对文档中的表格、图表以及图片等各种对象进行注释，题注使用简短的词语描述关于该对象的一些重要信息，如对象与正文的相关之处。下面详细介绍使用题注的操作方法。

step 1 ① 选中文档中需要添加题注的图片，② 选择【引用】选项卡，③ 在【题注】组中，单击【插入题注】按钮，如图 6-15 所示。

图 6-15

step 2 弹出【题注】对话框，单击【新建标签】按钮，如图 6-16 所示。

图 6-16

step 3 弹出【新建标签】对话框，① 在【标签】文本框中输入图片题注内容，② 单击【确定】按钮，如图 6-17 所示。

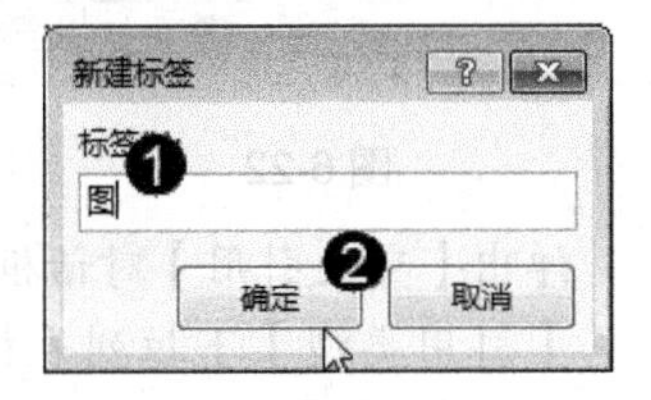

图 6-17

step 4 返回到【题注】对话框，单击【确定】按钮，如图 6-18 所示。

图 6-18

step 5 返回到文档中，可以看到选择的图片已经添加了题注，如图 6-19 所示。

图 6-19

step 6 利用相同的方法为其他图片添加题注，这样即可完成使用题注的操作，效果如图 6-20 所示。

图 6-20

6.2.2 使用交叉引用

在编辑长文档时，经常会遇到文档中包含多个图片或多个图表的情况，有时不仅需要为图片等对象添加题注，还需要在文字部分引用这些题注编号，为了节省重复输入题注的时间，并方便及时更新编号，可以使用交叉引用来解决。

step 1 ① 将光标定位在文档段落中需要显示“如图”字样的位置，② 选择【引用】选项卡，③ 在【题注】组中，单击【插入交叉引用】按钮，如图 6-21 所示。

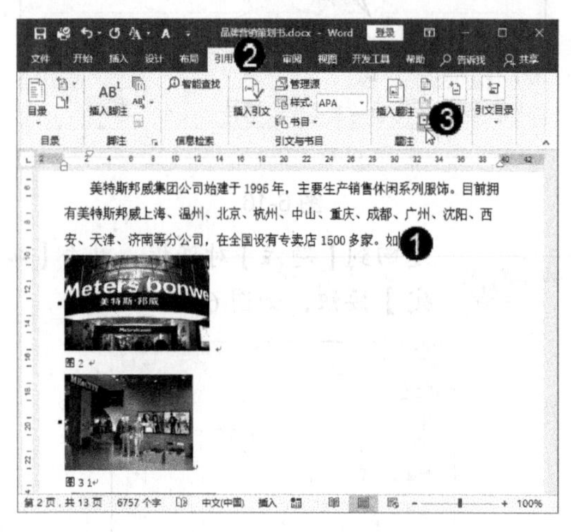

图 6-21

step 2 弹出【交叉引用】对话框，① 在【引用类型】下拉列表框中选择【图】选项，② 在【引用哪一个题注】列表框中选择【图 1】选项，③ 单击【插入】按钮，如图 6-22 所示。

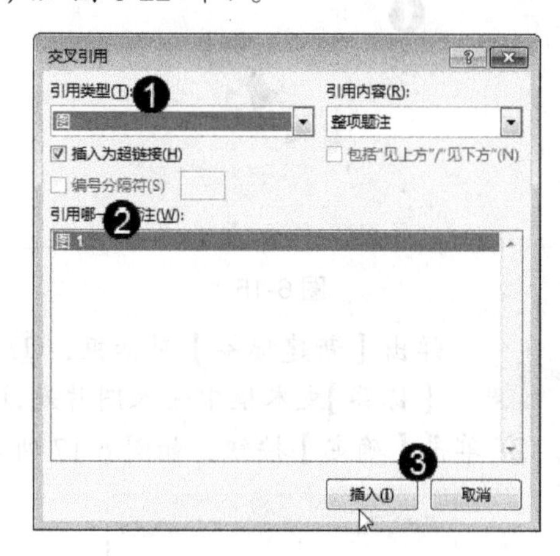

图 6-22

step 3 此时文档中光标定位处，插入了所选的题注；在文档中，继续将光标定位到需要引用题注的下一个位置，如图 6-23 所示。

图 6-23

step 4 弹出【交叉引用】对话框，① 在【引用类型】下拉列表框中选择【图 3】选项，② 在【引用哪一个题注】列表框中选择【图 3 1】选项，③ 单击【插入】按钮，如图 6-24 所示。

图 6-24

step 5 将所有的交叉引用操作完毕后，单击【关闭】按钮，返回到文档中，可以看到最终的效果，如图 6-25 所示。

图 6-25

智慧锦囊

使用交叉引用功能后，在按住 Ctrl 键的同时，单击文档段落中的交叉引用，文档将跳转至引用指定的位置(默认为引用的题注处)。如果需要修改创建的交叉引用，可以选中要修改的交叉引用，然后切换到【引用】选项卡，在【题注】组中单击【交叉引用】按钮，打开【交叉引用】对话框，在其中重新设置引用项目后，单击【插入】按钮即可。

6.2.3 使用图表目录

在 Word 文档中，通过图表目录功能，可以快速为文档中的图片、图表、幻灯片或其他插图对象创建目录。图表目录的使用是以插入题注标签为前提的。用户需要根据题注标签来创建图表目录，下面详细介绍其操作方法。

step 1 对文档中的照片两两一组进行双栏排版，按照前面介绍的方法为文档中的图片插入题注，如图 6-26 所示。

图 6-26

step 2 ① 将光标定位在文档中插入图表目录的位置，② 切换到【引用】选项卡，③ 单击【题注】组中的【插入表目录】按钮，如图 6-27 所示。

图 6-27

step 3 弹出【图表目录】对话框，默认选择【图表目录】选项卡，单击【选项】按钮，如图 6-28 所示。

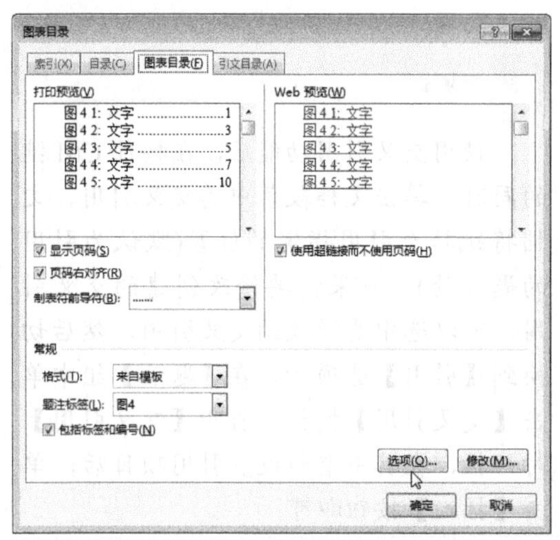

图 6-28

step 4 弹出【图表目录选项】对话框，① 选中【样式】复选框，② 在对应的下拉列表框中选择【题注】选项，③单击【确定】按钮，如图 6-29 所示。

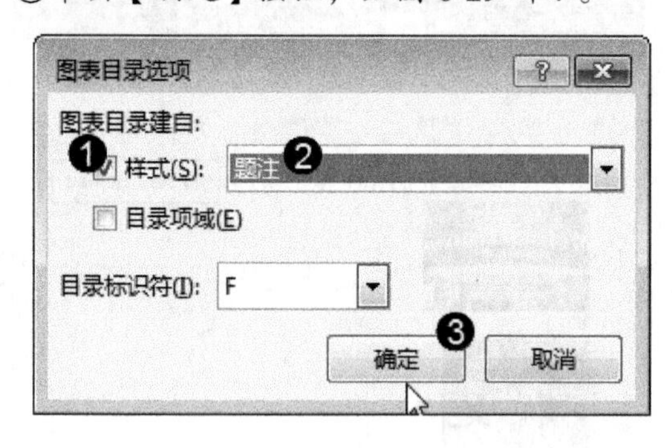

图 6-29

step 5 返回到【图表目录】对话框，单击【确定】按钮，如图 6-30 所示。

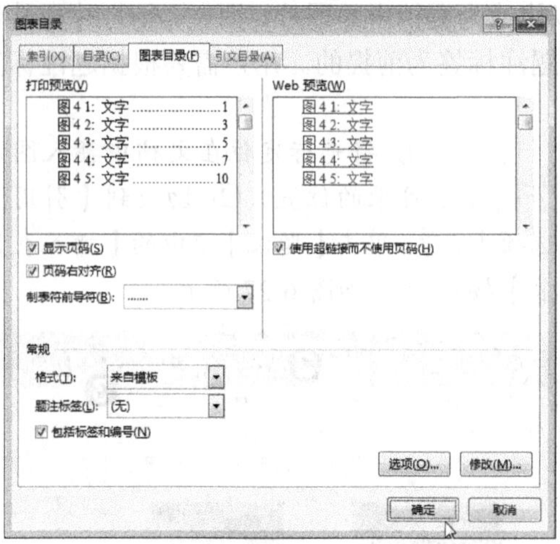

图表目录
索引(X)
目录(C)
图表目录(F)
引文目录(A)
打印预览(V)
图 4 1: 文字 1
图 4 2: 文字 3
图 4 3: 文字 5
图 4 4: 文字 7
图 4 5: 文字 10
Web 预览(W)
图 4 1: 文字
图 4 2: 文字
图 4 3: 文字
图 4 4: 文字
图 4 5: 文字
显示页码(S)
页码右对齐(R)
制表符前导符(B):
使用超链接而不使用页码(H)
常规
格式(T): 来自模板
题注标签(L): (无)
包括标签和编号(N)
选项(O)...
修改(M)...
确定
取消

图 6-30

step 6 返回到文档中，即可看到在目标位置插入了根据题注创建的图表目录，效果如图 6-31 所示。

图 6-31

知识精讲

与使用交叉引用时一样，为了避免生成图表目录时出现错误，在文档的同一行中，只能存在一个题注。

6.2.4 设置题注编号格式

在使用题注时，用户还可以自定义题注编号的样式。下面详细介绍设置题注编号格式的操作方法。

step 1 ① 选中文档中已经添加的题注，② 选择【引用】选项卡，③ 在【题注】组中，单击【插入题注】按钮，如图 6-32 所示。

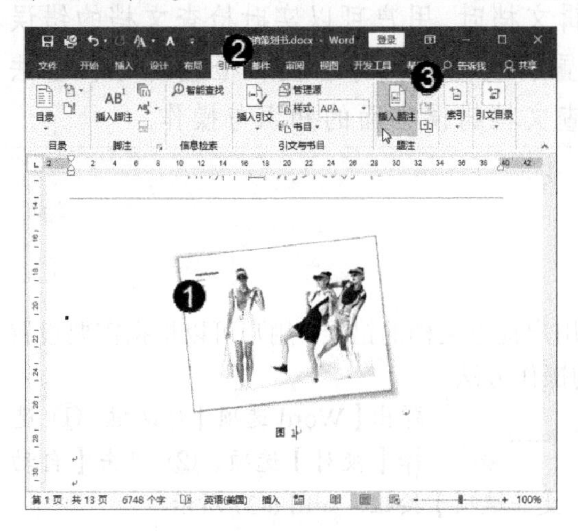

图 6-32

step 2 弹出【题注】对话框，单击【编号】按钮，如图 6-33 所示。

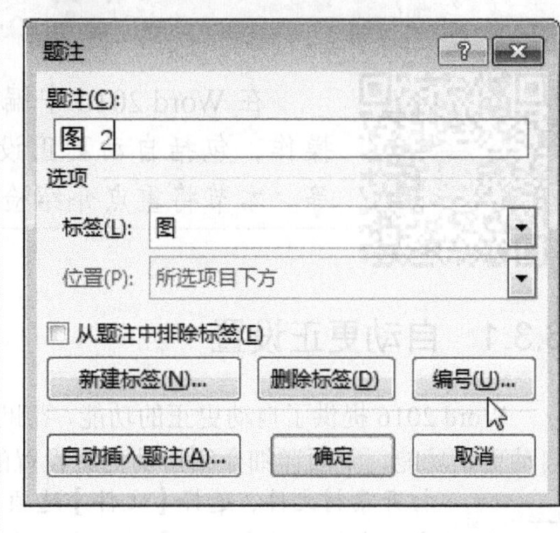

图 6-33

step 3 弹出【题注编号】对话框，① 在【格式】下拉列表框中可以选择一种编号格式，② 单击【确定】按钮，如图 6-34 所示。

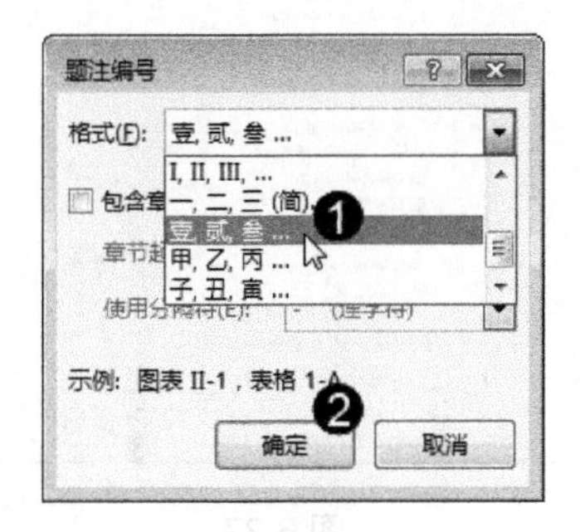

图 6-34

step 4 返回到【题注】对话框，单击【确定】按钮，然后返回到文档，可以看到选中的题注样式已被改变，这样即可完成设置题注编号格式的操作，如图 6-35 所示。

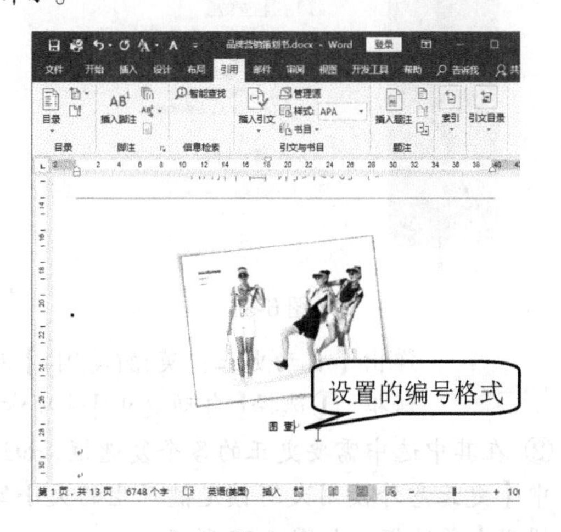

图 6-35

在【题注编号】对话框中，选中【包含章节号】复选框，可以设置在题注编号中自动使用章节号。

Section 6.3 检查文档错误

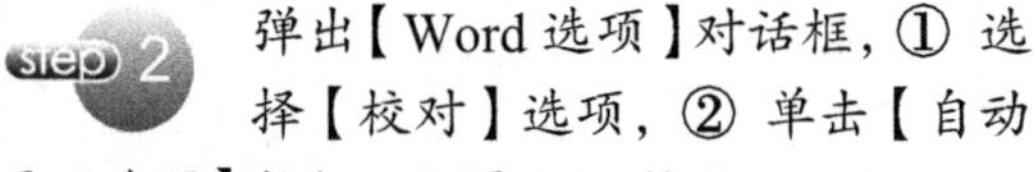

在 Word 2016 中编辑文档时，用户可以实时检查文档的错误操作，包括自动更正设置、批量查找与替换和检查拼写和语法等。本节将重点介绍检查文档错误方面的知识与操作。

6.3.1 自动更正设置

Word 2016 提供了自动更正的功能，帮助用户检查文档的错误，用户可以根据需要设置自动更正功能。下面详细介绍自动更正设置的操作方法。

step 1 打开素材文件，选择【文件】选项卡，在打开的【文件】页面中，选择【选项】选项，如图 6-36 所示。

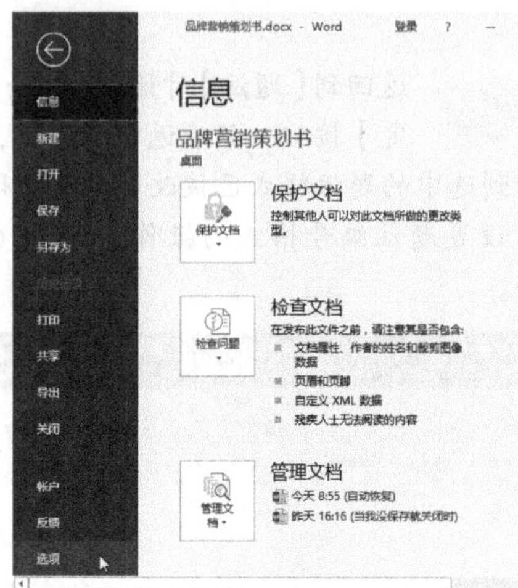

图 6-36

step 2 弹出【Word 选项】对话框，① 选择【校对】选项，② 单击【自动更正选项】按钮，如图 6-37 所示。

图 6-37

step 3 弹出【自动更正：英语(美国)】对话框，①选择【自动更正】选项卡，② 在其中选中需要更正的各个复选框，如选中【更正意外使用大写锁定键产生的大小写错误】复选框，如图 6-38 所示。

step 4 在【自动更正】对话框中，① 选择【数学符号自动更正】选项卡，② 在其中选中需要更正的各个复选框，如选中【键入时自动替换】复选框，③ 单击【确定】按钮，通过上述方法即可完成设置自动更正的操作，如图 6-39 所示。

图 6-38

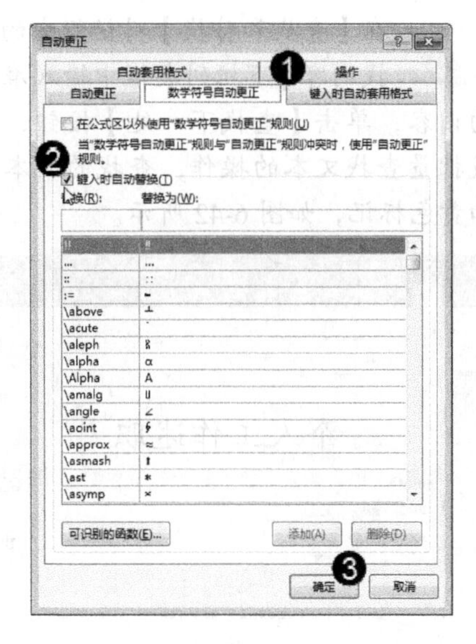

图 6-39

6.3.2 批量查找与替换的方法

在 Word 2016 中，如果创建的文档中出现多处相同的错误，用户可以批量查找与替换这些错误。下面详细介绍批量查找与替换的操作方法。

step 1 ① 选择【开始】选项卡，② 在【编辑】组中，单击【查找】下拉按钮 查找 ▾，③ 在弹出的下拉列表中，选择【高级查找】选项，如图 6-40 所示。

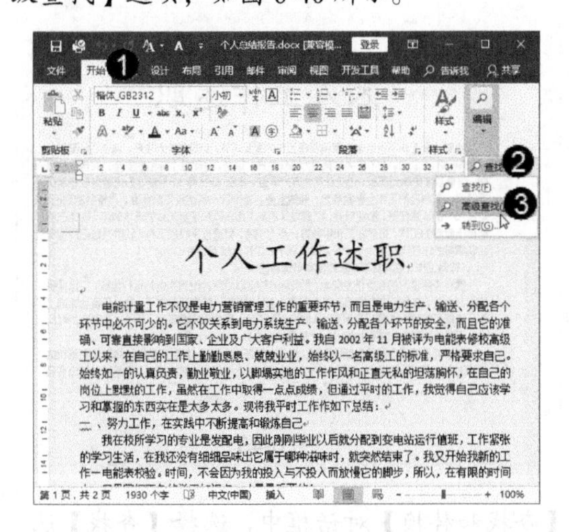

图 6-40

step 2 弹出【查找和替换】对话框，①选择【查找】选项卡，② 单击【阅读突出显示】下拉按钮，③ 在弹出的下拉列表中，选择【全部突出显示】选项，如图 6-41 所示。

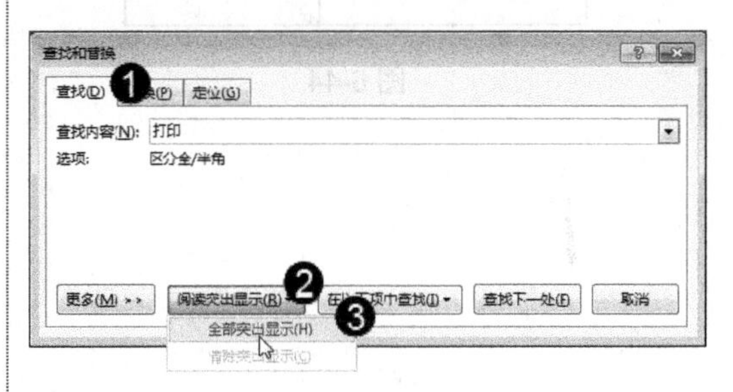

图 6-41

step 3 在【查找和替换】对话框中的【查找内容】下拉列表框中输入准备查找的内容，单击【查找下一处】按钮，即可完成批量查找文本的操作，查找的文本将被添加黄色标记，如图 6-42 所示。

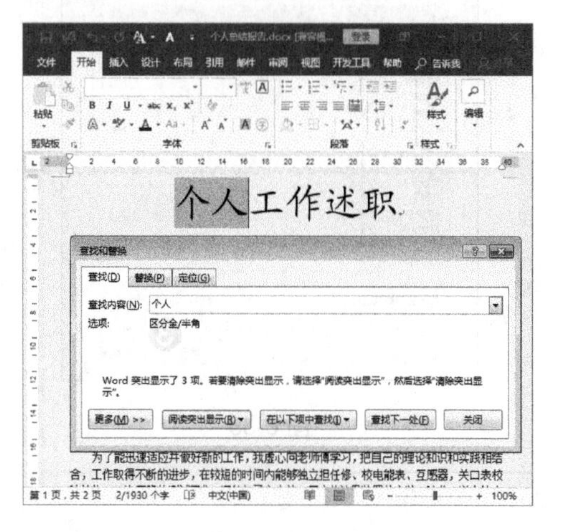

图 6-42

step 4 弹出【查找和替换】对话框，① 选择【替换】选项卡，② 在【查找内容】下拉列表框中输入查找内容，如“个人”，③ 在【替换为】下拉列表框中输入替换内容，如“本人”，④ 单击【全部替换】按钮，如图 6-43 所示。

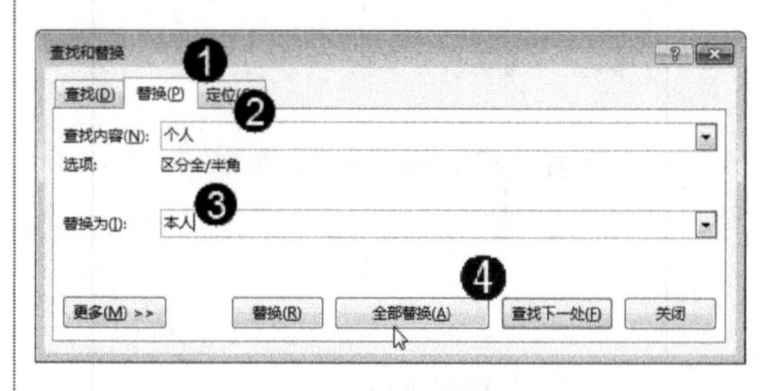

图 6-43

智慧锦囊

在 Word 2016 中，在键盘上按组合键 Ctrl+H，同样可以打开【查找和替换】对话框。

step 5 弹出 Microsoft Word 对话框，提示“全部完成。完成 3 处替换”信息，单击【确定】按钮，如图 6-44 所示。

图 6-44

step 6 通过上述方法即可完成替换文本的操作，如图 6-45 所示。

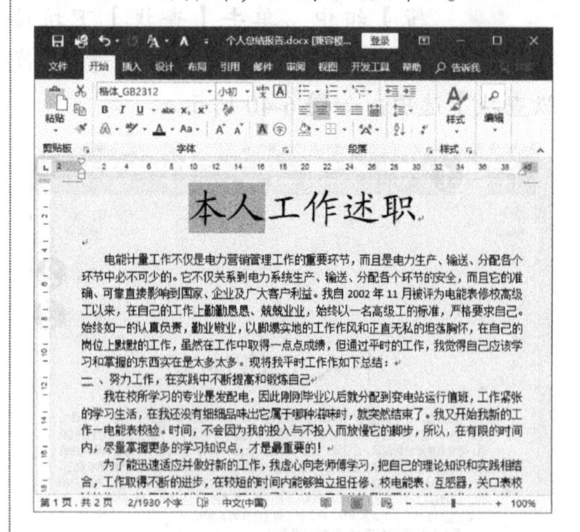

图 6-45

知识精讲

设置全部突出显示效果后，在【查找和替换】对话框中，选择【查找】选项卡，单击【阅读突出显示】下拉按钮，在弹出的下拉列表中，选择【清除突出显示】选项，这样可以清除突出显示的文本。

6.3.3 检查拼写和语法

在 Word 2016 中，用户可以使用【拼写和语法】功能，检查文本的拼写和语法错误。下面详细介绍检查拼写和语法的操作方法。

step 1 打开素材文件，① 选择【审阅】选项卡，② 在【校对】组中，单击【拼写和语法】按钮，如图 6-46 所示。

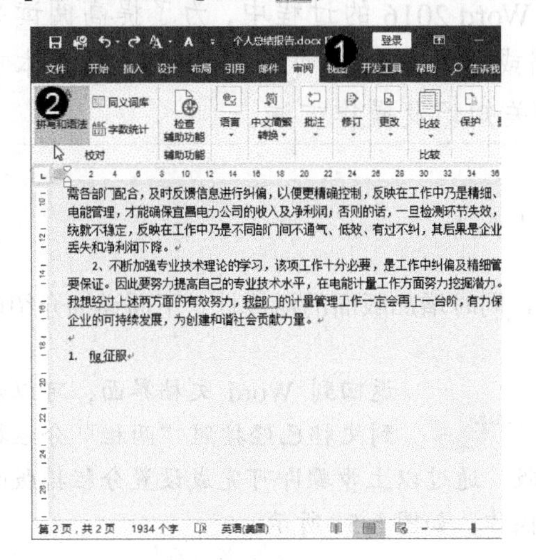

图 6-46

step 2 弹出【拼写检查】窗格，显示系统自动检测出的疑似文本问题，如果文本无问题，单击【忽略】按钮，跳过此次检查，如图 6-47 所示。

拼写检查
flg
忽略(I)
全部忽略(G)
添加(A)
flag
flog
fog
fig
fly
更改(C)
全部更改(L)
英语(美国)

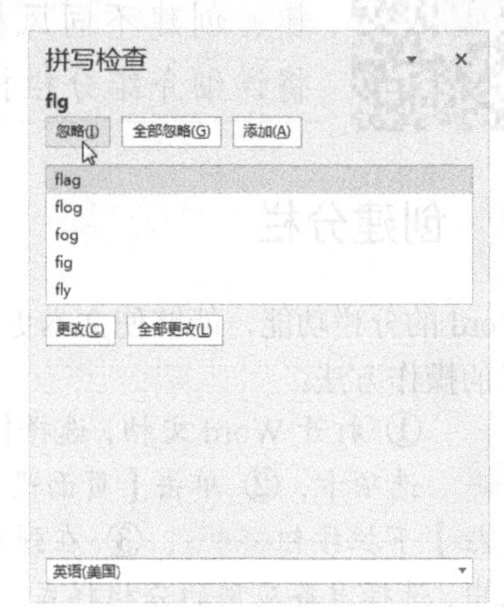

图 6-47

step 3 在【拼写检查】窗格中，如果文本确实有问题，① 可以直接选择提示的正确内容，② 单击【更改】按钮如图 6-48 所示。

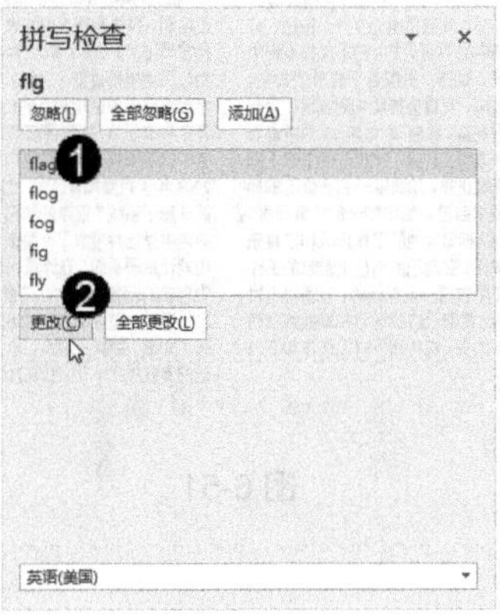

拼写检查
flg
忽略(I)
全部忽略(G)
添加(A)
flag
flog
fog
fig
fly
更改(C)
全部更改(L)
英语(美国)

图 6-48

step 4 通过上述方法即可完成检查拼写和语法的操作，如图 6-49 所示。

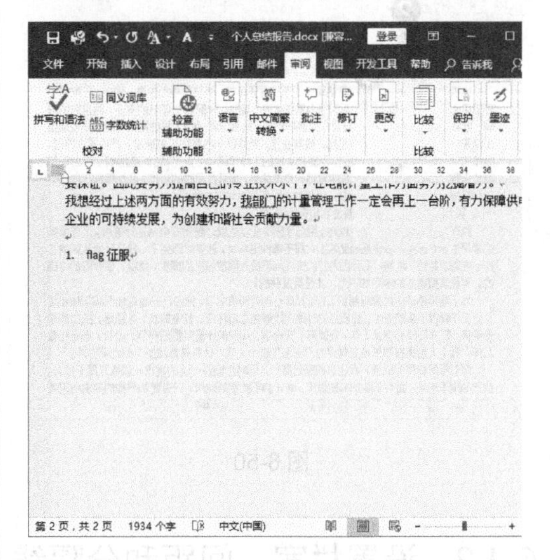

图 6-49

Section 6.4

分栏排版

手机扫描下方二维码，观看本节视频课程

一般的 Word 文档排版都是比较整齐划一的，都是像正规文件似的比较呆板，在使用 Word 2016 的过程中，为了提高阅读兴趣、创建不同风格的文档或节约纸张，可进行分栏排版。本节将详细介绍分栏排版的相关知识及操作方法。

6.4.1 创建分栏

Word 的分栏功能，能够使文本更方便阅读，同时增加版面的活泼性。下面详细介绍创建分栏的操作方法。

step 1 ① 打开 Word 文档，选择【布局】选项卡，② 单击【页面设置】组中的【栏】下拉按钮，③ 在弹出的下拉列表中，选择准备应用的分栏样式，如“两栏”，如图 6-50 所示。

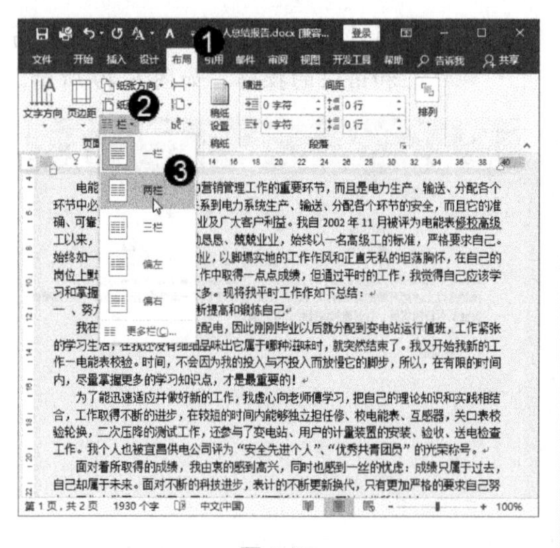

图 6-50

step 2 返回到 Word 文档界面，可以看到文档已经按照“两栏”分栏排版，通过以上步骤即可完成设置分栏排版的操作，如图 6-51 所示。

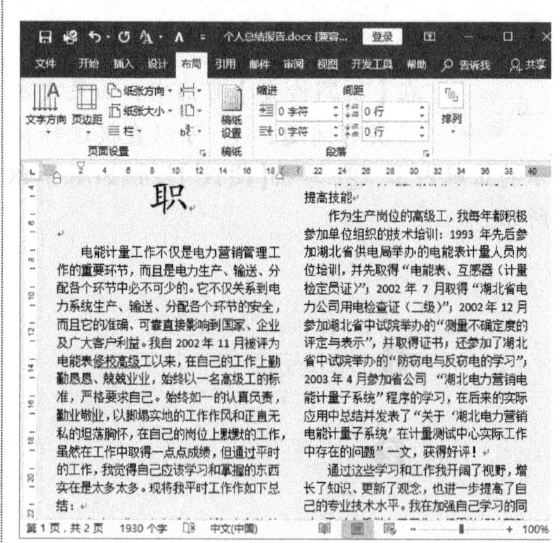

图 6-51

6.4.2 设置栏宽、间距和分隔线

在文档中进行分栏排版时，用户可以根据需要设置栏宽和间距，并选择显示分隔线。下面详细介绍设置栏宽、间距和分隔线的操作方法。

step 1 ① 选中要设置栏宽、间距或分隔线的文本，② 选择【布局】选项卡，③ 单击【页面设置】组中的【栏】下拉按钮 栏，④ 在弹出的下拉列表中，选择【更多栏】选项，如图 6-52 所示。

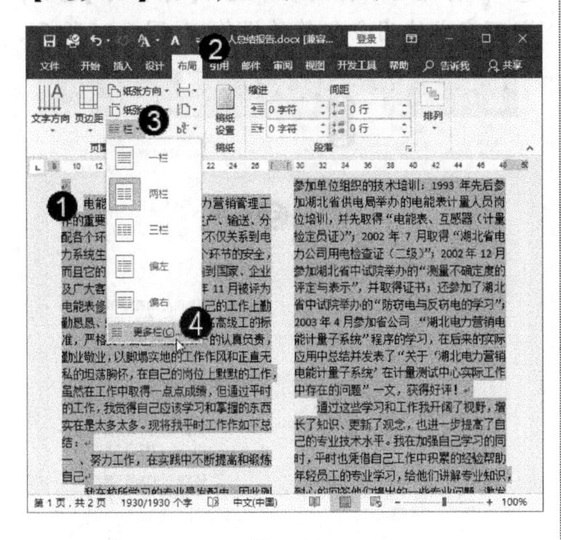

图 6-52

step 2 弹出【栏】对话框，① 选中【分隔线】复选框，将在文档中显示各栏的分隔线，② 在【宽度和间距】区域，在各栏对应的【宽度】和【间距】微调框中，设置栏宽和间距，③ 单击【确定】按钮，如图 6-53 所示。

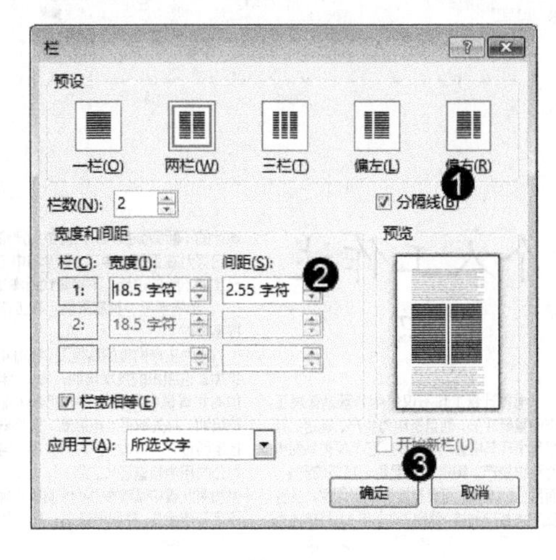

图 6-53

step 3 返回到文档中可以看到设置后的效果，这样即可完成设置栏宽、间距和分隔线的操作，如图 6-54 所示。

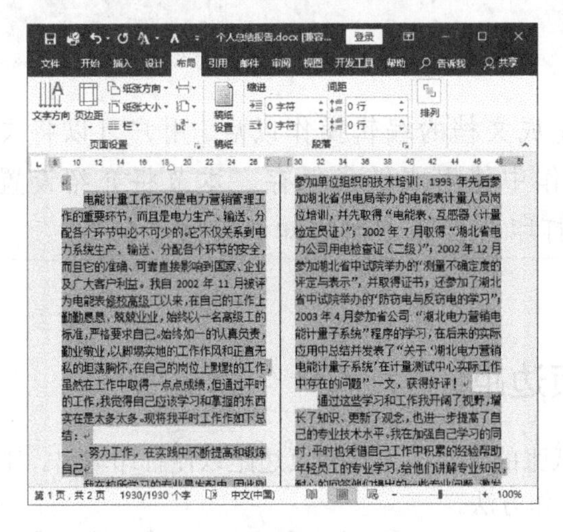

图 6-54

智慧锦囊

使用交叉引用功能后，在按住 Ctrl 键的同时，单击文档段落中的交叉引用，文档将跳转至引用指定的位置(默认为引用的题注处)。如果需要修改创建的交叉引用，可以选中要修改的交叉引用，然后切换到【引用】选项卡，单击【插入交叉引用】按钮，打开【交叉引用】对话框，在其中重新设置引用项目后，单击【插入】按钮即可。

6.4.3 使用分栏符

进行分栏排版后，所选文本将从第一栏开始依次往后排列。如果出于排版需要，希望某处文字出现在下一栏顶部，可以通过插入分栏符来实现。下面详细介绍其操作方法。

step 1 分栏排版后，文档中的两段文字在栏中依次排列，第一段的部分内容和第二段在同一栏中，如图 6-55 所示。

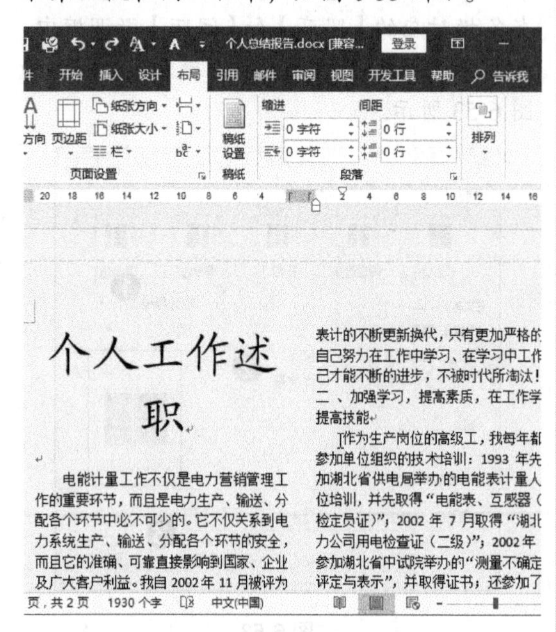

图 6-55

step 2 要使两段文字各处一栏，只需将光标定位到第二段文字的开头处，① 选择【布局】选项卡，② 在【页面设置】组中单击【分隔符】下拉按钮，③ 在打开的下拉列表中选择【分栏符】选项，即可完成使用分栏符的操作，如图 6-56 所示。

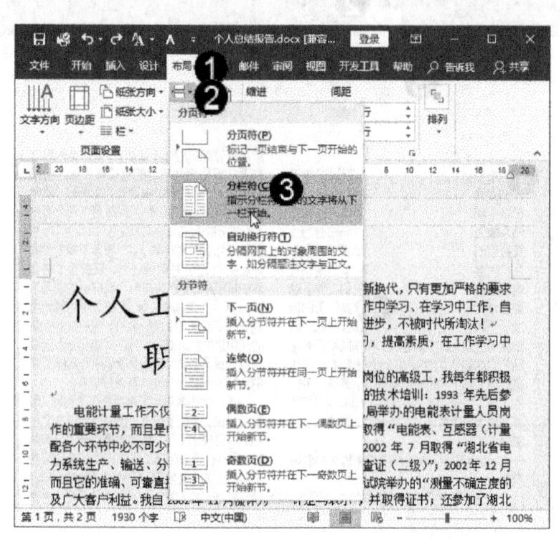

图 6-56

Section 6.5 页面设置与打印文档

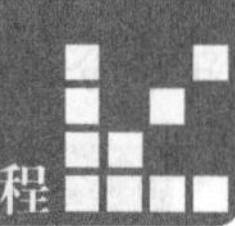

手机扫描下方二维码，观看本节视频课程

在 Word 2016 中，完成文档的编辑操作以后，用户可以将文档打印和输出，以便工作中使用或纸张保存。本节将介绍设置纸张大小、打印预览和打印文档等方面的知识与操作技巧。

6.5.1 设置纸张的大小、方向和页边距

在准备打印文档之前，用户需要先设置纸张的大小、方向和页边距以便打印输出。下面详细介绍设置纸张大小、方向和页边距的操作方法。

step 1 ① 打开 Word 文档，选择【布局】选项卡，② 单击【页面设置】组中的【纸张大小】下拉按钮，③ 在弹出的下拉列表中选择 A4 选项，如图 6-57 所示。

step 2 ① 单击【页面设置】组中的【纸张方向】下拉按钮，② 在弹出的下拉列表中选择【纵向】选项，如图 6-58 所示。

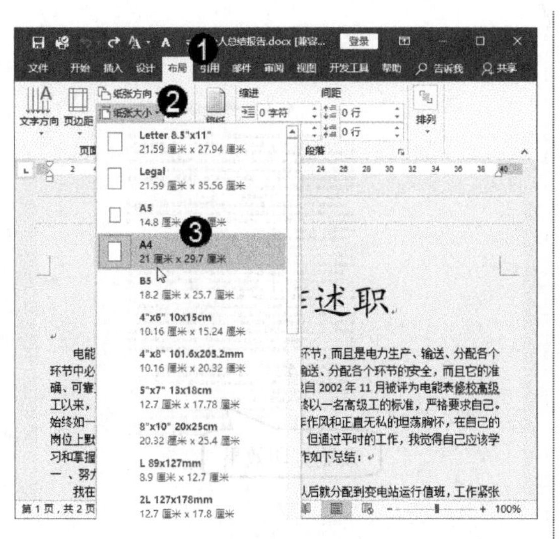

图 6-57

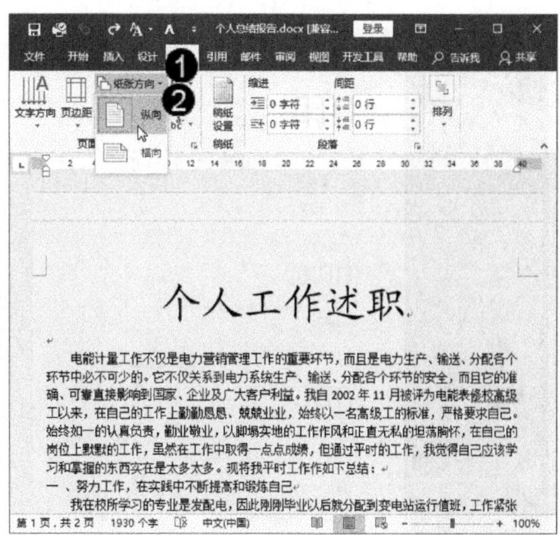

图 6-58

step 3 ① 单击【页面设置】组中的【页边距】下拉按钮，② 在弹出的下拉列表中选择【对称】选项，如图 6-59 所示。

step 4 返回到文档界面，可以看到文档已经设置完成，这样即可完成设置纸张大小、方向和页边距的操作，如图 6-60 所示。

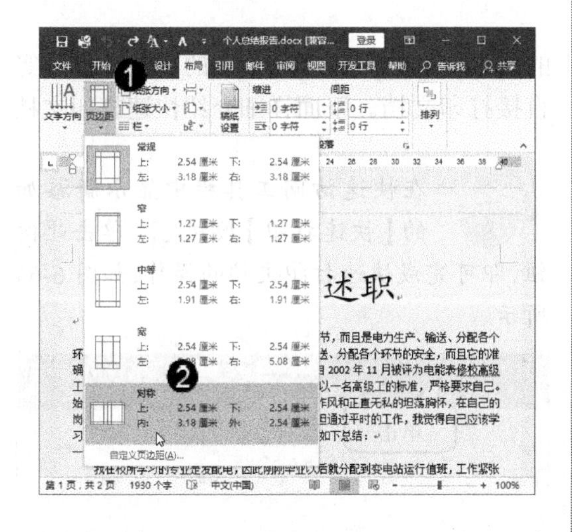

图 6-59

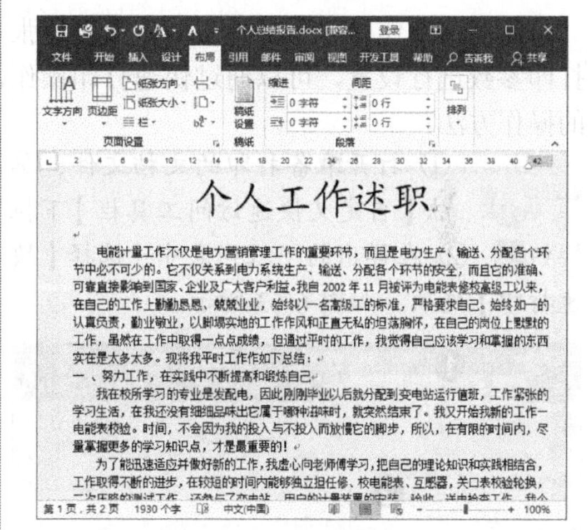

图 6-60

6.5.2 预览打印效果

预览打印效果是指在文档编辑完成后，准备打印之前，用户可以通过计算机显示器，查看文档打印输出在纸张上的效果。下面详细介绍预览打印效果的操作方法。

step 1 打开准备打印的文档文件，选择【文件】选项卡，进入【文件】页面，选择【打印】选项，如图 6-61 所示。

step 2 进入【打印】界面，在窗口右侧显示了打印效果，用户还可以单击【下一页】按钮，查看更多预览内容，如图 6-62 所示。

图 6-61

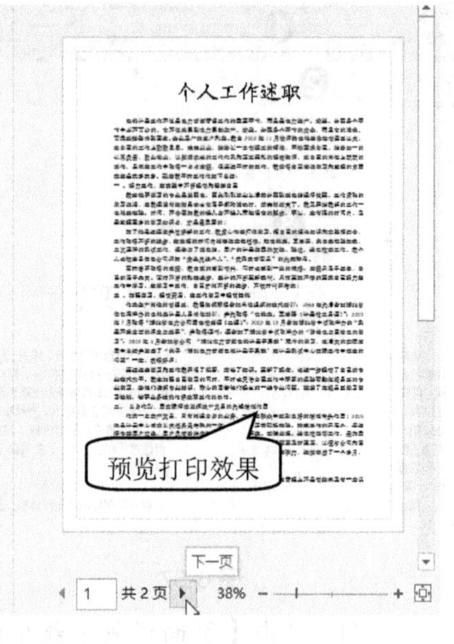

图 6-62

6.5.3 快速打印文档

如果在工作中急于看到文档打印在纸张上的效果，并且不需要对打印的页数、位置等打印参数进行设置，可以通过快速打印操作，直接打印文档。下面详细介绍快速打印文档的操作方法。

step 1 ① 打开准备打印的文档文件，单击【自定义快速访问工具栏】下拉按钮，② 在弹出的下拉列表中，选择【快速打印】选项，如图 6-63 所示。

step 2 在快速访问工具栏中显示新添加的【快速打印】按钮，单击此按钮，即可完成快速打印文档的操作，如图 6-64 所示。

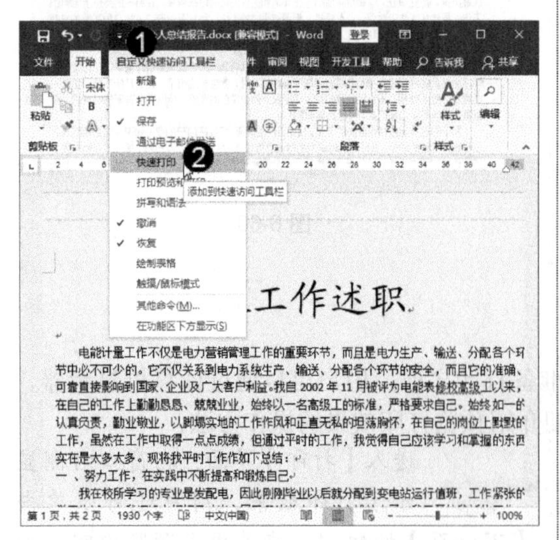

图 6-63

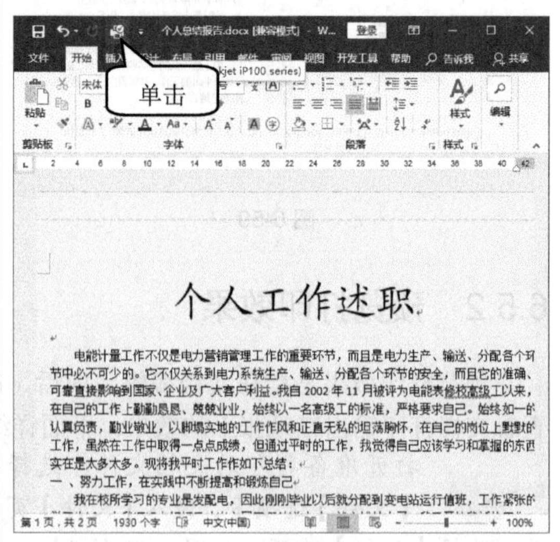

图 6-64

Section 6.6 范例应用与上机操作

手机扫描下方二维码，观看本节视频课程

通过本章的学习，读者可以掌握 Word 高效办公与打印输出的知识和操作。下面介绍“比较分析报告”“为报告提供修订意见”范例应用，上机操作练习一下，以达到巩固学习、拓展提高的目的。

6.6.1 比较分析报告

用户在进行文档的修订时，很难区分修订前的内容和修订后的内容，但是在 Word 2016 中，增加了一个文档“比较”功能，这样用户可以更加直观地浏览文档修订前、后的不同。下面介绍比较分析报告的操作。

素材文件 第6章\素材文件\分析报告01.docx、分析报告02.docx

效果文件 第6章\效果文件\比较结果.docx

step 1 ① 在 Word 2016 中，打开素材文档“分析报告 01”，选择【审阅】选项卡，② 在【比较】组中，单击【比较】下拉按钮，③ 在弹出的下拉列表中，选择【比较】选项，如图 6-65 所示。

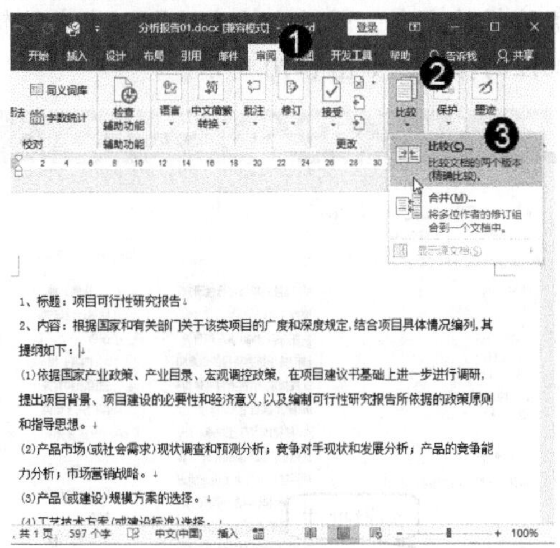

图 6-65

step 2 ① 弹出【比较文档】对话框，单击【原文档】下拉列表框右侧的【浏览】按钮，选择准备比较的文档，如“分析报告 01”，② 单击【修订的文档】下拉列表框右侧的【浏览】按钮，选择准备比较的文档，如“分析报告 02”，如图 6-66 所示。

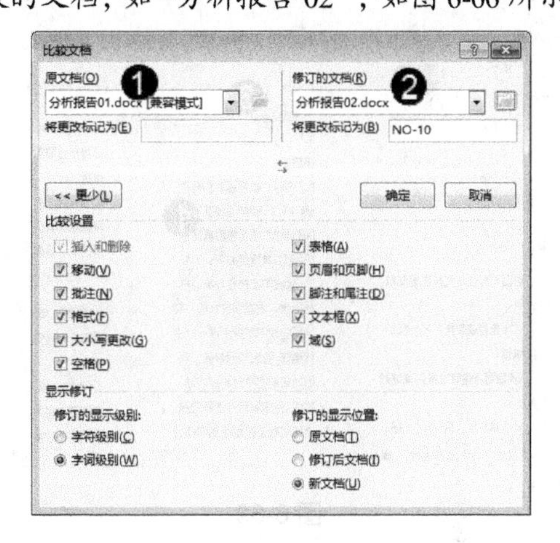

图 6-66

step 3 ① 在【比较文档】对话框的【比较设置】区域中，选中需要比较的复选框，② 单击【确定】按钮，如图 6-67 所示。

step 4 弹出【比较结果】文档，在【比较的文档】区域中，显示两个文档之间的比较结果，如图 6-68 所示。

图 6-67

step 5 ① 在【比较的文档】区域中，选择准备插入批注的文本，② 选择【审阅】选项卡，③ 在【批注】组中，单击【新建批注】按钮，如图 6-69 所示。

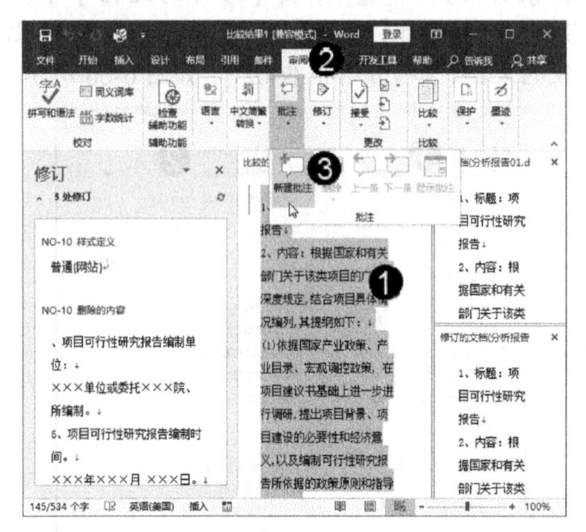

图 6-69

step 7 选择【文件】选项卡，进入【文件】页面，然后选择【保存】选项，将“比较结果”文档保存在指定的磁盘位置，如图 6-71 所示。

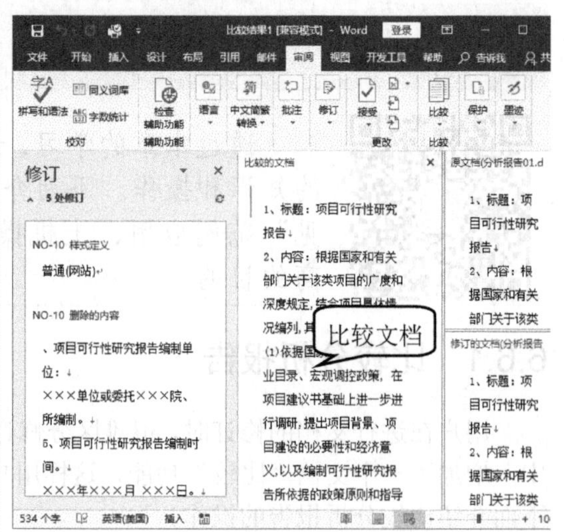

图 6-68

智慧锦囊

在 Word 2016 中，打开【比较文档】对话框，单击“更多”按钮，即可进行比较的设置。

step 6 在【修订】区域中进入批注编辑状态，在【批注】文本框中，输入准备编辑的文本，通过上述方法即可完成编辑批注的操作，如图 6-70 所示。

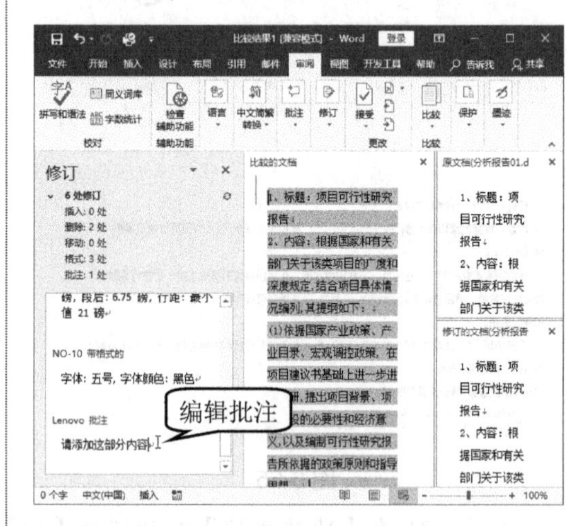

图 6-70

step 8 再次打开【比较结果】文档，可以查看比较后的文档及其批注结果，通过上述操作即可完成比较分析报告的操作，如图 6-72 所示。

图 6-71

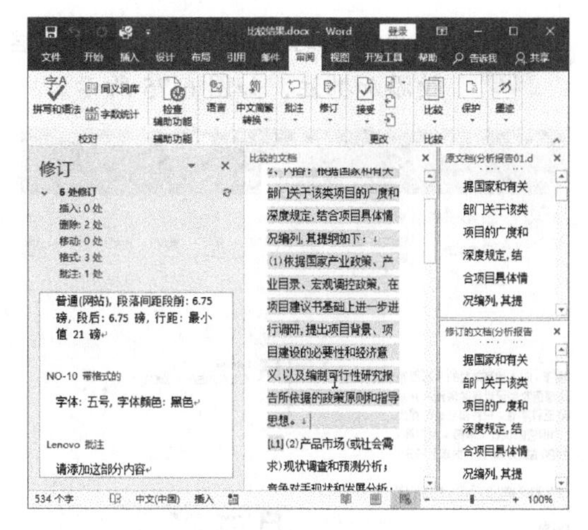

图 6-72

6.6.2　为报告提供修订意见

通过本章的学习，用户已经可以了解到修订文档的重要性，在日常生活中，用户可灵活地为报告提供修订意见，使编辑出的文档满足工作需求。下面详细介绍为报告提供修订意见的操作。

素材文件　第 6 章\素材文件\报告.docx

效果文件　第 6 章\效果文件\报告-效果.docx

step 1 打开素材文档“报告”，然后审阅该报告文档，当需要注解的时候，① 选中准备添加批注的文本，② 选择【审阅】选项卡，③ 在【批注】组中，单击【新建批注】按钮，如图 6-73 所示。

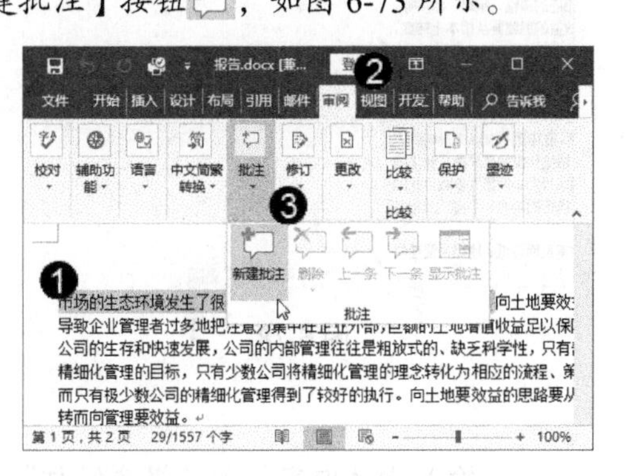

图 6-73

step 2 选中的文本中插入一个空白批注，将光标定位在批注中，可以输入批注内容，通过上述方法即可完成添加批注的操作，如图 6-74 所示。

图 6-74

运用相同的方法为审阅的文档继续添加批注，如图 6-75 所示。

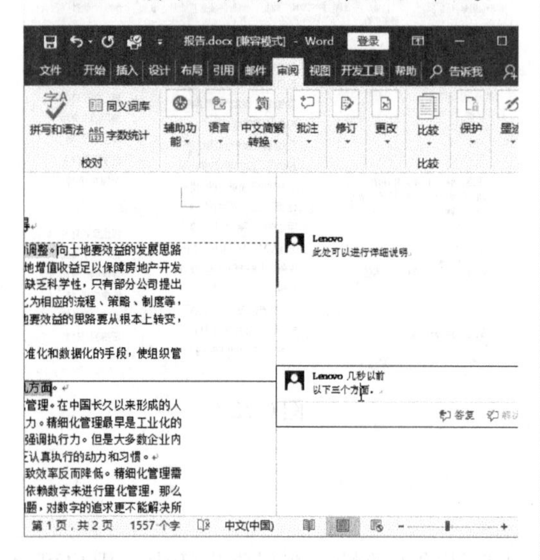

图 6-75

① 选择【审阅】选项卡，② 在【修订】组中，单击【修订】按钮，如图 6-76 所示。

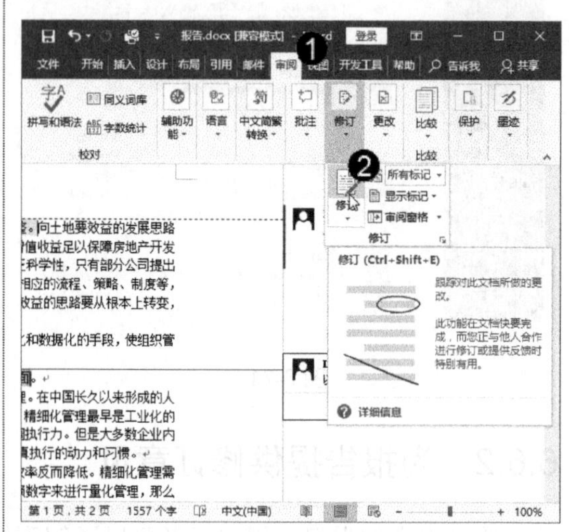

图 6-76

step 5 当对文档进行修改操作时，在文档中就会留下修订的标记，通过上述操作即可完成修订文本内容的操作，如图 6-77 所示。

图 6-77

step 6 运用相同的方法继续修订审阅的文档，如图 6-78 所示。

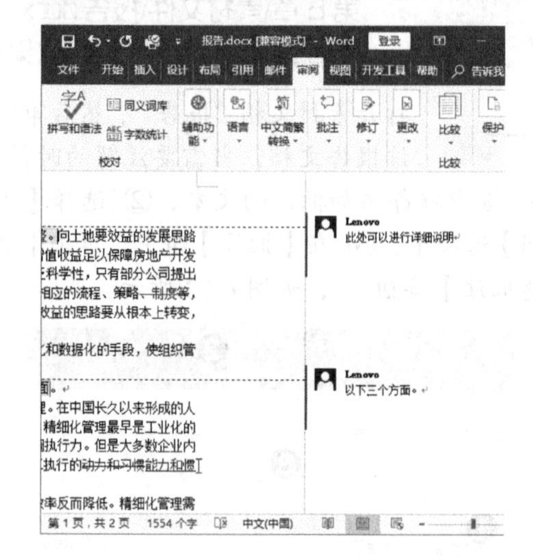

图 6-78

① 选择【引用】选项卡，② 在【脚注】组中，单击【插入脚注】按钮AB¹，如图 6-79 所示。

输入脚注内容，如“报告修订”。通过上述方法即可完成为报告提供修订意见的操作，如图 6-80 所示。

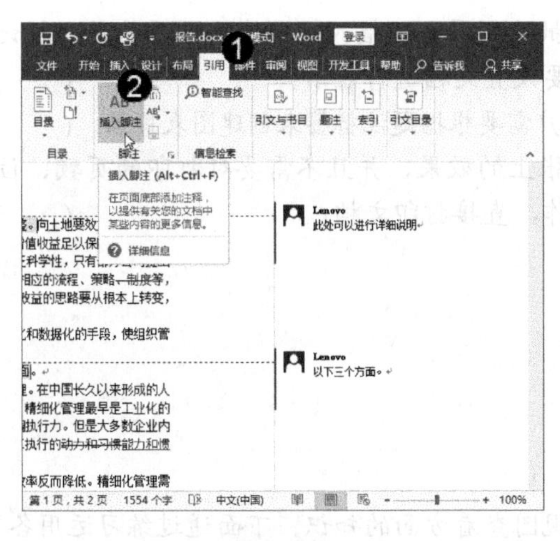

图 6-79

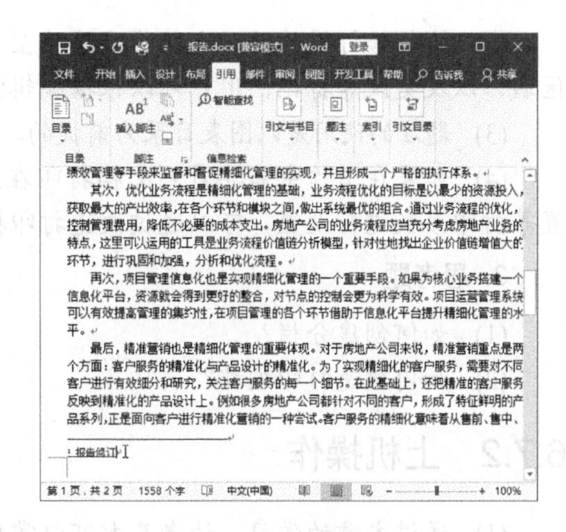

图 6-80

Section 6.7 课后练习与上机操作

本节内容无视频课程，习题参考答案在本书附录。

6.7.1 课后练习

1. 填空题

(1) 批注是指文章的编写者或审阅者为文档添加的_____或批语，在对文章进行审阅时，可以使用____来对文档中的内容做出说明意见，方便文档的审阅者与编写者进行交流。

(2) ________可以显示出文档中全部的批注，也可以说是文档批注的汇总，查看批注时，在【审阅】窗格中单击相应的_____即可。

(3) ____主要用来对文档中的表格、图表以及图片等各种对象进行注释。

(4) 在编辑长文档时，经常遇到文档中包含多个图片或多个图表的情况，有时不仅需要为图片等对象添加题注，还需要在文字部分引用这些题注编号。为了节省重复输入题注的时间，并方便及时更新编号，可以使用_________来解决。

(5) 在 Word 文档中，通过_______功能，可以快速为文档中的图片、图表、幻灯片，或其他插图对象创建目录。

(6) 进行分栏排版后，所选文本将从第一栏开始依次往后排列。如果出于排版需要，希望某处文字出现在下一栏顶部，可以通过插入_____来实现。

(7) ________效果是指在文档编辑完成后，准备打印之前，用户可以通过计算机显示器，查看文档打印输出在纸张上的效果。

2. 判断题

(1) 在审阅其他用户编辑的文稿时，只要启用了修订功能，Word 就会自动根据修订内容的不同，以不同的修订标记格式显示。 (　　)

(2) 执行修订操作后，文档中会突出显示批注、墨迹、插入、删除、设置格式、标记区域，以及更改等标记，用户可以根据编辑需要设置文档进行显示。 ( )

(3) 题注的使用是以图表目录为前提的，用户需要根据题注标签来创建图表目录。( )

(4) 如果在工作中需要看到文档打印在纸张上的效果，并且不需要对打印的页数、位置等打印参数进行设置，可以通过快速打印操作，直接打印文档。 ( )

3. 思考题

(1) 如何创建分栏？

(2) 如何快速打印文档？

6.7.2 上机操作

(1) 通过本章的学习，读者基本可以掌握视图查看方面的知识。下面通过练习运用各种视图查看《感悟心得》文档的操作，达到巩固与提高的目的。本素材路径为“第 6 章\素材文件\感悟心得.doc”。

(2) 通过本章的学习，读者基本可以掌握查看及显示批注和修订的状态与接受修订方面的知识。下面通过审阅《毕业感想》文档，达到巩固与提高的目的。本素材路径为“第 6 章\素材文件\毕业感想.doc”。

第 7 章

Excel 2016 电子表格快速入门

本章主要介绍 Excel 2016 电子表格方面的知识与技巧，同时还讲解了工作表的基本操作、行与列的基本操作以及单元格和区域的基本操作等。通过本章的学习，读者可以掌握 Excel 2016 电子表格基本操作方面的知识，为深入学习 Office 2016 电脑办公知识奠定基础。

1. Excel 的基本概念
2. 工作表的基本操作
3. 行与列的基本操作
4. 单元格和区域的基本操作

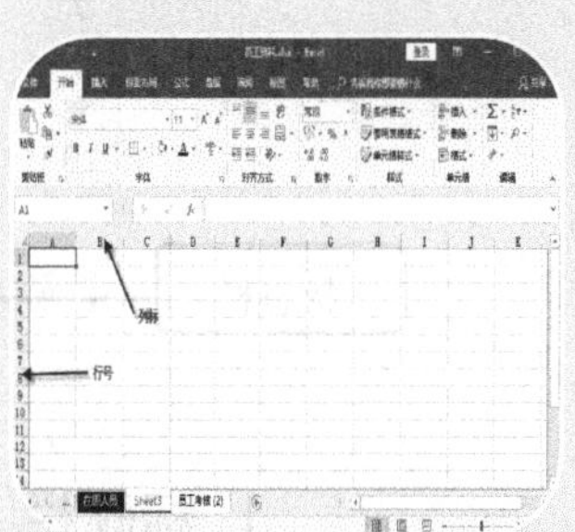

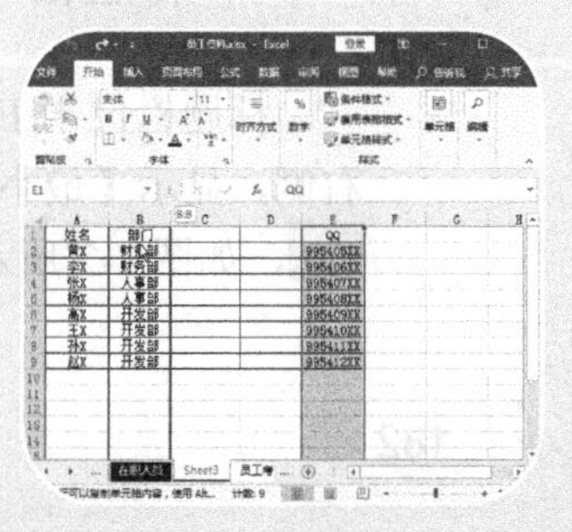

Section 7.1 Excel 基本概念的知识

手机扫描下方二维码，观看本节视频课程

Excel 2016 是 Office 2016 中的一个重要的组成部分，主要用于完成日常表格制作和数据计算等操作。在使用 Excel 2016 前首先要初步了解 Excel 2016 的基本知识，本节将重点介绍 Excel 2016 的相关知识。

7.1.1 认识 Excel 2016 操作界面

启动 Excel 2016 并新建一个空白工作簿后，即可进入 Excel 2016 的工作界面。Excel 2016 的工作界面主要由标题栏、快速访问工具栏、功能区、编辑栏、工作表编辑区、滚动条和状态栏等部分组成，如图 7-1 所示。

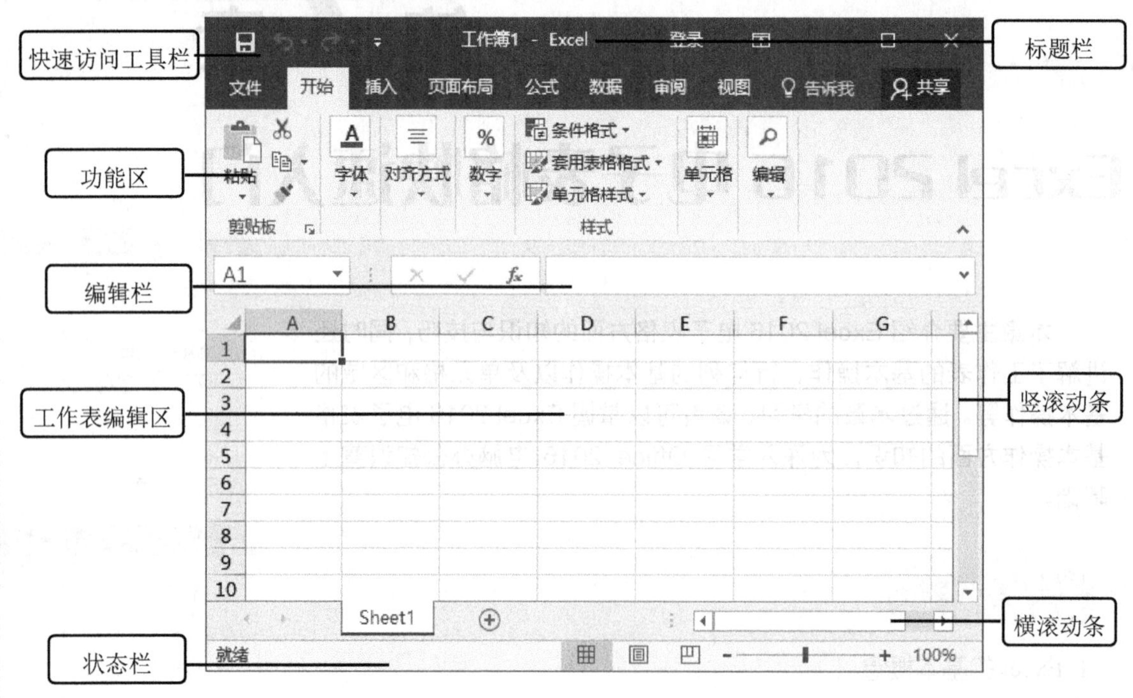

图 7-1

1. 标题栏

标题栏位于 Excel 2016 工作界面的最上方，用于显示文档和程序名称。在标题栏的最右侧，显示【最小化】按钮、【最大化】按钮/【向下还原】按钮和【关闭】按钮，如图 7-2 所示。

图 7-2

2. 快速访问工具栏

快速访问工具栏位于 Excel 2016 工作界面的左上方，用于快速执行一些特定操作。在 Excel 2016 的使用过程中，可以根据需要，添加或删除快速访问工具栏中的命令选项，如图 7-3 所示。

图 7-3

3. 功能区

功能区位于标题栏的下方，默认情况下由【文件】、【开始】、【插入】、【页面布局】、【公式】、【数据】、【审阅】和【视图】8 个选项卡组成。为了使用方便，将功能相似的命令分类放在选项卡下的不同组中，如图 7-4 所示。

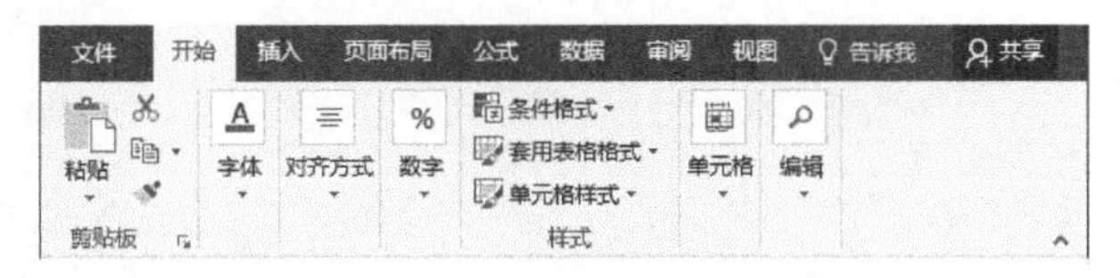

图 7-4

4. Backstage 视图

在功能区选择【文件】选项卡，可以打开 Backstage 视图，在该视图中可以管理文档和有关文档的相关数据，如新建、打开和保存文档等，如图 7-5 所示。

图 7-5

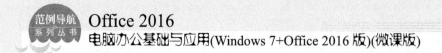

5. 编辑栏

编辑栏位于功能区的下方，用于显示和编辑当前单元格中的数据和公式。编辑栏主要由名称框、按钮组和编辑框组成，如图 7-6 所示。

图 7-6

6. 工作表编辑区

工作表编辑区位于编辑栏的下方，是 Excel 2016 中的主要工作区域，用于进行 Excel 电子表格的创建和编辑等操作，如图 7-7 所示。

	A	B	C	D	E	F	G
1							
2							
3							
4							
5							
6							
7							
8							
9							

图 7-7

7. 状态栏

状态栏位于 Excel 2016 工作界面的最下方，用于查看页面信息、切换视图模式和调节显示比例等操作，如图 7-8 所示。

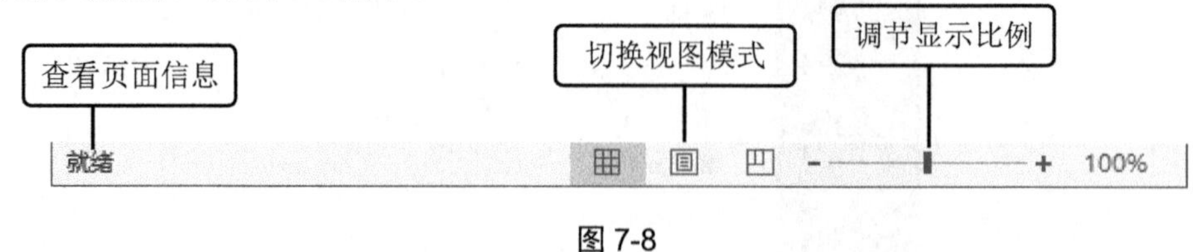

图 7-8

7.1.2 Excel 2016 文档格式

Excel 2016 文档格式包括 Excel 工作簿(*.xlsx)、Excel 启用宏的工作簿(*.xlsm)、Excel 二进制工作簿(*.xlsb)、Excel 97-2003 工作簿(*.xls)、Excel 模板(*.xltx)、Excel 启用宏的模板(*.xltm)、Excel 97-2003 模板(*.xlt)等，如图 7-9 所示。

Excel 工作簿(*.xlsx)
Excel 启用宏的工作簿(*.xlsm)
Excel 二进制工作簿(*.xlsb)
Excel 97-2003 工作簿(*.xls)
CSV UTF-8 (逗号分隔) (*.csv)
XML 数据(*.xml)
单个文件网页(*.mht;*.mhtml)
网页(*.htm;*.html)
Excel 模板(*.xltx)
Excel 启用宏的模板(*.xltm)
Excel 97-2003 模板(*.xlt)
文本文件(制表符分隔)(*.txt)
Unicode 文本(*.txt)
XML 电子表格 2003 (*.xml)
Microsoft Excel 5.0/95 工作簿(*.xls)
CSV (逗号分隔)(*.csv)
带格式文本文件(空格分隔)(*.prn)
DIF (数据交换格式)(*.dif)
SYLK (符号链接)(*.slk)
Excel 加载宏(*.xlam)
Excel 97-2003 加载宏(*.xla)
PDF (*.pdf)
XPS 文档(*.xps)
Strict Open XML 电子表格(*.xlsx)
OpenDocument 电子表格(*.ods)

图 7-9

7.1.3　什么是工作簿和工作表

在 Excel 中，工作簿和工作表之间的关系为包含与被包含的关系，即工作簿包含工作表，通常一个工作簿默认包含 3 张工作表，用户可以根据需要进行增删，但最多不能超过 255 个，最少不能低于 1 个。

1. 工作簿

工作簿是在 Excel 中用来保存并处理工作数据的文件，它的扩展名是.xlsx。在 Microsoft Excel 中，工作簿是处理和存储数据的文件。一个工作簿最多可以包含 255 张工作表。默认情况下，一个工作簿中包含 3 个工作表。由于每个工作簿可以包含多张工作表，因此可在一个文件中管理多种类型的相关信息。

2. 工作表

工作簿中的每一张表称为工作表。工作表用于显示和分析数据。可以同时在多张工作表中输入并编辑数据，并且可以对不同工作表的数据进行汇总计算。只包含一个图表的工作表是工作表的一种，称图表工作表。每个工作表与一个工作表标签相对应，如 Sheet1、Sheet2、Sheet3 等。

7.1.4　工作簿、工作表和单元格的关系

工作簿中的每一张表格都被称为工作表，工作表的集合即组成了一个工作簿。而单元格是工作表中的表格单位，用户通过在工作表中编辑单元格来分析处理数据。工作簿、工作表与单元格之间是相互依存的关系，一个工作簿中可以有多个工作表，而一张工作表中又含有多个单元格，它们是 Excel 2016 中最基本的三个元素，如图 7-10 所示。

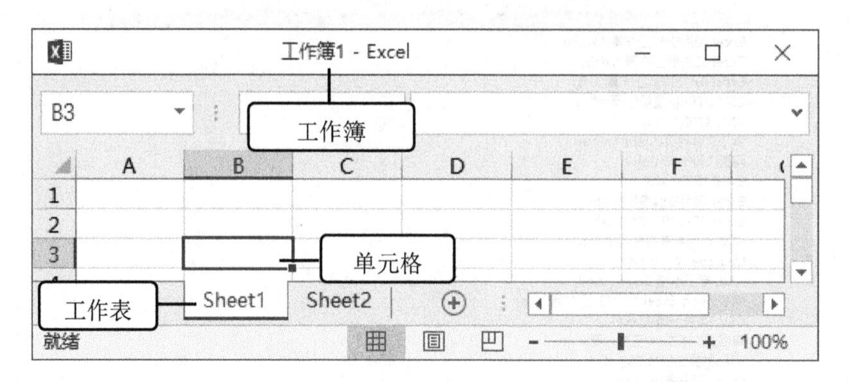

图 7-10

Section 7.2 工作表的基本操作

手机扫描下方二维码，观看本节视频课程

工作表是由多个单元格组合而成的一个平面整体，是一个平面二维表格。工作表的基本操作包括创建工作表、移动与复制工作表、删除工作表、重命名工作表、更改工作表标签颜色、隐藏和显示工作表等。本节介绍工作簿的基本操作。

7.2.1 创建工作表

工作表的创建基本有两种，一种是随着工作簿的创建一同创建，还有一种是从现有的工作簿中创建新工作表。下面将分别详细介绍。

1. 随着工作簿一同创建

在创建工作簿时，系统默认包含名为 Sheet1 的工作表，如果用户想在创建工作簿时创建多张工作表，可以通过设置来改变新建工作簿中工作表的数目。

step 1 选择【文件】选项卡，进入【文件】页面，选择【选项】选项，如图 7-11 所示。

step 2 弹出【Excel 选项】对话框，① 选择【常规】选项卡，② 在【新建工作簿时】区域的【包含的工作表数】微调框中设置默认包含的工作表数目，③ 单击【确定】按钮，如图 7-12 所示。

图 7-11

图 7-12

设置完成后，下次新建工作簿时，默认自动创建的工作表会随着设置数目而定，并自动命名为 1～n。

2. 从现有工作簿中创建

在现有工作簿中创建工作表的方法有以下几种。

(1) 单击工作表标签右侧的【新工作表】按钮⊕，在工作表的末尾处可以快速插入新工作表，如图 7-13 所示。

(2) 在【开始】选项卡的【单元格】组中单击【插入】下拉按钮，在打开的下拉列表中选择【插入工作表】选项，也可以插入工作表，如图 7-14 所示。

图 7-13

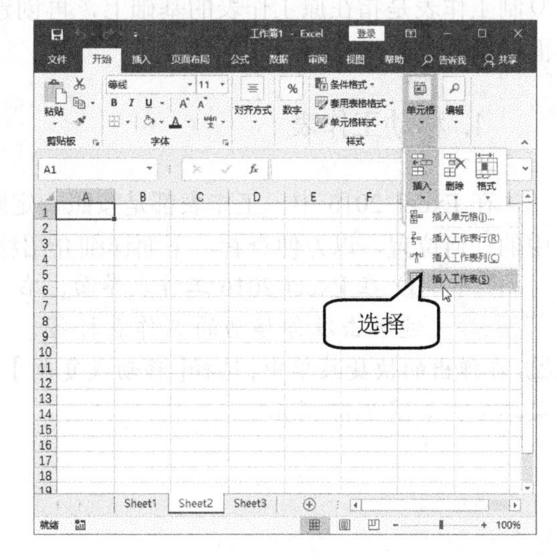

图 7-14

(3) 在当前工作表的标签上单击鼠标右键，在弹出的快捷菜单中选择【插入】菜单项，如图 7-15 所示。然后在弹出的【插入】对话框中保持默认选择【工作表】选项，单击【确定】按钮即可，如图 7-16 所示。

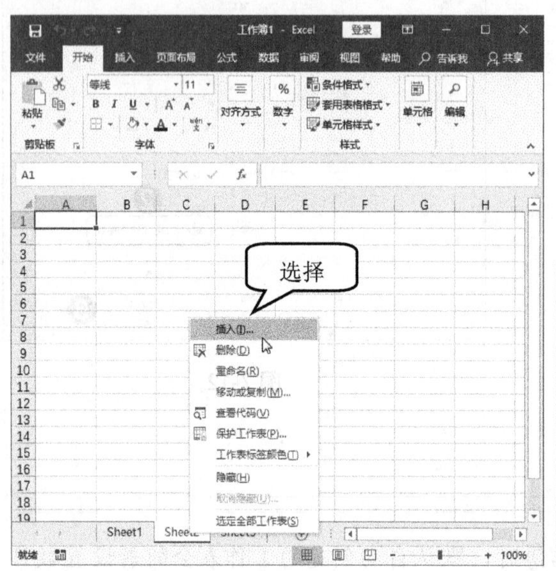

图 7-15

图 7-16

知识精讲

在键盘上按 Shift+F11 组合键，也可以在当前工作表前插入新工作表。

7.2.2 移动与复制工作表

移动工作表是指在工作簿中不改变工作表数量的情况下，将工作表的位置进行调整；复制工作表是指在原工作表的基础上，再创建一个与原工作表具有同样内容的工作表。下面分别予以详细介绍。

1. 移动工作表

在 Excel 2016 中，工作表都是按照一定顺序排列的，用户可以移动工作表至标签序列中的任何位置，以方便查看。下面详细介绍移动工作表的操作方法。

① 在 Excel 2016 工作表界面，右键单击准备移动的工作表标签，② 在弹出的快捷菜单中，选择【移动或复制】菜单项，如图 7-17 所示。

① 弹出【移动或复制工作表】对话框，在【下列选定工作表之前】列表框中，选择移动至选定工作表之前的工作表列表项，② 单击【确定】按钮，如图 7-18 所示。

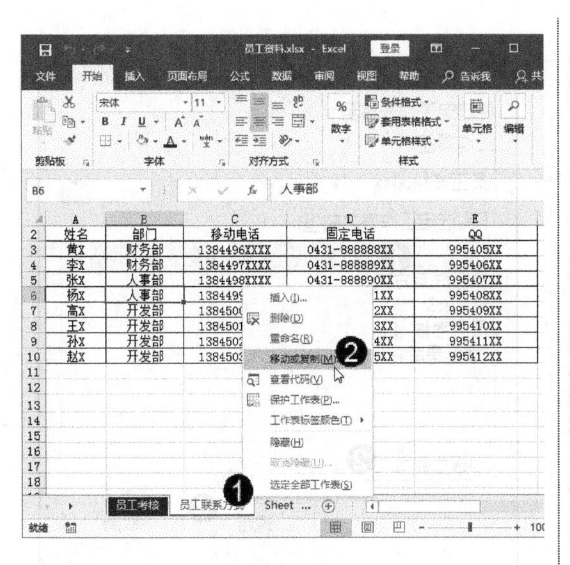

图 7-17

step 3 返回工作簿界面，可以看到工作表标签的排列顺序发生了改变，这样即可完成移动工作表的操作，如图 7-19 所示。

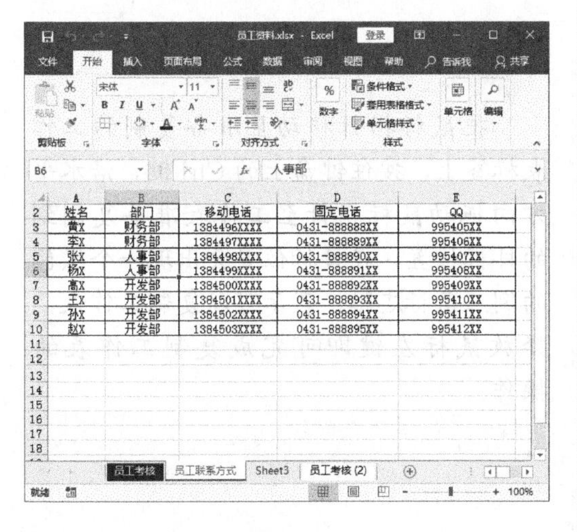

图 7-19

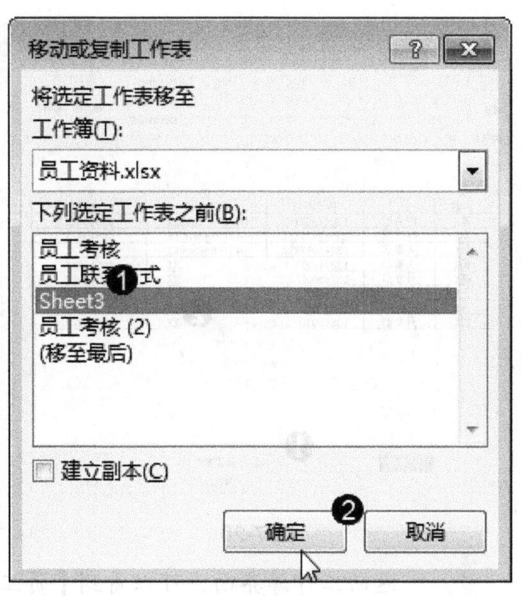

图 7-18

智慧锦囊

把鼠标指针移动至准备移动的工作表标签上，沿水平方向拖动鼠标指针至工作表准备移动到的目标位置，此时在目标位置会自动出现一个黑色的倒三角标志▼，表示可以插入工作表，释放鼠标左键即可完成移动工作表的操作。

2. 复制工作表

复制工作表是创建一个与指定工作表一样内容的工作表。下面详细介绍复制工作表的操作方法。

① 在 Excel 2016 工作表界面，右键单击准备复制的工作表标签，② 在弹出的快捷菜单中，选择【移动或复制】菜单项，如图 7-20 所示。

① 弹出【移动或复制工作表】对话框，在【下列选定工作表之前】列表框中，选择准备复制的工作表标签位置，② 选中【建立副本】复选框，③ 单击【确定】按钮，如图 7-21 所示。

图 7-20

step 3 返回工作簿界面，可以看到【员工联系方式】标签已经被复制出一个名为【员工联系方式(2)】的标签，这样即可完成复制工作表的操作，如图 7-22 所示。

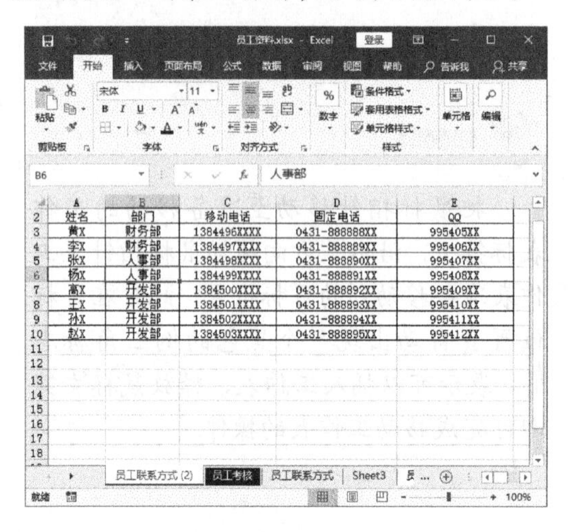

姓名	部门	移动电话	固定电话	QQ
黄X	财务部	1384496XXXX	0431-888888XX	995405XX
李X	财务部	1384497XXXX	0431-888889XX	995406XX
张X	人事部	1384498XXXX	0431-888890XX	995407XX
杨X	人事部	1384499XXXX	0431-888891XX	995408XX
高X	开发部	1384500XXXX	0431-888892XX	995409XX
王X	开发部	1384501XXXX	0431-888893XX	995410XX
孙X	开发部	1384502XXXX	0431-888894XX	995411XX
赵X	开发部	1384503XXXX	0431-888895XX	995412XX

图 7-22

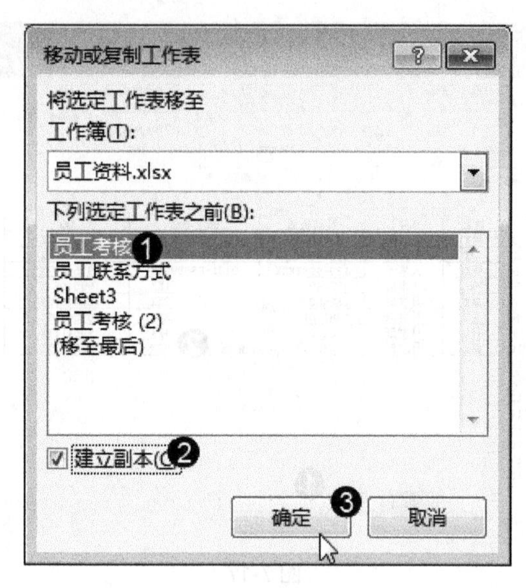

图 7-21

智慧锦囊

把鼠标指针移动至准备复制的工作表标签上，按住键盘上的 Ctrl 键，沿水平方向拖动鼠标指针至工作表准备复制到的目标位置，在目标位置会出现一个黑色的倒三角标志，表示可以复制工作表，释放鼠标左键即可完成复制工作表的操作。

7.2.3 删除工作表

在 Excel 2016 工作簿中，如果有不再需要使用的工作表，可以将其删除，以节省计算机资源。下面详细介绍删除工作表的操作方法。

step 1 ① 在工作表标签区域中，右键单击准备删除的工作表标签，② 在弹出的快捷菜单中，选择【删除】菜单项，如图 7-23 所示。

step 2 可以看到在工作簿中，选择的工作表已经被删除，这样即可完成删除工作表的操作，如图 7-24 所示。

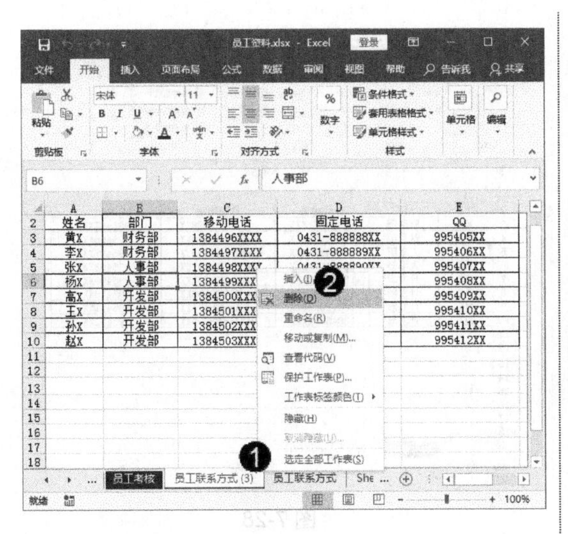

图 7-23

图 7-24

7.2.4 重命名工作表

在 Excel 2016 工作簿中，工作表的默认名称为“Sheet+数字”，如“Sheet1”，用户可以根据实际工作需要对工作表名称进行修改。下面详细介绍重命名工作表名称的操作方法。

step 1 ① 在准备重命名的工作表界面中，右键单击工作表标签，② 在弹出的快捷菜单中，选择【重命名】菜单项，如图 7-25 所示。

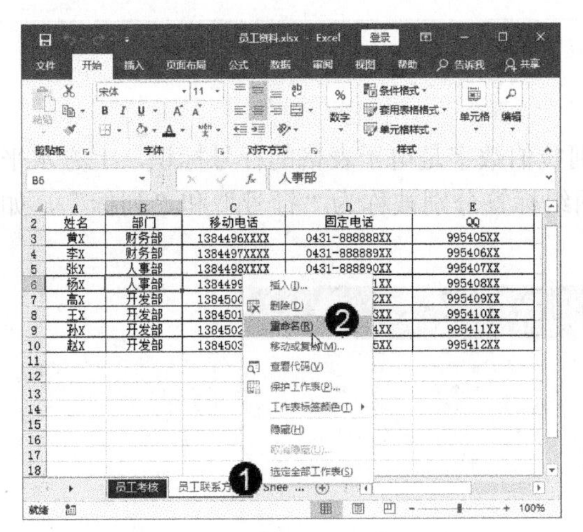

图 7-25

step 2 可以看到工作表标签名称显示为可编辑状态，如图 7-26 所示。

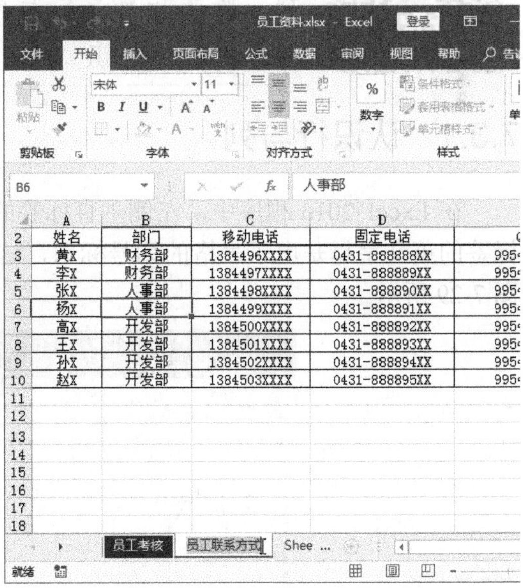

图 7-26

step 3 按键盘上的 Delete 键，清除标签内文本，并输入准备使用的标签名称，如“在职人员”，并按键盘上的 Enter 键，如图 7-27 所示。

step 4 可以看到，工作表标签名称已经改变，这样即可完成重命名工作表的操作，如图 7-28 所示。

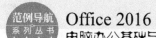

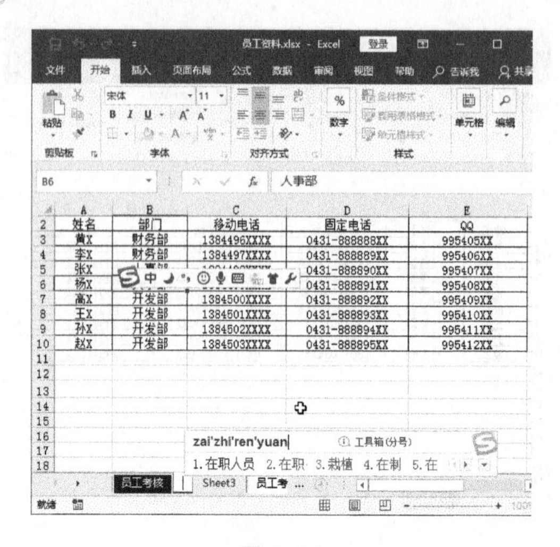

图 7-27

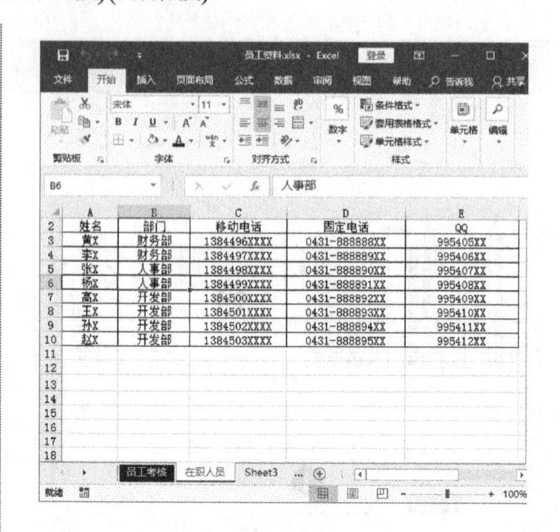

图 7-28

Section 7.3 行与列的基本操作

手机扫描下方二维码，观看本节视频课程

在工作表的行与列中输入数据时，经常会涉及选择行与列、设置行高和列宽、插入行与列、移动和复制行与列、删除行与列、隐藏和显示行与列等操作。本节将详细介绍行与列的基本操作方面的知识。

7.3.1 认识行与列

在 Excel 2016 程序中，左侧垂直标签的阿拉伯数字是电子表格的行号标识，上方水平标签的英文字母是电子表格的列号标识，这两组标签分别被称为“行号”和“列标”，如图 7-29 所示。

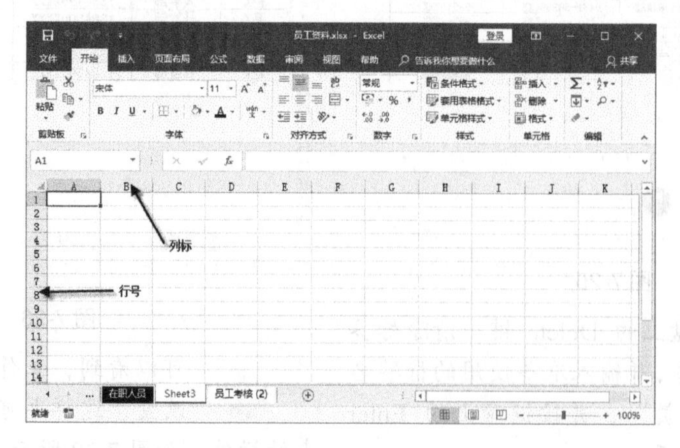

图 7-29

7.3.2 选择行和列

在 Excel 2016 工作表中，用户可以通过行标题、列标题来选择整行、整列单元格区域。下面分别予以详细介绍。

1. 选择整行

把鼠标指针移动至准备选择整行单元格区域的行号上，此时鼠标指针变为向右箭头形状➡，单击行号即可选中整行，如图 7-30 所示。

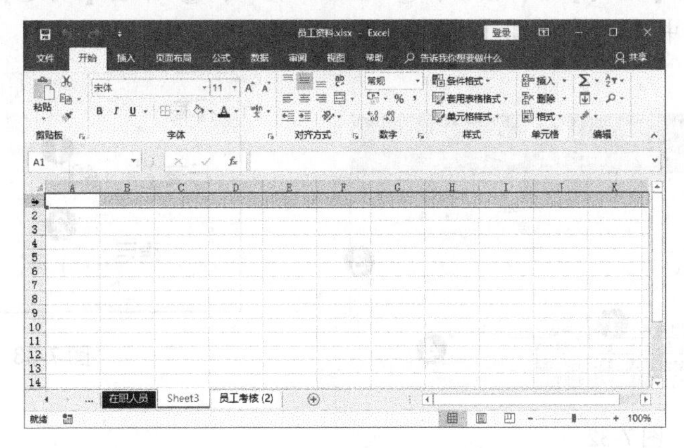

图 7-30

2. 选择整列

把鼠标指针移动至准备选择整列单元格区域的列标上，此时鼠标指针变为向下箭头形状⬇，单击列标即可选中整列，如图 7-31 所示。

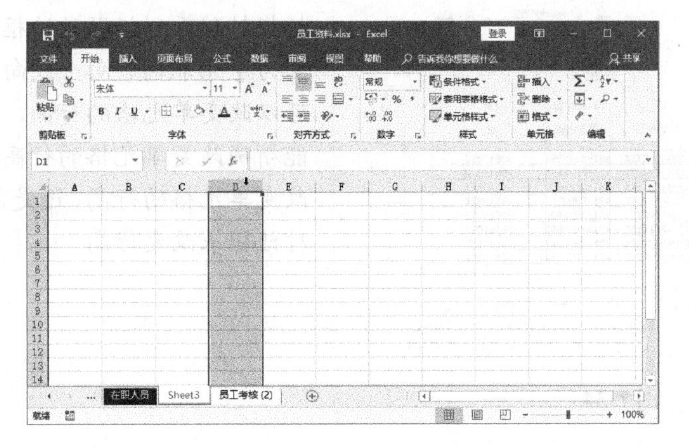

图 7-31

7.3.3 设置行高和列宽

在默认情况下，行高与列宽都是固定的，当单元格中的内容较多时，可能无法将其全部显示出来，这时就需要设置单元格的行高或列宽了。下面将分别予以详细介绍。

1. 调整行高

在 Excel 2016 工作表中，如果单元格的高度不足以显示所有数据时，那么可以通过设置行高的操作来调整。下面详细介绍其操作方法。

① 选择准备设置行高的单元格，② 选择【开始】选项卡，③ 在【单元格】组中，单击【格式】下拉按钮，④ 在弹出的下拉列表中选择【行高】选项，如图 7-32 所示。

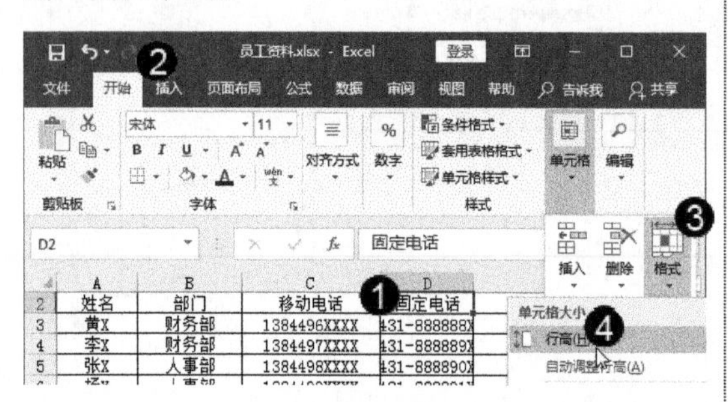

图 7-32

step 2 弹出【行高】对话框，① 在【行高】文本框中输入行高的值，如“40”，② 单击【确定】按钮，如图 7-33 所示。

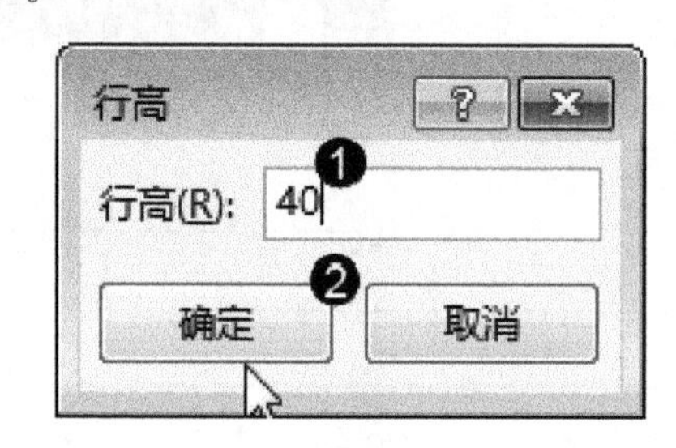

图 7-33

step 3 返回工作簿界面，可以看到选择的单元格的行高已被改变，这样即可完成调整行高的操作，如图 7-34 所示。

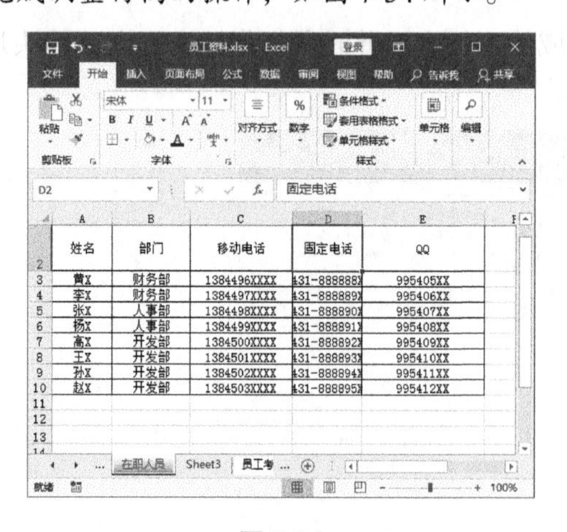

图 7-34

智慧锦囊

除了可以使用【开始】选项卡下的【单元格】组设置行高之外，用户还可以将鼠标指针移至列标题的边框上，当鼠标指针变为╋形状时，向上或向下拖动鼠标，也可以改变单元格的行高，但是此种方法不能精确改变单元格的行高，如果想要精确改变单元格的行高，还是需要使用【行高】对话框来改变行高。

2. 调整列宽

在 Excel 2016 工作表中，如果单元格的宽度不足以显示所有数据时，那么 Excel 系统会采用科学计数法表示或填充成“########”，如果列被加宽后，所有数据就会显示在单元格中。下面详细介绍调整列宽的操作方法。

step 1 ① 选择准备设置列宽的单元格，② 选择【开始】选项卡，③ 在【单元格】组中，单击【格式】下拉按钮，④ 在弹出的下拉列表中选择【列宽】选项，如图 7-35 所示。

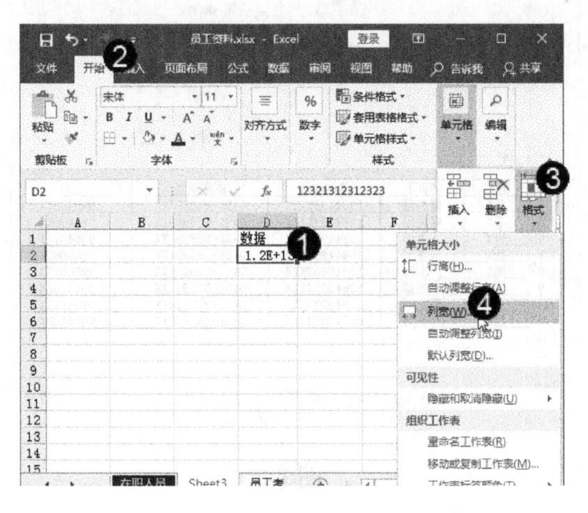

图 7-35

step 2 弹出【列宽】对话框，① 在【列宽】文本框中输入列宽的值，如“25”，② 单击【确定】按钮，如图 7-36 所示。

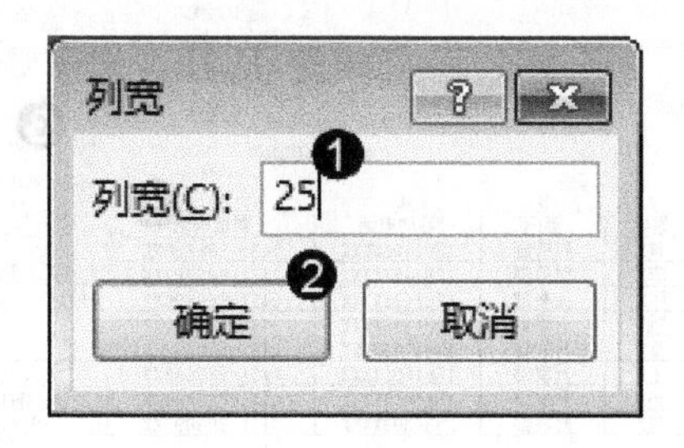

图 7-36

step 3 返回工作簿界面，可以看到选择的单元格的列宽已被改变，这样即可完成调整列宽的操作，如图 7-37 所示。

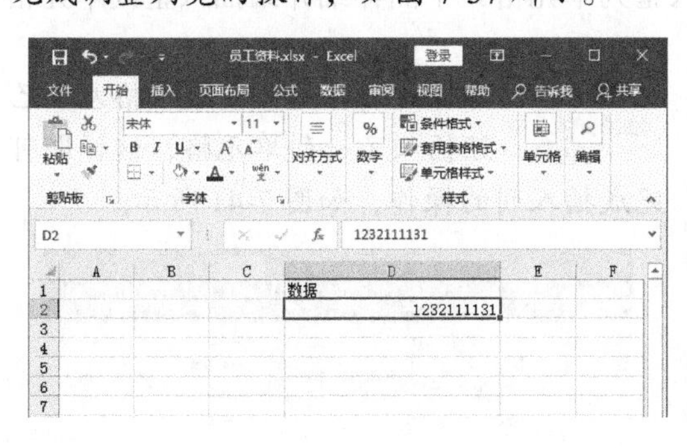

图 7-37

智慧锦囊

除了使用【开始】选项卡下的【单元格】组设置列宽之外，用户还可以将鼠标指针移至行标题的边框上，当鼠标指针变为✛形状时，单击鼠标并向左或向右拖动鼠标，也可以改变单元格的列宽，但是此种方法不能精确改变单元格的列宽，如果想要精确改变单元格的列宽，还是需要使用【列宽】对话框来改变列宽。

7.3.4 插入行与列

一个工作表创建之后并不是固定不变的，用户可以根据实际需要重新设置工作表的结构，例如根据实际情况插入行或列，以满足使用需求。下面将分别详细介绍插入行与列的操作方法。

1. 插入行

在 Excel 2016 工作表中，插入整行单元格是指在已选单元格的上方插入整行单元格区

域。下面详细介绍在 Excel 2016 工作表中插入整行单元格的操作方法。

step 1 ① 选择准备插入行的单元格，② 选择【开始】选项卡，③ 在【单元格】组中，单击【插入】下拉按钮，④ 在弹出的下拉列表中选择【插入工作表行】选项，如图 7-38 所示。

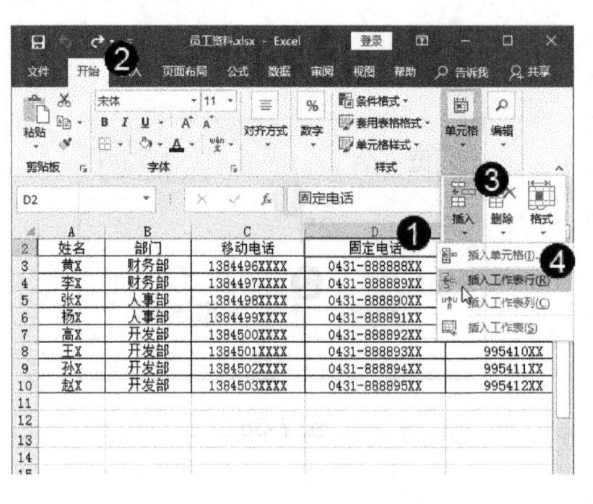

图 7-38

step 2 可以看到在选择的单元格上方已经插入了一行单元格，这样即可完成插入行的操作，如图 7-39 所示。

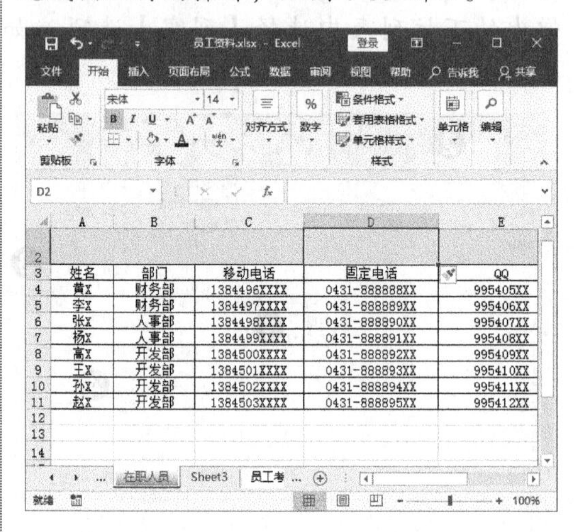

图 7-39

2. 插入列

在 Excel 2016 工作表中，用户也可以插入整列单元格。下面详细介绍插入整列单元格的操作方法。

step 1 ① 选择准备插入列的单元格，② 选择【开始】选项卡，③ 在【单元格】组中，单击【插入】下拉按钮，④ 在弹出的下拉列表中选择【插入工作表列】选项，如图 7-40 所示。

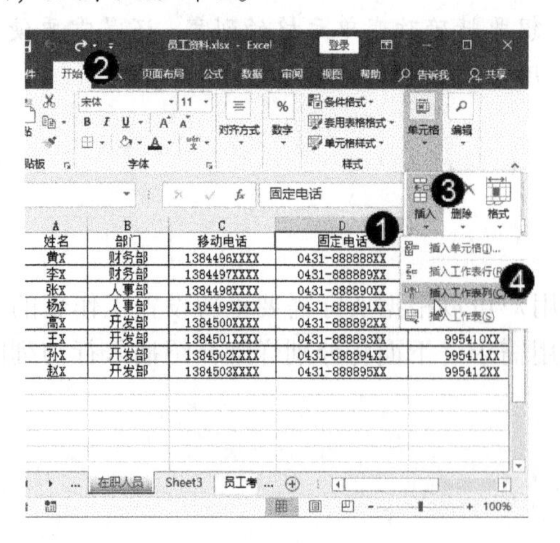

图 7-40

step 2 可以看到在选择的单元格左侧已经插入了一列单元格，这样即可完成插入列的操作，如图 7-41 所示。

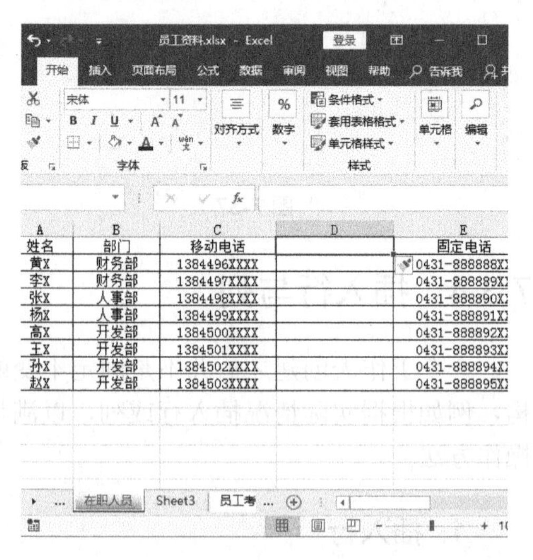

图 7-41

7.3.5 移动和复制行与列

在制作工作表时，经常需要更改表格放置顺序或复制表格内容，此时，可以使用移动或复制操作来实现。

1. 移动行与列

如果需要移动行或列，可以通过以下几种方法来实现。

(1) 使用鼠标直接拖动：选择需要移动的列(行)，然后将鼠标指针指向选择列(行)的绿色边框上，当鼠标指针变成✥形状时，如图 7-42 所示，按住 Shift 键拖动鼠标，此时可以看到工作表中出现一条较粗的绿色竖线，如图 7-43 所示，将该横线拖动到想要移动的位置后松开鼠标左键和 Shift 键，即可移动所选列(行)。

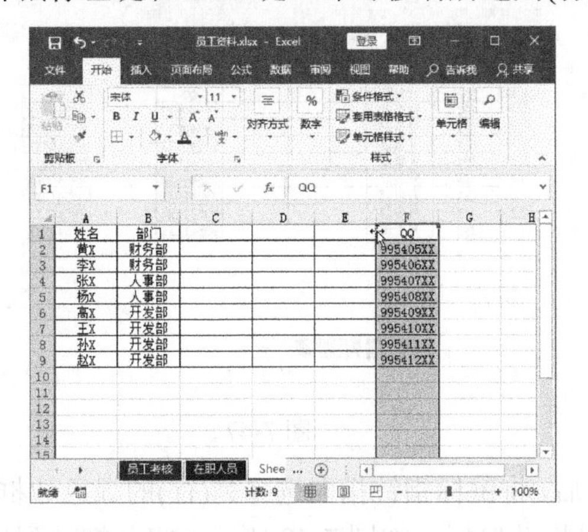

图 7-42

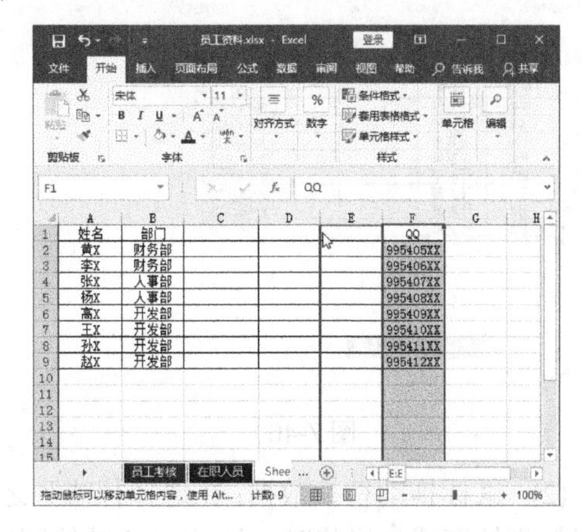

图 7-43

(2) 通过功能区菜单：选择需要移动的列(行)，单击【开始】选项卡的【剪贴板】组中的【剪切】按钮✂，如图 7-44 所示。然后选择需要移动到的目标位置的右一列(下一行)，在【开始】选项卡的【单元格】组中单击【插入】下拉按钮，在打开的下拉列表中选择【插入剪切的单元格】选项即可，如图 7-45 所示。

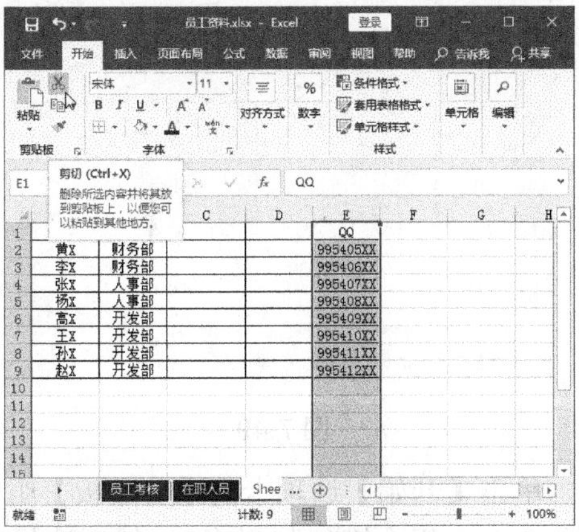

图 7-44

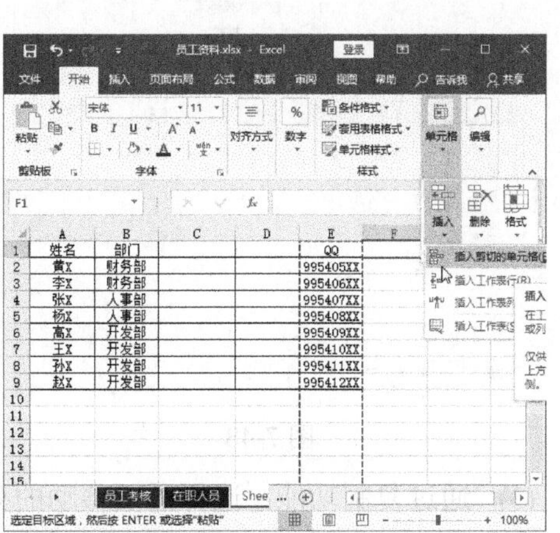

图 7-45

2. 复制行与列

复制行与列和移动行与列的区别在于，前者保留了原有的行或列，而后者清除了原有的行或列，操作方法也很相似。如果需要复制行或列，可以通过以下几种方法来实现。

(1) 鼠标拖动保留数据：在选择行或列之后，将鼠标指针指向选择列(行)的绿色边框上，当鼠标指针变成形状时，按 Ctrl+Shift 组合键的同时拖动鼠标，如图 7-46 所示。将其拖动到目标位置，释放鼠标左键和 Ctrl+Shift 组合键，即可将所选行或列复制到目标位置，而该位置原有的数据将向右移，如图 7-47 所示。

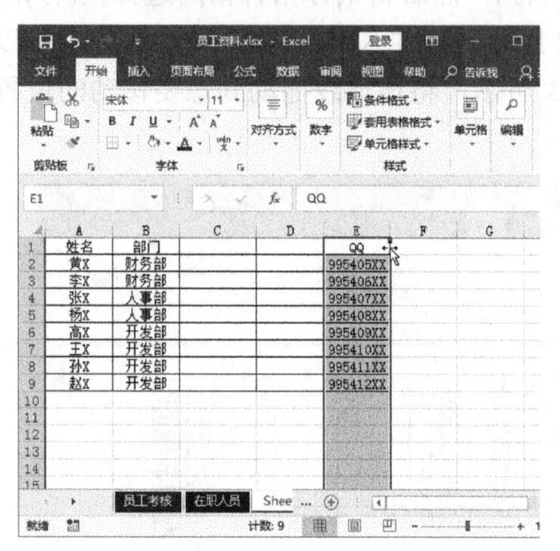

图 7-46

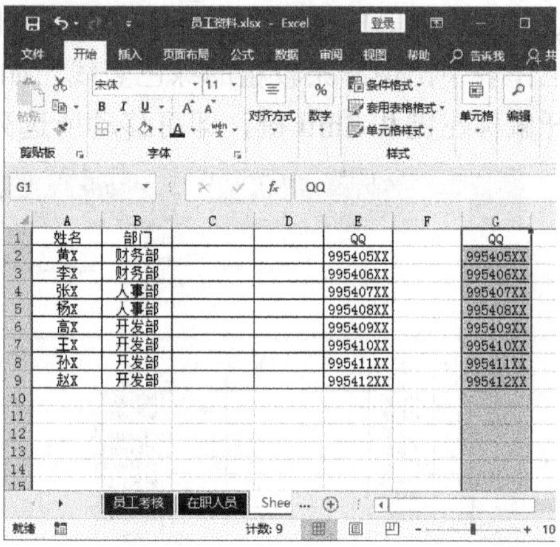

图 7-47

(2) 鼠标拖动替换数据：在选择行或列之后，将鼠标指针指向选择列(行)的绿色边框上，当鼠标指针变成形状时，按住 Ctrl 键的同时拖动鼠标，如图 7-48 所示。将其拖动到目标位置，如图 7-49 所示，释放鼠标左键和 Ctrl 键，即可将所选行或列复制到目标位置。

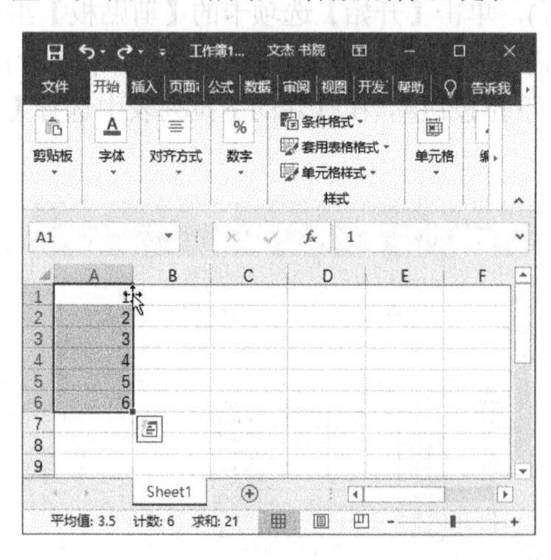

图 7-48

图 7-49

(3) 通过复制功能：选择需要移动的列(行)，单击【开始】选项卡的【剪贴板】组中的【复制】按钮，如图 7-50 所示；或者在键盘上按 Ctrl+C 组合键复制列(行)。然后选择需要移动到的目标位置的右一列(下一行)，在【开始】选项卡的【单元格】组中单击【插入】下拉按钮，在打开的下拉列表中选择【插入复制的单元格】选项，如图 7-51 所示；或者单击鼠标右键，在弹出的快捷菜单中选择【插入复制的单元格】菜单项即可。

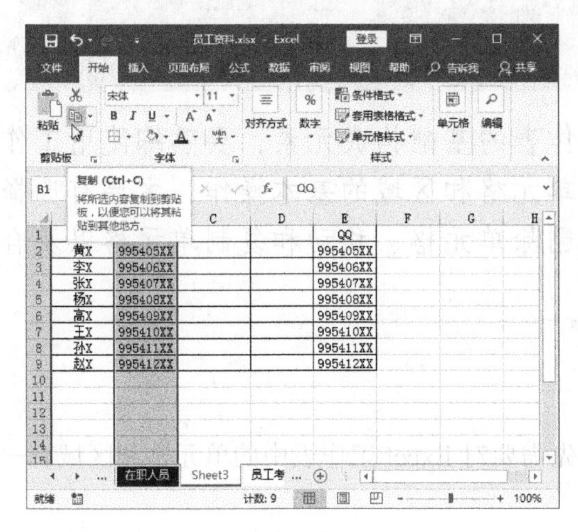

图 7-50

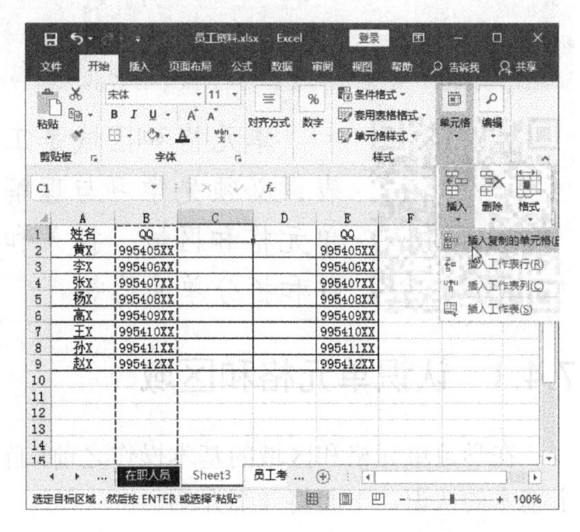

图 7-51

7.3.6 删除行与列

在 Excel 2016 中除了可以插入行或列，还可以根据实际需要删除行或列，删除行或列的方法主要有以下两种。

(1) 选中要删除的行或列，单击鼠标右键，在弹出的快捷菜单中选择【删除】菜单项即可，如图 7-52 所示。

(2) 选中要删除的行或列，在【开始】选项卡的【单元格】组中的【删除】下拉列表中，选择【删除工作表行】或【删除工作表列】选项即可，如图 7-53 所示。

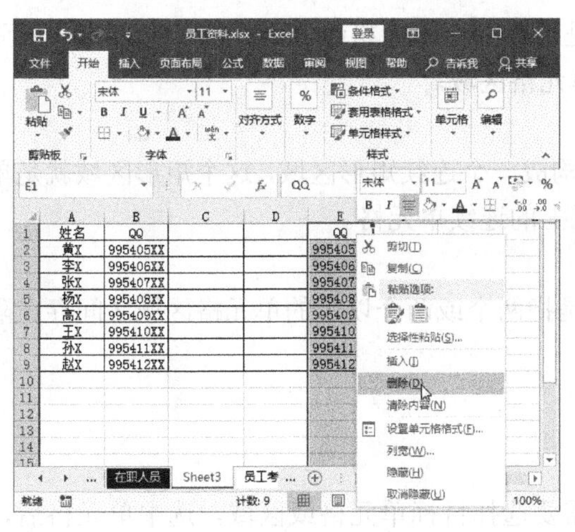

图 7-52

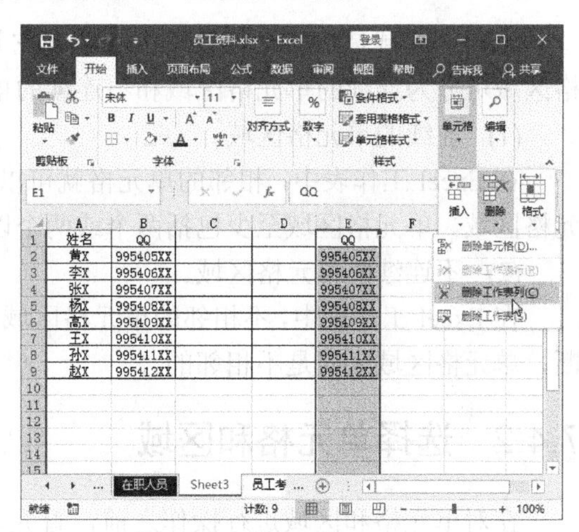

图 7-53

Section 7.4 单元格和区域的基本操作

手机扫描下方二维码，观看本节视频课程

单元格和区域是工作表的基础构成元素，要熟练使用工作表，必须先学习与理解单元格和区域的基本操作，主要有选择单元格和区域、插入和删除单元格、移动和复制单元格以及合并和拆分单元格等。

7.4.1 认识单元格和区域

在学习单元格和区域的基本操作之前，首先需要对 Excel 工作表中的单元格和区域有一个基本的认识，下面将详细介绍。

1. 认识单元格

单元格是使用行线和列线将整个工作表划分成的一个个小方格，它是 Excel 中存储数据的最小单位。一个工作表由若干个单元格构成，在每个单元格中都可以输入符号、数值、公式以及其他内容。

单元格地址是由它所在行的行号和所在列的列标组成的，形式为“字母+数字”，如 A6 单元格，就是位于 A 列第 6 行的单元格。

2. 认识单元格区域

单元格区域是指多个单元格的集合，它是由许多个单元格组合而成的一个范围。单元格区域可分为连续的单元格区域和不连续的单元格区域。

(1) 连续的单元格区域。

在 Excel 工作表中，相邻的单元格就可以构成一个连续矩形区域，这个矩形区域就是单元格区域。单元格区域至少包括两个或两个以上的连续单元格。

(2) 不连续的单元格区域。

在 Excel 工作表中，不相邻的单元格区域是指两个或两个以上的单元格区域之间存在隔断，单元格区域之间是不相邻的。

7.4.2 选择单元格和区域

在对单元格和区域进行操作之前，首先需要选择目标单元格或区域。选中单元格后，才能对单元格进行操作。下面将详细介绍选择单元格和区域的有关知识及操作方法。

1. 选择一个单元格

打开一个新建的 Excel 2016 表格时，工作表中的第一个单元格默认处于选中状态。选

择一个单元格的操作非常简单，可以直接单击所需的单元格来选定一个单元格，被选定的单元格周围带有粗绿边框，如图 7-54 所示的 C2 单元格已经被选中。

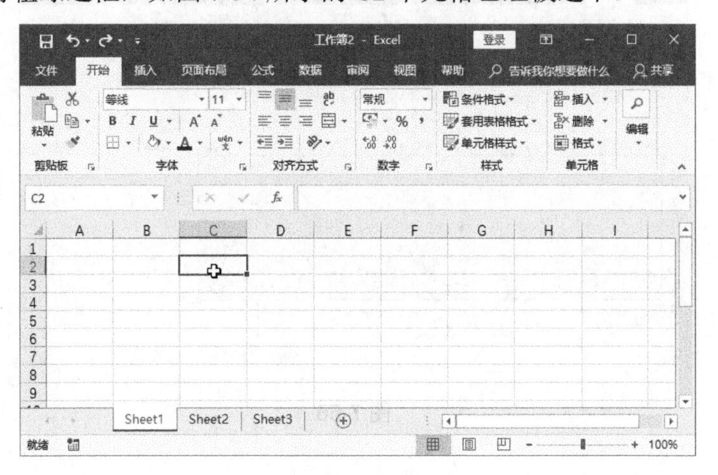

图 7-54

2. 选择不连续的区域

单击准备选择不连续区域中的任意一个单元格，按住键盘上的 Ctrl 键，单击选择其他单元格即可选择不连续的区域，如图 7-55 所示。

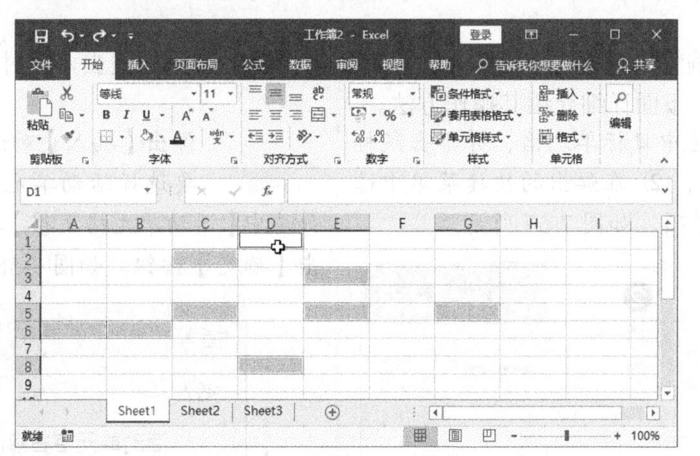

图 7-55

3. 选择连续的区域

选中一个单元格，把鼠标指针移动至已选的单元格上，此时鼠标指针变为✚形状，单击并拖动鼠标指针至目标单元格，如图 7-56 所示。

知识精讲

在键盘上按 Ctrl+A 组合键，或者单击行号和列标交叉处的三角形图标◢，即可选中当前工作表中的所有单元格。

图 7-56

7.4.3 插入和删除单元格

在编辑工作表的过程中，有时需要插入或删除单元格，方法与插入和删除行或列的方法类似。下面将分别予以详细介绍。

1. 插入单元格

有时用户编辑完表格内容之后，发现有部分内容没有添加进去，此时就需要进行插入单元格的操作。下面详细介绍其操作方法。

step 1 ① 选中目标单元格，并单击鼠标右键，② 在弹出的快捷菜单中选择【插入】菜单项，如图 7-57 所示。

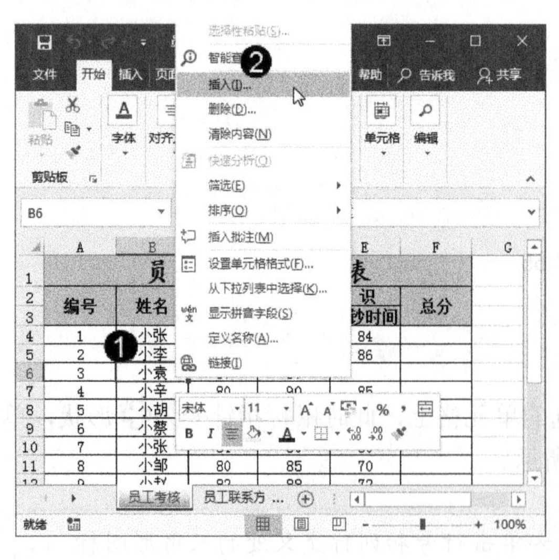

图 7-57

step 2 弹出【插入】对话框，① 根据需要选择活动单元格的移动位置，如选中【活动单元格下移】单选按钮，② 单击【确定】按钮，如图 7-58 所示。

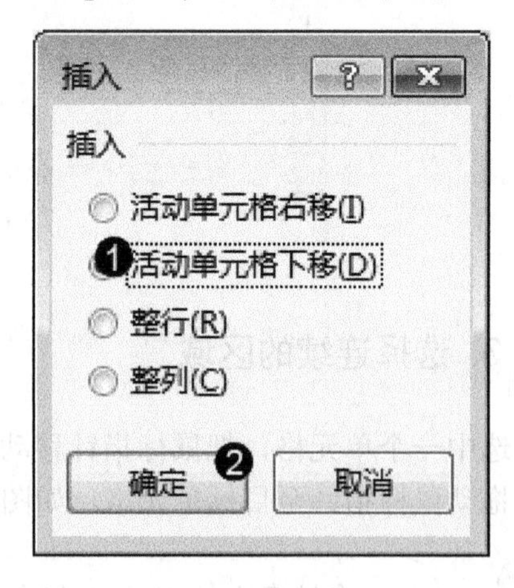

图 7-58

step 3 返回工作表，可以看到在选中的单元格上方插入了一个单元格，这样即可完成插入单元格的操作，如图 7-59 所示。

图 7-59

智慧锦囊

如果要插入或删除多个不连续的单元格或单元格区域，则需要选择多个单元格或单元格区域。

2. 删除单元格

在使用 Excel 表格时，如果编辑的内容是需要删除的就需要用到删除单元格功能。下面详细介绍删除单元格的操作方法。

step 1 ① 选中要删除的单元格，并单击鼠标右键，② 在弹出的快捷菜单中选择【删除】菜单项，如图 7-60 所示。

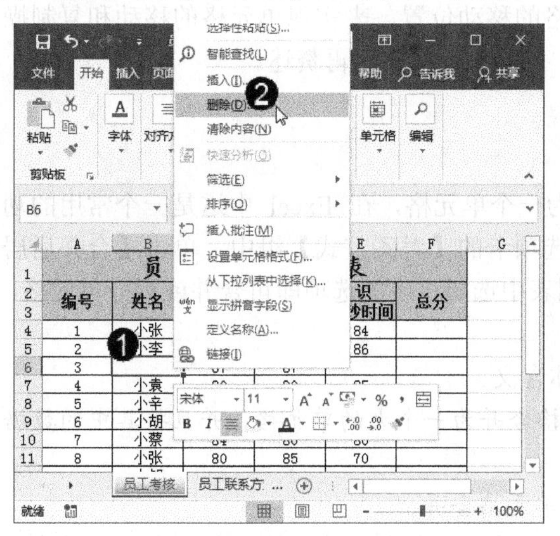

图 7-60

step 2 弹出【删除】对话框，① 根据需要选择单元格的移动位置，如选中【下方单元格上移】单选按钮，② 单击【确定】按钮，如图 7-61 所示。

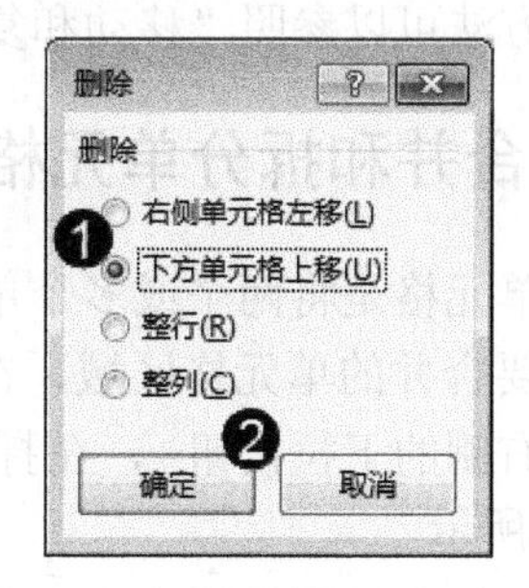

图 7-61

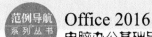

step 3 返回到工作表中，可以看到选中的单元格已被删除，这样即可完成删除单元格的操作，如图 7-62 所示。

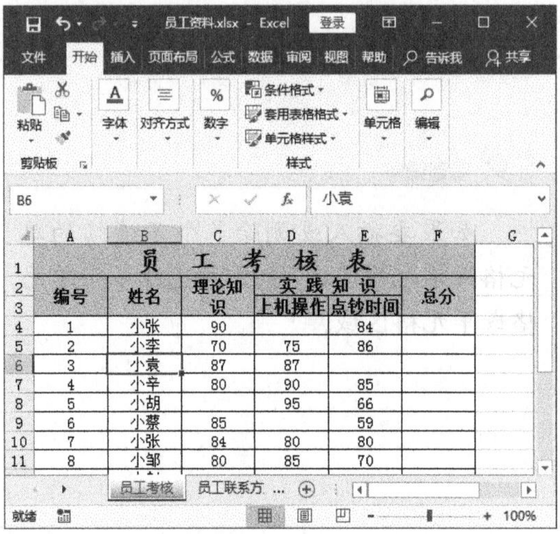

编号	姓名	理论知识	实践知识		总分
			上机操作	点钞时间	
1	小张	90		84	
2	小李	70	75	86	
3	小袁	87	87		
4	小辛	80	90	85	
5	小胡		95	66	
6	小蔡	85		59	
7	小张	84	80	80	
8	小邹	80	85	70	

图 7-62

智慧锦囊

在【开始】选项卡的【单元格】组中，单击【插入】或【删除】下拉按钮，在打开的下拉列表中也可以选择【插入单元格】或【删除单元格】选项进行插入和删除单元格的操作。

7.4.4 移动和复制单元格

要对单元格进行移动和复制操作，与移动和复制行或列的方法基本相同。

选中要移动或复制的单元格后，按照移动和复制行或列的方法，通过键盘按键配合鼠标拖动即可。

此外，还可以通过先执行“剪切”“复制”命令，再执行“插入剪切的单元格”“插入复制的单元格”命令，然后选择活动单元格的移动位置，来实现单元格的移动和复制操作。具体方法可以参照“移动和复制行与列”的方法，此处不再赘述。

7.4.5 合并和拆分单元格

合并单元格是将两个或多个单元格合并为一个单元格，在 Excel 中这是一个常用的功能。选中要合并的单元格区域，在【开始】选项卡的【对齐方式】组中，单击【合并后居中】按钮右侧的下拉按钮▾，在打开的下拉列表中选择相应的选项即可合并或拆分单元格，如图 7-63 所示。

下面详细介绍下拉列表中各个选项的具体含义。

- “合并后居中”：将选择的多个单元格合并为一个大的单元格，并且将其中的数据自动居中显示。
- “跨越合并”：可以将同行中相邻的单元格合并。
- “合并单元格”：可以将单元格区域合并为一个大的单元格，与“合并后居中”类似。
- “取消单元格合并”：可以将合并后的单元格拆分，恢复为原来的单元格。

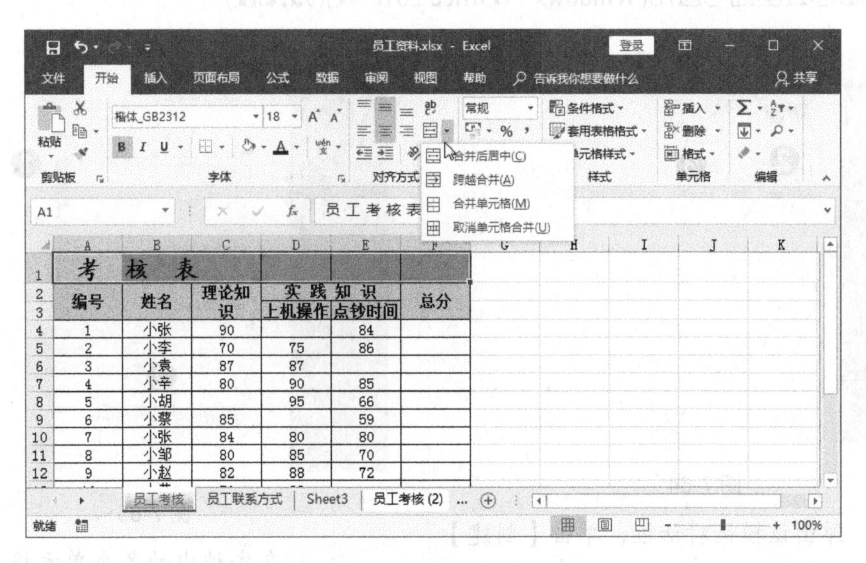

图 7-63

Section 7.5 范例应用与上机操作

手机扫描下方二维码，观看本节视频课程

通过本章的学习，读者可以掌握 Excel 2016 电子表格快速入门的知识和操作。下面介绍“应用模板建立销售报表”和“制作员工外出登记表”等范例应用，上机操作练习一下，以达到巩固学习、拓展提高的目的。

7.5.1 应用模板建立销售报表

报表是管理销售人员的销售动向和销售目的性的有效管理方式之一，销售报表可作为拟定现在和将来推销计划的基础，也是领导发出指令的依据。下面详细介绍应用模板建立销售报表的操作方法。

素材文件 无

效果文件 第 7 章\效果文件\销售报表.xlsx

step 1 打开 Word 2016 程序，选择【文件】选项卡，进入【文件】页面，① 选择【新建】选项，② 在【搜索框】中输入“销售”，③ 单击【搜索】按钮，如图 7-64 所示。

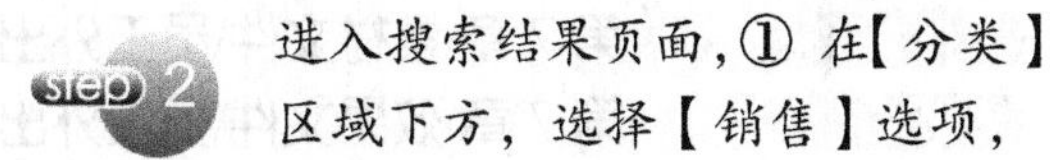

step 2 进入搜索结果页面，① 在【分类】区域下方，选择【销售】选项，② 单击左侧准备应用的模板，如选择“日常销售报表”，如图 7-65 所示。

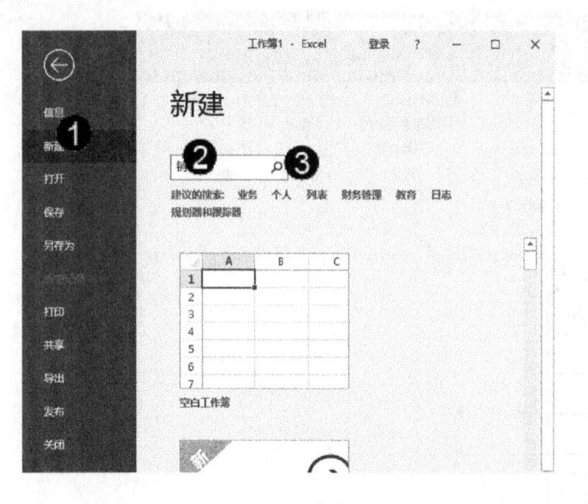

图 7-64

弹出该模板对话框，单击【创建】按钮，如图 7-66 所示。

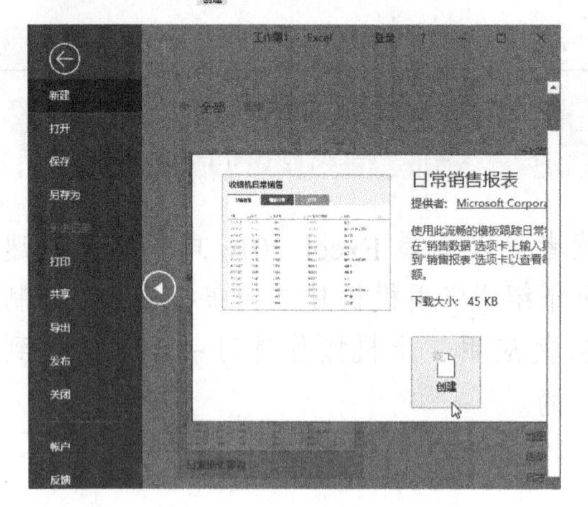

图 7-66

图 7-65

在文档中的各个单元格中，输入相应的文本信息，即可完成应用模板建立销售报表的操作，如图 7-67 所示。

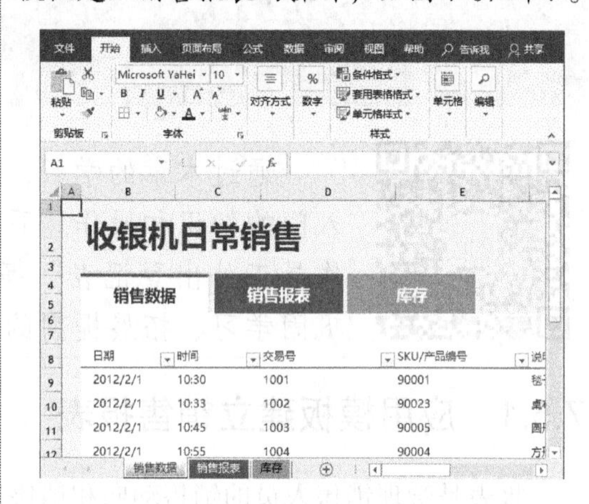

图 7-67

7.5.2 制作员工外出登记表

本节将以制作员工外出登记表为例，详细介绍 Excel 2016 的一些基础操作。

素材文件 第 7 章\素材文件\员工外出登记表.xlsx
效果文件 第 7 章\效果文件\员工外出登记表 1.xlsx

打开素材文件“员工外出登记表.xlsx”，① 选择 A1:G1 单元格区域，② 选择【开始】选项卡，③ 在【对齐方式】组中单击【合并后居中】按钮，如图 7-68 所示。

可以看到选择的 A1:G1 单元格区域已被合并为一个大的单元格并居中显示，这样即可完成表格标题的制作，如图 7-69 所示。

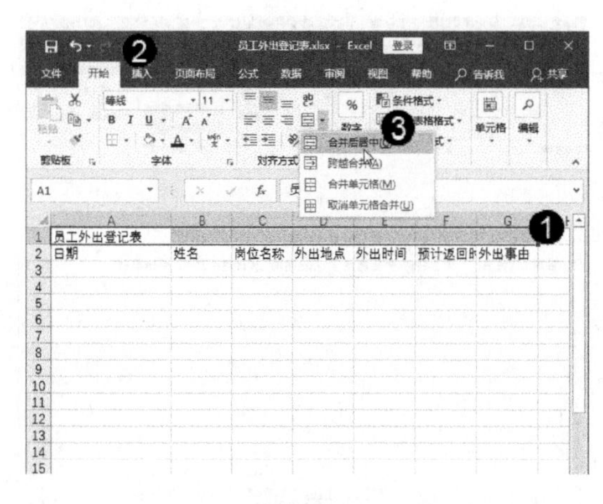

图 7-68

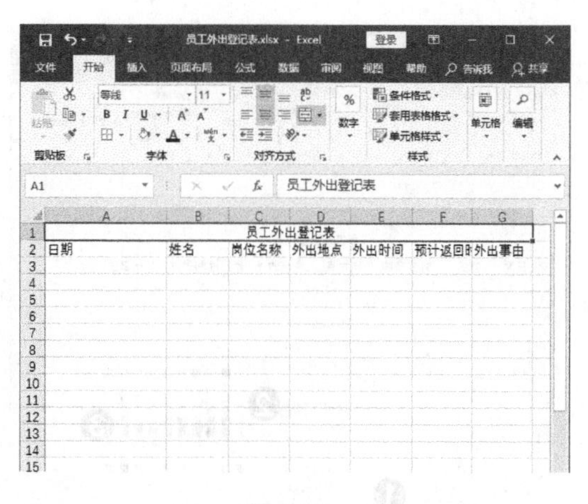

图 7-69

step 3 根据需要通过鼠标左键拖动，设置表格行高和列宽，如图 7-70 所示。

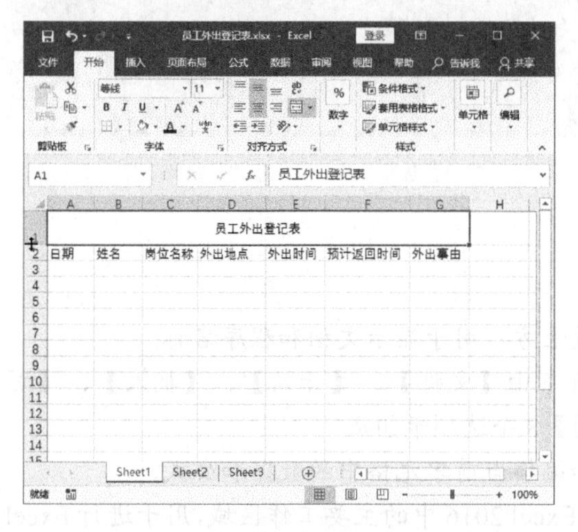

图 7-70

step 4 双击工作表标签，进入可编辑状态，根据需要重命名工作表标签如图 7-71 所示。

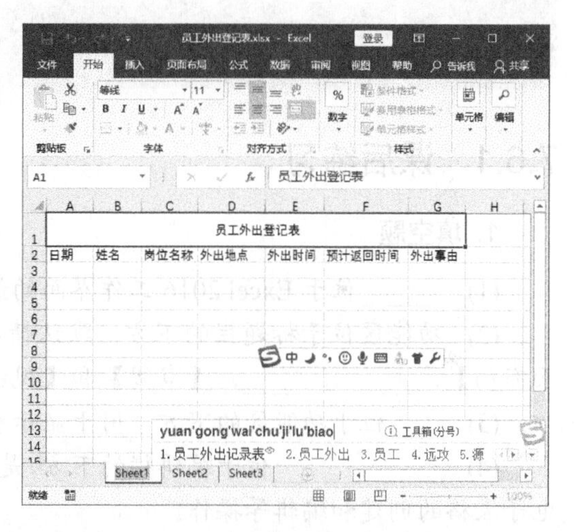

图 7-71

step 5 ① 选择该工作表标签，并单击鼠标右键，② 在弹出的快捷菜单中选择【工作表标签颜色】菜单项，③ 选择准备应用的颜色，如图 7-72 所示。

step 6 可以看到该工作表标签颜色已被改变，通过以上步骤即可完成制作员工外出登记表的操作，如图 7-73 所示。

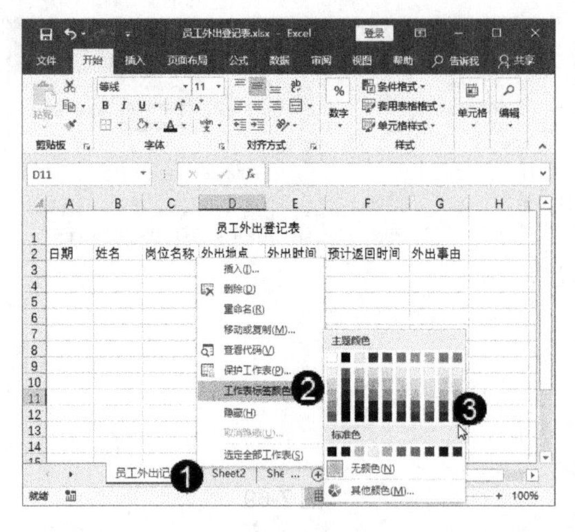

图 7-72

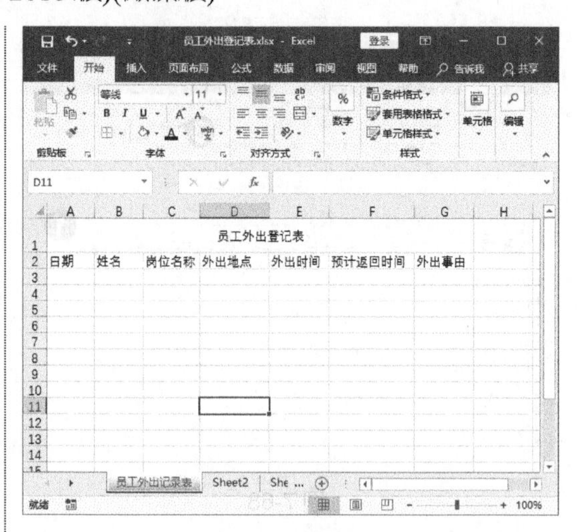

图 7-73

Section 7.6 课后练习与上机操作

本节内容无视频课程，习题参考答案在本书附录。

7.6.1 课后练习

1. 填空题

(1) ______位于 Excel 2016 工作界面的最上方，用于显示文档和程序名称。

(2) 功能区位于标题栏的下方，默认情况下由【文件】、【开始】、【插入】、【页面布局】、_____、_____、【审阅】和【视图】8 个选项卡组成。

(3) ____位于功能区的下方，用于显示和编辑当前单元格中的数据和公式。

(4) ____________位于编辑栏的下方，是 Excel 2016 中的主要工作区域，用于进行 Excel 电子表格的创建和编辑等操作。

(5) ______位于 Excel 2016 工作界面的最下方，用于查看页面信息、切换视图模式和调节显示比例等操作。

(6) __________是指在工作簿中不改变工作表数量的情况下，将工作表的位置进行调整；___________是指在原工作表的基础上，再创建一个与原工作表具有同样内容的工作表。

(7) 在 Excel 2016 程序中，左侧垂直标签的阿拉伯数字是电子表格的行号标识，上方水平标签的英文字母是电子表格的列号标识，这两组标签分别被称为“____”和“____”。

(8) ____________是将两个或多个单元格合并为一个单元格，在 Excel 中这是一个常用的功能。

2. 判断题

(1) Excel 2016 工作界面主要由标题栏、快速访问工具栏、功能区、编辑栏、工作表编辑区、滚动条和状态栏等部分组成。 (　　)

(2) 快速访问工具栏位于 Excel 2016 工作界面的左上方，用于快速执行一些特定操作。

在 Excel 2016 的使用过程中，可以根据使用需要，添加或删除快速访问工具栏中的命令选项。 ( )

(3) Excel 2016 文档包括 Excel 启用宏的工作簿(*.xlsx)、Excel 工作簿(*.xlsm)、Excel 二进制工作簿(*.xlsb)、Excel 97-2003 工作簿(*.xls)、Excel 模板(*.xltx)、Excel 启用宏的模板(*.xltm)、Excel 97-2003 模板(*.xlt)等格式。 ( )

(4) 在 Excel 中，工作簿和工作表之间的关系为包含与被包含的关系，即工作簿包含工作表，通常一个工作簿默认包含 5 张工作表，用户可以根据需要进行增删，但最多不能超过 255 个，最少不能低于 2 个。 ( )

(5) 工作簿中的每一张表称为工作表。工作表用于显示和分析数据。可以同时在多张工作表中输入并编辑数据，并且可以对不同工作表的数据进行汇总计算。只包含一个图表的工作表是工作表的一种，称图表工作表。每个工作表与一个工作表标签相对应，如 Sheet1、Sheet2、Sheet3 等。 ( )

(6) 为工作表标签设置颜色，方便查找所需要的工作表，同时还可以将同类的工作表标签设置成同一个颜色，以区分类别。 ( )

(7) 单元格地址是由它所在行的行号和所在列的列标组成的，形式为“字母+数字”，如 A6 单元格，就是位于 A 列第 6 行的单元格。 ( )

3. 思考题

(1) 如何更改工作表标签颜色？

(2) 如何显示和隐藏工作表？

7.6.2 上机操作

(1) 通过本章的学习，读者基本可以掌握创建工作簿的操作。下面通过练习创建一份学生学习成绩工作簿，达到巩固与提高的目的。素材文件为“第 5 章\素材文件\学生成绩.xlsx”。

(2) 通过本章的学习，读者基本可以掌握设置工作表标签颜色的操作，下面通过练习设置“一年级”标签为蓝色，达到巩固与提高的目的。素材文件为“第 5 章\素材文件\学生成绩.xlsx”。

第8章

输入与编辑电子表格数据

本章介绍输入与编辑电子表格数据方面的知识与技巧，主要内容包括输入数据、自动填充数据、编辑表格数据、设置数据有效性以及设置单元格格式等相关知识及操作方法。通过本章的学习，读者可以掌握输入与编辑电子表格数据方面的基础知识，为深入学习Office 2016电脑办公知识奠定基础。

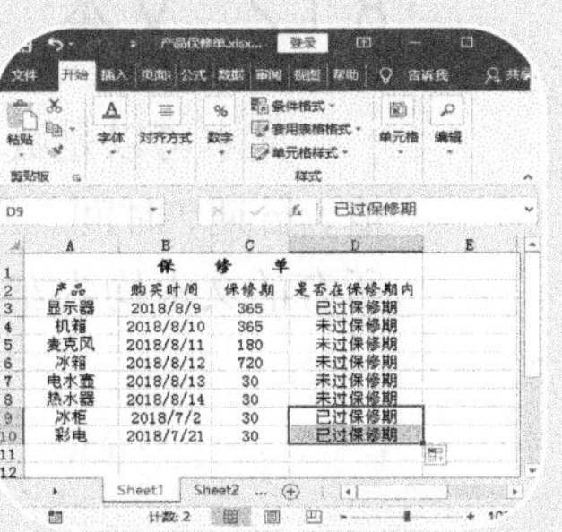

1. 认识数据类型
2. 输入数据
3. 自动填充数据
4. 编辑表格数据
5. 设置数据有效性
6. 设置单元格格式

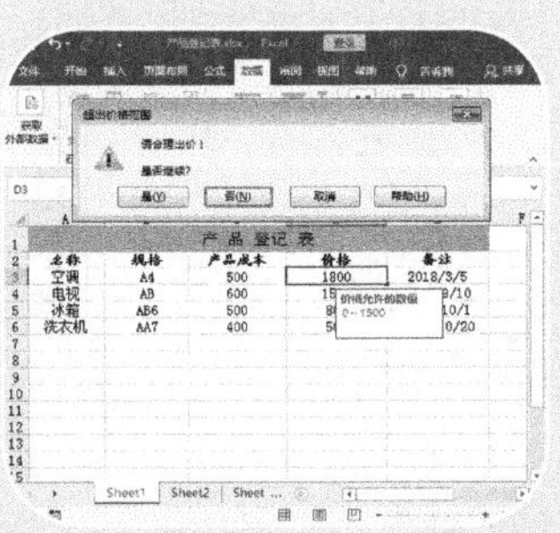

Section 8.1 认识数据类型

手机扫描下方二维码，观看本节视频课程

在使用 Excel 2016 的过程中，用户首先需要了解数据的各种类型，如“数值”“文本”和“日期和时间”等，以便在日常工作中编辑数据。本节将重点介绍数据类型方面的知识与操作。

8.1.1 数值

数值是由阿拉伯数字 0、1、2、3、4、5、6、7、8、9 和+、−、()、!、%、$、E、e 等字符组成的，Excel 将忽略在数值前输入的正号(+)。E 或 e 为科学计数法的标记，表示以 10 为幂次的数。输入至单元格的内容如果被识别为数值，则系统采用右对齐方式，否则不是数值，如图 8-1 所示。

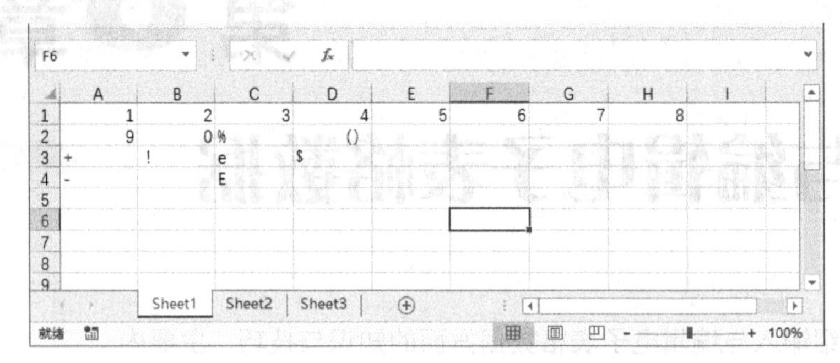

图 8-1

8.1.2 文本

文本可以是数字、字符或数字与字符的结合，在 Excel 2016 工作簿中，只要不是与数值、日期、时间、公式相关的值，Excel 2016 工作簿默认为是文本而不是数值。在单元格中，所有的文本均为左对齐，并且一个单元格最多可以输入 32767 个字符，如图 8-2 所示。

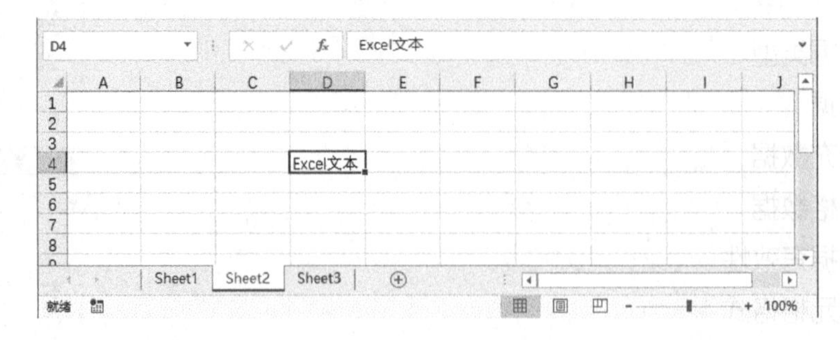

图 8-2

8.1.3 日期和时间

在 Excel 2016 中，日期和时间是一种特殊的数据类型。在工作簿中，日期和时间以数字的形成储存，根据单元格的格式决定日期的显示方式。

1. 输入日期

在 Excel 2016 中，输入日期时，应按日期的正确形式输入，常用“/”或“-”分割年、月、日部分，如在单元格中输入“2013-01-04”“2013/01/04”“2013 年 01 月 04 日”和“二〇一三年一月四日”等，如图 8-3 所示。

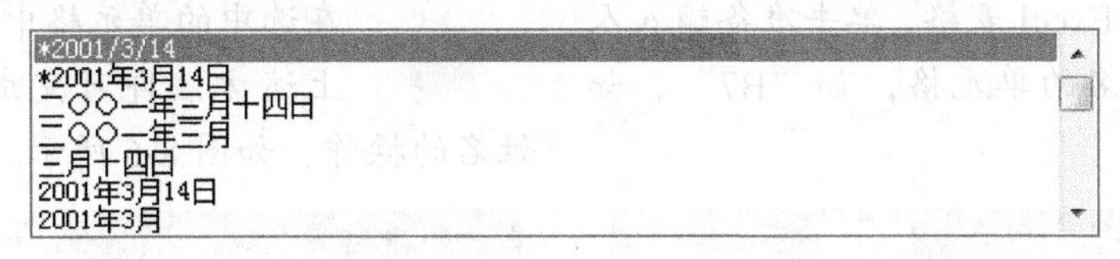

图 8-3

2. 输入时间

在 Excel 2016 中，输入时间时，时、分、秒之间用“：”符号间隔，上午时间末尾加“AM”，下午时间末尾加“PM”，如“10:45:20AM”和“23:01:03PM”，如图 8-4 所示。

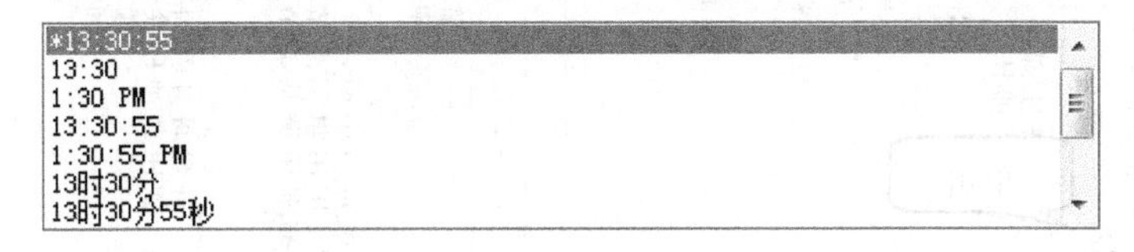

图 8-4

知识精讲

在 Excel 2016 中输入日期和时间的过程中，应注意的是，以“*”号开头的日期和时间，响应操作系统特定的区域时间和日期设置的更改，不带“*”号的日期和时间不受操作系统设置的影响。

Section 8.2 输入数据

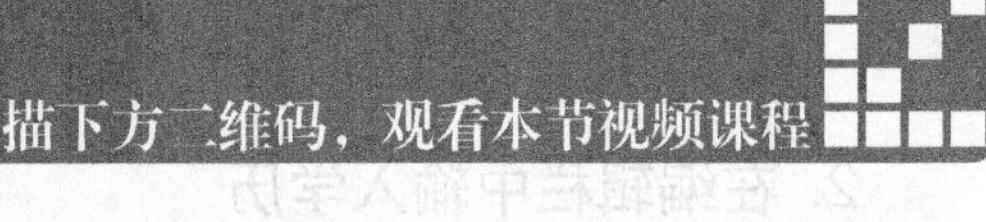

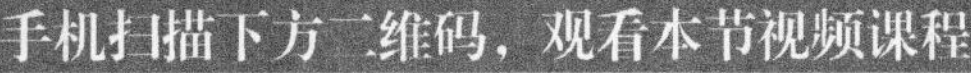

手机扫描下方二维码，观看本节视频课程

在使用 Excel 2016 的过程中，用户掌握数据的各种类型后即可在工作簿、工作表中添加各种文本、数值、日期和时间等数据。本节将详细介绍输入数据方面的知识与操作方法。

8.2.1 输入文本

在使用 Excel 2016 编辑表格的过程中，输入文本是最基本的操作，下面以“职员表”素材为例，详细介绍输入文本的操作。

1. 直接输入人员姓名

在 Excel 2016 中，输入文本的方法多种多样，用户可以通过编辑栏输入文本，也可以直接在单元格中输入文本。下面以“在单元格中输入文本”方式为例，介绍在“职员表”中直接输入人员姓名的操作。

step 1 打开 Excel 表格，单击准备输入人员姓名的单元格，如“B7”，如图 8-5 所示。

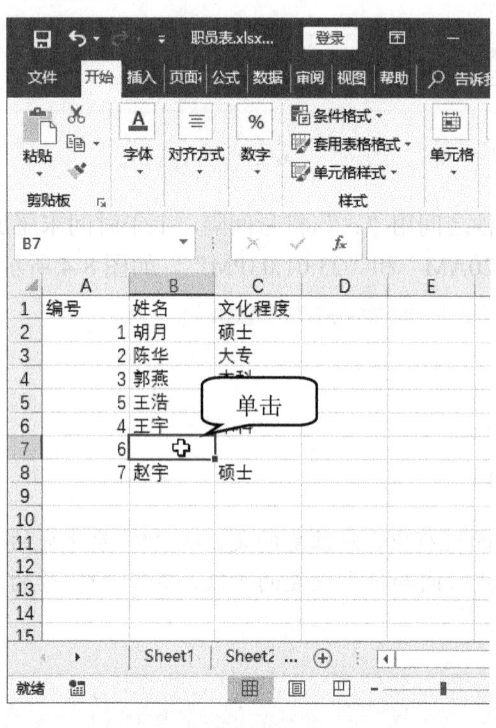

图 8-5

step 2 在选中的单元格中输入文本，通过上述方法即可完成直接输入人员姓名的操作，如图 8-6 所示。

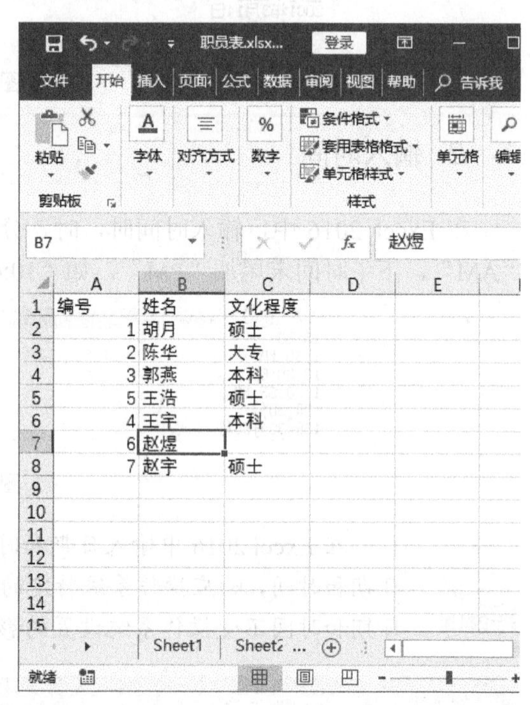

图 8-6

2. 在编辑栏中输入学历

在 Excel 2016 中，在编辑栏中输入文本也是常见的编辑表格方式。下面以“职员表”素材为例，介绍在编辑栏中输入学历的操作。

step 1 打开 Excel 表格，单击准备输入学历的单元格，如“C7”，如图 8-7 所示。

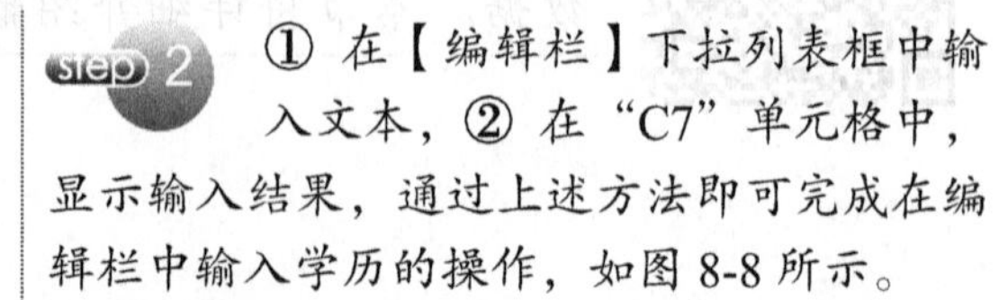

step 2 ① 在【编辑栏】下拉列表框中输入文本，② 在“C7”单元格中，显示输入结果，通过上述方法即可完成在编辑栏中输入学历的操作，如图 8-8 所示。

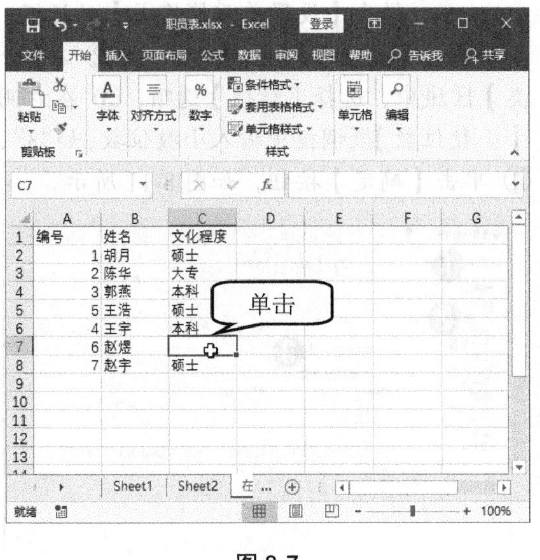

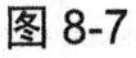
图 8-7

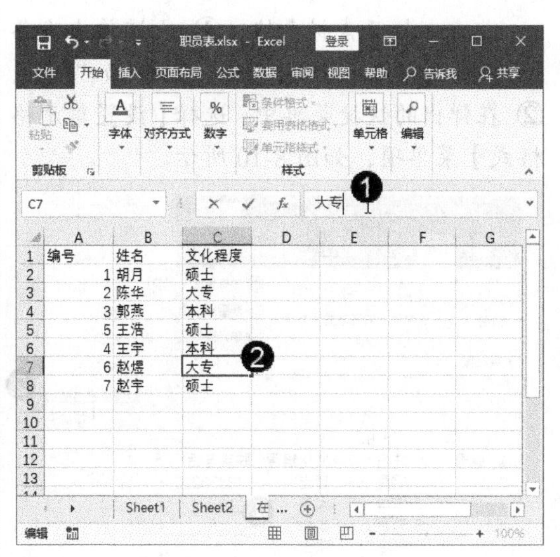

图 8-8

8.2.2 输入数值

在 Excel 2016 中，用户常常需要填充数值型数据，如普通数值、小数型数值、自定义数值和输入各种符号。下面以“职员表”素材为例，介绍输入数值的操作方法。

1. 普通数值

双击准备输入普通数值的单元格，然后在该单元格中输入准备输入的数值，如“13”，然后在键盘上按 Enter 键，这样即可完成输入普通数值的操作，如图 8-9 所示。

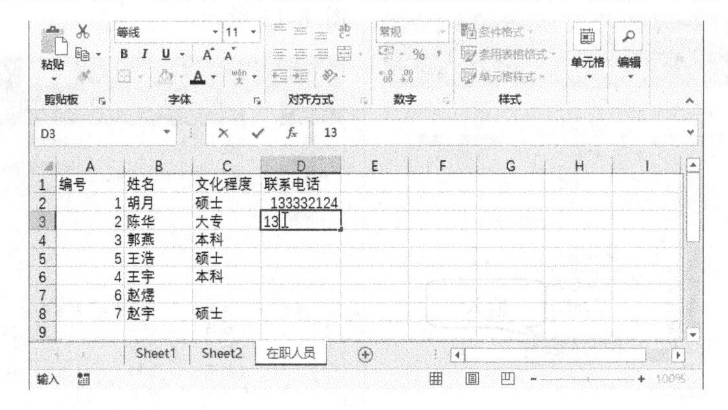

图 8-9

2. 小数型数值

在 Excel 2016 中，用户输入小数型数值的过程中，可以调整小数的位数，使得到的数值更为精准。下面详细介绍输入小数型数值的操作方法。

step 1 打开素材表格，① 右键单击准备输入小数数值的单元格，如“D4”，② 在弹出的快捷菜单中，选择【设置单元格格式】菜单项，如图 8-10 所示。

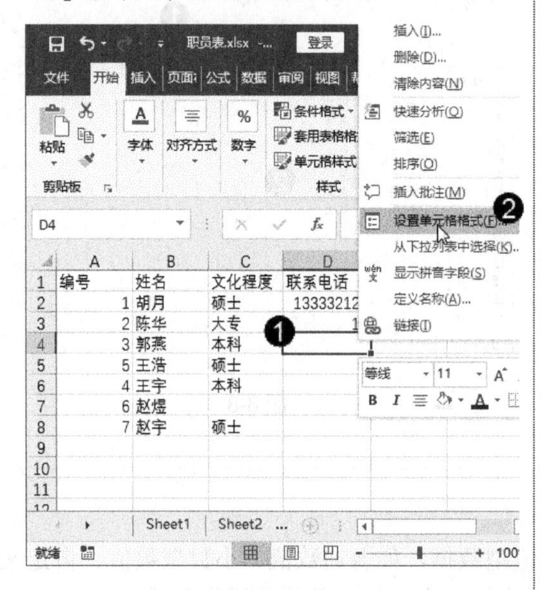

图 8-10

step 2 弹出【设置单元格格式】对话框，① 选择【数字】选项卡，② 在【分类】区域中，选择【数值】选项，③ 在右侧【小数位数】微调框中输入小数位数，如“3”，④ 单击【确定】按钮，如图 8-11 所示。

图 8-11

step 3 返回到工作簿中，在选中的单元格中输入数值，如“3058.6984”，然后在键盘上按 Enter 键，确认输入的数值，如图 8-12 所示。

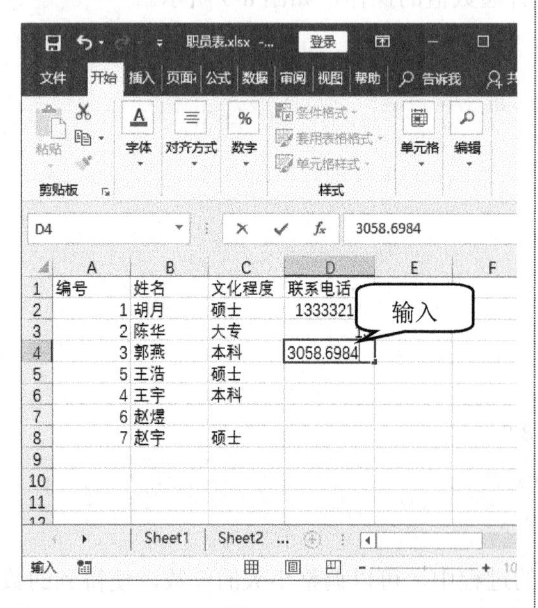

图 8-12

step 4 确认输入的数值后，用户可以看到单元格中的小数值只保留 3 位，末尾的小数值被四舍五入约掉了，通过上述方法即可完成输入小数型数值的操作，如图 8-13 所示。

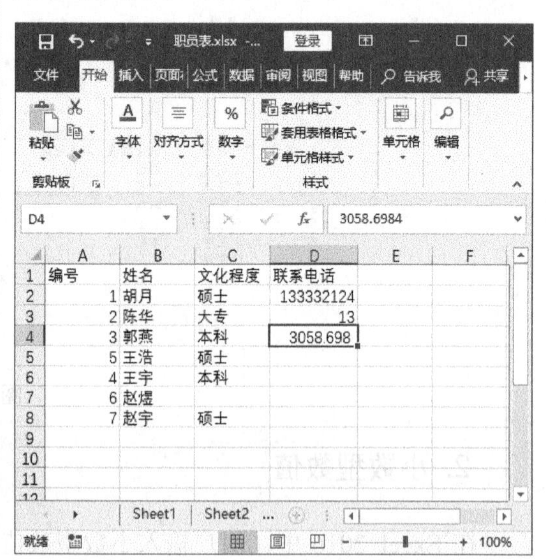

图 8-13

3. 自定义数值

在 Excel 2016 中，用户还可以运用自定义数值的操作，设置数值的不同格式。下面以“职员表”素材为例，介绍输入自定义数值的操作。

step 1 ① 打开素材表格，右键单击准备输入自定义数值的单元格，如“E2”，② 在弹出的快捷菜单中，选择【设置单元格格式】菜单项，如图 8-14 所示。

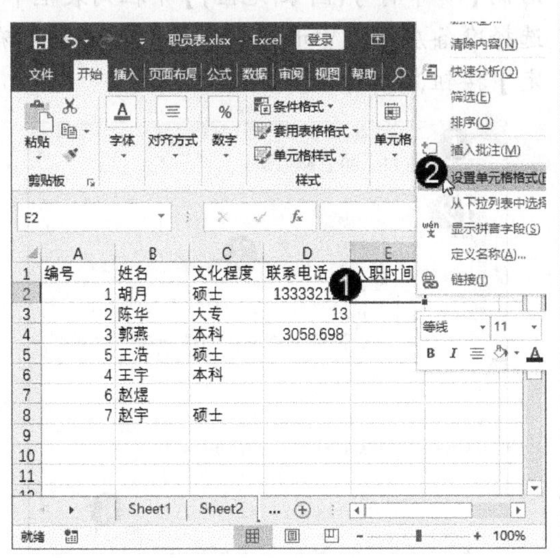

图 8-14

step 2 ① 弹出【设置单元格格式】对话框，选择【数字】选项卡，② 在【分类】区域中，选择【自定义】选项，③ 在右侧【类型】列表框中，选择准备应用的自定义数值样式，④ 单击【确定】按钮，如图 8-15 所示。

图 8-15

step 3 返回到工作簿中，在选中的单元格中输入数值，如“2018/11/1”，然后在键盘上按 Enter 键，确认输入的数值，如图 8-16 所示。

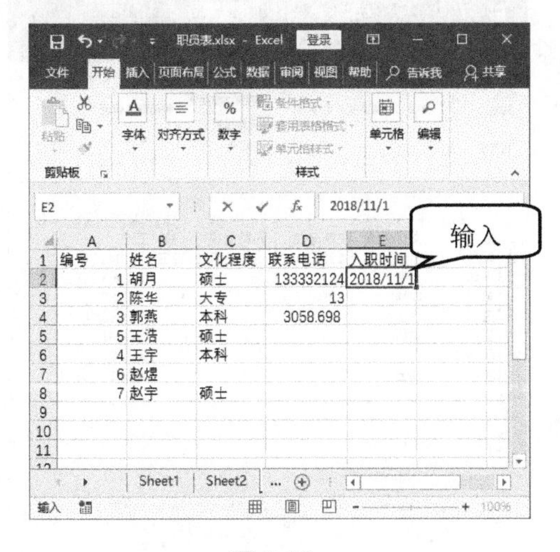

图 8-16

step 4 确认输入的数值后，用户可以看到单元格中的数值变成了自定义的样式，通过上述方法即可完成输入自定义数值的操作，如图 8-17 所示。

图 8-17

4. 输入符号

在 Excel 2016 中，用户还可以在工作簿中，添加各种符号，以满足用户的编辑需求。下面以在“职员表”素材中添加货币符号为例，介绍输入符号的操作。

step 1 ① 打开素材表格，右键单击准备输入货币符号的单元格，如“F2”，② 在弹出的快捷菜单中，选择【设置单元格格式】菜单项，如图 8-18 所示。

图 8-18

step 2 ① 弹出【设置单元格格式】对话框，选择【数字】选项卡，② 在【分类】区域中，选择【货币】选项，③ 在右侧【货币符号(国家/地区)】下拉列表框中，选择准备应用的货币符号样式，④ 单击【确定】按钮，如图 8-19 所示。

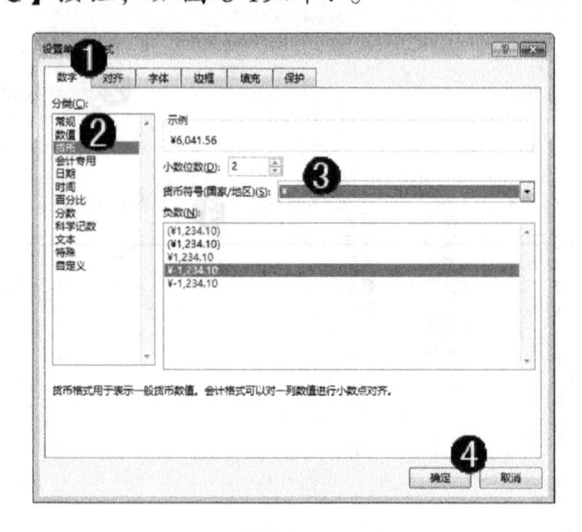

图 8-19

step 3 返回到工作簿中，在选中的单元格中已经输入货币符号，如“人民币符号¥”，如图 8-20 所示。

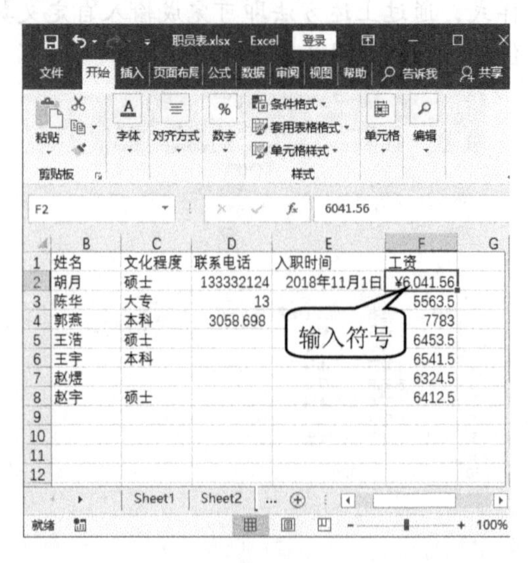

图 8-20

step 4 运用相同的方法在 F3:F8 单元格区域中，插入人民币符号，通过上述方法即可完成输入符号的操作，如图 8-21 所示。

图 8-21

8.2.3 输入日期和时间

在 Excel 2016 中，用户可以通过单元格输入日期和时间。下面以在“职员表”素材中输入日期和时间为例，介绍输入日期和时间的操作方法。

step 1 ① 打开素材表格，右键单击准备输入日期的单元格，如“E3”，② 在弹出的快捷菜单中，选择【设置单元格格式】菜单项，如图 8-22 所示。

图 8-22

step 2 ① 弹出【设置单元格格式】对话框，选择【数字】选项卡，② 在【分类】区域中，选择【日期】选项，③ 在右侧【类型】列表框中，选择准备应用的日期样式，④ 单击【确定】按钮，如图 8-23 所示。

图 8-23

step 3 返回到工作簿中，在选中的单元格中输入数值，如“2018/10/1”，然后在键盘上按 Enter 键，确认输入的数值，如图 8-24 所示。

图 8-24

step 4 通过上述方法即可完成输入日期的操作，效果如图 8-25 所示。

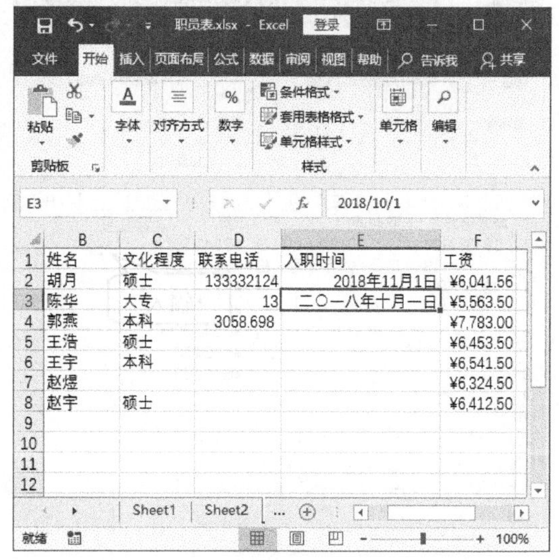

图 8-25

step 5 ① 打开素材表格，右键单击准备输入时间的单元格，如“G2”，② 在弹出的快捷菜单中，选择【设置单元格格式】菜单项，如图 8-26 所示。

图 8-26

step 6 ① 弹出【设置单元格格式】对话框，选择【数字】选项卡，② 在【分类】区域中，选择【时间】选项，③ 在右侧【类型】列表框中，选择准备应用的时间样式，④ 单击【确定】按钮，如图 8-27 所示。

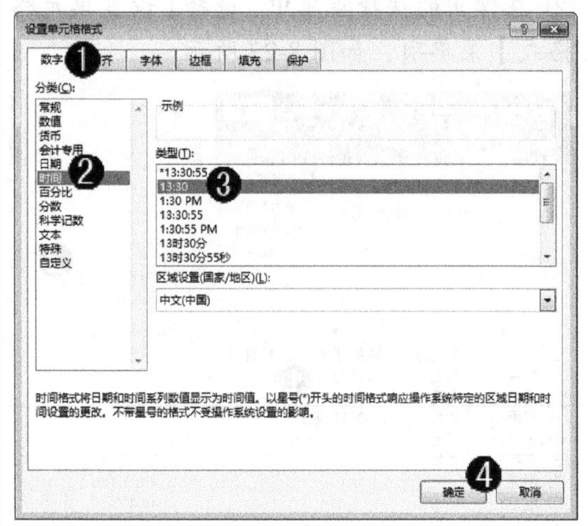

图 8-27

step 7 返回到工作簿中，在选中的单元格中输入数值，如“10:25:00”，然后在键盘上按 Enter 键，确认输入的数值，如图 8-28 所示。

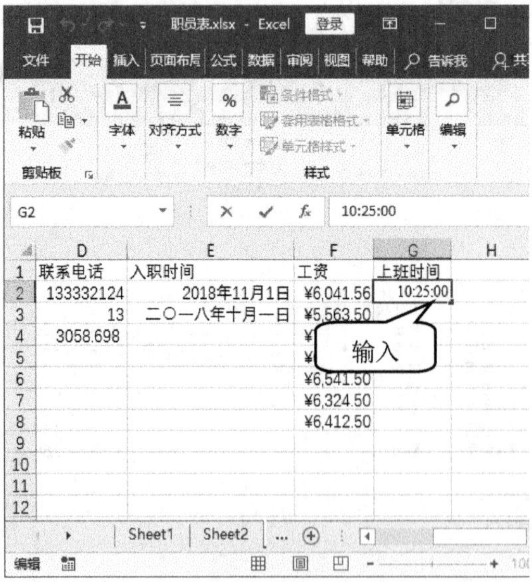

图 8-28

step 8 用户可以看到在设置了时间样式的单元格中，输入的时间被指定的样式所替换，通过上述方法即可完成输入时间的操作，如图 8-29 所示。

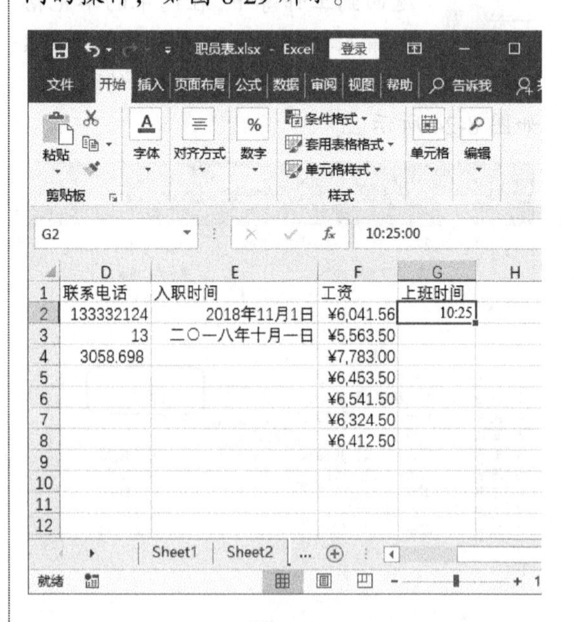

图 8-29

8.2.4 输入特殊数据

在 Excel 中，一些常规的数据，可以在选中单元格后直接输入；而要输入以“0”开头的数据、身份证号码和分数等特殊数据，就需要使用特殊的方法了。

输入以“0”开头的数据：默认情况下，在单元格中输入以“0”开头的数字时，Excel 会把它识别成数值型数据，而直接省略掉前面的“0”。例如，在单元格中输入序号“001”，Excel 会自动将其转换成“1”。此时，只需要在数据前加上英文状态的单引号，就可以输入了。因为输入的单引号使“001”被 Excel 识别为了文本型数据，如图 8-30 所示。

	A	B	C	D	E
1	输入	输入数据	显示为	正确的输入方法	
2	输入以 0"开头的数据	1	1	'001	
3					
4					

图 8-30

输入身份证号码：Excel 的单元格中默认显示 11 个字符，如果输入的数值超过 11 位，则会使用科学计数法来显示该数值，如 1.23456E+17。由于身份证号码一般都是 18 位，因此，如果直接输入，就会变成科学计数格式。正确的输入方法是在身份证号码前面输入一个英文状态的单引号，如图 8-31 所示。

	A	B	C	D	E
1	输入	输入数据	显示为	正确的输入方法	
2	身份证号	123456198712301000	1.23456E+17	'123123456198712301000	
3					
4					
5					
6					
7					
8					
9					

图 8-31

输入分数：默认情况下，在 Excel 中不能直接输入分数，系统会将其显示为日期格式。例如输入分数“3/4”，确认后将会显示为日期“3 月 4 日”。如果要在单元格中输入分数，需要在分数前面输入一个“0”和一个空格，如图 8-32 所示。

	A	B	C	D	E
1	输入	输入数据	显示为	正确的输入方法	
2	分数	3/4	3月4日	0 3/4	
3					
4					
5					
6					
7					
8					
9					

图 8-32

Section 8.3 自动填充数据

手机扫描下方二维码，观看本节视频课程

在使用 Excel 2016 的过程中，如果工作表中需要填充的内容为相同的或有规律的，用户可以使用自动填充功能，如使用填充柄填充和自定义序列填充等方法。本节将重点介绍自动填充功能方面的知识与操作方法。

8.3.1 使用填充柄输入数据

如果准备在一行或一列单元格中输入相同的数据时，可以使用填充柄快速输入相同数据，以提高工作效率。下面以“职员表”素材为例，介绍使用填充柄填充的操作。

step 1 打开素材表格，在单元格中输入准备自动填充的内容，然后选中该单元格，将鼠标指针移向右下角，直至鼠标指针自动变为“十”形状，如图 8-33 所示。

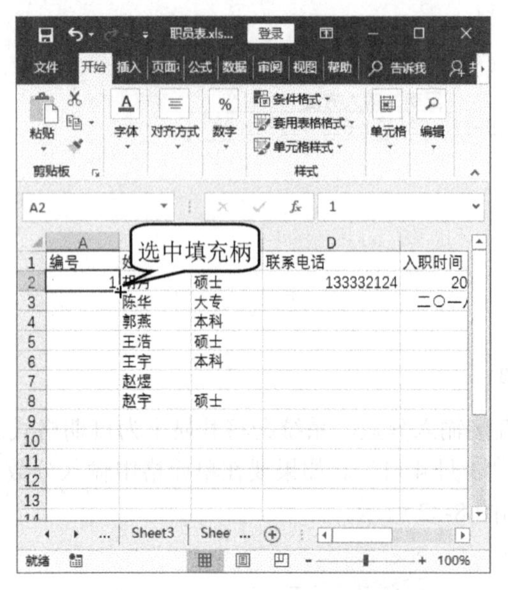

图 8-33

step 2 拖动鼠标指针至准备填充的单元格行或列，可以看到准备填充的内容浮动显示在准备填充区域的右下角，如图 8-34 所示。

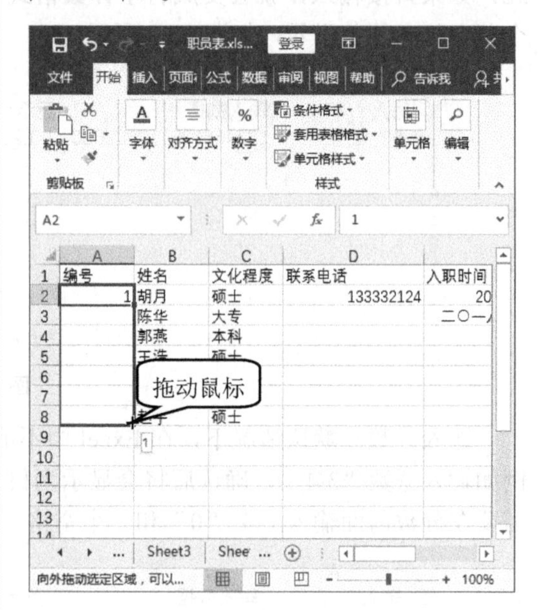

图 8-34

step 3 释放鼠标，用户可以看到准备填充的内容已经被填充至所需的行或列中，通过上述方法即可完成使用填充柄填充数据的操作，如图 8-35 所示。

考考您

请您根据上述操作方法使用填充柄输入数据，测试一下您的学习效果。

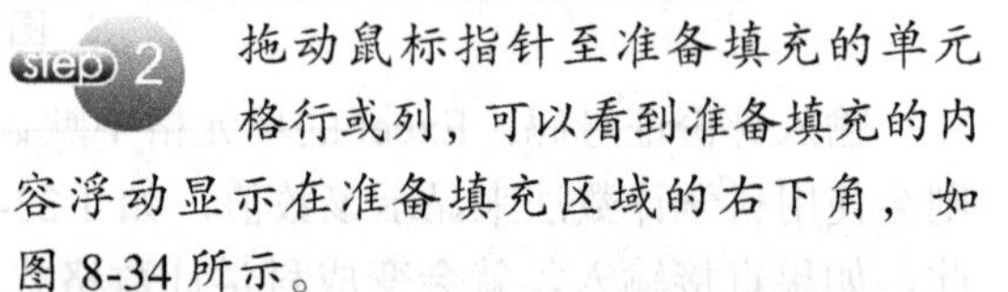

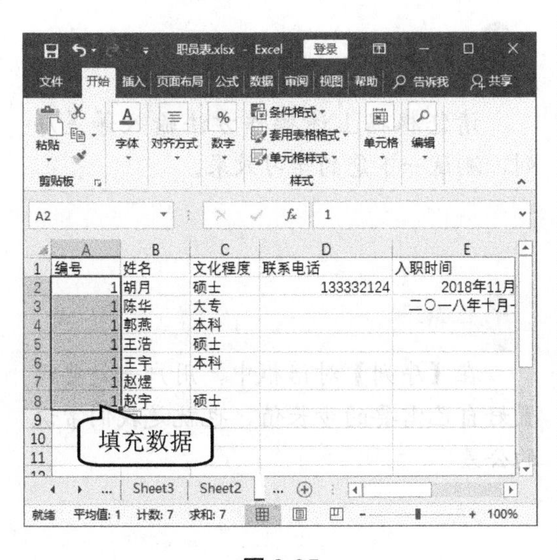

图 8-35

智慧锦囊

在 Excel 2016 工作簿中，选择准备输入相同数据的单元格或单元格区域，然后使用鼠标右键单击并向下拖动填充柄，在弹出的快捷菜单中选择【复制单元格】选项，也可以完成使用填充柄快速输入相同数据的操作。同时在拖动填充柄填充数据的时候，在键盘上按住 Ctrl 键，可以以加 1 的方式快速填充数据。

8.3.2 输入等差序列

如果用户只是使用 Excel 的快速填充功能，能达到填充相同序列或者公差为 1 的序列的效果，如果需要填充的等差序列公差并不是 1，用户又该怎么办呢？其实，Excel 2016 还提供了填充序列的功能，并且对等差数列的公差可以进行详细的设置。

step 1 打开素材表格，① 在某一个单元格中输入等差数列的起始值，然后选中需要填充数列的单元格，② 选择【开始】选项卡，③ 在【编辑】组中，单击【填充】下拉按钮，④ 在弹出的下拉列表中选择【序列】选项，如图 8-36 所示。

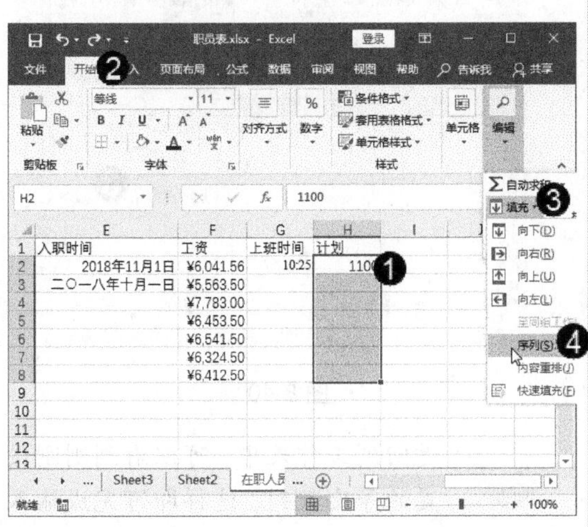

图 8-36

step 2 弹出【序列】对话框，① 在【类型】区域中选中【等差序列】单选按钮，② 在【步长值】文本框中输入数值，该数值即是公差，③ 单击【确定】按钮，如图 8-37 所示。

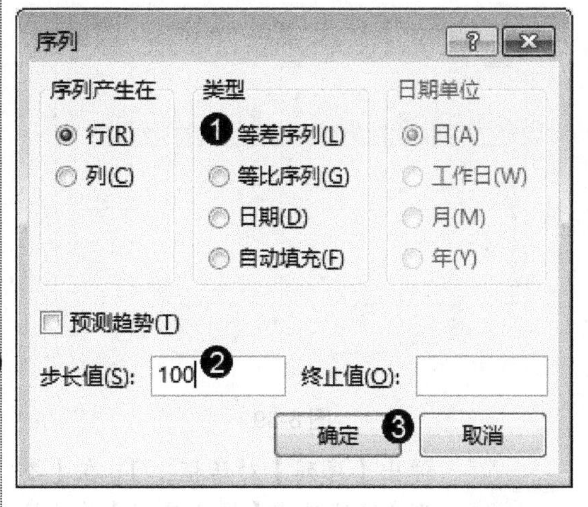

图 8-37

step 3 返回到工作表中，可以看到刚刚设置的等差数列，这样即可完成输入等差序列的操作，如图 8-38 所示。

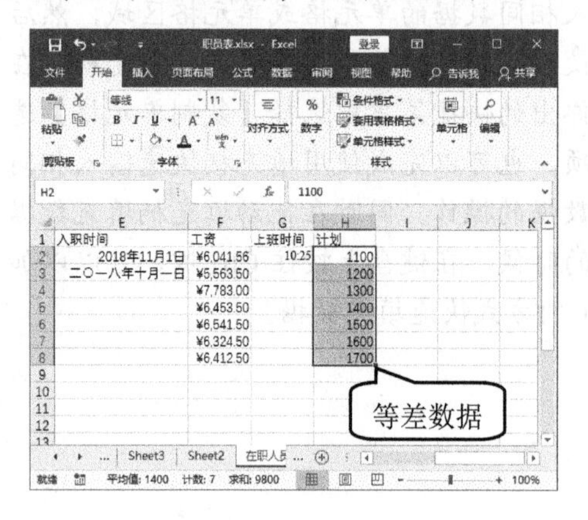

图 8-38

考考您

请您根据上述操作方法输入等差序列，测试一下您的学习效果。

智慧锦囊

在【序列】对话框中，用户一定要设置好自己需要的步长值，也就是我们常说的公差。

8.3.3 输入等比序列

等比序列是指从第二项起，每一项与它的前一项的比值等于同一个常数的一种数列。输入等比序列和输入等差序列的方法差不多，下面详细介绍输入等比序列的操作方法。

step 1 打开素材表格，在 A1 单元格中输入 1，然后选择需要的单元格区域，这里选择的是 A1:G1 单元格区域，如图 8-39 所示。

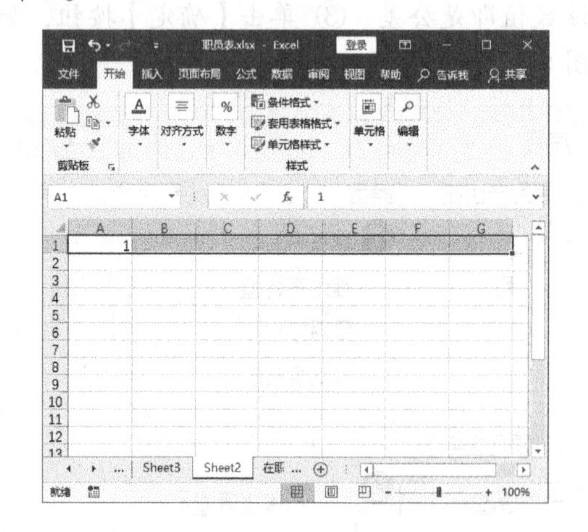

图 8-39

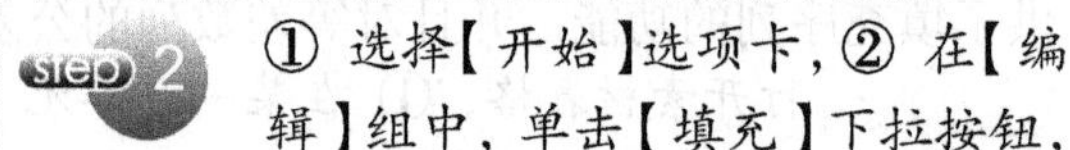

step 2 ① 选择【开始】选项卡，② 在【编辑】组中，单击【填充】下拉按钮，③ 在弹出的下拉列表中选择【序列】选项，如图 8-40 所示。

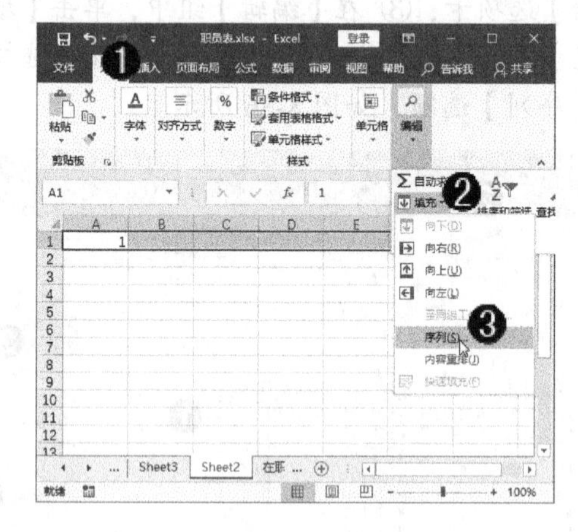

图 8-40

step 3 弹出【序列】对话框，① 在【类型】区域选中【等比序列】单选按钮，② 在【步长值】文本框中输入数值，该数值即是公比数，③ 单击【确定】按钮，如图 8-41 所示。

step 4 返回到工作表中，可以看到刚刚设置的等比数列，这样即可完成输入等比序列的操作，如图 8-42 所示。

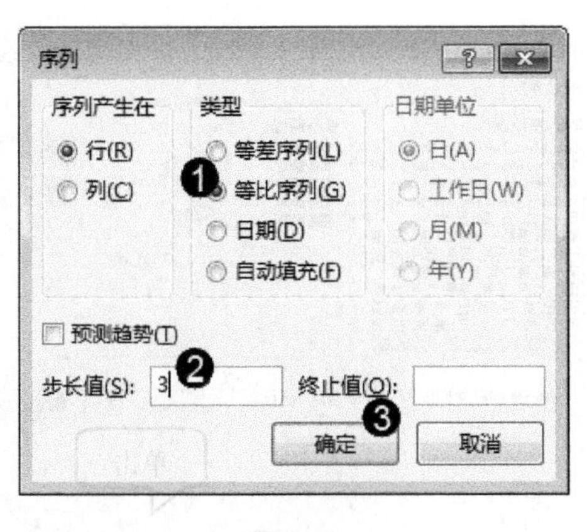

图 8-41

图 8-42

8.3.4 自定义填充序列

如果 Excel 2016 程序默认的自动填充功能无法满足用户的需要，用户可以自定义序列填充，自定义设置的填充数据可以更加准确、更加快速地帮助用户完成数据录入工作。下面以“职员表”素材为例，介绍自定义序列填充的操作。

step 1 打开素材表格，选择【文件】选项卡，然后选择【选项】选项，如图 8-43 所示。

图 8-43

step 2 ① 弹出【Excel 选项】对话框，选择【高级】选项卡，② 拖动垂直滚动条至对话框底部，在【常规】区域中，单击【编辑自定义列表】按钮，如图 8-44 所示。

图 8-44

step 3 ① 弹出【自定义序列】对话框，在【输入序列】列表框中，输入准备设置的序列，如输入“商务部 01～商务部 05”，② 单击【添加】按钮，如图 8-45 所示。

step 4 用户可以看到刚刚输入的新序列被添加到【自定义序列】中，单击【确定】按钮，如图 8-46 所示。

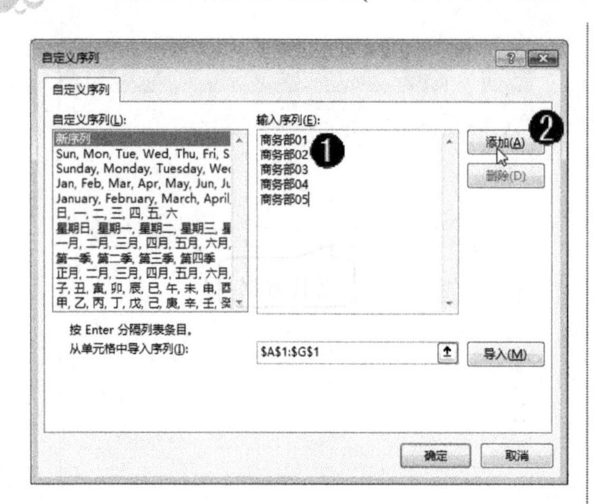

图 8-45

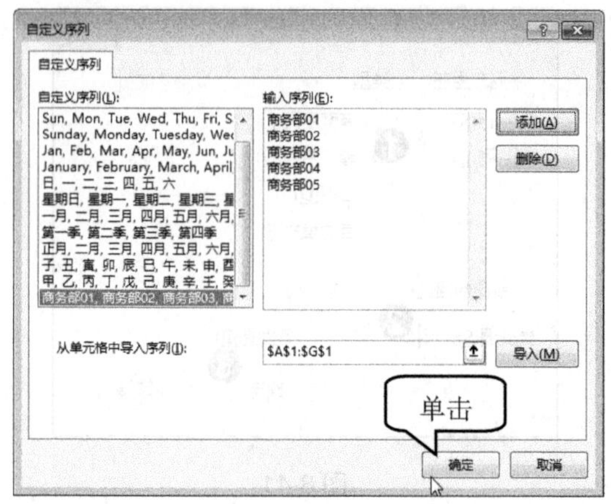

图 8-46

自动返回到【Excel 选项】对话框，单击【确定】按钮，如图 8-47 所示。

step 6 返回到工作表编辑界面中，在准备填充的单元格中，输入自定义的填充内容，如“商务部 01”，如图 8-48 所示。

图 8-47

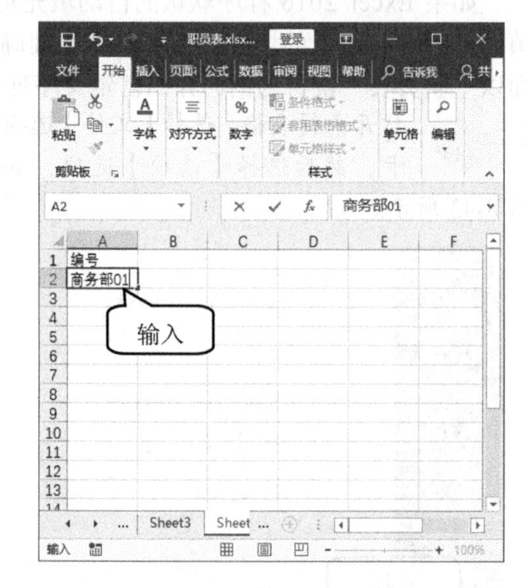

图 8-48

step 7 选中填充内容的单元格，将鼠标指针移动至填充柄上，拖动鼠标至准备填充的单元格位置，如图 8-49 所示。

step 8 释放鼠标，准备填充的内容已被填充至所需的行或列中，通过上述方法即可完成自定义序列填充的操作，如图 8-50 所示。

图 8-49

图 8-50

Section
8.4
编辑表格数据
手机扫描下方二维码，观看本节视频课程

在使用 Excel 2016 的过程中，在工作表的单元格中输入数据后，用户可以根据具体工作的要求，编辑表格中的数据，如修改数据、删除数据、移动表格数据和撤销与恢复数据等。本节将介绍有关在 Excel 2016 中编辑表格中数据的方法和技巧。

8.4.1 修改单元格内容

在 Excel 2016 工作表中输入数据时，如果输入的数据出现错误，那么可以对单元格中的数据进行修改。下面以“职员表”素材为例，介绍修改数据的操作。

1. 在单元格中进行修改

针对不同的修改要求，对工作表的单元格可以单击选中进行修改，还可以双击进入单元格中添加或删除部分数据。

step 1 打开素材表格，单击准备修改数据的单元格，如“F2”，如图 8-51 所示。

step 2 在单元格中输入修改的内容，按键盘上的 Enter 键，这样即可完成单击单元格修改数据的操作，如图 8-52 所示。

图 8-51

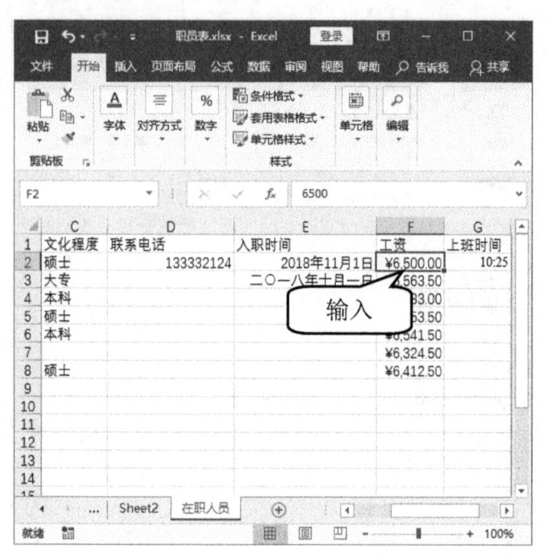

图 8-52

step 3 双击准备修改数据的单元格，如“F3”，双击的位置不同，输入的光标将出现在单元格中不同的位置，如双击单元格中的最右侧，如图 8-53 所示。

step 4 在单元格中输入准备修改或添加的内容，并按键盘上的 Enter 键，这样即可完成双击单元格修改数据的操作，如图 8-54 所示。

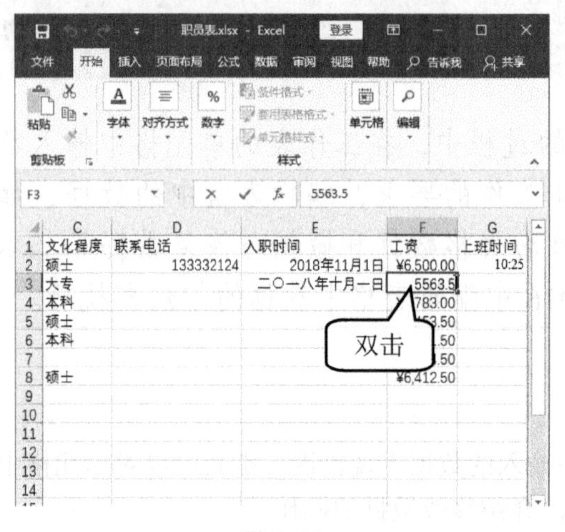

图 8-53

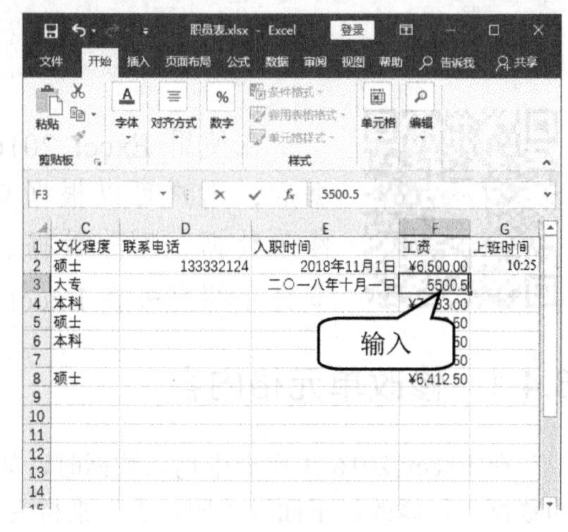

图 8-54

2. 在编辑栏中修改数据

不仅可以通过单击或双击选中单元格进行数据的修改，还可以在选中单元格后，直接在工作表中的编辑栏中修改数据。

step 1 选中准备修改数据的单元格，如“F4”，在编辑栏中输入准备修改的内容，按键盘上的 Enter 键，如图 8-55 所示。

step 2 单元格中的数据已被修改，通过上述方法即可完成在编辑栏中修改数据的操作，如图 8-56 所示。

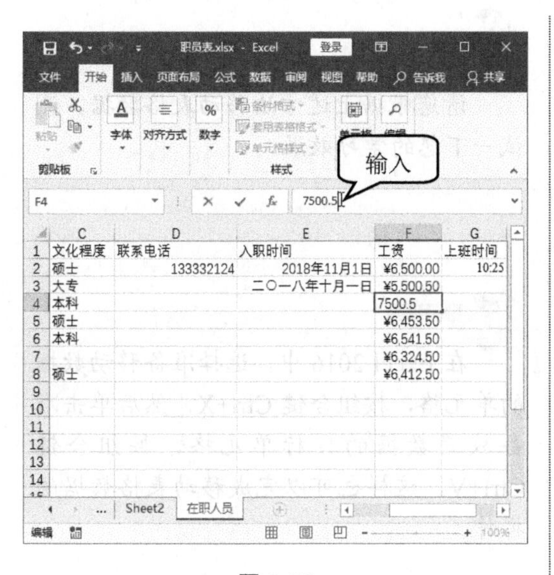

图 8-55

图 8-56

8.4.2　移动表格数据

在编制工作表时，常常需要移动表格中的内容，移动表格数据的方法有很多，下面以“使用功能区中的命令按钮移动数据”为例，介绍在“职员表”素材中移动表格数据的操作。

step 1　① 打开素材文件，选择准备移动数据的单元格区域，如“F1：F8”，② 在功能区中选择【开始】选项卡，③ 在【剪贴板】组中，单击【剪切】按钮，如图 8-57 所示。

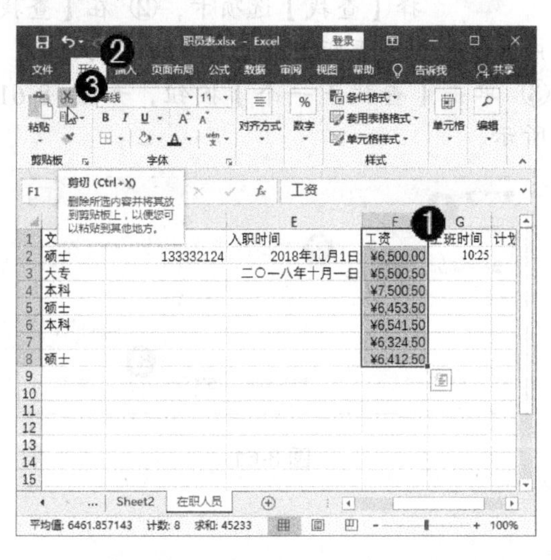

图 8-57

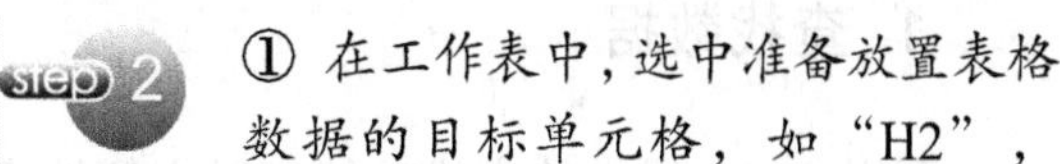

step 2　① 在工作表中，选中准备放置表格数据的目标单元格，如“H2”，② 在【剪贴板】组中，单击【粘贴】按钮，如图 8-58 所示。

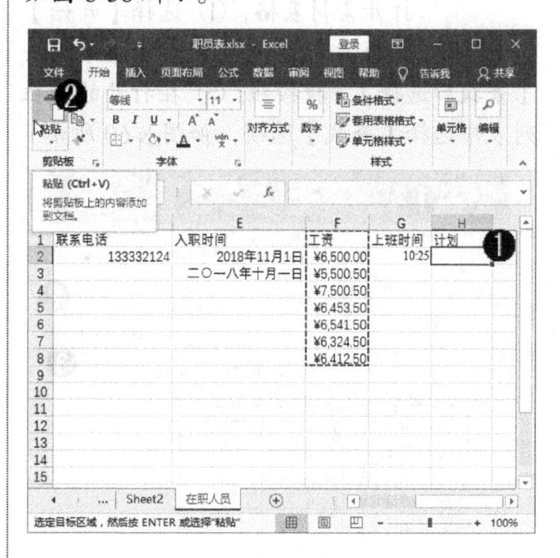

图 8-58

step 3 原位置的表格数据已经被移动至目标单元格，通过上述方法即可完成使用功能区中的命令按钮移动表格数据的操作，如图 8-59 所示。

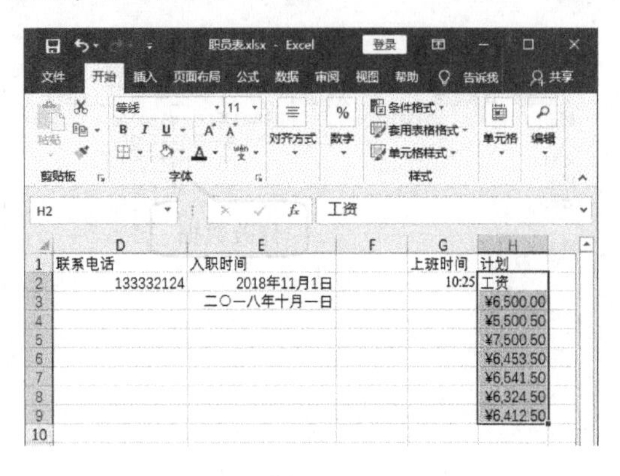

图 8-59

考考您

请您根据上述方法移动表格数据，测试一下您的学习效果。

智慧锦囊

在 Excel 2016 中，选择准备移动数据的单元格，按组合键 Ctrl+X，然后单击准备放置数据的目标单元格，按组合键 Ctrl+V，这样也可以完成移动表格数据的操作。

8.4.3 查找与替换数据

在数据量较大的工作表中，若想手动查找并替换单元格中的数据是非常困难的，而 Excel 的查找和替换功能能够帮助用户快速进行相关操作。

1. 查找数据

利用 Excel 提供的查找功能可以方便地查找到需要的数据，以提高工作效率。下面详细介绍通过查找功能查找数据的操作方法。

step 1 打开素材表格，① 选择【开始】选项卡，② 在【编辑】组中单击【查找和选择】下拉按钮，③ 在打开的下拉列表中选择【查找】选项，如图 8-60 所示。

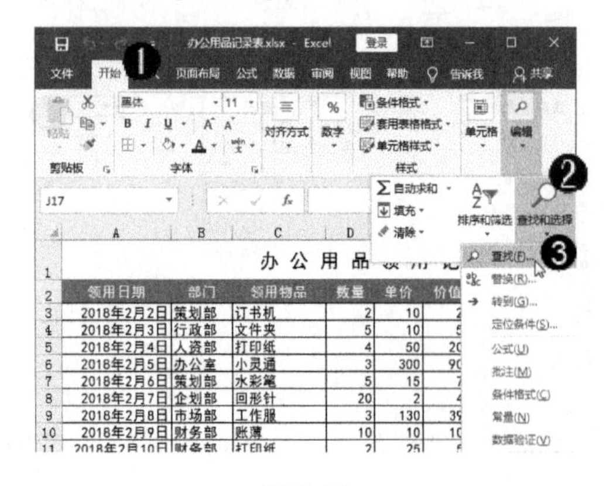

图 8-60

step 2 弹出【查找和替换】对话框，① 选择【查找】选项卡，② 在【查找内容】下拉列表框中，输入要查找的内容，③ 单击【查找下一个】按钮，如图 8-61 所示。

图 8-61

step 3 此时系统会自动选中符合条件的第一个单元格，如果需要查找的不是该单元格内容，则再次单击【查找下一个】按钮继续查找，如图 8-62 所示。

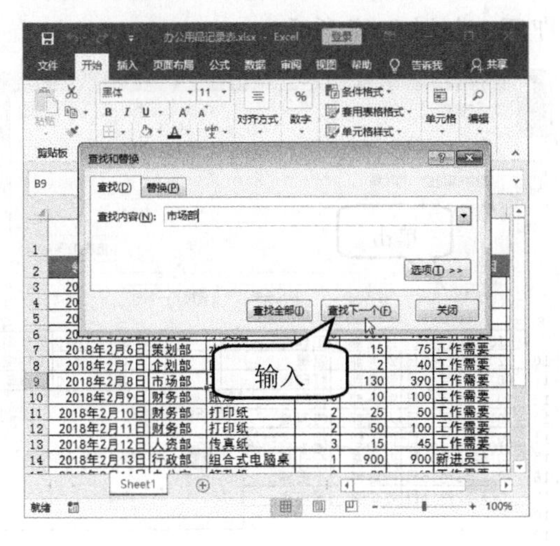

图 8-62

step 4 此外，单击【查找全部】按钮，将在【查找和替换】对话框的下方显示出符合条件的全部单元格信息，如图 8-63 所示。

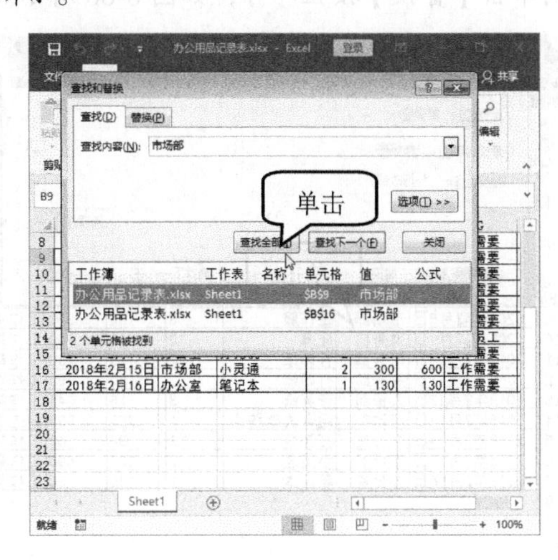

图 8-63

2. 替换数据

如果要对工作表中查找到的数据进行修改，可以使用“替换”功能，通过该功能可以快速地将符合某些条件的内容替换成指定的内容。下面以将“市场部”替换为“行政部”为例，详细介绍替换数据的操作方法。

step 1 打开素材表格，① 选择【开始】选项卡，② 在【编辑】组中单击【查找和选择】下拉按钮，③ 在打开的下拉列表中选择【替换】选项，如图 8-64 所示。

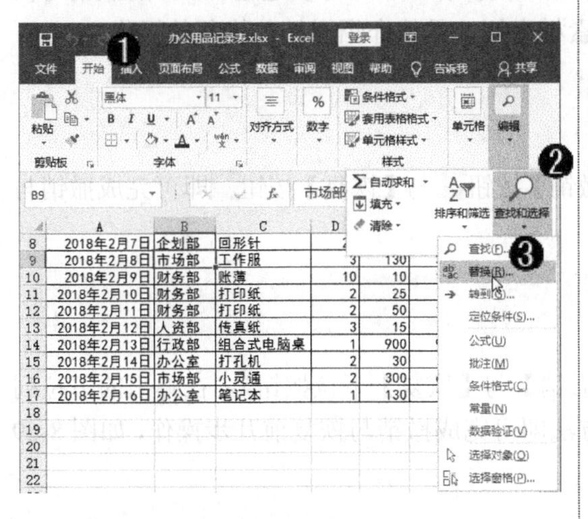

图 8-64

step 2 弹出【查找和替换】对话框，① 选择【替换】选项卡，② 在【查找内容】下拉列表框中，输入要查找的内容，在【替换为】下拉列表框中输入准备替换的内容，③ 单击【查找下一个】按钮，此时系统会自动地选中符合条件的第一个单元格，如图 8-65 所示。

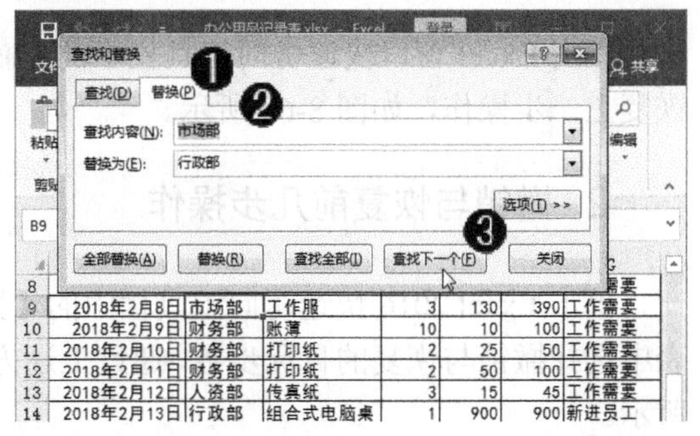

图 8-65

step 3 如果需要替换的不是该单元格内容，则再次单击【查找下一个】按钮继续查找，如果要替换该单元格的内容，则单击【替换】按钮即可，如图 8-66 所示。

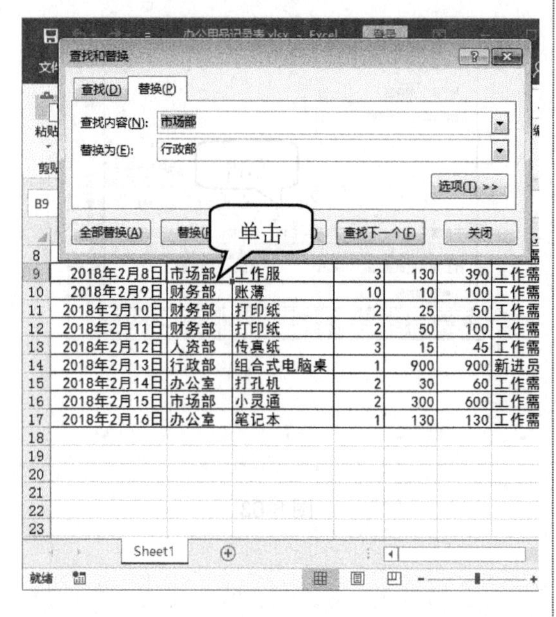

图 8-66

step 4 此外，单击【全部替换】按钮，系统将直接替换所有符合条件的单元格内容，替换完成后会弹出一个提示框，提示用户共替换了几处，单击【确定】按钮即可，如图 8-67 所示。

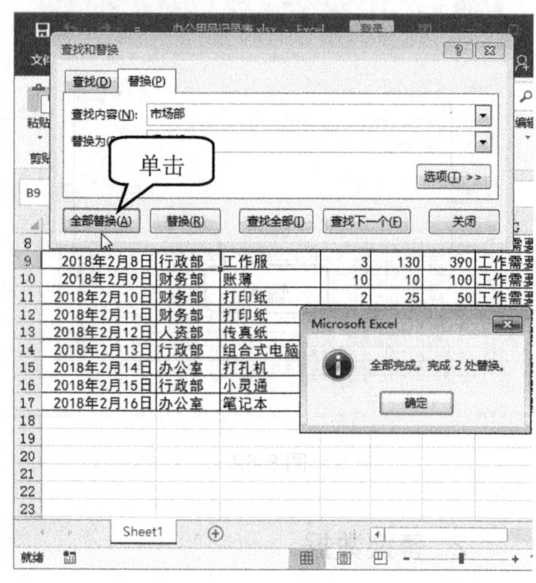

图 8-67

知识精讲

在【查找和替换】对话框中，单击【替换】按钮后，Excel 将自动查找并选中符合条件的下一个单元格。

8.4.4 撤销与恢复

在 Excel 2016 工作簿中，如果用户进行了错误的操作，那么可以通过 Excel 的撤销与恢复功能撤销错误的操作。下面以“职员表”素材为例，具体介绍撤销与恢复的操作。

1. 撤销与恢复上一步操作

单击 Excel 窗口快速访问工具栏中的【撤销】按钮与【恢复】按钮即可完成撤销与恢复上一步操作，如图 8-68 所示。

2. 撤销与恢复前几步操作

单击 Excel 2016 快速访问工具栏中的【撤销】与【恢复】下拉按钮，在弹出的下拉列表中选择撤销与恢复的目标步数，通过上述方法即可完成撤销与恢复前几步操作，如图 8-69 所示。

图 8-68

图 8-69

8.4.5 删除数据

在编辑工作表时，如果输入了错误或不需要的数据，可以及时删除，删除数据的方法主要有使用快捷键和使用快捷菜单两种方法，下面分别详细介绍。

1. 使用快捷键

选中要删除数据的单元格，按键盘上的 Backspace 键和 Delete 键均可删除；双击需要删除数据的单元格，将光标定位到该单元格中，按键盘上的 Backspace 键可以删除光标前的数据，按键盘上的 Delete 键可以删除光标后的数据。

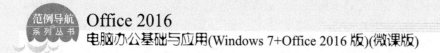

2. 使用快捷菜单

选择需要清除内容的单元格或单元格区域，然后单击鼠标右键，在弹出的快捷菜单中选择【清除内容】菜单项即可，如图 8-70 所示。

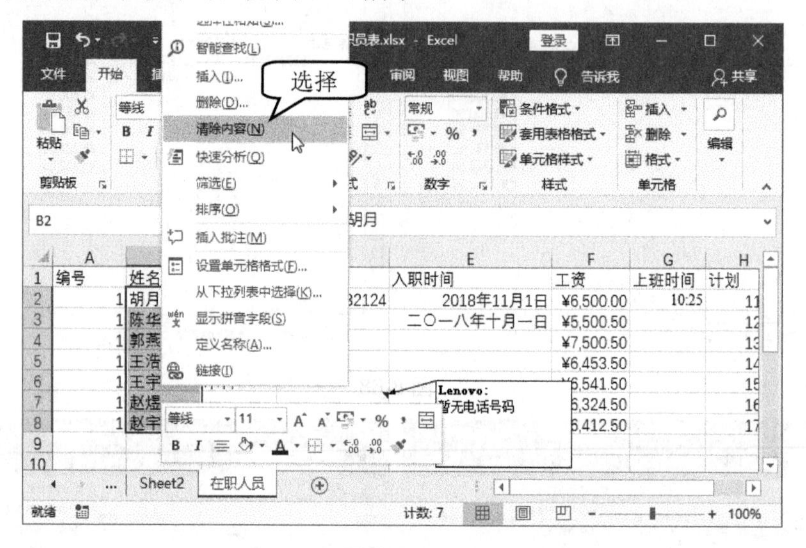

图 8-70

Section 8.5 设置数据有效性

手机扫描下方二维码，观看本节视频课程

在使用 Excel 2016 的过程中，在输入数据时，进行数据有效性的设置，可以节约很多的时间，也可以让别人在制作好的表格中输入数据时，能提高输入的准确性。本节将介绍认识数据有效性和设置数据有效性方面的方法和技巧。

8.5.1 认识数据有效性

数据有效性是允许在单元格中输入有效数据或值的一种 Excel 功能，用户可以设置数据有效性以防止其他用户输入无效数据，当其他用户尝试在单元格中输入无效数据时，系统将发出警告。此外，用户也可以输入提示一些信息，例如用户可以在警告对话框中输入“对不起，您输入的信息不符合要求！”提示信息，如图 8-71 所示。

图 8-71

8.5.2　设置数据有效性

认识 Excel 2016 数据有效性功能后，还要学会数据有效性的具体设置方法。下面以“职员表”素材为例，介绍数据有效性的具体操作。

step 1　打开素材文件，选择准备设置数据有效性的单元格区域，如“F2:F8”，如图 8-72 所示。

图 8-72

step 2　① 选择【数据】选项卡，② 在【数据工具】组中，单击【数据验证】下拉按钮，③ 选择【数据验证】选项，如图 8-73 所示。

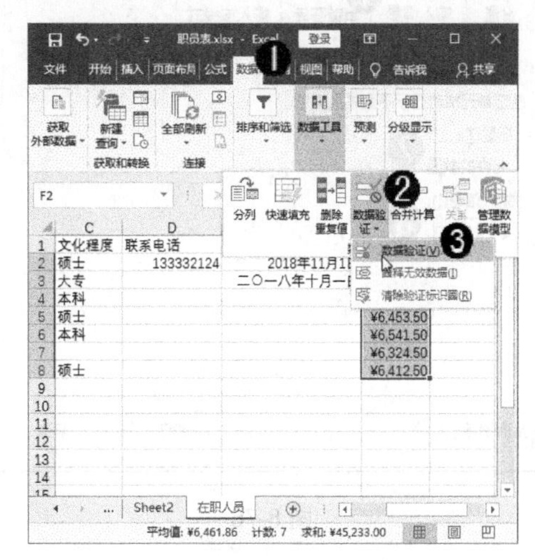

图 8-73

step 3　① 弹出【数据验证】对话框，在【验证条件】区域中，单击【允许】下拉按钮，② 在弹出的下拉列表中，选择允许用户输入的值，如“整数”，如图 8-74 所示。

图 8-74

step 4　显示【整数】设置，① 在【数据】下拉列表框中，选择【介于】选项，② 在【最小值】文本框中，输入允许用户输入的最小值，如“0”，③ 在【最大值】文本框中，输入允许用户输入的最大值，如“10000”，如图 8-75 所示。

图 8-75

step 5 ① 设置下一项目，选择【输入信息】选项卡，② 在【选定单元格时显示下列输入信息】区域中，单击【标题】文本框，输入标题，如“允许的数值”，③ 在【输入信息】文本框中，输入信息，如“0～10000”，如图 8-76 所示。

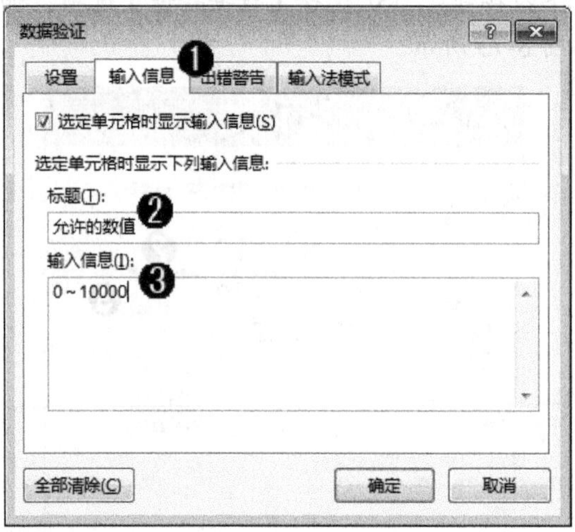

图 8-76

step 7 在 Excel 2016 工作表中，单击任意已设置数据有效性的单元格，会显示刚才设置的提示信息，如图 8-78 所示。

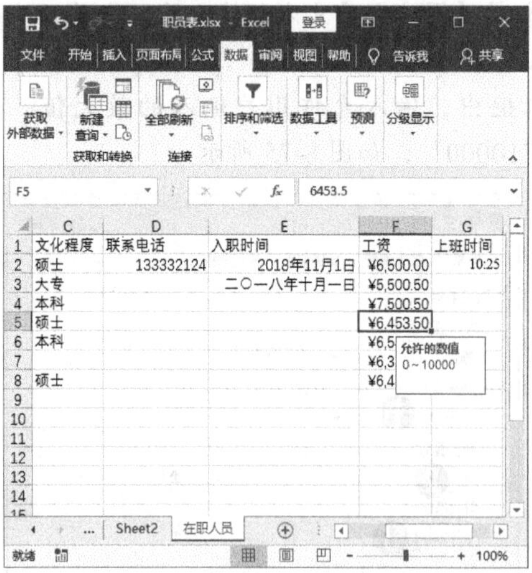

图 8-78

step 6 ① 设置下一项目，选择【出错警告】选项卡，② 在【样式】下拉列表框中，选择【警告】选项，③ 在【标题】文本框中，输入标题，如“信息不符”，④ 在【错误信息】文本框中，输入提示信息，如“对不起，您输入的信息不符合要求！”，⑤ 单击【确定】按钮，如图 8-77 所示。

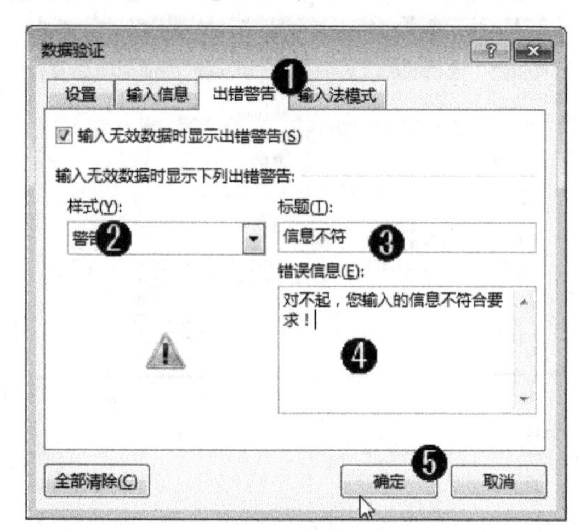

图 8-77

step 8 如果在已设置数据有效性的单元格中输入无效数据，如输入“11000”，则 Excel 2016 会自动弹出警告提示信息，通过以上方法即可完成设置数据有效性的操作，如图 8-79 所示。

图 8-79

Section 8.6 设置单元格格式

手机扫描下方二维码，观看本节视频课程

在单元格中输入数据后，还需要设置单元格格式。例如，设置文本格式、数字格式、对齐方式、边框和底纹等，以便美化表格中的内容。本节将详细介绍设置单元格格式的相关知识及操作方法。

8.6.1 设置单元格文本格式

在 Excel 2016 中输入的文本默认为宋体。为了制作出美观的电子表格，用户可以更改工作表中单元格或单元格区域中的字体、字号、文字颜色等文本格式。

1. 通过浮动工具栏设置

双击需要设置文本格式的单元格，将光标插入其中，拖动鼠标左键，选择要设置的字符，并将鼠标指针放置在选择的字符上，片刻后将会出现一个半透明的浮动工具栏，将指针移到上面，浮动工具栏将变得不透明，在其中可以设置字符的文本格式，如图 8-80 所示；或者用鼠标右键单击要设置的单元格，此时将出现一个浮动工具栏，在其中也可以设置字体、字号、文字颜色等文本格式，如图 8-81 所示。

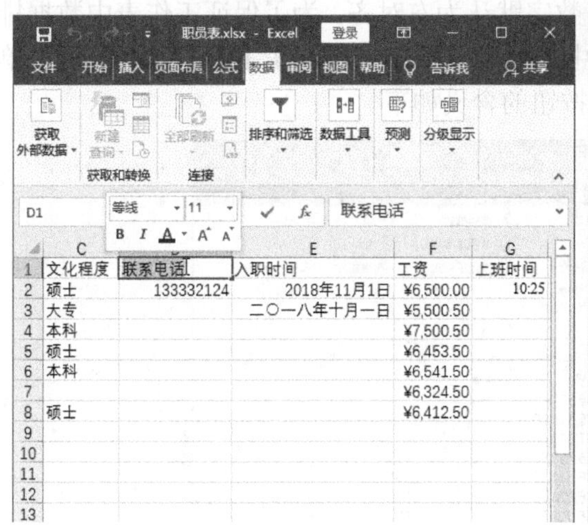

图 8-80

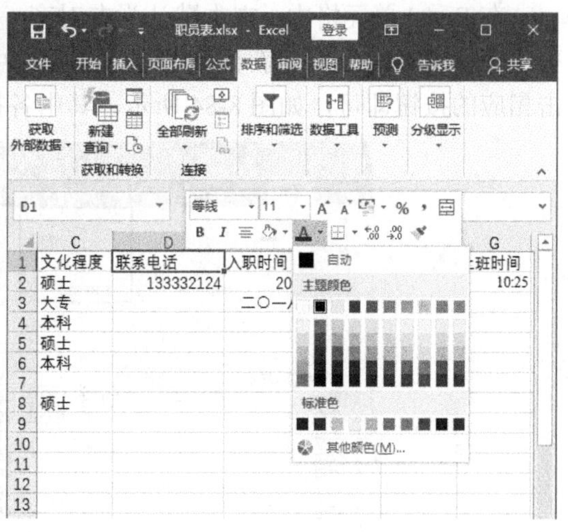

图 8-81

2. 通过【字体】组设置

选择要设置格式的单元格、单元格区域、文本或字符，在【开始】选项卡的【字体】组中执行相应的操作来设置文本格式。

3. 通过【设置单元格格式】对话框设置

单击【字体】组右下角的启动器按钮，如图 8-82 所示，打开【设置单元格格式】对话框，在【字体】选项卡中可以根据需要设置字体、字形、字号以及字体颜色等格式，设置完成后单击【确定】按钮即可，如图 8-83 所示。

图 8-82

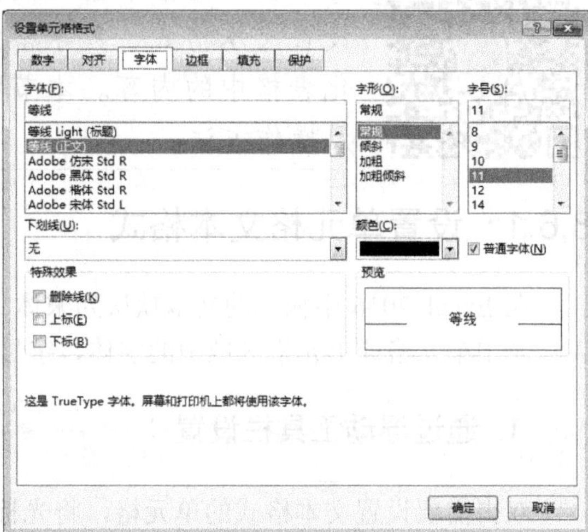

图 8-83

8.6.2 设置单元格对齐方式

在 Excel 单元格中，文本默认为左对齐，数字默认为右对齐。为了保证工作表中数据排列整齐，可以为数据重新设置对齐方式，选中需要设置的单元格，在【对齐方式】组中单击相应的按钮即可，如图 8-84 所示。其中各按钮的含义如下。

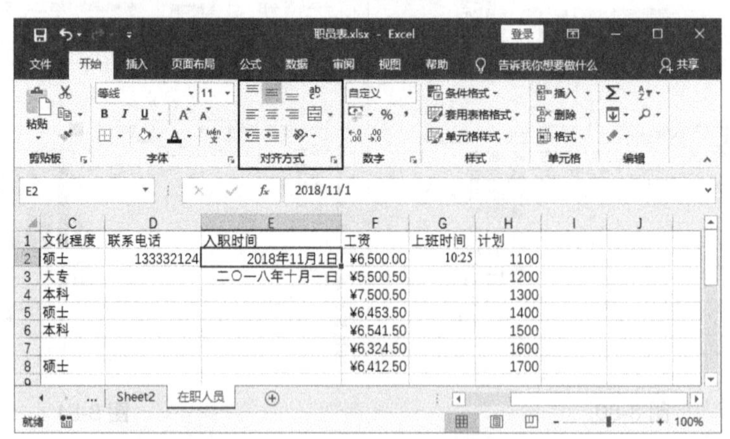

图 8-84

- 垂直对齐方式按钮：在垂直方向上设置数据的对齐方式。单击【顶端对齐】按钮，数据将靠单元格的顶端对齐；单击【垂直居中】按钮，数据将在单元格中上下居中对齐；单击【底端对齐】按钮，数据将靠单元格的底端对齐。

- 水平对齐方式按钮：在水平方向上设置数据的对齐方式。单击【左对齐】按钮，数据将靠单元格的左端对齐；单击【居中】按钮，数据将在单元格中左右居中对齐；单击【右对齐】按钮，数据将靠单元格右端对齐。
- 【方向】按钮：单击该按钮，在打开的下拉列表中可以选择文字需要旋转的 45°倍数方向；选择【设置单元格格式】命令，在打开的对话框中可以设置更精确的角度。
- 【自动换行】按钮：当单元格中的数据太多，无法完整显示在单元格中时，可以将该单元格中的数据自动换行后，以多行的形式显示在单元格中。如果要取消自动换行，再次单击该按钮即可。
- 【减少缩进量】按钮和【增加缩进量】按钮：单击【减少缩进量】按钮，可减小单元格边框与单元格数据之间的距离；单击【增加缩进量】按钮，可以增大单元格边框与单元格数据之间的距离。

单击【开始】选项卡的【对齐方式】组右下角的启动器按钮，在弹出的【设置单元格格式】对话框的【对齐】选项卡中也可以设置数据对齐方式。

8.6.3 设置单元格边框和底纹

在编辑表格的过程中，用户可以通过添加边框和底纹等，为工作表设置背景，使得制作的表格轮廓更加清晰，更具整体感和层次感。

1. 添加边框

为了使表格数据之间层次鲜明，更易于阅读，可以为表格中的不同部分添加边框。下面详细介绍添加表格边框的操作方法。

step 1 ① 选择准备设置表格边框的单元格，② 在【单元格】组中，单击【格式】下拉按钮，如图 8-85 所示。

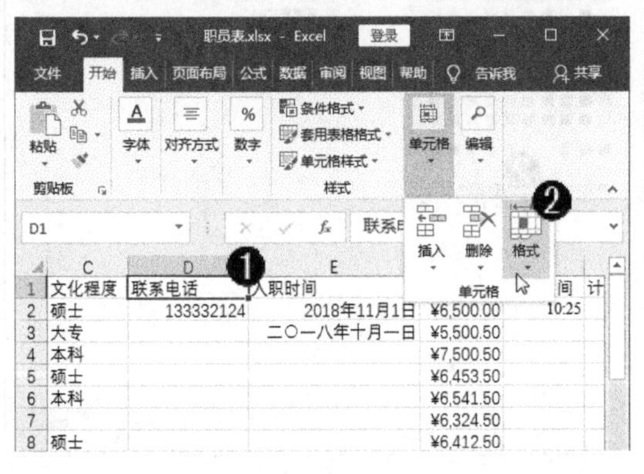

图 8-85

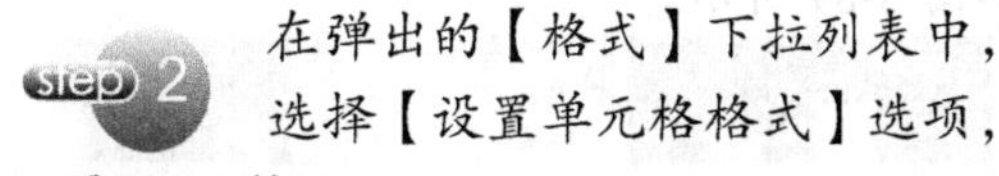

step 2 在弹出的【格式】下拉列表中，选择【设置单元格格式】选项，如图 8-86 所示。

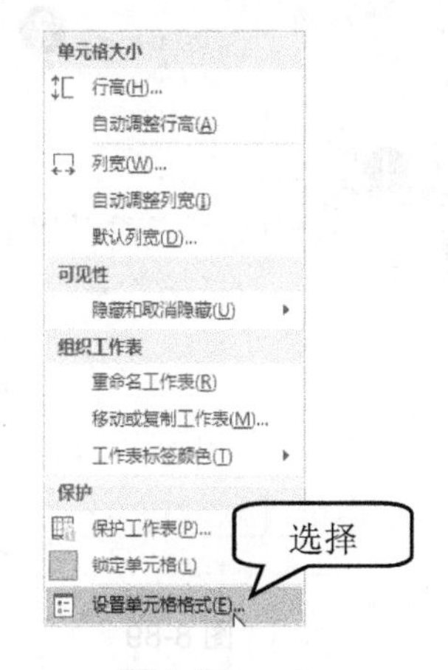

图 8-86

step 3 弹出【设置单元格格式】对话框，① 选择【边框】选项卡，② 在【预置】区域中，单击【外边框】按钮，③ 在【边框】区域中，单击准备选择的边框线，④ 单击【确定】按钮，如图 8-87 所示。

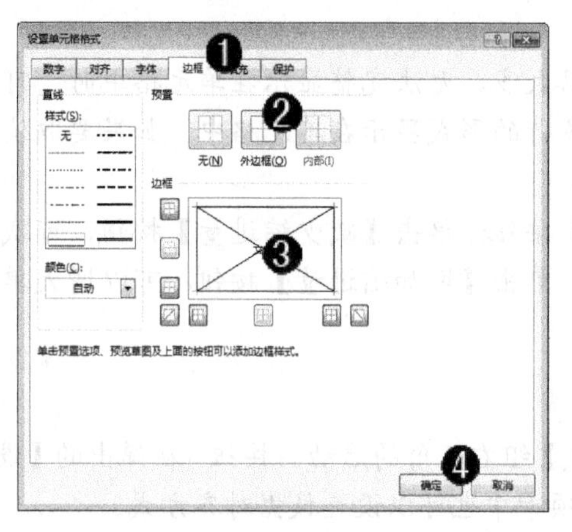

图 8-87

step 4 通过以上步骤即可完成在 Excel 2016 工作表中，添加表格边框的操作，效果如图 8-88 所示。

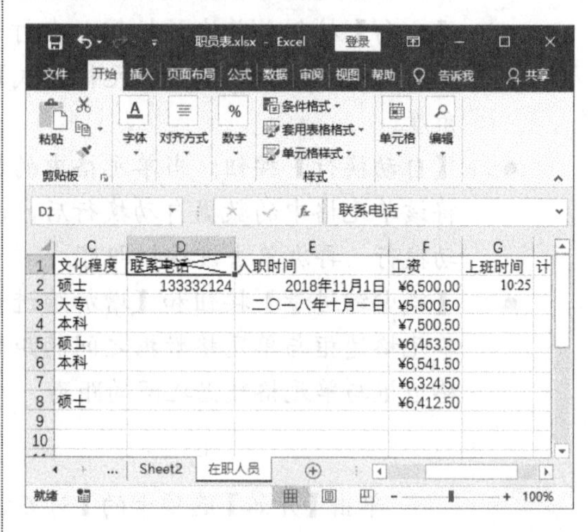

图 8-88

2. 添加表格底纹

添加表格底纹是指在单元格中添加背景颜色和背景纹理，下面详细介绍添加表格底纹的操作方法。

step 1 ① 选择准备设置底纹的单元格，并右键单击，② 在弹出的快捷菜单中选择【设置单元格格式】菜单项，如图 8-89 所示。

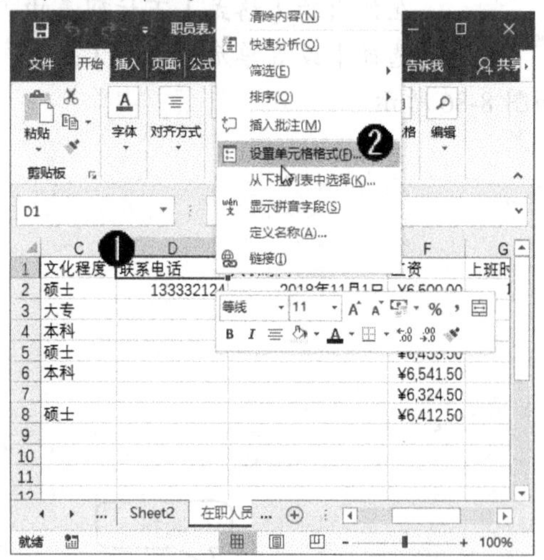

图 8-89

step 2 弹出【设置单元格格式】对话框，① 选择【填充】选项卡，② 单击对话框左下角的【填充效果】按钮，如图 8-90 所示。

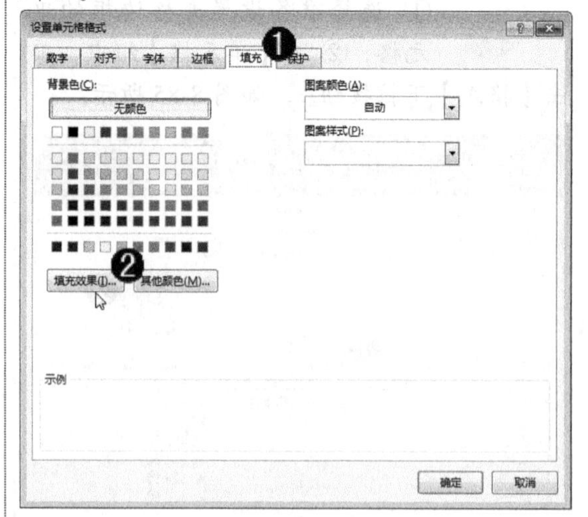

图 8-90

step 3 弹出【填充效果】对话框，① 在【颜色 2(2)】下拉列表框中选择设置底纹的颜色，② 在【底纹样式】区域中，选择设置的底纹样式，③ 单击【确定】按钮，如图 8-91 所示。

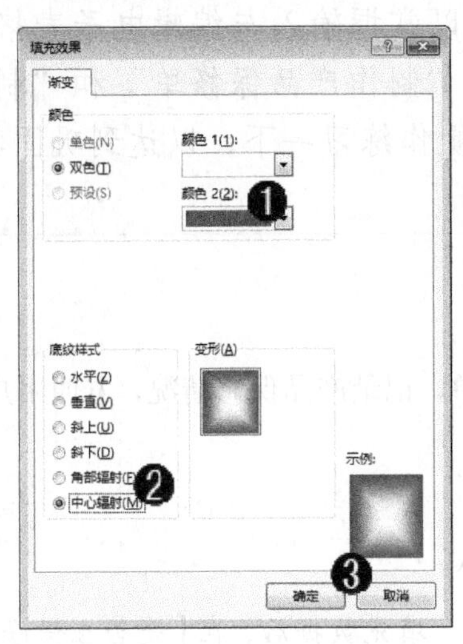

图 8-91

step 4 返回至【设置单元格格式】对话框，此时在对话框的【示例】区域中会显示刚刚设置的底纹样式，单击【确定】按钮，如图 8-92 所示。

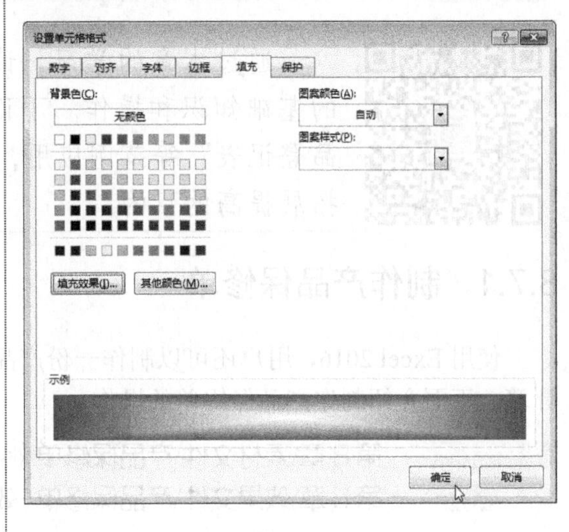

图 8-92

step 5 返回到工作表中，可以看到选择的单元格已添加底纹，这样即可完成添加表格底纹的操作，如图 8-93 所示。

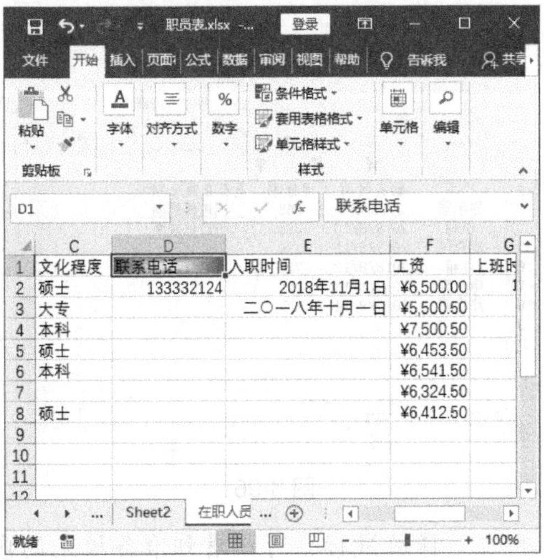

图 8-93

智慧锦囊

在【设置单元格格式】对话框中，选择【填充】选项卡后，在【颜色】区域下方单击【其他颜色】按钮，即可弹出【颜色】对话框，用户可以在此选择更多的颜色方案，如图 8-94 所示。

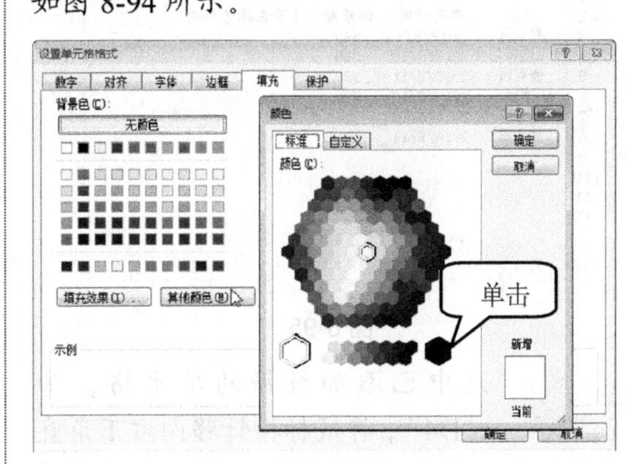

图 8-94

Section 8.7 范例应用与上机操作

手机扫描下方二维码，观看本节视频课程

通过本章的学习，读者可以掌握输入与编辑电子表格数据的基础知识和操作。下面介绍“制作产品保修单”和“制作产品登记表”等范例应用，上机操作练习一下，以达到巩固学习、拓展提高的目的。

8.7.1 制作产品保修单

使用 Excel 2016，用户还可以制作一份产品保修单，记录产品保修情况，方便用户统筹计算。下面介绍制作产品保修单的操作。

素材文件 第 8 章\素材文件\产品保修单.xlsx

效果文件 第 8 章\效果文件\产品保修单-效果.xlsx

step 1 打开素材文件，在指定的单元格区域中，输入产品的各种信息数据，如图 8-95 所示。

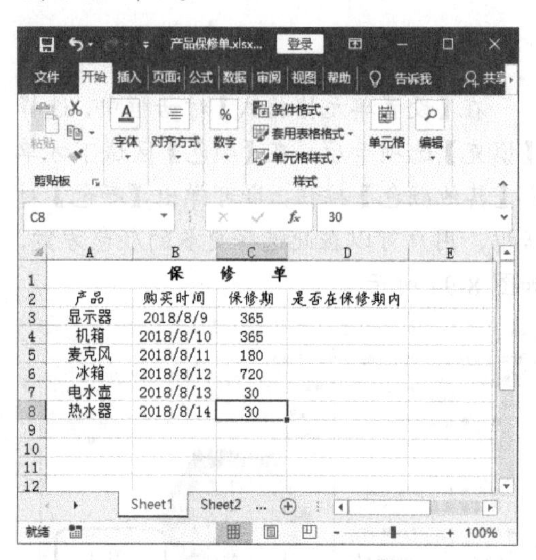

图 8-95

step 2 填充数据后，在【是否在保修期内】单元格下方，填写产品是否在保修期内的文本数据，如图 8-96 所示。

图 8-96

step 3 选中已添加数据的单元格，如“D4”，将鼠标指针移向右下角直至鼠标指针变为“十”形状，然后拖动鼠标指针至准备填充的单元格，可以看到准备填充的内容浮动显示在准备填充区域的右下角，如图 8-97 所示。

step 4 释放鼠标，可以看到准备填充的内容已经被填充至所需的单元格行，如图 8-98 所示。

图 8-97

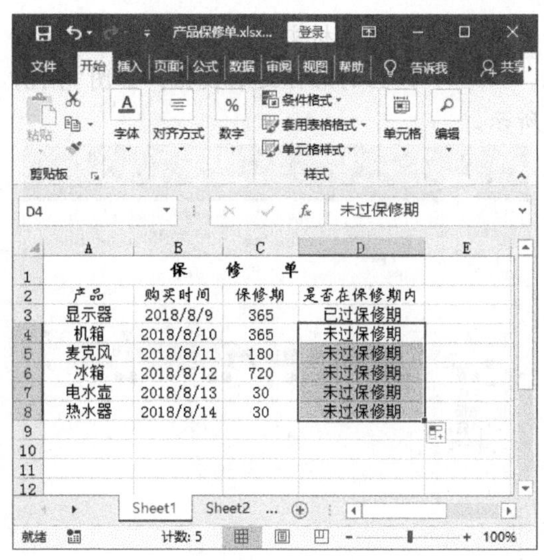

图 8-98

step 5 运用相同的方法继续输入其他文本数据并使用填充柄填充数据，如图 8-99 所示。

step 6 通过上述方法即可完成制作产品保修单的操作，如图 8-100 所示。

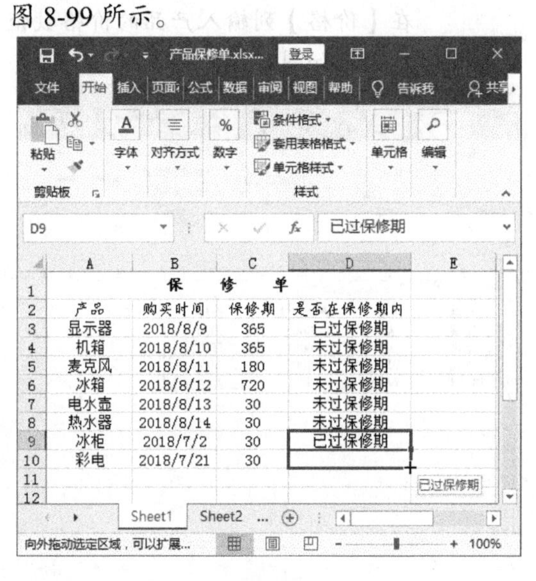

图 8-99

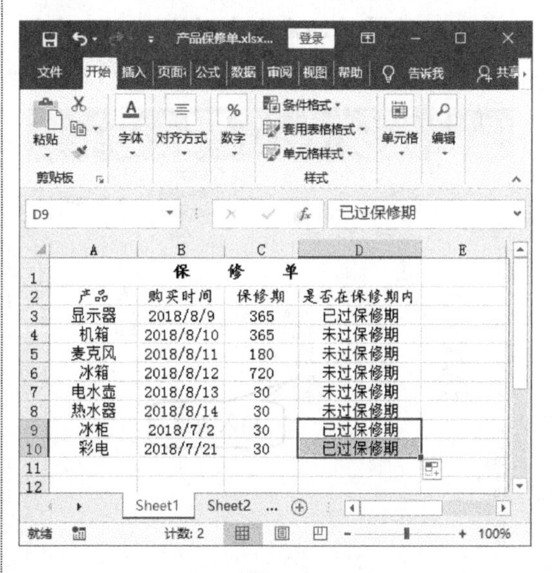

图 8-100

8.7.2 制作产品登记表

使用 Excel 2016，用户可以制作一份产品登记表，记录产品的有关数据，方便用户日常的管理和查询。下面介绍制作产品登记表的操作。

素材文件 第 8 章\素材文件\产品登记表.xlsx

效果文件 第 8 章\效果文件\产品登记表-效果. xlsx

打开素材文件，在【名称】列输入产品的名称文本数据，如图 8-101 所示。

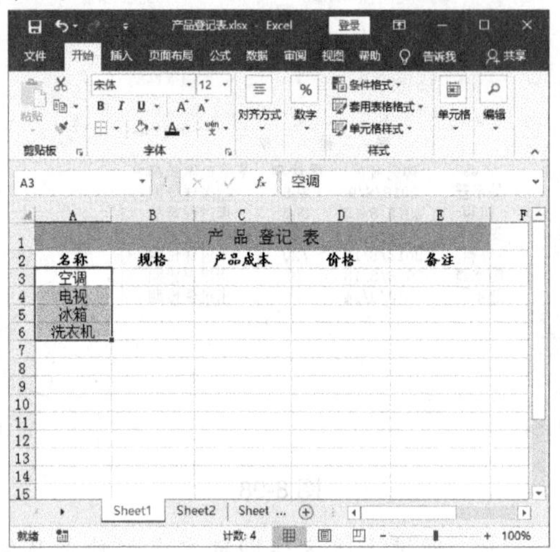

图 8-101

在【规格】列输入产品的规格文本数据，如图 8-102 所示。

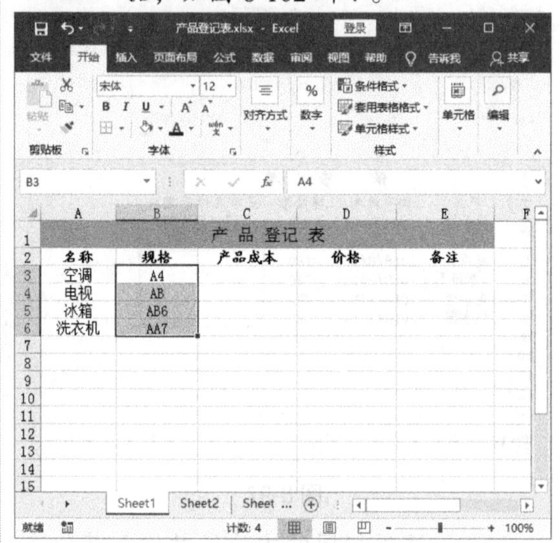

图 8-102

step 3 在【产品成本】列输入产品的成本数值数据，如图 8-103 所示。

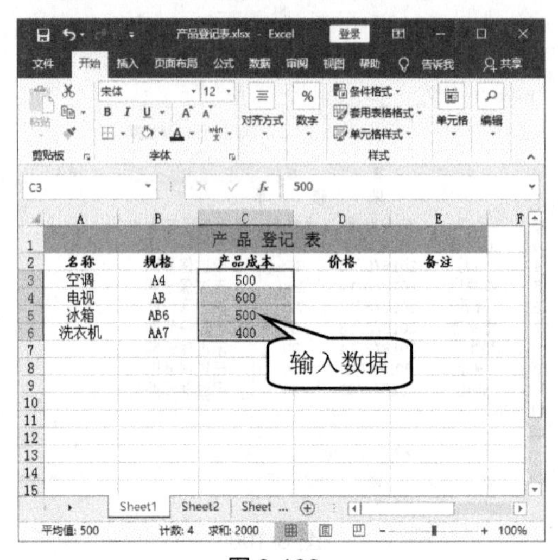

图 8-103

step 4 在【价格】列输入产品的价格数值数据，如图 8-104 所示。

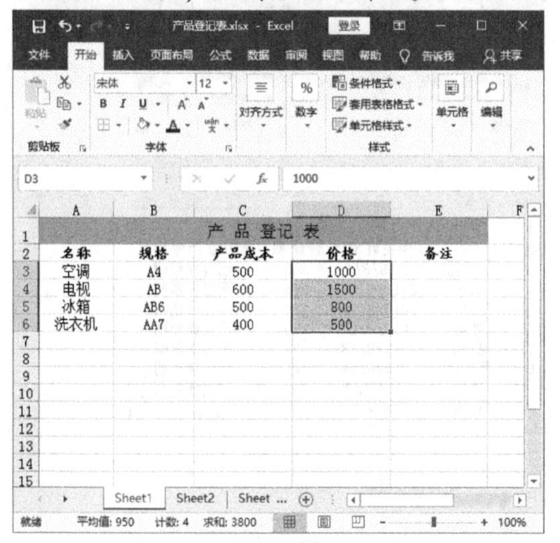

图 8-104

step 5 在【备注】列输入产品的日期和时间数据，如图 8-105 所示。

step 6 选择准备设置数据有效性的单元格区域，如"D3:D6"，然后在【数据】选项卡的【数据工具】组中依次单击【数据验证】→【数据验证】选项，如图 8-106 所示。

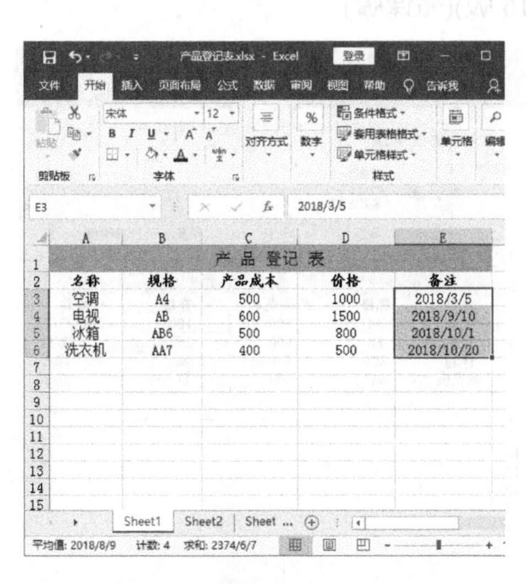

图 8-105

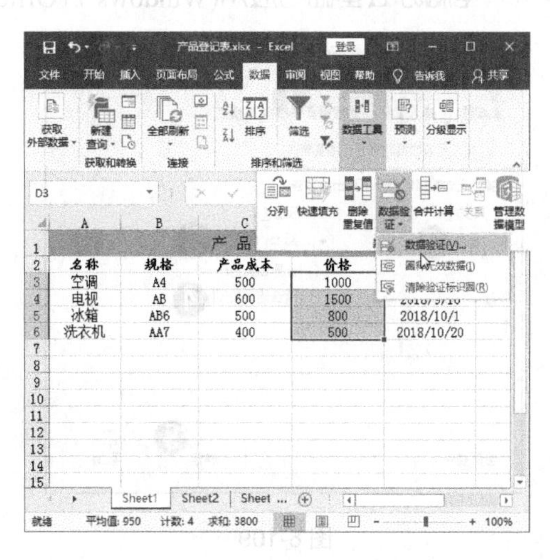

图 8-106

step 7 弹出【数据验证】对话框，① 在【验证条件】区域中，在【允许】下拉列表框中，选择准备允许用户输入的值，如“整数”，② 在【数据】下拉列表框中，选择【介于】选项，③ 在【最小值】文本框中，输入准备允许用户输入的最小值，如“0”，④ 在【最大值】文本框中，输入准备允许用户输入的最大值，如“1500”，如图 8-107 所示。

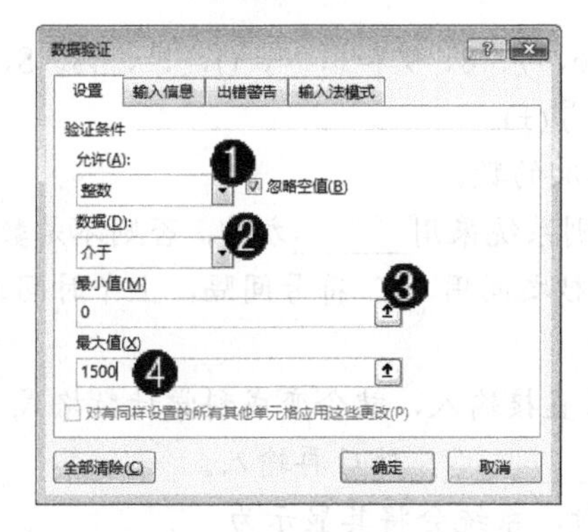

图 8-107

step 8 ① 设置下一项目，选择【输入信息】选项卡，② 在【选定单元格时显示下列输入信息】区域中，单击【标题】文本框，输入准备输入的标题，如“价格允许的数值”，③ 在【输入信息】文本框中，输入准备输入的信息，如“0～1500”，如图 8-108 所示。

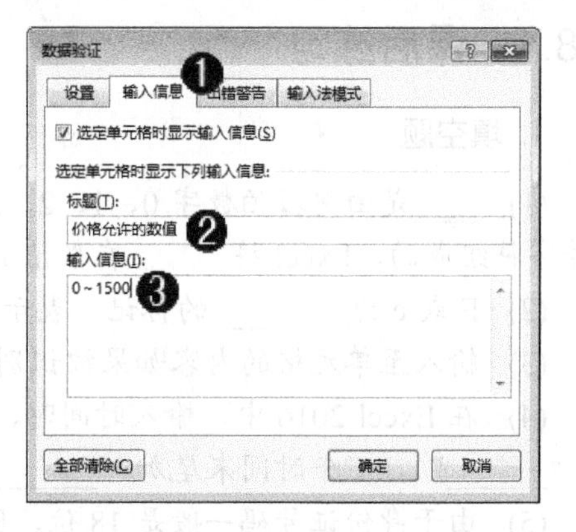

图 8-108

step 9 设置下一项目，① 选择【出错警告】选项卡，② 在【样式】下拉列表框中，选择【警告】选项，③ 在【标题】文本框中，输入准备输入的标题，如“超出价格范围”，④ 在【错误信息】文本框中，输入准备输入的提示信息，如“请合理出价！”，⑤ 单击【确定】按钮，如图 8-109 所示。

step 10 如果在已设置数据有效性的单元格中输入无效数据，如输入“1800”，则 Excel 2016 会自动弹出警告提示信息，通过上述方法即可完成制作产品登记表的操作，效果如图 8-110 所示。

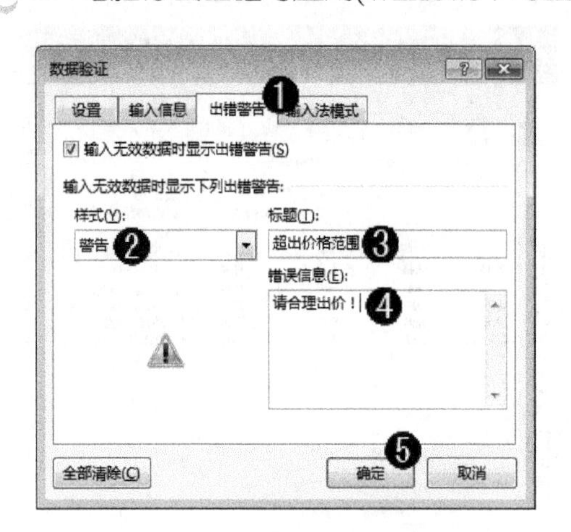

图 8-109

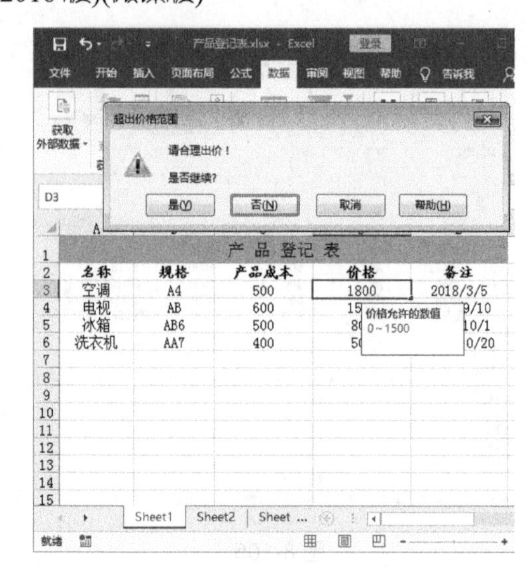

图 8-110

Section 8.8 课后练习与上机操作

本节内容无视频课程，习题参考答案在本书附录。

8.8.1 课后练习

1. 填空题

(1) ____是由阿拉伯数字 0、1、2、3、4、5、6、7、8、9 和+、-、()、！、%、$、E、e 等字符组成的，Excel 将______在数值前输入的正号(+)。

(2) E 或 e 为________的标记，表示以 10 为幂次的数。

(3) 输入至单元格的内容如果被识别为数值，则系统采用______方式，否则不是数值。

(4) 在 Excel 2016 中，输入时间时，时、分、秒之间用“:”符号间隔，上午时间末尾加“______”，下午时间末尾加“______”。

(5) 由于身份证号码一般是 18 位，因此，如果直接输入，就会变成科学计数格式。正确的方法是在身份证号码前面加一个英文状态下的________，然后再输入。

(6) 默认情况下，在 Excel 中不能直接输入分数，系统会将其显示为__________。

(7) 如果要在单元格中输入分数，需要在分数前面加一个“_____”和一个_____。

(8) 如果准备在一行或一列表格中输入相同的数据时，那么可以使用______快速输入相同的数据，以提高工作效率。

2. 判断题

(1) 文本可以是数字、字符或数字与字符的结合，在 Excel 2016 工作簿中，只要不是与数值、日期、时间、公式相关的值，Excel 2016 工作簿默认为是文本而不是数值，在单元格中，所有的文本均为左对齐，并且一个单元格最多可以输入 32767 个字符。 (　　)

(2) 在 Excel 2016 中，输入日期时，应按日期的正确形式输入，常用“+”或“-”分割

年、月、日部分。 ( )

(3) 输入以“0”开头的数据：默认情况下，在单元格中输入以“0”开头的数字时，Excel 会把它识别成数值型数据，而直接省略掉前面的“0”。 ( )

(4) 等差序列是指从第二项起，每一项与它的前一项的比值等于同一个常数的一种数列，输入等差序列和输入等比序列的方法差不多。 ( )

(5) 如果 Excel 2016 程序默认的自动填充功能无法满足用户的需要，用户可以自定义序列填充，自定义设置填充的数据可以更加准确、更加快速地帮助用户完成数据录入工作。( )

(6) 批注是附加在单元格中的，它是对单元格内容的注释。使用批注可以使工作表的内容更加清楚明了。制作表格的时候，有些单元格数据属性复杂，需要进行特别的说明，就可以用上批注。 ( )

(7) 数据有效性是不允许在单元格中输入有效数据或值的一种 Excel 功能，用户可以设置数据有效性以防止其他用户输入无效数据，当其他用户尝试在单元格中输入无效数据时，系统将发出警告。 ( )

3. 思考题

(1) 如何输入日期和时间？

(2) 设置数据有效性的具体操作。

8.8.2 上机操作

(1) 通过本章的学习，读者基本可以掌握输入日期和时间与使用填充柄填充方面的知识。下面通过练习制作《计划表》的操作，达到巩固与提高的目的。本素材路径为“第 8 章\素材文件\计划表.xlsx”。

(2) 通过本章的学习，读者基本可以掌握设置数据有效性方面的知识。下面通过练习素材《产品检测》的操作，达到巩固与提高的目的。本素材路径为“第 8 章\素材文件\产品检测”。

第9章

在数据列表中简单分析数据

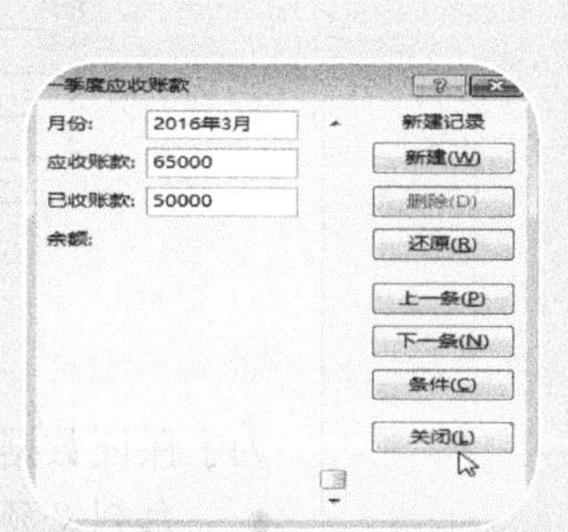

本章介绍在数据列表中简单分析数据方面的知识与技巧，主要内容包括认识数据列表、数据列表排序、筛选数据列表和数据的分类汇总等。通过本章的学习，读者可以掌握在数据列表中简单分析数据方面的基础知识，为深入学习 Office 2016 电脑办公知识奠定基础。

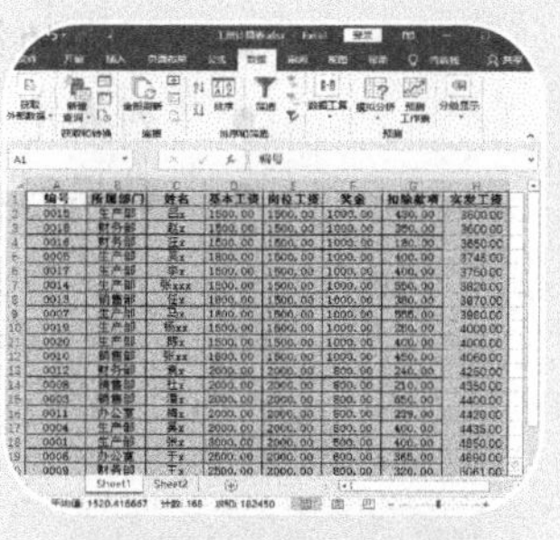

1. 认识数据列表
2. 数据列表排序
3. 筛选数据列表
4. 数据的分类汇总

Section 9.1 认识数据列表

手机扫描下方二维码，观看本节视频课程

Excel 数据列表是由多个行列数据组成的有组织的信息集合，它通常由位于顶端的一行字段标题和多行数值或文本作为数据行。本节将详细介绍数据列表的知识以及使用和创建等操作方法。

9.1.1 了解 Excel 数据列表

Excel 数据列表的第一行是字段标题，下面包含若干行数据信息，由文字、数字等不同类型的数据构成，如图 9-1 所示。

	A	B	C	D	E	F
1	月份	应收账款	已收账款	余额		
2	2016年1月	¥52,688.00	¥20,000.00	¥32,688.00		
3	2016年2月	¥65,000.00	¥50,000.00	¥15,000.00		
4	2016年3月	¥42,600.00	¥32,600.00	¥10,000.00		
5	2016年1月	¥32,800.00	¥32,800.00	¥0.00		
6	2016年2月	¥108,000.00	¥88,000.00	¥20,000.00		
7	2016年3月	¥30,000.00	¥20,000.00	¥10,000.00		
8	2016年1月	¥49,800.00	¥35,000.00	¥14,800.00		
9	2016年2月	¥36,000.00	¥36,000.00	¥0.00		
10	2016年3月	¥100,000.00	¥50,000.00	¥50,000.00		

一季度应收账款　结果

图 9-1

为了保证数据列表能有效地工作，它必须具备以下特点。

- 每列必须包含同类的信息，即每列的数据类型都相同。
- 列表的第一行应该包含文字字段，用于描述下面对应的内容。
- 列表中不能存在重复的标题。
- 数据列表不能超过 16384 列和 1048576 行。

知识精讲

在制作工作表时，如果一个工作表中包含多个数据列表，列表间应至少空一行或空一列，以便于分隔数据。

9.1.2 数据列表的使用

管理数据列表是 Excel 最常见的任务之一，比如电话号码清单、进出货清单等，这些数据列表都是根据用户的需要而命名的。用户在使用数据列表时，可以进行以下操作。

- 在数据列表中输入和编辑数据。
- 根据特定的条件对数据列表进行排序和筛选。

- 对数据列表进行分类汇总。
- 在数据列表中使用函数和公式达到特定的目的。
- 在数据列表中创建数据透视表。

9.1.3 创建数据列表

用户可以根据自己的需要来创建数据列表，以满足存储、分析数据的需求，创建数据列表时需要注意以下几点。

- 在表的第一行和第一列为其对应的每一列数据输入描述性文字。
- 在每一列中输入数据信息。
- 为数据列表的每一列设置相应的单元格数字格式。

9.1.4 使用“记录单”添加数据

对于一些喜欢使用对话框来输入数据的用户，可以使用 Excel 的记录单功能。因为 Excel 2016 的功能区默认不显示记录单，要使用此功能，需要在任意单元格上单击鼠标左键，然后依次按键盘上的 Alt 键、D 键和 O 键。下面介绍使用记录单的操作方法。

step 1 打开一个 Excel 表格数据文件，单击数据列表中的任意单元格，然后依次按键盘上的 Alt 键、D 键和 O 键，即可弹出数据列表对话框，单击【新建】按钮，如图 9-2 所示。

图 9-2

step 2 在空白的文本框中输入相关信息，可以用 Tab 键来切换文本框，输入完成后按 Enter 键或【关闭】按钮即可完成使用“记录单”添加数据，或单击【新建】按钮继续输入数据，如图 9-3 所示。

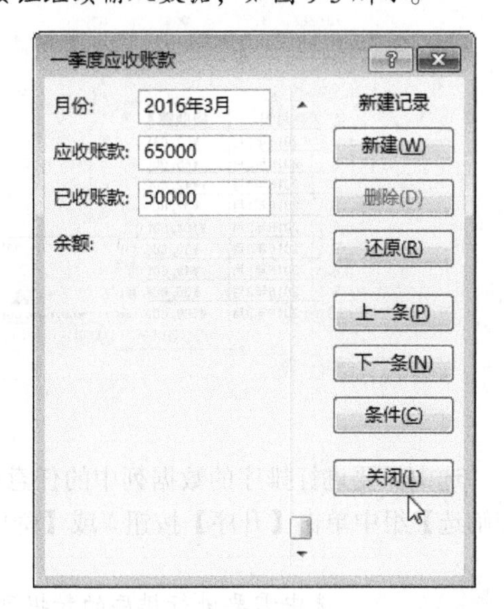

图 9-3

Section 9.2 数据列表排序

在 Excel 2016 中对数据进行排序是指按照一定的规则对工作表中的数据进行排列，从而进一步处理和分析这些数据。本节将详细介绍在 Excel 2016 中进行数据排序的相关知识及操作方法。

9.2.1 按一个条件排序

在 Excel 中，有时会需要对数据进行升序或降序排列。“升序”是指将选中的数字按从小到大的顺序排序；“降序”是指将选中的数字按从大到小的顺序排序。按一个条件对数据进行升序或降序排序的方法主要有以下两种。

选中需要进行排序的数据列中的任意单元格，然后单击鼠标右键，在弹出的快捷菜单中选择【排序】菜单项，展开子菜单，选择【升序】或【降序】菜单项即可，如图 9-4 所示。

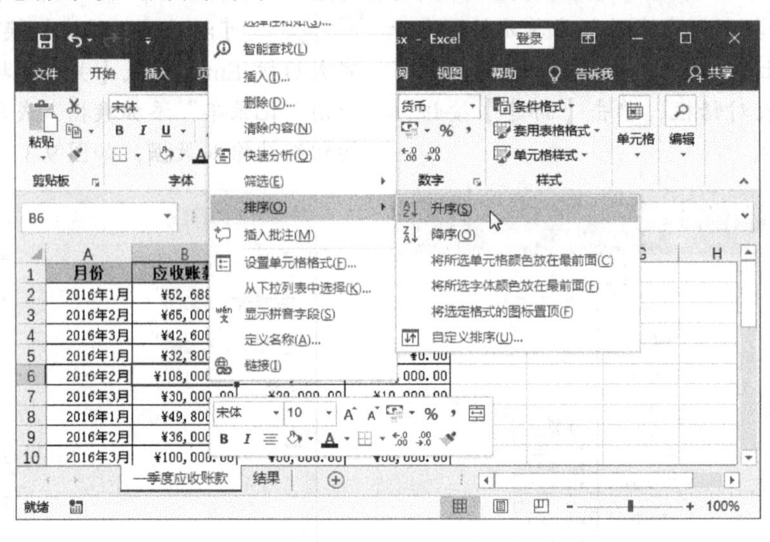

图 9-4

选中需要进行排序的数据列中的任意单元格，然后切换到【数据】选项卡，在【排序和筛选】组中单击【升序】按钮 或【降序】按钮 即可，如图 9-5 所示。

选中需要进行排序的数据列或单元格区域后，执行“升序”或“降序”命令，将弹出【排序提醒】对话框，在其中默认选中【扩展选定区域】单选按钮作为排序依据，直接单击【排序】按钮即可。

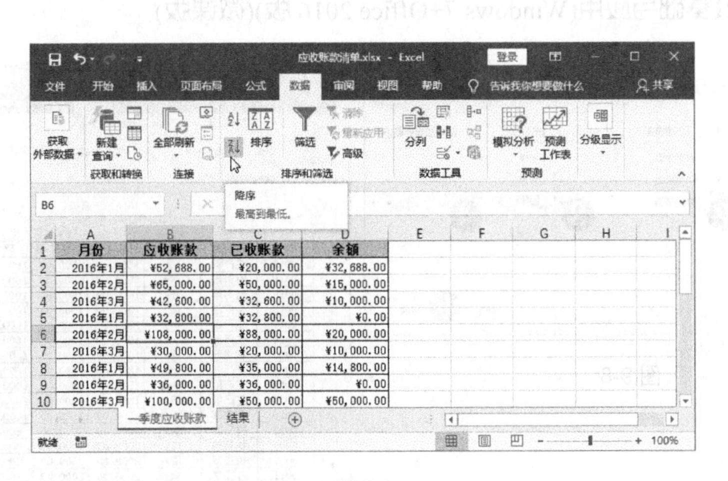

图 9-5

9.2.2　按多个条件排序

多个条件排序是指依据多列数据的数据规则对数据表进行排序的操作，例如在“工资表”中要同时对“实发工资”和“基本工资”列进行排序。下面详细介绍其操作方法。

step 1　① 选择整个数据区域，② 选择【数据】选项卡，③ 在【排序和筛选】组中单击【排序】按钮，如图 9-6 所示。

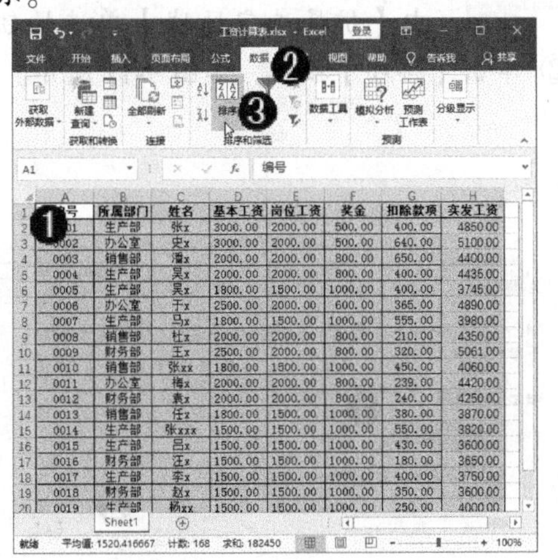

图 9-6

step 2　弹出【排序】对话框，① 在【主要关键字】下拉列表框中选择【实发工资】选项，② 在【排序依据】下拉列表框中选择【单元格值】选项，③ 在【次序】下拉列表框中选择【升序】选项，如图 9-7 所示。

图 9-7

step 3　在【排序】对话框中，① 单击【添加条件】按钮，② 在【次要关键字】下拉列表框中选择【基本工资】选项，③ 在【排序依据】下拉列表框中选择【单元格值】选项，④ 在【次序】下拉列表框中选择【降序】选项，⑤ 单击【确定】按钮，如图 9-8 所示。

step 4　返回到工作表中，可以看到数据已经按照设置的多个条件进行了排序，这样即可完成按多个条件排序的操作，如图 9-9 所示。

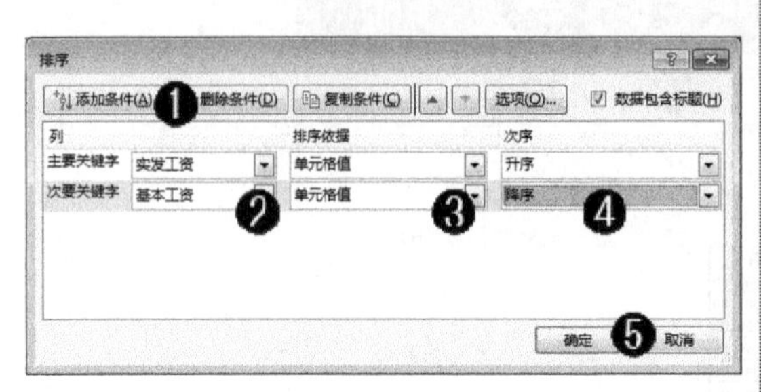

图 9-8

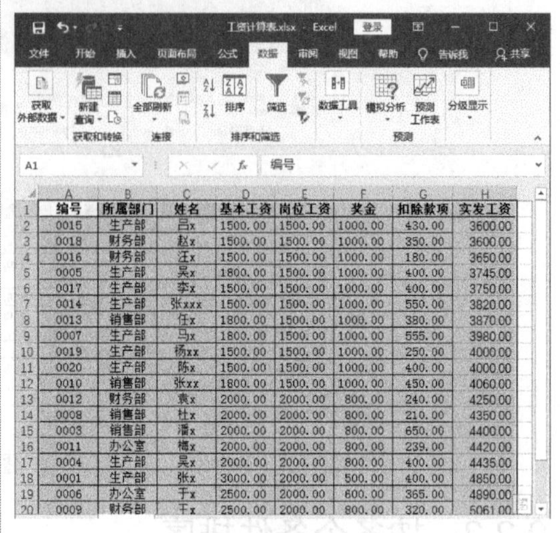

	A	B	C	D	E	F	G	H
1	编号	所属部门	姓名	基本工资	岗位工资	奖金	扣除款项	实发工资
2	0015	生产部	吕x	1500.00	1500.00	1000.00	430.00	3600.00
3	0018	财务部	赵x	1500.00	1500.00	1000.00	350.00	3600.00
4	0016	财务部	汪x	1500.00	1500.00	1000.00	180.00	3650.00
5	0005	生产部	吴x	1800.00	1500.00	1000.00	400.00	3745.00
6	0017	生产部	李x	1500.00	1500.00	1000.00	400.00	3750.00
7	0014	生产部	张xxx	1500.00	1500.00	1000.00	550.00	3820.00
8	0013	销售部	任x	1800.00	1500.00	1000.00	380.00	3870.00
9	0007	生产部	马x	1800.00	1500.00	1000.00	555.00	3980.00
10	0019	生产部	杨xx	1500.00	1500.00	1000.00	250.00	4000.00
11	0020	生产部	陈x	1500.00	1500.00	1000.00	400.00	4000.00
12	0010	销售部	张xx	1800.00	1500.00	1000.00	450.00	4060.00
13	0012	财务部	袁x	2000.00	2000.00	800.00	240.00	4250.00
14	0008	销售部	杜x	2000.00	2000.00	800.00	210.00	4350.00
15	0003	销售部	潘x	2000.00	2000.00	800.00	650.00	4400.00
16	0011	办公室	梅x	2000.00	2000.00	800.00	239.00	4420.00
17	0004	生产部	吴x	2000.00	2000.00	800.00	400.00	4435.00
18	0001	生产部	张x	3000.00	2000.00	500.00	400.00	4850.00
19	0006	办公室	于x	2500.00	2000.00	600.00	365.00	4890.00
20	0009	财务部	王x	2500.00	2000.00	800.00	320.00	6061.00

图 9-9

9.2.3 按姓氏的笔画排序

在 Excel 工作表中，按姓氏笔画排序是指按照姓氏笔画的多少进行排序，姓氏笔画少的在前，姓氏笔画多的在后。下面详细介绍按姓氏笔画排序的操作方法。

step 1 ① 选择准备按姓氏笔画排序的列，如“姓名”，② 选择【数据】选项卡，③ 单击【排序和筛选】组中的【排序】按钮，如图 9-10 所示。

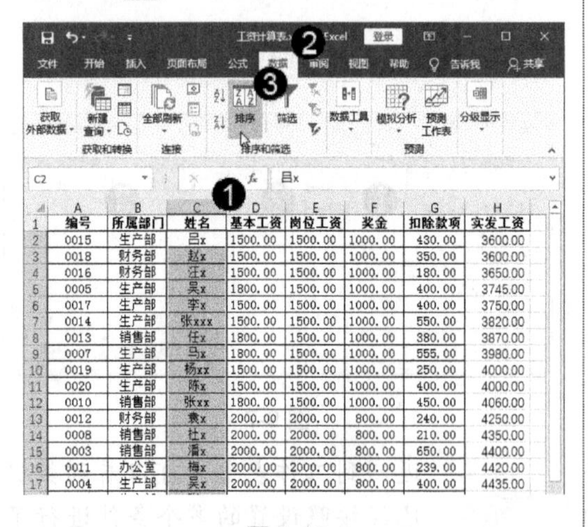

	A	B	C	D	E	F	G	H
1	编号	所属部门	姓名	基本工资	岗位工资	奖金	扣除款项	实发工资
2	0015	生产部	吕x	1500.00	1500.00	1000.00	430.00	3600.00
3	0018	财务部	赵x	1500.00	1500.00	1000.00	350.00	3600.00
4	0016	财务部	汪x	1500.00	1500.00	1000.00	180.00	3650.00
5	0005	生产部	吴x	1800.00	1500.00	1000.00	400.00	3745.00
6	0017	生产部	李x	1500.00	1500.00	1000.00	400.00	3750.00
7	0014	生产部	张xxx	1500.00	1500.00	1000.00	550.00	3820.00
8	0013	销售部	任x	1800.00	1500.00	1000.00	380.00	3870.00
9	0007	生产部	马x	1800.00	1500.00	1000.00	555.00	3980.00
10	0019	生产部	杨xx	1500.00	1500.00	1000.00	250.00	4000.00
11	0020	生产部	陈x	1500.00	1500.00	1000.00	400.00	4000.00
12	0010	销售部	张xx	1800.00	1500.00	1000.00	450.00	4060.00
13	0012	财务部	袁x	2000.00	2000.00	800.00	240.00	4250.00
14	0008	销售部	杜x	2000.00	2000.00	800.00	210.00	4350.00
15	0003	销售部	潘x	2000.00	2000.00	800.00	650.00	4400.00
16	0011	办公室	梅x	2000.00	2000.00	800.00	239.00	4420.00
17	0004	生产部	吴x	2000.00	2000.00	800.00	400.00	4435.00

图 9-10

step 2 ① 弹出【排序提醒】对话框，选中【扩展选定区域】单选按钮，② 单击【排序】按钮，如图 9-11 所示。

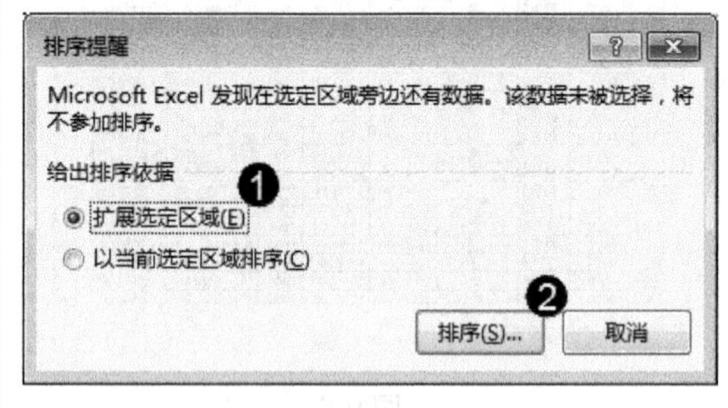

图 9-11

step 3 弹出【排序】对话框，单击【选项】按钮，如图 9-12 所示。

step 4 ① 弹出【排序选项】对话框，在【方法】区域中，选中【笔画排序】单选按钮，② 单击【确定】按钮，如图 9-13 所示。

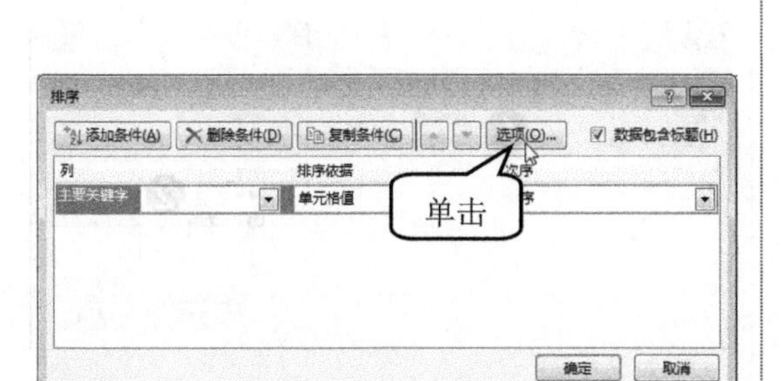

图 9-12

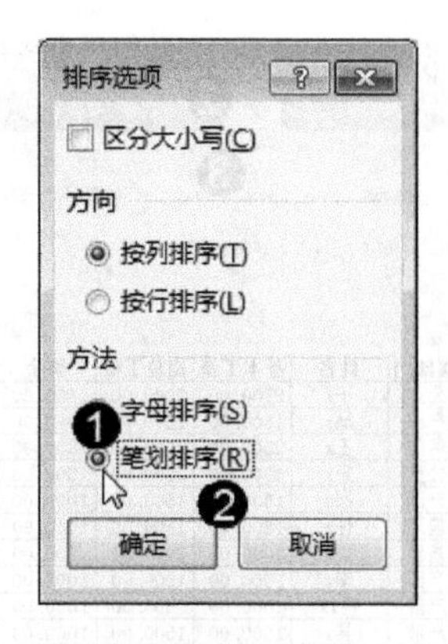

图 9-13

step 5 ① 返回到【排序】对话框，设置【主要关键字】为“姓名”，② 单击【确定】按钮，如图 9-14 所示。

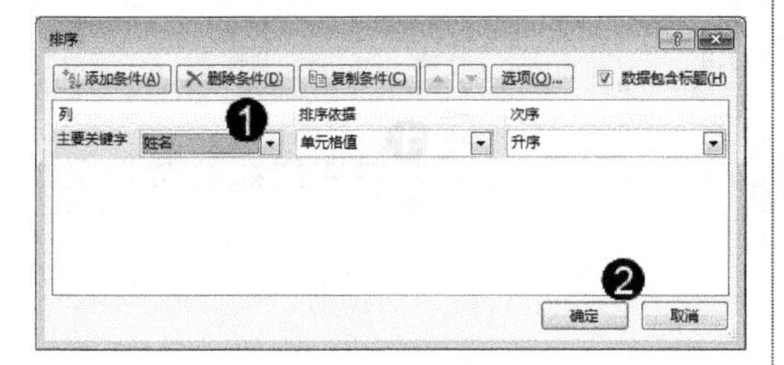

图 9-14

step 6 返回到工作表界面，可以看到，在“姓名”列中，已经按照姓氏笔画排序，这样即可完成按姓氏笔画排序的操作，如图 9-15 所示。

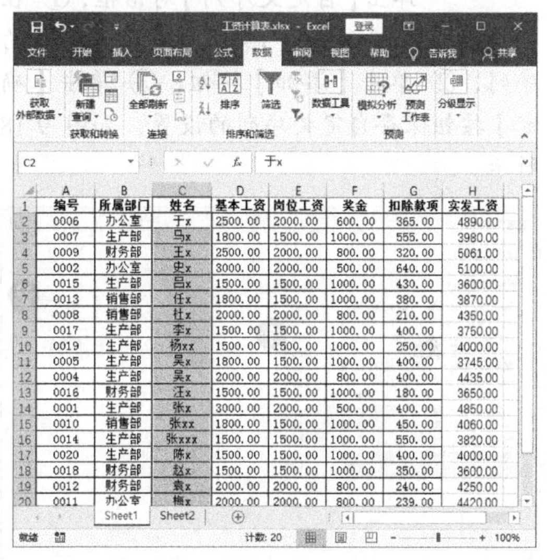

	A	B	C	D	E	F	G	H
1	编号	所属部门	姓名	基本工资	岗位工资	奖金	扣除款项	实发工资
2	0006	办公室	于x	2500.00	2000.00	600.00	365.00	4890.00
3	0007	生产部	马x	1800.00	1500.00	1000.00	555.00	3980.00
4	0009	财务部	王x	2500.00	2000.00	800.00	320.00	5061.00
5	0002	办公室	史x	3000.00	2000.00	500.00	640.00	5100.00
6	0015	生产部	吕x	1500.00	1500.00	1000.00	430.00	3600.00
7	0013	销售部	任x	1800.00	1500.00	1000.00	380.00	3870.00
8	0008	销售部	杜x	2000.00	2000.00	800.00	210.00	4350.00
9	0017	生产部	李x	1500.00	1500.00	1000.00	400.00	3750.00
10	0019	生产部	杨xx	1500.00	1500.00	1000.00	250.00	4000.00
11	0005	生产部	吴x	1800.00	1500.00	1000.00	400.00	3745.00
12	0004	生产部	吴x	2000.00	2000.00	800.00	400.00	4435.00
13	0016	财务部	汪x	1500.00	1500.00	1000.00	180.00	3650.00
14	0001	生产部	张x	3000.00	2000.00	500.00	400.00	4850.00
15	0010	销售部	张xx	1800.00	1500.00	1000.00	450.00	4060.00
16	0014	生产部	张xxx	1500.00	1500.00	1000.00	550.00	3820.00
17	0020	生产部	陈x	1500.00	1500.00	1000.00	400.00	4000.00
18	0018	财务部	赵x	1500.00	1500.00	1000.00	350.00	3600.00
19	0012	财务部	袁x	2000.00	2000.00	800.00	240.00	4250.00
20	0011	办公室	梅x	2000.00	2000.00	800.00	239.00	4420.00

图 9-15

9.2.4 自定义排序

如果工作表中没有合适的排序方式，用户还可以自定义序列来进行排序。下面详细介绍自定义排序的操作方法。

step 1 ① 选择准备进行排序的列中的任意单元格，② 选择【数据】选项卡，③ 在【排序和筛选】组中单击【排序】按钮，如图 9-16 所示。

step 2 弹出【排序】对话框，① 在列表框中将【主要关键字】设为要排序的列标题，② 打开【次序】下拉列表框，选择【自定义序列】选项，如图 9-17 所示。

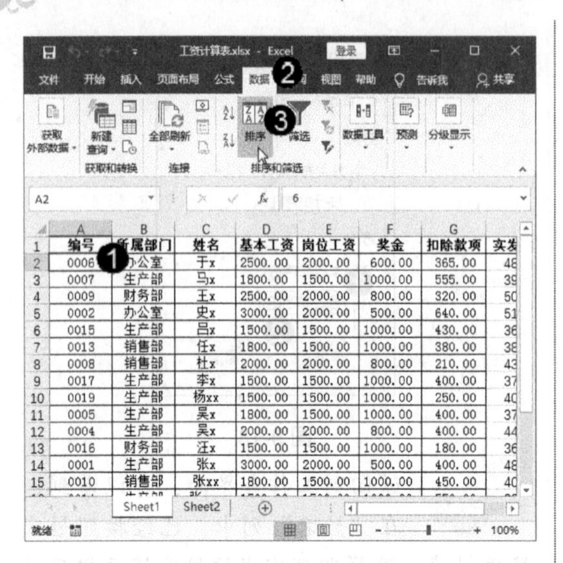

	A	B	C	D	E	F	G	
1	编号	所属部门	姓名	基本工资	岗位工资	奖金	扣除款项	实发
2	0006	办公室	于x	2500.00	2000.00	600.00	365.00	48
3	0007	生产部	马x	1800.00	1500.00	1000.00	555.00	39
4	0009	财务部	王x	2500.00	2000.00	800.00	320.00	50
5	0002	办公室	史x	3000.00	2000.00	500.00	640.00	51
6	0015	生产部	吕x	1500.00	1500.00	1000.00	430.00	36
7	0013	销售部	任x	1800.00	1500.00	1000.00	380.00	38
8	0008	销售部	杜x	2000.00	2000.00	800.00	210.00	43
9	0017	生产部	李x	1500.00	1500.00	1000.00	400.00	37
10	0019	生产部	杨xx	1500.00	1500.00	1000.00	250.00	40
11	0005	生产部	吴x	1800.00	1500.00	1000.00	400.00	37
12	0004	生产部	吴x	2000.00	2000.00	800.00	400.00	44
13	0016	财务部	汪x	1500.00	1500.00	1000.00	180.00	36
14	0001	生产部	张x	3000.00	2000.00	500.00	400.00	48
15	0010	销售部	张xx	1800.00	1500.00	1000.00	450.00	40

图 9-16

step 3 弹出【自定义序列】对话框，① 在【输入序列】列表框中输入需要的序列，② 单击【添加】按钮，③ 单击【确定】按钮保存自定义序列的设置，如图 9-18 所示。

自定义序列

自定义序列(L):	输入序列(E):
Sunday, Monday, Tuesday, Wed	0001
Jan, Feb, Mar, Apr, May, Jun, Ju	0002
January, February, March, April	0003
日, 一, 二, 三, 四, 五, 六	0004
星期日, 星期一, 星期二, 星期三, 星	0005
一月, 二月, 三月, 四月, 五月, 六月,	0006
第一季, 第二季, 第三季, 第四季	0007
正月, 二月, 三月, 四月, 五月, 六月,	0008
子, 丑, 寅, 卯, 辰, 巳, 午, 未, 申, 酉	0009
甲, 乙, 丙, 丁, 戊, 己, 庚, 辛, 壬, 癸	0010
商务部01, 商务部02, 商务部03, 商	0011
0001, 0002, 0003, 0004, 0005, 0	0012

添加(A) 删除(D) 确定 取消

图 9-18

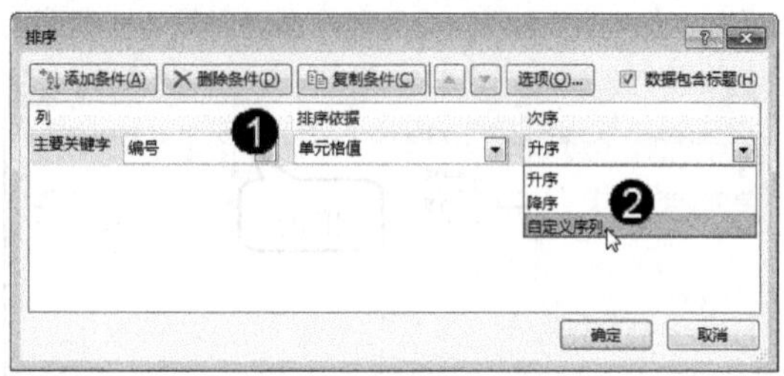

图 9-17

step 4 返回【排序】对话框，① 打开【次序】下拉列表，选择刚设置的自定义序列，② 单击【确定】按钮，如图 9-19 所示。

图 9-19

在【排序选项】对话框中，还可以设置排序方向，或在按字母排序时区分大小写。

请您根据上述方法自定义排序，测试一下您的学习效果。

step 5 返回到工作表中，即可看到数据列表已经按照自定义序列排序，这样即可完成自定义排序的操作，如图 9-20 所示。

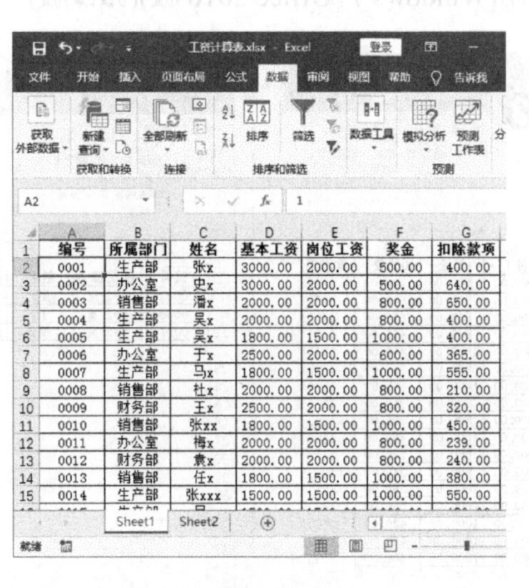

	A	B	C	D	E	F	G
1	编号	所属部门	姓名	基本工资	岗位工资	奖金	扣除款项
2	0001	生产部	张x	3000.00	2000.00	500.00	400.00
3	0002	办公室	史x	3000.00	2000.00	500.00	640.00
4	0003	销售部	潘x	2000.00	2000.00	800.00	650.00
5	0004	生产部	吴x	2000.00	2000.00	800.00	400.00
6	0005	生产部	吴x	1800.00	1500.00	1000.00	400.00
7	0006	办公室	于x	2500.00	2000.00	600.00	365.00
8	0007	生产部	马x	1800.00	1500.00	1000.00	555.00
9	0008	销售部	杜x	2000.00	2000.00	800.00	210.00
10	0009	财务部	王x	2500.00	2000.00	800.00	320.00
11	0010	销售部	张xx	1800.00	1500.00	1000.00	450.00
12	0011	办公室	梅x	2000.00	2000.00	800.00	239.00
13	0012	财务部	袁x	2000.00	2000.00	800.00	240.00
14	0013	销售部	任x	1800.00	1500.00	1000.00	380.00
15	0014	生产部	张xxx	1500.00	1500.00	1000.00	550.00

图 9-20

Section 9.3 筛选数据列表

手机扫描下方二维码，观看本节视频课程

在 Excel 中，筛选数据是指只显示符合用户设置条件的数据信息，同时隐藏不符合条件的数据信息，用户可以根据实际需要进行手动筛选、高级筛选或自定义筛选等。本节将详细介绍筛选数据列表的相关知识及操作方法。

9.3.1 手动筛选数据

手动筛选数据是通过手动选择的方式将需要的数据筛选出来，下面详细介绍手动筛选数据的操作方法。

step 1 ① 在打开的工作表中，选择【数据】选项卡，② 单击【排序和筛选】组中的【筛选】按钮，③ 这时工作表内第一行的每个单元格都会出现【筛选】下拉按钮，单击【筛选】下拉按钮，④ 在弹出的下拉列表中，选中需要作为筛选条件的复选框，⑤ 单击【确定】按钮，如图 9-21 所示。

step 2 返回到工作表中，可以看到已经按照所选择的条件筛选出结果，通过以上方法即可完成手动筛选数据的操作，如图 9-22 所示。

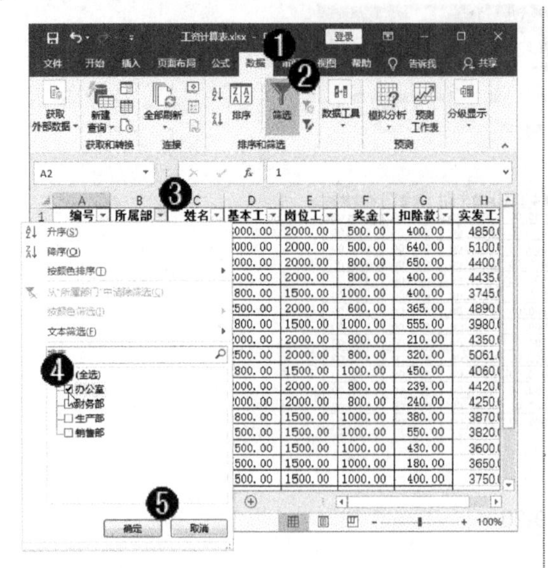

图 9-21

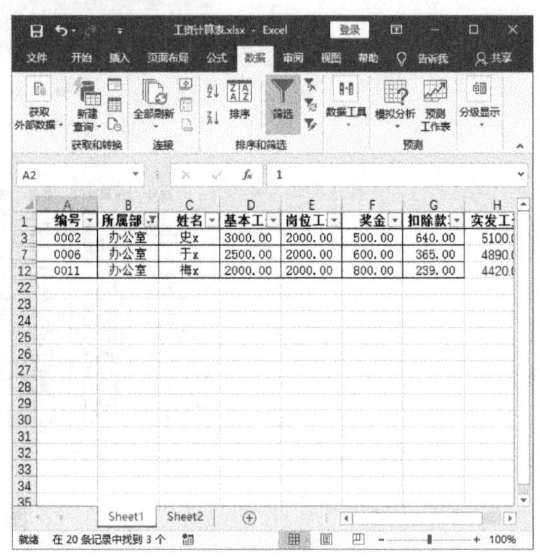

图 9-22

9.3.2 对指定数据的筛选

通过 Excel 的自动筛选功能，用户还可以快速对指定数据进行筛选。下面以筛选“奖金”前 10 项为例，来详细介绍对指定数据筛选的操作方法。

step 1 ① 选中数据区域中的任意单元格，② 选择【数据】选项卡，③ 在【排序和筛选】组中单击【筛选】按钮，如图 9-23 所示。

图 9-23

step 2 进入筛选状态，① 单击【奖金】字段名右侧的下拉按钮，② 在打开的下拉列表中选择【数字筛选】选项，③ 在展开的子列表中选择【前 10 项】选项，如图 9-24 所示。

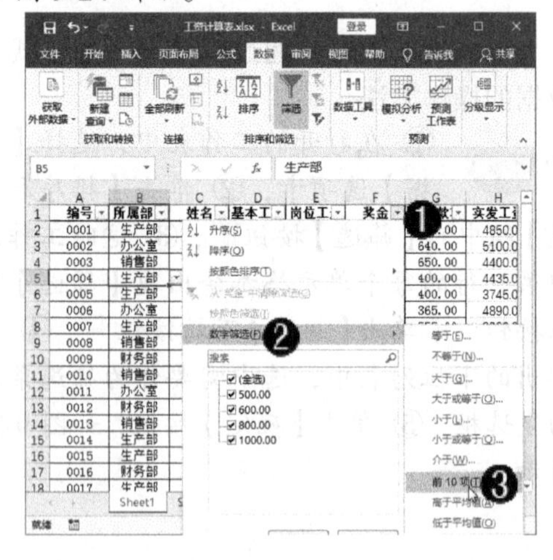

图 9-24

step 3 弹出【自动筛选前 10 个】对话框，① 在【显示】区域，根据需要进行选择，如选择【最大】、10 和【项】数据，② 单击【确定】按钮，如图 9-25 所示。

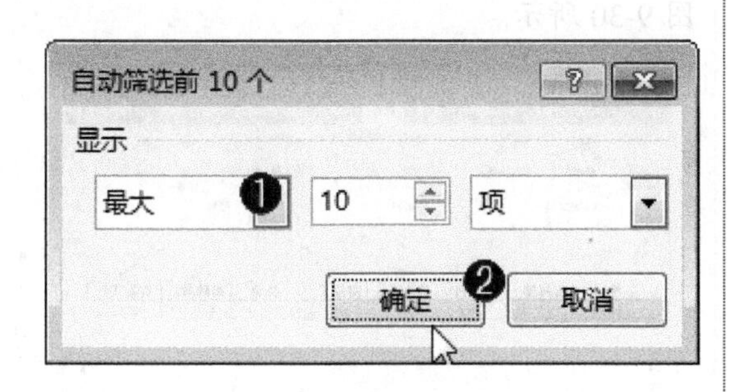

图 9-25

step 4 返回到工作表中，即可看到工作表中的数据依据【奖金】字段的数据最大前 10 项进行筛选了，如图 9-26 所示。

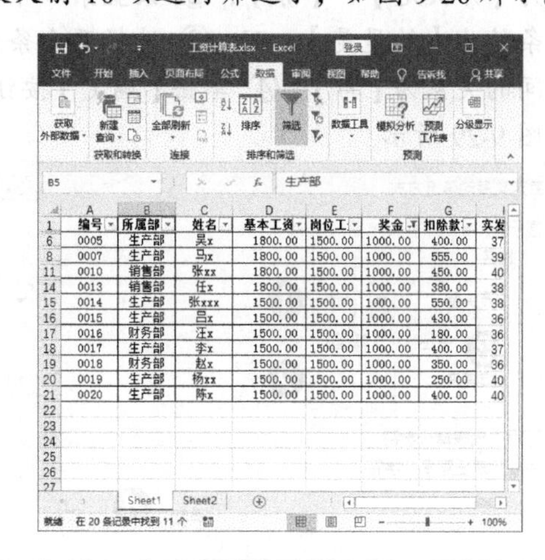

图 9-26

9.3.3 自定义筛选

在筛选数据时，可以通过 Excel 提供的自定义筛选功能来进行更复杂、更具体的筛选，使数据筛选更具灵活性。下面详细介绍自定义筛选的操作方法。

step 1 ① 选中数据区域中的任意单元格，② 选择【数据】选项卡，③ 在【排序和筛选】组中单击【筛选】按钮，如图 9-27 所示。

图 9-27

step 2 进入筛选状态，① 单击【姓名】字段名右侧的下拉按钮，② 在打开的下拉列表中选择【文本筛选】选项，③ 在展开的子列表中选择【自定义筛选】选项，如图 9-28 所示。

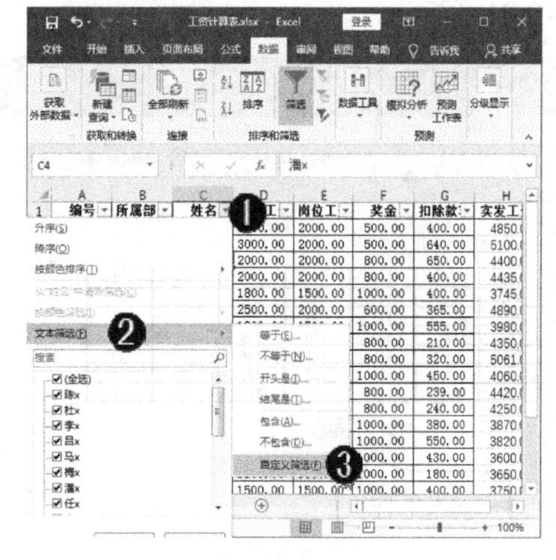

图 9-28

step 3 弹出【自定义自动筛选方式】对话框，① 本例设置自定义项筛选条件为【开头是】、【陈】，② 设置第二项筛选条件为【结尾是】、X，③ 选择两个条件之间的关系为【与】，④ 单击【确定】按钮，如图 9-29 所示。

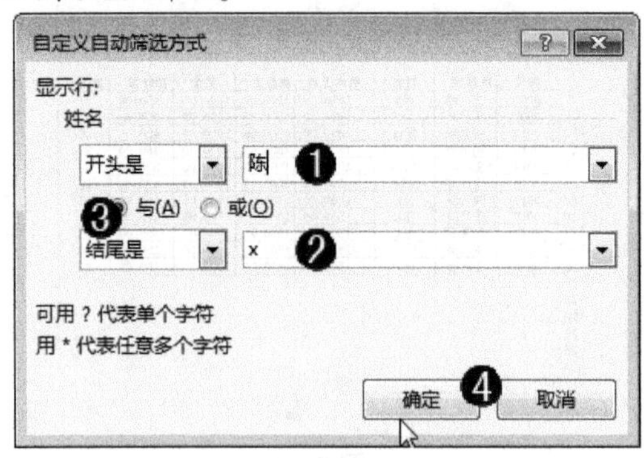

图 9-29

step 4 返回到工作表中，即可看到工作表中的数据已经按照自定义条件筛选出来姓“陈”名字结尾为“x”的员工的数据了，这样即可完成自定义筛选的操作，如图 9-30 所示。

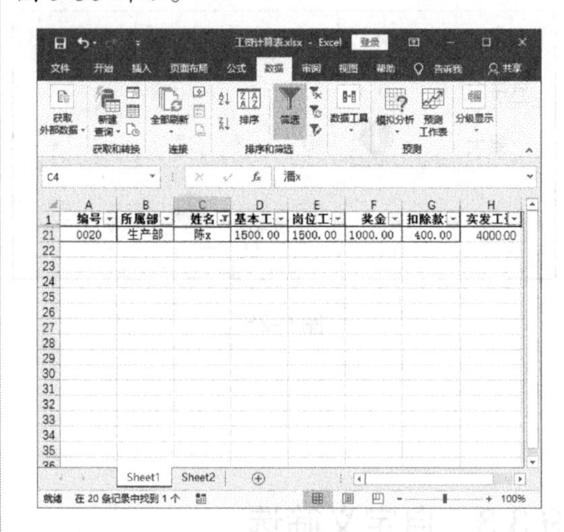

图 9-30

9.3.4 高级筛选

高级筛选是 Excel 中比较常用的筛选方式，尤其是面对复杂筛选条件的时候，高级筛选可以轻而易举地将结果显示出来。下面详细介绍高级筛选的操作方法。

step 1 在工作表的任意空白单元格处，输入准备进行高级筛选的条件，如图 9-31 所示。

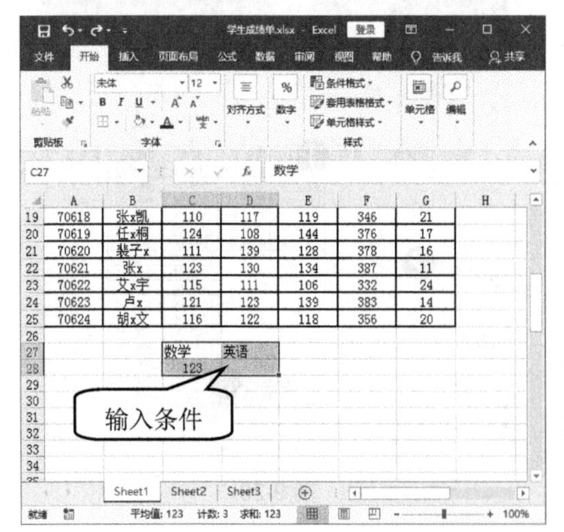

图 9-31

step 2 ① 选择条件区域中任意一个单元格，② 选择【数据】选项卡，③ 在【排序和筛选】组中，单击【高级】按钮，如图 9-32 所示。

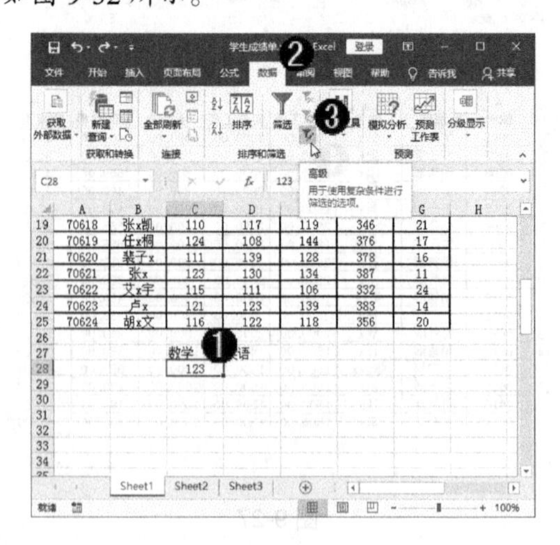

图 9-32

step 3 ① 弹出【高级筛选-列表区域】对话框，单击【列表区域】的折叠按钮，② 将准备进行高级筛选的区域全部选中，如图 9-33 所示。

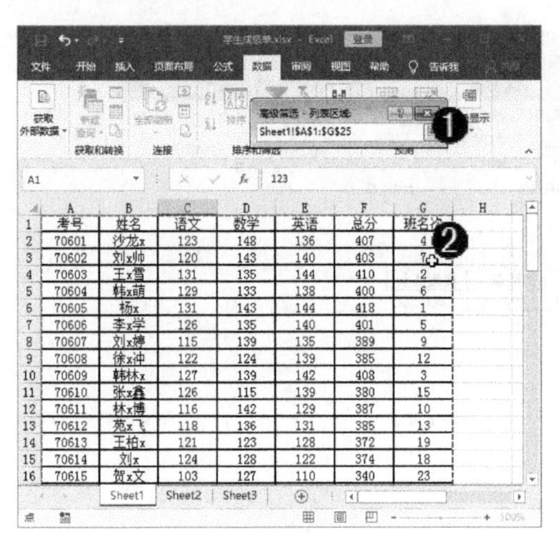

图 9-33

step 4 ① 单击【条件区域】的折叠按钮，② 选中工作表中进行高级筛选的条件区域，如图 9-34 所示。

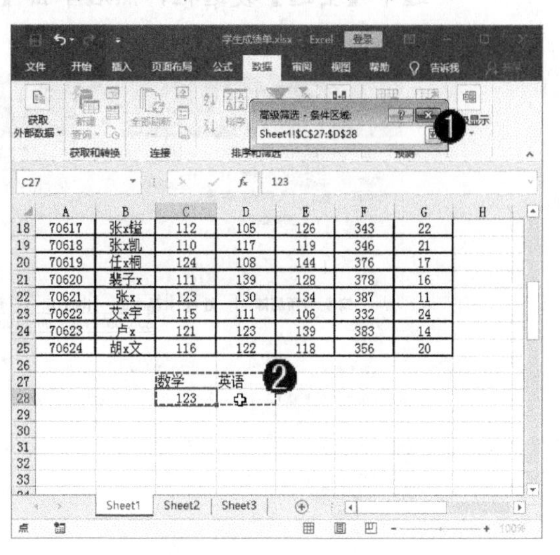

图 9-34

step 5 条件区域选择完成后，单击【高级筛选】对话框中的【确定】按钮，如图 9-35 所示。

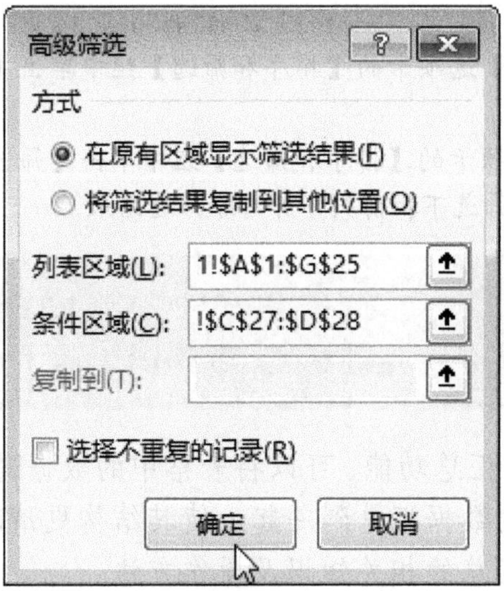

高级筛选

方式

在原有区域显示筛选结果(F)

将筛选结果复制到其他位置(O)

列表区域(L): 1!$A$1:$G$25

条件区域(C): !$C$27:$D$28

复制到(T):

选择不重复的记录(R)

确定 取消

图 9-35

step 6 返回到工作表界面，可以看到已经按照高级筛选条件筛选出结果，这样即可完成高级筛选的操作，如图 9-36 所示。

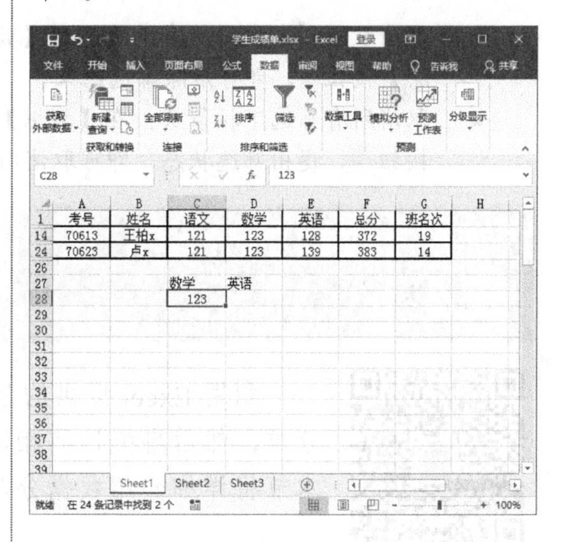

图 9-36

9.3.5 取消筛选

筛选完成之后需要继续编辑工作表时，用户还可以进行取消筛选的操作。取消筛选的方法主要有以下几种。

- 取消指定列筛选：如果要取消指定列的筛选，可以单击该列字段右侧的下拉按钮，在弹出的下拉列表中选择【从(字段名)中清除筛选】选项，或在打开的下拉列表中选中【全选】复选框，然后单击【确定】按钮也可以取消该列筛选，如图 9-37 所示。

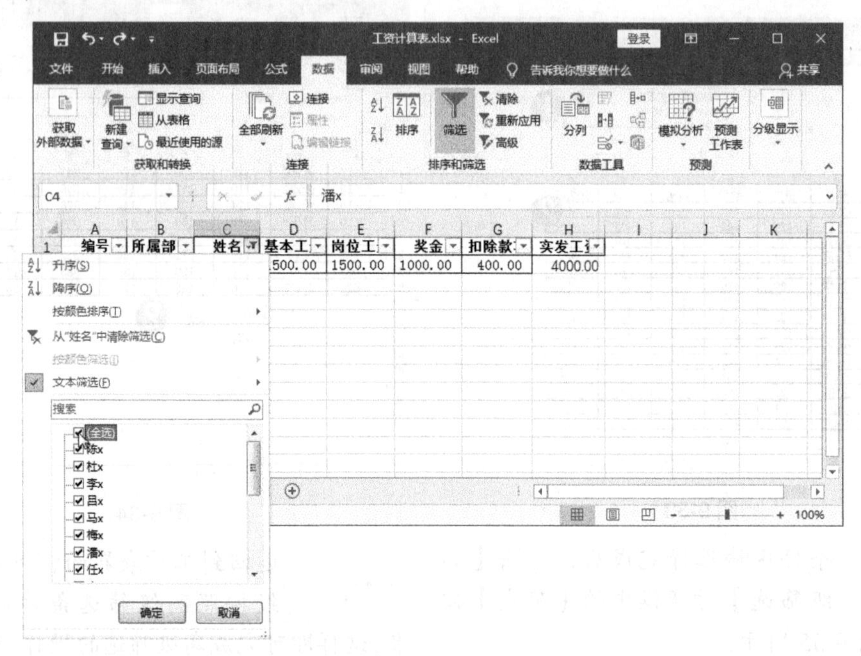

图 9-37

- 取消数据列表中的所有筛选：在【数据】选项卡的【排序和筛选】组中单击【清除】按钮，即可清除筛选结果。
- 取消所有筛选下拉箭头：在【数据】选项卡的【排序和筛选】组中单击【筛选】按钮，退出筛选状态，即可取消所有筛选下拉箭头，并清除筛选结果。

Section 9.4 数据的分类汇总

手机扫描下方二维码，观看本节视频课程

利用 Excel 提供的分类汇总功能，可以将表格中的数据进行分类，然后再把性质相同的数据汇总到一起，使其结构更清晰。本节将详细介绍数据分类汇总的相关知识及操作方法。

9.4.1 简单分类汇总

简单分类汇总用于对数据清单中的某一列排序，然后进行分类汇总。下面详细介绍简单分类汇总的操作方法。

step 1 ① 将鼠标光标定位到【月份】列中，② 选择【数据】选项卡，③ 在【排序和筛选】组中单击【升序】按钮，如图 9-38 所示。

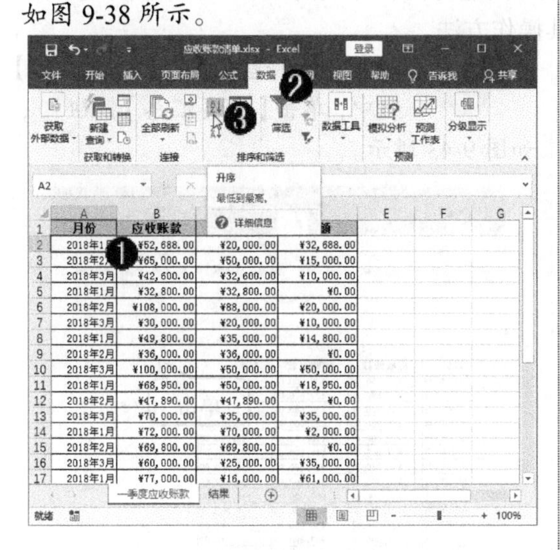

图 9-38

step 2 在【数据】选项卡的【分级显示】组中，单击【分类汇总】按钮，如图 9-39 所示。

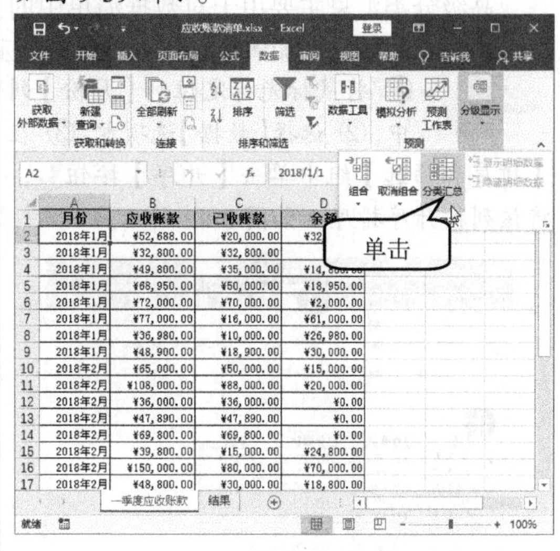

图 9-39

step 3 弹出【分类汇总】对话框，① 在【分类字段】下拉列表框中选择【月份】选项，② 在【汇总方式】下拉列表框中选择【求和】选项，③ 在【选定汇总项】列表框中，选中【余额】复选框，④ 单击【确定】按钮，如图 9-40 所示。

分类汇总
分类字段(A):
月份
汇总方式(U):
求和
选定汇总项(D):
月份
应收账款
已收账款
余额
替换当前分类汇总(C)
每组数据分页(P)
汇总结果显示在数据下方(S)
全部删除(R) 确定 取消

图 9-40

step 4 返回到工作表中，即可看到表中数据按照前面的设置进行了分类汇总，并分组显示出分类汇总的数据信息，这样即可完成简单分类汇总的操作，如图 9-41 所示。

	A	B	C	D
1	月份	应收账款	已收账款	余额
2	2018年1月	¥52,688.00	¥20,000.00	¥32,688.00
3	2018年1月	¥32,800.00	¥32,800.00	¥0.00
4	2018年1月	¥49,800.00	¥35,000.00	¥14,800.00
5	2018年1月	¥68,950.00	¥50,000.00	¥18,950.00
6	2018年1月	¥72,000.00	¥70,000.00	¥2,000.00
7	2018年1月	¥77,000.00	¥16,000.00	¥61,000.00
8	2018年1月	¥36,980.00	¥10,000.00	¥26,980.00
9	2018年1月	¥48,900.00	¥18,900.00	¥30,000.00
10	2018年1月 汇总			¥186,418.00
11	2018年2月	¥65,000.00	¥50,000.00	¥15,000.00
12	2018年2月	¥108,000.00	¥88,000.00	¥20,000.00
13	2018年2月	¥36,000.00	¥36,000.00	¥0.00
14	2018年2月	¥47,890.00	¥47,890.00	¥0.00
15	2018年2月	¥69,800.00	¥69,800.00	¥0.00
16	2018年2月	¥39,800.00	¥15,000.00	¥24,800.00
17	2018年2月	¥150,000.00	¥80,000.00	¥70,000.00
18	2018年2月	¥48,800.00	¥30,000.00	¥18,800.00
19	2018年2月 汇总			¥148,600.00
20	2018年3月	¥42,600.00	¥32,600.00	¥10,000.00
21	2018年3月	¥30,000.00	¥20,000.00	¥10,000.00
22	2018年3月	¥100,000.00	¥50,000.00	¥50,000.00
23	2018年3月	¥70,000.00	¥35,000.00	¥35,000.00
24	2018年3月	¥60,000.00	¥25,000.00	¥35,000.00

图 9-41

9.4.2 高级分类汇总

高级分类汇总主要用于对数据清单中的某一列进行两种方式的汇总。相对简单分类汇总，其汇总的结果更加清晰。下面详细介绍其操作方法。

step 1 ① 将鼠标光标定位到【月份】列中，② 选择【数据】选项卡，③ 在【排序和筛选】组中单击【升序】按钮，将该列按升序排序，如图 9-42 所示。

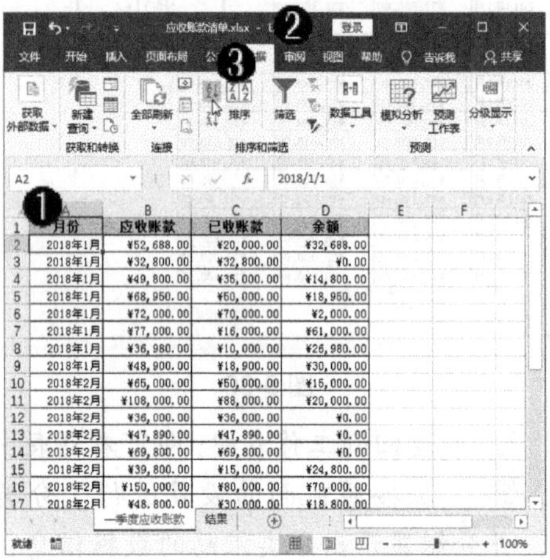

图 9-42

在【数据】选项卡的【分级显示】组中，单击【分类汇总】按钮，如图 9-43 所示。

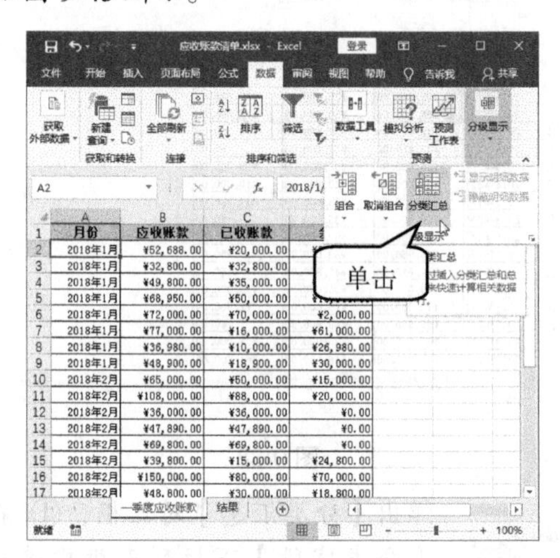

图 9-43

step 3 弹出【分类汇总】对话框，① 在【分类字段】下拉列表框中选择【月份】选项，② 在【汇总方式】下拉列表框中选择【求和】选项，③ 在【选定汇总项】列表框，选中【余额】复选框，④ 单击【确定】按钮，如图 9-44 所示。

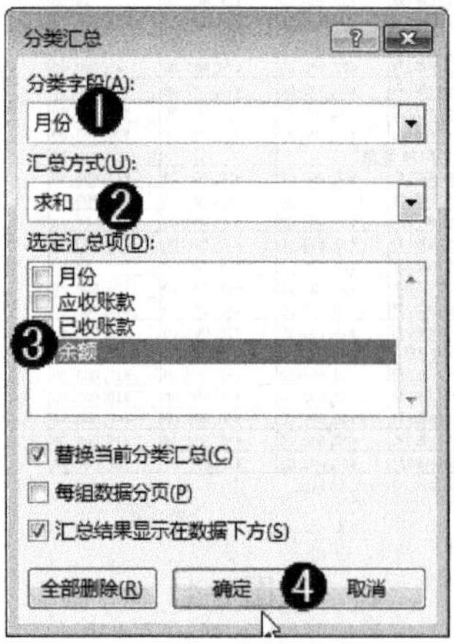

图 9-44

step 4 返回到工作表中，将光标定位到数据区域中，再次单击【分类汇总】按钮，如图 9-45 所示。

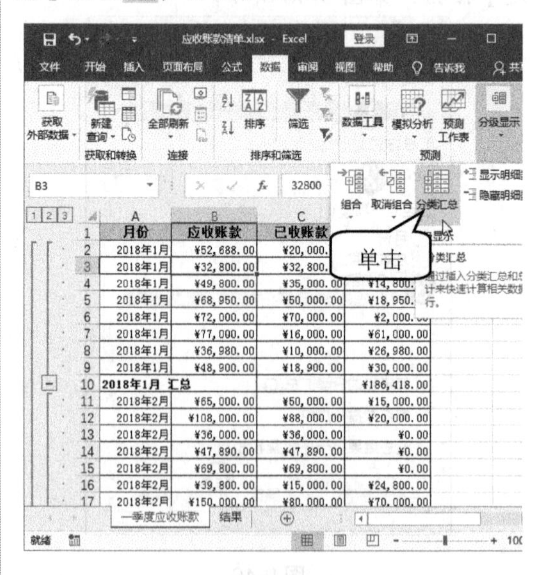

图 9-45

step 5 弹出【分类汇总】对话框，① 在【分类字段】下拉列表框中选择【月份】选项，② 在【汇总方式】下拉列表框中选择【最大值】选项，③ 在【选定汇总项】列表框中，选中【已收账款】复选框，④ 取消选中【替换当前分类汇总】复选框，⑤ 单击【确定】按钮，如图 9-46 所示。

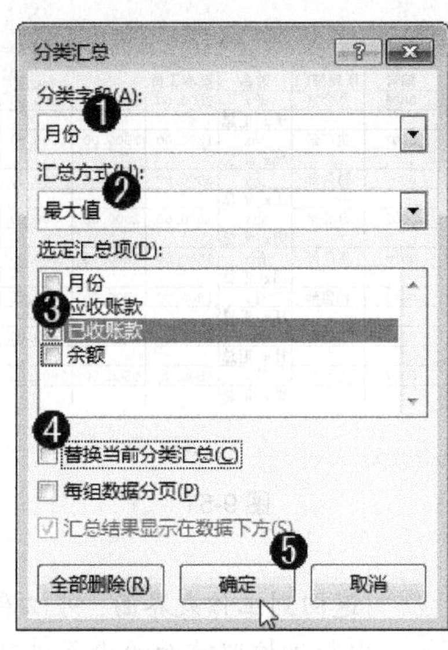

图 9-46

step 6 返回到工作表界面，可以看到表中数据按照前面的设置进行了分类汇总，并分组显示出分类汇总的数据信息，这样即可完成高级分类汇总的操作，如图 9-47 所示。

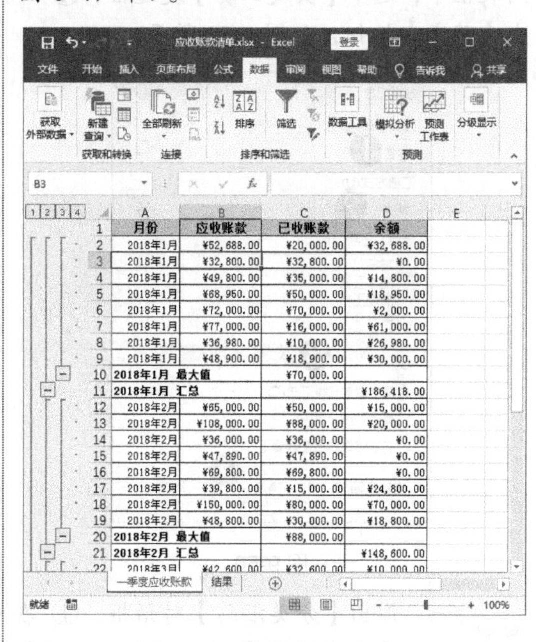

图 9-47

9.4.3 嵌套分类汇总

嵌套分类汇总是对数据清单中的两列或者两列以上的数据信息同时进行汇总。下面详细介绍嵌套分类汇总的操作方法。

step 1 ① 将鼠标光标定位到【姓名】列中，② 选择【数据】选项卡，③ 在【排序和筛选】组中单击【升序】按钮，将该列按升序排序，如图 9-48 所示。

图 9-48

step 2 在【数据】选项卡的【分级显示】组中，单击【分类汇总】按钮，如图 9-49 所示。

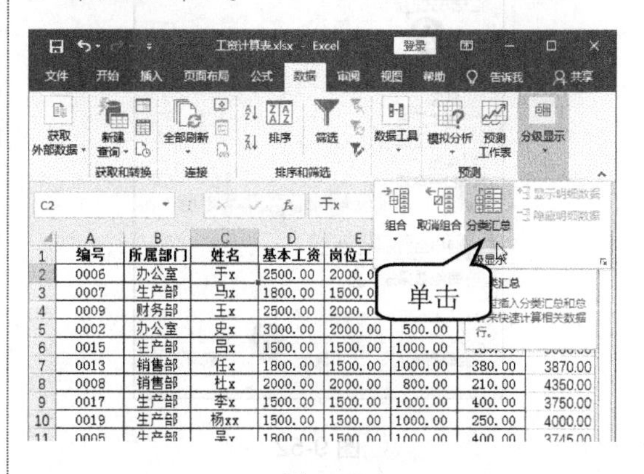

图 9-49

step 3 弹出【分类汇总】对话框，① 在【分类字段】下拉列表框中选择【姓名】选项，② 在【汇总方式】下拉列表框中选择【求和】选项，③ 在【选定汇总项】列表框中，选中【实发工资】复选框，④ 单击【确定】按钮，如图 9-50 所示。

图 9-50

step 4 返回到工作表中，将光标定位到数据区域中，再次单击【分类汇总】按钮，如图 9-51 所示。

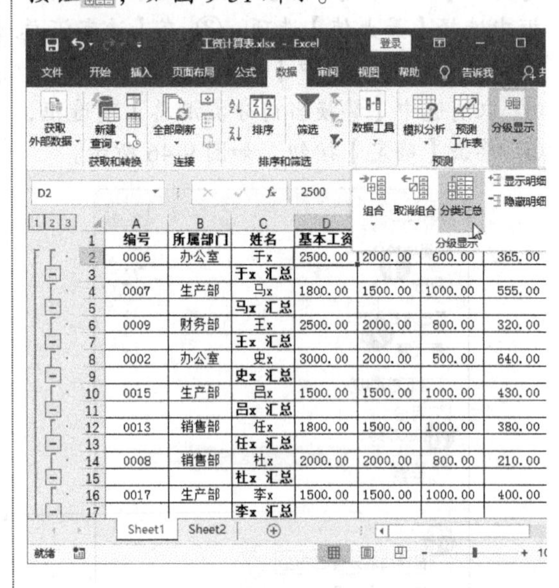

	编号	所属部门	姓名	基本工资			
2	0006	办公室	于x	2500.00	2000.00	600.00	365.00
3			于x 汇总				
4	0007	生产部	马x	1800.00	1500.00	1000.00	555.00
5			马x 汇总				
6	0009	财务部	王x	2500.00	2000.00	800.00	320.00
7			王x 汇总				
8	0002	办公室	史x	3000.00	2000.00	500.00	640.00
9			史x 汇总				
10	0015	生产部	吕x	1500.00	1500.00	1000.00	430.00
11			吕x 汇总				
12	0013	销售部	任x	1800.00	1500.00	1000.00	380.00
13			任x 汇总				
14	0008	销售部	杜x	2000.00	2000.00	800.00	210.00
15			杜x 汇总				
16	0017	生产部	李x	1500.00	1500.00	1000.00	400.00
17			李x 汇总				

图 9-51

step 5 弹出【分类汇总】对话框，① 在【分类字段】下拉列表框中选择【所属部门】选项，② 在【汇总方式】下拉列表框中选择【求和】选项，③ 在【选定汇总项】列表框中，选中【实发工资】复选框，④ 取消选中【替换当前分类汇总】复选框，⑤ 单击【确定】按钮，如图 9-52 所示。

图 9-52

step 6 返回到工作表界面，可以看到表中数据按照前面的设置进行了分类汇总，并分组显示出分类汇总的数据信息，这样即可完成嵌套分类汇总的操作，如图 9-53 所示。

图 9-53

9.4.4 分级查看数据

对数据进行分类汇总后，工作表左侧将出现一个分级显示栏，通过分级显示栏中的分级显示符号可以分级查看表格数据，单击分级显示栏上方的数字按钮1234，可以显示分类汇总和总计的汇总，单击【显示】按钮+或【隐藏】按钮-，可显示或隐藏单个分类汇总的明细行，如图 9-54 所示。

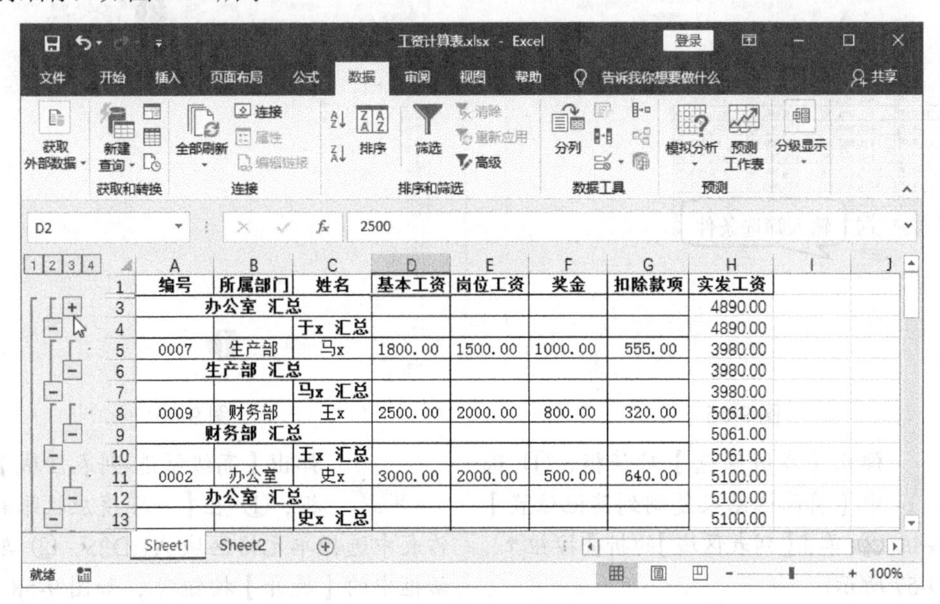

	A	B	C	D	E	F	G	H
1	编号	所属部门	姓名	基本工资	岗位工资	奖金	扣除款项	实发工资
3		办公室 汇总						4890.00
4			于x 汇总					4890.00
5	0007	生产部	马x	1800.00	1500.00	1000.00	555.00	3980.00
6		生产部 汇总						3980.00
7			马x 汇总					3980.00
8	0009	财务部	王x	2500.00	2000.00	800.00	320.00	5061.00
9		财务部 汇总						5061.00
10			王x 汇总					5061.00
11	0002	办公室	史x	3000.00	2000.00	500.00	640.00	5100.00
12		办公室 汇总						5100.00
13			史x 汇总					5100.00

图 9-54

Section 9.5 范例应用与上机操作

手机扫描下方二维码，观看本节视频课程

通过本章的学习，读者可以掌握在数据列表中简单分析数据的知识和操作。下面介绍“将筛选结果显示在其他工作表中”和“将表格的空值筛选出来”等范例应用，上机操作练习一下，以达到巩固学习、拓展提高的目的。

9.5.1 将筛选结果显示在其他工作表中

在执行【高级筛选】命令后，既可以在原有区域中显示筛选结果，也可以将筛选结果复制到其他工作表中。下面详细介绍将筛选结果显示在其他工作表中的操作方法。

素材文件 第9章\素材文件\应收账款清单.xlsx

效果文件 第9章\效果文件\结果.xlsx

step 1 打开素材文件，在“一季度应收账款”工作表的 B27 单元格中输入“余额”，在 B28 单元格中输入>=30000 高级筛选条件，如图 9-55 所示。

图 9-55

step 2 ① 切换到【结果】工作表中，② 选择【数据】选项卡，③ 在【排序和筛选】组中，单击【高级】按钮，如图 9-56 所示。

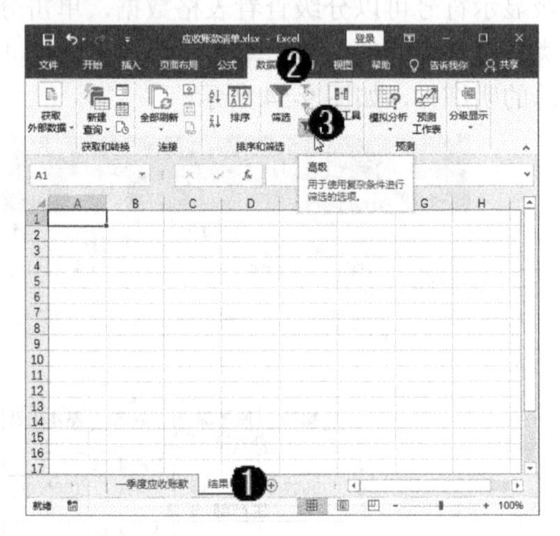

图 9-56

step 3 弹出【高级筛选】对话框，① 选中【将筛选结果复制到其他位置】单选按钮，② 单击【列表区域】的折叠按钮，如图 9-57 所示。

图 9-57

step 4 弹出【高级筛选-列表区域】对话框，① 在【一季度应收账款】工作表中选择单元格区域 A1:D25，② 单击对话框中的【展开】按钮，如图 9-58 所示。

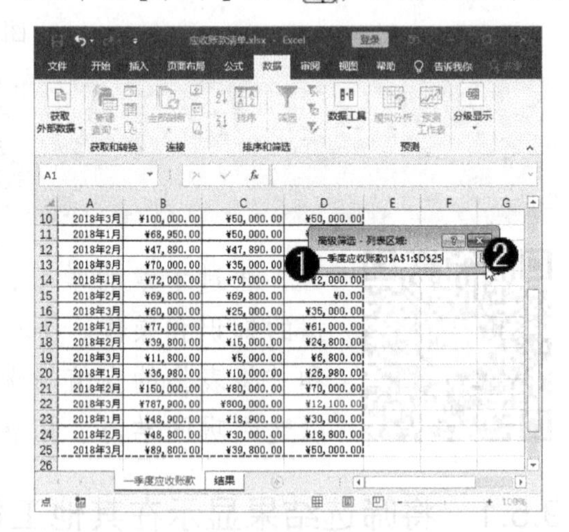

图 9-58

step 5 返回到【高级筛选】对话框，① 即可在【列表区域】文本框中显示出列表区域的范围，② 单击【条件区域】文本框右侧的【折叠】按钮，如图 9-59 所示。

step 6 弹出【高级筛选-条件区域】对话框，在【一季度应收账款】工作表中选择单元格区域 B27:B28，单击对话框中的【展开】按钮，如图 9-60 所示。

高级筛选

方式

在原有区域显示筛选结果(F)

将筛选结果复制到其他位置(O)

列表区域(L): 款!$A$1:$D$25 ❶

条件区域(C): ❷

复制到(T):

选择不重复的记录(R)

确定 取消

图 9-59

应收账款清单.xlsx - Excel 登录

文件 开始 插入 页面布局 公式 数据 审阅 视图 帮助 告诉我你

获取外部数据 新建查询 全部刷新 排序 筛选 数据工具 模拟分析 预测工作表 分级显示

获取和转换 连接 排序和筛选 预测

B27

	A	B	C	D
16	2018年3月	¥60,000.00	¥25,000.00	¥35,000.00
17	2018年1月	¥77,000.00	¥16,000.00	
18	2018年2月	¥39,800.00	¥15,000.00	
19	2018年3月	¥11,800.00	¥5,000.00	
20	2018年1月	¥36,980.00	¥10,000.00	¥26,980.00
21	2018年2月	¥150,000.00	¥80,000.00	¥70,000.00
22	2018年3月	¥787,900.00	¥800,000.00	¥12,100.00
23	2018年1月	¥48,900.00	¥18,900.00	¥30,000.00
24	2018年2月	¥48,800.00	¥30,000.00	¥18,800.00
25	2018年3月	¥89,800.00	¥39,800.00	¥50,000.00
27		余额		
28		>=30000		

高级筛选 - 条件区域:

一季度应收账款!$B$27:$B$28

单击

一季度应收账款 结果

图 9-60

step 7 返回【高级筛选】对话框，① 即可在【条件区域】文本框中显示出条件区域的范围，② 将光标定位在【复制到】文本中，在【结果】工作表中选中单元格 A1，③ 单击【确定】按钮，如图 9-61 所示。

应收账款清单.xlsx - Excel 登录

文件 开始 插入 页面布局 公式 数据 审阅 视图 帮助 告诉我你

A1 ❷

高级筛选

方式

在原有区域显示筛选结果(F)

将筛选结果复制到其他位置(O)

列表区域(L): 款!$A$1:$D$25

条件区域(C): !$B$27:$B$28 ❶

复制到(T): 结果!$A$1

选择不重复的记录(R)

确定 ❸ 取消

一季度应收账款 结果

图 9-61

step 8 返回到工作表界面，可以看到已经将应收账款大于 30000 的筛选结果显示在【结果】工作表中，最终效果如图 9-62 所示。

月份	应收账款	已收账款	余额
2018年1月	¥52,688.00	¥20,000.00	¥32,688.00
2018年3月	¥100,000.00	¥50,000.00	¥50,000.00
2018年3月	¥70,000.00	¥35,000.00	¥35,000.00
2018年3月	¥60,000.00	¥25,000.00	¥35,000.00
2018年1月	¥77,000.00	¥16,000.00	¥61,000.00
2018年2月	¥150,000.00	¥80,000.00	¥70,000.00
2018年1月	¥48,900.00	¥18,900.00	¥30,000.00
2018年3月	¥89,800.00	¥39,800.00	¥50,000.00

图 9-62

9.5.2 将表格的空值筛选出来

在 Excel 表格中，不仅可以筛选单元格中的文本、数字、颜色等元素，还可以筛选空值。下面详细介绍筛选空值的操作方法。

素材文件 第 9 章\素材文件\费用统计表.xlsx
效果文件 第 9 章\效果文件\筛选空值.xlsx

step 1 打开素材文件，① 将光标定位于数据区域的任意一个单元格，② 选择【数据】选项卡，③ 在【排序和筛选】组中单击【筛选】按钮，如图 9-63 所示。

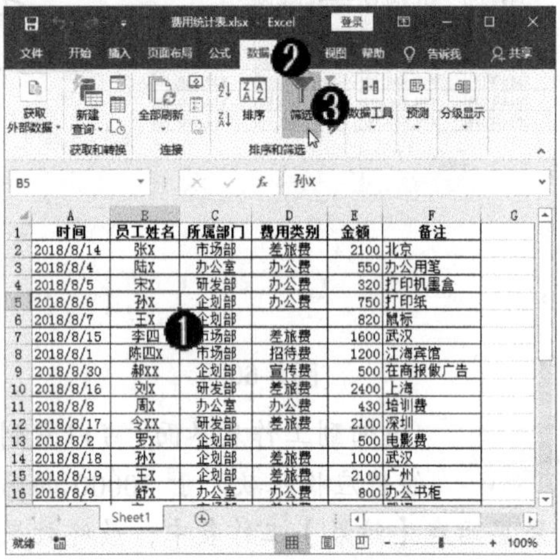

图 9-63

step 3 ① 在弹出的筛选列表中选中【全选】复选框，② 选中【(空白)】复选框，③ 单击【确定】按钮，如图 9-65 所示。

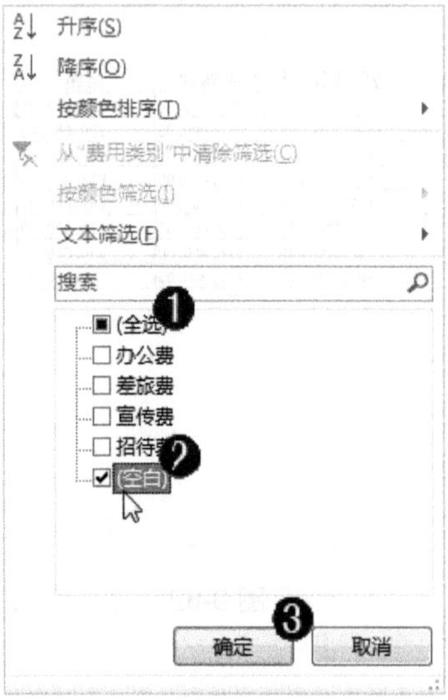

图 9-65

step 2 此时工作表进入筛选状态，各个标题字段的右侧都会出现一个下拉按钮，单击【费用类别】右侧的下拉按钮，如图 9-64 所示。

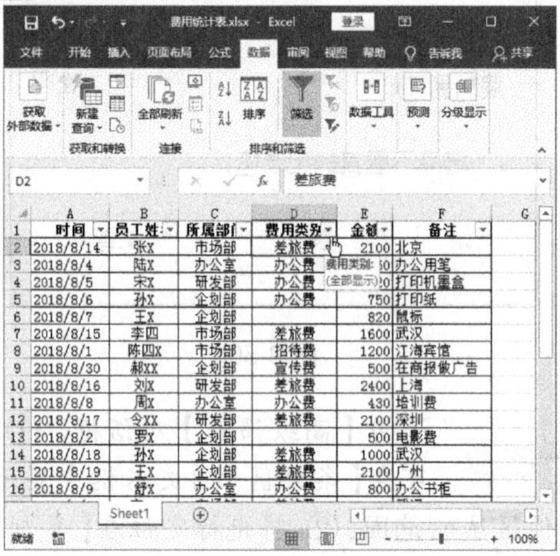

图 9-64

step 4 返回到工作表中，即可看到【费用类别】为空值的数据记录已被筛选出来，这样即可完成将表格的空格筛选出来的操作，如图 9-66 所示。

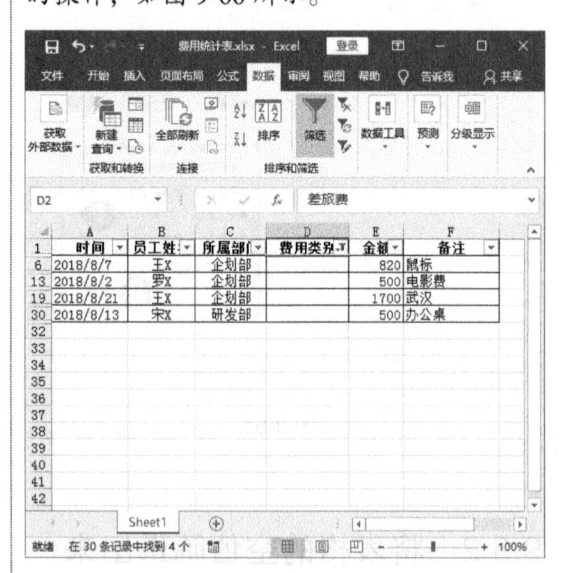

图 9-66

Section 9.6 课后练习与上机操作

本节内容无视频课程，习题参考答案在本书附录。

9.6.1 课后练习

1. 填空题

(1) Excel 数据列表的第一行是______，下面包含若干行数据信息，由文字、数字等不同类型的数据构成。

(2) 在 Excel 中，有时会需要对数据进行升序或降序排列。“____”是指对选中的数字按从小到大的顺序排序；“____”是指对选择的数字按从大到小的顺序排序。

(3) ____________是指依据多列数据的数据规则对数据表进行排序的操作。

(4) ____________用于对数据清单中的某一列排序，然后进行分类汇总。

(5) __________主要用于对数据清单中的某一列进行____方式的汇总。相对简单分类汇总，其汇总的结果更加清晰。

(6) 如果工作表中没有合适的排序方式，用户还可以______________来进行排序。

2. 判断题

(1) 对于一些喜欢使用对话框来输入数据的用户，可以使用 Excel 的记录单功能。因为 Excel 2016 的功能区默认不显示记录单，要使用此功能，需要在任意单元格上单击鼠标左键，然后依次按键盘上的 Alt 键、D 键和 O 键。 ( )

(2) 在 Excel 工作表中，按姓氏笔画排序是指按照姓氏笔画的多少进行排序，姓氏笔画多的在前，姓氏笔画少的在后。 ( )

(3) 嵌套分类汇总是对数据清单中的两列或者两列以上的数据信息同时进行汇总。( )

(4) 对数据进行分类汇总后，工作表左侧将出现一个分级显示栏，通过分级显示栏中的分级显示符号可分级查看表格数据。 ( )

(5) 单击分级显示栏上方的数字按钮1234，可以显示分类汇总和总计的汇总，单击【隐藏】按钮+或【显示】按钮-，可显示或隐藏单个分类汇总的明细行。 ( )

3. 思考题

(1) 如何使用“记录单”添加数据？

(2) 如何自定义排序？

(3) 如何进行高级筛选？

9.6.2 上机操作

(1) 通过本章的学习，读者基本可以掌握数据排序方面的知识。下面通过练习升序排序“住房津贴”，达到巩固与提高的目的。素材文件的路径为“第 9 章\效果文件\员工住房津贴以及医疗保险.xlsx”。

(2) 通过本章的学习，读者基本可以掌握使用条件格式分析数据方面的知识。下面通过练习突出显示库存数大于200的数据，达到巩固与提高的目的。素材文件的路径为“第9章\效果文件\出库单.xlsx”。

第 10 章

使用公式和函数计算数据

本章介绍使用公式和函数计算数据方面的知识与技巧，主要内容包括认识与使用公式、引用单元格、函数的基础知识、输入和编辑函数以及使用数组公式等。通过本章的学习，读者可以掌握使用公式和函数计算数据方面的基础知识，为深入学习 Office 2016 电脑办公知识奠定基础。

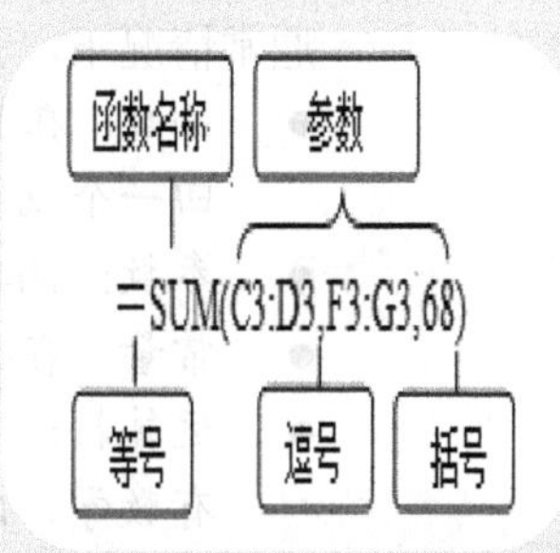

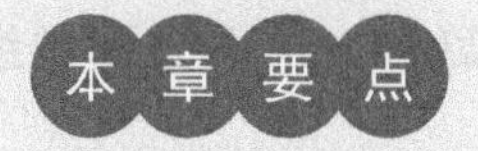

1. 认识与使用公式
2. 引用单元格
3. 函数的基础知识
4. 输入和编辑函数
5. 使用数组公式

Section 10.1 认识与使用公式

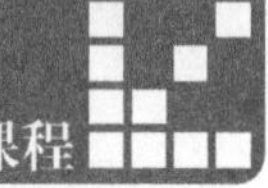

手机扫描下方二维码，观看本节视频课程

公式由一系列单元格的引用、函数以及运算符等组成，是对数据进行计算和分析的等式。Excel 作为数据处理工具，有着强大的计算功能。本节将详细介绍有关公式的知识。

10.1.1 公式的概念

公式是 Excel 工作表中进行数值计算的等式。公式输入是以“=”开始的。简单的公式有加、减、乘、除等，如公式“=1*2+3-4”。

使用公式是为了有目的地计算结果，或根据计算结果改变其所作用单元格的条件格式、求解模型等。因此，Excel 的公式必须(且只能)返回值。

10.1.2 公式的组成要素

通常情况下，公式由函数、参数、常量和运算符等成，下面详细介绍公式的组成部分。

- 函数：在 Excel 中包含的许多预定义公式，可以对一个或多个数据执行运算，并返回一个或多个值。函数可以简化或缩短工作表中的公式。
- 参数：函数中用来执行操作或计算单元格或单元格区域的数值。
- 常量：在公式中直接输入的数字或文本值，并且不参与运算且不发生改变的数值。
- 运算符：准备进行计算的符号或标记，运算符可以表达公式内执行计算的类型，有数学、比较、逻辑和引用运算符。

10.1.3 认识 Excel 运算符

公式运算符是公式中的操作符，是工作表处理数据的指令。在 Excel 2016 工作簿中，运算符主要包括算术运算符、比较运算符、文本运算符和引用运算符，下面分别详细介绍。

1. 算术运算符

算术运算符用来完成基本的数学运算，如加法、减法、乘法和除法等。下面介绍常见的算术运算符，如表 10-1 所示。

表 10-1　常见的算术运算符

公式中使用的符号	含　义	示　例
+(加号)	加法	9+1
−(减号)	减法	9 −2
*(星号)	乘法	3*8
/(正斜号)	除法	6/2
%(百分号)	百分比	72%
^(脱字号)	乘方	9^2
！(阶乘)	连续乘法	4！ =4*3*2*1
−(负号)	负号	−5(负 5)

2. 比较运算符

比较运算符用于对两个数值进行比较，产生的结果为逻辑值 True(真)或 False(假)。下面介绍常见的比较运算符，如表 10-2 所示。

表 10-2　常见的比较运算符

公式中使用的符号	含　义	示　例
＝(等号)	等于	A1=B1
>(大于号)	大于	A1>B1
<(小于号)	小于	A1<B1
>＝(大于等于号)	大于或等于	A1>=B1
<＝(小于等于号)	小于或等于	A1<=B1
<>(不等号)	不等于	A1<>B1

3. 文本运算符

文本运算符是将一个或多个文本连接为一个组合文本的一种运算符，文本运算符使用“和”号&，连接一个或多个文本字符串。下面介绍文本连接运算符，如表 10-3 所示。

表 10-3　文本连接运算符

公式中使用的符号	含　义	示　例
&(和号)	将两个文本连接起来产生一个连续的文本值	“运”&“算”得到运算

4. 引用运算符

在 Excel 2016 工作表中，使用引用运算符可以把单元格区域进行合并运算。下面介绍常用的引用运算符，如表 10-4 所示。

表 10-4　常用的引用运算符

公式中使用的符号	含　义	示　例
:(冒号)	区域运算符，生成对两个引用之间所有单元格的引用	A1:A2
,(逗号)	联合运算符，用于将多个引用合并为一个引用	SUM(A1:A4,A4:A6)
␣(空格)	交集运算符，生成在两个引用中共有的单元格引用	SUM(A1:A7 B1:B7)

10.1.4　运算符的优先级

运算优先级是指一个公式中含有多个运算符的情况下运算的顺序，在应用公式时，应注意每个运算符的优先级是不同的。如果一个公式中的若干运算符具有相同的优先顺序，那么 Excel 2016 将按照从左到右的顺序依此进行计算。

例如，对于“7+8+6+3*2，Excel 2010 将先进行乘法运算，然后进行加法运算，如果使用括号将公式改为(7+8+6+3)*2，那么 Excel 2016 将先计算括号里的数值”。下面详细介绍运算符的优先级，如表 10-5 所示。

表 10-5　运算符优先级

优 先 级	运算符类型	说　明
1	引用运算符	：(冒号)
2		␣(空格)
3		,(逗号)
4	算术运算符	一(负数)
5		%(百分比)
6		^(乘方)
7		*和/(乘和除)
8		+和一(加和减)
9	文本连接运算符	&(连接两个文本字符串)
10	比较运算符	＝
11		< 、>
12		<=
13		>=
14		<>

10.1.5　公式的输入、编辑与删除

学习公式的输入、编辑与删除操作，可以让用户在使用公式时更加得心应手，下面详细介绍其操作方法。

1. 公式的输入

在 Excel 中输入公式必须遵循特定的语法和次序，公式最前面的必须是等号“=”，后面是参与计算的元素和运算符。下面详细介绍输入公式的方法。

step 1 ① 选择一个准备引用公式的单元格，如 E2 单元格，② 在窗口编辑栏中输入公式“=B2+D2”，③ 单击【输入】按钮 ✔，如图 10-1 所示。

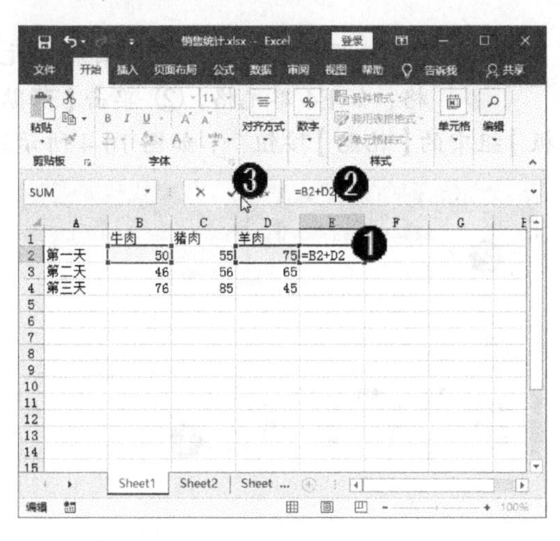

图 10-1

step 2 此时在选中的单元格中，系统会自动计算出结果，通过以上方法，即可完成输入公式的操作，如图 10-2 所示。

图 10-2

2. 公式的编辑

如果输入的公式需要修改，可以通过以下 3 种方式进入单元格编辑状态，进而编辑公式。

- 选中公式所在的单元格，并按键盘上的 F2 键。
- 双击公式所在的单元格。
- 选中公式所在的单元格，然后将光标定位到编辑栏中。

3. 公式的删除

如果要删除公式，可以采用以下几种方式。

- 选中公式所在的单元格，然后按键盘上的 Delete 键，即可清除单元格中的全部内容。
- 进入单元格编辑状态后，将光标放置在某个位置，然后使用 Delete 键删除光标后面的内容，或使用 Backspace 键删除光标前面的内容。
- 如果需要删除多个单元格数组公式，需要选中全部单元格，再按键盘上的 Delete 键。

10.1.6 公式的复制与填充

在 Excel 中创建公式后，如果其他单元格需要使用相同的计算公式时，可以通过公式的复制与填充方法进行操作。下面将分别予以详细介绍。

1. 公式的复制

复制公式是把公式从一个单元格复制至另一个单元格，原单元格中的公式仍保留。下面介绍复制公式的操作方法。

step 1 ① 选择准备复制公式的单元格，② 选择【开始】选项卡，③ 单击【剪贴板】组中的【复制】按钮，如图 10-3 所示。

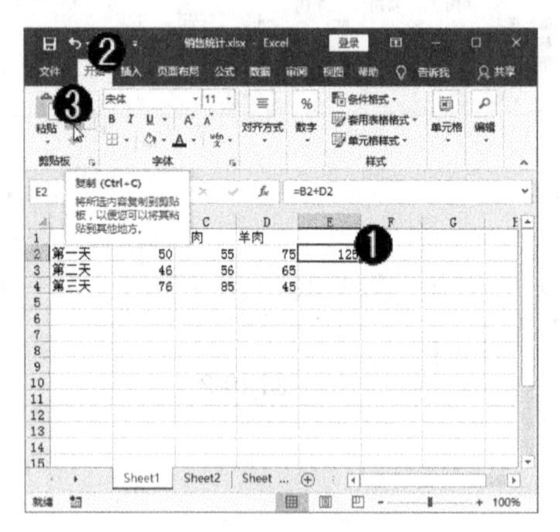

图 10-3

step 2 ① 选择准备粘贴公式的目标单元格，如 E4 单元格，② 单击【剪贴板】组中的【粘贴】按钮，如图 10-4 所示。

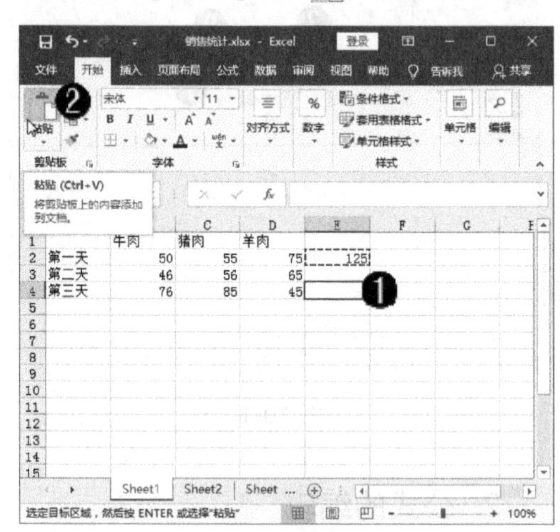

图 10-4

step 3 通过以上方法，即可完成复制公式的操作，如图 10-5 所示。

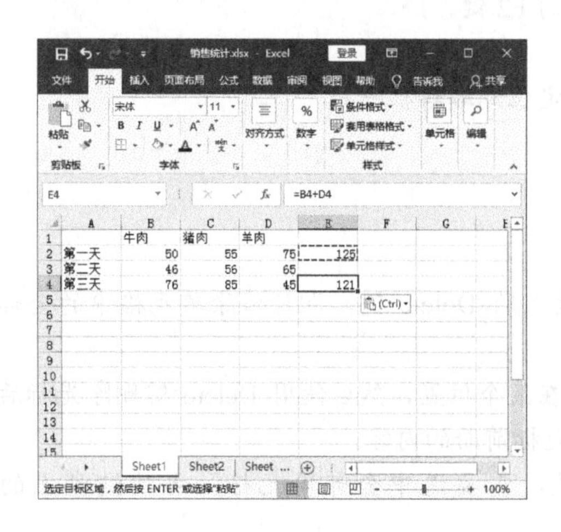

图 10-5

智慧锦囊

在 Excel 2016 工作表中，单击准备复制公式的单元格，按键盘上的 Ctrl+C 组合键，完成复制单元格公式的操作，然后单击目标单元格，按 Ctrl+V 组合键，即可完成复制单元格公式的操作。

考考您

请您根据上述方法复制一个单元格的公式，测试一下您的学习效果。

2. 公式的填充

选中带有公式的单元格，如 E2 单元格，将鼠标指针指向该单元格右下角的填充柄，当鼠标指针变为十字形状时，按下鼠标左键，向下拖曳至准备填充到的单元格，如 E4 单元格，如图 10-6 所示。然后释放鼠标即可完成公式的填充，如图 10-7 所示。

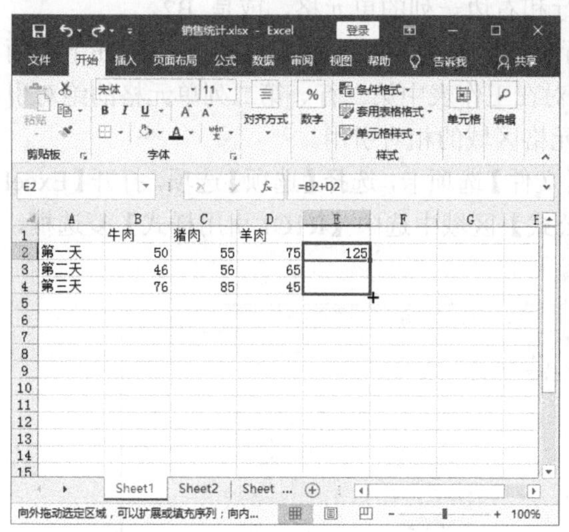

图 10-6

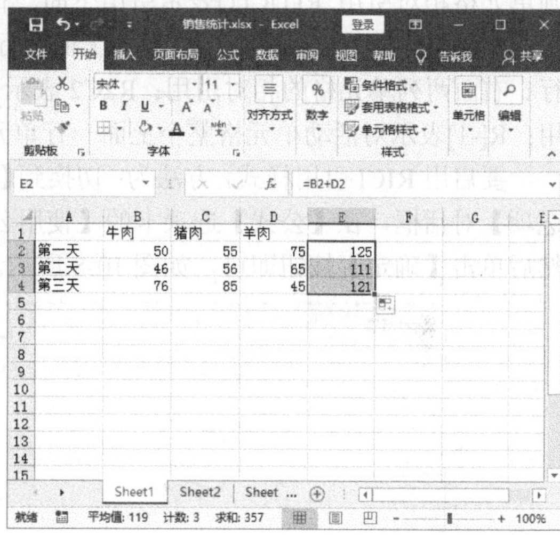

图 10-7

Section 10.2 引用单元格

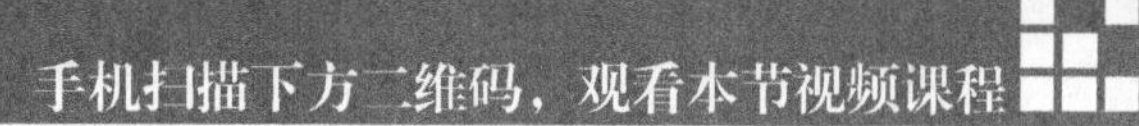

手机扫描下方二维码，观看本节视频课程

单元格引用是指在 Excel 公式中使用单元格的地址来代替单元格及其数据。本节将主要介绍单元格引用样式、相对引用、绝对引用和混合引用的相关知识，以及在同一工作簿中引用单元格和跨工作簿引用单元格的方法。

10.2.1 A1 引用样式和 R1C1 引用样式

在 Excel 中关于引用有两种表示方法，即 A1 与 R1C1 引用样式，下面分别详细介绍。

1. A1 引用样式

A1 引用样式是 Excel 的默认引用类型。这种类型引用字母标志列(从 A 到 XFD，共 16384 列)和数字标志行(从 1 到 1048576 行)，这些字母和数字分别被称为列标和行号。如果要引用单元格，请按顺序输入列字母和行数字。

例如，C25 表示引用列 C 和行 25 交叉处的单元格。如果要引用单元格区域，要依次输

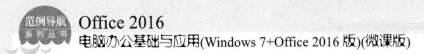

入区域左上角单元格的引用、冒号(:)和区域右下角单元格的引用，如 A20:C35。

2. R1C1 引用样式

在 R1C1 引用样式中，Excel 使用 R 加行数字和 C 加列数字来指示单元格的位置。例如，单元格绝对引用 R1C1 与 A1 引用样式中的绝对引用$A$1 相同。如果活动单元格是 A1，则单元格相对引用 R[1]C[1]表示引用下面一行和右边一列的单元格，或是 B2。

例如，R[-2]C 表示对在同一列、上面两行单元格的相对引用；R[2]C[2]表示对在下面两行、右面两列单元格的相对引用；R2C2 表示对在工作表中第二行、第二列单元格的绝对引用；R[-1]表示对活动单元格整个上面一行单元格区域的相对引用。

要启用 RICI 引用样式，方法为：切换到【文件】选项卡，选择【选项】选项，打开【Excel 选项】对话框，在【公式】选项卡的【使用公式】区域中选中【R1C1 引用样式】复选框，然后单击【确定】按钮即可，如图 10-8 所示。

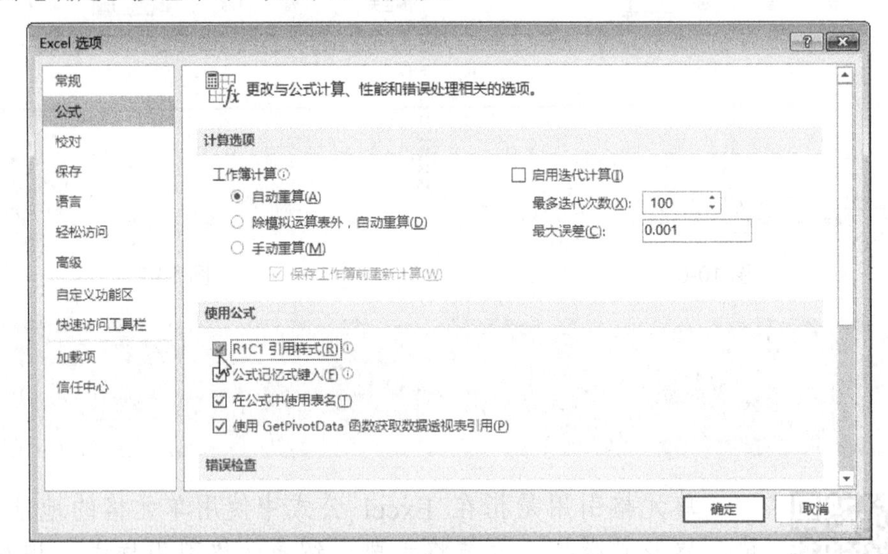

图 10-8

在 R1C1 引用样式下，列标是数字而不是字母。例如，在工作表的顶部看到的是 1、2、3 等，而不是 A、B 和 C。R1C1 引用样式对于计算位于宏内的行和列很有用。在 R1C1 样式中，Excel 指出了行号在 R 后而列号在 C 后的单元格的位置。

10.2.2 相对引用、绝对引用和混合引用

单元格引用的作用是标识工作表中的单元格或单元格区域，并指明公式中所用的数据在工作表中的位置。Excel 单元格的引用包括绝对引用、相对引用和混合引用三种，下面将分别详细介绍。

1. 相对引用

公式中的相对引用，是基于包含公式和单元格引用的单元格的相对位置，如果公式所在单元格的位置改变，引用也随之改变。如果多行或多列地复制公式，引用会自动调整。下面详细介绍相对引用的操作方法。

step 1 ① 选择准备引用的单元格，如选择 E2 单元格，② 在窗口编辑栏中，输入引用的单元格公式，③ 单击【输入】按钮 ✔，如图 10-9 所示。

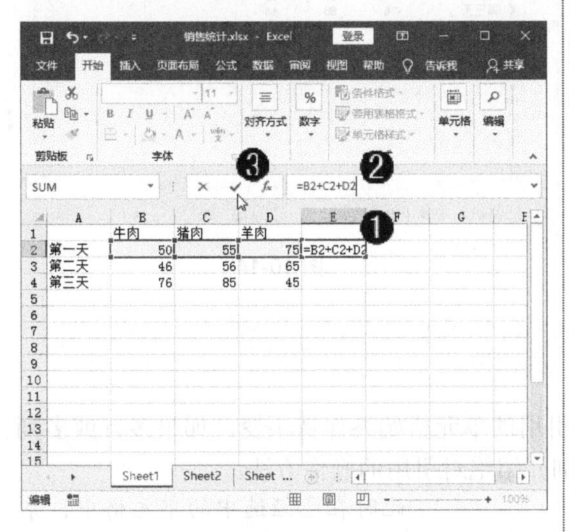

图 10-9

step 2 此时在单元格中，系统会自动计算出结果，单击【剪贴板】组中的【复制】按钮，如图 10-10 所示。

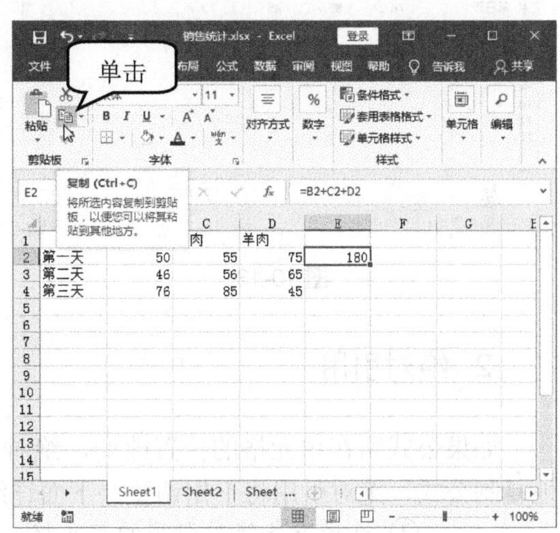

图 10-10

step 3 ① 选择准备粘贴引用公式的单元格，如选择 E3 单元格，② 在【剪贴板】组中，单击【粘贴】按钮，如图 10-11 所示。

图 10-11

step 4 此时在已选中的单元格中，系统会自动计算出结果，并且在编辑框中显示公式，如图 10-12 所示。

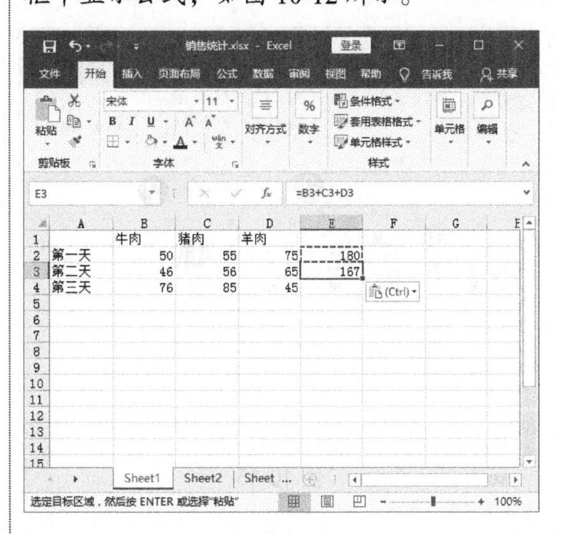

图 10-12

step 5 ① 单击准备粘贴相对引用公式的单元格，② 单击【剪贴板】组中的【粘贴】按钮，如图 10-13 所示。

图 10-13

step 6 此时引用的单元格再次发生改变，通过以上操作，即可完成相对引用，如图 10-14 所示。

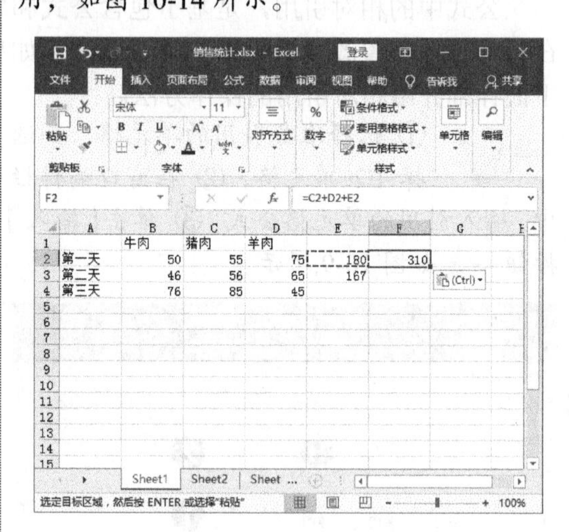

图 10-14

2. 绝对引用

如果公式所在单元格的位置改变，绝对引用的单元格始终保持不变，如果多行或多列地复制公式，绝对引用将不作调整。下面详细介绍绝对引用的操作方法。

step 1 ① 选择准备绝对引用的单元格，如 E2 单元格，② 在窗口编辑栏中，输入准备绝对引用的公式“=$B$2+$C$2+$D$2”，③ 单击【输入】按钮，如图 10-15 所示。

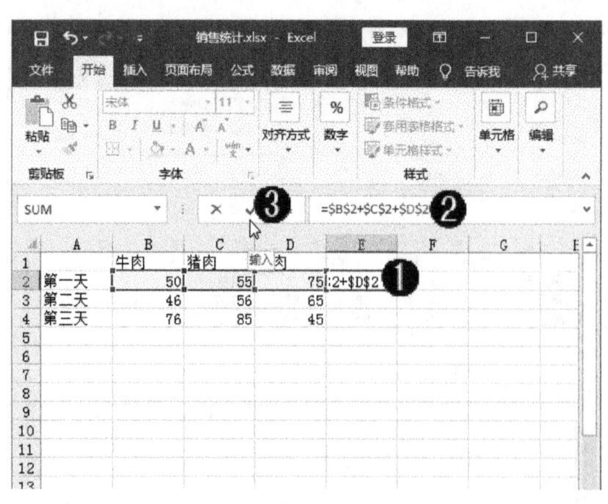

图 10-15

step 2 此时在已经选中的单元格中，系统会自动计算出结果，单击【剪贴板】组中的【复制】按钮，如图 10-16 所示。

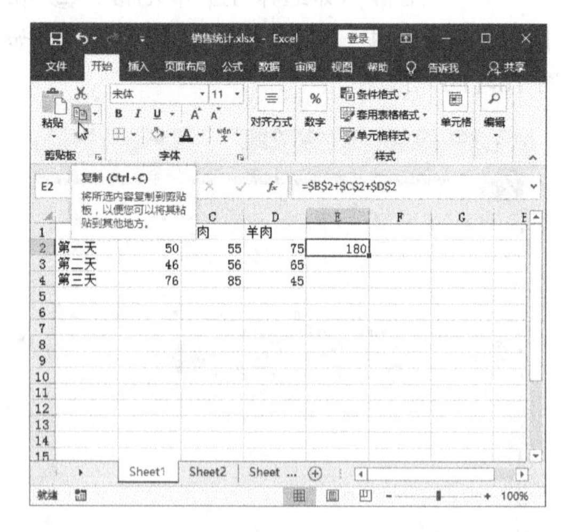

图 10-16

step 3 ① 选择粘贴绝对引用公式的单元格，如 F2 单元格，② 在【剪贴板】组中，单击【粘贴】按钮，如图 10-17 所示。

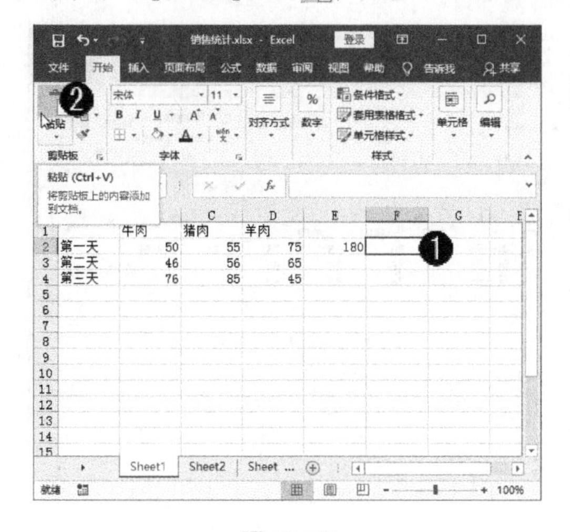

图 10-17

step 4 此时粘贴绝对引用公式的单元格中的公式仍旧是“=$B$2+$C$2+$D$2”，通过以上方法，即可完成绝对引用的操作，如图 10-18 所示。

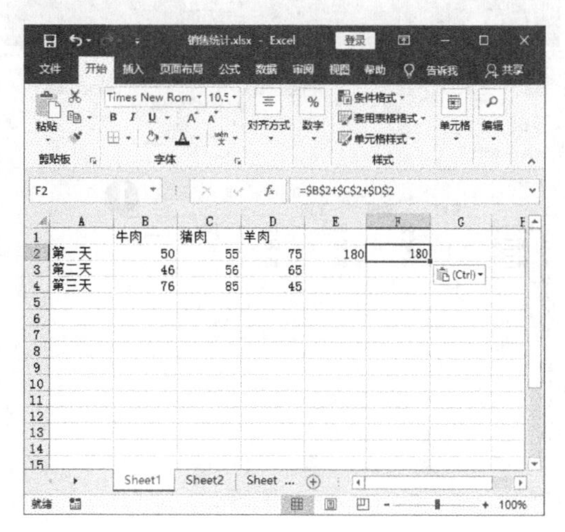

图 10-18

3. 混合引用

混合引用是指既含有绝对引用，也含有相对引用。如果公式所在单元格的位置改变，则相对引用改变，而绝对引用不变。如果多行或多列地复制公式，相对引用自动调整，而绝对引用不作调整。下面介绍混合引用的操作方法。

step 1 ① 选择准备引用绝对行和相对列的单元格，如 E2 单元格，② 在窗口编辑栏中，输入准备绝对引用行和相对引用列的引用公式“=B$2+C$2+D$2”，③ 单击【输入】按钮，如图 10-19 所示。

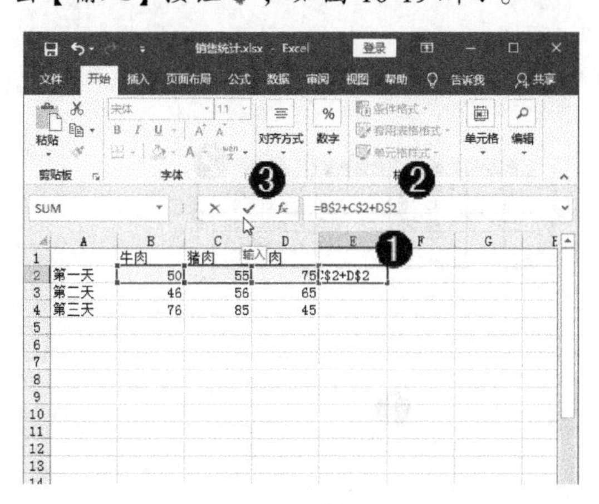

图 10-19

step 2 此时在已经选中的单元格中，系统会自动计算出结果，单击【剪贴板】组中的【复制】按钮，如图 10-20 所示。

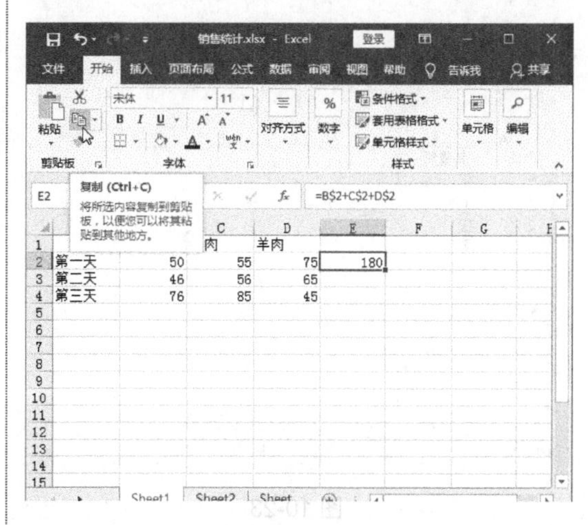

图 10-20

step 3 ① 选择粘贴引用公式的单元格，如 F2 单元格，② 在【剪贴板】组中，单击【粘贴】按钮，如图 10-21 所示。

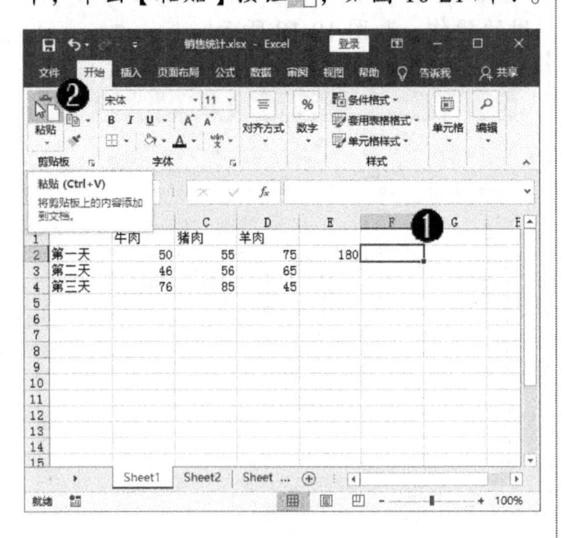

图 10-21

step 4 在已经粘贴的单元格中，行号不变，而列标发生变化，通过以上方法，即可完成混合引用，如图 10-22 所示。

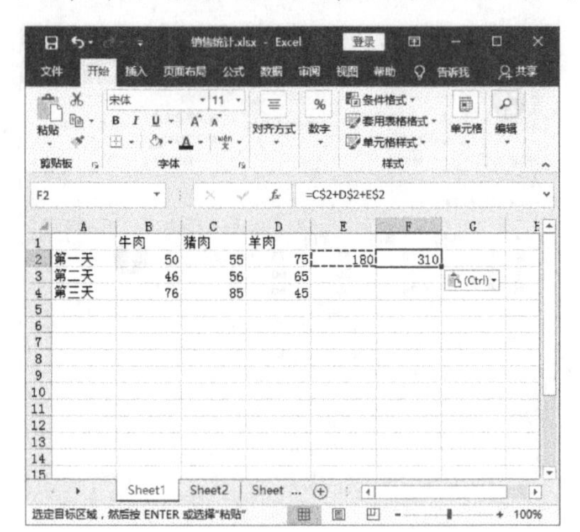

图 10-22

10.2.3 同一工作簿中的单元格引用

Excel 不仅可以在同一张工作表中引用单元格或单元格区域中的数据，还可以引用同一工作簿中多张工作表上的单元格或单元格区域中的数据。下面详细介绍其操作方法。

step 1 打开工作簿，在目标单元格，如 Sheet2 工作表的 B2 单元格中输入“=”，如图 10-23 所示。

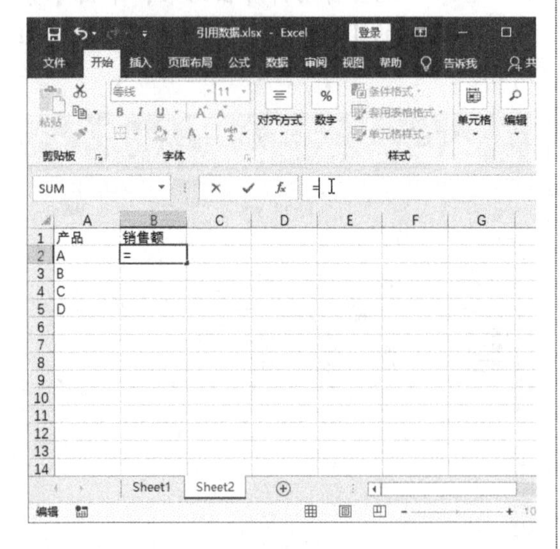

图 10-23

step 2 ① 切换到引用单元格所在的工作表，如 Sheet1 工作表，② 选中要引用的单元格，如 D2 单元格，如图 10-24 所示。

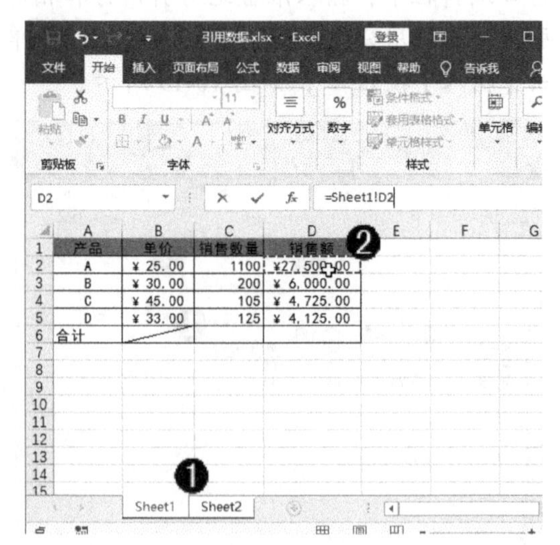

图 10-24

step 3 按键盘上的 Enter 键，即可实现同一工作簿中的单元格引用，将 Sheet1 工作表 D2 单元格中的数据引用到 Sheet2 工作表的 B2 单元格中，如图 10-25 所示。

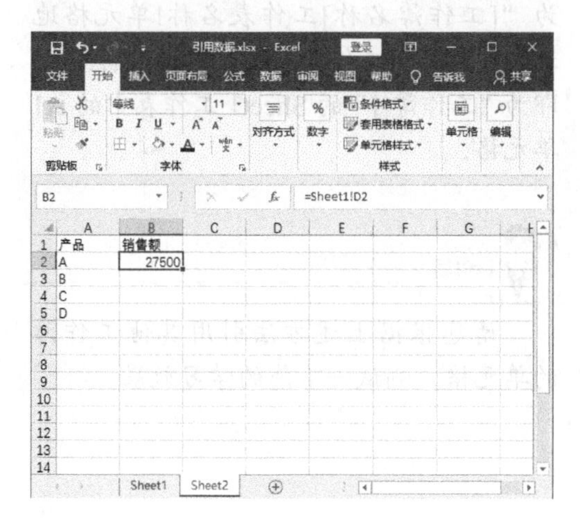

图 10-25

智慧锦囊

在同一工作簿的不同工作表中引用单元格的格式为“工作表名称! 单元格地址”，如“Sheet1! F5”即为“Sheet1”工作表中的 F5 单元格。

考考您

请您根据上述方法引用同一工作簿中的单元格，测试一下您的学习效果。

10.2.4 引用其他工作簿中的单元格

跨工作簿引用数据，即引用其他工作簿中工作表中的单元格数据的方法，与引用同一工作簿中不同工作表的单元格数据的方法类似。下面详细介绍其操作方法。

step 1 同时打开“工作簿 1”和“引用数据”工作簿，在【工作簿 1】的 Sheet1 工作表中选中 B2 单元格，输入“=”，如图 10-26 所示。

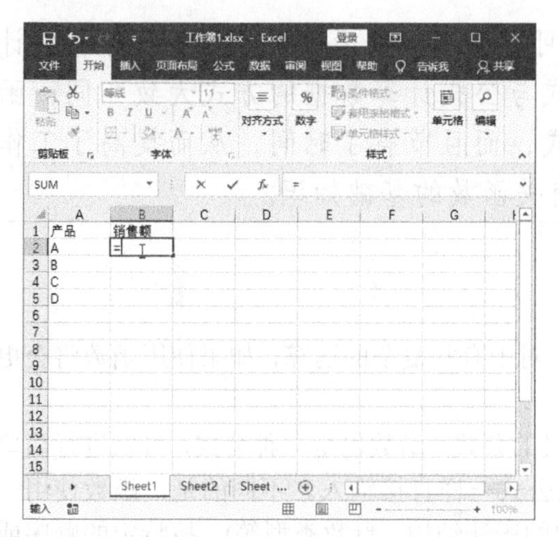

图 10-26

step 2 ① 切换到“引用数据”工作簿的 Sheet1 工作表，② 选中要引用的单元格，如 D2 单元格，如图 10-27 所示。

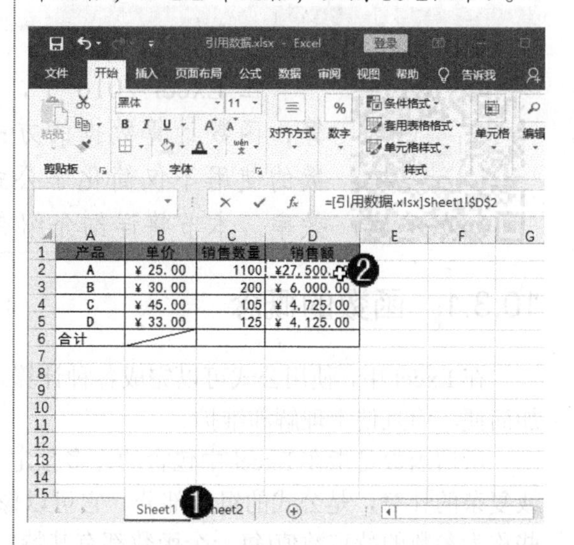

图 10-27

step 3 按键盘上的 Enter 键，即可实现跨工作簿的单元格引用，“工作簿 1”的 Sheet1 工作表的 B2 单元格中引用“引用数据”工作簿的 Sheet1 工作表中的 D2 单元格，如图 10-28 所示。

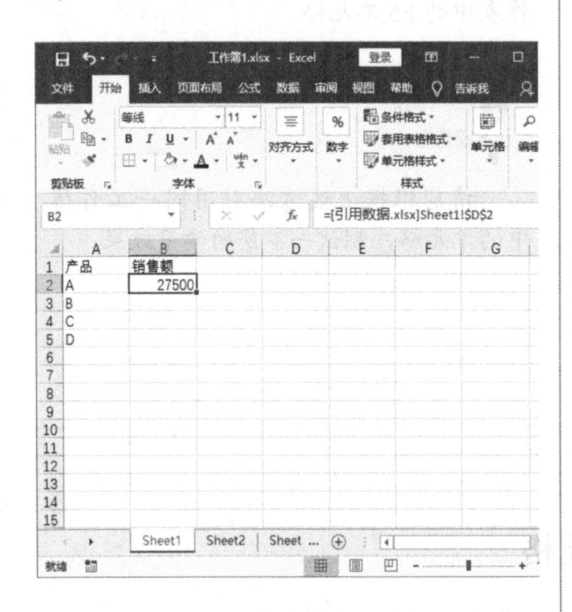

图 10-28

引用其他工作簿中的单元格的格式为“[工作簿名称]工作表名称!单元格地址”，如“=[工作簿 1.xlsx]Sheet1$A$1”即为“工作簿 1”的 Sheet1 工作表中的 A1 单元格。

考考您

请您根据上述方法引用其他工作簿的单元格，测试一下您的学习效果。

Section 10.3 函数的基础知识

手机扫描下方二维码，观看本节视频课程

在 Excel 2016 中，可以使用内置函数对数据进行分析和计算，函数计算数据的方式与公式计算数据的方式大致相同，函数的使用不仅简化了公式，而且节省了时间，从而提高了工作效率。本节将详细介绍有关函数的基础知识。

10.3.1 函数的概念

在 Excel 中，使用公式可以完成各种计算。对于有些复杂的运算，如果使用函数将会更加简便，而且便于理解和维护。

所谓函数是指在 Excel 中包含的许多预定义的公式。函数也是一种公式，可以进行简单或复杂的计算，是公式的组成部分，它可以像公式一样直接输入。不同的是，函数使用一些称为参数的特定数值(每一个函数都有其特定的语法结构、参数类型等)，按特定的顺序或结构进行计算。

使用函数可以提高工作效率，例如在工作表中常用的 SUM 函数，用于对单元格区域进行求和运算。虽然可以通过创建以下公式来计算单元格中各数值的总和“=B3+C3+D3+E3+F3+G3”，但是利用函数可以编写更加简短的完成同样功能的公式“=SUM(B3:G3)”。

10.3.2 函数的结构

在 Excel 2016 中，调用函数时需要遵守 Excel 为函数制定的语法结构，否则将会产生语法错误，函数的语法结构由等号、函数名称、括号、参数等组成。下面详细介绍其组成部分，如图 10-29 所示。

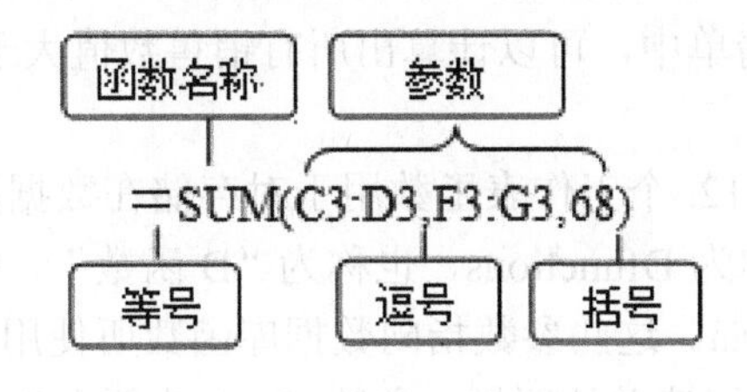

图 10-29

- 等号：函数一般以公式的形式出现，必须在函数名称前面输入“=”号。
- 函数名称：用来标识调用功能函数的名称。
- 参数：参数可以是数字、文本、逻辑值和单元格引用，也可以是公式或其他函数。
- 括号：用来输入函数参数，各参数之间需用逗号(必须是半角状态下的逗号)隔开。
- 逗号：各参数之间用来表示间隔的符号。

10.3.3 函数参数的类型

函数的参数既可以是常量或公式，也可以为其他函数。常见的函数参数类型如下。

- 常量参数：主要包括文本(如“苹果”)、数值(如“1”)以及日期(如“2018-5-6”)等内容。
- 逻辑值参数：主要包括逻辑真(如 TURE)、逻辑假(如 FALSE)以及逻辑段表达式等。
- 单元格引用参数：主要包括引用单元格(如 A1)和引用单元格区域(如 A1:C2)等。
- 函数式：在 Excel 中可以使用一个函数式的返回结果作为另外一个函数式的参数，这种方式称为函数嵌套，如“=IF(A2>89,"A",IF(A2>79,"B", IF(A2>69,"C",IF(A2>59,"D","F"))))”。
- 数组参数：函数参数既可以是一组常量，也可以是单元格区域的引用。

当一个函数式中有多个参数时，需要用英文状态的逗号将其隔开。

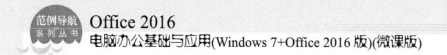

10.3.4 函数参数的分类

Excel 函数一共有 11 类，分别是数据库函数、日期与时间函数、工程函数、财务函数、信息函数、逻辑函数、查询和引用函数、数学和三角函数、统计函数、文本函数以及用户自定义函数，下面分别予以详细介绍。

1. 数据库函数

当需要分析数据清单中的数值是否符合特定条件时，可以使用数据库函数。例如，在一个包含销售信息的数据清单中，可以计算出所有销售数值大于 1000 且小于 2500 的行或记录的总数。

Microsoft Excel 共有 12 个工作表函数用于对存储在数据清单或数据库中的数据进行分析，这些函数的统一名称为 Dfunctions，也称为“D 函数”，每个函数均有三个相同的参数：database、field 和 criteria。这些参数指向数据库函数所使用的工作表区域。其中，参数 database 为工作表上包含数据清单的区域，参数 field 为需要汇总的列的标志，参数 criteria 为工作表上包含指定条件的区域。

2. 日期与时间函数

顾名思义，通过日期与时间函数，可以在公式中分析和处理日期的值和时间的值。

3. 工程函数

工程函数用于工程分析。这类函数中的大多数可分为三种类型：对复数进行处理的函数、在不同的数字系统(如十进制系统、十六进制系统、八进制系统和二进制系统)间进行数值转换的函数、在不同的度量系统中进行数值转换的函数。

4. 财务函数

财务函数可以进行一般的财务计算，如确定贷款的支付额、投资的未来值或净现值，以及债券或息票的价值。财务函数中常见的参数如表 10-6 所示。

表 10-6

财务函数常见参数	作　用
未来值(fv)	在所有付款发生后的投资或贷款的价值
期间数(nper)	投资的总支付期间数
付款(pmt)	对于一项投资或贷款的定期支付数额
现值(pv)	在投资期初的投资或贷款的价值
利率(rate)	投资或贷款的利率或贴现率
类型(type)	付款期间进行支付的间隔，如在月初或月末

5. 信息函数

信息函数是指一组称为 IS 的工作表函数，在单元格满足条件时返回 TRUE。例如，如果单元格包含一个偶数值，ISEVEN 工作表函数返回 TRUE。如果需要确定某个单元格区域中是否存在空白单元格，可以使用 COUNTBLANK 工作表函数对单元格区域中的空白单元格进行计数，或者使用 ISBLANK 工作表函数确定区域中的某个单元格是否为空。

6. 逻辑函数

使用逻辑函数可以进行真假值判断，或者进行复合检验。例如，可以使用 IF 函数确定条件为真还是假，并由此返回不同的数值。

7. 查询和引用函数

当需要在数据清单或表格中查找特定数值，或者需要查找某一单元格的引用时，可以使用查询和引用函数。例如，如果需要在表格中查找与第一列中的值相匹配的数值，可以使用 VLOOKUP 工作表函数。如果需要确定数据清单中数值的位置，可以使用 MATCH 工作表函数。

8. 数学和三角函数

通过数学和三角函数，可以处理简单的计算。例如对数字取整、计算单元格区域中的数值总和或复杂计算。

9. 统计函数

统计工作表函数用于对数据区域进行统计分析。例如，统计工作表函数可以提供由一组给定值绘制出的直线的相关信息，如直线的斜率和 y 轴截距，或构成直线的实际点数值。

10. 文本函数

通过文本函数，可以在公式中处理文字串。例如，可以改变大小写或确定文字串的长度，可以将日期插入文字串或连接在文字串上。

11. 用户自定义函数

如果要在公式或计算中使用特别复杂的计算，而工作表函数又无法满足需要，则需要创建用户自定义函数。这些函数，称为用户自定义函数。

Section 10.4 输入和编辑函数

手机扫描下方二维码，观看本节视频课程

在 Excel 2016 中，在工作表中使用函数计算数据时，需要先输入函数。函数常见的输入方法包括通过快捷按钮插入函数、通过“插入函数”对话框输入函数、通过编辑栏输入函数以及使用嵌套函数。本节将详细介绍输入和编辑函数的相关知识及操作方法。

10.4.1 通过快捷按钮插入函数

对于一些常用的函数，可以利用【开始】或【公式】选项卡中的快捷按钮来输入，下面将分别予以详细介绍。

1. 利用【开始】选项卡快捷按钮

选中需要显示求和结果的单元格，在【开始】选项卡的【编辑】组中单击【自动求和】下拉按钮 Σ自动求和 ，在打开的下拉列表中选择【求和】选项，如图 10-30 所示。

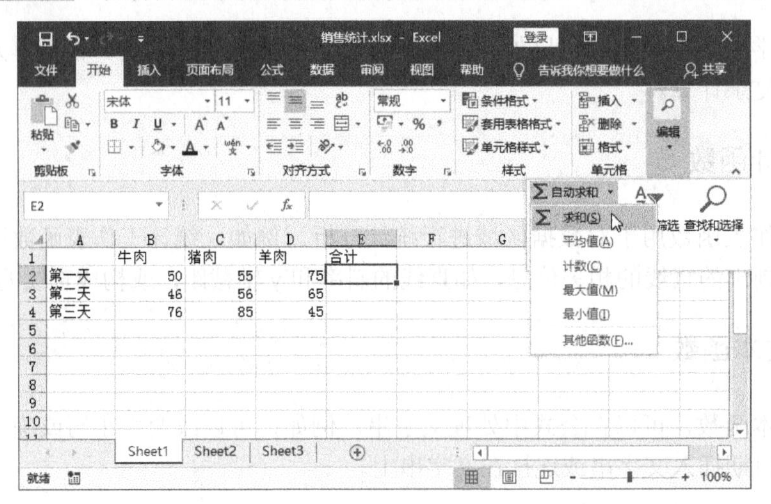

图 10-30

2. 利用【公式】选项卡快捷按钮

选中需要显示求和结果的单元格，然后切换到【公式】选项卡，在【函数库】组中单击【自动求和】下拉按钮 Σ自动求和 ，在打开的下拉列表中选择【求和】选项，如图 10-31 所示。然后拖动鼠标选中作为参数的单元格区域，按键盘上的 Enter 键即可将计算结果显示在该单元格中，如图 10-32 所示。

图 10-31

图 10-32

10.4.2 通过“插入函数”对话框输入函数

如果用户对函数不熟悉，可以使用【插入函数】对话框来输入。下面详细介绍通过“插入函数”对话框输入函数的操作方法。

step 1 ① 选中准备输入函数的单元格，② 选择【公式】选项卡，③ 单击【函数库】组中的【插入函数】按钮 fx，如图 10-33 所示。

图 10-33

step 2 弹出【插入函数】对话框，① 在【选择函数】列表框中选择准备应用的函数，例如“SUM”，② 单击【确定】按钮，如图 10-34 所示。

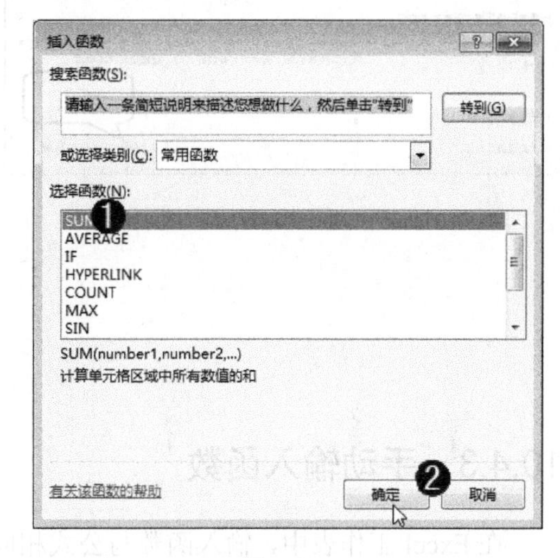

图 10-34

step 3 弹出【函数参数】对话框，在 SUM 区域中，单击 Number1 文本框右侧的【压缩】按钮，如图 10-35 所示。

step 4 返回到工作表界面，① 在工作表中选中准备求和的单元格区域，② 单击【函数参数】对话框右侧的【展开】按钮，如图 10-36 所示。

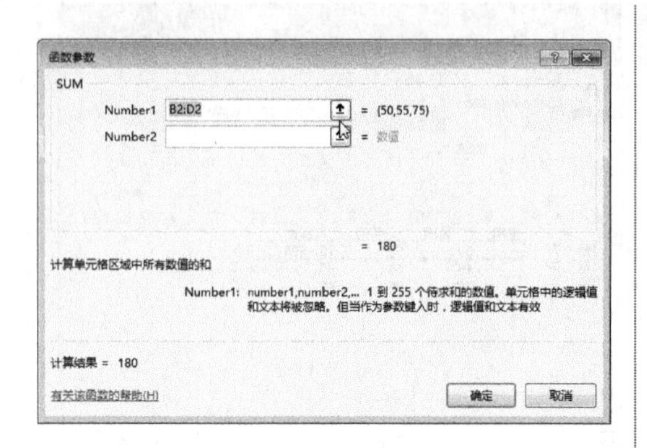

图 10-35

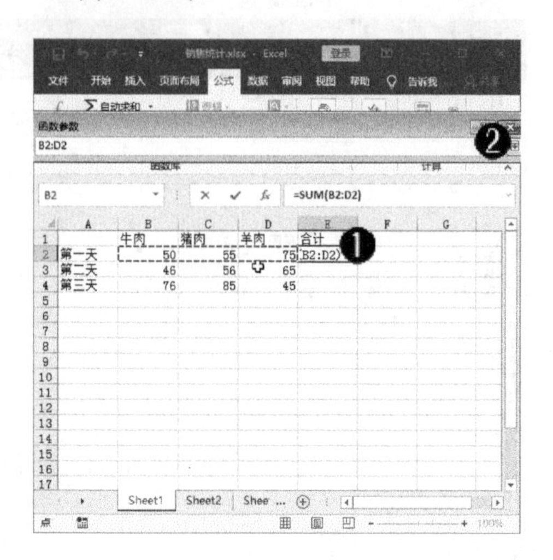

图 10-36

step 5 返回到【函数参数】对话框，可以看到在 Number1 文本框中已经选好了公式计算区域，单击【确定】按钮，如图 10-37 所示。

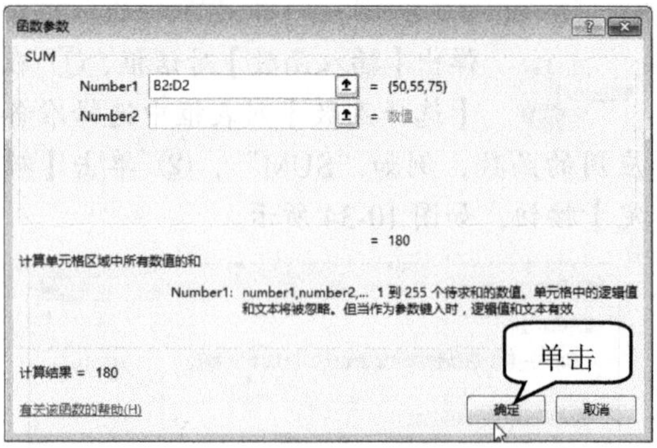

函数参数
SUM
Number1 B2:D2 = {50,55,75}
Number2 = 数值
= 180
计算单元格区域中所有数值的和
Number1: number1,number2,... 1 到 255 个待求和的数值。单元格中的逻辑值和文本将被忽略。但当作为参数键入时，逻辑值和文本有效
计算结果 = 180
有关该函数的帮助(H)
单击
确定 取消

图 10-37

step 6 返回到工作表中，可以看到选中的单元格已经计算出了结果，并且在编辑栏中已经输入了函数，通过以上方法，即可完成通过“插入函数”对话框输入函数的操作，如图 10-38 所示。

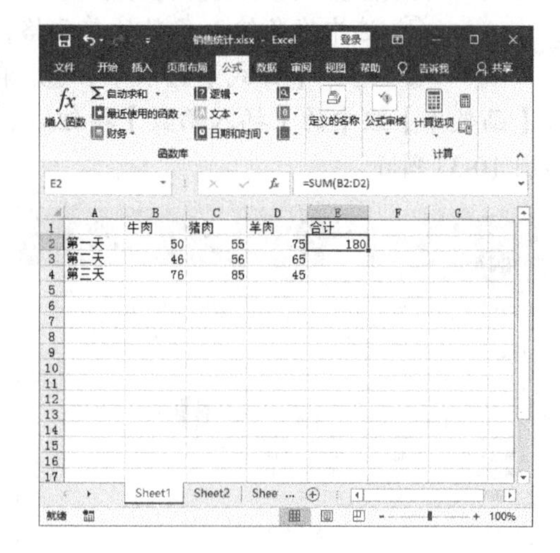

图 10-38

10.4.3 手动输入函数

在 Excel 工作表中，输入函数与公式相同，首先要输入“=”，然后再输入函数的主体，最后在括号中输入相应的参数。下面详细介绍手动输入函数的操作方法。

step 1 ① 选中准备输入函数的单元格，② 在编辑栏中输入公式“=SUM(B2:D2)”，③ 单击【输入】按钮✔，如图 10-39 所示。

step 2 此时在选中的单元格内，系统自动计算出结果，通过以上方法即可完成手动输入函数的操作，如图 10-40 所示。

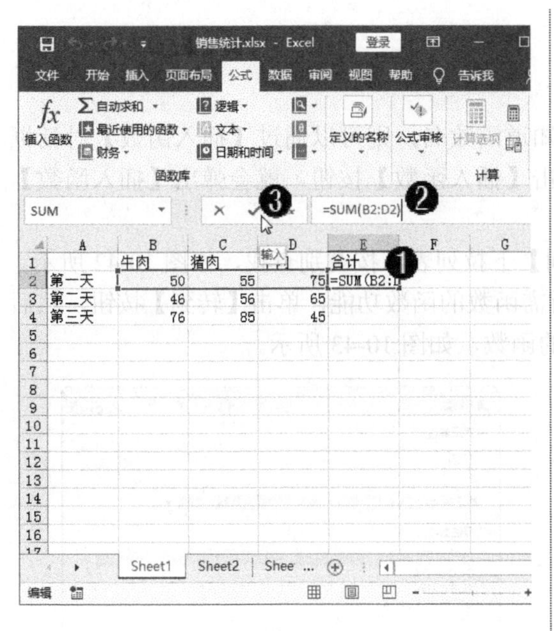

图 10-39

图 10-40

10.4.4 使用嵌套函数

使用一个函数或者多个函数表达式的返回结果作为另外一个函数的某个或多个参数，这种应用方式称为嵌套函数。

例如，函数式“=IF(AVERAGE(A1:A3)>10，SUM(B1:B3),0)”，即一个简单的嵌套函数表达式。该函数表达式的意义为：在“A1:A3”单元格区域中数字的平均值大于 10 时，返回单元格区域“B1:B3”的求和结果，否则将返回“0”。

嵌套函数一般通过手动输入，输入时可以利用鼠标辅助引用单元格。以上面的函数式为例，输入方法为：选中目标单元格，输入“=IF(”，然后输入作为参数插入的函数的首字母“A”，在出现的相关函数列表中双击函数“AVERAGE”，，如图 10-41 所示。此时将自动插入该函数及前括号，函数式变为“=IF(AVERAGE(”，手动输入字符“A1:A3)>20,”，然后仿照前面的方法输入函数“SUM”，最后输入字符“B1:B3),0)”，按键盘上的 Enter 键即可。

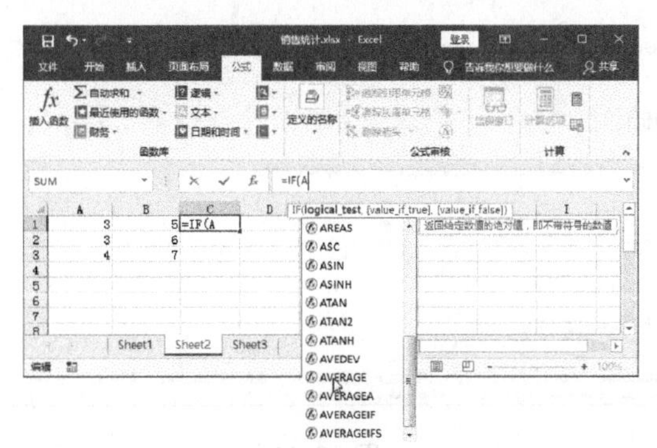

图 10-41

10.4.5 查询函数

若只知道某个函数的类别或者功能，不知道函数名，则可以通过【插入函数】对话框快速查找函数。切换到【公式】选项卡，单击【插入函数】按钮，就会弹出【插入函数】对话框，在其中查找函数的方法主要有两种。

方法1：单击下拉按钮打开【或选择类别】下拉列表，按类别查找，如图10-42所示。

方法2：在【搜索函数】文本框中输入所需函数的函数功能，单击【转到】按钮，然后在【选择函数】列表框中就会出现系统推荐的函数，如图10-43所示。

图 10-42

图 10-43

如果说明栏的函数信息不够详细，难以理解，在电脑连接了Internet网络的情况下，用户可以利用帮助功能。

方法为：在【选择函数】列表框中选中某个函数后，单击【插入函数】对话框左下角的【有关该函数的帮助】链接，打开【Excel帮助】网页，其中对函数进行了详细的介绍并提供了示例，足以满足大部分人的需求，如图10-44所示。

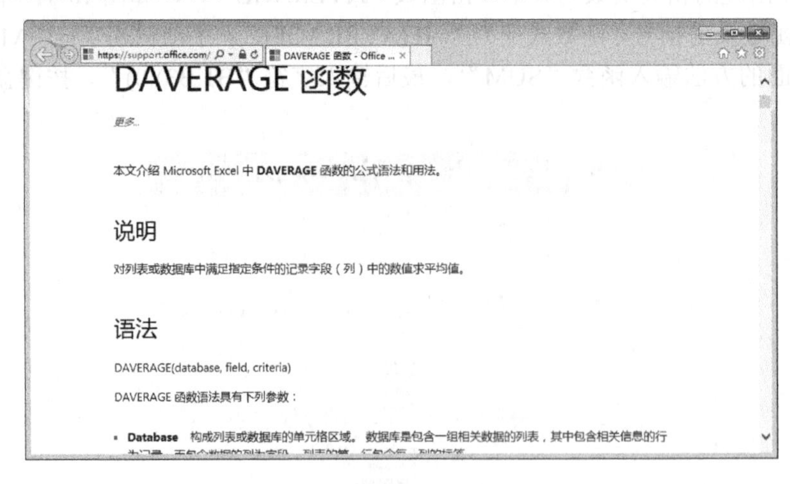

图 10-44

Section 10.5 使用数组公式

手机扫描下方二维码，观看本节视频课程

数组是单元的集合或者一组处理的值集合。可以写一个以数组为参数的公式，即数组公式，可以通过这个单一的公式，执行多个输入的操作并产生多个结果，即每个结果显示在一个单元格中。本节将详细介绍有关数组公式的相关知识。

10.5.1 认识数组公式

数组公式可以认为是 Excel 对公式和数组的一种扩充，是 Excel 公式在以数组为参数时的一种应用。数组公式可以看成是有多重数值的公式，与单值公式的不同之处在于，它可以产生一个以上的结果，一个数组公式可以占用一个或多个单元格。Excel 中的数组公式在不能使用工作表函数直接得到结果时，可以建立产生多值或对一组值而不是单个值进行操作的公式。

在 Excel 中，数组公式用大括号“{}”来区分于普通的 Excel 公式。普通公式与数组公式分别如图 10-45、图 10-46 所示。

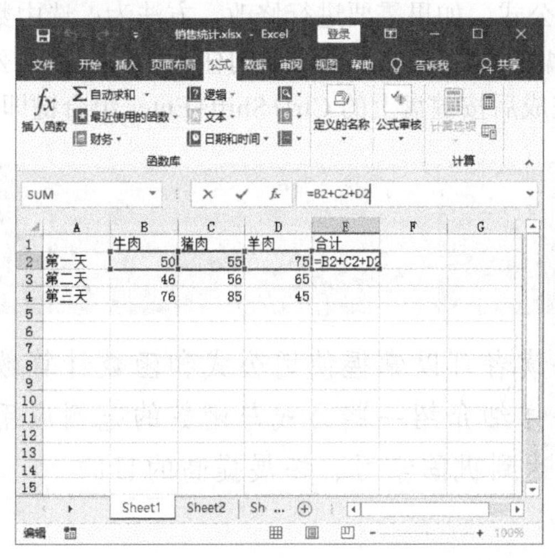

图 10-45

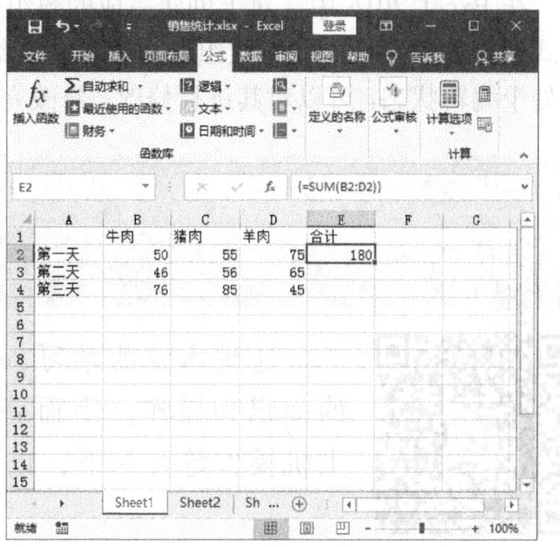

图 10-46

10.5.2 输入数组公式

公式和函数的输入都是从“=”开始的，输入完成后按键盘上的 Enter 键，计算结果就会显示在单元格里。而要使用数组公式，在输入完成后，需要按键盘上的 Ctrl+Shift+Enter 组合键才能确认输入的是数组公式。正确输入数组公式后，才可以看到公式的两端出现数组公式标志性的一对大括号“{}”。

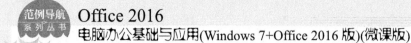

以“最终合计发放工资”为例，使用数组公式计算，可以省略计算每个员工的实发工资这一步，直接得到合计发放工资金额。

在单元格 D7 中输入数组公式“=SUM(B2:B6-C2:C6)”(即将 B2:B6 单元格区域中的每个单元格，与 C2:C6 单元格区域中的每个对应的单元格相减，然后将每个结果加起来求和)，按键盘上的 Ctrl+Shift+Enter 组合键确认输入数组公式，如图 10-47 所示。

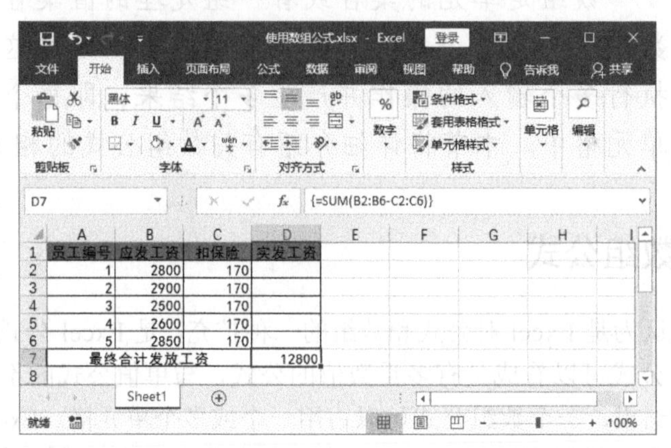

图 10-47

10.5.3 修改数组公式

在 Excel 2016 中，对于创建完成的数组公式，如果需要进行修改，方法为：选中数组公式所在的单元格，此时数组公式将显示在编辑栏中，单击编辑栏的任意位置，数组公式将处于编辑状态，可以对其进行修改，修改完成后按键盘上的 Ctrl+Shift+Enter 组合键即可。

Section 10.6 范例应用与上机操作

手机扫描下方二维码，观看本节视频课程

通过本章的学习，读者可以掌握使用公式和函数计算数据的知识和操作。下面将详细介绍一些公式与函数的范例应用，上机操作练习一下，以达到巩固学习、拓展提高的目的。

10.6.1 制作日常费用统计表

日常费用统计表主要用于统计费用的支出、结余、用途以及其他信息。下面详细介绍制作日常费用统计表的操作方法。

素材文件 第 10 章\素材文件\费用统计.xlsx

效果文件 第 10 章\效果文件\日常费用统计表.xlsx

step 1 打开素材文件“费用统计.xlsx”工作簿，其中列出了有关费用统计的各类信息，如图 10-48 所示。

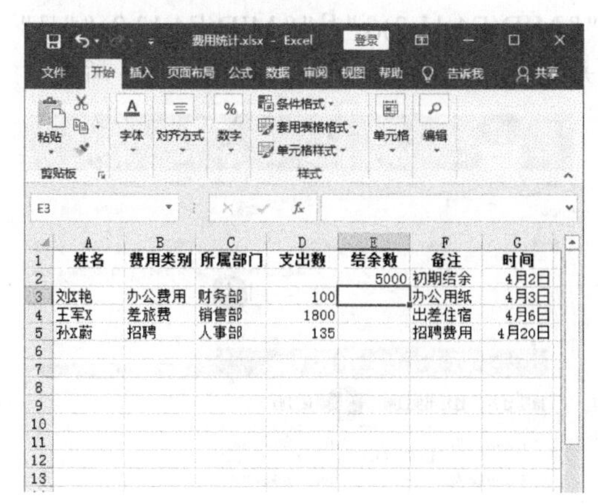

图 10-48

step 2 ① 选中准备计算结余的单元格，例如 E3 单元格，② 在窗口编辑栏的编辑框中，输入公式“=E2-D3”并按键盘上的 Enter 键，如图 10-49 所示。

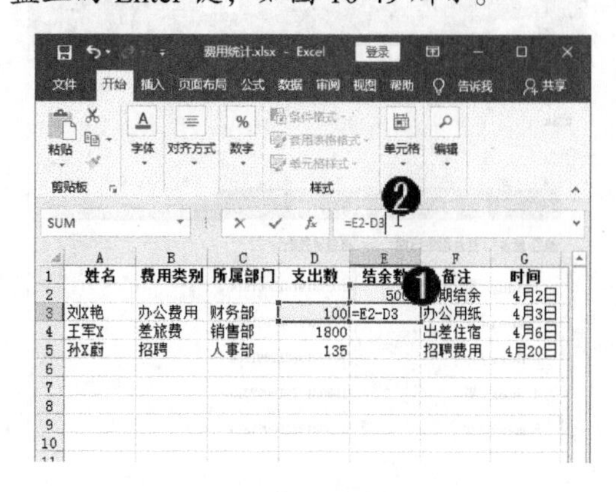

图 10-49

step 3 可以看到，系统会自动计算出结余数，如图 10-50 所示。

图 10-50

step 4 按照以上方法将其他结余数分别计算出来，这样即可完成制作日常费用统计表的操作，如图 10-51 所示。

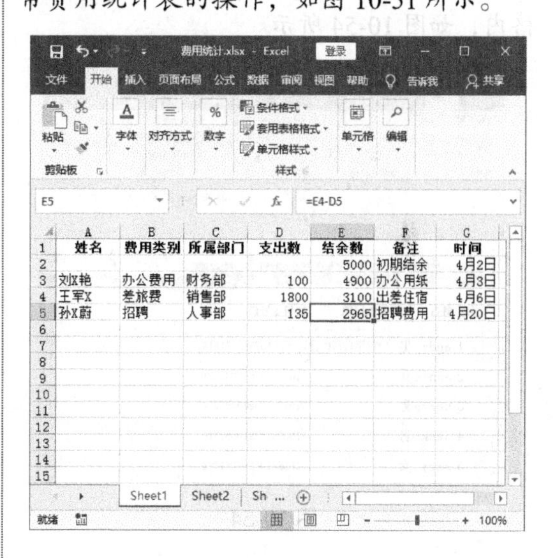

图 10-51

10.6.2 制作人事资料分析表

人事资料分析表可以对员工的资料进行分析，例如可以通过身份证号码，对员工的出生日期进行提取等。下面以提取出生日期为例，详细介绍制作人事资料分析表的操作方法。

素材文件 第 10 章\素材文件\人事资料分析表.xlsx

效果文件 第 10 章\效果文件\制作人事资料分析表.xlsx

step 1 打开素材文件“人事资料分析表.xlsx”，其中显示了人事资料的各类信息，如图 10-52 所示。

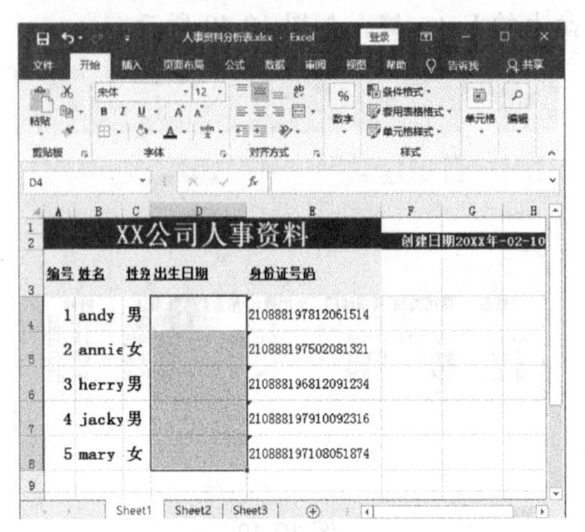

图 10-52

step 3 可以看到系统自动将该员工的出生日期提取出来，显示在 D4 单元格内，如图 10-54 所示。

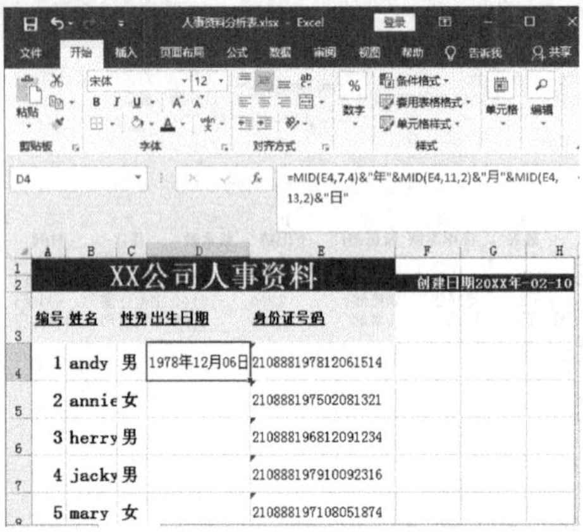

图 10-54

step 2 ① 选中准备提取出生日期的单元格，例如 D4 单元格，② 在窗口编辑栏中，输入函数“=MID(E4,7,4)&"年"&MID(E4,11,2)&"月"&MID(E4,13,2)&"日"”并按键盘上的 Enter 键，如图 10-53 所示。

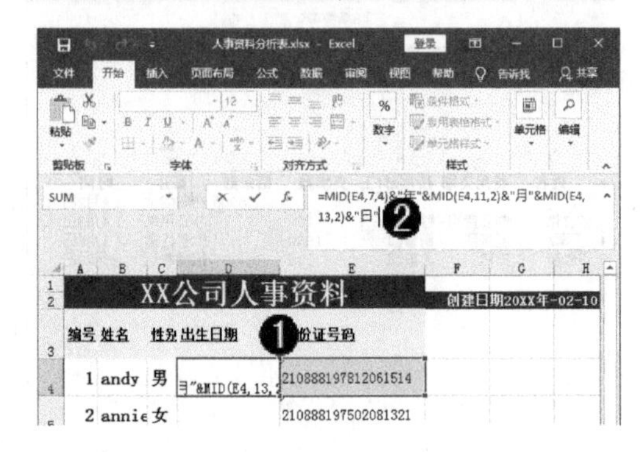

图 10-53

step 4 选中 D4 单元格，向下拖曳填充公式，将其他员工的出生日期也提取出来，这样即可完成制作人事资料分析表的操作，如图 10-55 所示。

图 10-55

Section 10.7 课后练习与上机操作

本节内容无视频课程，习题参考答案在本书附录。

10.7.1 课后练习

1. 填空题

(1) ______是 Excel 工作表中进行数值计算的等式。公式输入是以“___”开始的。简单

的公式有加、减、乘、除等，如公式“=1*2+3-4”。

(2) 使用公式是为了有目的地计算结果，或根据计算结果改变其所作用单元格的条件格式、设置求解模型等。因此，Excel 的公式必须(且只能)_____。

(3) 通常情况下，公式由______、参数、______和运算符等成。

(4) ________用来完成基本的数学运算，如加法、减法、乘法和除法等。

(5) ________用来对两个数值进行比较，产生的结果为逻辑值 True(真)或 False(假)。

(6) ________是指一个公式中含有多个运算符的情况下运算的顺序，在应用公式时，应注意每个运算符的优先级是不同的。

(7) 在 Excel 中输入公式必须遵循特定的______和______，公式最前面的必须是等号“=”。

(8) 在________引用样式中，Excel 使用 R 加行数字和 C 加列数字来指示单元格的位置。

(9) 单元格引用的作用是标识工作表中的单元格或单元格区域，并指明公式中所用的数据在工作表中的______。Excel 单元格的引用包括________、相对引用和混合引用三种。

(10) 所谓函数是指在 Excel 中包含的许多预定义的____。

(11) Excel 函数一共有 11 类，分别是__________、日期与时间函数、工程函数、财务函数、信息函数、逻辑函数、查询和引用函数、______________、统计函数、文本函数以及用户自定义函数。

(12) 如果用户对函数不熟悉，可以使用________________对话框来输入。

2. 判断题

(1) 公式运算符是公式中的操作符，是工作表处理数据的指令。在 Excel 2016 工作簿中，运算符主要包括算术运算符、比较运算符、文本运算符和引用运算符。 (　　)

(2) 文本运算符是将一个或多个文本连接为一个组合文本的一种运算符，文本运算符使用“和”号&，连接一个或多个文本字符串。 (　　)

(3) 在 Excel 2016 工作表中，使用文本运算符可以把单元格区域进行合并运算。 (　　)

(4) 如果一个公式中的若干运算符都具有相同的优先顺序，那么 Excel 2016 将按照从左到右的顺序依此进行计算。 (　　)

(5) R1C1 的引用样式是 Excel 的默认引用类型。这种类型引用字母标志列(从 A 到 XFD，共 16384 列)和数字标志行(从 1 到 1048576 行)，这些字母和数字被称为行号和列标。 (　　)

(6) 公式中的相对引用，是基于包含公式和单元格引用的单元格的相对位置，如果公式所在单元格的位置改变，引用也随之改变。如果多行或多列地复制公式，引用会自动调整。 (　　)

(7) 单元格中的混合引用总是在指定位置引用单元。如果公式所在单元格的位置改变，混合引用的单元格始终保持不变，如果多行或多列地复制公式，混合引用将不作调整。 (　　)

(8) 绝对引用是指既含有绝对引用，也含有相对引用。如果公式所在单元格的位置改变，则相对引用改变，而绝对引用不变。如果多行或多列地复制公式，相对引用自动调整，而绝对引用不作调整。 (　　)

(9) 函数也是一种公式，可以进行简单或复杂的计算，是公式的组成部分，它可以像公式一样直接输入。不同的是，函数使用一些称为参数的特定数值(每一个函数都有其特定的语法结构、参数类型等)，按特定的顺序或结构进行计算。 ( )

(10) 数组公式可以认为是 Excel 对公式和数组的一种扩充，是 Excel 公式在以数组为参数时的一种应用。 ( )

(11) 数组公式可以看成是有多重数值的公式，与单值公式的共同之处在于，它也可以产生一个以上的结果，一个数组公式可以占用一个或多个单元格。 ( )

(12) Excel 中的数组公式在不能使用工作表函数直接得到结果时，可以建立产生多值或对一组值而不是单个值进行操作的公式。 ( )

3. 思考题

(1) 如何引用其他工作簿中的单元格？

(2) 如何通过“插入函数”对话框输入函数？

10.7.2 上机操作

(1) 通过本章的学习，读者基本可以掌握公式方面的知识。下面通过练习计算创建家庭开支工作表，达到巩固与提高的目的。素材文件的路径为“第 10 章\效果文件\家庭开支.xlsx”。

(2) 通过本章的学习，读者基本可以掌握函数方面的知识。下面通过练习为电话簿升级号码位数，达到巩固与提高的目的。素材文件的路径为“第 10 章\效果文件\电话簿.xlsx”。

第 11 章

数据可视化应用与管理

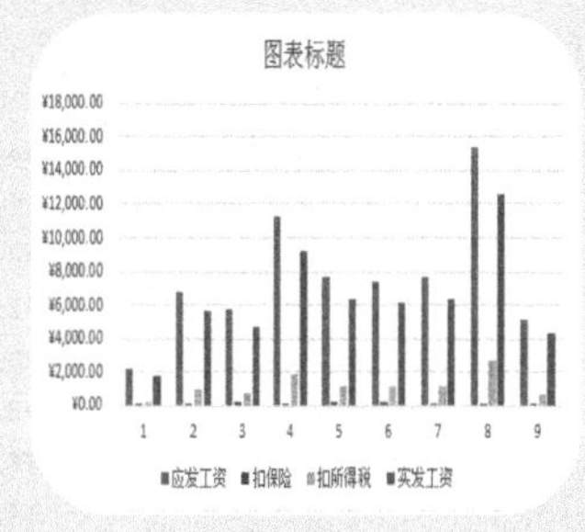

本章介绍数据可视化应用与管理方面的知识与技巧，主要内容包括认识图表、创建与编辑图表、添加图表元素、定制图表外观、使用迷你图、数据透视表和数据透视图等。通过本章的学习，读者可以掌握数据可视化应用与管理方面的基础知识，为深入学习 Office 2016 电脑办公知识奠定基础。

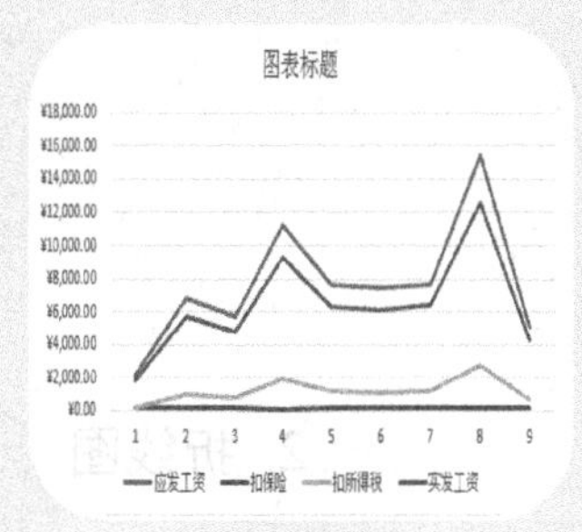

1. 认识图表
2. 创建与编辑图表
3. 添加图表元素
4. 定制图表外观
5. 使用迷你图
6. 数据透视表
7. 数据透视图

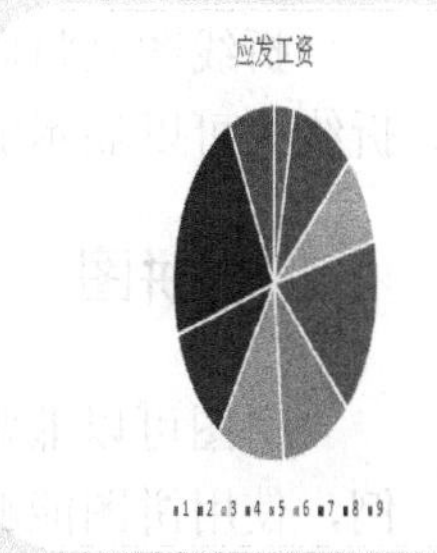

Section 11.1 认识图表

手机扫描下方二维码，观看本节视频课程

Excel 图表是根据工作表中的一些数据绘制出来的形象化图示，图表可以更清晰地显示各个数据之间的关系和数据的变化情况，可以非常方便地对比与分析数据。本节将详细介绍认识图表方面的知识与操作技巧。

11.1.1 图表的类型

图表可以以图形的形式表示数据的内容、数据与数据间的比较等信息。下面详细介绍常见的几种图表类型。

1. 柱形图

柱形图用于显示一段时间内的数据变化或各项之间的比较情况。通常绘制柱形图时，水平轴表示组织类型，垂直轴则表示数值，如图 11-1 所示。

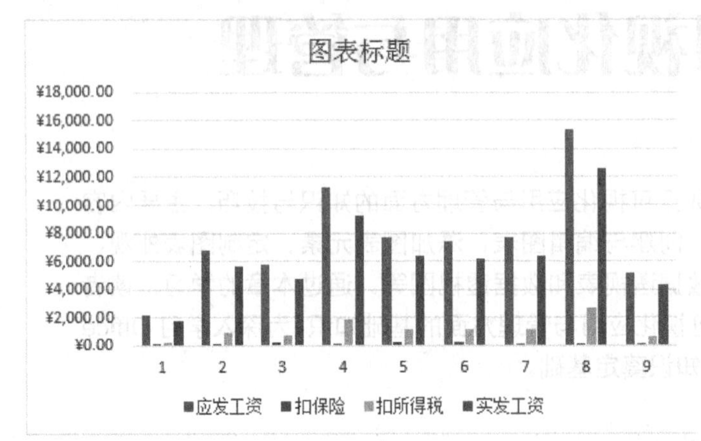

图 11-1

2. 折线图

折线图是将同样数据系列的数据点在图表中用线段连接起来，以显示数据的变化趋势。折线图可以显示随时间而变化的连续数据，如图 11-2 所示。

3. 饼图

饼图可以非常清晰直观地反映统计数据中各项所占的百分比或者某个单项占总体的比例，使用饼图能够非常方便地查看整体与个体之间的关系，如图 11-3 所示。

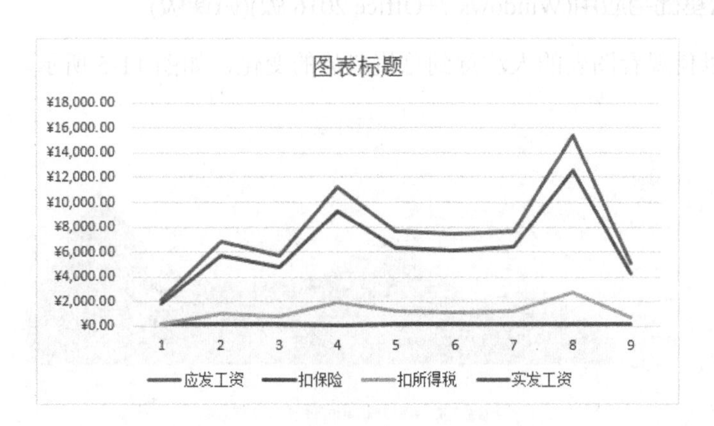

图 11-2

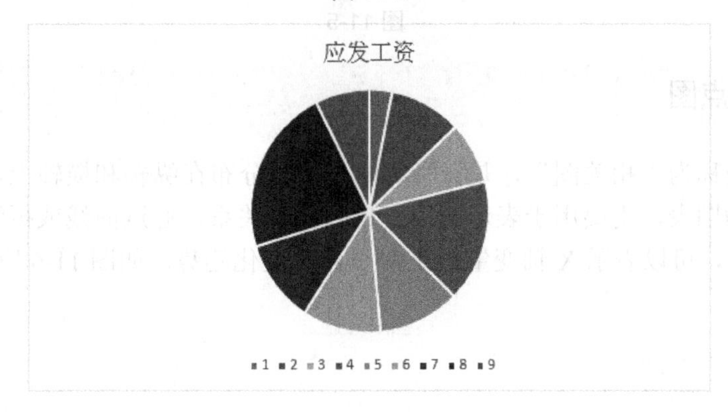

图 11-3

4. 条形图

条形图是用来描绘各个项目间数据差别情况的一种图表，重点强调的是在提交时间点上数据的比较，如图 11-4 所示。

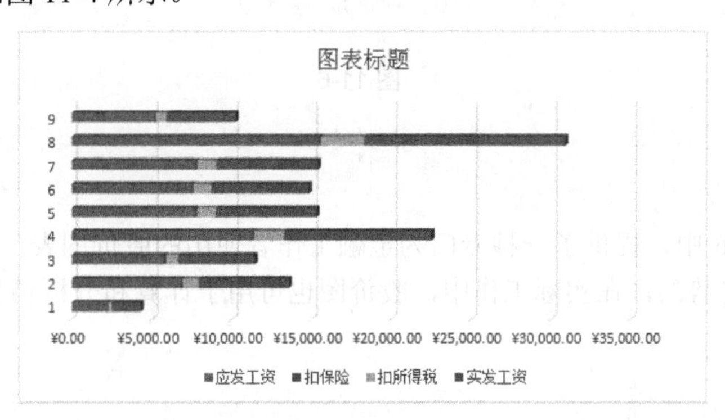

图 11-4

5. 面积图

面积图用于显示某个时间阶段总数与数据系列的关系，面积图强调数量随时间而变化的程度，还可以使观看图表的人注意到总值趋势的变化，如图 11-5 所示。

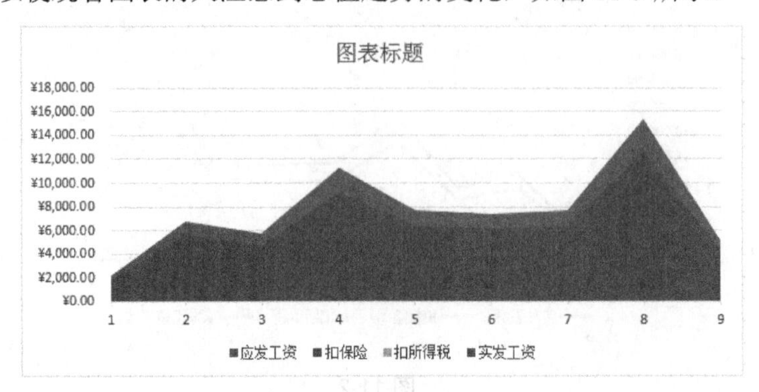

图 11-5

6. X Y 散点图

散点图也被称为“相关图”，是一种将两个变量分布在纵轴和横轴上，在它们的交叉位置绘制出点的图表，主要用于表示两个变量的相关关系。通过曲线或折线两种类型将散点数据连接起来，可以表示 X 轴变量随 Y 轴变量的变化趋势，如图 11-6 所示。

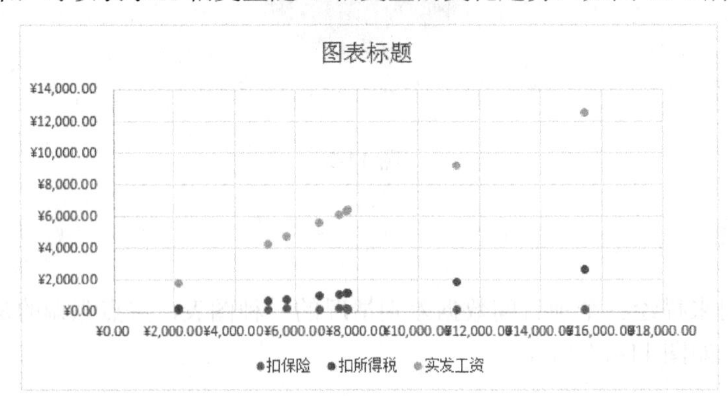

图 11-6

7. 股价图

在 Excel 2016 中，提供了一种专门为金融工作者使用的股价图表，股价图即是用来显示股价的波动和走势的，在实际工作中，股价图也可用于计算和分析科学数据，如图 11-7 所示。

8. 曲面图

曲面图主要用于表达两组数据之间的最佳组合，如果 Excel 工作表中的数据较多，又想要找到两组数据之间的最佳组合时，可以使用曲面图，曲面图包含四种类型，分别为曲面图、俯视框架曲面图、三维曲面图和框架三维曲面图，如图 11-8 所示。

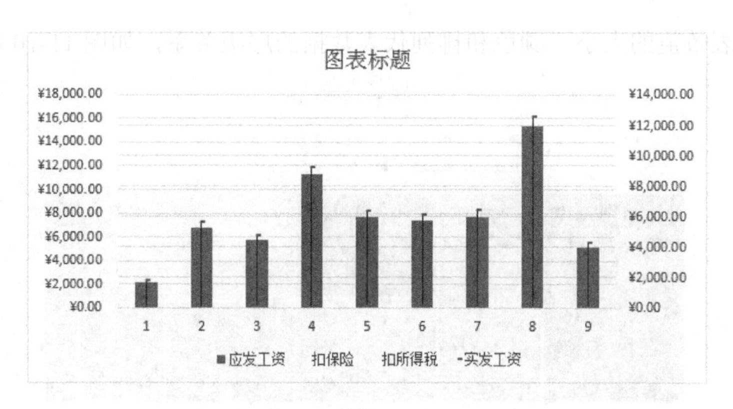

图 11-7

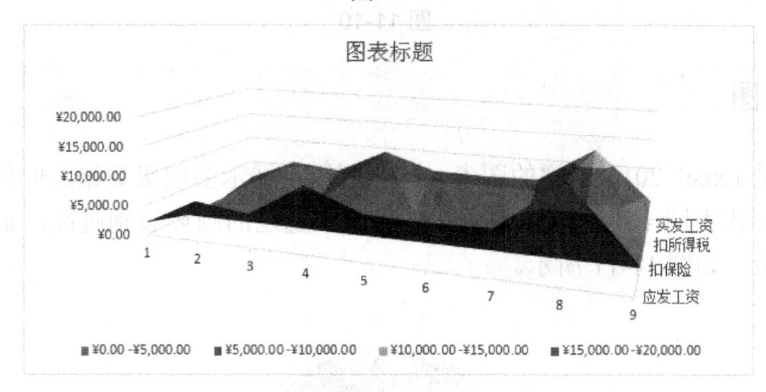

图 11-8

9. 雷达图

雷达图可以比较若干数据系列的聚合值，用于显示数据中心点以及数据类别之间的变化趋势，如图 11-9 所示。

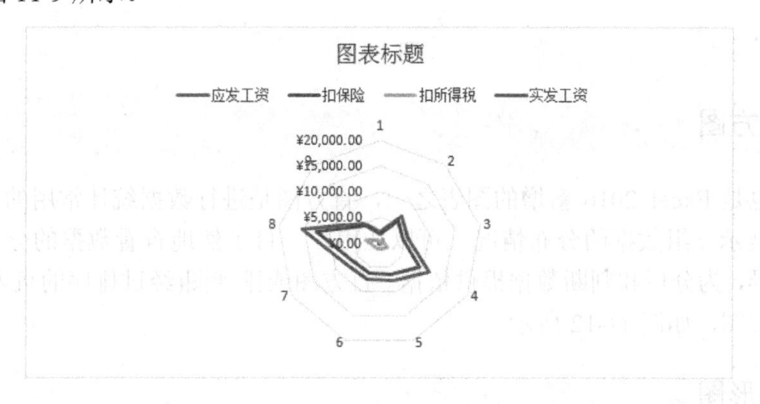

图 11-9

10. 树状图

树状图是 Excel 2016 新增的图表。树状图一般用于展示数据之间的层级和占比关系，矩形的面积代表数值的大小、颜色和排列代表数据的层级关系，如图 11-10 所示。

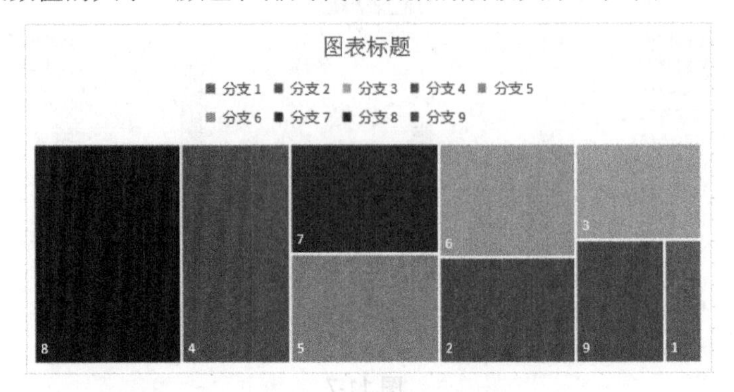

图 11-10

11. 旭日图

旭日图也是 Excel 2016 新增的图表。旭日图用于展示多层级数据之间的占比及对比关系，每一个圆环代表同一级别的比例数据，离原点越近的圆环级别越高，最内层的圆表示层次结构的顶级，如图 11-11 所示。

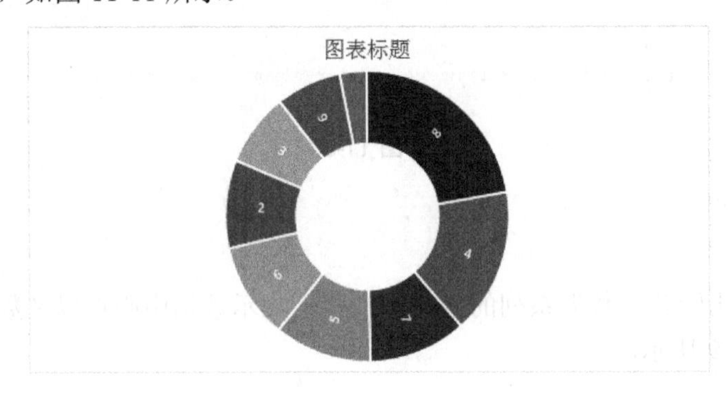

图 11-11

12. 直方图

直方图也是 Excel 2016 新增的图表之一，直方图是进行数据统计常用的一种图表，它可以清晰地展示一组数据的分布情况，可以让用户一目了然地查看数据的分类情况和各类别之间的差异，为分析和判断数据提供依据。直方图或排列图(经过排序的直方图)是显示频率数据的柱形图，如图 11-12 所示。

13. 箱形图

箱形图也是 Excel 2016 新增的图表之一，是一种用于显示一组数据分布情况的统计图。图形由柱形、线段和数据点组成，这些线条指示超出四分位点上限和下限的变化程度，处于这些线条或虚线之外的任何点都被视为离群值，如图 11-13 所示。

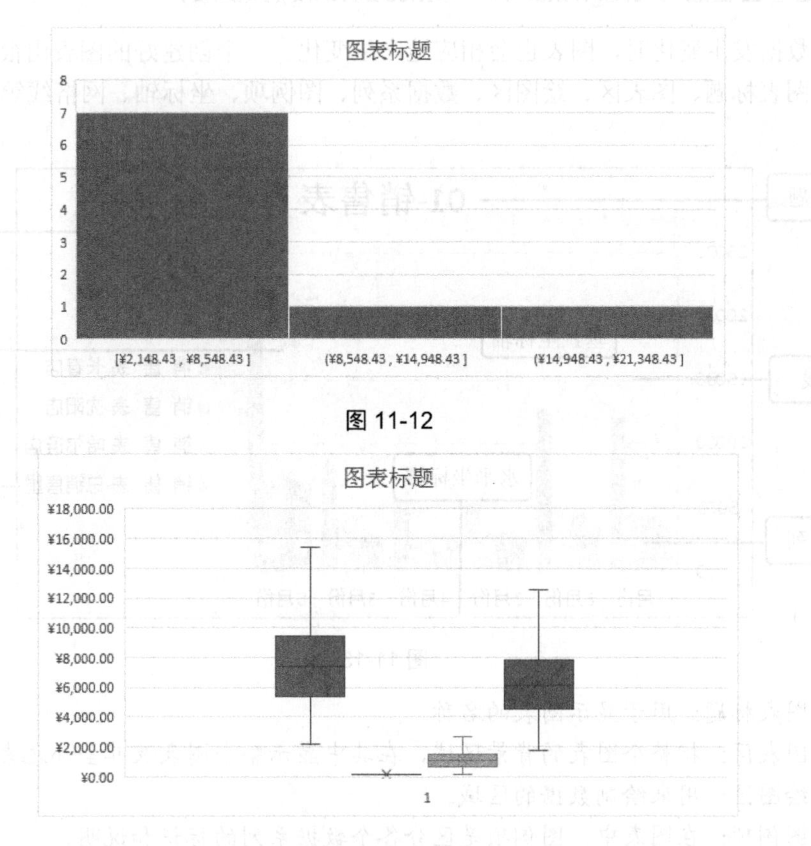

图 11-12

图 11-13

14. 瀑布图

瀑布图也是 Excel 2016 新增的图表之一，用于表现一系列数据的增减变化情况以及数据之间的差异对比，通过显示各阶段的正值或者负值来显示值的变化过程。在表达一系列正值和负值对初始值(例如，净收入)的影响时，这种图表非常有用，如图 11-14 所示。

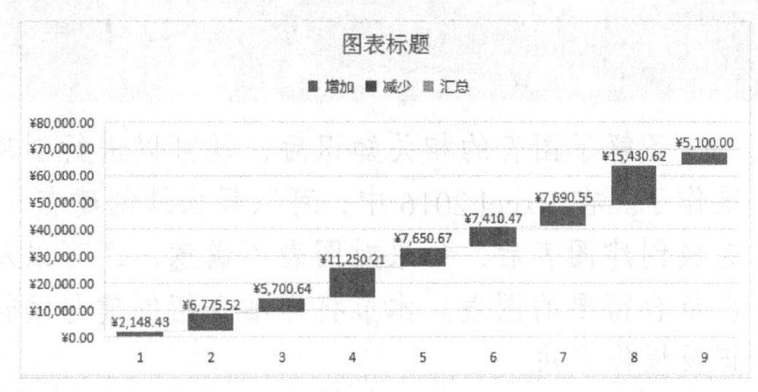

图 11-14

11.1.2 图表的组成

Excel 图表可以将数据以图形的形式表示出来，即将数据可视化。图表与数据是相互联系的，当数据发生变化时，图表也会相应地产生变化。一个创建好的图表由很多部分组成，主要包括图表标题、图表区、绘图区、数据系列、图例项、坐标轴、网格线等，如图 11-15 所示。

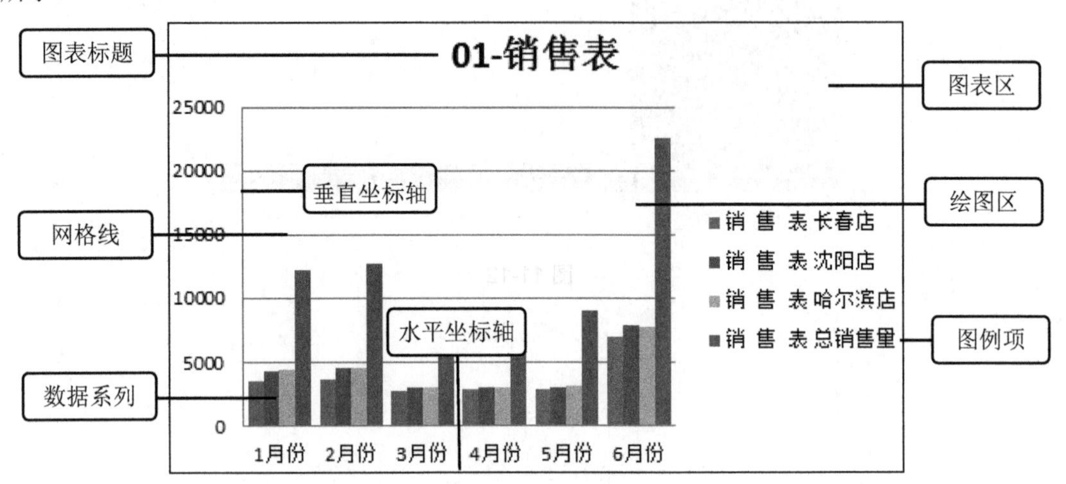

图 11-15

- 图表标题：用于显示图表的名称。
- 图表区：指整个图表的背景区域，在其中显示整个图表及其全部元素。
- 绘图区：用来绘制数据的区域。
- 图例项：在图表中，图例项是区分各个数据系列的标识和说明。
- 数据系列：数据系列是指在图表中绘制数值的表现形式，相同颜色的数据标记组成一个数据系列。
- 网格线：网格线分为主要网格线和次要网格线，用于表示图表的刻度。
- 坐标轴：坐标轴是用于界定图表绘图区的线条。

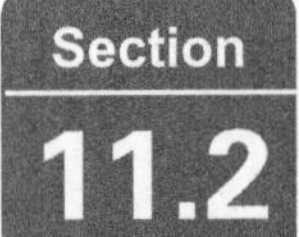

创建与编辑图表

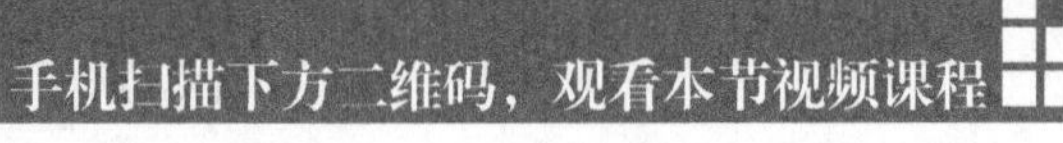

了解了图表的相关知识后，就可以进行创建与编辑图表的操作了。在 Excel 2016 中，可以轻松地创建有专业外观的图表。完成创建图表后，如果对图表不满意，还可以及时调整，编辑出符合需要的图表。本节将详细介绍创建与编辑图表的相关知识及操作方法。

11.2.1 创建图表

制作或打开一个表格后，就可以开始创建图表了，在 Excel 2016 中，创建图表的方法主要有以下几种。

1. 利用功能区中的命令按钮创建

打开工作簿，选中用来创建图表的数据区域，选择【插入】选项卡，在【图表】组中选择要插入的图表类型，如单击【饼图】下拉按钮，在弹出的下拉列表中，选择饼图样式，如图 11-16 所示。

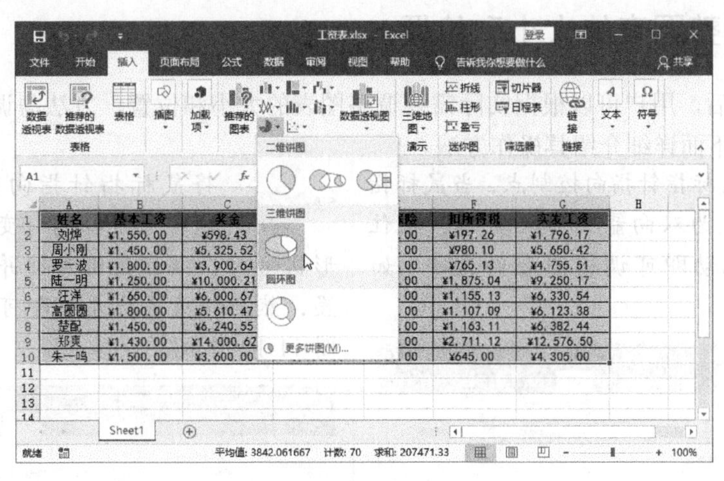

图 11-16

2. 利用【插入图表】对话框创建

选中用来创建图表的数据区域，选择【插入】选项卡，在【图表】组中单击【推荐的图表】按钮，即可打开【插入图表】对话框，如图 11-17 所示。在【推荐的图表】或【所有图表】选项卡中选择需要的图表类型和样式，然后单击【确定】按钮。

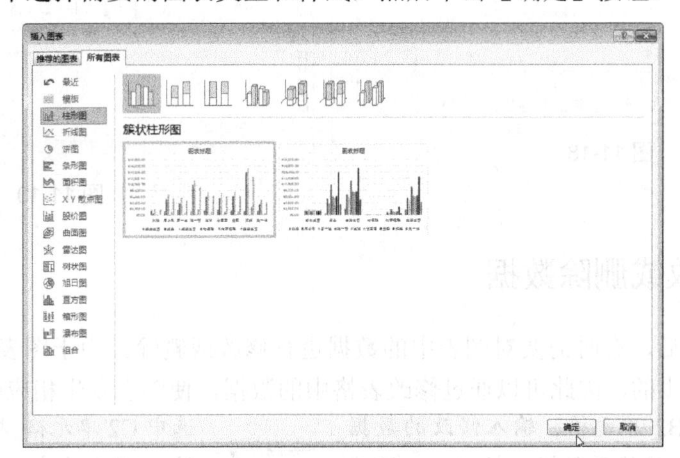

图 11-17

3. 利用快捷键创建

在 Excel 中，默认的图表类型为簇状柱形图。选中用来创建图表的数据区域，然后按键盘上的 Alt+F1 组合键，即可快速嵌入图表。

知识精讲

在创建图表时，如果选择了一个单元格，Excel 会自动将紧邻该单元格的包含数据的所有单元格作为数据系列创建图表。如果要创建图表的数据源于不连续单元格，可以先选中不相邻的单元格或单元格区域，然后再创建图表。

11.2.2 调整图表的大小和位置

创建图表后，用户可以根据实际需要调整图表的大小和位置，方法与调整图片的大小和位置相似。下面详细介绍其操作方法。

step 1 将鼠标指针指向控制点，当鼠标指针变为双向箭头形状时，按住鼠标左键并拖动即可调整图表的大小，如图 11-18 所示。

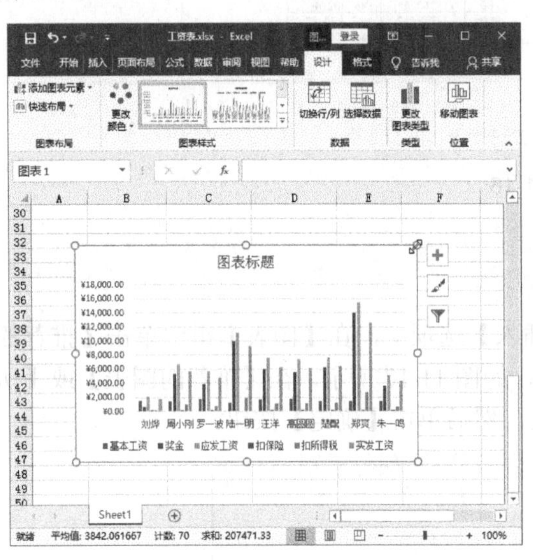

图 11-18

step 2 将鼠标指针指向图表的空白区域，当鼠标指针变为十字带箭头形状时，按住鼠标左键并拖动到目标位置，然后释放鼠标左键即可移动图表，如图 11-19 所示。

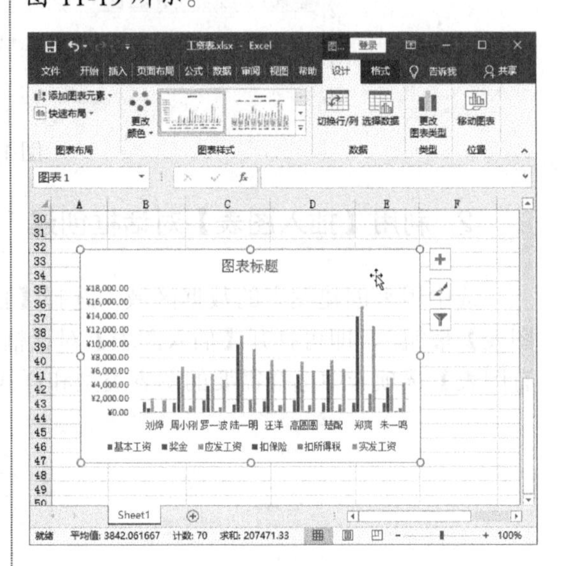

图 11-19

11.2.3 修改或删除数据

创建图表之后，有时需要对图表中的数据进行修改或删除。由于图表与图表数据源表格中的数据是同步的，因此可以通过修改表格中的数据，使图表发生相应的改变。

step 1 选中 B2 单元格，输入修改的数据 1400，替换原数据，按 Enter 键确认后，关联图表中的对应图形将同时发生变化，如图 11-20 所示。

step 2 选中 C2 单元格，按键盘上的 Delete 键，删除其中的数据，即可同步反映到图表中，如图 11-21 所示。

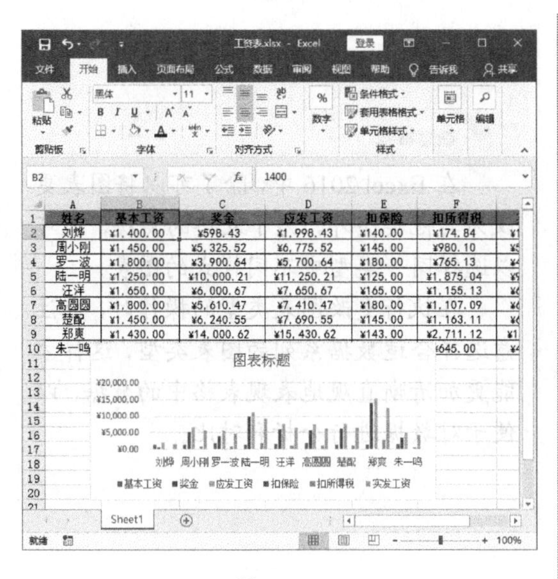

图 11-20

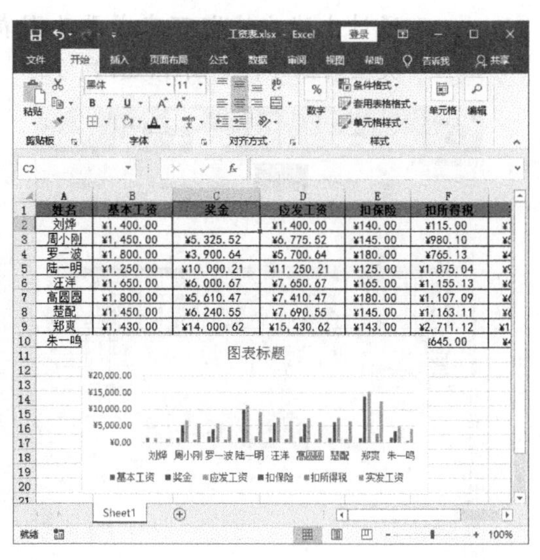

图 11-21

11.2.4 更改图表类型

在分析和对比数据的过程中，不同类型的图表对于分析不同的数据有着不同的优势，在研究数据时，有时需要将创建好的图表类型进行转换，以适合不同类型的数据查看和分析。下面详细介绍更改图表类型的操作方法。

step 1 ① 打开创建了图表的素材表格，选中准备更改图表类型的图表，② 选择【设计】选项卡，③ 在【类型】组中，单击【更改图表类型】按钮，如图 11-22 所示。

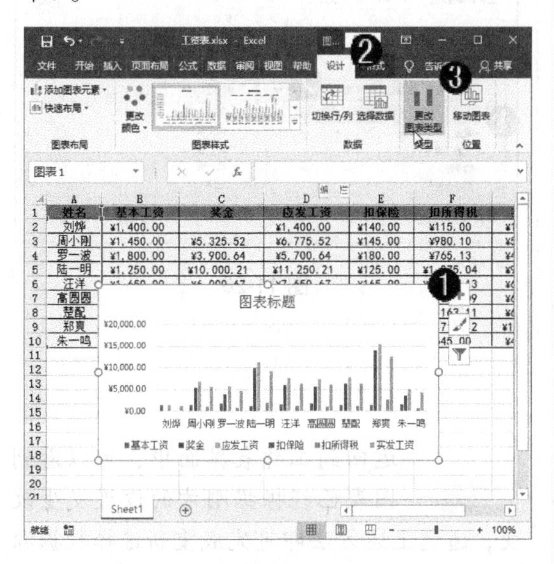

图 11-22

step 2 弹出【更改图表类型】对话框，① 选择准备更改的图表样式，如“面积图”，② 在右侧【面积图】区域，选择准备应用的图表样式，③ 单击【确定】按钮，如图 11-23 所示。

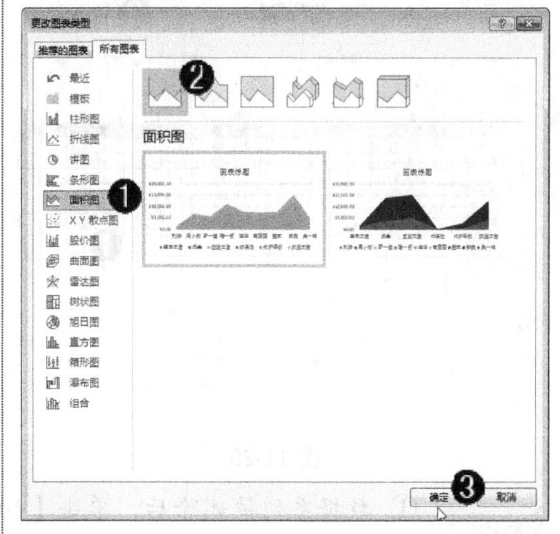

图 11-23

step 3 通过上述方法即可完成更改图表类型的操作，如图 11-24 所示。

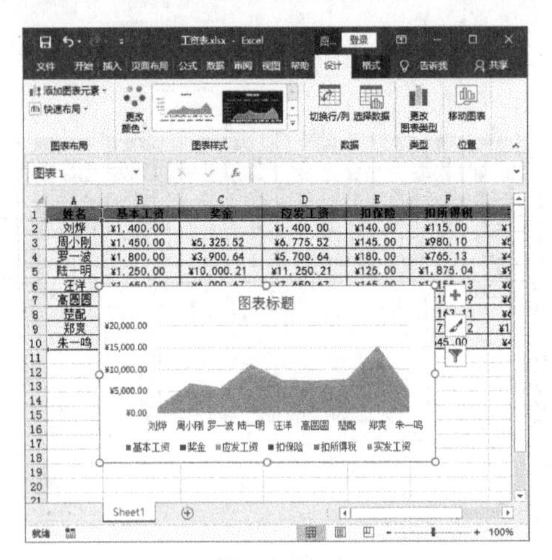

图 11-24

智慧锦囊

在 Excel 2016 中，除了可以将图表更改为其他类型外，为了表格的美观，还可以选择同一类型中不同样式的图表。

在执行更改图表类型的操作时，应注意选择合适数据系列的图表类型，这样才能更加清晰直观地表现表格中的数据，以便于对数据进行分析和对比。

11.2.5 修改图表数据源

在实际的表格操作中，用户往往会遇到经常需要修改的数据系列，此时就需要为已经定义的图表重新选择数据源，更新图表中的数据系列。下面详细介绍修改数据源的操作。

step 1 ① 打开创建了图表的素材表格，选中准备重新选择数据源的图表，② 选择【设计】选项卡，③ 在【数据】组中，单击【选择数据】按钮，如图 11-25 所示。

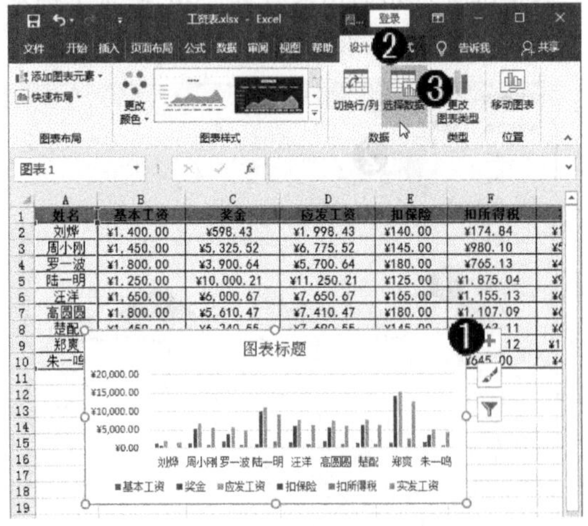

图 11-25

step 2 ① 弹出【选择数据源】对话框，在【图例项(系列)】列表框中选择准备删除的数据系列，如“基本工资”，② 单击【删除】按钮，如图 11-26 所示。

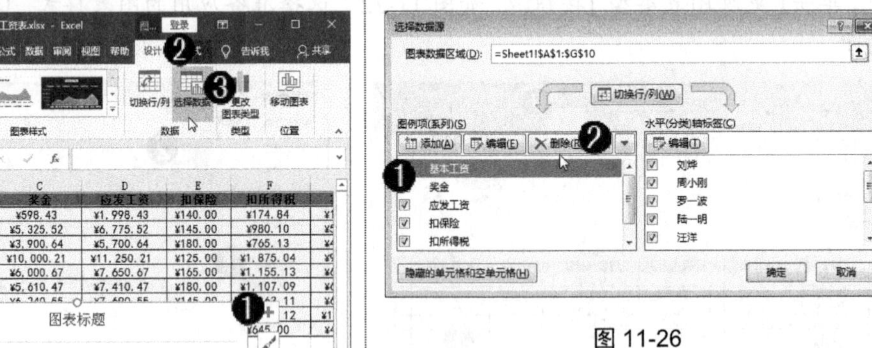

图 11-26

step 3 ① 数据系列被删除后，单击【切换行/列】按钮，② 单击【确定】按钮，如图 11-27 所示。

step 4 返回到工作表界面中，可以看到图表已经根据刚才的设置发生改变，通过上述方法即可完成重新选择数据源的操作，如图 11-28 所示。

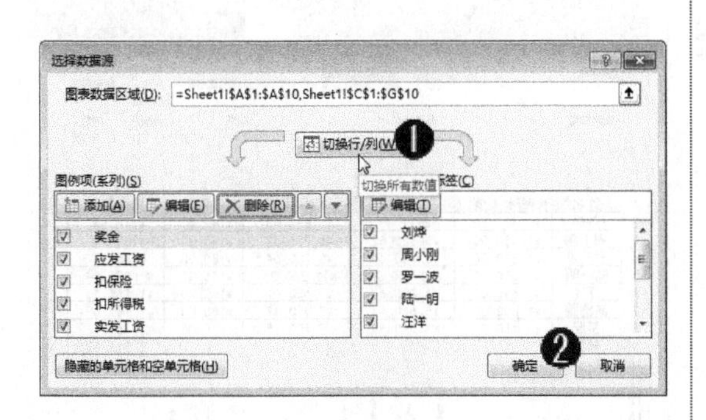

图 11-27

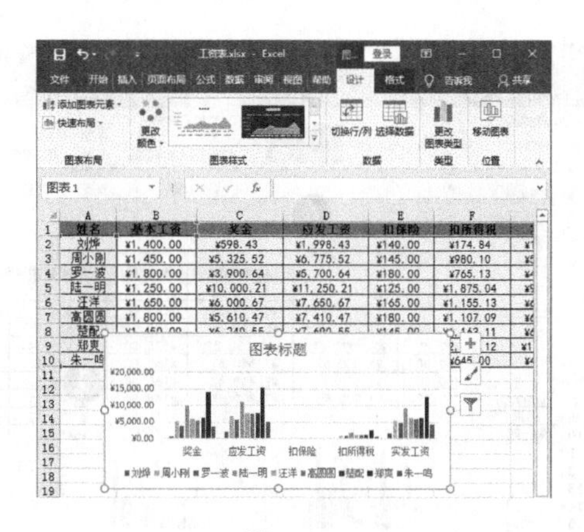

图 11-28

知识精讲

单击【选择数据源】对话框中的【隐藏的单元格和空单元格】按钮，在弹出的【隐藏和空单元格设置】对话框中，可以设置显示或隐藏工作表中行列的数据。

Section 11.3 添加图表元素

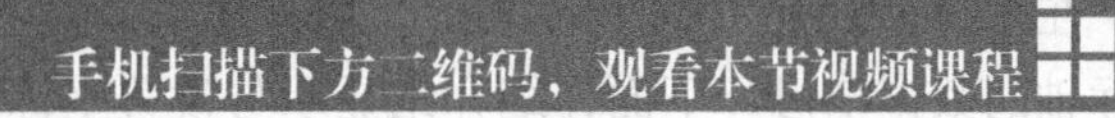

手机扫描下方二维码，观看本节视频课程

在 Excel 2016 中创建图表后，用户还可以根据设计需要，添加图表元素，包括为图表添加与设置标题、显示与设置坐标轴标题、显示与设置图例和添加并设置数据标签等。下面将详细介绍添加图表元素方面的知识与操作技巧。

11.3.1 为图表添加与设置标题

在 Excel 2016 中创建图表后，可以为图表添加与设置标题，以便图表可以更加明了地展示数据信息。下面详细介绍为图表添加与设置标题的操作方法。

step 1 ① 打开已经创建图表的素材表格，选中准备添加与设置标题的图表，② 选择【设计】选项卡，③ 在【图表布局】组中，单击【添加图表元素】下拉按钮 添加图表元素，④ 在弹出的下拉列表中，选择【图表标题】→【图表上方】选项，如图 11-29 所示。

step 2 在图表中插入一个标题文本框，在其中输入想要设置的标题，通过上述方法即可完成为图表添加与设置标题的操作，如图 11-30 所示。

考考您

请您根据上述方法在 Excel 2016 表格中，创建一个图表并添加与设置标题。

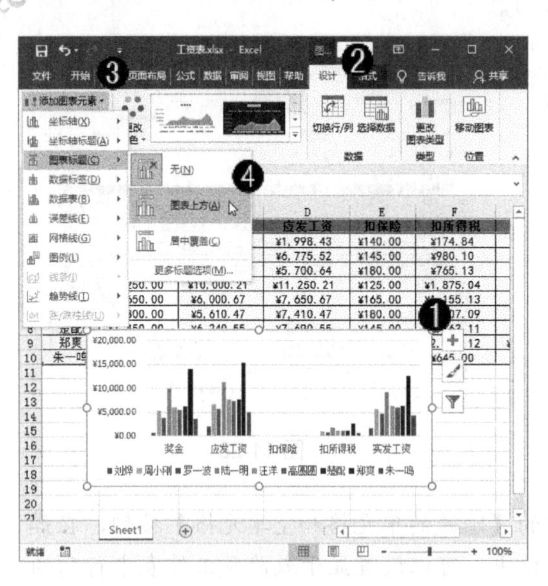
图 11-29

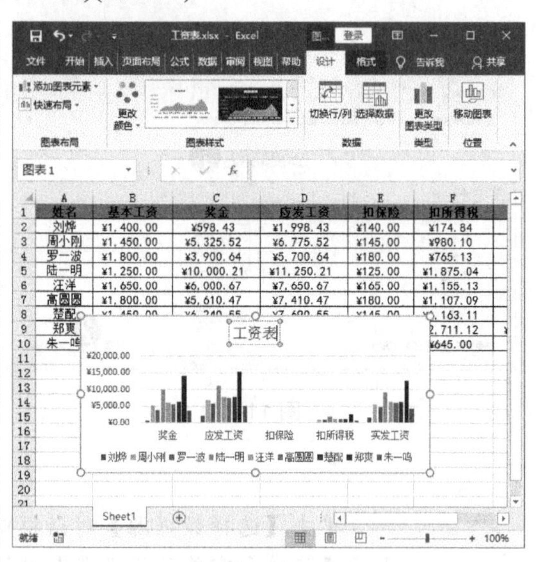
图 11-30

11.3.2 显示与设置坐标轴标题

在 Excel 2016 中创建图表后，用户还可以显示与设置坐标轴的标题，以便更好地说明坐标轴的数据信息。下面详细介绍显示与设置坐标轴标题的操作方法。

step 1 ① 打开创建了图表的素材表格，选中准备显示与设置坐标轴标题的图表，② 选择【设计】选项卡，③ 在【图表布局】组中，单击【添加图表元素】下拉按钮 添加图表元素，④ 在弹出的下拉列表中，选择【坐标轴标题】选项，⑤ 在弹出的子列表中，选择【主要纵坐标轴】选项，如图 11-31 所示。

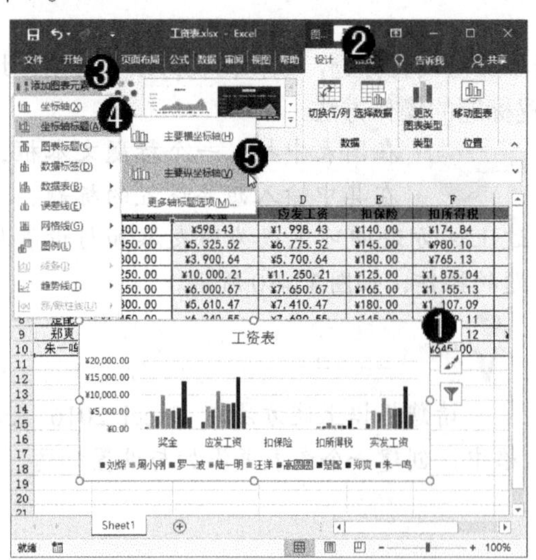
图 11-31

step 2 在图表中插入一个纵坐标轴标题文本框，在其中输入想要设置的坐标轴标题，通过上述方法即可完成显示与设置坐标轴标题的操作，如图 11-32 所示。

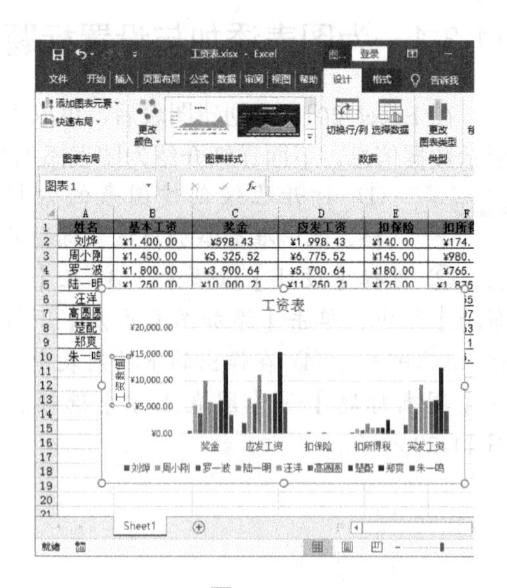
图 11-32

11.3.3　显示与设置图例

图例是体现数据系列中现有的数据项名称的标识。默认情况下，图例显示在图表的右侧。下面详细介绍设置图例的操作方法。

step 1 ① 打开创建了图表的素材表格，选中准备显示与设置图例的图表，② 选择【设计】选项卡，③ 在【图表布局】组中，单击【添加图表元素】下拉按钮 添加图表元素 ，④ 在弹出的子列表中，选择【图例】选项，⑤ 在弹出的子列表中，选择【右侧】选项，如图 11-33 所示。

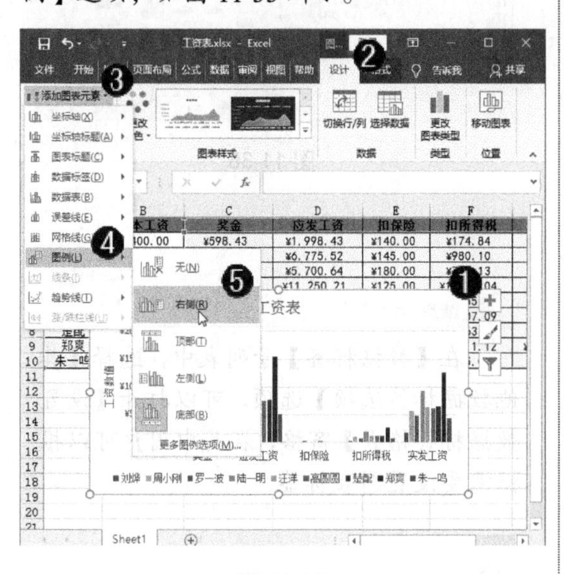

图 11-33

step 2 返回到 Excel 工作表中，在图表的右侧显示了与图表有关的图例信息，通过上述方法即可完成显示与设置图例的操作，如图 11-34 所示。

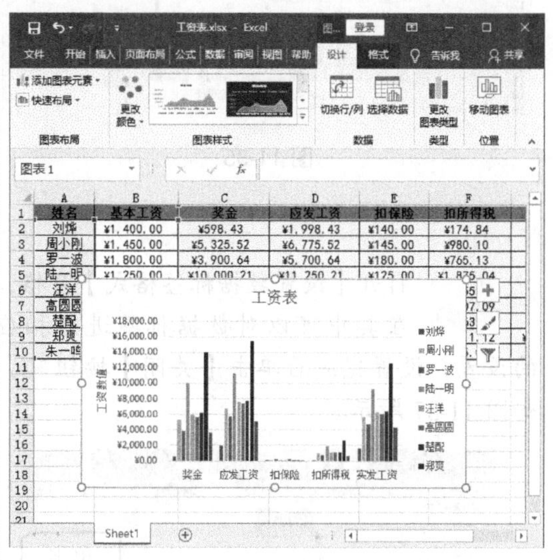

图 11-34

11.3.4　添加并设置图表标签

为了使所创建的图表更加清晰、明确，可以为图表添加并设置标签。下面详细介绍添加并设置图表标签的操作方法。

step 1 ① 选中准备添加并设置图表标签的图表，② 选择【设计】选项卡，③ 在【图表布局】组中，单击【添加图表元素】下拉按钮 添加图表元素 ，④ 在弹出的下拉列表中，选择【数据标签】选项，⑤ 在弹出的子列表中，选择准备应用的标签样式，如选择【数据标注】选项，如图 11-35 所示。

step 2 可以看到已经为图表添加了标签，① 选择需要设置格式的标签，单击鼠标右键，② 在弹出的快捷菜单中选择【设置数据标签格式】菜单项，如图 11-36 所示。

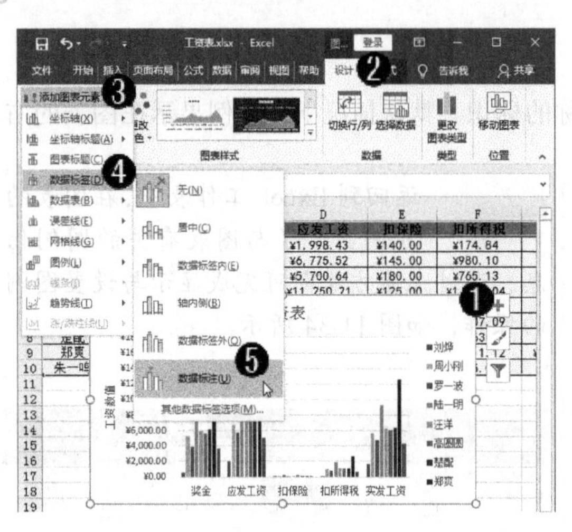

图 11-35

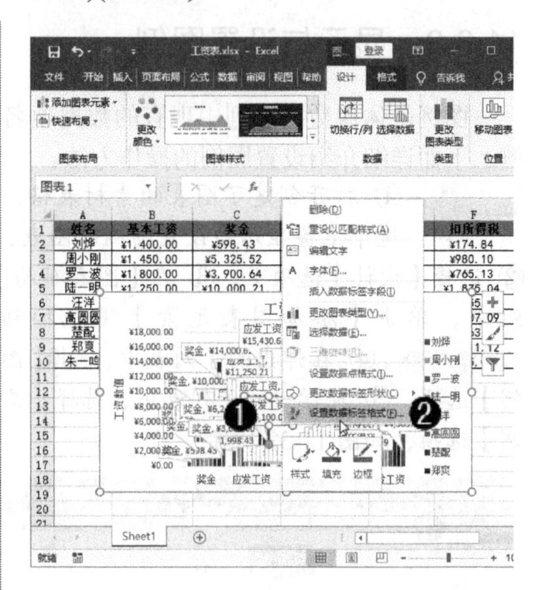

图 11-36

step 3 打开【设置数据标签格式】窗格，在其中可以对数据标签进行相应的设置，设置完成后单击【关闭】按钮✕，如图 11-37 所示。

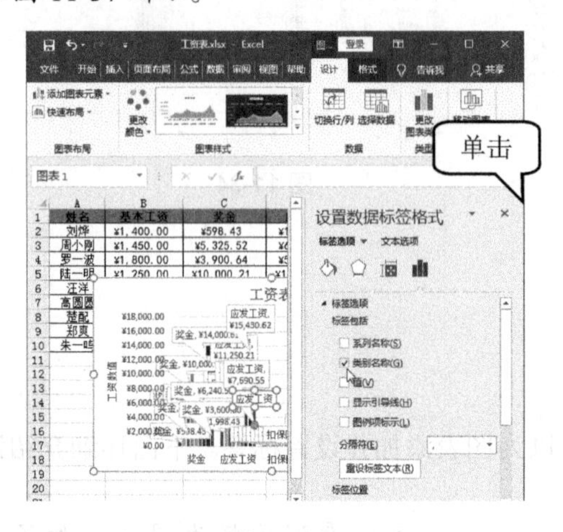

图 11-37

智慧锦囊

在【数据标签】子列表中，选择【其他数据标签选项】选项，可以打开【设置数据标签格式】窗格，在其中用户可以根据需要设置图表标签。

考考您

请您根据上述方法添加并设置图表标签，测试一下您的学习效果。

11.3.5 修改系列名称

在创建图表时，如果选择的数据区域中没有包括行标题或列标题，系列名称会显示为“系列 1”“系列 2”等，此时用户可以根据需要修改系列名称。下面详细介绍其方法。

step 1 ① 选中图表，② 选择【设计】选项卡，③ 在【数据】组中，单击【选择数据】按钮，如图 11-38 所示。

step 2 弹出【选择数据源】对话框，① 在【图例项(系列)】列表框中选择要修改名称的系列，② 单击列表框上方的【编辑】按钮，如图 11-39 所示。

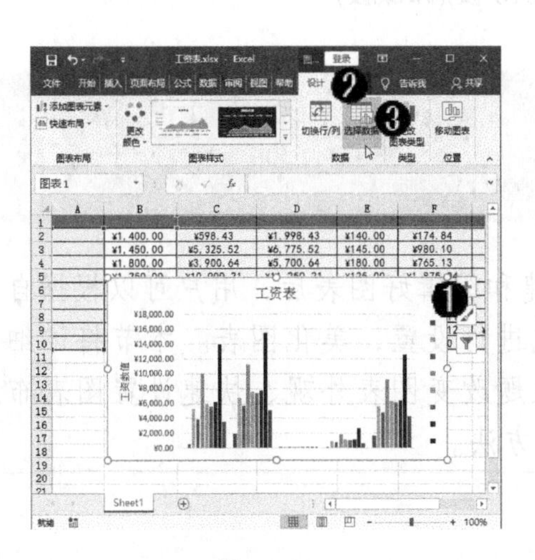

图 11-38

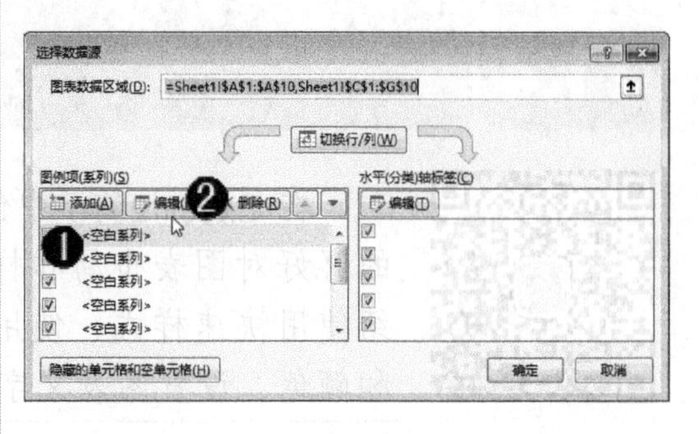

图 11-39

step 3 弹出【编辑数据系列】对话框，① 在【系列名称】文本框中直接输入系列名称，或者设置单元格引用，② 单击【确定】按钮，如图 11-40 所示。

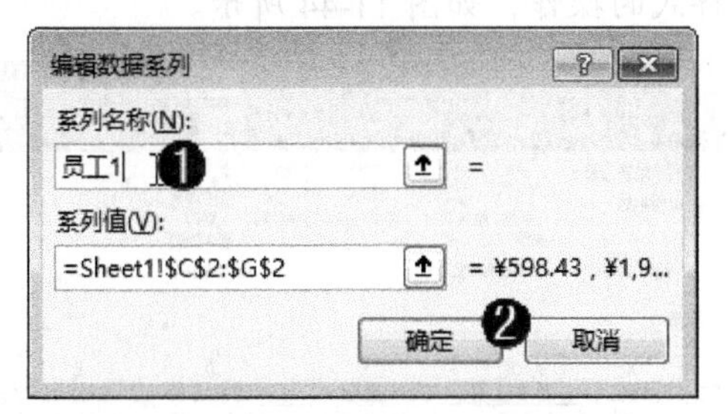

图 11-40

step 4 返回【选择数据源】对话框，可以看到【图例项(系列)】列表框中的系列名称发生了变化，按照上述方法继续修改系列名称，设置完成后单击【确定】按钮，如图 11-41 所示。

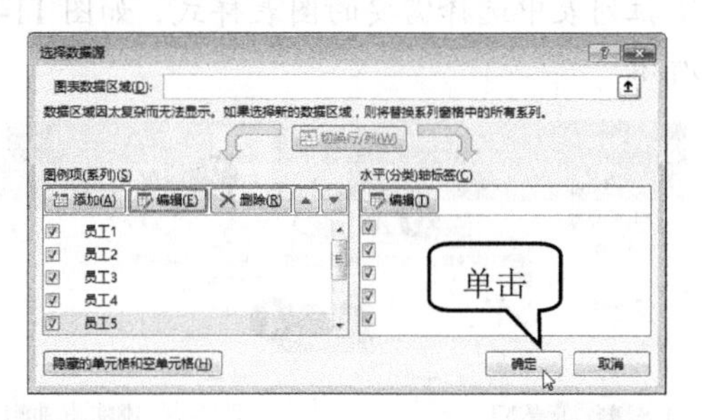

图 11-41

step 5 返回工作表，即可看到图表中的图例项(系列)名称修改后的效果，如图 11-42 所示。

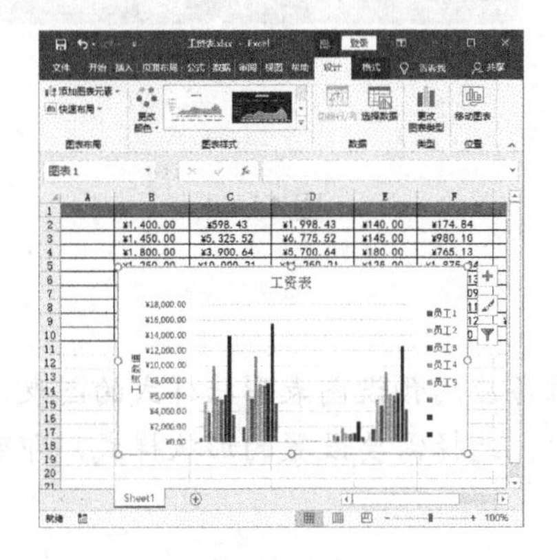

图 11-42

智慧锦囊

插入图表之前，需要选中工作表中的数据单元格或数据区域作为数据源，没有数据源，无法生成图表。

考考您

请您根据上述方法修改系列名称，测试一下您的学习效果。

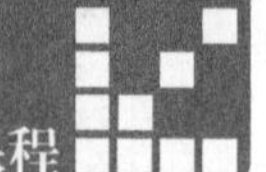

Section 11.4 定制图表外观

手机扫描下方二维码，观看本节视频课程

在 Excel 2016 中创建和编辑好图表后，用户可以根据自己的喜好对图表布局和样式进行设置，美化图表。本节将详细介绍使用快速样式、使用主题改变图表外观、快速设置图表布局和颜色、设置图表文字等方法。

11.4.1 使用快速样式

Excel 2016 为用户提供了多种图表样式，通过功能区可以快速将其应用到图表中。下面详细介绍使用快速样式的操作方法。

step 1 ① 选中整个图表，② 选择【设计】选项卡，③ 在【图表样式】组中，单击【快速样式】下拉按钮，④ 在弹出的下拉列表中选择需要的图表样式，如图 11-43 所示。

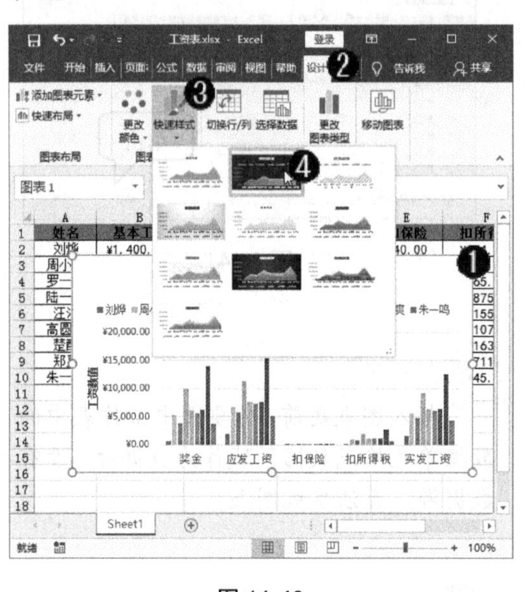

图 11-43

step 2 可以看到图表已经应用了所选择的样式，这样即可完成使用快速样式的操作，如图 11-44 所示。

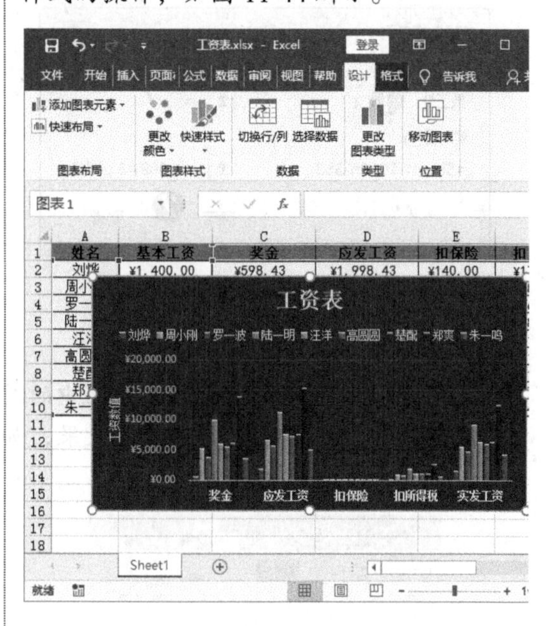

图 11-44

知识精讲

打开创建了图表的素材表格，选中准备应用预设图表形状样式的图表，选择【格式】选项卡，在【形状样式】组中，选择需要设置的形状样式，即可完成应用预设图表形状样式的操作。

11.4.2 使用主题改变图表外观

如果在“快速样式”中没有找到想要的图表样式，用户还可以通过更改 Excel 的主题来改变图表的外观。下面详细介绍其操作方法。

step 1 ① 选中整个图表，② 选择【页面布局】选项卡，③ 在【主题】组中，单击【主题】下拉按钮，④ 在弹出的下拉列表中选择需要的主题样式，如图 11-45 所示。

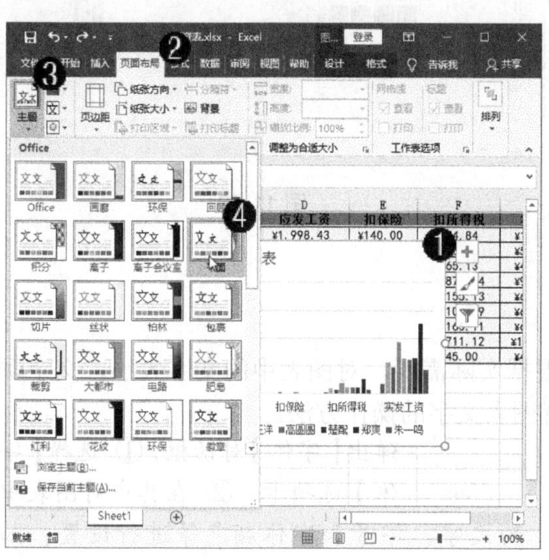

图 11-45

step 2 可以看到图表已经应用了所选择的主题样式，这样即可完成使用主题改变图表外观的操作，如图 11-46 所示。

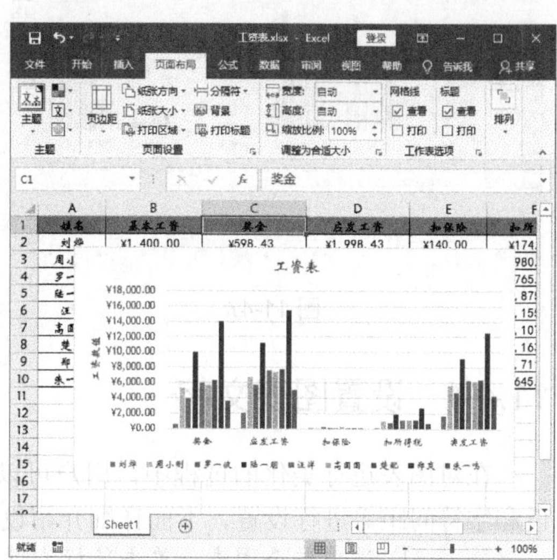

图 11-46

11.4.3 快速设置图表布局和颜色

Excel 2016 为用户提供了多种内置的图表布局和配色方案，通过功能区可以快速将其应用到图表中。下面详细介绍快速设置图表布局和颜色的操作方法。

step 1 ① 选中整个图表，② 选择【设计】选项卡，③ 在【图表布局】组中，单击【快速布局】下拉按钮 快速布局，④ 在弹出的下拉列表中，选择需要的布局样式，即可完成设置图表布局，如图 11-47 所示。

step 2 ① 选中整个图表，② 选择【设计】选项卡，③ 在【图表样式】组中，单击【更改颜色】下拉按钮，④ 在弹出的下拉列表中，选择需要的配色方案，即可完成设置图表颜色，如图 11-48 所示。

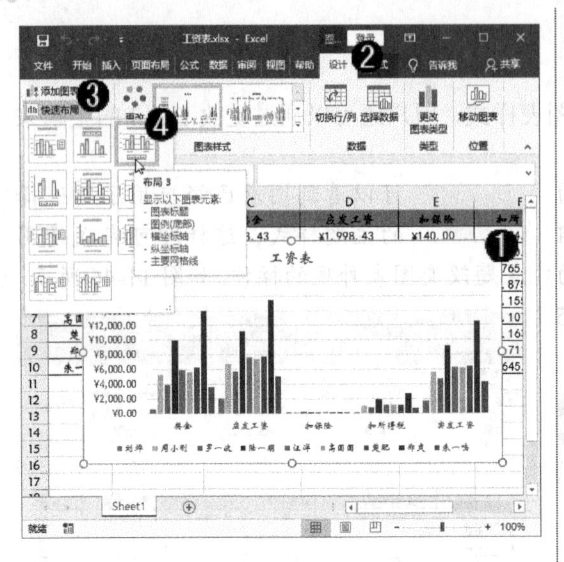

图 11-47

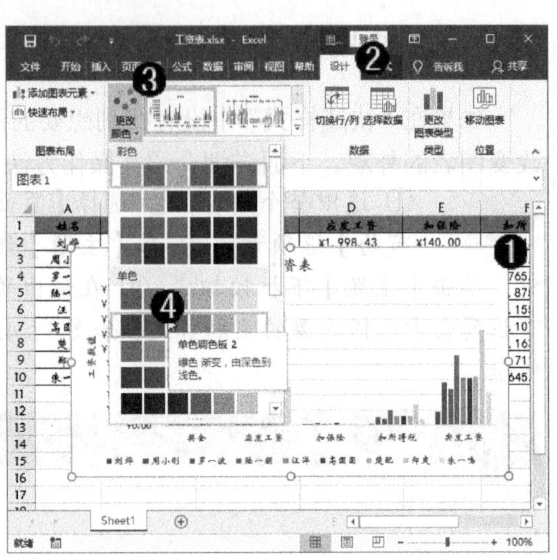

图 11-48

11.4.4 设置图表文字

在对图表进行美化的过程中，用户可以根据实际需要，对图表中的文字大小、文字颜色和字符间距等进行设置。下面详细介绍设置图表文字的操作方法。

step 1 ① 选中整个图表，单击鼠标右键，② 在弹出的快捷菜单中选择【字体】菜单项，如图 11-49 所示。

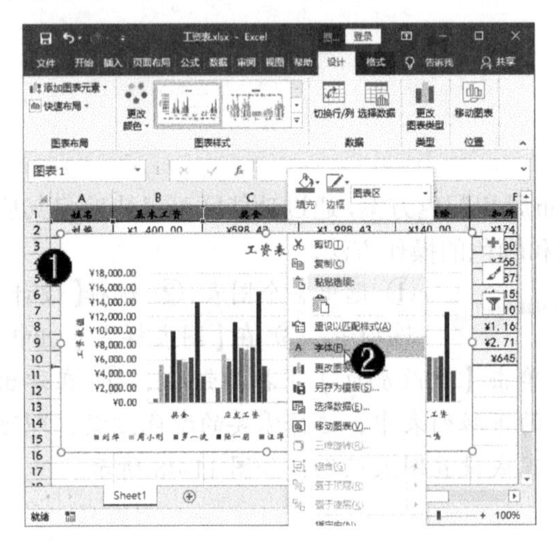

图 11-49

step 2 弹出【字体】对话框，① 选择【字体】选项卡，② 在其中对图表中的文字、字号和字体颜色等进行设置，如图 11-50 所示。

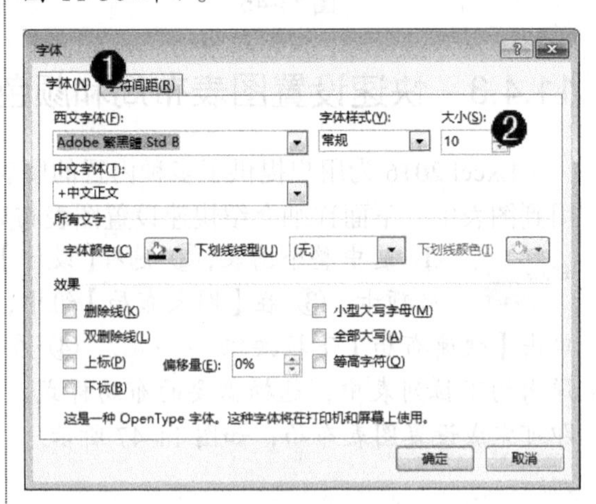

图 11-50

step 3 在【字体】对话框中，① 选择【字符间距】选项卡，② 在其中用户可以根据需要设置字符间距，③ 完成设置后单击【确定】按钮，如图 11-51 所示。

step 4 返回到 Excel 表格中，可以看到设置的图表文字效果，如图 11-52 所示。

图 11-51

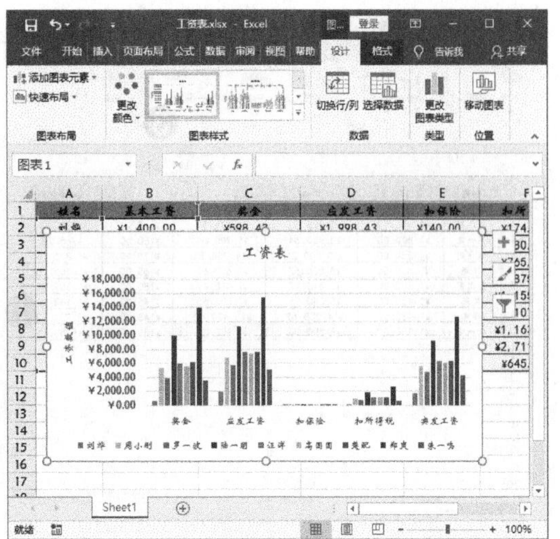

图 11-52

Section 11.5 使用迷你图

手机扫描下方二维码，观看本节视频课程

与 Excel 工作表上的图表不同，迷你图不是对象，它实际上是单元格背景中的一个微型图表，在数据旁边放置迷你图，可以使数据表达更直观、更容易被理解。本节将详细介绍使用迷你图的相关知识及操作方法。

11.5.1 插入迷你图

虽然行或列中的数据很有用，但很难一眼看出数据的分布形态。通过在数据旁边插入迷你图，可为这些数字提供上下文。迷你图可以通过清晰简明的图形表示方法显示相邻数据的趋势。下面详细介绍插入迷你图的操作方法。

step 1 ① 打开素材表格，选择准备插入迷你图的单元格区域，如“B10:F10”，② 选择【插入】选项卡，③ 在【迷你图】组中，单击【柱形】按钮，如图 11-53 所示。

step 2 弹出【创建迷你图】对话框，在【选择放置迷你图的位置】区域，单击【位置范围】右侧的折叠按钮，如图 11-54 所示。

工资表.xlsx - Excel

文件 开始 插入 页面布局 公式 数据 审阅 视图 帮助 告诉我 共享

表格 插图 加载项 推荐的图表 数据透视图 三维地图 迷你图 筛选器 链接 文本 符号

图表 演示

B10 1500

折线 柱形 盈亏 迷你图

	A	B	C	D	E	F
1	姓名	基本工资	奖金	应发工资	扣保险	扣所得税
2	刘烨	¥1, 400. 00	¥598. 43	¥1, 998. 43	¥140. 00	¥174. 84
3	周小刚	¥1, 450. 00	¥5, 325. 52	¥6, 775. 52	¥145. 00	¥980. 10
4	罗一波	¥1, 800. 00	¥3, 900. 64	¥5, 700. 64	¥180. 00	¥765. 13
5	陆一明	¥1, 250. 00	¥10, 000. 21	¥11, 250. 21	¥125. 00	¥1, 875. 04
6	汪洋	¥1, 650. 00	¥6, 000. 67	¥7, 650. 67	¥165. 00	¥1, 155. 13
7	高圆圆	¥1, 800. 00	¥5, 610. 47	¥7, 410. 47	¥180. 00	¥1, 107. 09
8	楚昭	¥1, 450. 00	¥6, 240. 55	¥7, 690. 55	¥145. 00	¥1, 163. 11
9	郑爽	¥1, 430. 00	¥14, 000. 62	¥15, 430. 62	¥143. 00	¥2, 711. 12
10	朱一鸣	¥1, 500. 00	¥3, 600. 00	¥5, 100. 00	¥150. 00	¥645. 00

工资表

Sheet1

就绪 平均值: ¥2,199.00 计数: 5 求和: ¥10,995.00 100%

图 11-53

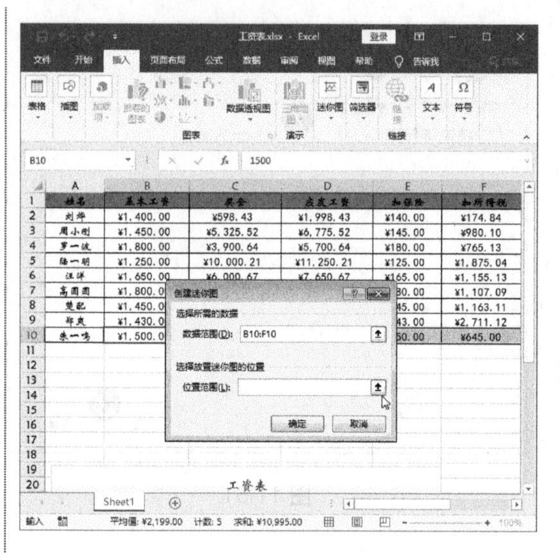

图 11-54

step 3 ① 返回到 Excel 工作表中，选择准备创建迷你图的单元格区域，如“B11:F11”，② 单击【创建迷你图】对话框右侧的展开按钮，如图 11-55 所示。

B11 1500

创建迷你图

$B$11:$F$11

工资表

Sheet1

图 11-55

step 4 返回到【创建迷你图】对话框中，单击【确定】按钮，如图 11-56 所示。

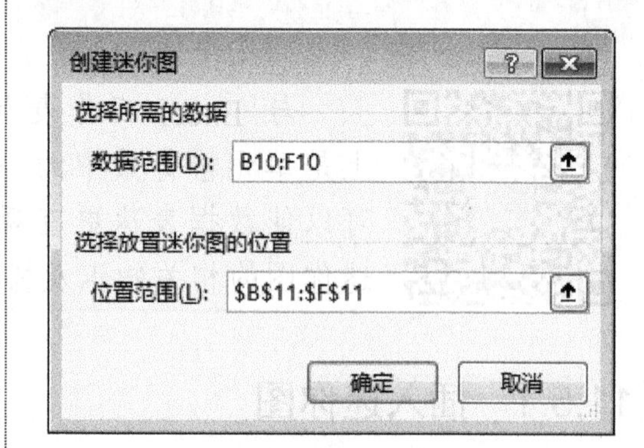

图 11-56

step 5 返回到 Excel 2016 工作表中，可以看到迷你图已经创建完成，通过上述方法即可完成插入迷你图的操作，如图 11-57 所示。

考考您

请您根据上述方法在 Excel 2016 文档中创建一个迷你图，测试一下您的学习效果。

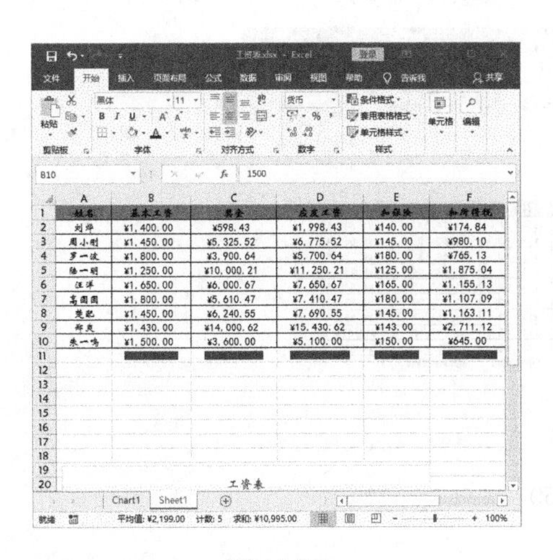

图 11-57

智慧锦囊

用户可以快速查看迷你图与其基本数据之间的关系，而且当数据发生更改时，可以立即在迷你图中看到相应的变化。除了可以为一行或一列数据创建迷你图之外，还可以通过选择与基本数据相对应的多个单元格来同时创建若干个迷你图。

11.5.2　删除迷你图

如果想要删除迷你图，有两种方法，分别为通过快捷菜单清除和通过功能区中的菜单命令删除。下面分别详细介绍。

1. 通过快捷菜单清除

选中迷你图所在的单元格，单击鼠标右键，在弹出的快捷菜单中选择【迷你图】菜单项，在弹出的子菜单中，选择【清除所选的迷你图】菜单项或【清除所选的迷你图组】菜单项，即可清除所选迷你图或所选迷你图所在的一组迷你图，如图 11-58 所示。

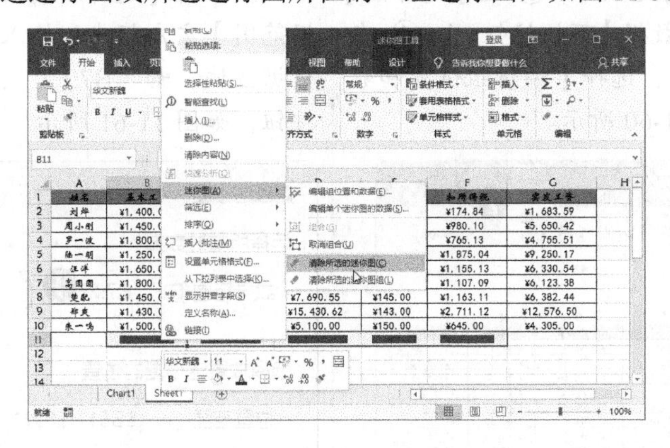

图 11-58

2. 通过功能区中的菜单命令清除

选中迷你图所在的单元格，选择【迷你图工具/设计】选项卡，在【组合】组中单击【清除】下拉按钮 清除 ，在打开的下拉列表中选择【清除所选的迷你图】或【清除所选的迷你图组】选项，即可删除迷你图，如图 11-59 所示。

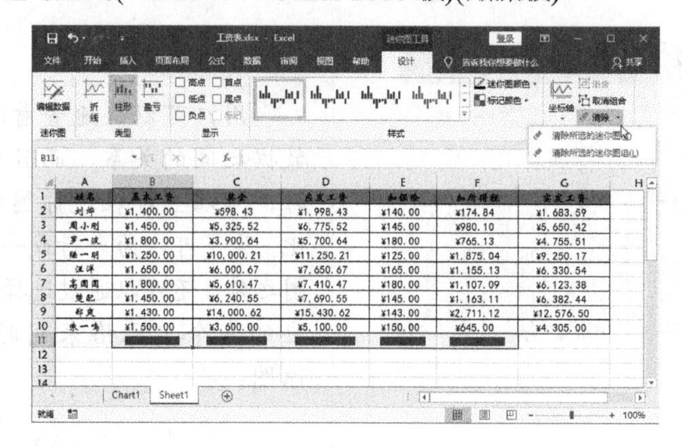

	A	B	C	D	E	F	G
1	姓名	基本工资	奖金	应发工资	扣保险	扣所得税	实发工资
2	刘烨	¥1, 400. 00	¥598. 43	¥1, 998. 43	¥140. 00	¥174. 84	¥1, 683. 59
3	周小刚	¥1, 450. 00	¥5, 325. 52	¥6, 775. 52	¥145. 00	¥980. 10	¥5, 650. 42
4	罗一波	¥1, 800. 00	¥3, 900. 64	¥5, 700. 64	¥180. 00	¥765. 13	¥4, 755. 51
5	陆一明	¥1, 250. 00	¥10, 000. 21	¥11, 250. 21	¥125. 00	¥1, 875. 04	¥9, 250. 17
6	江洋	¥1, 650. 00	¥6, 000. 67	¥7, 650. 67	¥165. 00	¥1, 155. 13	¥6, 330. 54
7	高圆圆	¥1, 800. 00	¥5, 610. 47	¥7, 410. 47	¥180. 00	¥1, 107. 09	¥6, 123. 38
8	楚配	¥1, 450. 00	¥6, 240. 55	¥7, 690. 55	¥145. 00	¥1, 163. 11	¥6, 382. 44
9	郑爽	¥1, 430. 00	¥14, 000. 62	¥15, 430. 62	¥143. 00	¥2, 711. 12	¥12, 576. 50
10	朱一鸣	¥1, 500. 00	¥3, 600. 00	¥5, 100. 00	¥150. 00	¥645. 00	¥4, 305. 00

图 11-59

11.5.3 编辑迷你图

在工作表中创建迷你图之后，功能区中将显示【迷你图工具/设计】选项卡，通过该选项卡，用户可以对迷你图进行相应的编辑或美化操作，如更改迷你图数据、更改迷你图类型以及显示迷你图中不同的点等。下面将分别予以详细介绍。

1. 更改迷你图数据

在 Excel 2016 中，如果数据已经更改，用户可以更新迷你图数据，以便展示的图表数据正确。下面详细介绍更改迷你图数据的操作方法。

step 1 ① 选中创建的迷你图，② 选择【设计】选项卡，③ 在【迷你图】组中，单击【编辑数据】下拉按钮，④ 在弹出的下拉列表中，选择【编辑组位置和数据】选项，如图 11-60 所示。

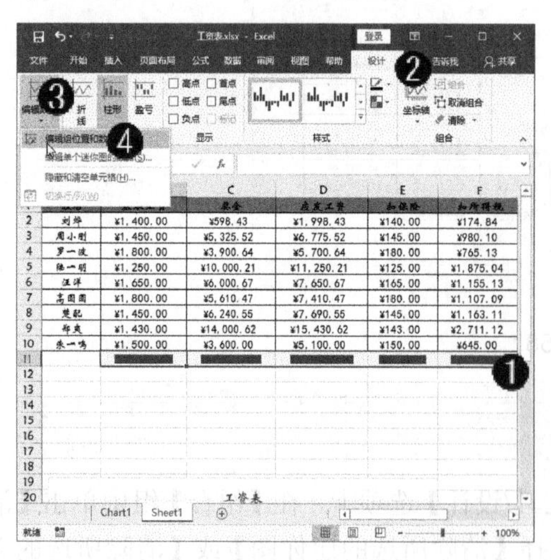

图 11-60

step 2 ① 弹出【编辑迷你图】对话框，在【选择所需的数据】区域，在【数据范围】文本框中，输入准备更改的迷你图数据区域，如“B7:F7”，② 单击【确定】按钮，如图 11-61 所示。

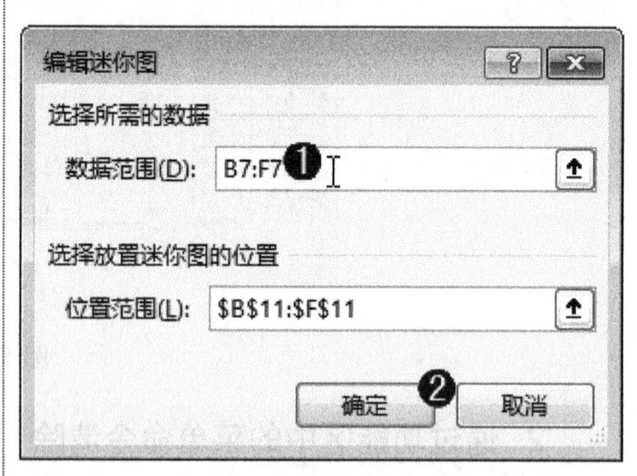

图 11-61

step 3 返回到 Excel 2016 工作表中，可以看到迷你图数据已经更改完成，通过上述方法即可完成更改迷你图数据的操作，如图 11-62 所示。

姓名	基本工资	奖金	应发工资	扣保险	扣所得税
刘烨	¥1,400.00	¥598.43	¥1,998.43	¥140.00	¥174.84
周小刚	¥1,450.00	¥5,325.52	¥6,775.52	¥145.00	¥980.10
罗一波	¥1,800.00	¥3,900.64	¥5,700.64	¥180.00	¥765.13
陆一明	¥1,250.00	¥10,000.21	¥11,250.21	¥125.00	¥1,875.04
汪洋	¥1,650.00	¥6,000.67	¥7,650.67	¥165.00	¥1,155.13
高圆圆	¥1,800.00	¥5,610.47	¥7,410.47	¥180.00	¥1,107.09
楚乾	¥1,450.00	¥6,240.55	¥7,690.55	¥145.00	¥1,163.11
郁爽	¥1,430.00	¥14,000.62	¥15,430.62	¥143.00	¥2,711.12
朱一鸣	¥1,500.00	¥3,600.00	¥5,100.00	¥150.00	¥645.00

图 11-62

智慧锦囊

在 Excel 2016 中，创建迷你图的方法非常简单，目前提供了三种形式的迷你图，即“折线迷你图”“列迷你图”和“盈亏迷你图”。

2. 更改迷你图类型

在 Excel 2016 中，用户可以更改迷你图类型，以便更好地展示迷你图数据系列。下面详细介绍更改迷你图类型的操作。

step 1 ① 选中创建的迷你图，② 选择【设计】选项卡，③ 在【类型】组中选择准备更改的类型，如单击【盈亏】按钮，如图 11-63 所示。

姓名	基本工资	奖金	应发工资	扣保险	扣所得税
刘烨	¥1,400.00	¥598.43	¥1,998.43	¥140.00	¥174.84
周小刚	¥1,450.00	¥5,325.52	¥6,775.52	¥145.00	¥980.10
罗一波	¥1,800.00	¥3,900.64	¥5,700.64	¥180.00	¥765.13
陆一明	¥1,250.00	¥10,000.21	¥11,250.21	¥125.00	¥1,875.04
汪洋	¥1,650.00	¥6,000.67	¥7,650.67	¥165.00	¥1,155.13
高圆圆	¥1,800.00	¥5,610.47	¥7,410.47	¥180.00	¥1,107.09
楚乾	¥1,450.00	¥6,240.55	¥7,690.55	¥145.00	¥1,163.11
郁爽	¥1,430.00	¥14,000.62	¥15,430.62	¥143.00	¥2,711.12
朱一鸣	¥1,500.00	¥3,600.00	¥5,100.00	¥150.00	¥645.00

图 11-63

step 2 返回到 Excel 工作表中，可以看到迷你图的类型已经更改，通过上述方法即可完成更改迷你图类型的操作，如图 11-64 所示。

姓名	基本工资	奖金	应发工资	扣保险	扣所得税
刘烨	¥1,400.00	¥598.43	¥1,998.43	¥140.00	¥174.84
周小刚	¥1,450.00	¥5,325.52	¥6,775.52	¥145.00	¥980.10
罗一波	¥1,800.00	¥3,900.64	¥5,700.64	¥180.00	¥765.13
陆一明	¥1,250.00	¥10,000.21	¥11,250.21	¥125.00	¥1,875.04
汪洋	¥1,650.00	¥6,000.67	¥7,650.67	¥165.00	¥1,155.13
高圆圆	¥1,800.00	¥5,610.47	¥7,410.47	¥180.00	¥1,107.09
楚乾	¥1,450.00	¥6,240.55	¥7,690.55	¥145.00	¥1,163.11
郁爽	¥1,430.00	¥14,000.62	¥15,430.62	¥143.00	¥2,711.12
朱一鸣	¥1,500.00	¥3,600.00	¥5,100.00	¥150.00	¥645.00

图 11-64

3. 显示迷你图中不同的点

在 Excel 2016 中，可以设置迷你图中不同的点，使一些或所有标记可见，以突出显示迷你图中的各个数据标记。下面详细介绍显示迷你图中不同的点的操作方法。

step 1 ① 选中创建的迷你图，② 选择【设计】选项卡，③ 在【显示】组中，选中准备在迷你图中显示标记点的复选框，如图 11-65 所示。

	A	B	C	D	E	F
1	姓名	基本工资	奖金	应发工资	扣保险	扣所得税
2	刘烨	¥1,400.00	¥598.43	¥1,998.43	¥140.00	¥174.84
3	周小刚	¥1,450.00	¥5,325.52	¥6,775.52	¥145.00	¥980.10
4	罗一波	¥1,800.00	¥3,900.64	¥5,700.64	¥180.00	¥765.13
5	陆一明	¥1,250.00	¥10,000.21	¥11,250.21	¥125.00	¥1,875.04
6	汪洋	¥1,650.00	¥6,000.67	¥7,650.67	¥165.00	¥1,155.13
7	高圆圆	¥1,800.00	¥5,610.47	¥7,410.47	¥180.00	¥1,107.09
8	楚乾	¥1,450.00	¥6,240.55	¥7,690.55	¥145.00	¥1,163.11
9	郑爽	¥1,430.00	¥14,000.62	¥15,430.62	¥143.00	¥2,711.12
10	朱一鸣	¥1,500.00	¥3,600.00	¥5,100.00	¥150.00	¥645.00

图 11-65

step 2 此时在 Excel 工作表中，迷你图中会显示设置的点，通过上述方法即可完成显示迷你图中不同点的操作，如图 11-66 所示。

	A	B	C	D	E	F
1	姓名	基本工资	奖金	应发工资	扣保险	扣所得税
2	刘烨	¥1,400.00	¥598.43	¥1,998.43	¥140.00	¥174.84
3	周小刚	¥1,450.00	¥5,325.52	¥6,775.52	¥145.00	¥980.10
4	罗一波	¥1,800.00	¥3,900.64	¥5,700.64	¥180.00	¥765.13
5	陆一明	¥1,250.00	¥10,000.21	¥11,250.21	¥125.00	¥1,875.04
6	汪洋	¥1,650.00	¥6,000.67	¥7,650.67	¥165.00	¥1,155.13
7	高圆圆	¥1,800.00	¥5,610.47	¥7,410.47	¥180.00	¥1,107.09
8	楚乾	¥1,450.00	¥6,240.55	¥7,690.55	¥145.00	¥1,163.11
9	郑爽	¥1,430.00	¥14,000.62	¥15,430.62	¥143.00	¥2,711.12
10	朱一鸣	¥1,500.00	¥3,600.00	¥5,100.00	¥150.00	¥645.00

图 11-66

知识精讲

在 Excel 2016 工作表中，选中创建的迷你图，在【显示】组中，选中【高点】复选框，即可突出显示所选迷你图中数据的最高点；选中【低点】复选框，即可突出显示所选迷你图中数据的最低点；选中【负点】复选框，即可以不同颜色或标记突出显示所选迷你图中数据的负值；选中【首点】复选框，即可突出显示所选迷你图中数据的第一点；选中【尾点】复选框，即可突出显示所选迷你图中数据的最后一点。

Section 11.6 数据透视表

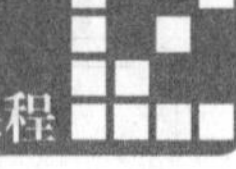

手机扫描下方二维码，观看本节视频课程

在 Excel 2016 中，数据透视表是 Excel 提供的一种交互式报表，用户可以根据不同的分析目的组织和汇总数据，使用起来更加灵活，可以得到想要的分析结果，是一种动态的数据分析工具。本节将详细介绍数据透视表的相关知识及操作方法。

11.6.1 创建数据透视表

制作好用于创建数据透视表的源数据后，就可以使用数据透视表向导创建数据透视表了。下面详细介绍创建数据透视表的操作方法。

step 1 打开素材文件，① 单击任意一个单元格，如 D2 单元格，② 选择【插入】选项卡，③ 单击【表格】组中的【数据透视表】按钮，如图 11-67 所示。

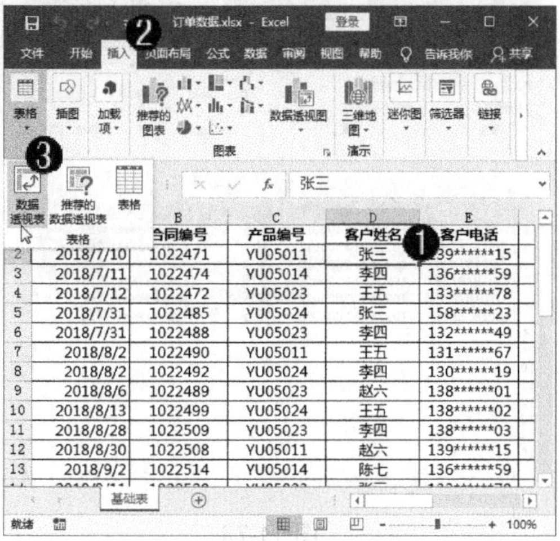

图 11-67

step 2 弹出【创建数据透视表】对话框，① 在【选择放置数据透视表的位置】区域中，选中【新工作表】单选按钮，②单击【确定】按钮，如图 11-68 所示。

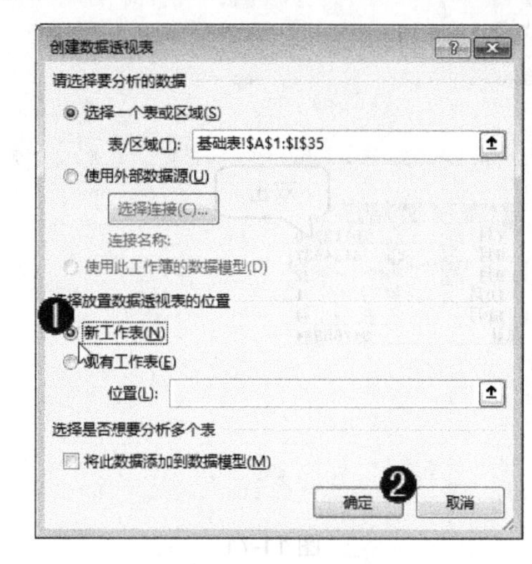

图 11-68

step 3 弹出【数据透视表字段】窗格，① 在【选择要添加到报表的字段】区域下方，选中准备添加字段的复选框，② 单击【关闭】按钮，如图 11-69 所示。

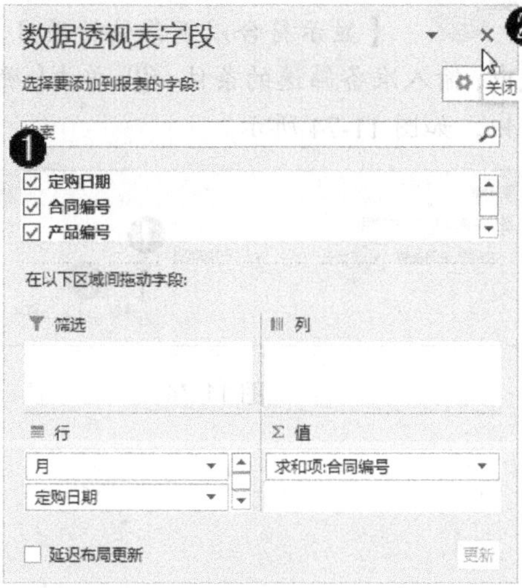

图 11-69

step 4 可以看到在工作簿中新建了一个工作表，并创建了一个数据透视表，这样即可完成在 Excel 2016 工作表中创建数据透视表的操作，如图 11-70 所示。

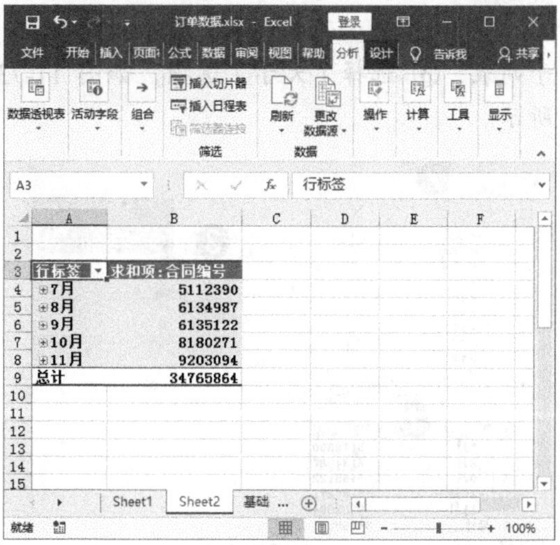

图 11-70

11.6.2 在数据透视表中查看明细数据

默认情况下，数据透视表中的数据是汇总数据，在汇总数据上双击，即可显示明细数据。下面详细介绍其操作方法。

step 1 在创建的数据透视表中，双击单元格 B5，如图 11-71 所示。

图 11-71

step 2 此时，即可根据选中的汇总数据生成数据明细表，明细表中显示了汇总数据背后的明细数据，如图 11-72 所示。

图 11-72

11.6.3 在数据透视表中筛选数据

如果在筛选器中设置了字段，就可以根据设置的筛选字段快速筛选数据。下面详细介绍在数据透视表中筛选数据的操作方法。

step 1 ① 单击【行标签】下拉按钮，② 在弹出的下拉列表中，选择【值筛选】子列表，③ 选择【大于】选项，如图 11-73 所示。

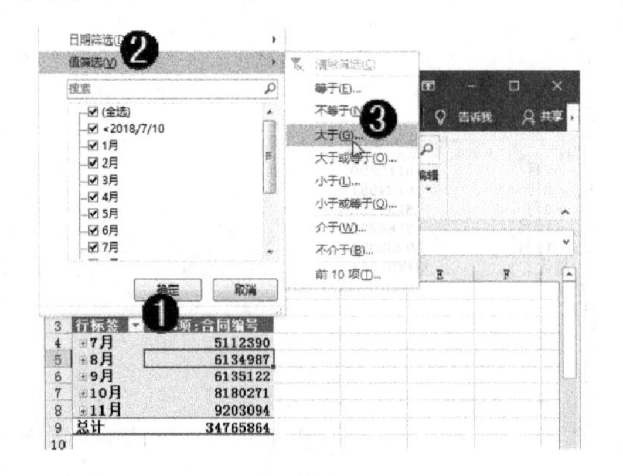

图 11-73

step 2 弹出【值筛选(月)】对话框，① 在【显示符合以下条件的项目】区域中，输入准备筛选的条件，② 单击【确定】按钮，如图 11-74 所示。

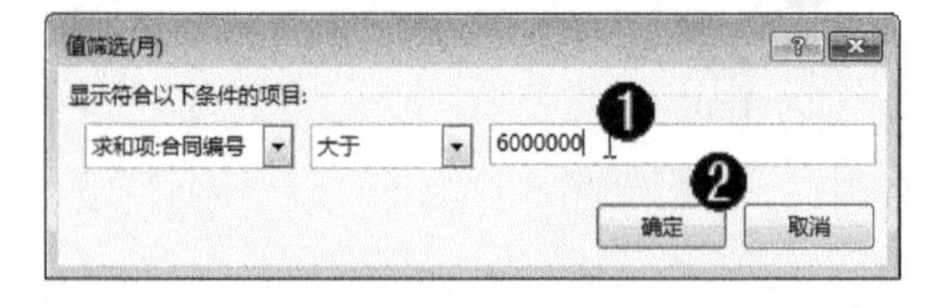

图 11-74

通过以上步骤即可完成筛选数据透视表中的数据的操作，如图 11-75 所示。

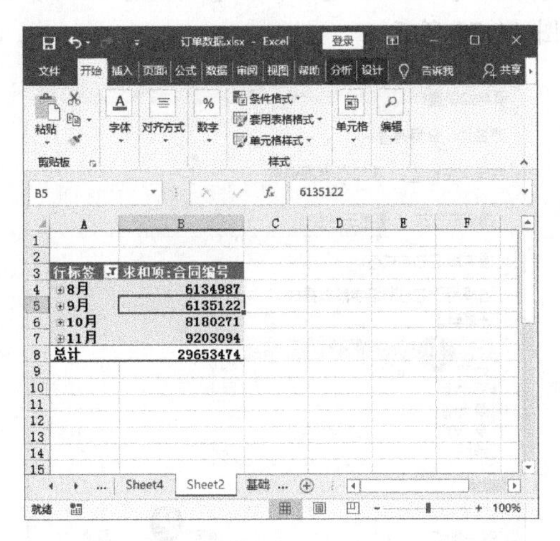

图 11-75

智慧锦囊

在 Excel 2016 中创建数据透视表后，选中数据透视表中准备排序的任意单元格，选择【数据】选项卡，在【排序和筛选】组中单击【升序】按钮或【降序】按钮即可快速对数据透视表中的数据进行排序。

考考您

请您根据上述方法筛选数据透视表中的数据，测试一下您学习的效果。

11.6.4 更改值的汇总和显示方式

在使用数据透视表的过程中，用户还可以根据需要更改值的汇总和显示方式，从而更加灵活地分析数据。下面将分别予以详细介绍。

1. 更改值的汇总方式

在数据透视表中有多种“值汇总方式”，主要包括求和、计数、平均值、最大值、最小值、乘积等。下面详细介绍更改值的汇总方式的操作方法。

step 1 在创建的数据透视表中，① 选中 B5 单元格，并单击鼠标右键，② 在弹出的快捷菜单中选择【值字段设置】菜单项，如图 11-76 所示。

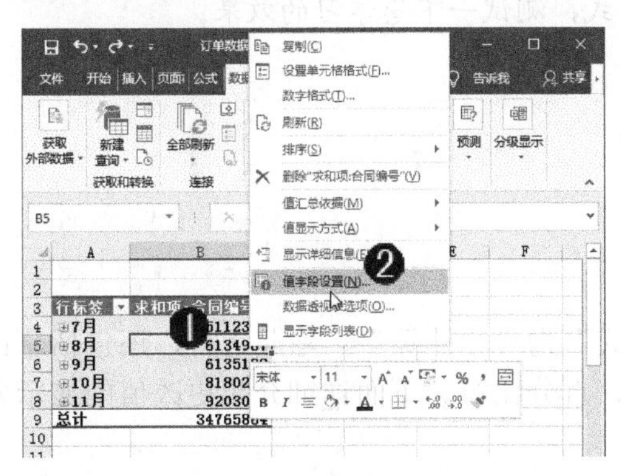

图 11-76

step 2 弹出【值字段设置】对话框，① 在【计算类型】列表框中选择【计数】选项，② 单击【确定】按钮，如图 11-77 所示。

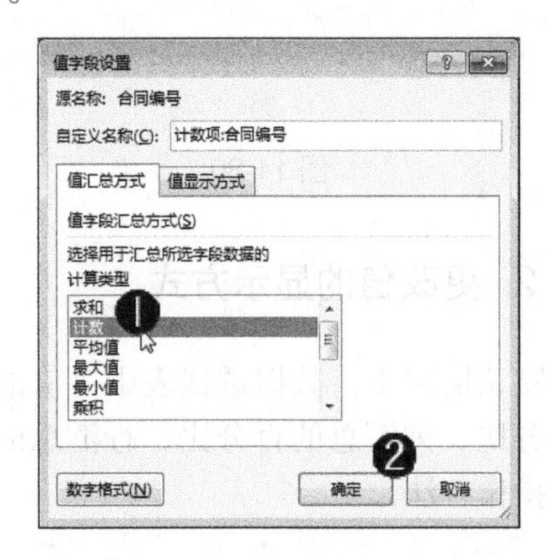

图 11-77

返回到工作表中，可以看到“值汇总方式”变成了“计数”格式，如图 11-78 所示。

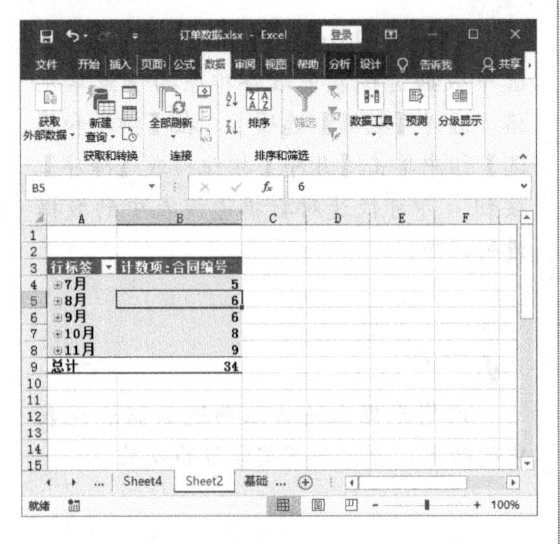

图 11-78

step 4 再次打开【值字段设置】对话框，① 在【计算类型】列表框中选择【求和】选项，② 单击【确定】按钮，如图 11-79 所示。

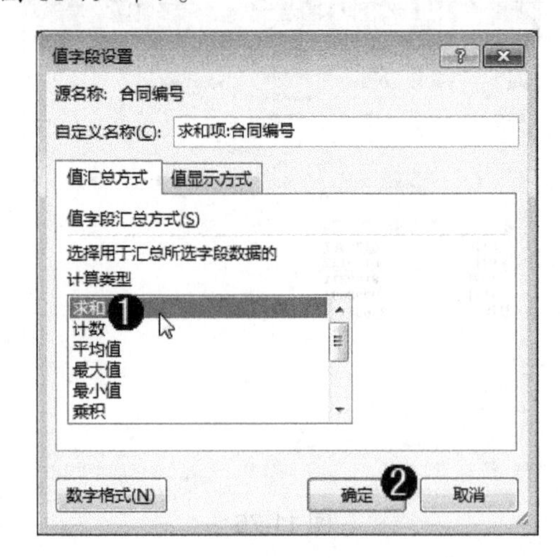

图 11-79

此时“值汇总方式”就恢复成“求和”格式，如图 11-80 所示。

行标签	求和项:合同编号
7月	5112390
8月	6134987
9月	6135122
10月	8180271
11月	9203094
总计	34765864

图 11-80

智慧锦囊

如果在处理数据的过程中，源数据发生了变化，一定记得要刷新数据透视表来保证其正确性。

考考您

请您根据上述方法更改值的汇总方式，测试一下您学习的效果。

2. 更改值的显示方式

默认情况下，数据透视表中“值的显示方式”为“无计算”，除此之外，还包括总计的百分比、列汇总的百分比、行汇总的百分比、百分比等。下面详细介绍更改值的显示方式的操作方法。

step 1 在数据透视表中，① 选中“合同编号”列中的B6单元格，并使用鼠标右键单击，② 在弹出的快捷菜单中选择【值字段设置】菜单项，如图11-81所示。

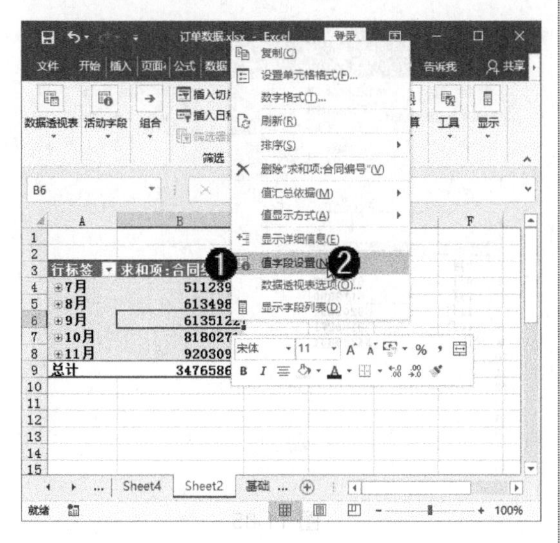

图 11-81

step 2 弹出【值字段设置】对话框，① 选择【值显示方式】选项卡，② 在【值显示方式】列表框中选择【列汇总的百分比】选项，③ 单击【确定】按钮，如图11-82所示。

图 11-82

step 3 返回到工作表中，可以看到此时的“值显示方式”就变成了“列汇总的百分比”格式，这样即可完成更改值的显示方式的操作，如图11-83所示。

图 11-83

智慧锦囊

在Excel 2016中创建数据透视表后，选中数据透视表中准备排序的任意单元格，选择【数据】选项卡，在【排序和筛选】组中单击【升序】按钮或【降序】按钮即可快速对数据透视表中的数据进行排序。

考考您

请您根据上述方法更改值的显示方式，测试一下您学习的效果。

11.6.5 对透视表中的数据进行排序

对数据进行排序是数据分析不可缺少的组成部分，对数据进行排序可以快速直观地显示数据并更好地理解数据。下面详细介绍对数据透视表排序的操作方法。

step 1 ① 单击数据透视表的【行标签】下拉按钮，② 在弹出的下拉列表中，选择【降序】选项，如图 11-84 所示。

图 11-84

step 2 此时，在 Excel 2016 中的数据便按照降序排列出来，通过以上步骤即可完成数据透视表排序的操作，如图 11-85 所示。

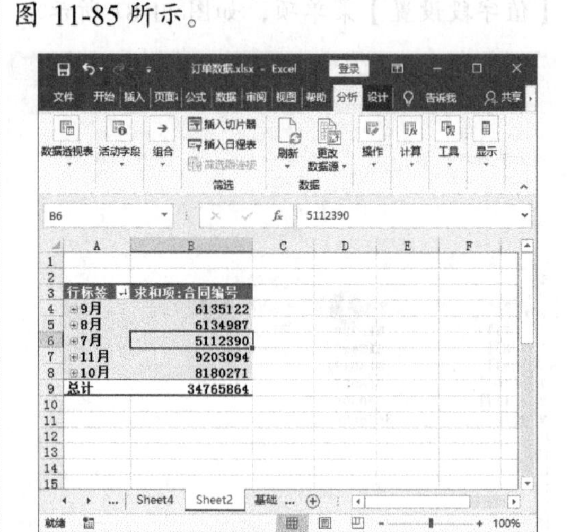

图 11-85

11.6.6 插入切片器并进行筛选

在 Excel 2016 中，用户可以使用切片器来筛选数据。单击切片器提供的按钮就可以直接筛选数据透视表中的数据。下面详细介绍插入切片器并进行筛选的操作方法。

step 1 在数据透视表中，① 选择数据透视表中的任意单元格，② 选择【分析】选项卡，③ 在【筛选】组中单击【插入切片器】按钮 插入切片器，如图 11-86 所示。

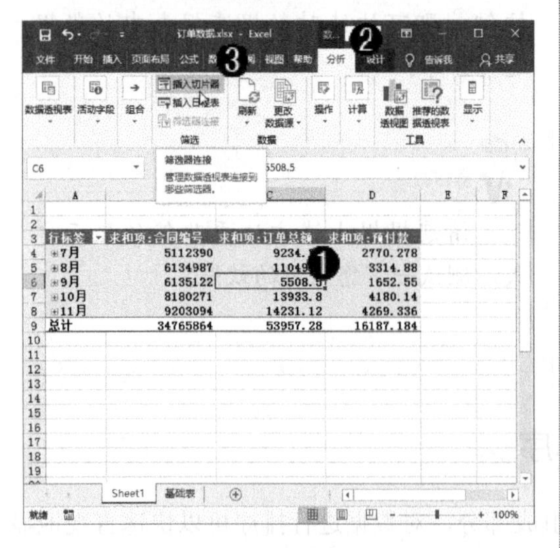

图 11-86

step 2 弹出【插入切片器】对话框，① 依次选择所有字段，表示对数据透视表中所有相关联的字段进行分析，② 单击【确定】按钮，如图 11-87 所示。

图 11-87

step 3 经过前面的操作后，就可以看到数据透视表中插入了与所选字段相关联的切片器，如图 11-88 所示。

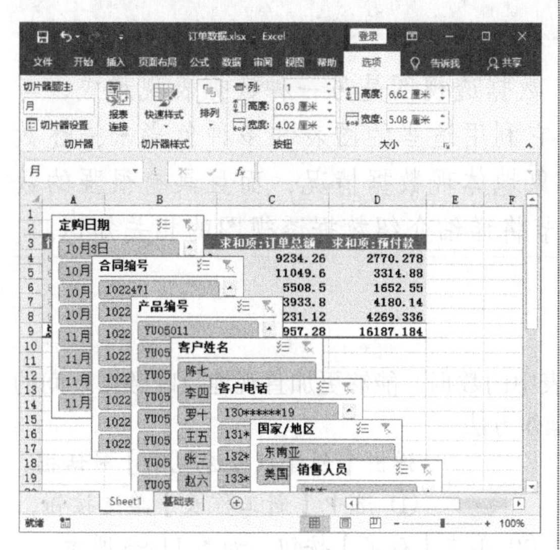

图 11-88

step 4 在切片器中单击需要筛选的字段，如单击“定购日期”切片器中的“10月 3 日”，如图 11-89 所示。

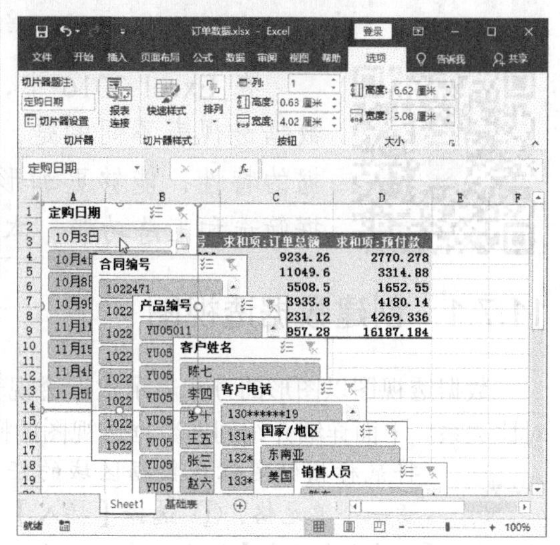

图 11-89

step 5 经过上一步的操作后，此时数据透视表中的数据已经进行了筛选，只显示“定购日期”为“10 月 3 日”的相关记录，如图 11-90 所示。

图 11-90

step 6 在筛选数据后，切片器右上角的【清除筛选器】按钮变为可用状态，单击该按钮，即可清除对该字段的筛选，如图 11-91 所示。

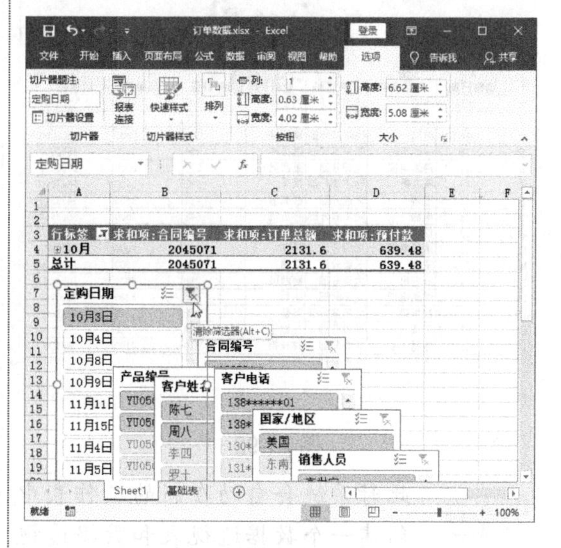

图 11-91

知识精讲

将鼠标指针移动至切片器的边框位置，按住鼠标左键将其拖动至合适的位置后释放鼠标即可更改其位置。

Section 11.7 数据透视图

手机扫描下方二维码，观看本节视频课程

在 Excel 2016 中，数据透视图是另一种数据表现形式，与数据透视表不同的是，它利用适当的图表和多种色彩来描述数据的特性，能够更加形象地体现数据情况，而且具有很强的数据筛选和汇总功能。本节将详细介绍数据透视图的相关知识。

11.7.1 创建数据透视图

数据透视图以图形的方式表示数据透视表中的数据，能够更加直观地反映数据之间的对比关系。下面详细介绍创建数据透视图的操作方法。

step 1 将鼠标指针定位在数据区域的任意一个单元格，① 选择【插入】选项卡，② 单击【图表】组中的【数据透视图】下拉按钮，③ 在弹出的下拉列表中选择【数据透视图】选项，如图 11-92 所示。

图 11-92

step 2 弹出【创建数据透视图】对话框，① 选中【新工作表】单选按钮，② 单击【确定】按钮，如图 11-93 所示。

图 11-93

step 3 此时系统会自动在新的工作表中创建一个数据透视表和数据透视图的基本框架，并弹出【数据透视图字段】窗格，如图 11-94 所示。

step 4 在【数据透视图字段】窗格中，① 将【销售区域】复选框拖动到【轴(类别)】列表框中，② 将【销售数量】和【销售额】复选框拖曳到【值】列表框中，如图 11-95 所示。

图 11-94

图 11-95

step 5 此时即可根据选中的字段生成数据透视表，如图 11-96 所示。

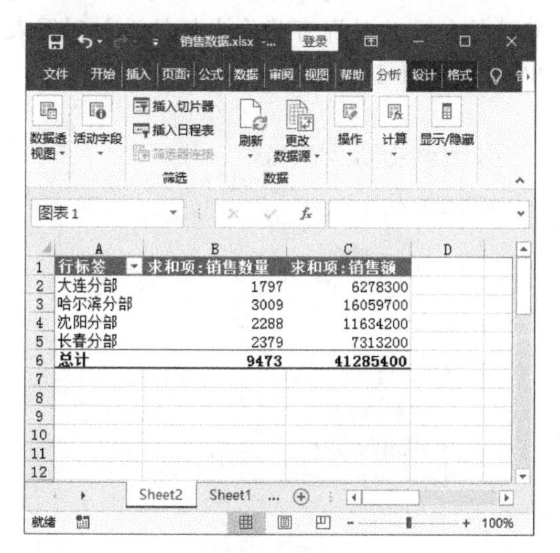

行标签	求和项:销售数量	求和项:销售额
大连分部	1797	6278300
哈尔滨分部	3009	16059700
沈阳分部	2288	11634200
长春分部	2379	7313200
总计	9473	41285400

图 11-96

step 6 同时，根据选中的字段生成数据透视图，如图 11-97 所示。

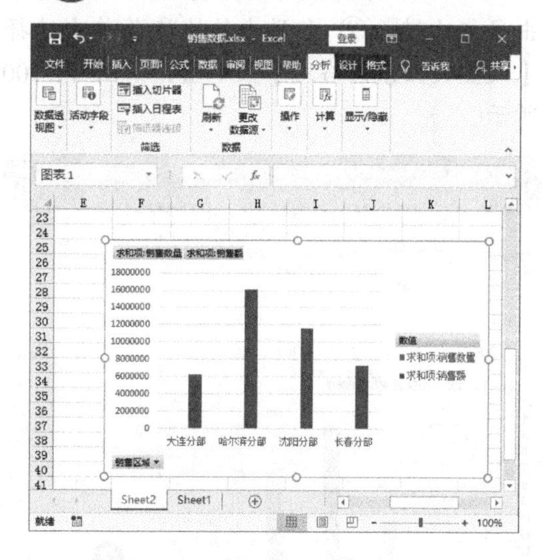

图 11-97

11.7.2 设置数据透视图

如果图表中有两个数据系列，为了让图表更加清晰地展现数据，可以设置双轴图表。下面详细介绍设置数据透视图的操作方法。

step 1 在数据透视图中，① 选择任意一个容易被选中的图表系列，单击鼠标右键，② 在弹出的快捷菜单中选择【更改系列图表类型】菜单项，如图 11-98 所示。

step 2 弹出【更改图表类型】对话框，① 在【求和项:销售数量】下拉列表框中选择【折线图】选项，② 单击【确定】按钮，如图 11-99 所示。

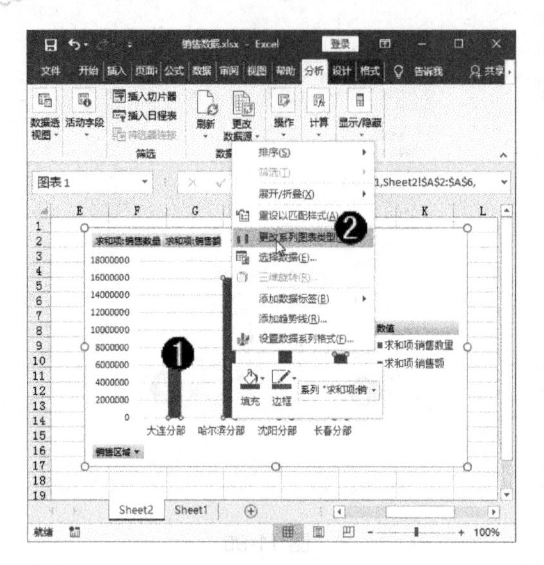

图 11-98

step 3 此时图表系列【求和项:销售数量】就变成了折线，① 选中折线并单击鼠标右键，② 在弹出的快捷菜单中选择【设置数据系列格式】菜单项，如图 11-100 所示。

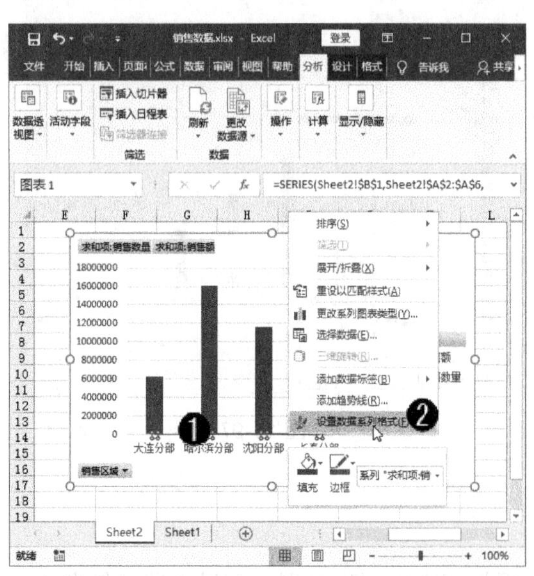

图 11-100

step 5 在【设置数据系列格式】窗格中，① 单击【填充与线条】按钮，② 选中【平滑线】复选框，如图 11-102 所示。

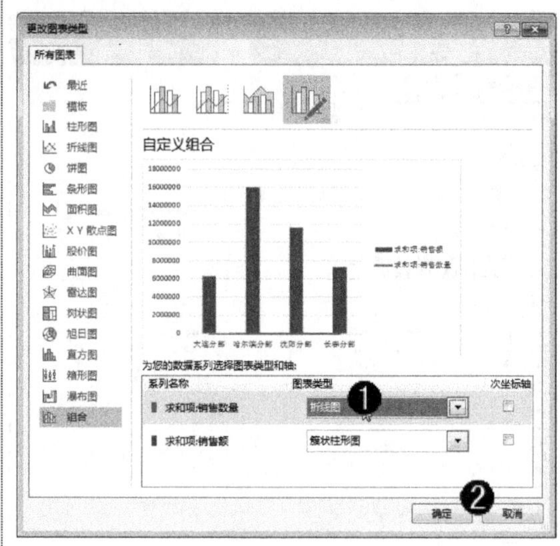

图 11-99

step 4 在工作表的右侧弹出【设置数据系列格式】窗格，选中【次坐标轴】单选按钮，此时即可将次坐标轴添加到图表中，如图 11-101 所示。

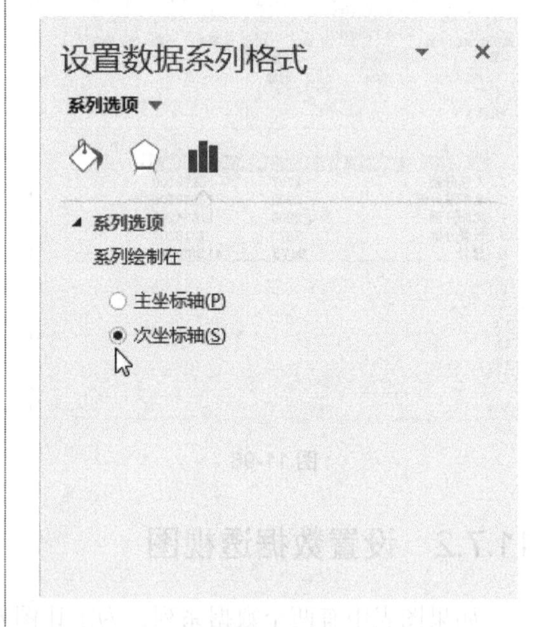

图 11-101

step 6 此时，折线图就变得非常平滑，通过以上步骤即可完成数据透视图的设置，效果如图 11-103 所示。

图 11-102

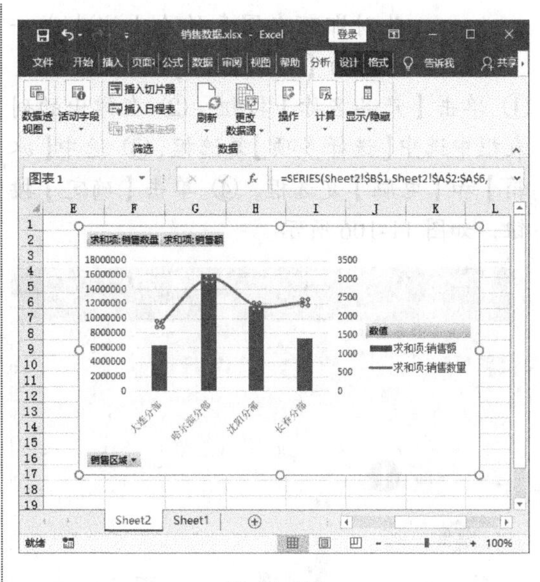

图 11-103

11.7.3 筛选数据透视图中的数据

在创建完毕的数据透视图中包含很多筛选器，利用这些筛选器可以筛选不同的字段，从而在数据透视图中显示不同的数据效果。下面将介绍对透视图中的数据进行筛选的方法。

step 1 在数据透视图中，① 选择【分析】选项卡，② 在【显示/隐藏】组中单击【字段列表】按钮，如图 11-104 所示。

step 2 弹出【数据透视图字段】窗格，将【产品名称】复选框拖动到【筛选】列表框中，如图 11-105 所示。

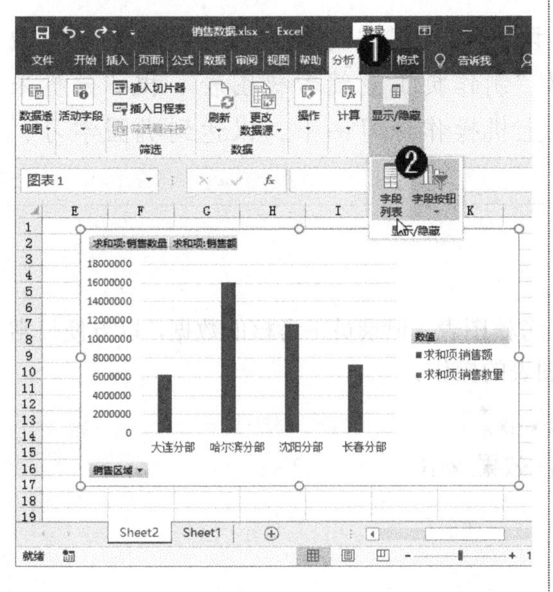

图 11-104

图 11-105

step 3 此时即可在图表的左上方生成一个名为【产品名称】的筛选按钮，① 单击【产品名称】按钮，② 在弹出的列表框中选中【选择多项】复选框，③ 选中【冰箱】和【电脑】复选框，④ 单击【确定】按钮，如图 11-106 所示。

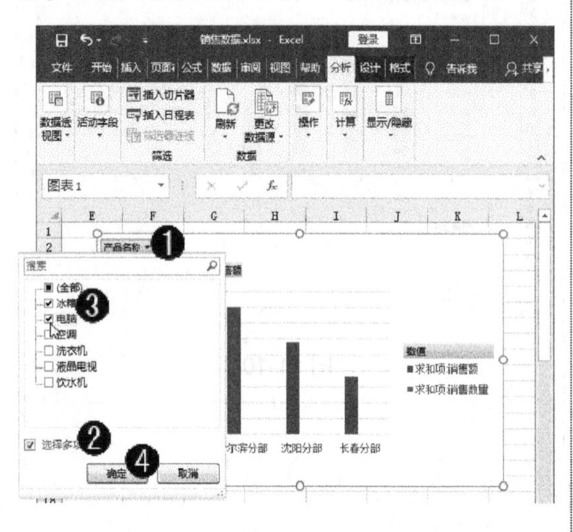

图 11-106

step 4 此时即可在图表中筛选出【产品名称】为【冰箱】和【电脑】两种产品的销售情况，这样即可完成筛选数据透视图中的数据的操作，如图 11-107 所示。

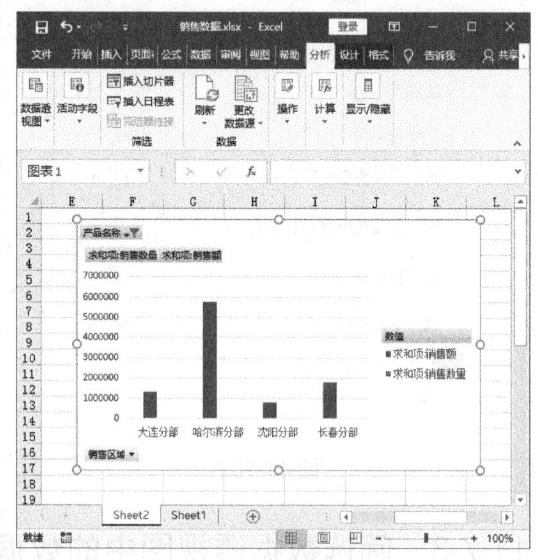

图 11-107

Section 11.8 范例应用与上机操作

手机扫描下方二维码，观看本节视频课程

通过本章的学习，读者可以掌握数据可视化应用与管理的知识和操作。下面介绍“制作员工业绩考核图表”和“分析采购清单”等范例应用，上机操作练习一下，以达到巩固学习、拓展提高的目的。

11.8.1 制作员工业绩考核图表

使用 Excel 2016，可以制作一份员工业绩考核图表，记录员工考核的数据，以方便日常的管理和查询。下面介绍制作员工业绩考核图表的操作。

素材文件 第 11 章\素材文件\员工考核表.xlsx

效果文件 第 11 章\效果文件\员工考核表-效果.xlsx

step 1 ① 打开素材文件，选中准备创建图表的数据区域，如“A1:F10”，② 选择【插入】选项卡，③ 在【图表】组中，单击【插入瀑布图、漏斗图、股价图、曲面图或雷达图】按钮，④ 在弹出的下拉列表的【雷达图】区域中，选择准备应用的图表样式，如图 11-108 所示。

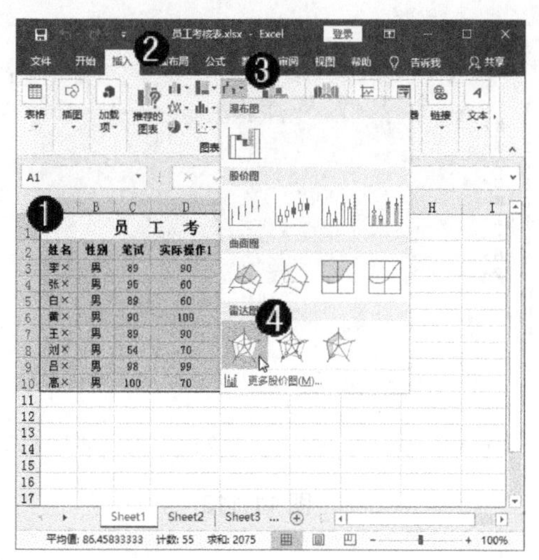

图 11-108

step 2 ① 返回到 Excel 工作表中，选中创建的图表，② 选择【设计】选项卡，③ 在【图表布局】组中，单击【快速布局】下拉按钮，选择准备应用的布局样式，如图 11-109 所示。

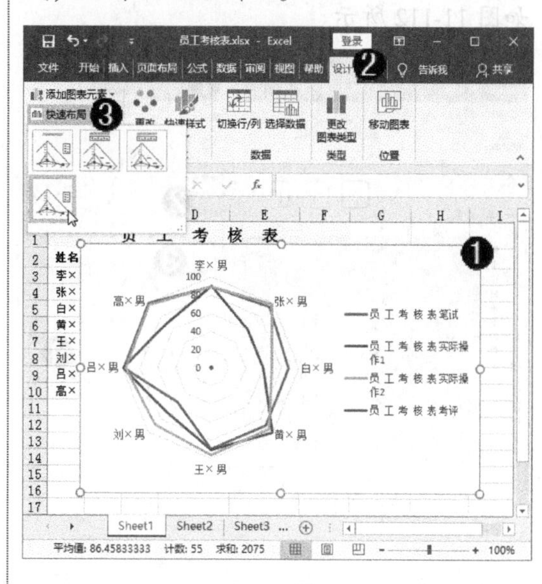

图 11-109

step 3 选中图表标题，设置标题的名称，如图 11-110 所示。

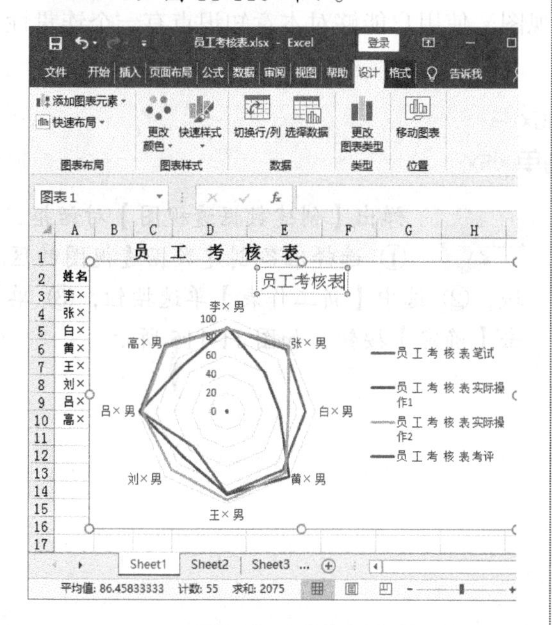

图 11-110

step 4 ① 选中创建的图表，② 选择【格式】选项卡，③ 在【形状样式】组中，选择需要设置的形状样式，如图 11-111 所示。

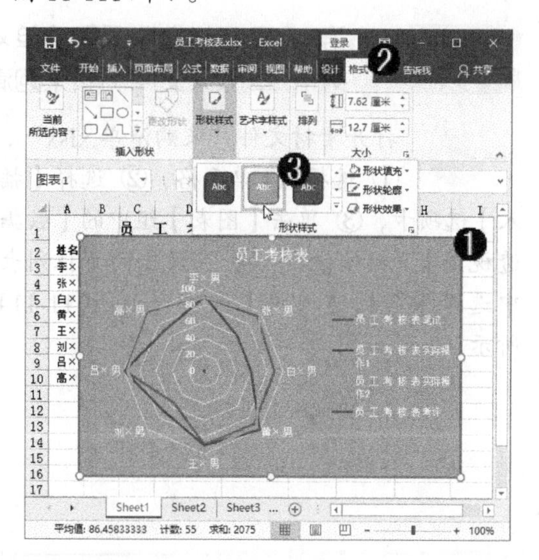

图 11-111

第11章 数据可视化应用与管理

step 5 设置图表格式后，① 选择【格式】选项卡，② 在【形状样式】组中，单击【形状效果】下拉按钮，③ 在展开的下拉列表中，选择【阴影】选项，④ 在展开的子列表中，选择准备应用的图表形状格式，如图 11-112 所示。

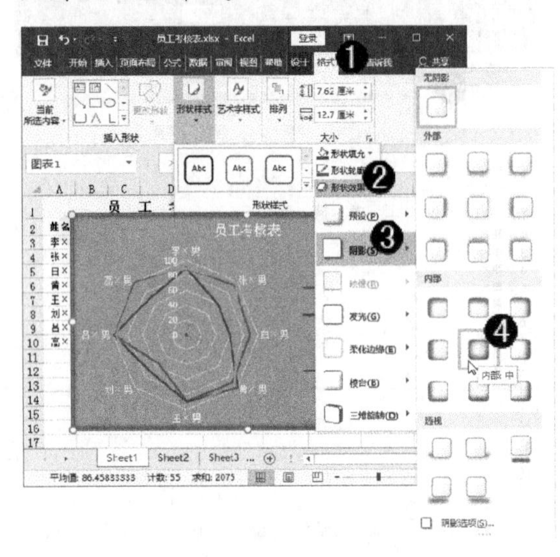

图 11-112

step 6 返回到 Excel 工作表中，可以查看设置后的图表，通过上述方法即可完成制作员工业绩考核图表的操作，如图 11-113 所示。

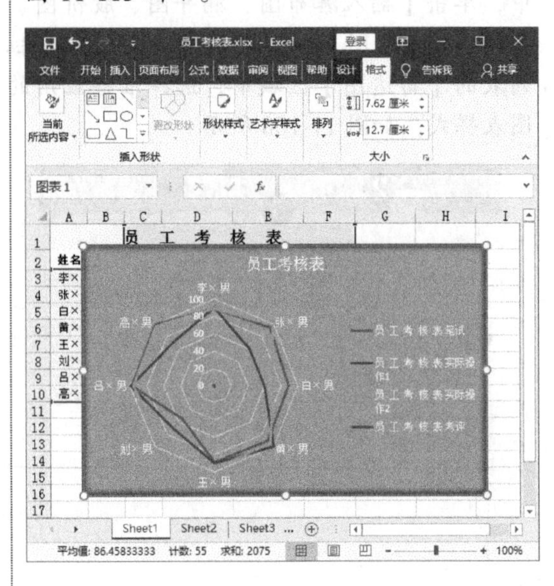

图 11-113

11.8.2 分析采购清单

下面创建并分析“采购清单”的数据透视图，使用户能够对本章知识点有一个连贯性的认识。

素材文件 第 12 章\素材文件\采购清单.xlsx
效果文件 第 12 章\效果文件\分析采购清单.xlsx

step 1 打开素材文件“采购清单.xlsx”，① 选择 A4 单元格，② 选择【插入】选项卡，③ 单击【图表】组中的【数据透视图】下拉按钮，④ 在弹出的下拉列表中选择【数据透视图】选项，如图 11-114 所示。

step 2 弹出【创建数据透视图】对话框，① 选择准备创建数据透视图的区域，② 选中【新工作表】单选按钮，③ 单击【确定】按钮，如图 11-115 所示。

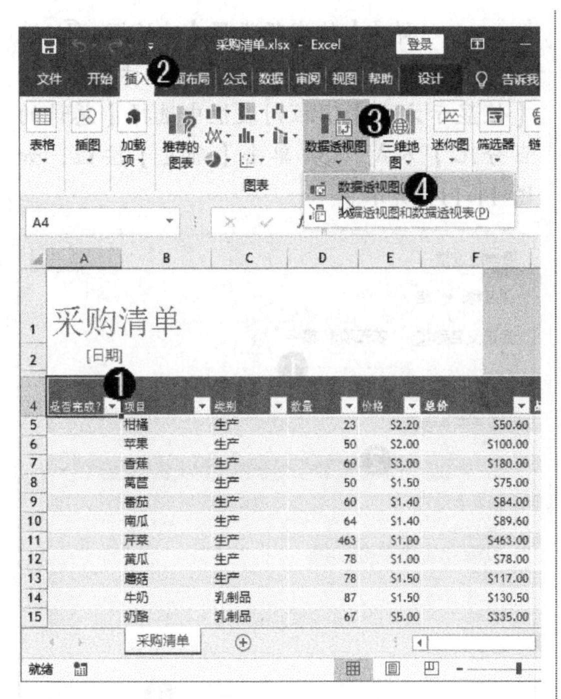

图 11-114

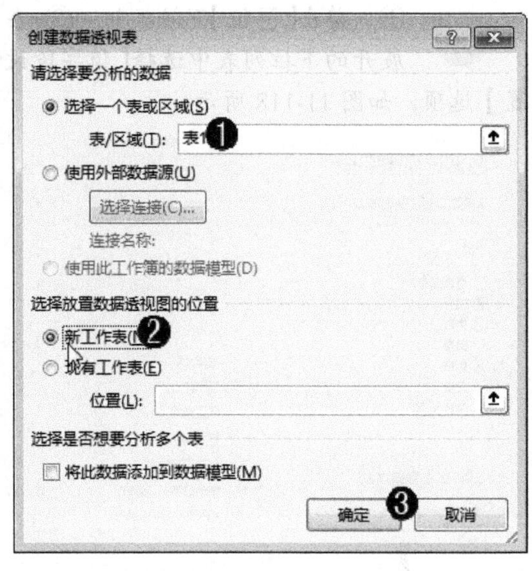

图 11-115

step 3 此时系统会自动创建一个工作表，并弹出【数据透视图字段】窗格，在【选择要添加到报表的字段】列表框中选中【项目】、【类别】、【数量】、【价格】和【总价】复选框，如图 11-116 所示。

图 11-116

step 4 ① 单击【类别】下拉按钮，② 在展开的下拉列表中选择【移动到报表筛选】选项，如图 11-117 所示。

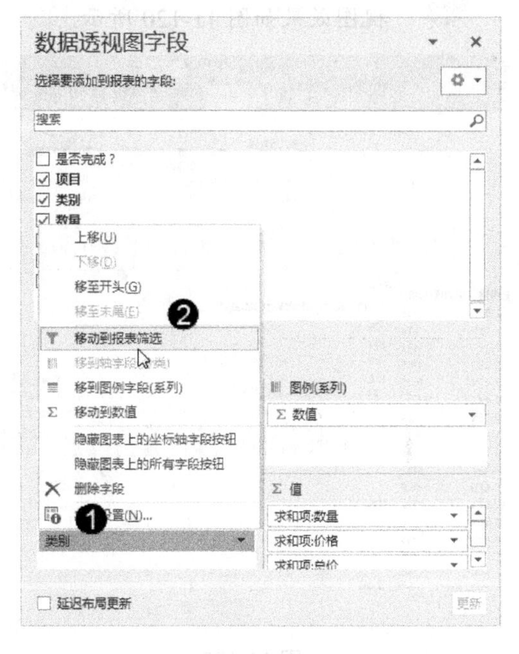

图 11-117

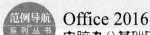

step 5 ① 单击【∑值】下拉按钮，② 在展开的下拉列表中选择【值字段设置】选项，如图 11-118 所示。

图 11-118

step 7 返回到工作表中，则创建的数据透视图效果如图 11-120 所示。

图 11-120

step 6 弹出【值字段设置】对话框，① 选择【值显示方式】选项卡，② 在【值显示方式】下拉列表框中选择【总计的百分比】方式，③ 单击【确定】按钮，如图 11-119 所示。

图 11-119

step 8 ① 选择【设计】选项卡，② 在【类型】选项组中单击【更改图表类型】按钮，如图 11-121 所示。

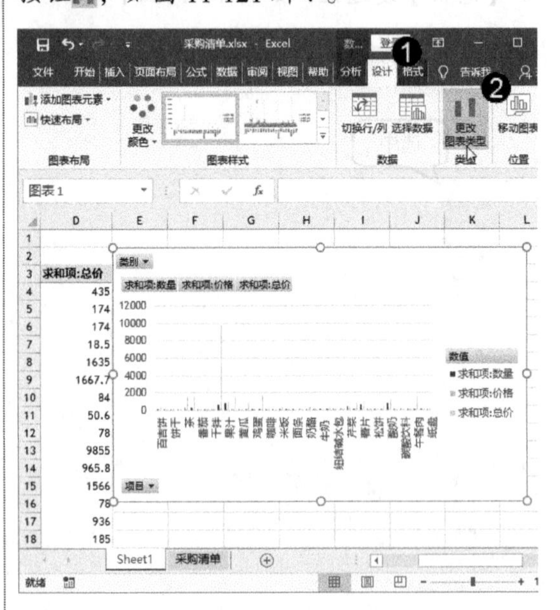

图 11-121

step 9 弹出【更改图表类型】对话框，① 重新选择图表类型，这里选择“饼图”类型，② 单击【确定】按钮，如图 11-122 所示。

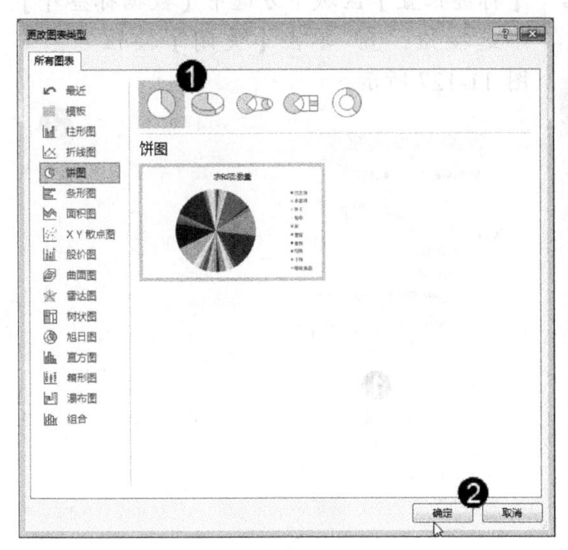

图 11-122

step 10 返回到工作表中，可以看到图表类型已被更改为饼图，效果如图 11-123 所示。

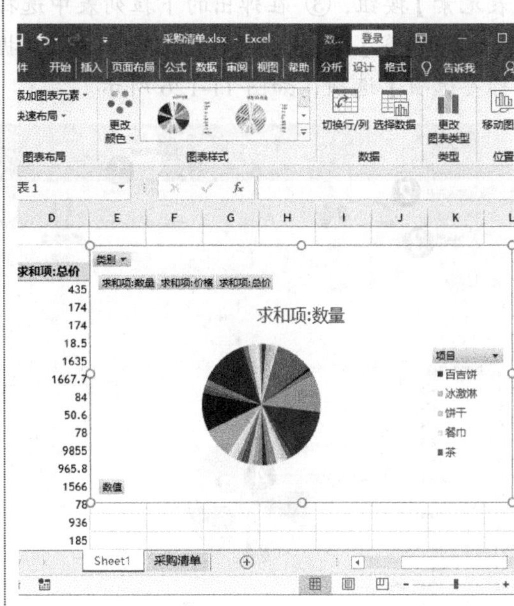

图 11-123

step 11 将图表标题占位符向上移动，移动至右上角，如图 11-124 所示。

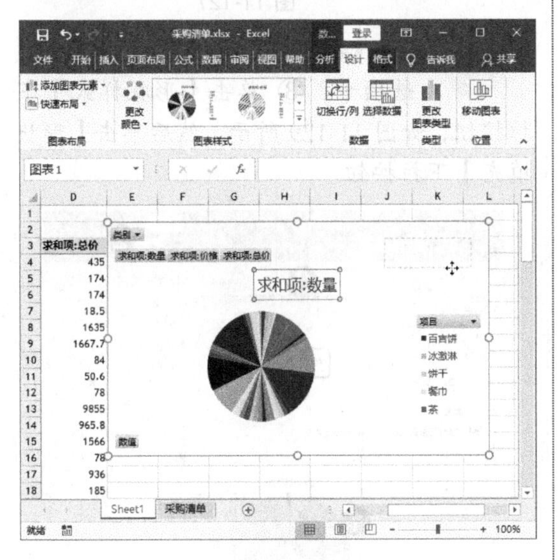

图 11-124

step 12 输入图表标题“各物品采购比例”，并将其字体设置为“华文隶书”，效果如图 11-125 所示。

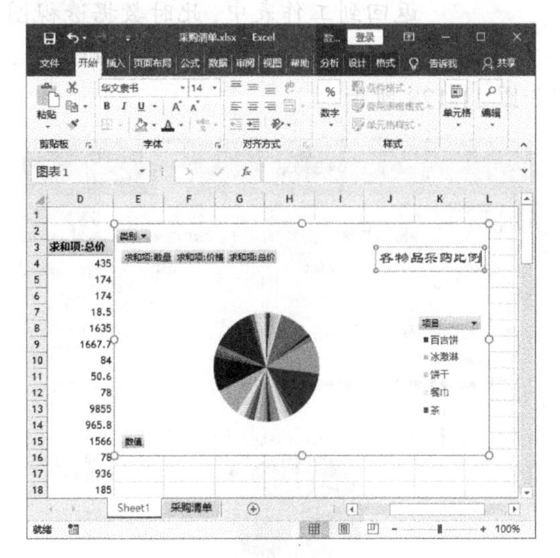

图 11-125

第11章 数据可视化应用与管理

step 13 ① 选择【设计】选项卡，② 单击【图表布局】选项组中的【添加图表元素】按钮，③ 在弹出的下拉列表中选择【数据标签】选项，④ 继续选择【其他数据标签选项】选项，如图 11-126 所示。

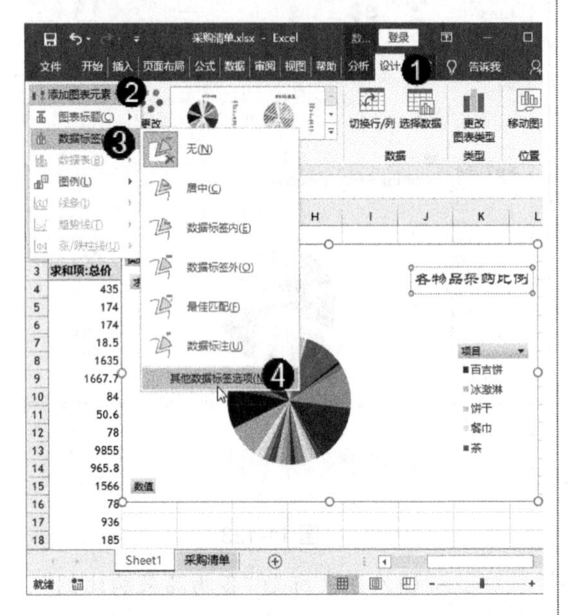

图 11-126

step 14 弹出【设置数据标签格式】窗格，① 在【标签选项】选项卡中选中【百分比】和【显示引导线】复选框，② 在【标签位置】区域下方选中【数据标签外】单选按钮，③ 单击【关闭】按钮×，如图 11-127 所示。

图 11-127

step 15 返回到工作表中，此时数据透视图中显示了各采购物品所占的比例，如图 11-128 所示。

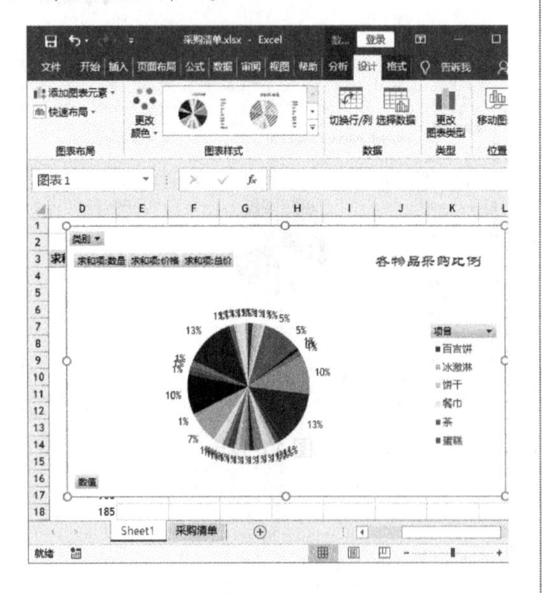

图 11-128

step 16 ① 选择图表区，② 选择【格式】选项卡，③ 单击【形状样式】下拉按钮，如图 11-129 所示，然后单击【形状填充】下拉按钮。

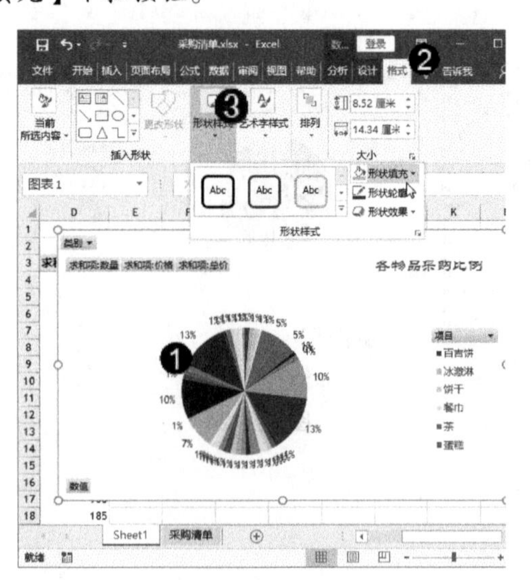

图 11-129

在展开的下拉列表中选择【橙色】小色块，如图 11-130 所示。

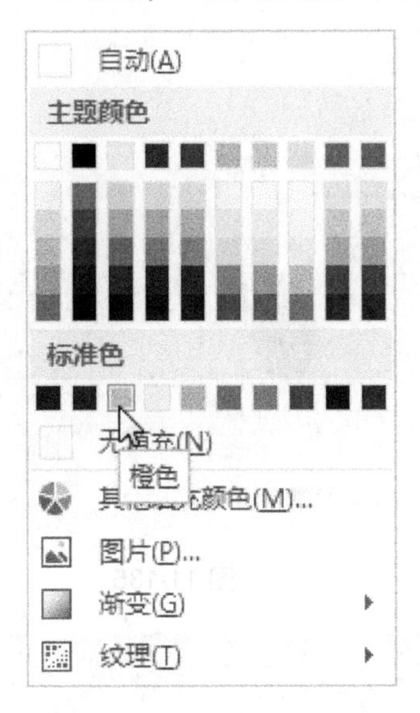

图 11-130

① 选择数据标签区，② 单击【形状填充】下拉按钮，如图 11-131 所示。

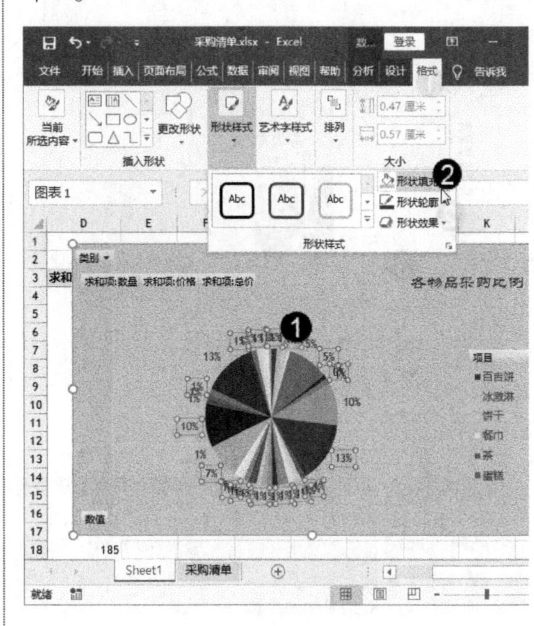

图 11-131

在展开的下拉列表中选择【黄色】小色块，如图 11-132 所示。

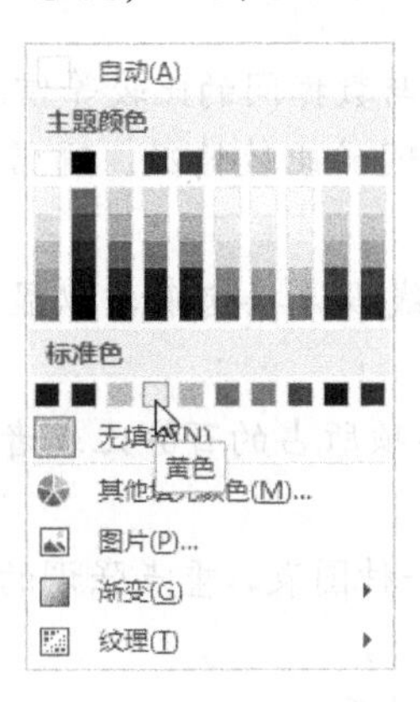

图 11-132

填充完图表区和数据标签区后，得到的数据透视图效果如图 11-133 所示。

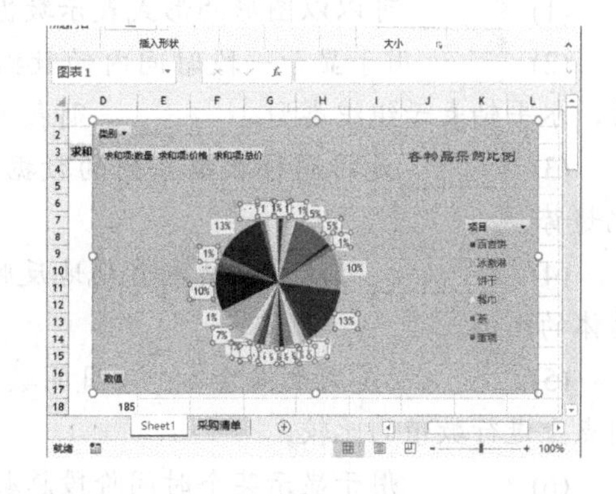

图 11-133

step21

① 单击数据透视图中【类别】字段右侧的下拉按钮，② 在展开的列表框中选中【小吃】和【饮品】复选框，③ 单击【确定】按钮，如图 11-134 所示。

此时，在数据透视图中只显示“小吃”和“饮品”的采购比例，如图 11-135 所示。

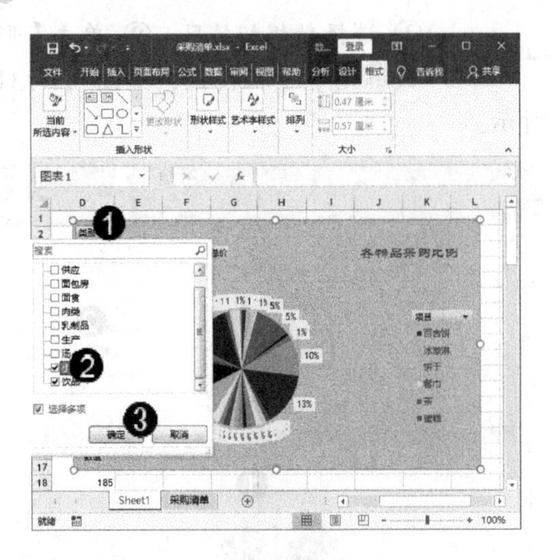

图 11-134

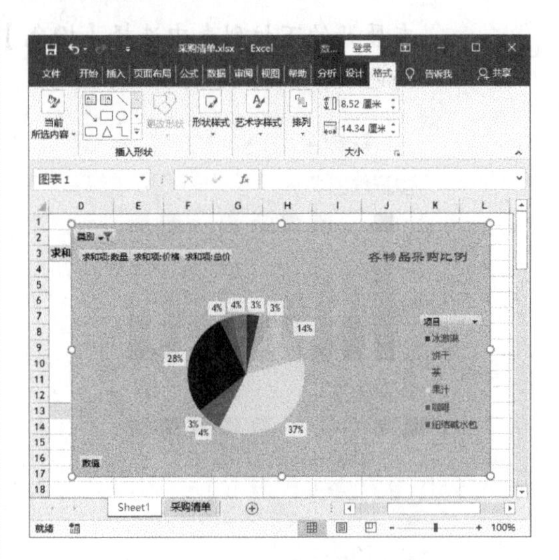

图 11-135

Section 11.9 课后练习与上机操作

本节内容无视频课程，习题参考答案在本书附录。

11.9.1 课后练习

1. 填空题

(1) ______可以以图形的形式表示数据的内容、数据与数据间的比较等信息。

(2) _____用于显示一段时间内的数据变化或各项之间的比较情况。通常绘制柱形图时，水平轴表示组织类型，________则表示数值。

(3) ______是将同样数据系列的数据点在图表中用线段连接起来，以显示数据的变化趋势。

(4) ________可以非常清晰直观地反映统计数据中各项所占的百分比或者某个单项占总体的比例。

(5) _______是用来描绘各个项目间数据差别情况的一种图表，重点强调的是在特定时间点上进行数值的比较。

(6) ______用于显示某个时间阶段总数与数据系列的关系。

(7) _______也被称为“相关图”，是一种将两个变量分布在纵轴和横轴上，在它们的交叉位置绘制出点的图表，主要用于表示两个变量的相关关系。

(8) 在 Excel 2016 中，提供了一种专门为金融工作者使用的股价图表，股价图即是用来显示____的波动和走势的，在实际工作中，也可用于计算和分析_________。

(9) 曲面图包含四种类型，分别为曲面图、_______________、__________和框架三维曲面图。

(10) ______可以比较若干数据系列的聚合值，用于显示数据中心点以及数据类别之间

的变化趋势。

(11) 树状图一般用于展示数据之间的____和占比关系，_____的面积代表数值的大小、颜色和排列代表数据的层级关系。

(12) ______也是 Excel 2016 新增的图表之一。是一种用于显示一组数据分布情况的统计图。图形由柱形、线段和数据点组成，这些线条指示超出四分位点上限和下限的变化程度，处于这些线条或虚线之外的任何点都被视为离群值。

(13) Excel 图表可以将数据以图形的形式表示出来，即将数据可视化。图表与数据是相互联系的，当数据发生变化时，图表也会相应地产生变化。一个创建好的图表由很多部分组成，主要包括图表标题、_____、绘图区、________、图例项、坐标轴、网格线等。

(14) _______可以通过清晰简明的图形表示方法显示相邻数据的趋势。

2. 判断题

(1) 使用饼图能够非常方便地查看整体与个体之间的关系。 ( )

(2) 条形图强调数量随时间而变化的程度，还可以使观看图表的人更加注意总值趋势的变化。 ( )

(3) 通过曲线或折线两种类型将散点数据连接起来，可以表示 X 轴变量随 Y 轴变量的变化趋势。 ( )

(4) 曲面图主要用于表达两组数据之间的最佳组合，如果 Excel 工作表中的数据较多，又想要找到两组数据之间的最佳组合时，可以使用曲面图。 ( )

(5) 旭日图用于展示多层级数据之间的占比及对比关系，每一个圆环代表同一级别的比例数据，离原点越近的圆环级别越低，最内层的圆表示层次结构的顶级。 ( )

(6) 直方图是进行数据统计常用的一种图表，它可以清晰地展示一组数据的分布情况，可以让用户一目了然地查看数据的分类情况和各类别之间的差异，为分析和判断数据提供依据。 ( )

(7) 箱形图也是 Excel 2016 新增的图表之一，用于表现一系列数据的增减变化情况以及数据之间的差异对比，通过显示各阶段的正值或者负值来显示值的变化过程。在表达一系列正值和负值对初始值(例如，净收入)的影响时，这种图表非常有用。 ( )

(8) 由于图表与图表数据源表格中的数据是同步的，因此可以通过修改表格中的数据，使图表上的图像发生相应的改变。 ( )

(9) 图例是用于体现数据系列表中现有数据项名称的标识。默认情况下，图例显示在图表的左侧。 ( )

3. 思考题

(1) 如何调整图表的大小和位置？

(2) 如何更改图表类型？

(3) 如何创建数据透视表？

11.9.2 上机操作

(1) 通过本章的学习，读者基本可以掌握创建图表方面的知识。下面通过练习制作“员工业绩奖金核算表”，达到巩固与提高的目的。本素材路径为“第 11 章\素材文件\员工业绩奖金核算表.xlsx”。

(2) 通过本章的学习，读者基本可以掌握迷你图方面的知识。下面通过练习制作“全年销售业绩报表”，达到巩固与提高的目的。本素材路径为“第 11 章\素材文件\全年销售业绩报表”。

第 12 章 PowerPoint 2016 演示文稿基本操作

本章介绍 PowerPoint 2016 演示文稿基本操作方面的知识与技巧，主要内容包括演示文稿的视图模式、创建演示文稿、插入与编辑幻灯片、输入与编辑文字、使用主题美化演示文稿和使用幻灯片母版等，通过本章的学习，读者可以掌握 PowerPoint 2016 演示文稿基本操作方面的基础知识，为深入学习 Office 2016 电脑办公知识奠定基础。

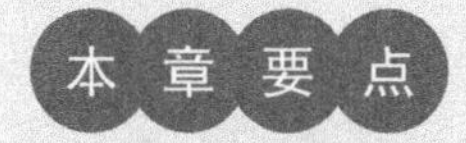

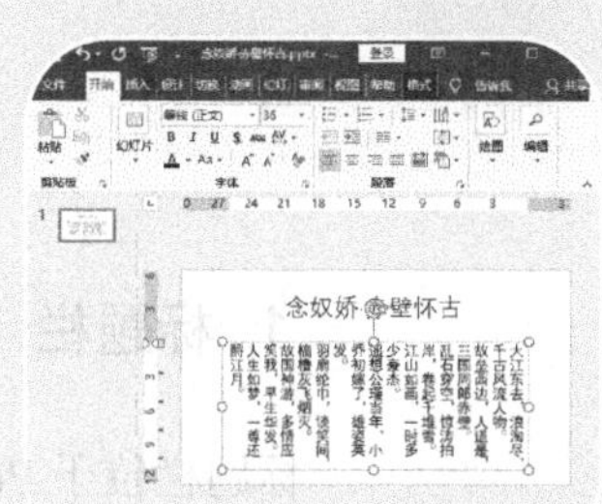

1. 演示文稿的视图模式
2. 创建演示文稿
3. 插入与编辑幻灯片
4. 输入与编辑文字
5. 使用主题美化演示文稿
6. 使用幻灯片母版

Section 12.1 演示文稿的视图模式

手机扫描下方二维码，观看本节视频课程

PowerPoint 2016 是 Office 系列办公软件中的一个重要组件，也叫 PPT，能够制作出集文字、图像、声音以及视频剪辑等多媒体元素于一体的演示文稿。本节将详细介绍演示文稿的视图模式以及 PowerPoint 2016 的工作界面等相关知识。

12.1.1 PowerPoint 2016 的工作界面

启动 PowerPoint 2016，并新建一个空白演示文稿后即可进入 PowerPoint 2016 的工作界面。该界面主要由标题栏、快速访问工具栏、功能区、大纲区、工作区、备注区和状态栏等部分组成，如图 12-1 所示。

图 12-1

1. 标题栏

标题栏位于 PowerPoint 2016 工作界面的最上方，用于显示文档和程序名称。在标题栏的最右侧，有【功能区显示选项】按钮 、【最小化】按钮 、【最大化】按钮 和【关闭】按钮 ，用于执行窗口的最小化、最大化、向下还原和关闭等操作，如图 12-2 所示。

图 12-2

2. 快速访问工具栏

快速访问工具栏位于 PowerPoint 2016 工作界面的左上方，用于快速执行一些特定操作。在 PowerPoint 2016 的使用过程中，可以根据使用需要，添加或删除快速访问工具栏中的命令选项，如图 12-3 所示。

图 12-3

3. 功能区

功能区位于标题栏的下方，默认情况下由 9 个选项卡组成，分别为【文件】、【开始】、【插入】、【设计】、【切换】、【动画】、【幻灯片放映】、【审阅】和【视图】。为了使用方便，将功能相似的命令分类放在选项卡下的不同组中，如图 12-4 所示。

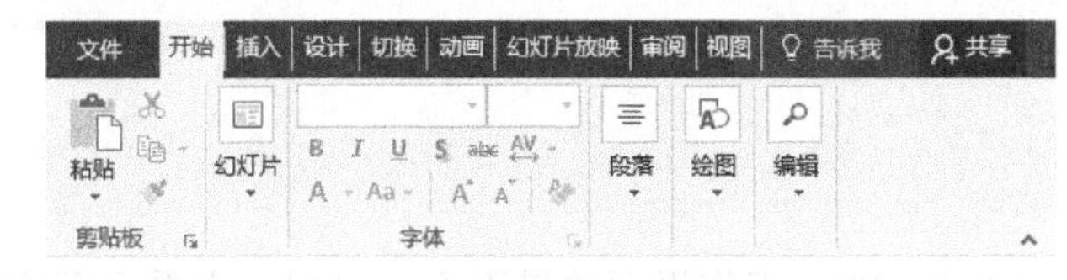

图 12-4

4. Backstage 视图

在功能区选择【文件】选项卡，可以打开 Backstage 视图，在该视图中可以管理演示文稿和有关演示文稿的相关数据，如创建、保存和发送演示文稿，检查演示文稿中是否包含隐藏的数据或个人信息，设置打开或关闭“记忆式键入”之类的选项等，如图 12-5 所示。

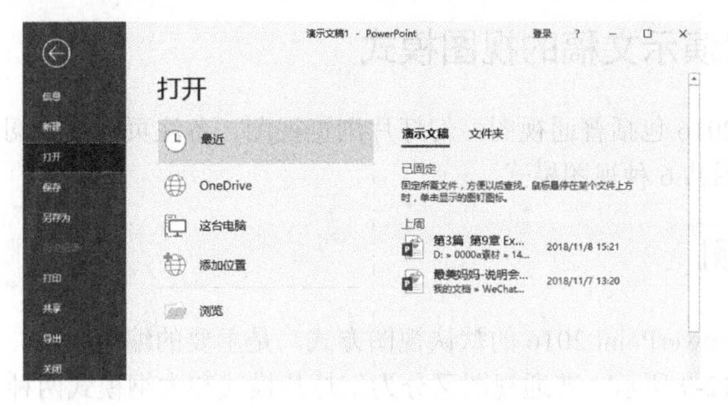

图 12-5

5. 大纲区

大纲区位于 PowerPoint 2016 工作界面的左侧，可以显示每张幻灯片中的标题和主要内容，如图 12-6 所示。

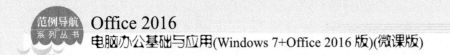

6. 工作区

在 PowerPoint 2016 中，幻灯片的编辑工作主要在工作区中进行，文本、图片、视频和音乐等文件的添加操作主要在该区域进行，每张声色俱佳的演示文稿均在工作区中显示，如图 12-7 所示。

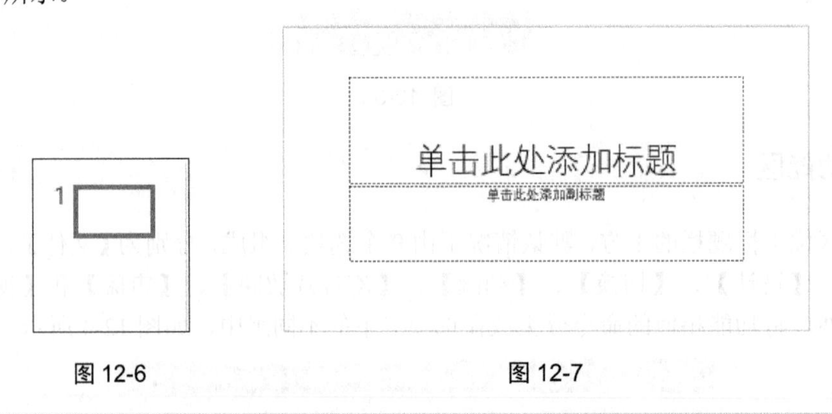

图 12-6　　图 12-7

7. 状态栏

状态栏位于 PowerPoint 2016 工作界面的最下方，可用于查看页面信息、切换视图模式和调节显示比例等，如图 12-8 所示。

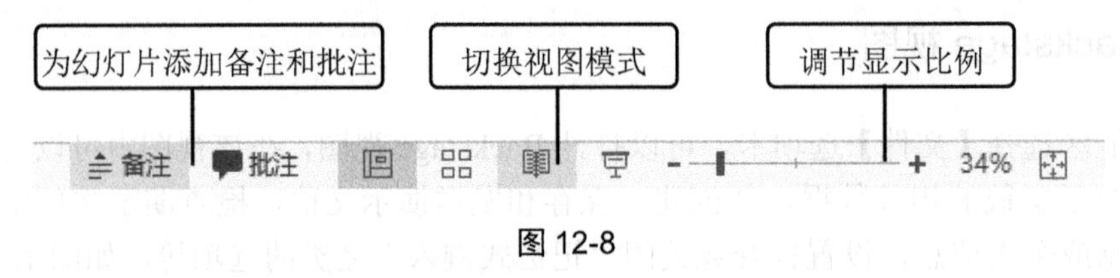

图 12-8

12.1.2　认识演示文稿的视图模式

PowerPoint 2016 包括普通视图、幻灯片浏览视图、备注页视图、阅读视图、母版视图和幻灯片放映视图共 6 种视图模式。

1. 普通视图

普通视图是 PowerPoint 2016 的默认视图方式，是主要的编辑视图，可用于撰写和设计演示文稿，如图 12-9 所示。普通视图又分为幻灯片模式和大纲模式两种。

2. 幻灯片浏览视图

在幻灯片浏览视图下，用户可以查看缩略图形式的幻灯片。通过此视图，用户在创建和打印演示文稿时，可以轻松地对演示文稿的顺序进行组织和排列，如图 12-10 所示。

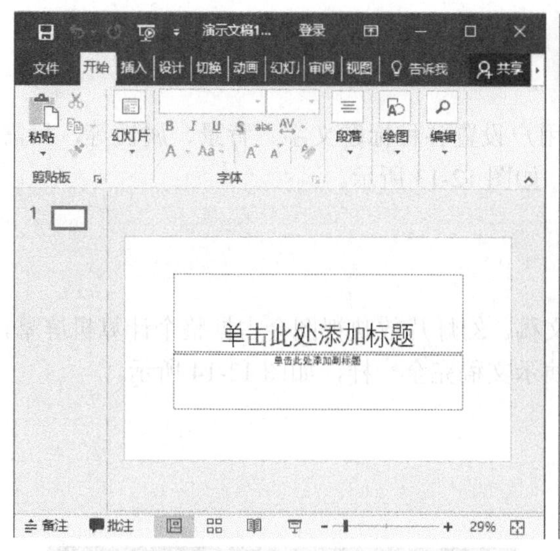

图 12-9

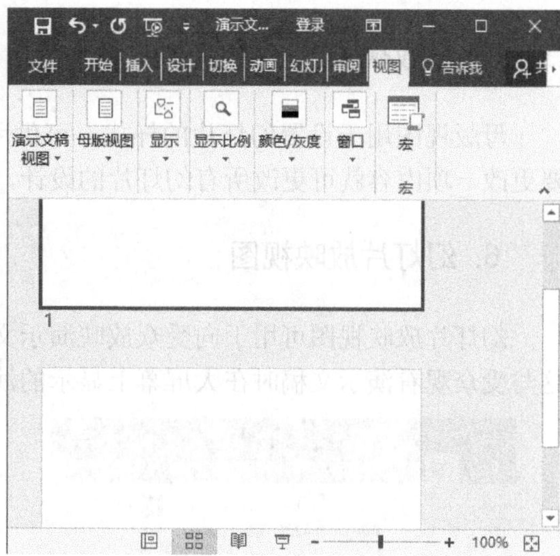

图 12-10

3. 备注页视图

如果要以整页格式查看和使用备注，可切换到【视图】选项卡，在【演示文稿视图】组中单击【备注页】按钮，此时，即可切换到备注页视图，如图 12-11 所示。

4. 阅读视图

阅读视图是一种特殊的查看模式，使用户在屏幕上阅读扫描更为方便，如图 12-12 所示。

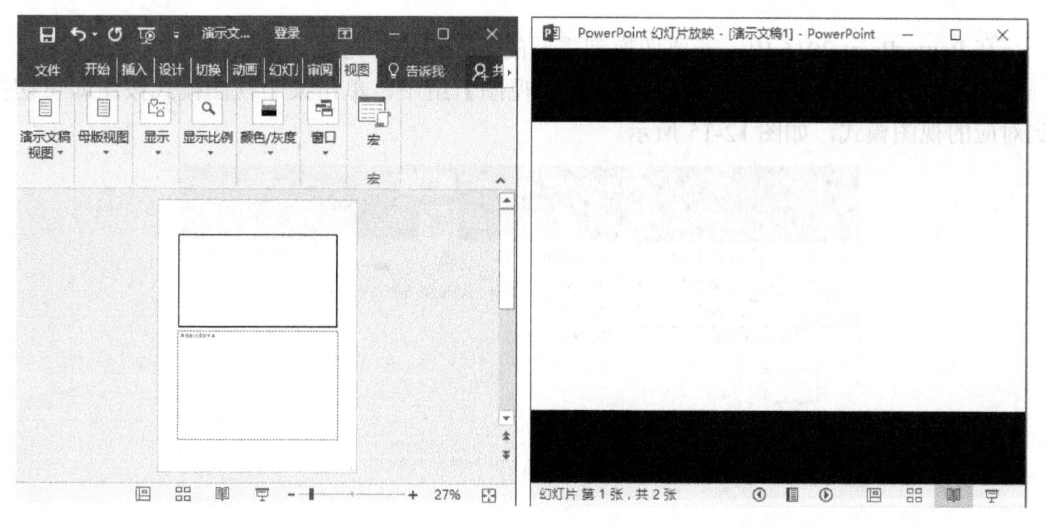

图 12-11

图 12-12

5. 母版视图

母版视图用于设置幻灯片的样式，可供用户设置各种标题文字、背景、属性等，只需要更改一项内容就可更改所有幻灯片的设计，如图 12-13 所示。

6. 幻灯片放映视图

幻灯片放映视图可用于向受众放映演示文稿。幻灯片放映视图会占据整个计算机屏幕，这与受众观看演示文稿时在大屏幕上显示的演示文稿完全一样，如图 12-14 所示。

图 12-13

图 12-14

12.1.3 切换视图模式

在 PowerPoint 2016 中，若要切换到需要的视图模式，可以通过以下两种方式实现。

切换到【视图】选项卡，在【演示文稿视图】组中，单击某个视图模式按钮即可切换到对应的视图模式，如图 12-15 所示。

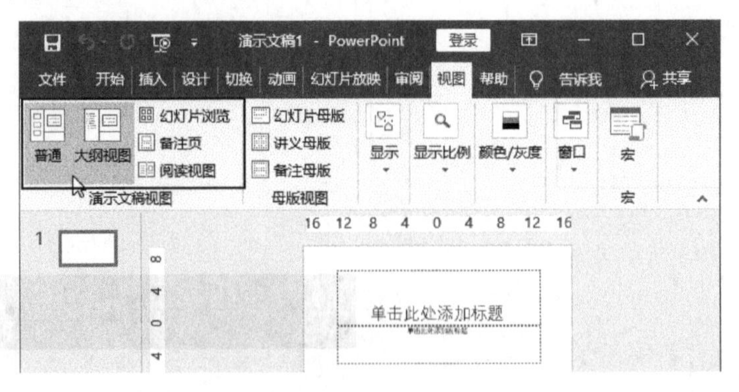

图 12-15

在 PowerPoint 2016 窗口的状态栏中提供了视图按钮，该按钮共有 4 个，分别是【普通视图】按钮、【幻灯片浏览】按钮、【阅读视图】按钮和【幻灯片放映】按钮，单击相应的按钮即可切换到对应的视图模式，如图 12-16 所示。

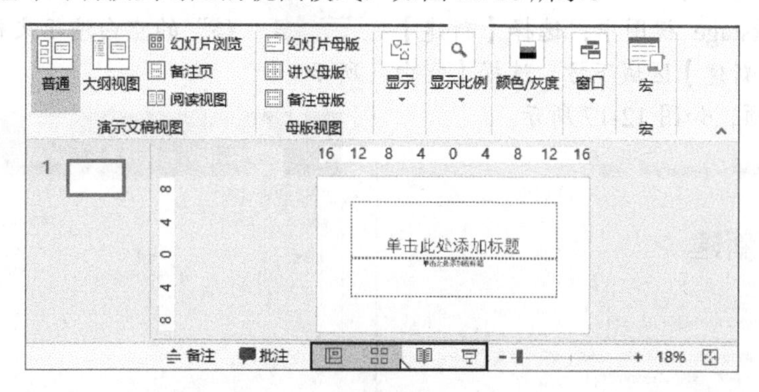

图 12-16

Section 12.2 创建演示文稿

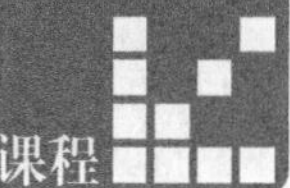

手机扫描下方二维码，观看本节视频课程

PowerPoint 2016 主要用于演示文稿的创建，即幻灯片的制作，可有效帮助演讲、教学、产品演示等。如果用户准备使用 Power Point 2016 制作演示文稿，应先掌握演示文稿的基本操作。本节将介绍演示文稿的基本操作。

12.2.1 PowerPoint 2016 文稿格式简介

由于 PowerPoint 2016 引入了一种基于 XML 的文件格式，这种格式称为 Microsoft Office Open XML Formats，因此 PowerPoint 2016 文件将以 XML 格式保存，其扩展名为“.pptx”或“.pptm”“.pptx”表示不含宏的 XML 文件，“.pptm”则表示含有宏的 XML 文件，如表 12-1 所示。

表 12-1　PowerPoint 2016 文稿格式

PowerPoint 2016 的文件类型	扩 展 名
PowerPoint 2016 演示文稿	.pptx
PowerPoint 2016 启用宏的演示文稿	.pptm
PowerPoint 2016 模板	.potx
PowerPoint 2016 启用宏的模板	.potm

12.2.2 创建空演示文稿

使用 PowerPoint 2016 创建演示文稿的方法有许多种，下面详细介绍创建空演示文稿的操作方法。

step 1 ① 选择【文件】选项卡，进入 Backstage 视图中，选择【新建】选项，② 在【新建】区域下方，选择【空白演示文稿】选项，如图 12-17 所示。

图 12-17

step 2 即可自动创建一个名为“演示文稿”的空白演示文稿，如图 12-18 所示。

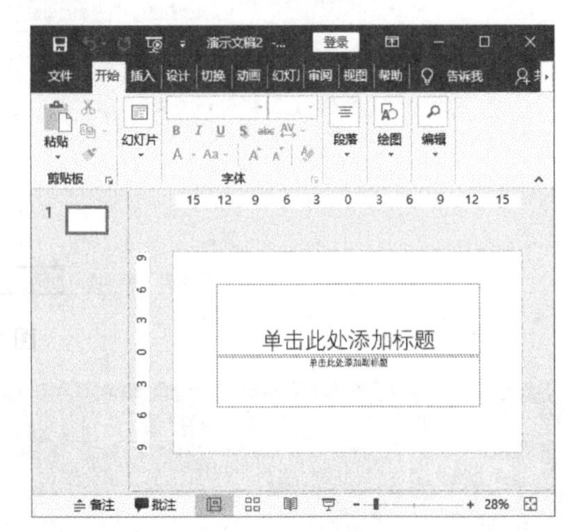

图 12-18

12.2.3 根据模板创建演示文稿

模板实际上就是一个包含初始设置的文件，可能包括一些示例幻灯片、背景图片、自定义颜色和字体主题等。下面详细介绍根据模板创建演示文稿的操作方法。

step 1 ① 打开 PowerPoint 2016 程序，选择【文件】选项卡，进入【文件】页面，选择【新建】选项，② 在【搜索框】中输入“演讲”，③ 单击【搜索】按钮，如图 12-19 所示。

图 12-19

step 2 进入搜索结果页面，① 在【分类】区域下方，选择【演示文稿】选项，② 单击左侧准备应用的模板，如选择“餐厅融资演讲稿”，如图 12-20 所示。

图 12-20

弹出该模板对话框，单击【创建】按钮，如图 12-21 所示。

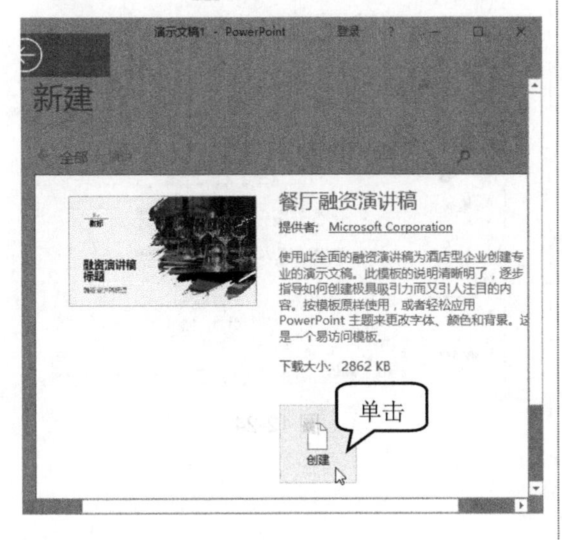

图 12-21

可以看到已经新建一个“餐厅融资演讲稿”，这样即可完成根据模板创建演示文稿的操作，如图 12-22 所示。

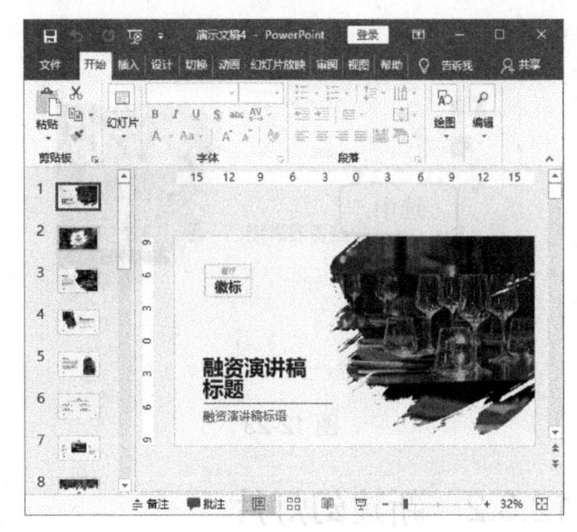

图 12-22

Section 12.3 插入与编辑幻灯片

手机扫描下方二维码，观看本节视频课程

PowerPoint 2016 幻灯片包含在演示文稿中，所有的文本、图片和动画等数据都在幻灯片中进行处理。在演示文稿中插入一些幻灯片后，用户可以根据个人需要对其进行更改，如选择、移动、删除、插入、复制和粘贴幻灯片等。本节将详细介绍插入与编辑幻灯片的相关知识及操作方法。

12.3.1 选择幻灯片

在对某张幻灯片进行编辑和各种操作之前，首先需要选择该张幻灯片。下面将详细介绍选择幻灯片的操作方法。

在【幻灯片】窗格中，选中某个幻灯片，如图 12-23 所示。

step 2 在 PowerPoint 2016 的工作区中，将显示刚刚选择的幻灯片，这样即可完成选择幻灯片的操作，如图 12-24 所示。

图 12-23

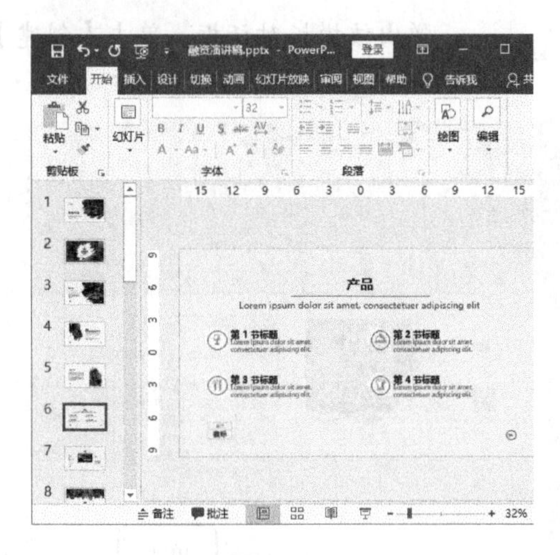

图 12-24

12.3.2　新建幻灯片

创建演示文稿后，用户可以根据个人需要新建幻灯片。下面详细介绍新建幻灯片的操作方法。

① 选择准备新建幻灯片的位置，② 选择【开始】选项卡，③ 在【幻灯片】组中，单击【新建幻灯片】下拉按钮，④ 在弹出的下拉列表中，选择准备新建的幻灯片样式，如图 12-25 所示。

step 2　可以看到在幻灯片窗格中，插入了一个新的幻灯片，通过以上步骤即可完成新建幻灯片的操作，效果如图 12-26 所示。

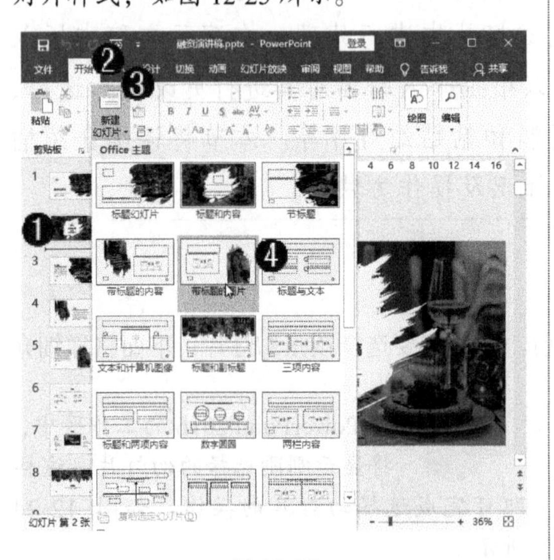

图 12-25

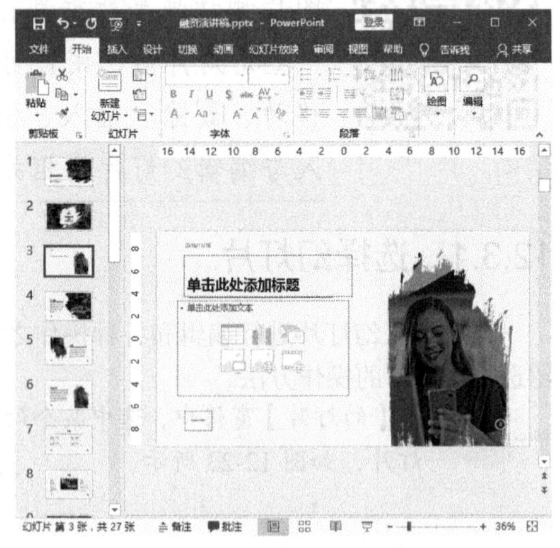

图 12-26

12.3.3　删除幻灯片

对于内容不满意的幻灯片，或是无用的幻灯片，应该及时将其删除。下面将详细介绍删除幻灯片的操作方法。

step 1 在【幻灯片】窗格中，使用鼠标右键单击准备删除的幻灯片，在弹出的快捷菜单中，选择【删除幻灯片】菜单项，如图 12-27 所示。

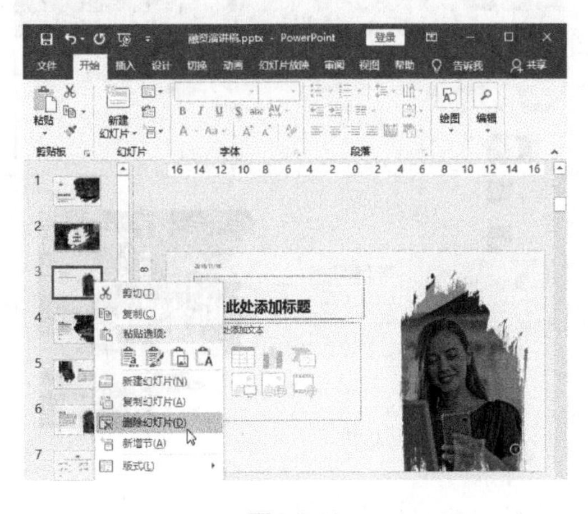

图 12-27

step 2 在幻灯片窗格中可以看到，已经将选择的幻灯片删除，通过以上步骤即可完成删除幻灯片的操作，如图 12-28 所示。

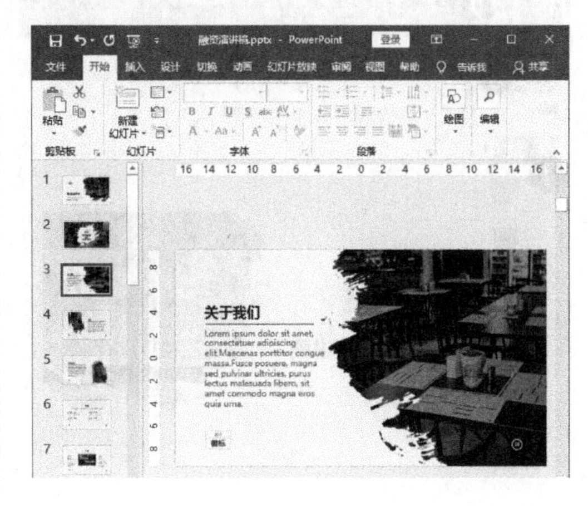

图 12-28

12.3.4 移动和复制幻灯片

在编辑演示文稿时，常常需要调整幻灯片的位置，并且对于一些需要重复使用的幻灯片，用户可以将其复制并粘贴到指定位置，从而提高工作效率，节省重复编辑的时间。下面将详细介绍移动和复制幻灯片的操作方法。

step 1 在【幻灯片】窗格中，选择准备移动的幻灯片，拖动该幻灯片至目标位置，然后释放鼠标左键，如图 12-29 所示。

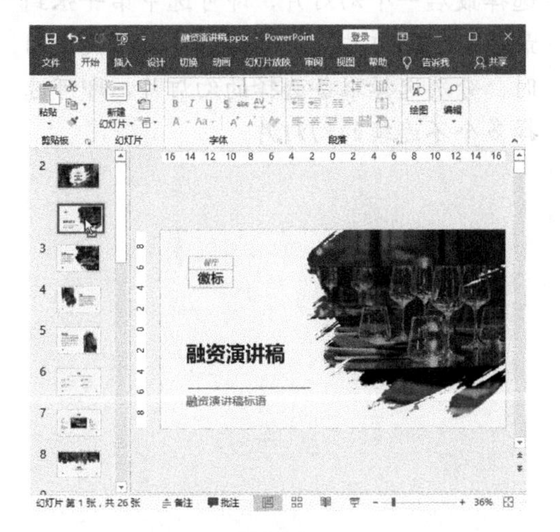

图 12-29

step 2 可以看到选择的幻灯片已被移动到指定的位置处，通过以上步骤即可完成移动幻灯片的操作，效果如图 12-30 所示。

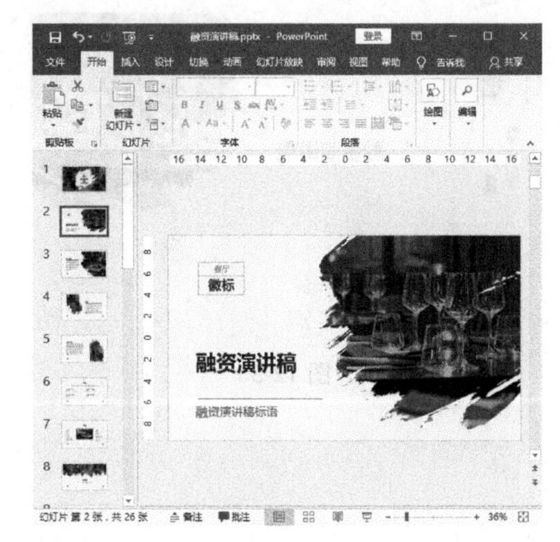

图 12-30

step 3 ① 选择准备复制幻灯片的缩略图，② 选择【开始】选项卡，③ 在【剪贴板】组中，单击【复制】按钮，如图 12-31 所示。

图 12-31

step 4 选择准备粘贴幻灯片的目标位置，选择【开始】选项卡，在【剪贴板】组中，单击【粘贴】按钮，如图 12-32 所示。

图 12-32

step 5 通过以上步骤即可完成复制并粘贴幻灯片的操作，如图 12-33 所示。

图 12-33

智慧锦囊

在选择幻灯片时，有时需要同时选择多个幻灯片，其方法为：先选择第一张幻灯片，然后在键盘上按住 Shift 键的同时，选择最后一个幻灯片，即可选中第一张到最后一张幻灯片；在键盘上按 Ctrl 键的同时，分别选择准备选择的幻灯片，即可选择多个不连续的幻灯片。

Section 12.4 输入与编辑文字

手机扫描下方二维码，观看本节视频课程

在 PowerPoint 2016 中，文本是演示文稿内容中最基本的元素，每张幻灯片或多或少都会有一些文字信息。所以，文本内容的输入与编辑就显得尤为重要。本节将详细介绍输入与编辑文本的相关知识及操作方法。

12.4.1 使用占位符

占位符，顾名思义，就是先占住版面中一个固定的位置，供用户向其中添加内容。在 Power Point 2016 中，占位符显示为一个带有虚线边框的方框，所有的幻灯片版式中都含有占位符，在这些方框内可以放置标题及正文，或者放置 SmartArt 图形、表格和图片之类的对象。

占位符内部往往有“单击此处添加标题”之类的提示语，一旦鼠标单击之后，提示语会自动消失，此时就可以在虚线框内输入相应的内容了，如图 12-34 所示。当用户需要创建模板时，占位符能起到规划幻灯片结构的作用，即调节幻灯片版面中各部分的位置和所占面积的大小。

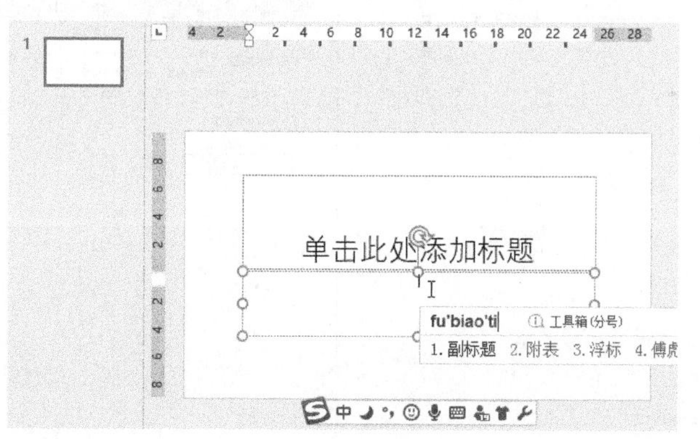

图 12-34

12.4.2 使用大纲视图

在编辑演示文稿时，如果需要输入具有不同层次结构的文字，可以切换到大纲视图模式，在视图窗格中输入。下面详细介绍其操作方法。

step 1 ① 选择【视图】选项卡，② 在【演示文稿视图】组中，单击【大纲视图】按钮，③ 选中幻灯片，在幻灯片缩略图右侧直接输入文字内容，如图 12-35 所示。

step 2 在【大纲】窗格中输入文字后，按键盘上的 Enter 键，将插入一张新幻灯片，在新的幻灯片的图标右侧可以续输入文字内容，如图 12-36 所示。

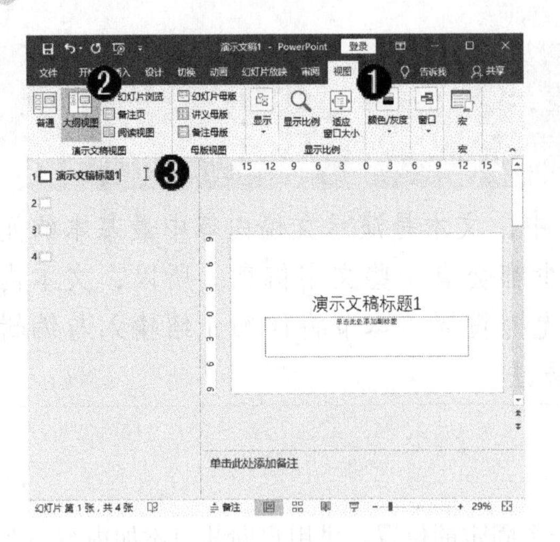

图 12-35

图 12-36

step 3 按键盘上的 Tab 键，新幻灯片将被删除，其中的内容将成为上一张幻灯片中的次级文字，如图 12-37 所示。

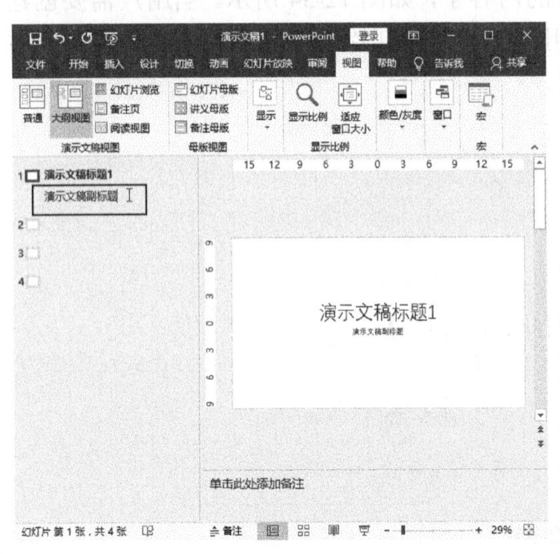

图 12-37

step 4 在【大纲】窗格中输入文字后，按键盘上的 Shift+Enter 组合键，即可换行，可继续输入同级文字，如图 12-38 所示。

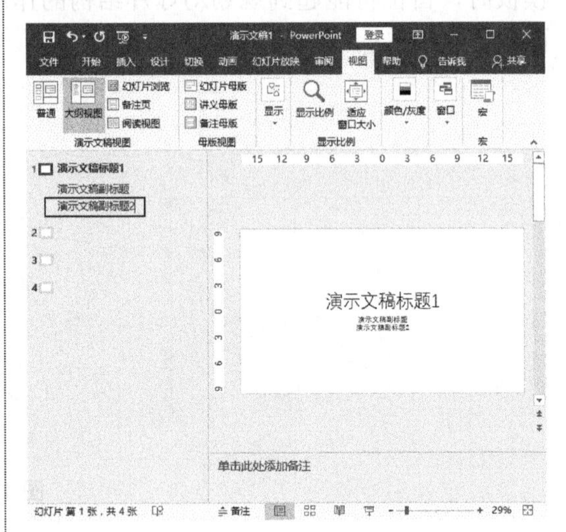

图 12-38

step 5 在使用过 Shift+Enter 组合键后，按键盘上的 Enter 键，将不再新建幻灯片，而是换行，可以继续输入同级文字，如图 12-39 所示。

step 6 此时，在输入文字后按键盘上的 Tab 键，可将文字变为下级文字，如图 12-40 所示。

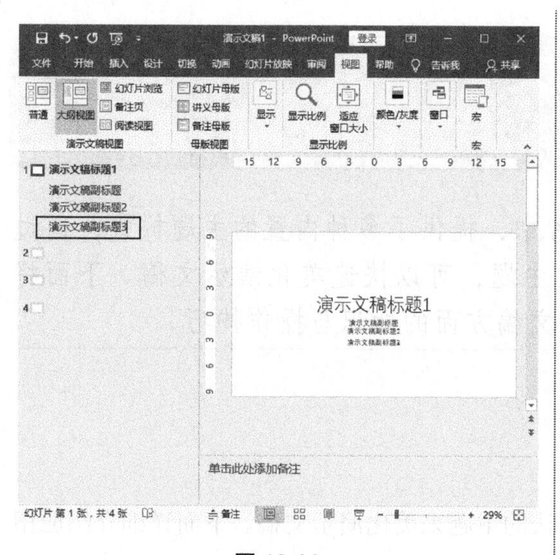

图 12-39

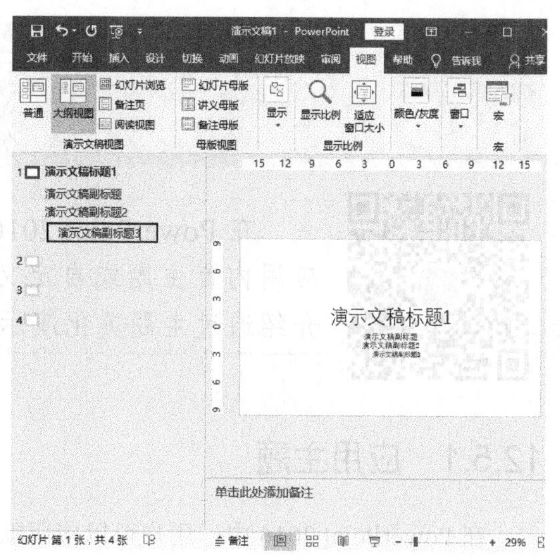

图 12-40

12.4.3 使用文本框

在编排演示文稿的实际工作中，有时需要将文字放置到幻灯片页面的特定位置，此时可以通过向幻灯片中插入文本框来实现这一排版要求，在幻灯片中插入文本框的操作非常简单灵活。下面详细介绍插入文本框的操作方法。

step 1 ① 启动 PowerPoint 2016，在程序主界面中，选择【插入】选项卡，② 在【文本】组中，单击【文本框】下拉按钮文本框，③ 在弹出的下拉列表中，选择准备应用的文本框的文字方向，如选择"竖排文本框"选项，如图 12-41 所示。

step 2 当鼠标指针变为"┼"时，在幻灯片中拖动光标即可创建一个空白的文本框，选择合适的输入法，直接在文本框中输入文字，通过上述方法即可完成在 PowerPoint 2016 中插入文本框的操作，如图 12-42 所示。

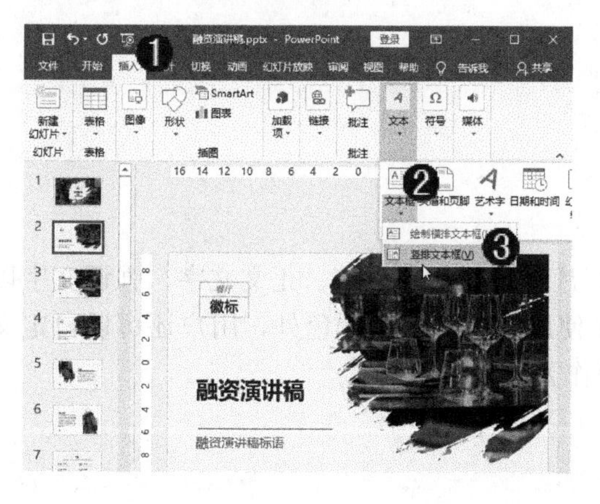

图 12-41

图 12-42

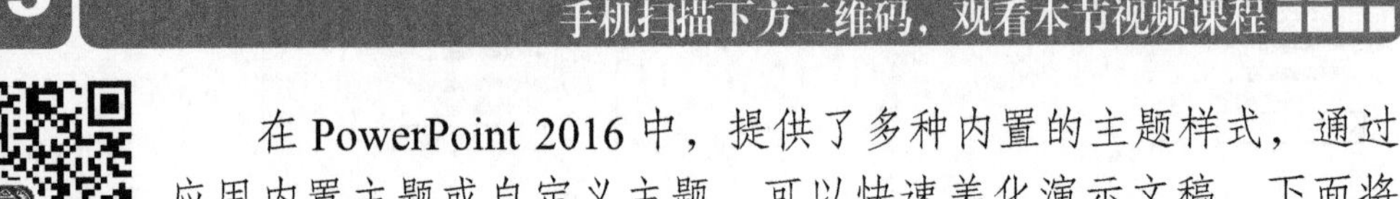

Section 12.5 使用主题美化演示文稿

手机扫描下方二维码，观看本节视频课程

在 PowerPoint 2016 中，提供了多种内置的主题样式，通过应用内置主题或自定义主题，可以快速美化演示文稿。下面将介绍通过主题美化演示文稿方面的知识与操作技巧。

12.5.1 应用主题

在 PowerPoint 2016 中，用户可以应用默认的主题来美化演示文稿。下面详细介绍应用主题的操作方法。

step 1 打开素材文件后，① 选择【设计】选项卡，② 在【主题】组中，选择准备应用的默认主题，如图 12-43 所示。

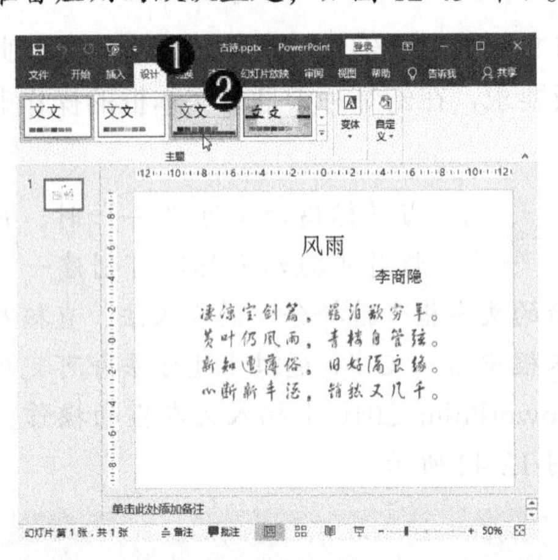

图 12-43

 通过上述方法即可完成应用主题的操作，效果如图 12-44 所示。

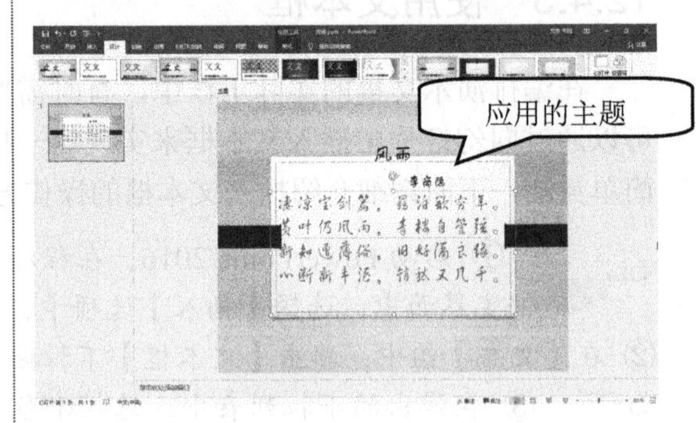

图 12-44

12.5.2 自定义主题颜色

在 PowerPoint 2016 中，主题颜色是对幻灯片背景、标题文字、正文文字、强调文字以及超链接等内容设置的一整套套色方案。除了使用内置的主题颜色外，用户还可以自定义主题颜色，下面详细介绍自定义主题颜色的操作方法。

1. 使用预设主题方案

应用主题后，选择【设计】选项卡，在【变体】组中单击列表框右侧的【其他】下拉按钮，打开变体下拉列表，在其中展开【颜色】子列表，根据需要选择一种变体颜色方案

即可，如图 12-45 所示。

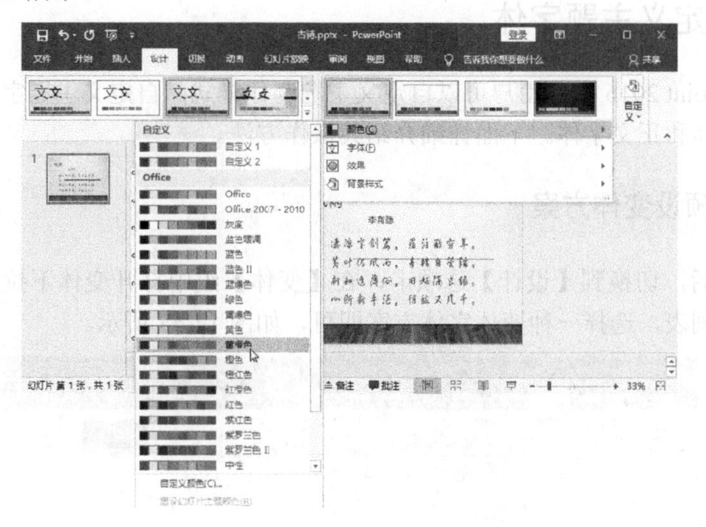

图 12-45

2. 新建主题颜色方案

选择【设计】选项卡，在【变体】组中打开变体下拉列表，在其中展开【颜色】子列表，选择【自定义颜色】选项，弹出【新建主题颜色】对话框，设置新建主题颜色方案的名称，然后根据需要单击要设置项目右侧的下拉按钮，在打开的下拉列表中设置该项目的颜色，设置完成后单击【保存】按钮，即可将其添加到【变体】组的【颜色】子列表的【自定义】栏中，单击即可应用，如图 12-46 所示。

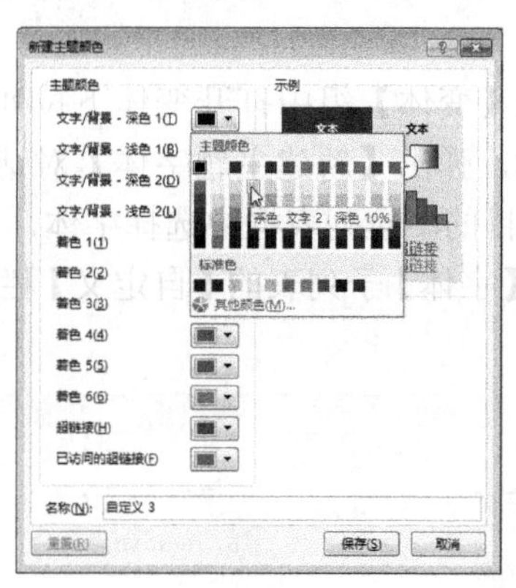

图 12-46

在【变体】组的【颜色】子列表中，使用鼠标右键单击自定义的主题颜色，在弹出的快捷菜单中选择【删除】菜单项，即可将该主题颜色从列表中删除；选择【编辑】菜单项，即可打开【编辑主题颜色】对话框，在其中可以重新设置当前的自定义主题颜色。

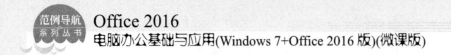

12.5.3 自定义主题字体

在 PowerPoint 2016 中，用户可以自定义主题字体样式，自定义主题字体主要针对幻灯片中的标题字体和正文字体。下面详细介绍其操作方法。

1. 使用预设变体方案

应用主题后，切换到【设计】选项卡，在【变体】组中打开变体下拉列表，在其中展开【字体】子列表，选择一种变体字体方案即可，如图 12-47 所示。

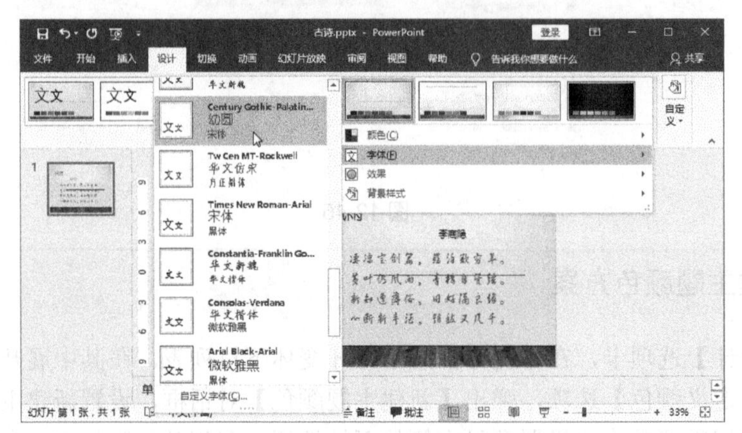

图 12-47

2. 新建主题字体方案

选择【设计】选项卡，在【变体】组中打开变体下拉列表，在其中展开【字体】子列表，选择【自定义字体】选项，弹出【新建主题字体】对话框，设置新建主题字体方案的名称，然后根据需要在对应项目的下拉列表框中选择字体，设置完成后单击【保存】按钮，即可将其添加到【变体】组的【字体】子列表的【自定义】栏中，单击即可应用，如图 12-48 所示。

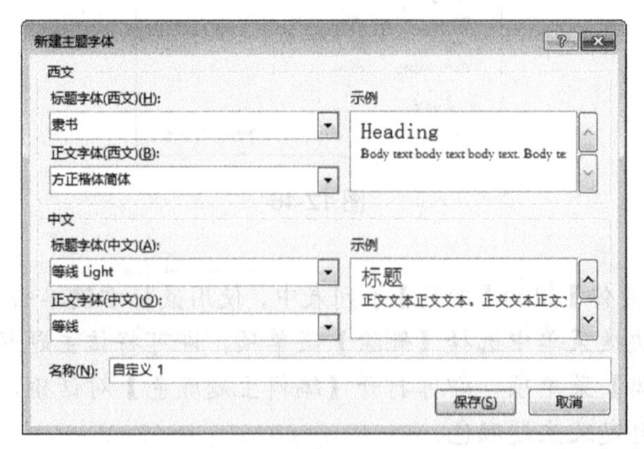

图 12-48

12.5.4 设置主题背景样式

在 PowerPoint 2016 中，主题背景样式是随着内置主题一起提供的预设的背景格式，使用不同的主题，背景样式的效果也不同。为了满足不同的设计需求，用户可以对主题的背景样式进行自定义设置，方法主要有以下两种。

1. 使用预设变体方案

应用主题后，选择【设计】选项卡，在【变体】组中打开变体下拉列表，在其中展开【背景样式】子列表，根据需要选择一种变体背景样式方案即可，如图 12-49 所示。

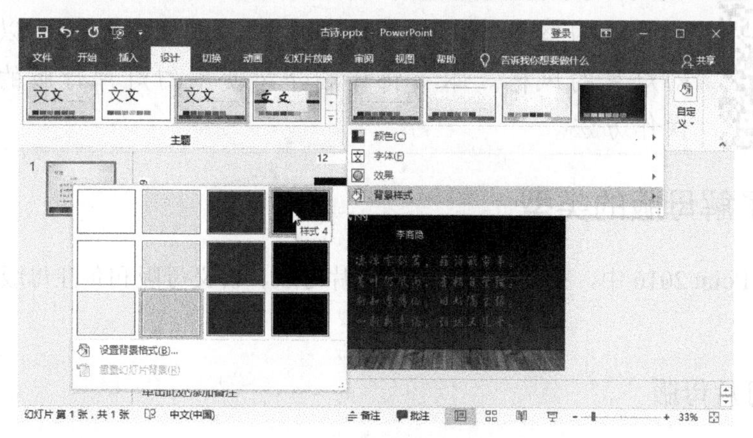

图 12-49

2. 自定义背景格式

选择【设计】选项卡，在【变体】组中打开变体下拉列表，在其中展开【背景样式】子列表，选择【设置背景格式】选项，打开【设置背景格式】窗格，在【填充】区域根据需要对背景的填充方式进行设置，设置完成后单击【应用到全部】按钮，即可将其应用到演示文稿中，然后单击【关闭】按钮 ×，关闭窗格即可，如图 12-50 所示。

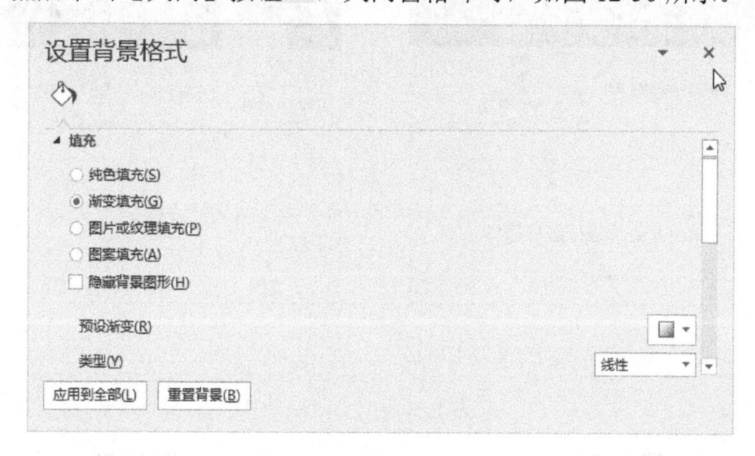

图 12-50

知识精讲

在【设置背景格式】窗格中单击【重置背景】按钮，即可快速恢复到原背景样式。

Section 12.6

使用幻灯片母版

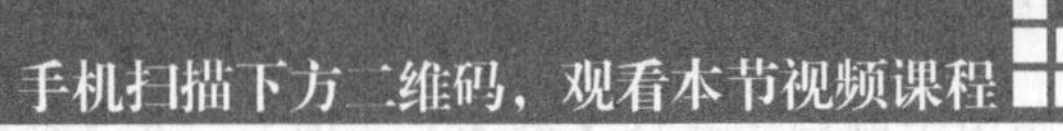

手机扫描下方二维码，观看本节视频课程

在 PowerPoint 2016 中，母版是定义演示文稿中所有幻灯片或页面的格式的幻灯片视图或页面，使用母版可以方便地统一幻灯片的风格。本节将详细介绍使用幻灯片母版的相关知识及操作方法。

12.6.1 了解母版的类型

在 PowerPoint 2016 中，有 3 种母版：幻灯片母版、讲义母版和备注母版。下面将分别详细介绍。

1. 幻灯片母版

使用幻灯片母版视图，用户可以根据需要设置演示文稿样式，包括项目符号和字体的类型和大小、占位符的大小和位置、背景填充、配色方案等，如图 12-51 所示。

2. 讲义母版

讲义母版提供了在一张打印纸上同时打印多张幻灯片的讲义版面布局和“页眉与页脚”的设置样式，如图 12-52 所示。

图 12-51

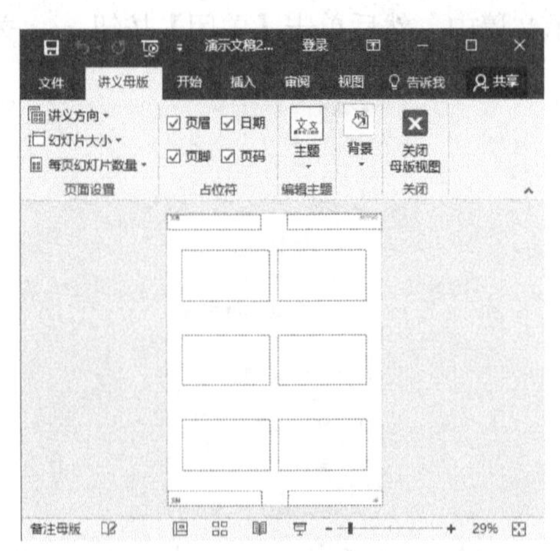

图 12-52

3. 备注母版

通常情况下，用户会把不需要展示给观众的内容写在备注里。对于提倡无纸化办公的单位，集体备课的学校，编写备注是保存交流资料的一种方法，如图 12-53 所示。

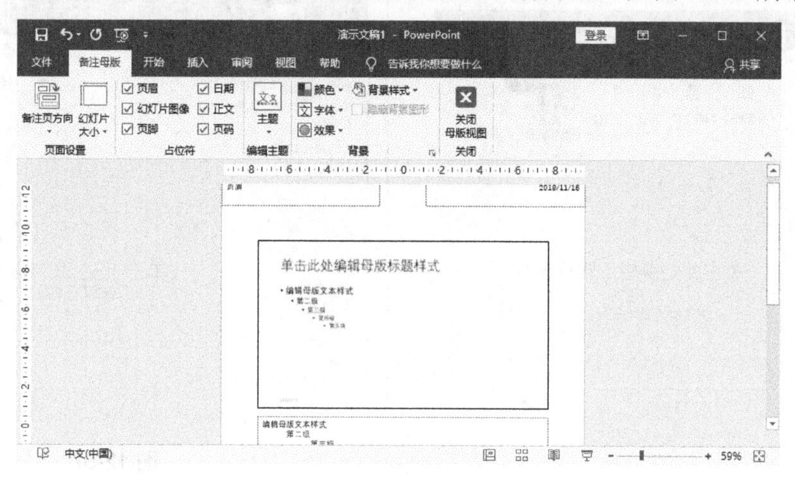

图 12-53

12.6.2 打开和关闭母版视图

使用母版视图首先应熟悉有关母版视图的基础操作，包括打开和关闭母版视图。下面详细介绍使用幻灯片母版的操作方法。

step 1 打开演示文稿，① 选择【视图】选项卡，② 在【母版视图】组中，单击【幻灯片母版】按钮，如图 12-54 所示。

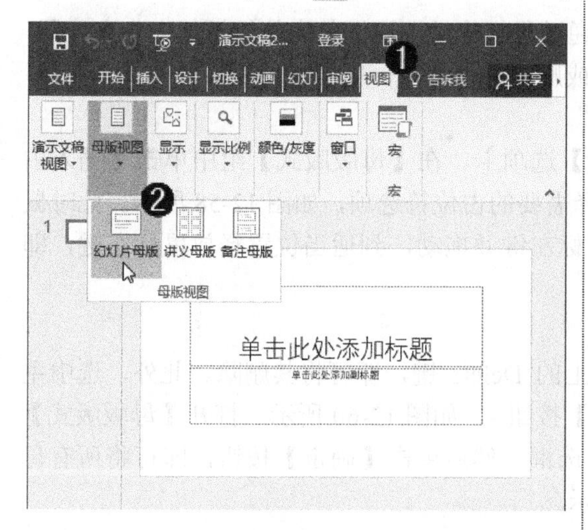

图 12-54

step 2 可以看到在演示文稿中打开的母版视图效果，通过上述方法即可完成在 PowerPoint 2016 中打开母版视图的操作，如图 12-55 所示。

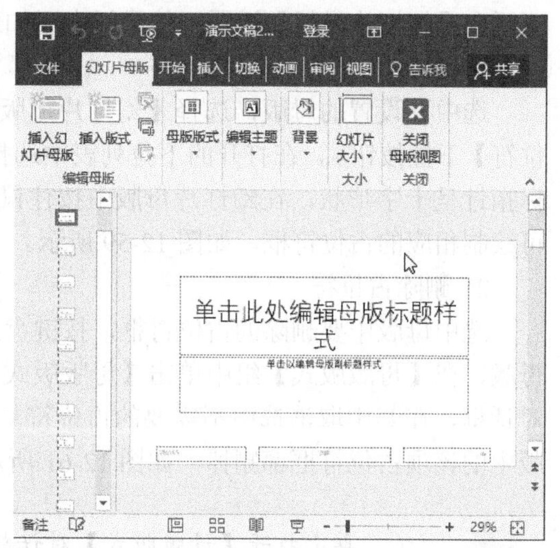

图 12-55

step 3 ① 创建母版视图后，选择【幻灯片母版】选项卡，② 在【关闭】组中，单击【关闭母版视图】按钮，如图 12-56 所示。

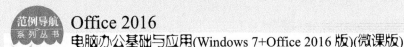

图 12-56

step 4 通过上述方法即可完成在 PowerPoint 2016 中关闭母版视图的操作，如图 12-57 所示。

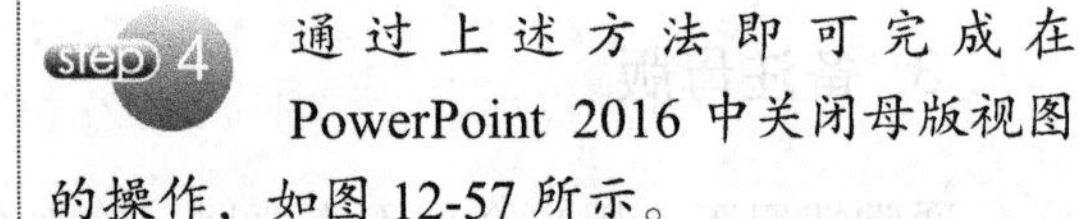

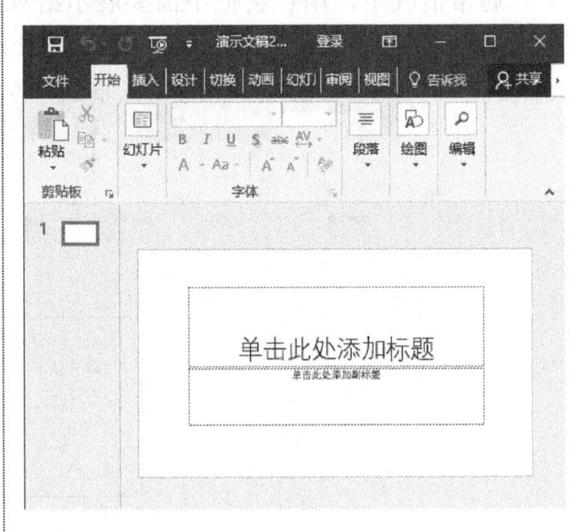

图 12-57

12.6.3 设置母版版式

设置幻灯片母版，可以使演示文稿中的所有幻灯片具有与母版相同的样式效果。下面详细介绍设置母版版式的操作方法。

1. 添加与删除占位符

幻灯片版式是通过占位符框来设置的，通过鼠标拖动即可调整占位符框的大小和位置，而要在【幻灯片母版】视图下的母版中添加或删除占位符框，需要进行以下操作。

1) 添加占位符

选中要设置的母版，选择【幻灯片母版】选项卡，在【母版版式】组中单击【插入占位符】下拉按钮，在打开的下拉列表中选择需要的占位符选项，如图 12-58 所示。此时鼠标指针呈十字形状，在幻灯片母版中按住鼠标左键并拖动，到适当位置释放鼠标左键，即可绘制相应的占位符框，如图 12-59 所示。

2) 删除占位符

选中母版中要删除的占位符框，按键盘上的 Delete 键，即可将其删除。此外，选中主母版，在【母版版式】组中单击【母版版式】按钮，如图 12-60 所示。打开【母版版式】对话框，在其中取消选中不需要的占位符复选框，然后单击【确定】按钮，即可将所有母版中的该项占位符框都删掉，如图 12-61 所示。

知识精讲

再次打开【母版版式】对话框，在其中选中需要的占位符复选框，然后单击【确定】按钮，即可恢复被删除的占位符。

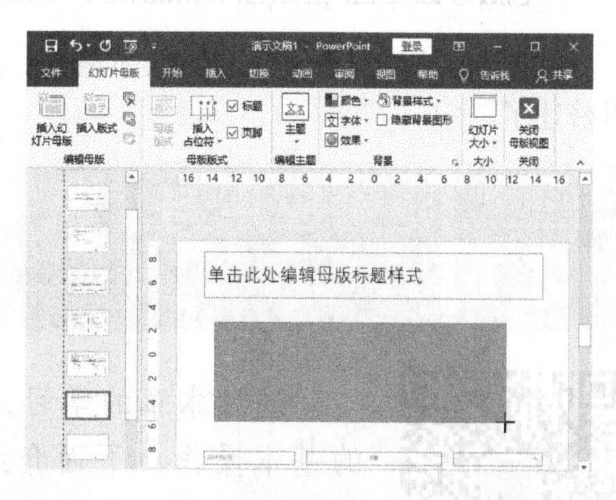

图 12-58　　图 12-59

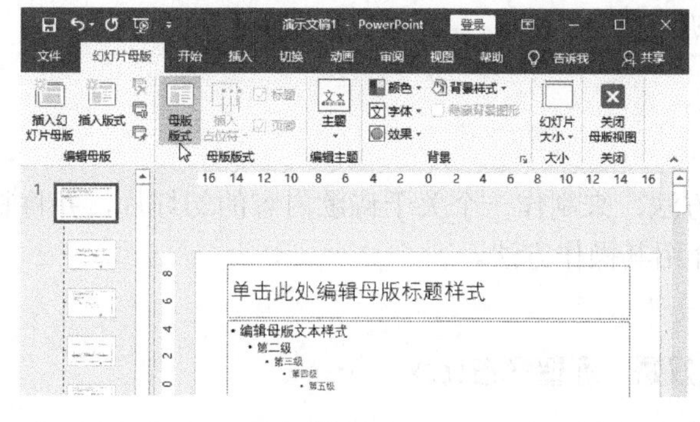

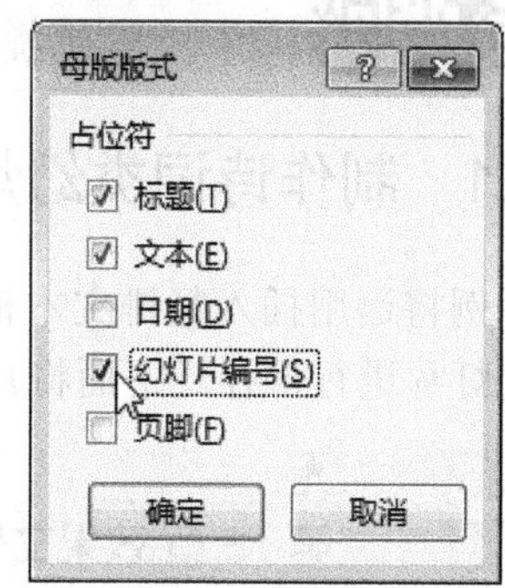

图 12-60　　图 12-61

2. 设置占位符格式

在设置幻灯片母版版式时，需要对占位符的格式进行设置，包括设置文本格式和段落格式等，以满足不同的设计需要。

选中要设置格式的占位符框，在【开始】选项卡的【字体】组中，可以设置占位符框中所有文字的样式，如字体、字号、文字颜色等，如图 12-62 所示。在【开始】选项卡的【段落】组中，可以设置对齐方式、段落间距、段落编号、分栏排版等；在【格式】选项卡中，可以设置形状样式、艺术字样式等，如图 12-63 所示。

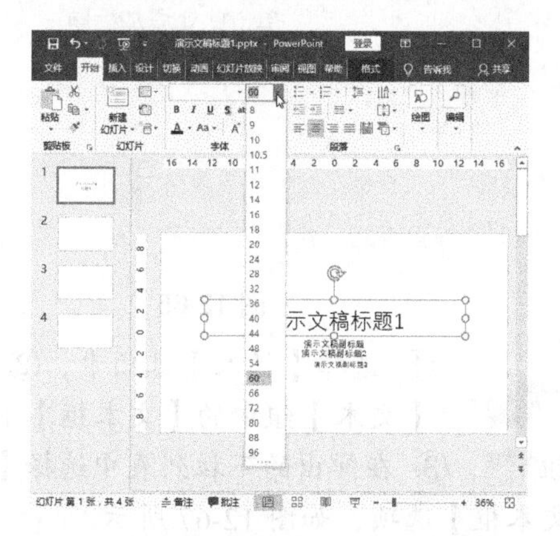

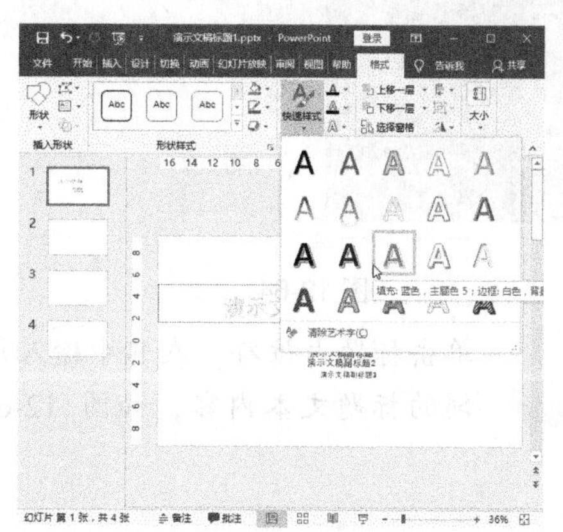

图 12-62　　图 12-63

具体方法与在 Word 中设置文本格式、段落格式、形状样式等方法基本相同，这里就不再赘述了。

Section 12.7 范例应用与上机操作

手机扫描下方二维码，观看本节视频课程

通过本章的学习，读者可以掌握 PowerPoint 2016 演示文稿的基本操作。下面介绍“制作诗词类幻灯片”和“制作企业宣传演示文稿”等范例应用，上机操作练习一下，以达到巩固学习、拓展提高的目的。

12.7.1 制作诗词类幻灯片

本例将运用插入竖排文本框的方法，来制作一个关于诗歌内容的幻灯片，并将制作完成的幻灯片进行保存。下面将具体介绍其操作方法。

素材文件 无

效果文件 第 12 章\效果文件\念奴娇·赤壁怀古.pptx

step 1 启动 PowerPoint 2016，在启动界面中单击【空白演示文稿】选项，如图 12-64 所示。

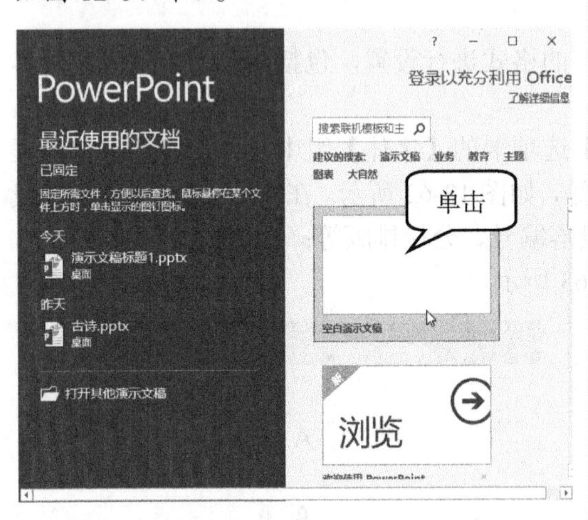

图 12-64

step 2 自动创建了一个名为“演示文稿 1”的空白演示文稿，如图 12-65 所示。

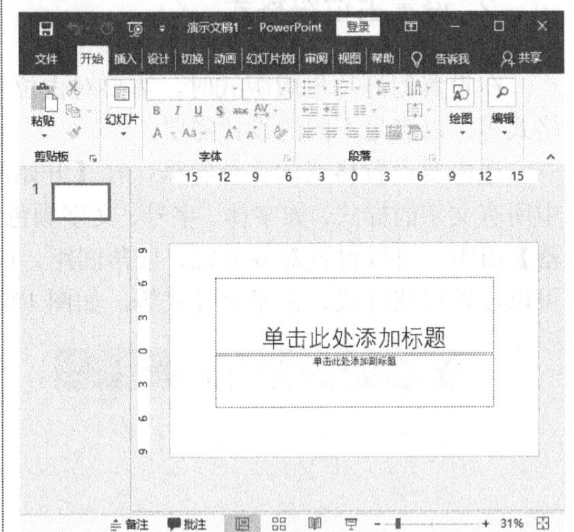

图 12-65

step 3 单击标题占位符，在其中输入诗词的标题文本内容，如图 12-66 所示。

step 4 ① 选择【插入】选项卡，② 单击【文本】组中的【文本框】下拉按钮 文本框，③ 在弹出的下拉列表中选择【竖排文本框】选项，如图 12-67 所示。

图 12-66

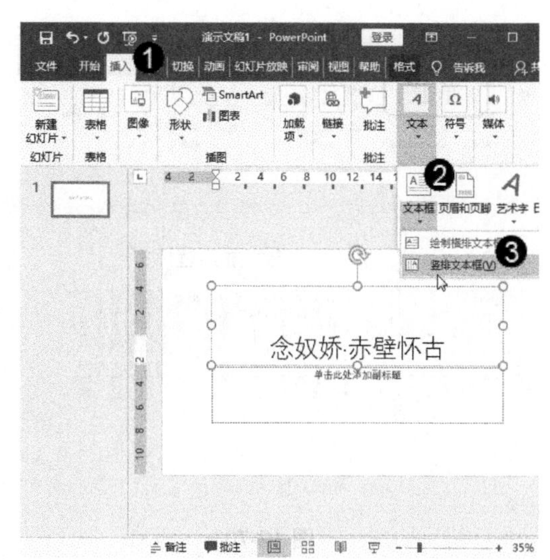

图 12-67

step 5 此时，鼠标指针呈十字形状，单击并拖动鼠标，在幻灯片中绘制文本框，绘制完成后释放鼠标，如图 12-68 所示。

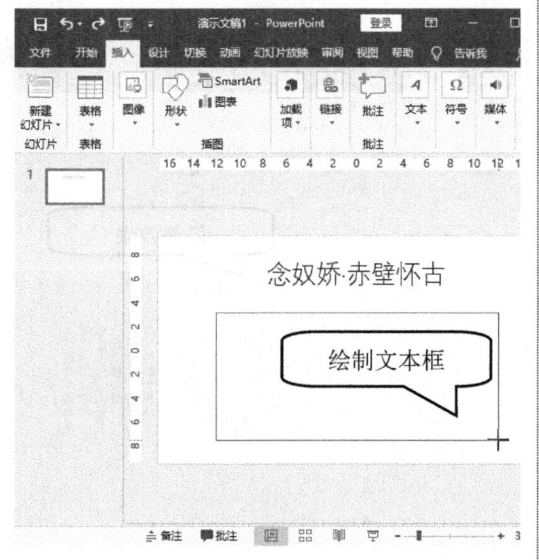

图 12-68

step 7 输入完成相关内容后，便可以将其进行保存，单击快速访问工具栏中的【保存】按钮，如图 12-70 所示。

step 6 在绘制的竖排文本框中输入诗词相关内容，输入完成后，用户还可以拖动调整文本框的位置和大小，使其达到更好的效果，如图 12-69 所示。

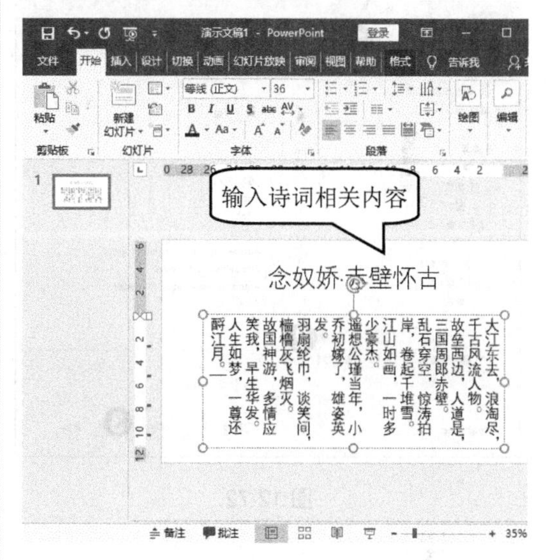

图 12-69

step 8 进入【另存为】页面，① 选择【另存为】选项，② 在【另存为】区域下，双击【这台电脑】选项，如图 12-71 所示。

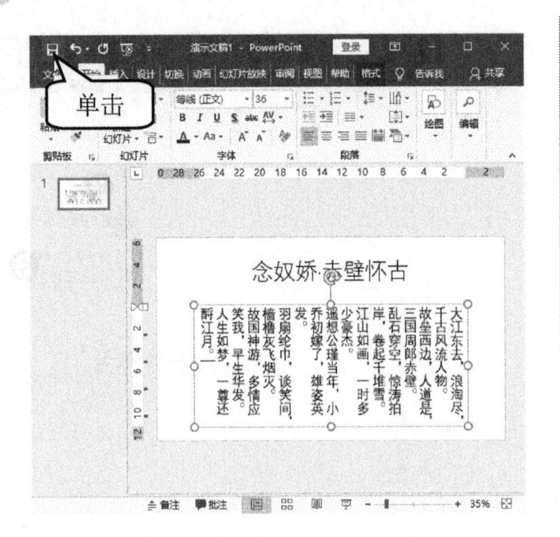

图 12-70

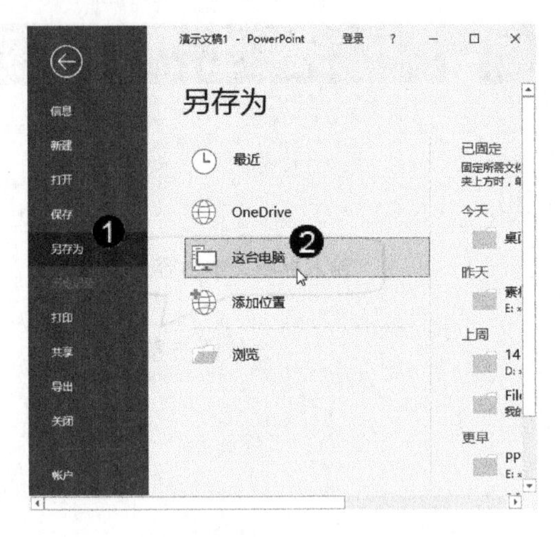

图 12-71

step 9 弹出【另存为】对话框，① 在【保存位置】下拉列表框中设置保存路径，② 在【文件名】下拉列表框中输入文件名称，如“念奴娇·赤壁怀古”，③ 单击【保存】按钮，如图 12-72 所示。

图 12-72

step 10 返回到演示文稿中，可以看到标题栏的名称已变为“念奴娇·赤壁怀古”，这样即可完成制作诗词类幻灯片，效果如图 12-73 所示。

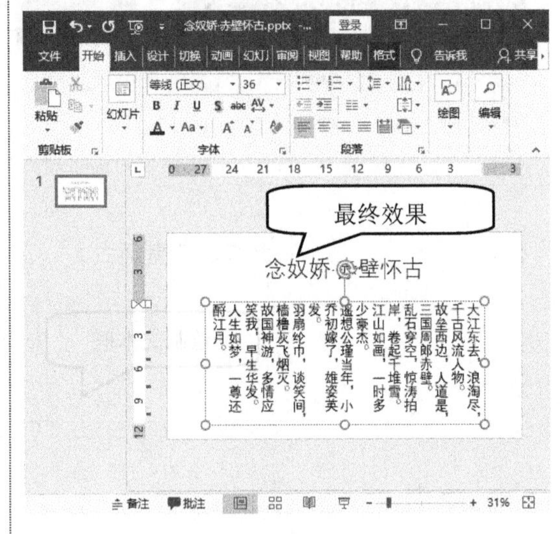

图 12-73

12.7.2 制作企业宣传演示文稿

本例将以制作企业宣传演示文稿为例，来详细介绍在 PowerPoint 2016 中制作演示文稿的一些基本操作。

素材文件 第 12 章\素材文件\企业宣传.pptx

效果文件 第 12 章\效果文件\制作企业宣传演示文稿.pptx

step 1 打开素材文件，其中已经输入了基本内容，① 切换到【视图】选项卡，② 在【母版视图】组中，单击【幻灯片母版】按钮 幻灯片母版，如图 12-74 所示。

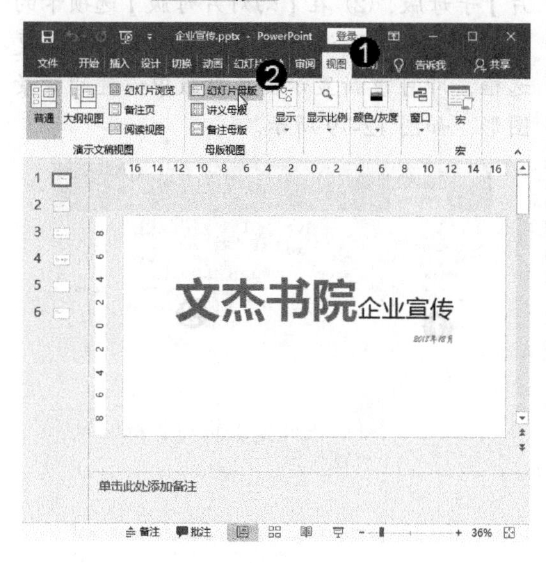

图 12-74

step 2 进入【幻灯片母版】视图，① 选中主母版，② 切换到【插入】选项卡，③ 在【图像】组中单击【图片】按钮，如图 12-75 所示。

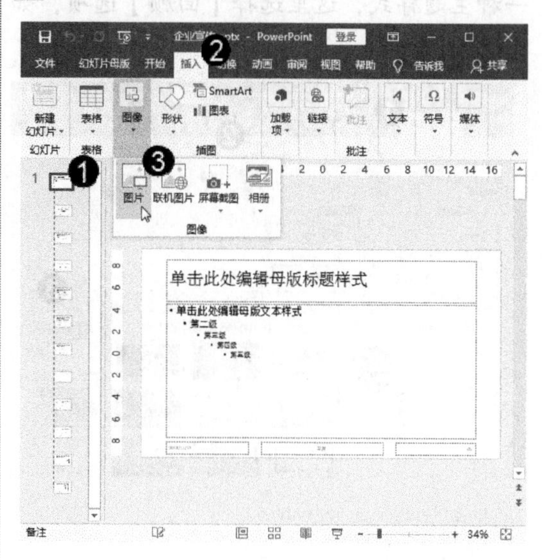

图 12-75

step 3 弹出【插入图片】对话框，① 根据图片文件的保存位置，找到并选中企业 logo 图片，② 单击【插入】按钮，如图 12-76 所示。

图 12-76

step 4 返回到主母版，根据需要用鼠标进行拖动，调整插入图片的大小和位置，如图 12-77 所示。

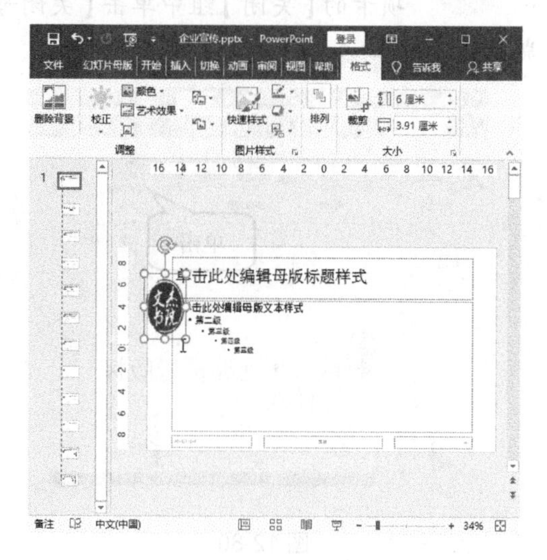

图 12-77

step 5 ① 切换到【幻灯片母版】选项卡，② 在【编辑主题】组中单击【主题】下拉按钮，③ 在打开的下拉列表中选择一种主题样式，这里选择【回顾】选项，如图 12-78 所示。

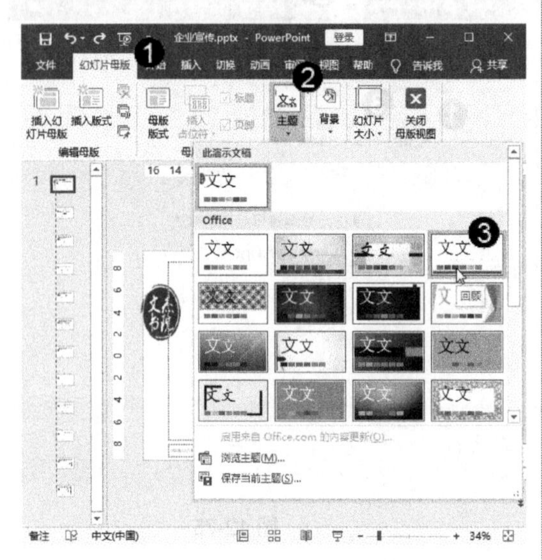

图 12-78

step 6 为母版应用【回顾】主题后，【标题幻灯片】子母版中将默认不显示主母版中的背景图形。① 选中【标题幻灯片】子母版，② 在【幻灯片母版】选项卡的【背景】组中取消选中【隐藏背景图形】复选框，即可重新显示出主母版中设置的背景图形，如图 12-79 所示。

图 12-79

step 7 设置完成后，在【幻灯片母版】选项卡的【关闭】组中单击【关闭母版视图】按钮，如图 12-80 所示。

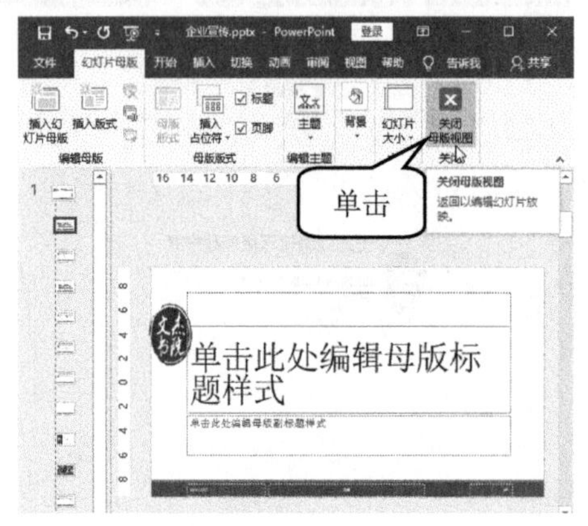

图 12-80

step 8 通过以上步骤即可完成制作企业宣传演示文稿，如图 12-81 所示。

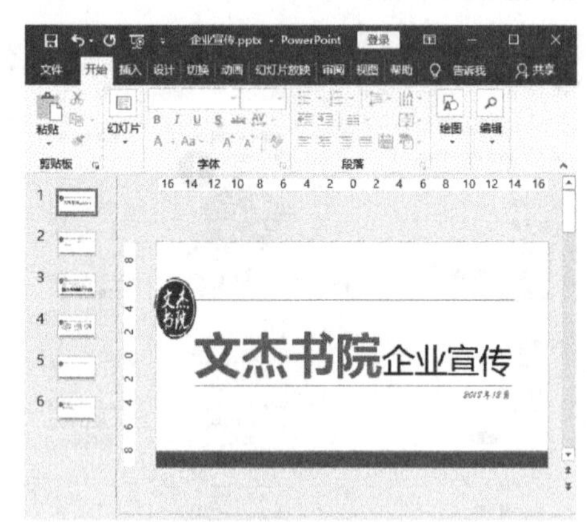

图 12-81

Section 12.8 课后练习与上机操作

本节内容无视频课程，习题参考答案在本书附录。

12.8.1 课后练习

1. 填空题

(1) PowerPoint 2016 包括普通视图、______视图、备注页视图、______、母版视图和幻灯片放映视图共 6 种视图模式。

(2) _____是 PowerPoint 2016 的默认视图方式，是主要的编辑视图，可用于撰写和设计演示文稿。

(3) 普通视图又分为________模式和________模式两种。

(4) ________会占据整个计算机屏幕，这与受众观看演示文稿时在大屏幕上显示的演示文稿完全一样。

(5) ______，顾名思义，就是先占住版面中一个固定的位置，供用户向其中添加内容。

2. 判断题

(1) 在幻灯片浏览视图下，用户可以查看缩略图形式的幻灯片。通过此视图，用户在创建和打印演示文稿时，可以轻松地对演示文稿的顺序进行组织和排列。 (　)

(2) 阅读视图是一种特殊的查看模式，使用户在屏幕上阅读扫描更为方便。如果用户希望在一个设有简单控件以方便审阅的窗口中查看演示文稿，不可以在自己的计算机上使用阅读视图。 (　)

(3) 在 PowerPoint 2016 中，占位符显示为一个带有实线边框的方框，所有的幻灯片版式中都含有占位符，在这些方框内可以放置标题及正文，或者放置 SmartArt 图形、表格和图片之类的对象。 (　)

(4) 当用户需要创建模板时，占位符能起到规划幻灯片结构的作用，调节幻灯片版面中各部分的位置和所占面积的大小。 (　)

3. 思考题

(1) 如何新建幻灯片？

(2) 如何应用主题？

12.8.2 上机操作

(1) 通过本章的学习，读者基本可以掌握 PowerPoint 2016 基础操作方面的知识。下面通过练习设置文本框样式，达到巩固与提高的目的。素材文件的路径为“第 12 章\效果文件\文本框样式.pptx”。

(2) 通过本章的学习，读者基本可以掌握PowerPoint 2016基础操作方面的知识。下面通过练习编辑楼盘简介演示文稿，达到巩固与提高的目的。素材文件的路径为“第12章\效果文件\楼盘简介1.pptx”。

第13章

媒体对象的操作与应用

本章介绍媒体对象的操作与应用方面的知识与技巧，主要内容包括使用图形、图片以及 SmartArt 图形，在幻灯片中使用声音，在幻灯片中使用影片和使用艺术字与文本框等。通过本章的学习，读者可以掌握媒体对象的操作与应用方面的基础知识，为深入学习 Office 2016 电脑办公知识奠定基础。

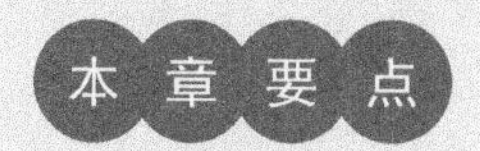

1. 使用图形
2. 使用图片
3. 使用 SmartArt 图形
4. 在幻灯片中使用声音
5. 在幻灯片中使用影片
6. 使用艺术字与文本框

Section 13.1 使用图形

手机扫描下方二维码，观看本节视频课程

PowerPoint 2016 提供了非常强大的绘图工具，包括线条、几何形状、箭头、公式形状、流程图形状、星、旗帜、标注以及按钮等。用户可以使用绘图工具绘制出各种各样的线条、箭头和流程图等图形。本节将介绍使用图形的相关知识及方法。

13.1.1 绘制图形

在 PowerPoint 2016 中提供了多种类型的绘图工具，用户可以使用这些工具在幻灯片中绘制应用于不同场合的图形。下面详细介绍绘制图形的操作方法。

step 1 启动 PowerPoint 2016，打开素材文件，① 选择【插入】选项卡，② 在【插图】组中单击【形状】按钮，③ 在弹出的下拉列表中，选择准备绘制的图形，如图 13-1 所示。

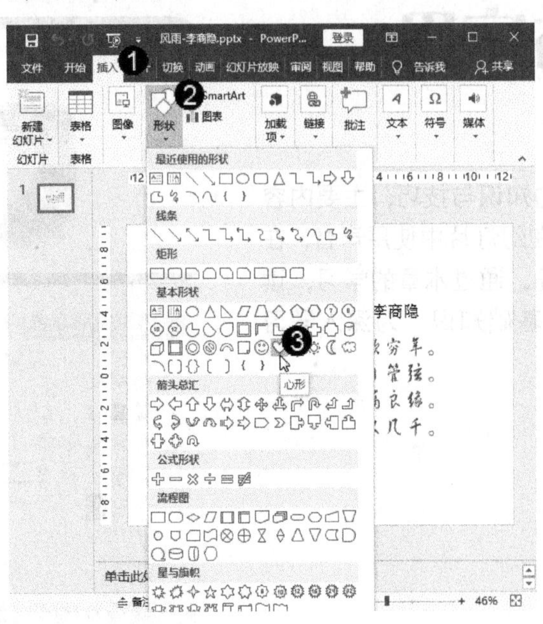

图 13-1

step 2 此时鼠标指针变为十字形状，在准备绘制图形的区域拖动鼠标，调整图形的大小和样式，确认无误后释放鼠标左键完成操作，如图 13-2 所示。

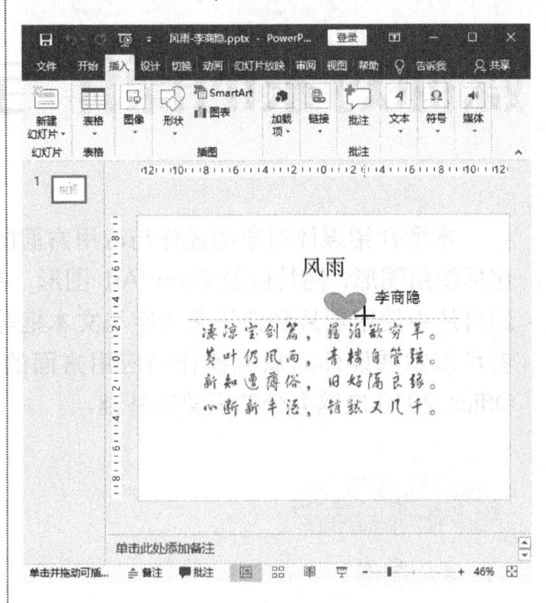

图 13-2

step 3 在创建的幻灯片中，出现绘制的图形，通过上述方法即可完成绘制图形的操作，效果如图 13-3 所示。

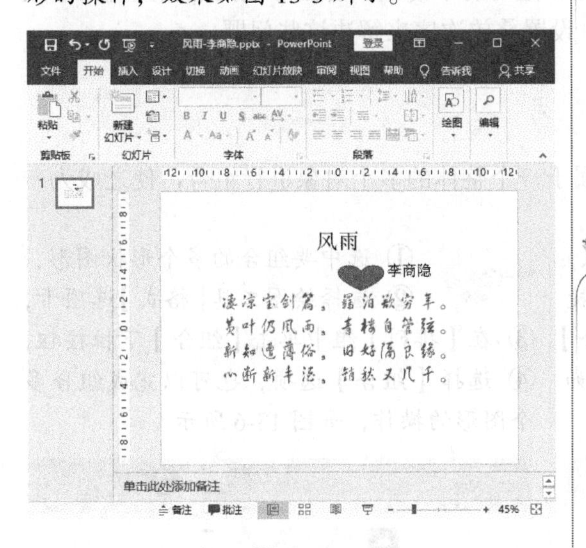

图 13-3

请您根据上述方法创建一个PowerPoint演示文稿并绘制图形，测试一下您的学习效果。

智慧锦囊

图形列表中没有正方形和圆形，如果用户想要绘制这两种图形，需要选择矩形或椭圆形，然后按住键盘上的 Shift 键的同时拖动鼠标，此时绘制出的图形即可呈现正方形或圆形。

13.1.2 设置图形样式和效果

在幻灯片中绘制图形之后，选中图形，切换到出现的绘图工具【格式】选项卡，在【形状样式】组中可以根据需要设置图形的形状样式和效果等，如图 13-4 所示。具体的设置方法与在 Word 中设置形状样式和效果的方法基本相同，这里就不再赘述了。

图 13-4

13.1.3 图形的组合和叠放

幻灯片中的图形较多时，容易造成选择和拖动的不便，或者图形之间互相重叠，形成错误的显示效果。此时可以通过组合形状、设置叠放次序来解决这些问题。

1. 组合多个图形

在幻灯片中绘制多个图形后，可以将属于一个整体的多个对象进行组合，使之成为一个独立的对象。下面详细介绍其操作方法。

step 1 ① 选中要组合的多个形状图形，单击鼠标右键，② 在弹出的快捷菜单中选择【组合】菜单项，③ 选择【组合】子菜单项，即可完成组合多个图形的操作，如图 13-5 所示。

step 2 ① 选中要组合的多个形状图形，② 选择绘图工具【格式】选项卡，③ 在【排列】组中单击【组合】下拉按钮，④ 选择【组合】选项，也可以完成组合多个图形的操作，如图 13-6 所示。

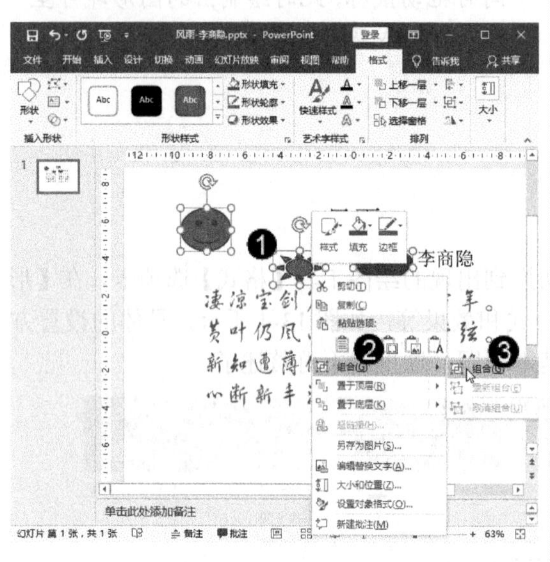

图 13-5

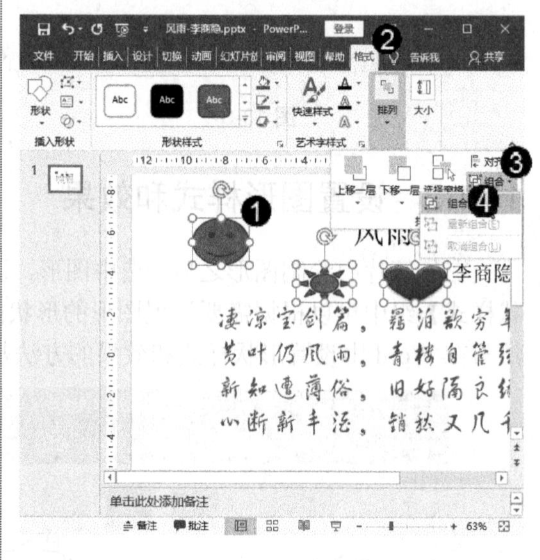

图 13-6

要取消图形的组合状态，只需要选中组合的图形，然后在快捷菜单或绘图工具【格式】选项卡中执行【组合】→【取消组合】命令即可。

2. 设置叠放次序

在制作幻灯片时，若幻灯片中的多张图片或图形重叠放置，放在下层的图片将被上层的图片遮挡。为了根据需要设置幻灯片显示的内容，可以调整多个对象的叠放次序，下面详细介绍其操作方法。

step 1 ① 选中需要设置叠放次序的图片或图形，② 在【开始】选项卡的【绘图】组中单击【排列】下拉按钮，③ 在打开的下拉列表中的【排列对象】栏中根据需要选择相应的选项即可完成设置叠放次序的操作，如图 13-7 所示。

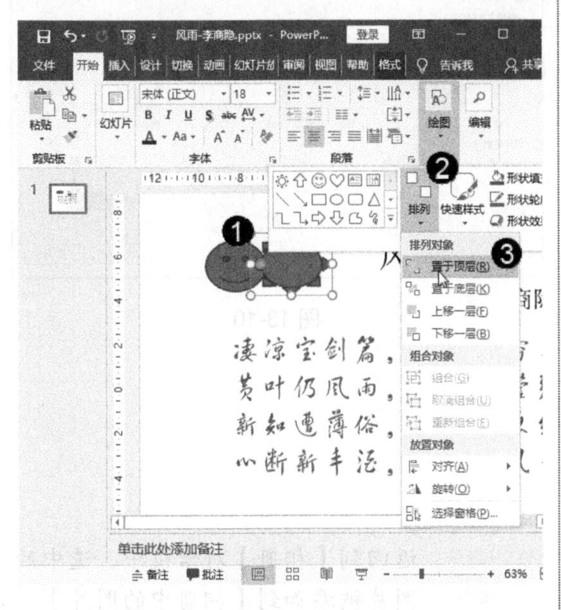

图 13-7

step 2 ① 选中需要设置叠放次序的图片或图形，单击鼠标右键，② 在弹出的快捷菜单中展开【置于底层】或【置于顶层】菜单项，③ 选择【置于底层】、【下移一层】或【置于顶层】、【上移一层】菜单项，即可为所选择的对象设置相应的叠放次序，如图 13-8 所示。

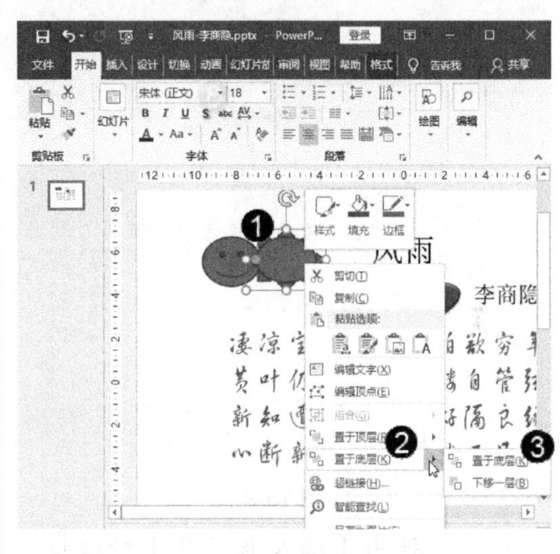

图 13-8

Section 13.2 使用图片

手机扫描下方二维码，观看本节视频课程

PowerPoint 2016 提供了丰富的图片处理功能，可以在幻灯片中轻松插入图片文件，并对其进行各种编辑操作，以设计图文并茂的演示文稿。本节将详细介绍使用图片的相关知识及操作方法。

13.2.1 制作相册

在 PowerPoint 2016 中，除了可以像在 Word 和 Excel 中那样插入图片、屏幕截图等之外，还可以通过相册功能，将大量的图片创建为一个“相册”演示文稿，从而方便展示图片。下面详细介绍制作相册的操作方法。

step 1 ① 选择【插入】选项卡，② 在【图像】组中，单击【相册】下拉按钮，③ 在弹出的下拉列表中，选择【新建相册】选项，如图 13-9 所示。

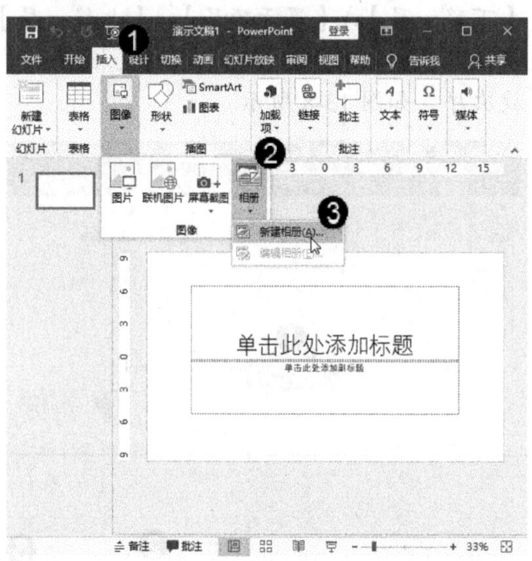

图 13-9

step 2 弹出【相册】对话框，单击左上角的【文件/磁盘】按钮，如图 13-10 所示。

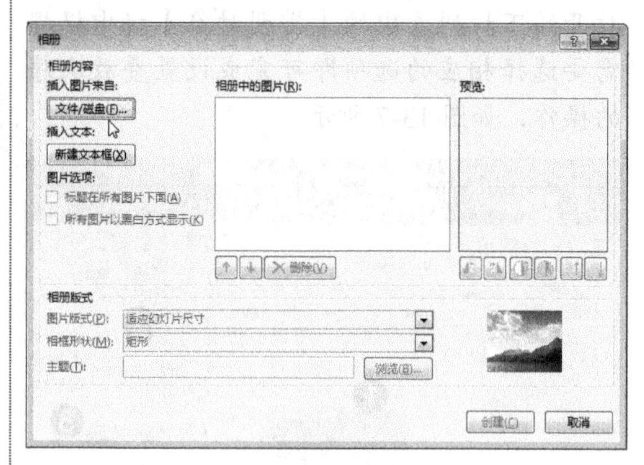

图 13-10

step 3 弹出【插入新图片】对话框，① 根据图片文件的保存位置，找到并选中要插入的多张图片，② 单击【插入】按钮，如图 13-11 所示。

图 13-11

step 4 返回到【相册】对话框中，选中的图片被添加到【相册中的图片】列表框中，选中某个图片后可以在右侧预览，还可以利用【上移】、【下移】按钮调整图片在幻灯片中的顺序，或单击【删除】按钮删除选择的图片，如图 13-12 所示。

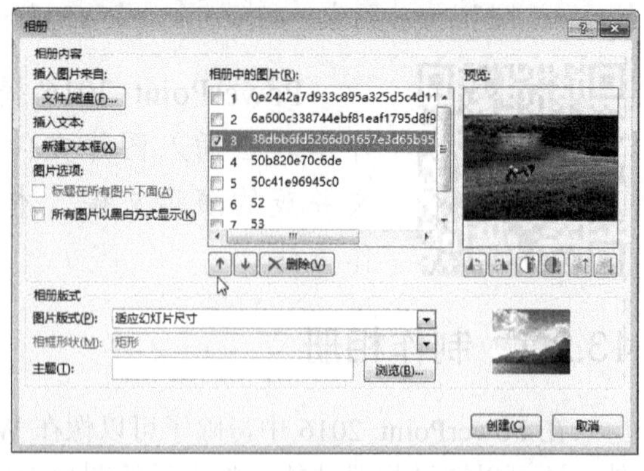

图 13-12

step 5 选中某张图片后，① 单击左侧的【新建文本框】按钮，② 可以在该图片下方插入一个空文本框，这个文本框也会占用一张图片的位置，可以在生成相册后为图片添加说明，③ 完成设置后单击【创建】按钮，如图 13-13 所示。

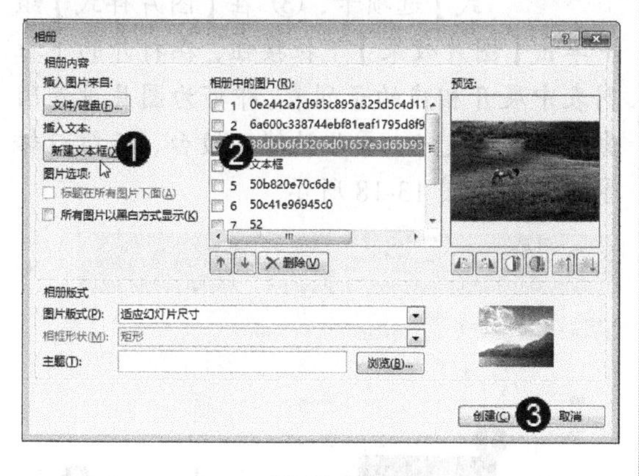

图 13-13

step 6 返回到演示文稿中，可以看到已经创建了一个相册演示文稿，这样即可完成制作相册的操作，效果如图 13-14 所示。

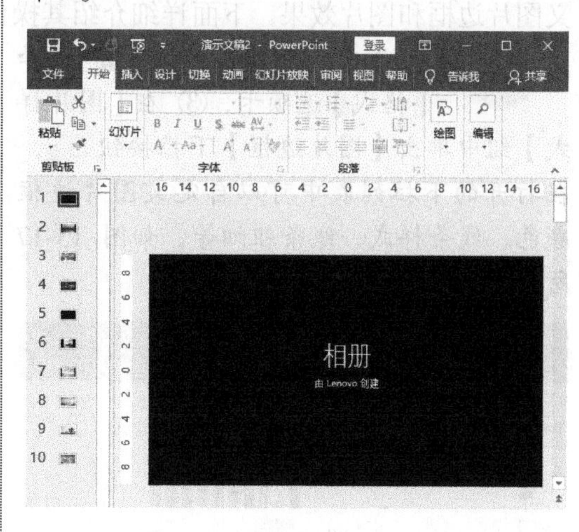

图 13-14

13.2.2 使用预设样式设置图片

在 PowerPoint 2016 中，通过预设的图片样式，可以快速实现对插入图片的设置。下面详细介绍使用预设样式设置图片的操作方法。

step 1 ① 选中要设置的图片，② 选择【格式】选项卡，③ 在【图片样式】组中单击【快速样式】下拉按钮，在打开的下拉列表中选择需要的预设图片样式，如图 13-15 所示。

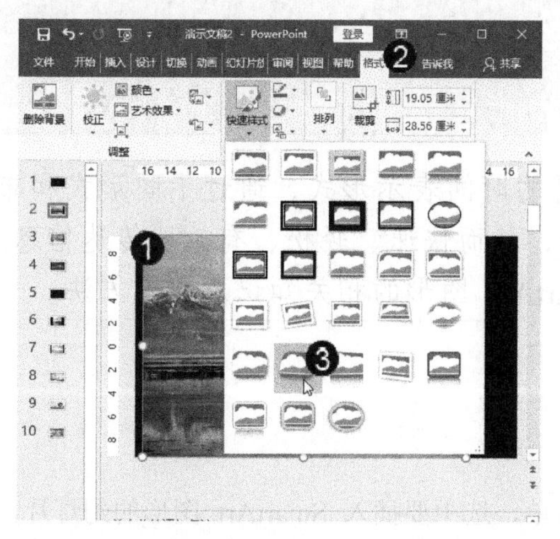

图 13-15

step 2 可以看到已经为选择的图片应用了样式，这样即可完成使用预设样式设置图片的操作，如图 13-16 所示。

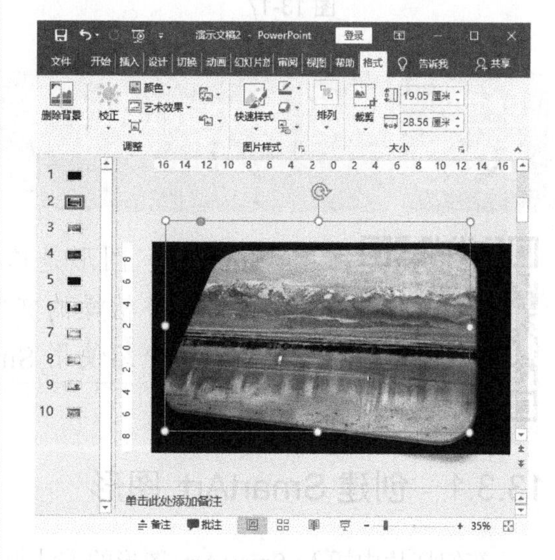

图 13-16

13.2.3　自定义图片样式

在 PowerPoint 2016 中，除了可以使用预设的图片样式之外，用户还可以根据需要自定义图片边框和图片效果。下面详细介绍其操作方法。

step 1 ① 选中要设置的图片，② 选择【格式】选项卡，③ 在【图片样式】组中单击【图片边框】下拉按钮，在打开的下拉列表中可以自定义图片边框颜色、线条样式、线条粗细等，如图 13-17 所示。

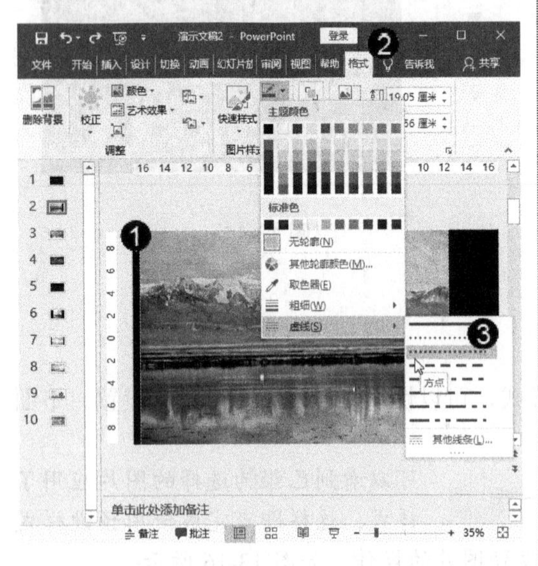

图 13-17

step 2 ① 选中要设置的图片，② 选择【格式】选项卡，③ 在【图片样式】组中单击【图片效果】下拉按钮，在打开的下拉列表中展开相应的子列表，即可为图片设置阴影、映像、发光、柔化边缘、棱台、三维旋转等效果，如图 13-18 所示。

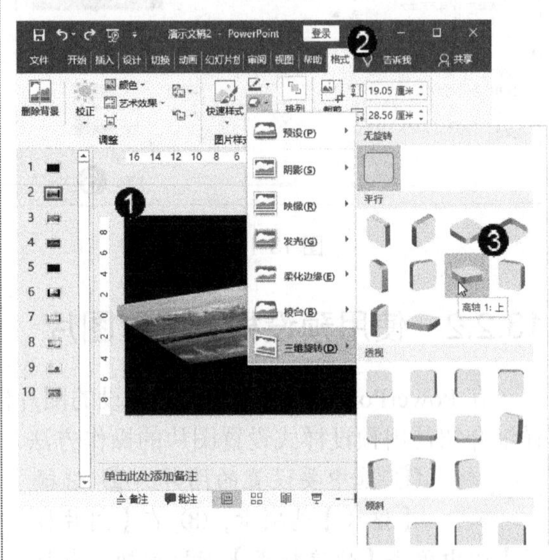

图 13-18

Section 13.3　使用 SmartArt 图形

手机扫描下方二维码，观看本节视频课程

SmartArt 图形是信息的时间表示形式，通过不同形式和布局的图形代替枯燥的文字，从而快速、轻松、有效地传达信息。本节将详细介绍使用 SmartArt 图形的相关知识及操作方法。

13.3.1　创建 SmartArt 图形

在幻灯片中插入 SmartArt 图形的方法很简单，选中要插入 SmartArt 图形的幻灯片，选择【插入】选项卡，在【插图】组中单击 SmartArt 按钮，如图 13-19 所示，弹出【选择 SmartArt 图形】对话框，在左侧列表框中选择图形分类，在右侧列表框中选择一种图形样式，然后单击【确定】按钮即可，如图 13-20 所示。

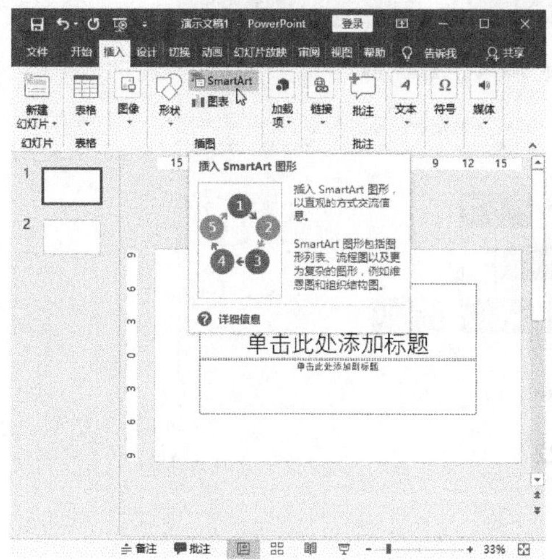

图 13-19

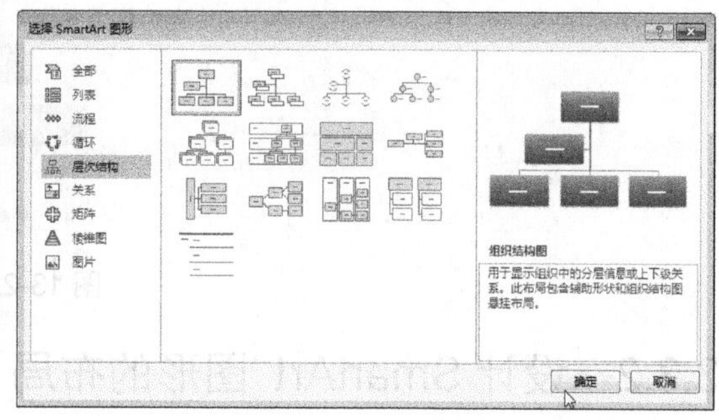

图 13-20

插入图形后，图形中还缺少必要的文字内容。在 SmartArt 图形中输入文字的方法主要有以下两种方法。

1. 通过文本窗格输入

选中插入的 SmartArt 图形，出现图形外框，在外框左侧的“在此处键入文字”窗格中单击“文本”字样后，用户可以直接在此处输入需要的文字，输入的文字将自动显示到 SmartArt 图形中，完成后单击【关闭】按钮关闭该窗格即可，如图 13-21 所示。

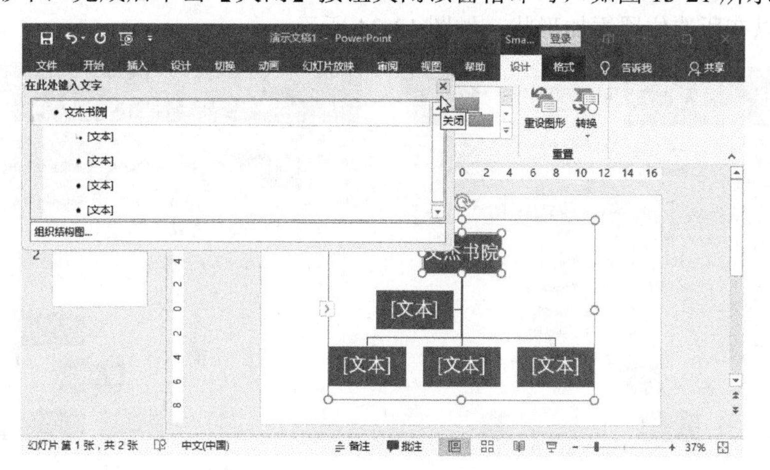

图 13-21

2. 在图形中直接输入

在插入的 SmartArt 图形中单击需要输入文字的图形部分，该部分变为可编辑状态，直接输入需要的文字，完成后单击幻灯片任意空白位置即可，如图 13-22 所示。

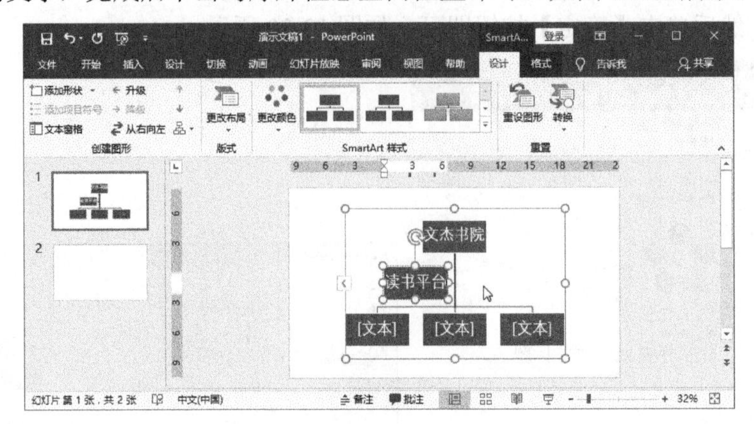

图 13-22

13.3.2 设计 SmartArt 图形的布局

在工作表中插入 SmartArt 图形时，如果默认的形状个数或图形布局不能满足使用需要，用户可以在其中添加或删除形状，并编辑图形的布局。下面将分别详细介绍。

1. 添加形状

选中 SmartArt 图形中的形状，并单击鼠标右键，在弹出的快捷菜单中选择【添加形状】菜单项，根据形状的添加位置，执行相应的命令，即可在所选位置添加形状，如图 13-23 所示。选中 SmartArt 图形中的形状，选择 SmartArt 工具【设计】选项卡，在【创建图形】组中单击【添加形状】下拉按钮，在打开的下拉列表中根据形状的添加位置，执行相应的命令，也可以在所选位置添加形状，如图 13-24 所示。

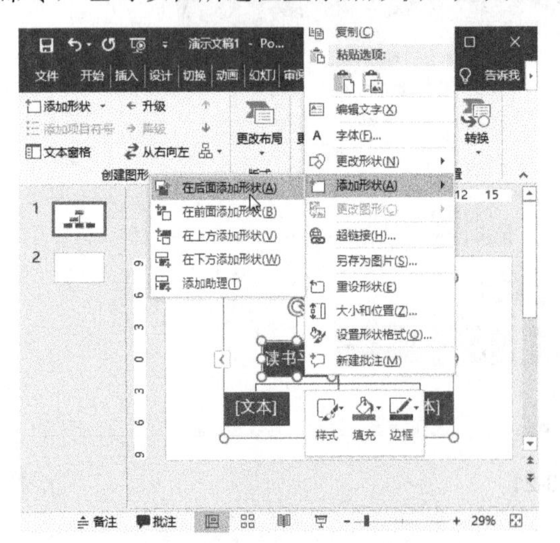

图 13-23

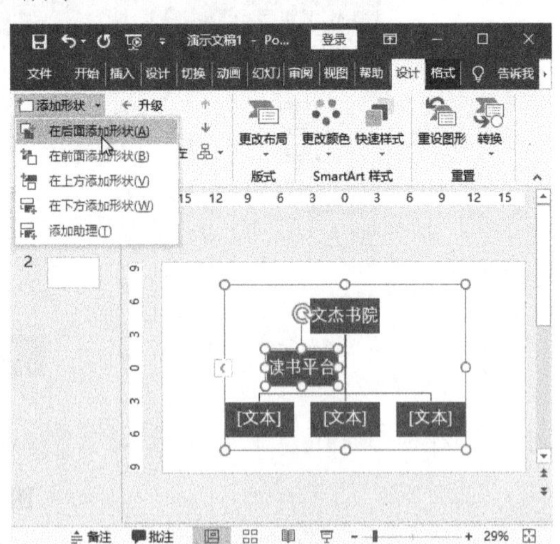

图 13-24

2. 删除形状

在 SmartArt 图形中，选中要删除的形状，按键盘上的 Delete 键或 Backspace 键即可将其删除。

3. 调整图形布局

除了可以通过添加或删除形状来改变 SmartArt 图形的布局外，用户还可以选中要设置的图形，然后选择【SmartArt 工具/设计】选项卡，在【创建图形】组中通过单击【升级】、【降级】、【从右向左】等按钮，在不改变形状数量的情况下，调整图形布局，如图 13-25 所示。

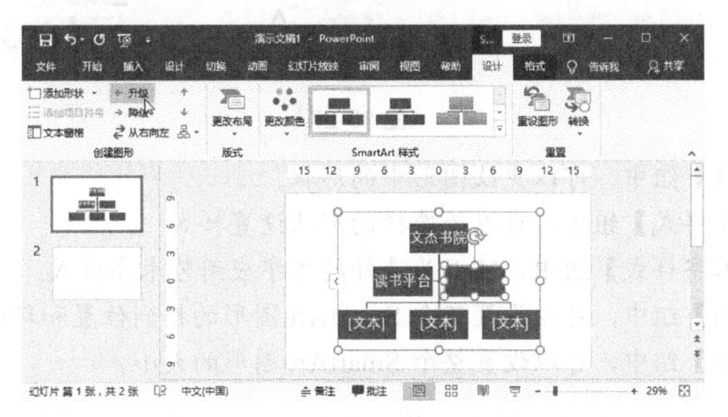

图 13-25

在【SmartArt 工具/设计】选项卡的【版式】组中单击【更改布局】下拉按钮，在打开的下拉列表中可以快速将 SmartArt 图形更改为同类型的另一种布局样式。

13.3.3 设计 SmartArt 的样式

插入 SmartArt 图形后，将显示【SmartArt 工具】下的【设计】和【格式】选项卡，通过这两个选项卡中的命令按钮及列表框，可以对 SmartArt 图形的布局、颜色以及样式等进行编辑。

1. 使用【设计】选项卡进行编辑

SmartArt 工具下的【设计】选项卡如图 13-26 所示，其中各组的功能介绍如下。

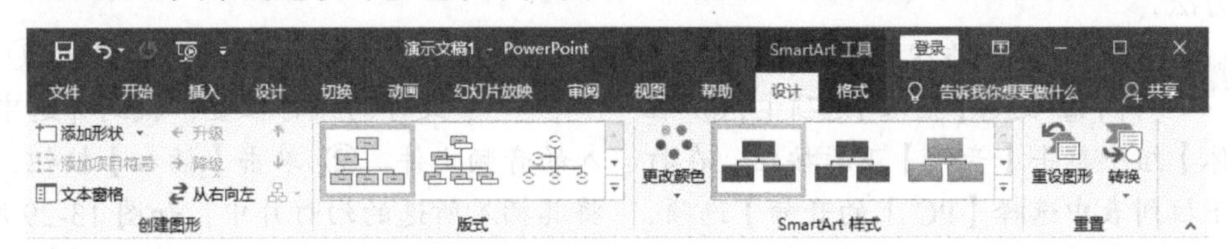

图 13-26

- 在【创建图形】组中，可以选择为 SmartArt 图形添加形状、调整图形布局。
- 在【版式】组中，可以为 SmartArt 图形重新设置布局样式。
- 在【SmartArt 样式】组中，可以为 SmartArt 图形设置颜色、套用内置样式。
- 在【重置】组中，可以取消对 SmartArt 图形所做的任何设置、恢复插入时的状态，或将 SmartArt 图形转换为形状。

2. 使用【格式】选项卡进行编辑

【SmartArt 工具】下的【格式】选项卡如图 13-27 所示，其中各组的功能介绍如下。

图 13-27

- 在【形状】组中，可以更改图形中的形状。
- 在【形状样式】组中，可以为选择的形状设置样式。
- 在【艺术字样式】组中，可以为选择的文字应用艺术字样式。
- 在【排列】组中，可以设置整个 SmartArt 图形的排列位置和环绕方式。
- 在【大小】组中，可以设置整个 SmartArt 图形的大小。

Section 13.4 在幻灯片中使用声音

演示文稿并不是一个无声的世界，用户可以在幻灯片中插入解说录音、背景音乐等，来介绍幻灯片中的内容。本节将详细介绍在幻灯片中使用声音文件的相关知识及操作方法。

13.4.1 插入外部声音文件

为了渲染播放演示文稿时的现场气氛，用户可以在演示文稿中加入背景音乐，PowerPoint 2016 支持多种格式的声音文件。下面详细介绍在幻灯片中插入外部声音文件的操作方法。

step 1 ① 选中要插入音频文件的幻灯片，② 选择【插入】选项卡，③ 在【媒体】组中单击【音频】下拉按钮，在打开的下拉列表中选择【PC 上的音频】选项，如图 13-28 所示。

step 2 弹出【插入音频】对话框，① 根据文件的保存位置，找到并选中要插入的音频文件，② 单击【插入】按钮，即可将其插入所选的幻灯片中，如图 13-29 所示。

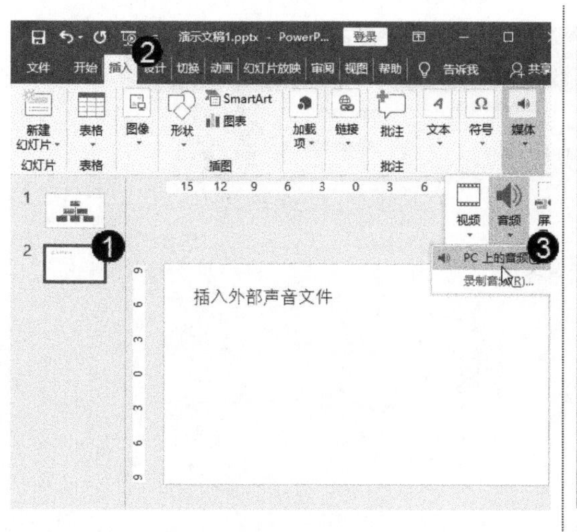

图 13-28

图 13-29

13.4.2 录制声音

在 PowerPoint 2016 中，用户还可以录音并将其插入幻灯片中，以便在放映中播放录音。下面详细介绍录制声音的操作方法。

step 1 ① 选中要插入录音文件的幻灯片，② 选择【插入】选项卡，③ 在【媒体】组中单击【音频】下拉按钮，在打开的下拉列表中选择【录制音频】选项，如图 13-30 所示。

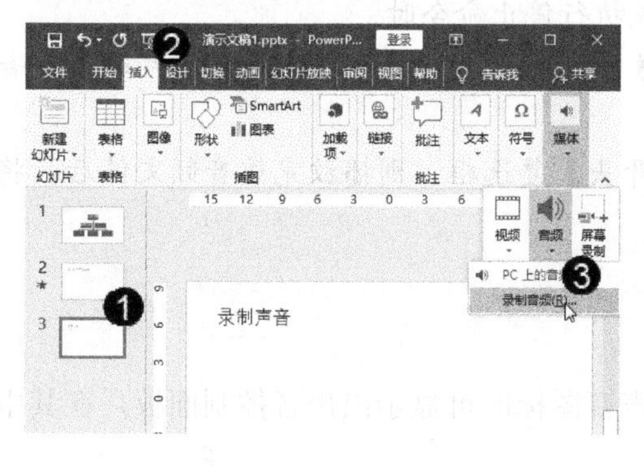

图 13-30

step 2 弹出【录制声音】对话框，① 在【名称】文本框中输入该录音的名称，② 单击【录制】按钮●，即可开始通过麦克风进行录音；音频录制完成后单击【暂停】按钮■停止录制；单击【播放】按钮▶可以播放之前的录音，③ 确认无误后单击【确定】按钮，如图 13-31 所示。

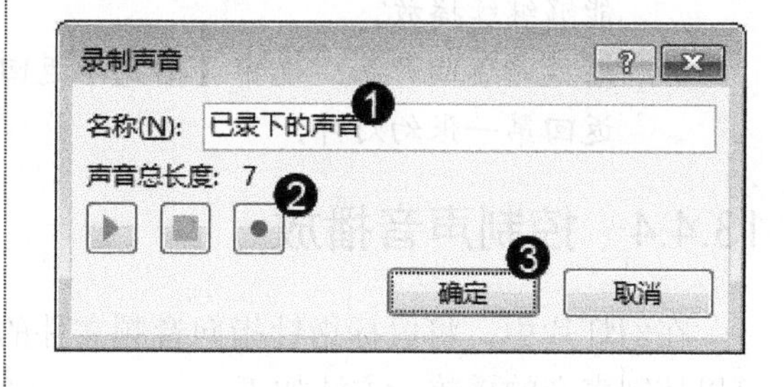

图 13-31

13.4.3 设置声音播放选项

在幻灯片中插入音频后，用户可以通过【音频工具/播放】选项卡对音频进行设置，例如让音频自动播放、循环播放或调整声音大小等，如图 13-32 所示。

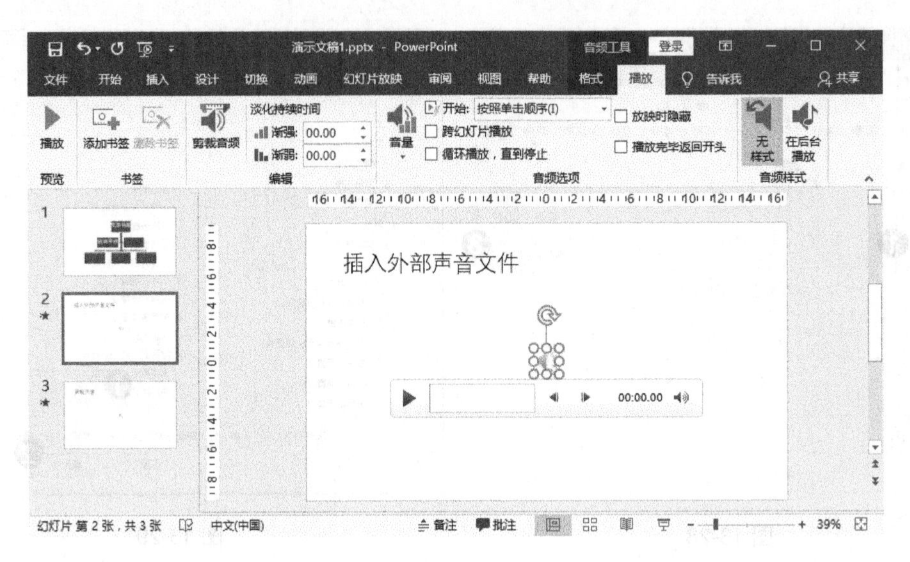

图 13-32

在幻灯片中，选中要设置的音频文件，选择【音频工具/播放】选项卡，在【音频选项】组中，用户可以进行以下设置。

- 设置音量：单击【音量】下拉按钮，在打开的下拉列表中可以设置播放声音的大小。
- 设置播放方式：单击【开始】下拉按钮，在打开的下拉列表中可以选择音频的播放方式。
- 隐藏声音控制面板：选中【放映时隐藏】复选框，可以在放映幻灯片时不显示声音控制面板。
- 设置循环播放：选中【循环播放，直到停止】复选框，可以设置在放映时循环播放该音频，直到切换到下一张幻灯片或执行停止命令时。
- 跨幻灯片播放：选中【跨幻灯片播放】复选框，则切换到下一张幻灯片时，声音能够继续播放。
- 播放完返回开头：选中【播完毕返回开头】复选框，则播放完该音频文件后，将返回第一张幻灯片。

13.4.4 控制声音播放

在幻灯片中，将鼠标指针指向音频文件的声音图标即可显示出声音控制面板，在其中可以控制声音的播放，方法如下。

- 单击【播放】按钮▶，即可播放音频文件。
- 单击【暂停】按钮⏸，即可暂停播放，如图 13-33 所示。
- 单击【向后移动 0.25 秒】按钮◀或【向前移动 0.25 秒】按钮▶，即可调整播放进度。
- 单击【静音】按钮🔊，即可静音；静音后单击【取消静音】按钮🔈，即可取消静音。
- 将鼠标指针指向【静音/取消静音】按钮，将出现调节音量滑块，使用鼠标拖动滑块，即可调节音量大小，如图 13-34 所示。

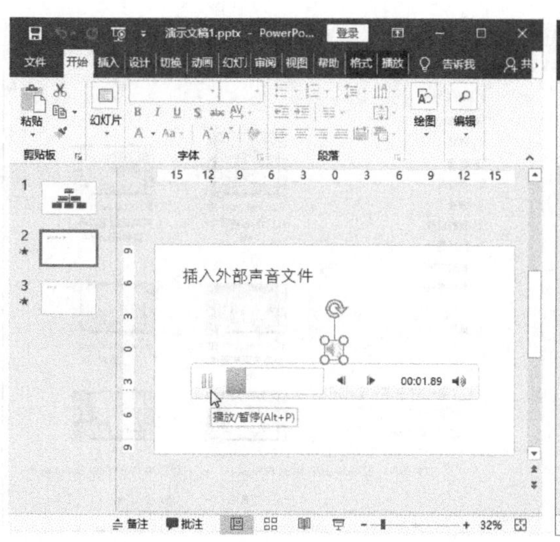

图 13-33

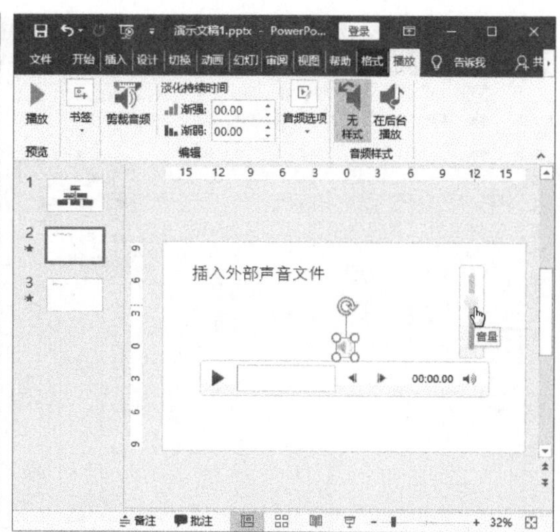

图 13-34

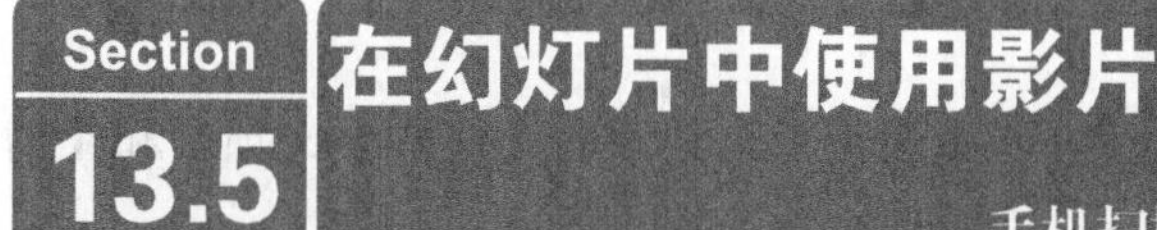

Section 13.5 在幻灯片中使用影片

手机扫描下方二维码，观看本节视频课程

在 PowerPoint 2016 中，用户不仅可以插入声音文件，还可以添加视频文件，使演示文稿变得更加生动有趣。不同版本的 PPT 插入视频的方法有所不同，本节将详细介绍在幻灯片中使用影片的相关知识及操作方法。

13.5.1 插入视频文件

在幻灯片中，用户可以插入联机视频或电脑中存储的视频文件。PowerPoint 2016 支持多种格式的视频文件，如 AVI、MPEG、ASF、WMV 和 MP4 等。

在 PowerPoint 2016 中插入视频的方法与插入声音的方法类似。选择需要添加视频的幻灯片，切换到【插入】选项卡，单击【媒体】组中的【视频】下拉按钮，在打开的下拉列表中选择需要插入视频的方式，如图 13-35 所示。在弹出的对话框中查找并选择要插入的视频文件，然后单击【插入】按钮即可，如图 13-36 所示。

图 13-35　　　　图 13-36

13.5.2　设置视频

在幻灯片中插入视频文件后，用户可以通过【视频工具】下的【格式】选项卡和【播放】选项卡设置视频的样式和播放选项。

1. 设置播放选项

在幻灯片中选中插入的视频文件，切换到【视频工具/播放】选项卡，在【视频选项】组中可以对视频的播放进行设置，如图 13-37 所示。例如，让视频自动播放、循环播放或调整声音大小等。方法与设置音频的播放选项基本相同，这里就不再赘述了。

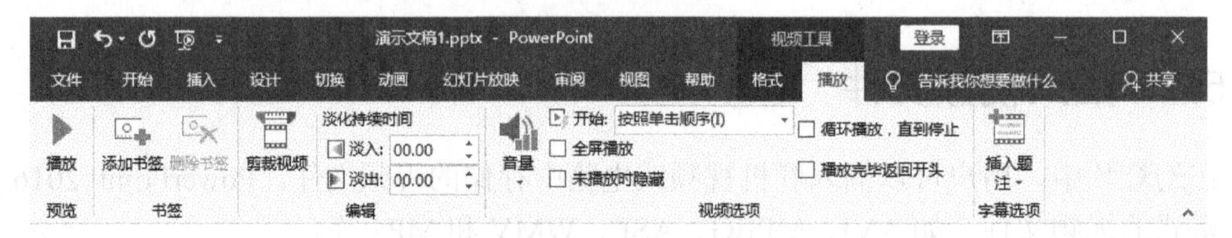

图 13-37

在幻灯片中，将鼠标指针指向视频文件即可显示出视频控制面板，在其中可以控制视频的播放。其中各按钮的含义与声音控制面板基本相同。

2. 设置视频样式

为了使插入的视频更加美观，用户可以通过【视频工具/格式】选项卡对视频进行各种设置，如更改视频亮度和对比度、为视频添加视频样式等，如图 13-38 所示，其方法与设置图片样式基本相同。

图 13-38

- 在【预览】组中，可以播放或暂停播放视频文件，进行预览。
- 在【调整】组中，可以调整视频的亮度和对比度、重新着色、设置视频标牌框架等。
- 在【视频样式】组中，可以设置视频形状、边框、效果等外观样式。
- 在【排列】组中，可以为视频设置旋转、叠放次序、对齐方式等。
- 在【大小】组中，可以裁剪视频，设置视频画面在幻灯片中的大小等。

Section 13.6 使用艺术字与文本框

手机扫描下方二维码，观看本节视频课程

使用 PowerPoint 2016 制作演示文稿时，为了使某些标题或内容更加醒目，经常会在幻灯片中插入艺术字和文本框。本节将详细介绍使用艺术字与文本框方面的知识与操作技巧。

13.6.1 插入艺术字

在Power Point 2016中插入艺术字可以美化幻灯片的页面，令幻灯片看起来更加吸引人。下面详细介绍插入艺术字的操作方法。

step 1 ① 启动 PowerPoint 2016，选择【插入】选项卡，② 在【文本】组中，单击【艺术字】下拉按钮，③ 在弹出的艺术字库中，选择准备使用的艺术字样式，如图 13-39 所示。

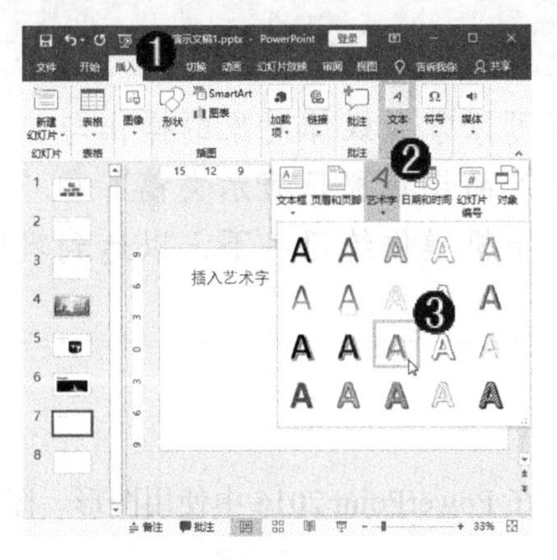

图 13-39

step 2 插入的默认文字内容为“请在此放置您的文字”的艺术字，用户选择适用的输入法，在其中输入内容，通过上述方法即可完成插入艺术字的操作，如图 13-40 所示。

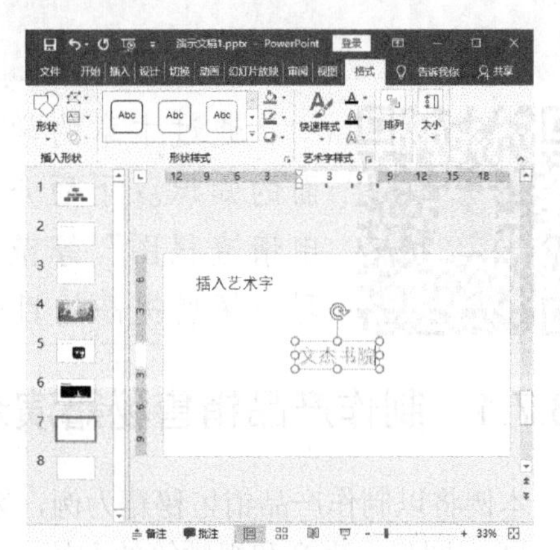

图 13-40

13.6.2 插入文本框

在编排演示文稿的实际工作中，有时需要将文字放置到幻灯片页面的特定位置，此时可以通过在幻灯片中插入文本框来实现这一排版要求。在幻灯片中插入文本框的操作非常简单灵活，下面详细介绍插入文本框的操作方法。

step 1 ① 启动 PowerPoint 2016，在程序主界面中，选择【插入】选项卡，② 在【文本】组中，单击【文本框】下拉按钮，③ 在弹出的下拉列表中，选择准备应用的文本框的文字方向，如选择“竖排文本框”选项，如图 13-41 所示。

图 13-41

step 2 当鼠标指针变为“+”时，在幻灯片中拖动光标即可创建一个空白的文本框，选择合适的输入法，直接在文本框中输入文字，通过上述方法即可完成在 PowerPoint 2016 插入文本框的操作，如图 13-42 所示。

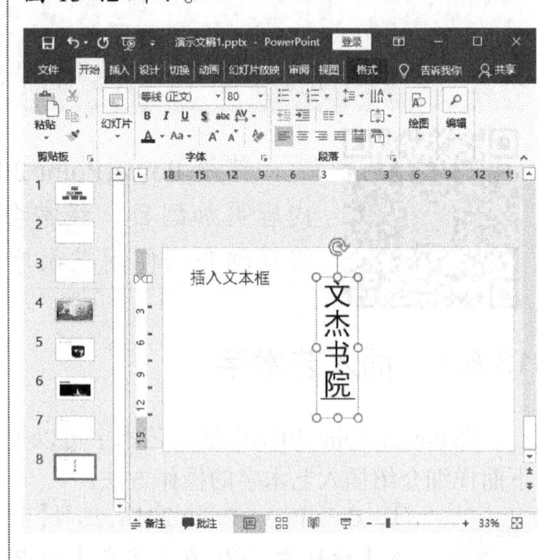

图 13-42

Section 13.7 范例应用与上机操作

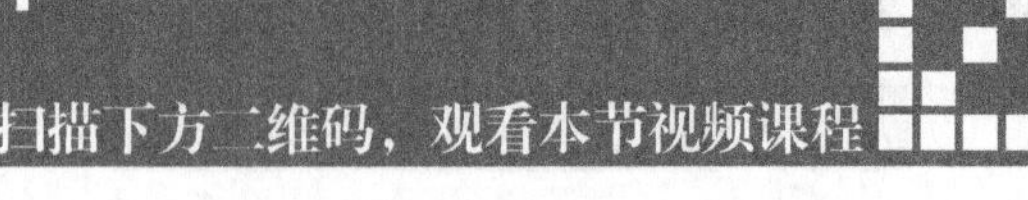

通过本章的学习，读者可以掌握媒体对象的操作与应用方面的知识。下面介绍“制作产品销售秘籍演示文稿”和“制作申请流程图”等范例应用，上机操作练习一下，以达到巩固学习、拓展提高的目的。

13.7.1 制作产品销售秘籍演示文稿

本例将以制作产品销售秘籍为例，来详细讲解在 PowerPoint 2016 中使用图形、图片、SmartArt 图形、声音和视频等的方法。

素材文件 第13章\素材文件\产品销售秘籍.pptx

效果文件 第13章\效果文件\制作产品销售秘籍演示文稿.pptx

step 1 打开素材文件，① 选中第一张幻灯片，② 选择【插入】选项卡，③ 在【图像】组中单击【图片】按钮，如图 13-43 所示。

图 13-43

step 2 弹出【插入图片】对话框，① 根据图片的保存位置，找到并选择准备要插入的图片，② 单击【插入】按钮，如图 13-44 所示。

图 13-44

step 3 ① 选中插入的图片，使用鼠标拖动调整其大小和位置，② 选择图片工具【格式】选项卡，③ 在【图片样式】组中，单击【快速样式】下拉按钮，④ 在打开的下拉列表中选择需要的图片样式，如图 13-45 所示。

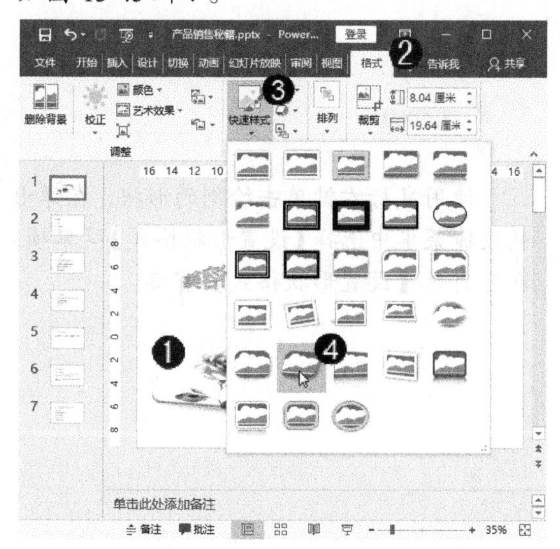

图 13-45

step 4 ① 继续在演示文稿中为幻灯片插入图片，② 选择【插入】选项卡，③ 在【插图】组中，单击【形状】下拉按钮，④ 在打开的下拉列表中选择【矩形】区域中的【矩形】选项，如图 13-46 所示。

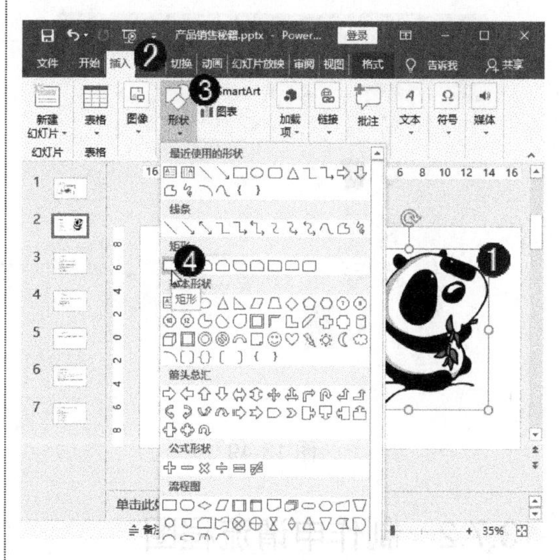

图 13-46

step 5 此时鼠标指针呈十字形状，在幻灯片中根据图片大小，使用鼠标拖动绘制出一个矩形，将图片覆盖，如图 13-47 所示。

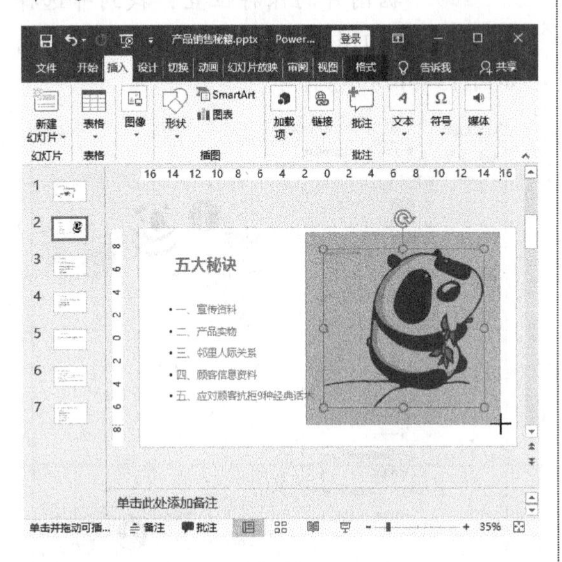

图 13-47

step 6 ① 选中绘制的矩形，② 打开【设置形状格式】窗格，设置该形状无边框线条和使用白色渐变填充，通过设置不同的透明度来制作出具有渐变效果的图片“蒙版”，③ 完成后关闭窗格即可，如图 13-48 所示。

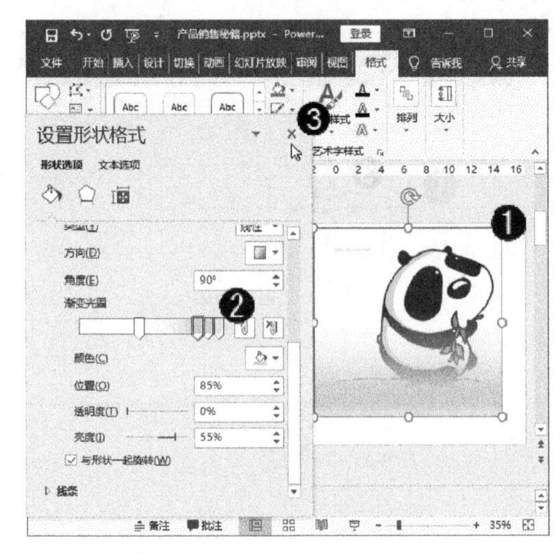

图 13-48

step 7 继续在演示文稿中为需要的幻灯片插入图片，并通过图片工具【格式】选项卡，根据需要设置图片样式和效果等，即可完成制作产品销售秘籍演示文稿，如图 13-49 所示。

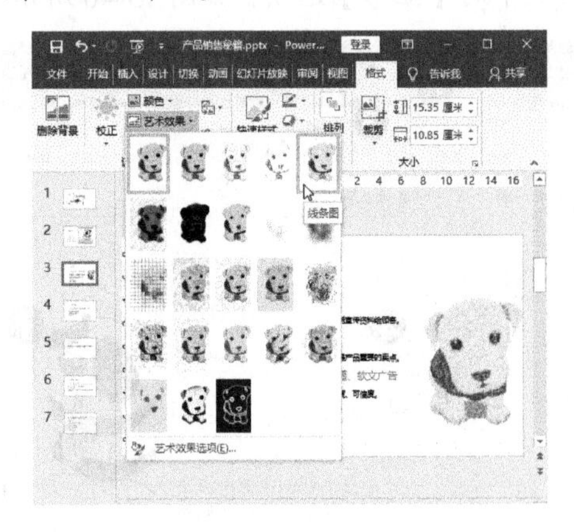

图 13-49

智慧锦囊

使用鼠标右键单击绘制的形状，在弹出的快捷菜单中选择【设置形状格式】菜单项，即可打开【设置形状格式】窗格。

13.7.2 制作申请流程图

本例将以制作申请流程图为例，来详细讲解在 PowerPoint 2016 中使用 SmartArt 图形等操作方法。

素材文件 第13章\素材文件\申请流程图.pptx
效果文件 第13章\效果文件\制作申请流程图.pptx

step 1 打开素材文件，① 选中要制作流程图的幻灯片，② 选择【插入】选项卡，③ 在【插图】组中单击 SmartArt 按钮 SmartArt，如图 13-50 所示。

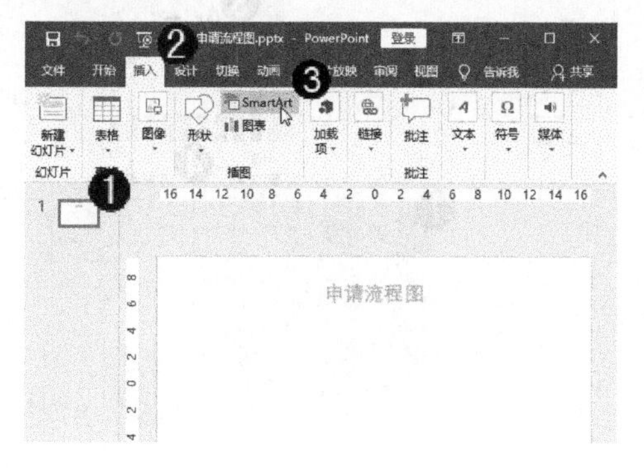

图 13-50

step 2 弹出【选择 SmartArt 图形】对话框，① 在左侧列表框中选择图形分类，② 在右侧列表框中选择一种图形样式，本例选择【水平层次结构】，③ 单击【确定】按钮，如图 13-51 所示。

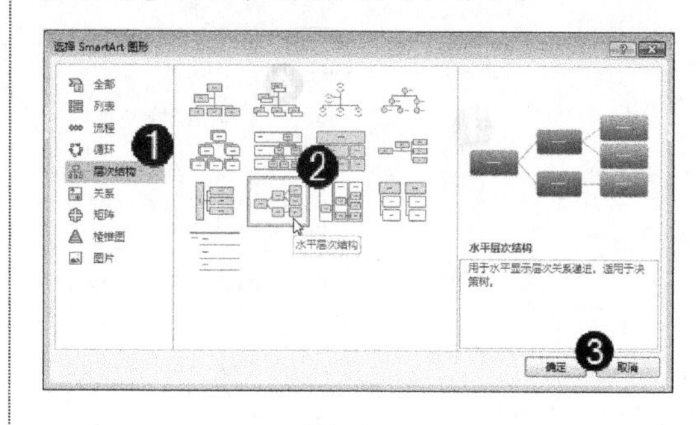

图 13-51

step 3 返回到幻灯片中，即可看到插入的 SmartArt 图形，① 根据需要选中图形中第二级的第一个形状，② 选择 SmartArt 工具【设计】选项卡，③ 在【创建图形】组中，单击【添加形状】下拉按钮，④ 在打开的下拉列表中选择【在上方添加形状】选项来添加形状，如图 13-52 所示。

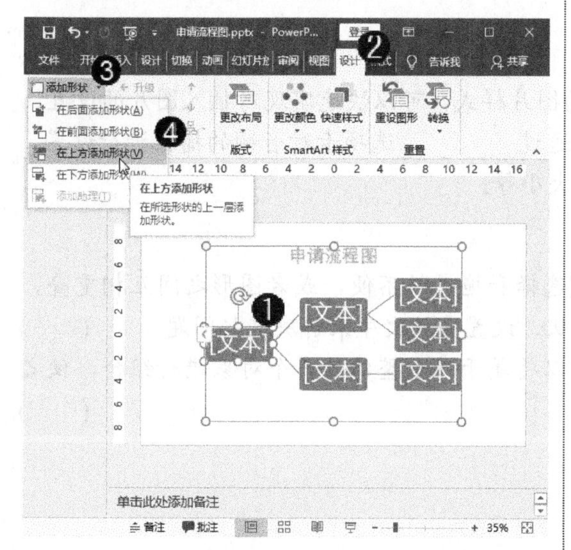

图 13-52

step 4 ① 选中多余的形状，按 Delete 键将其删除，然后根据需要输入文本内容，通过拖动鼠标来调整形状的大小。选中整个 SmartArt 图形，② 选择【开始】选项卡，③ 在【字号】组中，单击【增大字号】按钮 A，调整文字大小，如图 13-53 所示。

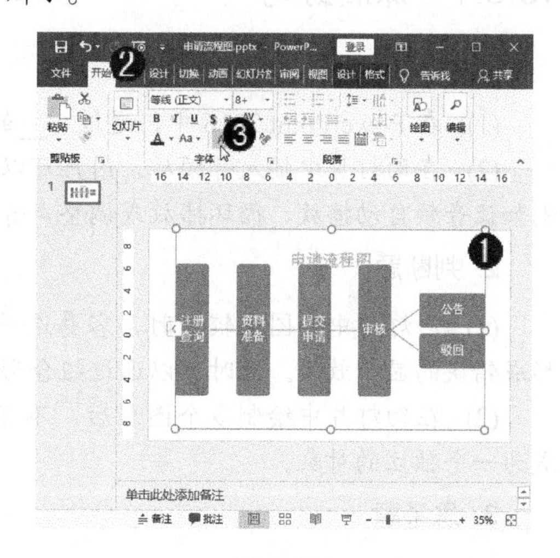

图 13-53

step 5 ① 选中整个 SmartArt 图形，② 选择 SmartArt 工具【设计】选项卡，③ 在【SmartArt 样式】组中单击【更改颜色】下拉按钮，④ 在打开的下拉列表中选择需要的配色方案，如图 13-54 所示。

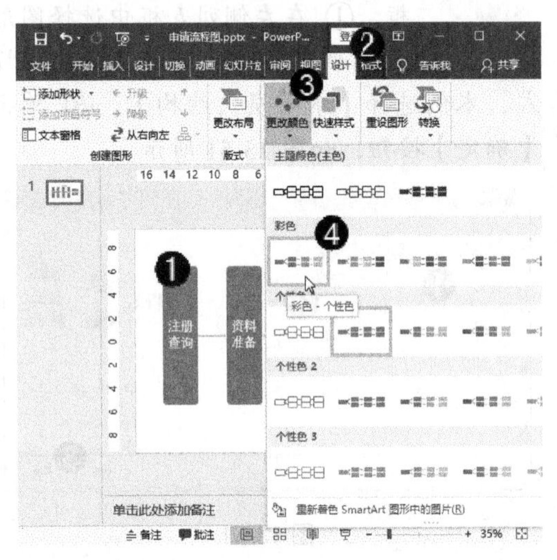

图 13-54

step 6 ① 选中图形中需要设置的形状，② 选择 SmartArt 工具【格式】选项卡，③ 在【形状样式】组中打开【形状填充】下拉列表，④ 为所选形状单独设置颜色，即可完成制作申请流程图，如图 13-55 所示。

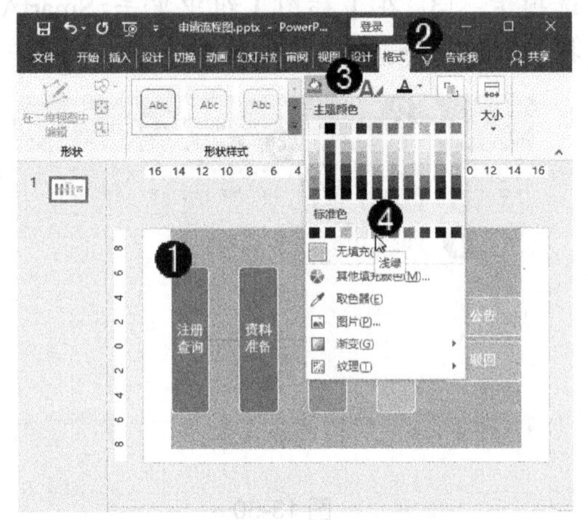

图 13-55

Section 13.8 课后练习与上机操作

本节内容无视频课程，习题参考答案在本书附录。

13.8.1 课后练习

1. 填空题

(1) 在 PowerPoint 2016 中，通过_____的图片样式，可以快速实现对插入图片的设置。

(2) 在幻灯片中插入音频后，用户可以通过__________选项卡对音频的播放进行设置，例如让音频自动播放、循环播放或调整声音大小等。

2. 判断题

(1) 幻灯片中的图形较多时，容易造成选择和拖动的不便，或者图形之间互相重叠，形成错误的显示效果。此时可以通过组合形状、设置叠放次序来解决这些问题。 ( )

(2) 在幻灯片中绘制多个图形后，不可以将属于一个整体的多个对象进行组合，使之成为一个独立的对象。 ( )

3. 思考题

(1) 如何绘制图形？

(2) 如何插入艺术字？

13.8.2 上机操作

(1) 通过本章的学习，读者基本可以掌握媒体对象的操作与应用方面的知识。下面通过练习制作“毕业论文答辩 PPT 模板”，达到巩固与提高的目的。本素材路径为“第 15 章\素材文件\毕业论文答辩 PPT 模板.pptx”。

(2) 通过本章的学习，读者基本可以掌握媒体对象的操作与应用方面的知识。下面通过练习制作“个人总结模板”，达到巩固与提高的目的。本素材路径为“第 15 章\素材文件\个人总结模板”。

第 14 章

设计动画与交互效果幻灯片

本章介绍设计动画与交互效果幻灯片方面的知识与技巧，主要内容包括应用幻灯片切换效果、应用动画方案、设置自定义动画、创建动作路径动画和实现幻灯片交互等相关知识。通过本章的学习，读者可以掌握设计动画与交互效果幻灯片方面的基础知识，为深入学习 Office 2016 电脑办公知识奠定基础。

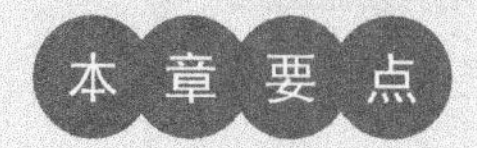

本章要点

1. 应用幻灯片切换效果
2. 应用动画方案
3. 设置自定义动画
4. 创建动作路径动画
5. 实现幻灯片交互

Section 14.1 应用幻灯片切换效果

手机扫描下方二维码，观看本节视频课程

在演示文稿的放映过程中，由一张幻灯片进入另一张幻灯片即是幻灯片之间的切换，幻灯片的切换效果可以更好地增强演示文稿的播放效果。本节将详细介绍幻灯片切换的相关知识及操作方法。

14.1.1 添加幻灯片切换效果

幻灯片切换效果是指由一张幻灯片切换至下一张幻灯片时，所呈现的动画状态。下面详细介绍添加幻灯片切换效果的操作。

step 1 打开准备添加幻灯片切换效果的演示文稿，① 选择准备设置切换效果的幻灯片，② 选择【切换】选项卡，③ 在【切换到此幻灯片】组中，选择准备应用的切换效果，如图 14-1 所示。

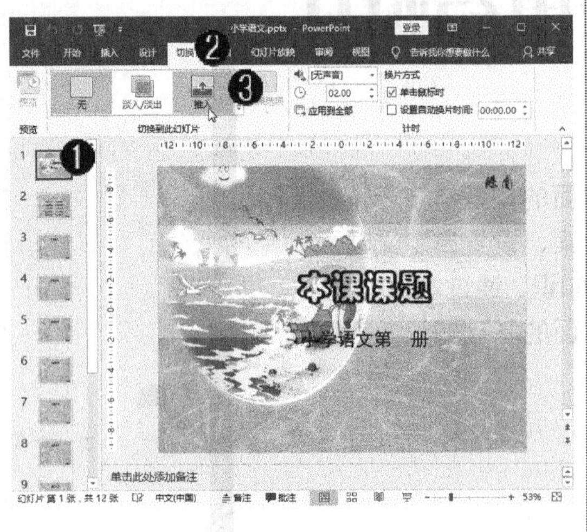

图 14-1

step 2 设置完成后，在左侧幻灯片区域中该幻灯片左侧会出现一个星号标记★，单击【预览】组中的【预览】按钮，即可查看该幻灯片的切换效果，如图 14-2 所示。

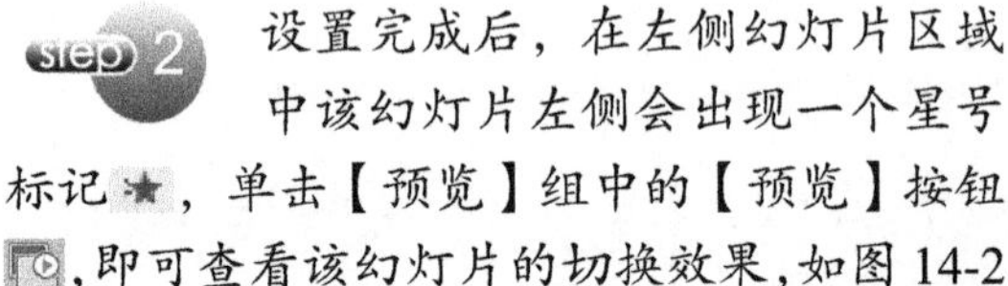

图 14-2

14.1.2 设置幻灯片切换声音效果

幻灯片切换声音效果是指，由一张幻灯片切换至下一张幻灯片时播放的声音。下面详细介绍设置幻灯片切换声音效果的操作方法。

step 1 打开准备添加幻灯片切换效果的演示文稿，① 选择准备设置切换声音效果的幻灯片，② 选择【切换】选项卡，③ 在【计时】组中，单击【声音】下拉按钮，④ 在弹出的下拉列表中，选择准备应用的音效，如图 14-3 所示。

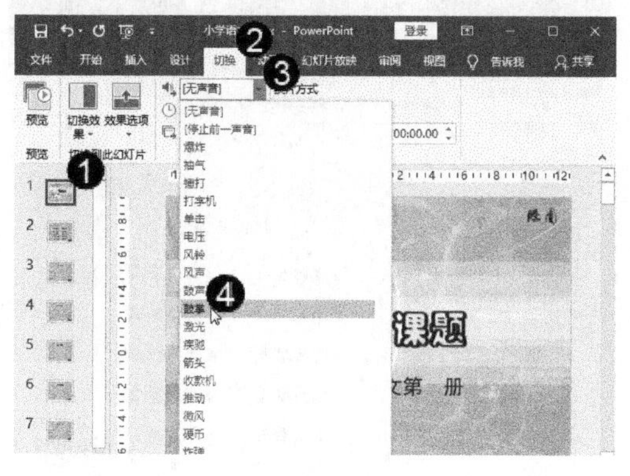

图 14-3

step 2 设置完成后，单击【预览】组中的【预览】按钮，即可试听该幻灯片的切换声音效果，如图 14-4 所示。

图 14-4

14.1.3 设置幻灯片切换速度

在编排演示文稿的时候，可以根据实际需求调整幻灯片的切换速度。下面详细介绍设置幻灯片切换速度的操作方法。

step 1 ① 打开准备设置幻灯片切换速度的演示文稿，选择准备设置切换速度的幻灯片，② 选择【切换】选项卡，③ 在【计时】组中，调整【持续时间】微调框中的数值，如图 14-5 所示。

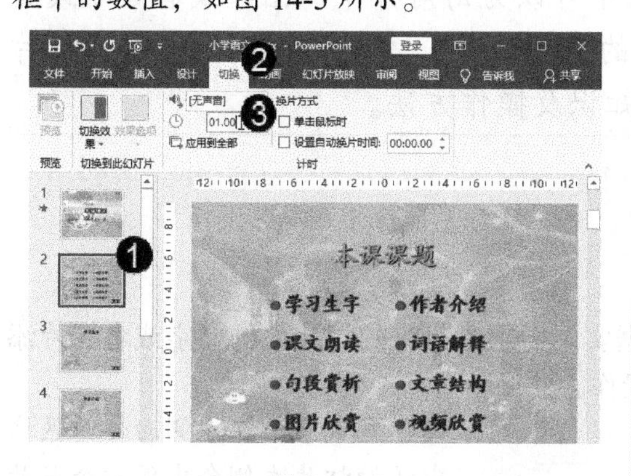

图 14-5

step 2 设置完成后，单击【预览】组中的【预览】按钮，即可查看该幻灯片的切换速度，如图 14-6 所示。

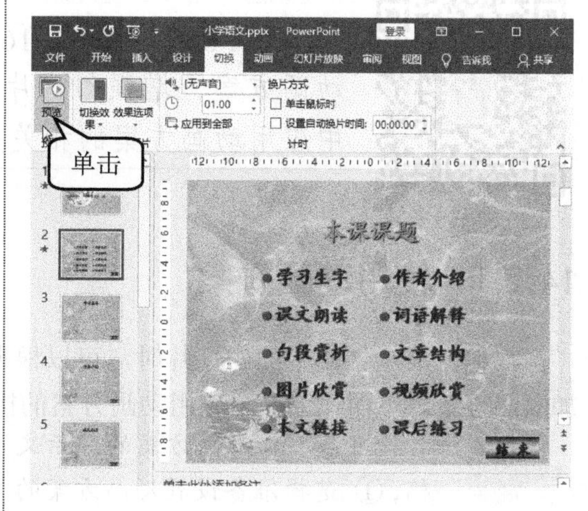

图 14-6

14.1.4 设置幻灯片之间的换片方法

幻灯片之间的换片方法包括单击鼠标时切换和定时切换两种。下面以定时切换幻灯片为例详细介绍设置幻灯片之间的换片方法。

step 1 打开演示文稿，① 选择准备设置定时切换的幻灯片，② 选择【切换】选项卡，③ 在【计时】组中，取消选择【单击鼠标时】复选框，④ 选中【设置自动换片时间】复选框，并调整其微调框中的数值，⑤ 单击【应用到全部】按钮 应用到全部，这样即可为所有幻灯片设置定时，如图 14-7 所示。

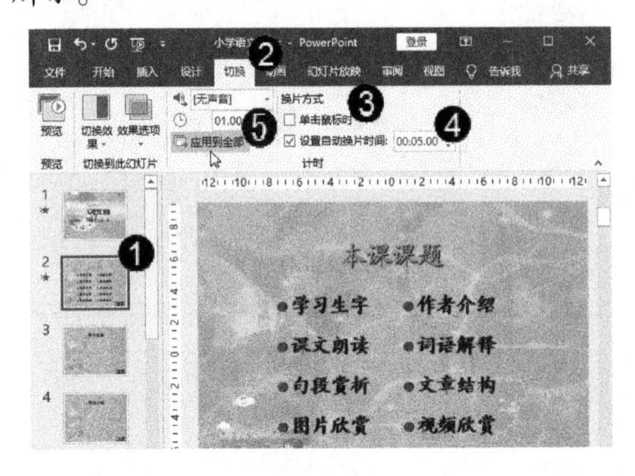

图 14-7

step 2 设置完成后，选择其他幻灯片，可以看到其他幻灯片的换片方式都已经改变，在放映视图中将以设置完的换片方式播放演示文稿，如图 14-8 所示。

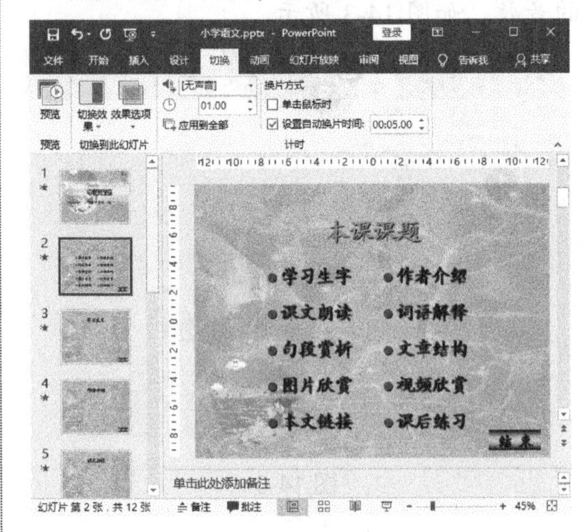

图 14-8

Section 14.2 应用动画方案

手机扫描下方二维码，观看本节视频课程

在 PowerPoint 2016 中可以为幻灯片中的图片或者文字设置动画方案，增强幻灯片的演示效果。本节将详细介绍在幻灯片中应用动画方案的相关知识及操作方法。

14.2.1 使用动画方案

在编排演示文稿中的幻灯片时，可以根据实际需求为每张幻灯片中的文字或者图片添加动画方案。下面详细介绍应用动画方案的操作方法。

step 1 打开准备添加动画方案的演示文稿，① 选择准备设置动画方案的幻灯片，② 选择【动画】选项卡，③ 选中幻灯片中准备设置动画的文字，使其转换为可编辑状态，④ 选择【动画】组中准备应用的动画方案，如图 14-9 所示。

step 2 设置完成后，在左侧幻灯片区域中该幻灯片左侧会出现一个星号标记★，单击【预览】组中的【预览】按钮，即可查看该幻灯片中文字的动画效果，如图 14-10 所示。

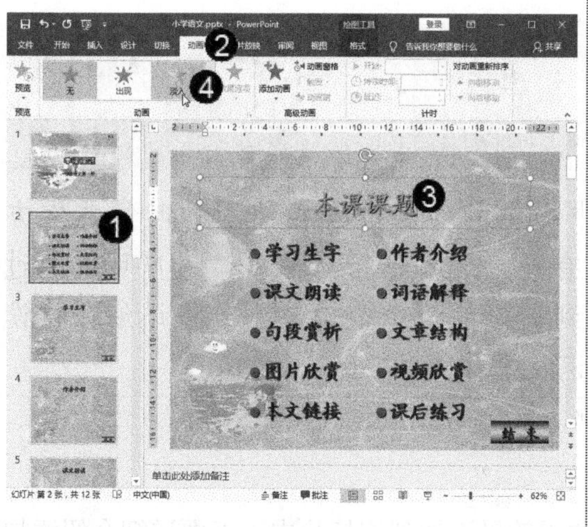

图 14-9

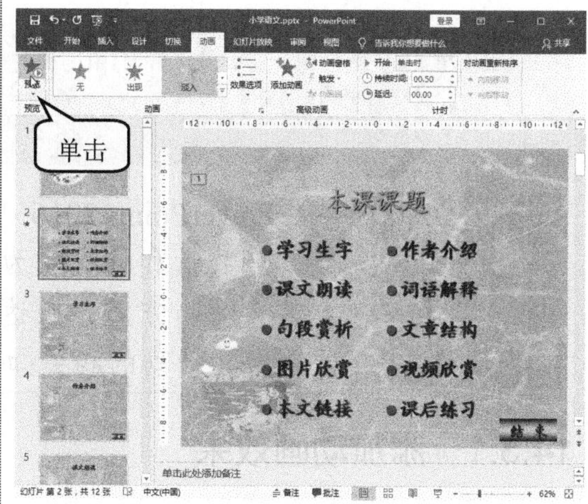

图 14-10

14.2.2 删除动画方案

如果对当前设置的动画效果不满意，可以选择将动画效果删除。下面详细介绍删除动画方案的操作方法。

① 选择准备删除动画效果的幻灯片，② 选择【动画】选项卡，③ 在【动画】组中，将动画方案设置为【无】，如图 14-11 所示。

设置完成后，在左侧幻灯片区域中该幻灯片左侧的星号标记会消失，这样即可完成删除动画方案的操作，如图 14-12 所示。

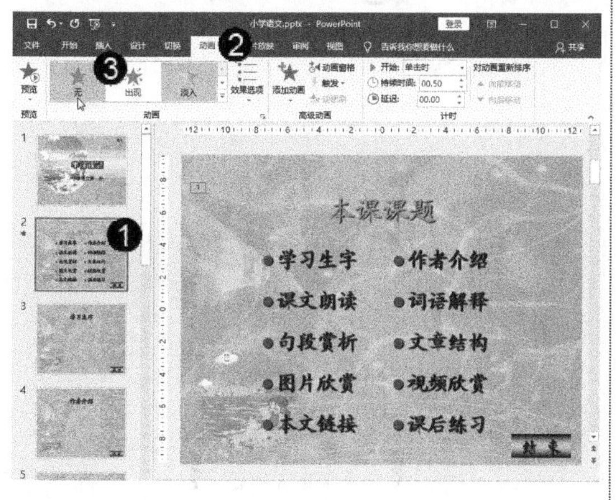

图 14-11

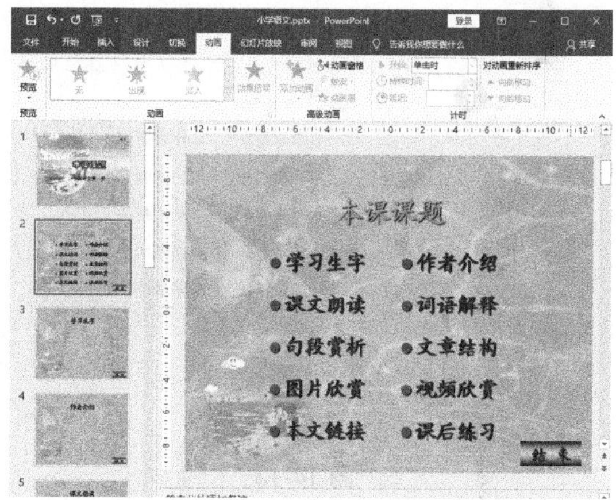

图 14-12

知识精讲

PowerPoint 2016 程序所提供的动画方案样式使用起来非常方便，除了用于删除动画样式的区域“无”之外，在样式库中，根据动画所应用的目的不同，还划分出了 3 个区域，包括进入、强调和退出，用户可以根据编排演示文稿的实际需求，选择不同区域的动画效果。

Section 14.3 设置自定义动画

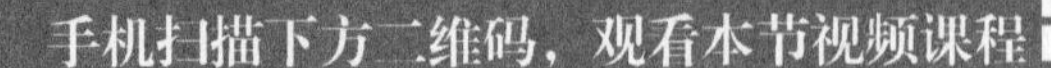
手机扫描下方二维码，观看本节视频课程

PowerPoint 2016 中提供的动画方案在使用的时候非常方便，但数量和样式较为有限，效果也相对简单，用户可以通过自定义动画方案，来达到更好的演示效果。本节将详细介绍设置自定义动画的相关知识及操作方法。

14.3.1 添加动画效果

在使用自定义动画效果之前，首先要将动画效果添加到幻灯片中。下面详细介绍添加动画效果的操作方法。

step 1 ① 选择准备添加动画效果的幻灯片，② 选择【动画】选项卡，③ 在【高级动画】组中，单击【动画窗格】按钮 动画窗格，如图 14-13 所示。

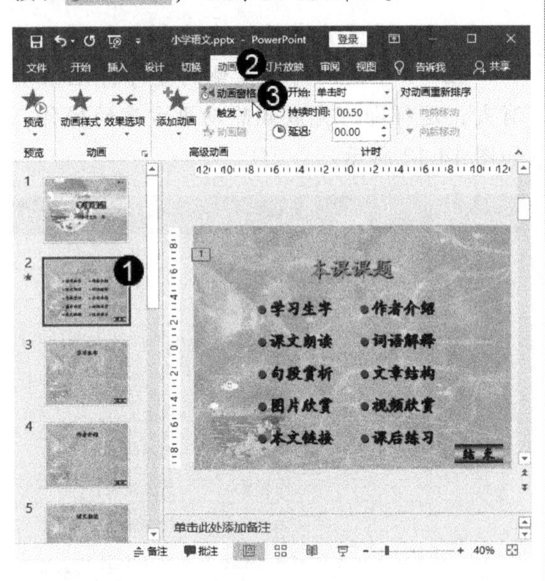

图 14-13

step 2 弹出【动画窗格】窗口，① 选择准备添加动画的文本，使其变为可编辑状态，② 单击【高级动画】组中的【添加动画】下拉按钮，③ 在弹出的下拉列表中，选择准备应用的动画样式，如图 14-14 所示。

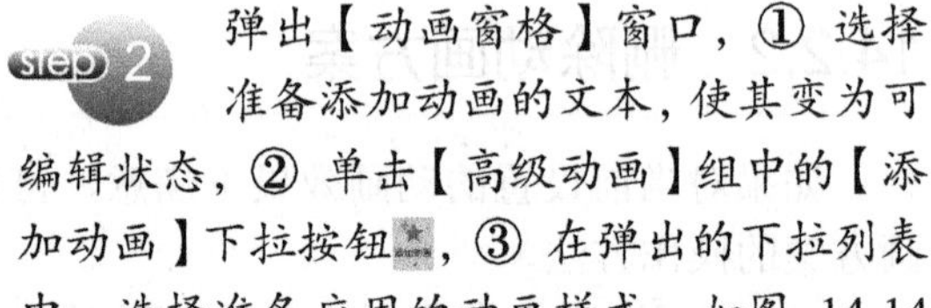

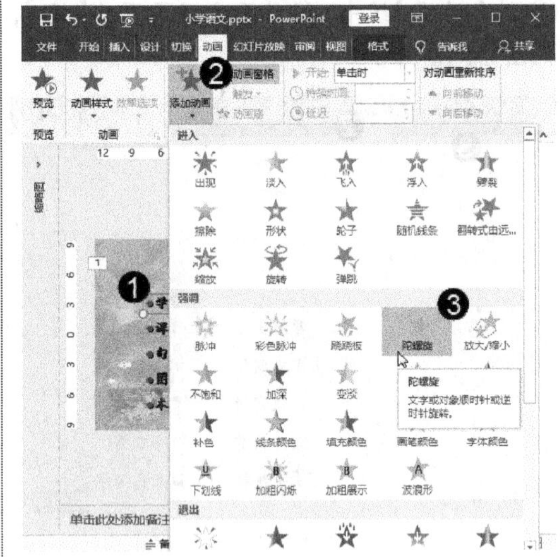

图 14-14

step 3 将所有准备添加动画效果的文本全部添加完成后，单击  播放自 按钮，如图 14-15 所示。

step 4 通过以上方法，即可完成添加动画效果的操作，如图 14-16 所示。

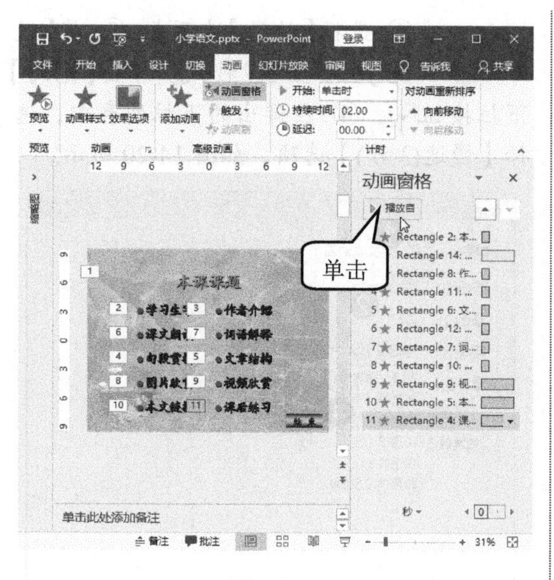

图 14-15

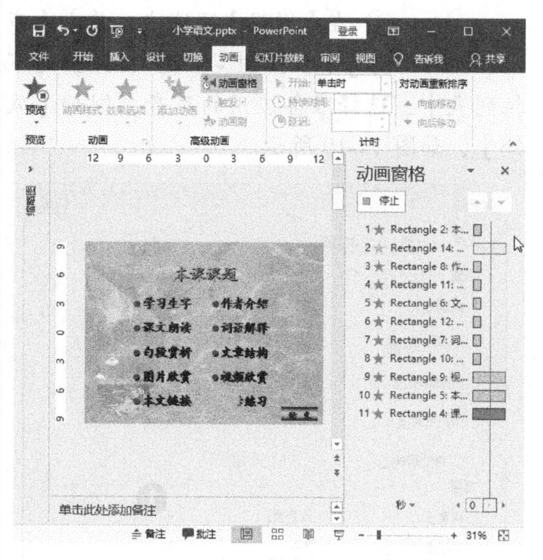

图 14-16

14.3.2 设置动画效果

在幻灯片中添加完动画效果以后，可以根据不同的需要对动画效果进行设置。下面详细介绍设置动画效果的操作方法。

step 1 ① 右键单击【动画窗格】中的任意动画效果，② 在弹出的快捷菜单中，选择【效果选项】菜单项，如图 14-17 所示。

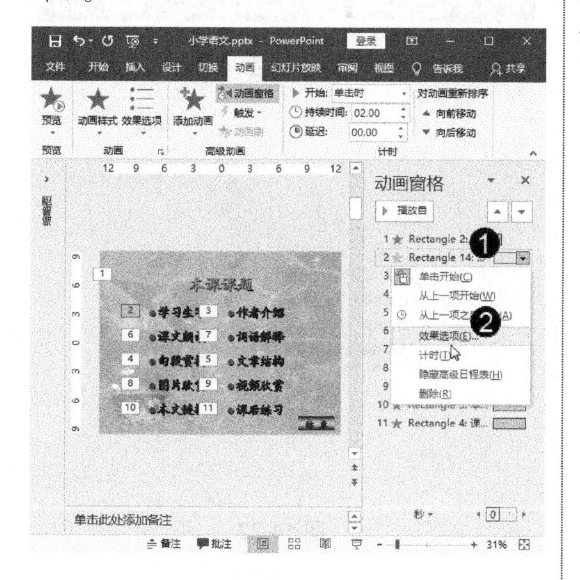

图 14-17

step 2 弹出【陀螺旋】对话框，① 选择【效果】选项卡，② 在【设置】区域中，单击【数量】下拉按钮，③ 在弹出的下拉列表中，选择【旋转两周】选项，如图 14-18 所示。

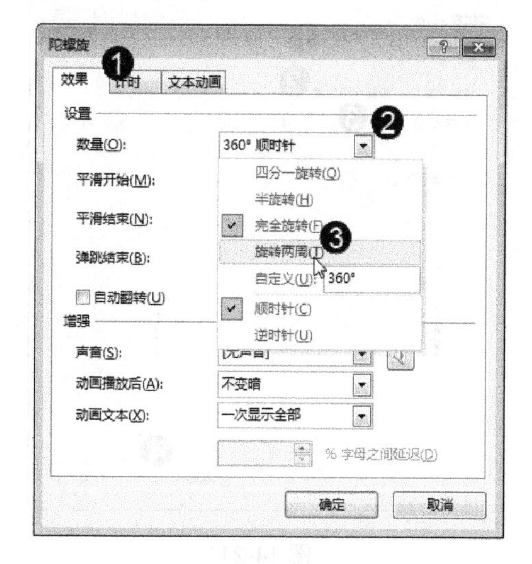

图 14-18

step 3 ① 在【增强】区域中，单击【声音】下拉按钮，② 在弹出的下拉列表中，选择准备应用的声音，例如【风铃】，如图 14-19 所示。

图 14-19

step 5 ① 选择【文本动画】选项卡，② 将【组合文本】设置为【按第一级段落】，③ 选中【每隔】复选框，并将其值设置为 2.5 秒，④ 单击【确定】按钮，如图 14-21 所示。

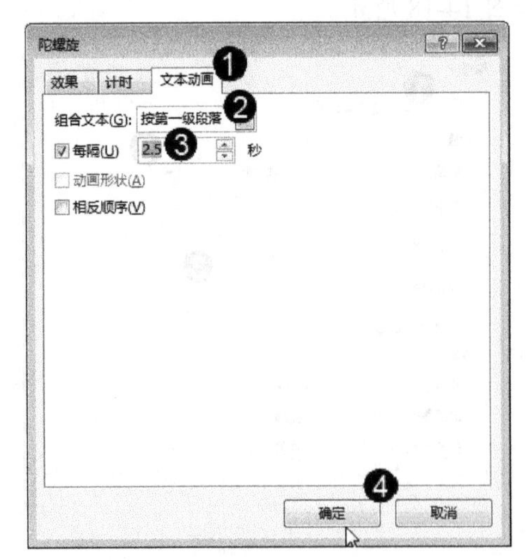

图 14-21

step 4 ① 选择【计时】选项卡，② 将【延迟】调整至 2.5 秒，③ 单击【期间】下拉按钮，④ 在弹出的下拉列表中，选择【慢速(3 秒)】选项，如图 14-20 所示。

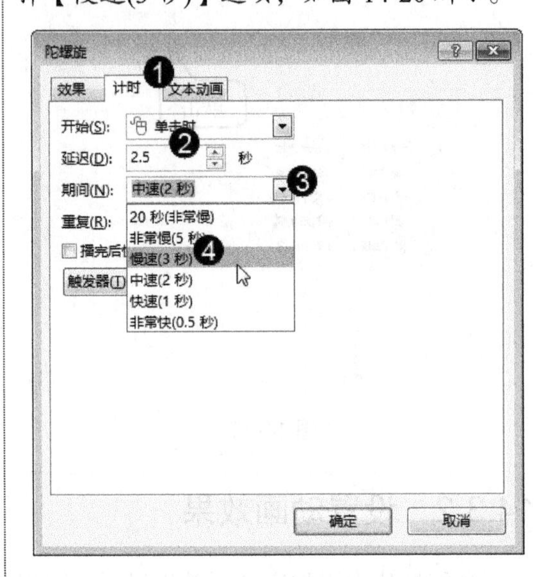

图 14-20

step 6 返回到幻灯片界面，单击 播放自 按钮，即可预览设置完成的动画效果，如图 14-22 所示。

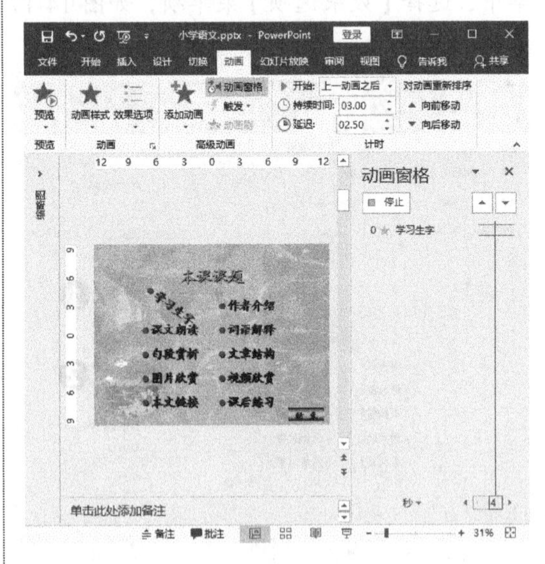

图 14-22

14.3.3 使用动画窗格

在添加多个动画效果后，可能需要反复查看各个动画之间的衔接效果是否合理，这样才能制作出满意的动画效果。此时可以通过【动画窗格】来进行设置。

切换到【动画】选项卡，在【高级动画】组中单击【动画窗格】按钮，即可打开【动画窗格】。

打开【动画窗格】后，选中设置了动画效果的幻灯片，即可在【动画窗格】中看到幻灯片中包含的所有动画效果，并对其进行设置，如图 14-23 所示。

图 14-23

- 调整播放顺序：在【动画窗格】中使用鼠标左键拖动，或者选中要设置的动画效果，然后单击【上移】、【下移】按钮，即可调整该动画效果的播放顺序。
- 设置动画效果：在【动画窗格】中选中要设置的动画效果，单击右侧的下拉按钮，在打开的下拉列表中选择【单击开始】、【从上一项开始】、【从上一项之后开始】等命令，即可设置所选动画效果的开始方式，如图 14-24 所示；选择【效果选项】或【计时】选项，可以在打开的对话框中对所选动画效果的参数进行设置，如图 14-25 所示。选择【隐藏高级日程表】选项，可以设置隐藏或显示高级日程表；选择【删除】选项，可以删除所选动画效果。

图 14-24

图 14-25

- 拖动时间条调整播放时长和延迟时间：在【动画窗格】中将鼠标指针指向要设置的动画效果的时间条左端，当指针变成形状时，使用鼠标左键拖动，可以调整该动画效果的延迟时间；将鼠标指针指向要设置的动画效果的时间条右端，当指针变成形状时，使用鼠标左键拖动，可以调整该动画效果的持续时间，如图 14-26 所示。

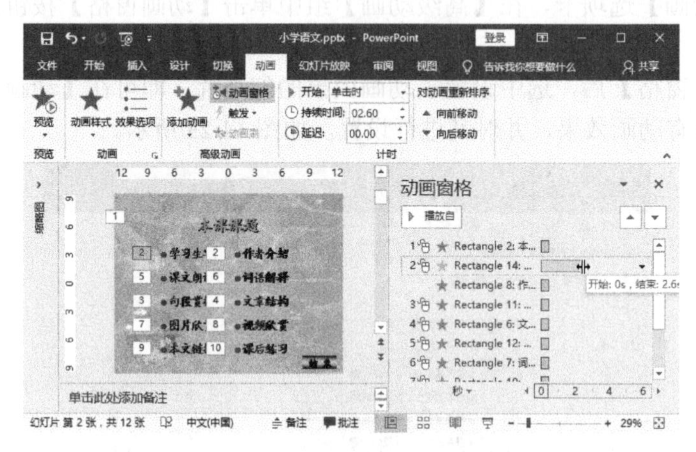

图 14-26

14.3.4 调整动画顺序

在一张幻灯片中，通常会有多个添加对象，在编排过程中，可以根据实际工作要求，调整各个对象的放映顺序。下面介绍调整动画顺序的操作方法。

step 1 ① 选择准备调整动画顺序的幻灯片，② 选择【动画】选项卡，③ 在【高级动画】组中，单击【动画窗格】按钮 动画窗格，如图 14-27 所示。

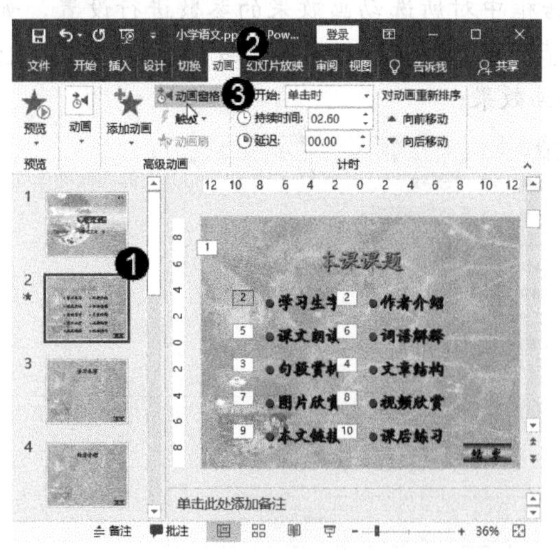

图 14-27

step 2 ① 弹出【动画窗格】窗口，在【动画窗格】中，选择准备调整顺序的对象，② 单击右上角的【向上】按钮，如图 14-28 所示。

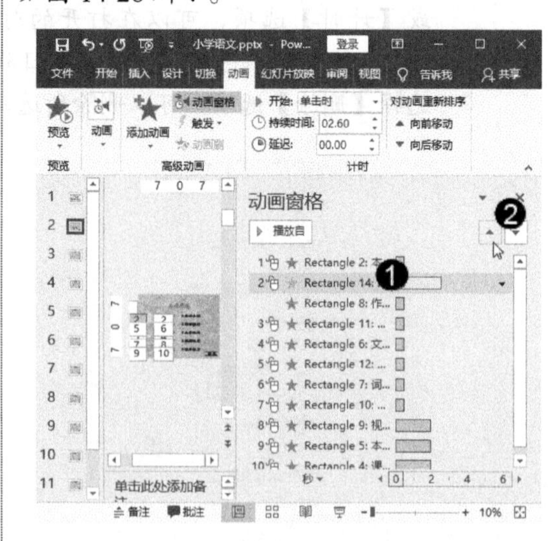

图 14-28

step 3 将动画方案调整至合适位置后，单击 ▶ 播放自 按钮，如图 14-29 所示。

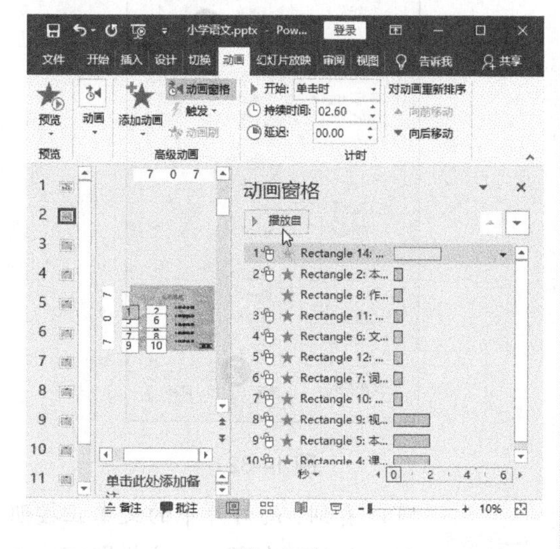

图 14-29

step 4 通过以上方法，即可完成调整动画顺序的操作，如图 14-30 所示。

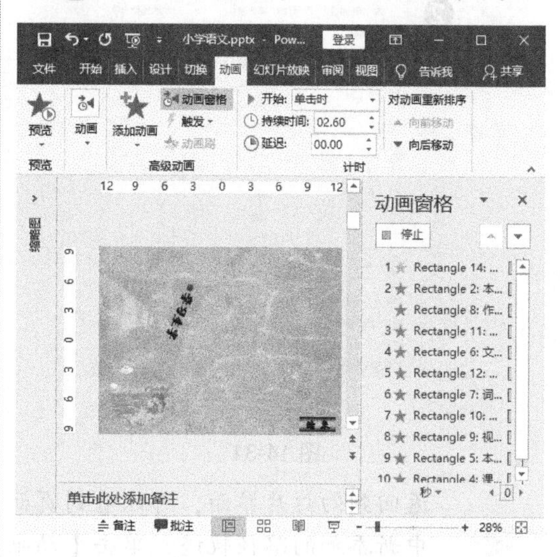

图 14-30

Section 14.4 创建动作路径动画

手机扫描下方二维码，观看本节视频课程

在 PowerPoint 2016 中，通过创建动作路径动画效果，可以在放映幻灯片时让对象沿着指定的路径运动。本节将详细介绍为对象添加与设置动作路径动画效果的相关知识及操作方法。

14.4.1 使用预设路径动画

在 PowerPoint 2016 中提供了大量的预设路径动画，用户可以为对象设置一个路径使其沿着指定的路径运动。下面详细介绍其操作方法。

step 1 ① 在幻灯片页面中选中一段文本，选择【动画】选项卡，② 单击【添加动画】下拉按钮，在弹出的下拉列表中，③ 选择【其他动作路径】选项，如图 14-31 所示。

step 2 ① 弹出【添加动作路径】对话框，在【基本】区域中，选择【橄榄球形】动作路径，② 单击【确定】按钮，如图 14-32 所示。

图 14-31

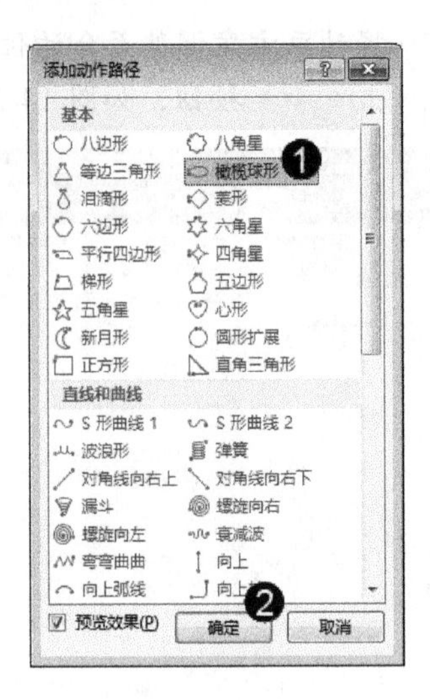

图 14-32

step 3 返回到幻灯片界面，可以看到页面中新添加的路径轨迹，单击【动画窗格】中的 播放自 按钮，如图 14-33 所示。

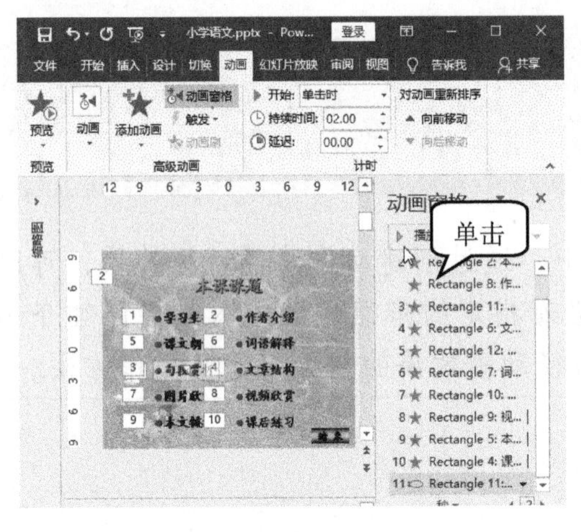

图 14-33

step 4 可以看到，幻灯片中的文本正按照新添加的路径播放，这样即可完成使用动作路径的操作，如图 14-34 所示。

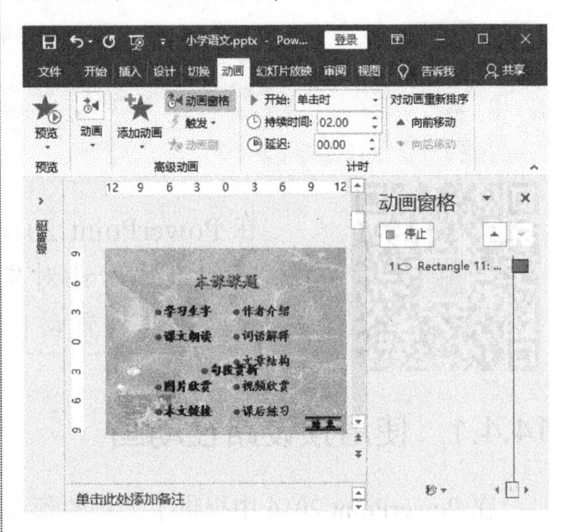

图 14-34

14.4.2 创建自定义路径动画

如果对预设的动作路径不满意，用户还可以根据自己的需求自定义动作路径。下面详细介绍创建自定义路径动画的操作方法。

step 1 选中要设置的对象，选择【动画】选项卡，在【动画】组中打开动画效果下拉列表，在【动作路径】区域中，选择【自定义路径】选项，如图 14-35 所示。

step 2 此时鼠标指针变成十字形状，按住鼠标左键拖动，或在幻灯片中单击，即可绘制路径，绘制完成后双击鼠标左键即可，如图 14-36 所示。

图 14-35

图 14-36

step 3 返回到幻灯片界面，可以看到页面中新添加的路径轨迹，单击【动画窗格】中的 ▶ 播放自 按钮，即可播放动画，这样即可完成创建自定义路径动画的操作，如图 14-37 所示。

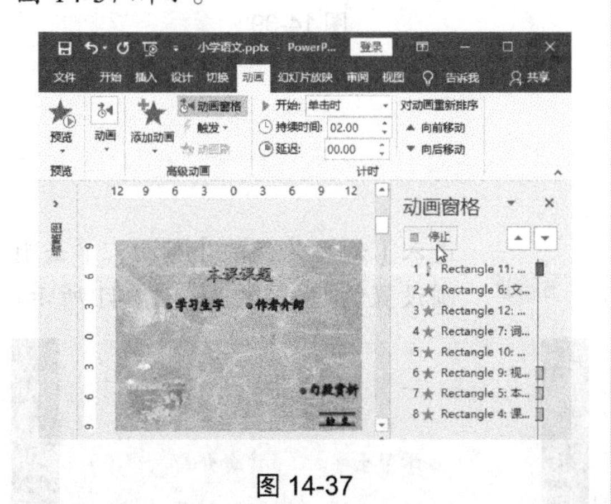

图 14-37

智慧锦囊

选中添加的路径动画，切换到【动画】选项卡，在【动画】组中单击【效果选项】下拉按钮，在打开的下拉列表中选择【编辑顶点】选项，即可进入顶点编辑状态，通过鼠标拖动顶点或顶点控制杆，可以调整所选路径动画的动作路径。

Section 14.5 实现幻灯片交互

手机扫描下方二维码，观看本节视频课程

为了在放映演示文稿时实现幻灯片的交互，可以通过 PowerPoint 2016 提供的超链接和动作按钮等功能来进行设置。本节将详细介绍在演示文稿中使用超链接和动作按钮的相关知识及操作方法。

14.5.1 链接到同一演示文稿的其他幻灯片

如果当前幻灯片的内容需要引用之前或者之后的内容，或者是幻灯片之间存在关联关系，可以在当前幻灯片中设置超链接，单击超链接时，将自动跳转至指定的页面。下面介绍链接到同一演示文稿中其他幻灯片的操作方法。

step 1 ① 选中准备设置超链接的幻灯片，② 选中幻灯片中准备设置超链接的文本，③ 选择【插入】选项卡，④ 在【链接】组中，单击【链接】按钮，如图 14-38 所示。

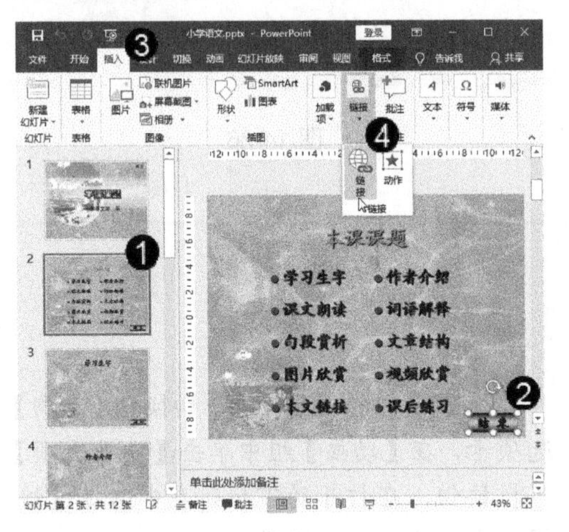

图 14-38

① 弹出【编辑超链接】对话框，选择【本文档中的位置】选项卡，② 在【请选择文档中的位置】列表框中，选中准备链接到的位置，③ 单击【确定】按钮，如图 14-39 所示。

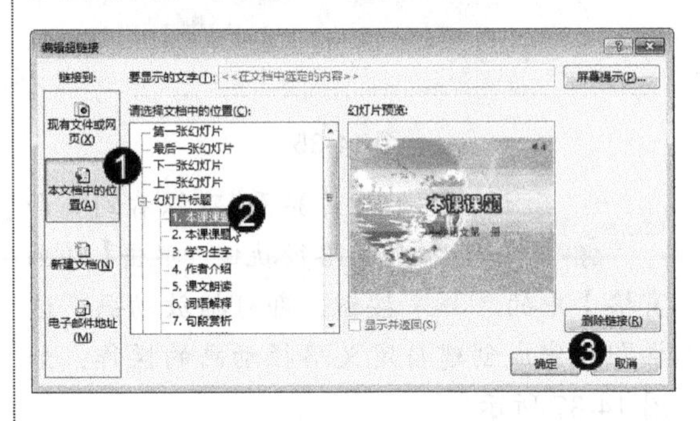

图 14-39

step 3 返回到幻灯片界面，可以看到页面中新添加的超链接，单击【幻灯片放映】按钮，如图 14-40 所示。

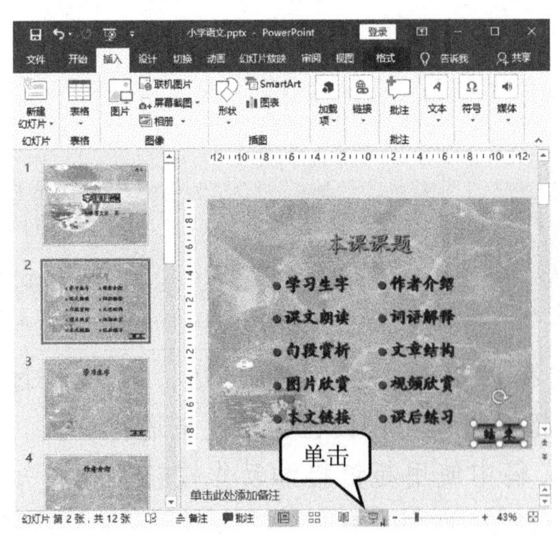

图 14-40

进入【幻灯片放映】界面，单击刚刚设置的超链接，如图 14-41 所示。

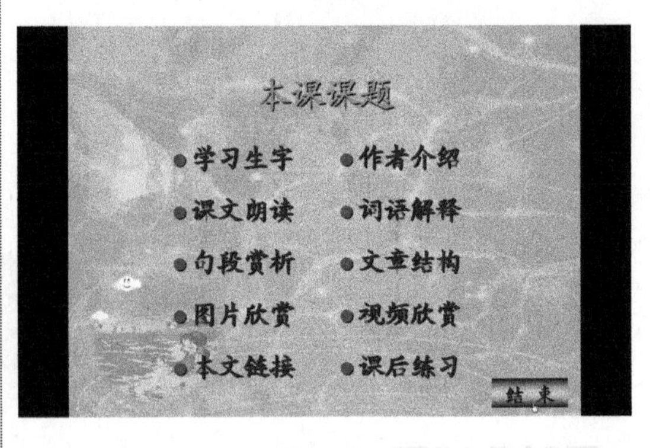

图 14-41

step 5 通过单击超链接，由播放的幻灯片页面切换至刚刚设置的幻灯片页面，这样即可完成链接到同一演示文稿其他幻灯片的操作，如图 14-42 所示。

图 14-42

智慧锦囊

在设置超链接对象时，可以在【插入超链接】对话框上方【要显示的文字】文本框中，输入该链接项准备应用的文本，如图 14-43 所示。

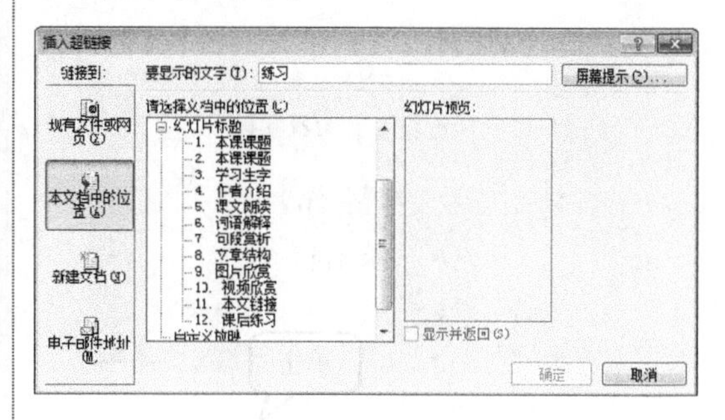

图 14-43

14.5.2 链接到其他演示文稿幻灯片

如果当前演示文稿需要引用其他演示文稿中的幻灯片，可以将当前演示文稿中的对象设置超链接到其他演示文稿中的幻灯片，这样在单击超链接对象时，可以将其他演示文稿的指定幻灯片打开。下面介绍链接到其他演示文稿幻灯片的操作方法。

step 1 ① 选择准备设置超链接的幻灯片，② 选中幻灯片中准备设置超链接的文本，③ 选择【插入】选项卡，④ 在【链接】组中，单击【链接】按钮，如图 14-44 所示。

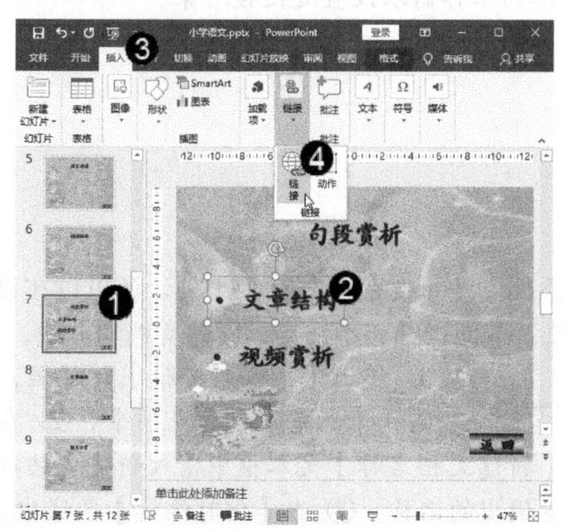

图 14-44

step 2 ① 弹出【插入超链接】对话框，选择【现有文件或网页】选项卡，② 在【查找范围】下拉列表框中选择素材文件，③ 在【当前文件夹】列表框中，选择准备添加的演示文稿文件，④ 单击【确定】按钮，如图 14-45 所示。

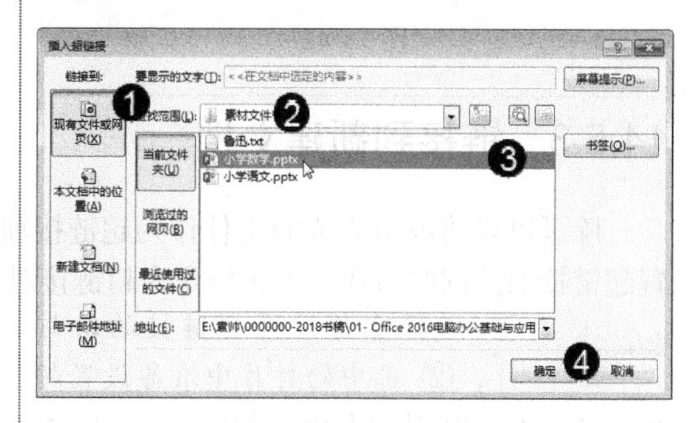

图 14-45

step 3 返回到幻灯片界面，可以看到页面中新添加的超链接，单击【幻灯片放映】按钮 ，如图 14-46 所示。

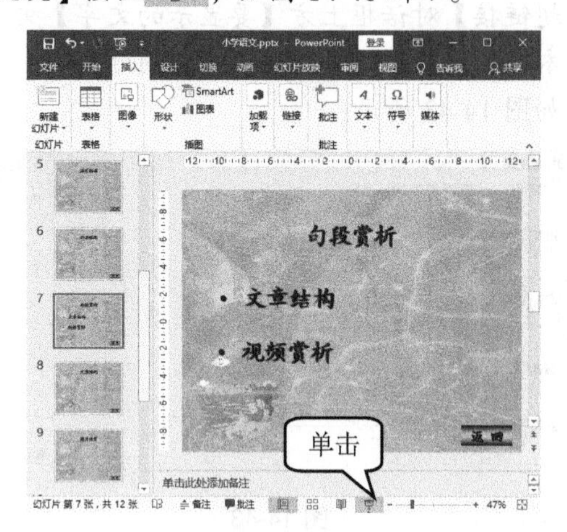

图 14-46

step 4 进入【幻灯片放映】界面，单击刚刚设置的超链接，如图 14-47 所示。

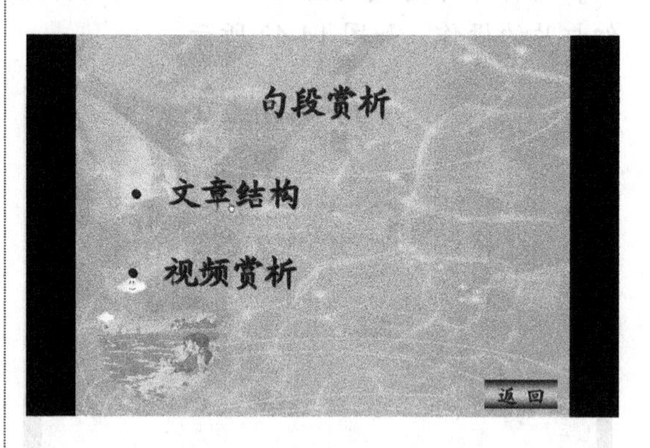

图 14-47

step 5 通过单击超链接，由播放的幻灯片页面，切换至刚刚设置的其他演示文稿的幻灯片页面，这样即可完成链接到其他演示文稿幻灯片的操作，如图 14-48 所示。

图 14-48

智慧锦囊

在添加链接的时候，除了可以将其他演示文稿中的幻灯片作为超链接项外，还可以将其他格式的文件，如 Word 文档、Excel 表格等添加为链接，如果有需要，还可以将一个程序作为超链接项，这样在播放演示文稿的时候，可以将该程序打开。用户在编排演示文稿的时候，可以根据具体的工作需求设置超链接对象。

14.5.3 链接到新建文档

除了可以将编辑完成的文件作为超链接项添加到演示文稿的幻灯片中外，还可以在设置超链接项的同时新建一个文档作为超链接对象。下面详细介绍链接到新建文档的方法。

step 1 ① 选择准备设置超链接的幻灯片，② 选中幻灯片中准备设置超链接的文本，③ 选择【插入】选项卡，④ 在【链接】组中，单击【链接】按钮，如图 14-49 所示。

step 2 ① 弹出【插入超链接】对话框，选择【新建文档】选项卡，② 在【新建文档名称】文本框中输入新建文档准备使用的名称，③ 在【何时编辑】区域中，选中【开始编辑新文档】单选按钮，④ 单击【更改】按钮，如图 14-50 所示。

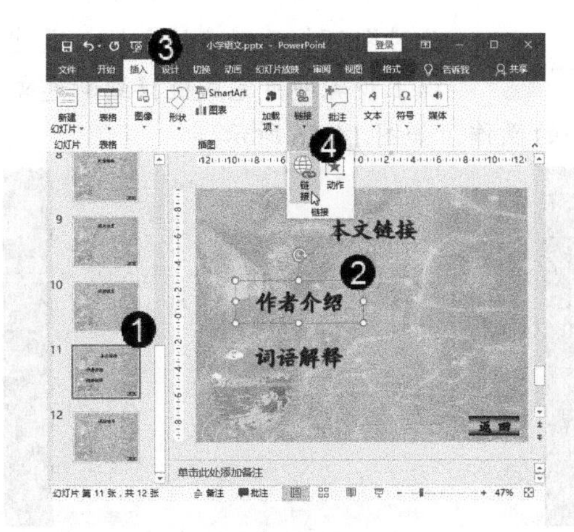

图 14-49

step 3 弹出【新建文档】对话框，① 选择文档文件的保存位置，② 在【文件名】下拉列表框中，输入准备应用的文本文件名称，③ 在【保存类型】下拉列表框中，选择【文本文件】选项，④ 单击【确定】按钮，如图 14-51 所示。

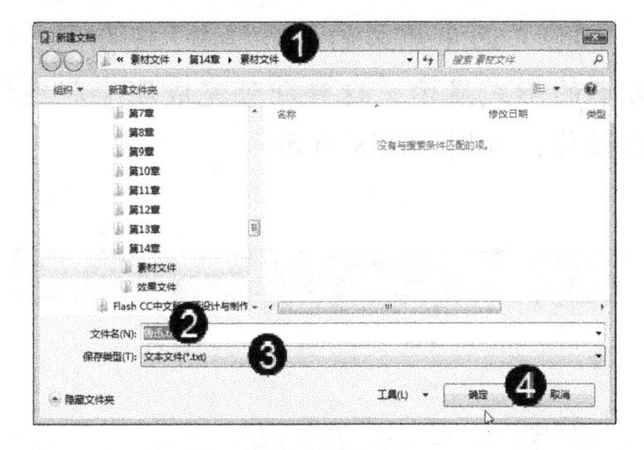

图 14-51

step 5 ① 打开新建的文本文档，在其中输入演示文稿中需要放映的内容，② 编辑完成后，单击标题栏中的【关闭】按钮 ，如图 14-53 所示。

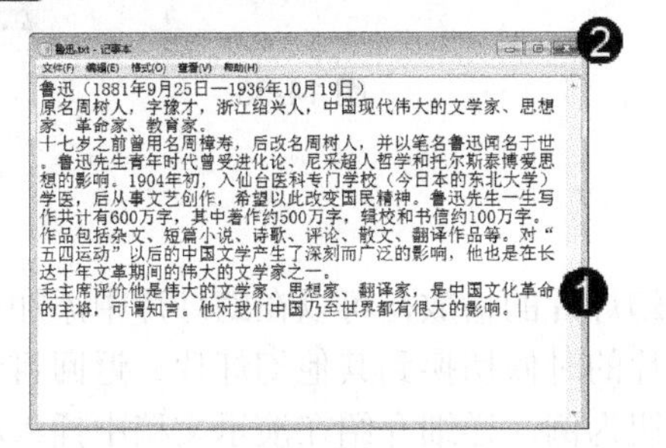

图 14-53

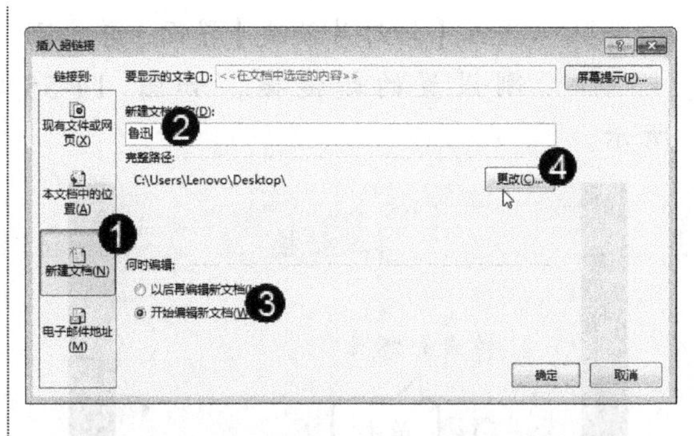

图 14-50

step 4 返回到【插入超链接】对话框，可以看到新建文档文件的路径已经发生改变，单击【确定】按钮，如图 14-52 所示。

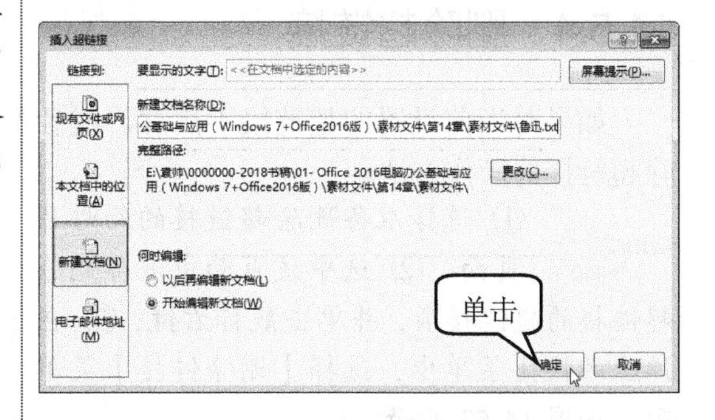

图 14-52

step 6 返回到幻灯片界面，可以看到，刚刚选中的文字以超链接的样式显示，单击【幻灯片放映】按钮 ，如图 14-54 所示。

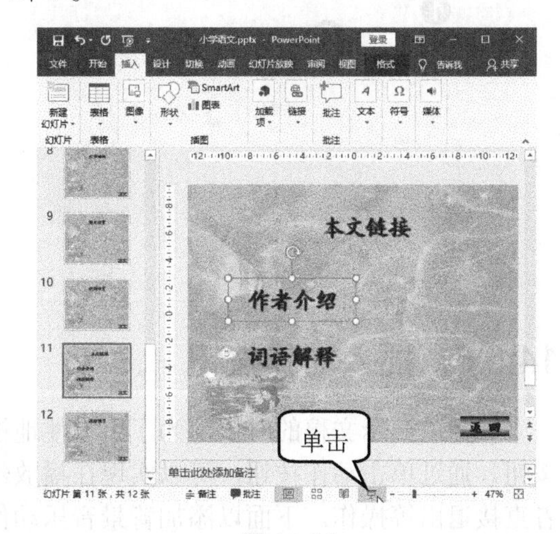

图 14-54

进入【幻灯片放映】界面，单击刚刚设置的超链接，如图 14-55 所示。

图 14-55

此时即可打开新建的文档，通过以上步骤即可完成链接到新建文档的操作，如图 14-56 所示。

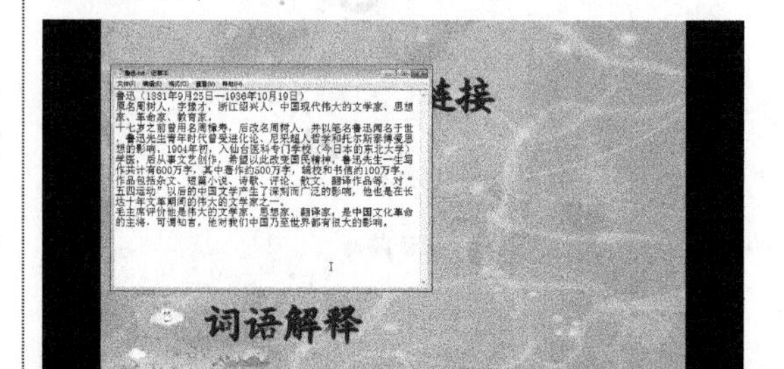

图 14-56

14.5.4 删除超链接

如果对当前设置的超链接不满意，或者不再需要超链接，可以将其删除。下面介绍删除超链接的操作方法。

step 1 ① 选择准备删除超链接的幻灯片页面，② 选中该页面中准备删除超链接的超链接项，并单击鼠标右键，③ 在弹出的快捷菜单中，选择【删除链接】菜单项，如图 14-57 所示。

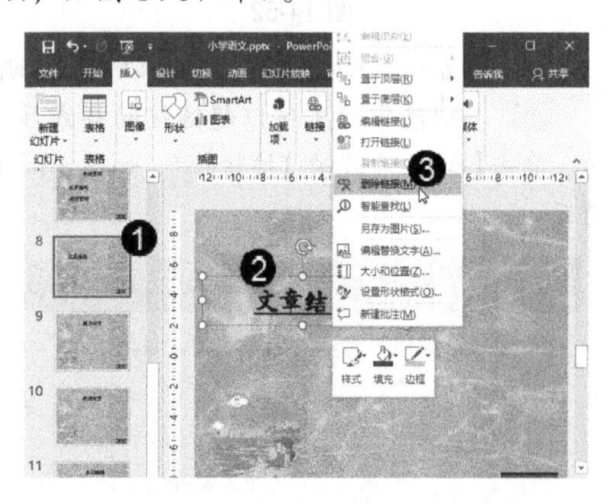

图 14-57

step 2 返回到幻灯片界面，可以看到，界面中原来的超链接项，现在以普通文本的形式显示，这样即可完成删除超链接的操作，如图 14-58 所示。

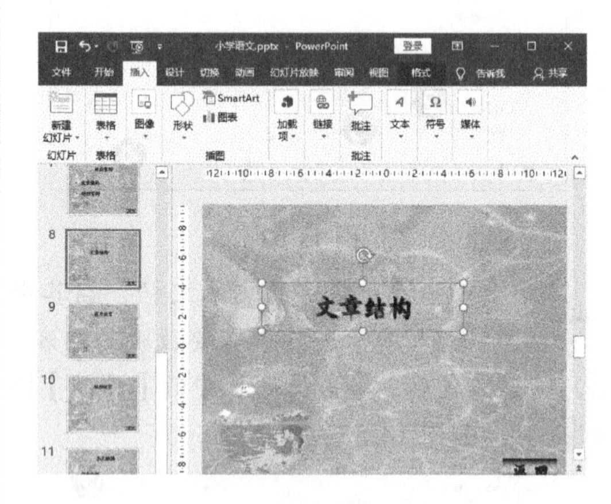

图 14-58

14.5.5 插入动作按钮

在播放演示文稿的时候，为了更方便地控制幻灯片的播放，可以在幻灯片中添加动作按钮，通过单击动作按钮，可以实现在播放幻灯片的时候切换到其他幻灯片、返回目录或者直接退出等操作。下面以添加背景音乐动作按钮为例，详细介绍在演示文稿中插入动作按钮的操作方法。

step 1 ① 选中准备添加动作按钮的幻灯片，② 选择【插入】选项卡，③ 单击【插图】组中的【形状】下拉按钮，④ 在弹出的下拉列表中，选择【动作按钮】区域中的【声音】选项，如图 14-59 所示。

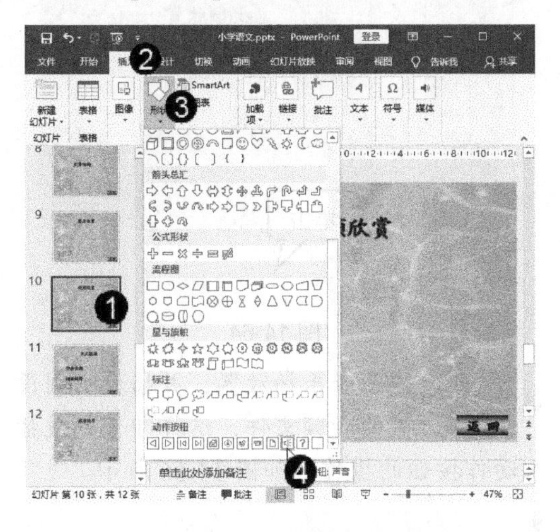

图 14-59

step 3 ① 弹出【操作设置】对话框，选择【单击鼠标】选项卡，② 在【单击鼠标时的动作】区域中，选中【超链接到】单选按钮，③ 单击【超链接到】下拉按钮，④ 在展开的下拉列表中选择【其他文件】选项，如图 14-61 所示。

图 14-61

step 5 返回到【操作设置】对话框，可以看到【超链接到】下拉列表框中，显示了添加的音频文件路径，确认无误后，单击【确定】按钮，如图 14-63 所示。

step 2 这时鼠标指针变为“+”形状，将鼠标指针移动到幻灯片中准备添加动作按钮的位置单击，拖动鼠标指针调整动作按钮的大小，调整大小完成后，释放鼠标左键，如图 14-60 所示。

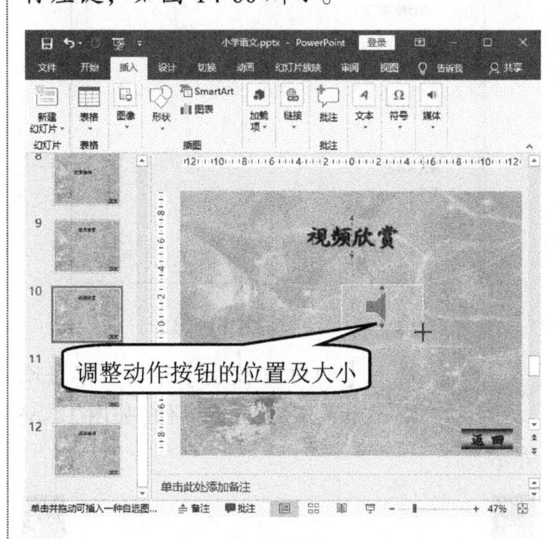

图 14-60

step 4 ① 弹出【超链接到其他文件】对话框，② 选择准备使用的音频文件，③ 单击【确定】按钮，如图 14-62 所示。

图 14-62

step 6 返回到幻灯片界面，可以看到声音动作按钮已经添加完成，单击【幻灯片放映】按钮，如图 14-64 所示。

图 14-63

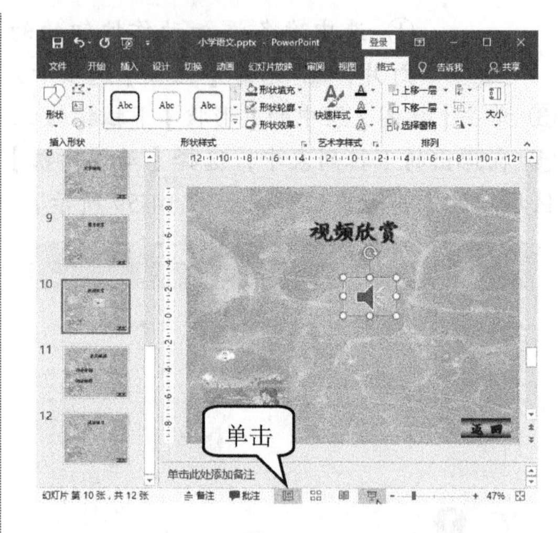

图 14-64

进入【幻灯片放映】界面，单击刚刚添加的音乐动作按钮，如图 14-65 所示。

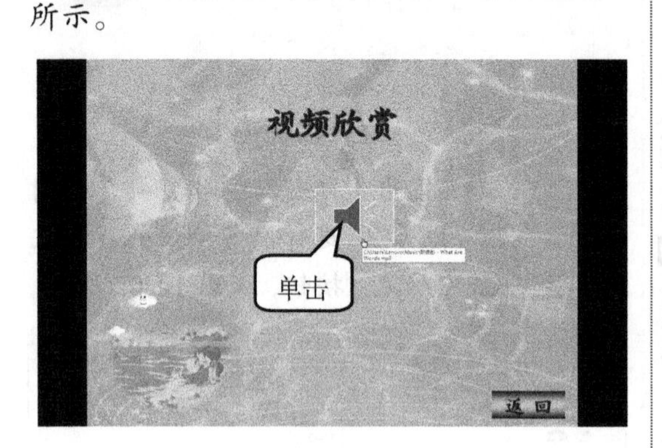

图 14-65

step 8 弹出音乐播放器，并播放刚刚设置的音频文件，这样即可完成插入动作按钮的操作，如图 14-66 所示。

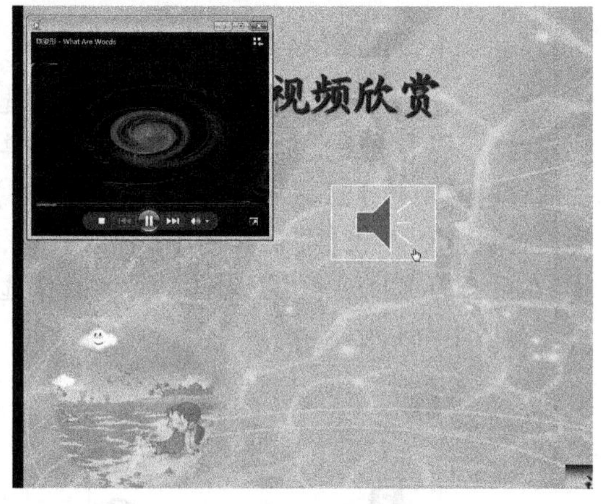

图 14-66

Section 14.6 范例应用与上机操作

手机扫描下方二维码，观看本节视频课程

通过本章的学习，读者可以掌握设计动画与交互效果幻灯片的知识和操作。下面介绍“为消费群体报告创建动画效果”和“创建一份交互效果的教育演示文稿”范例应用，上机操作练习一下，以达到巩固学习、拓展提高的目的。

14.6.1 为消费群体报告创建动画效果

创建一份消费群体报告，并为其设置动画效果，可以很直观地将消费群体的构成等情况展示出来。下面详细介绍其操作方法。

素材文件 第14章\素材文件\消费群体报告.pptx

效果文件 第14章\效果文件\消费群体报告动画效果.pptx

step 1 ① 创建一份演示文稿，并将资料编排在相关的幻灯片中，选择其中一张幻灯片，② 选择【切换】选项卡，③ 选择【切换到此幻灯片】组中准备应用的切换效果，④ 单击【计时】组中的【应用到全部】按钮，如图 14-67 所示。

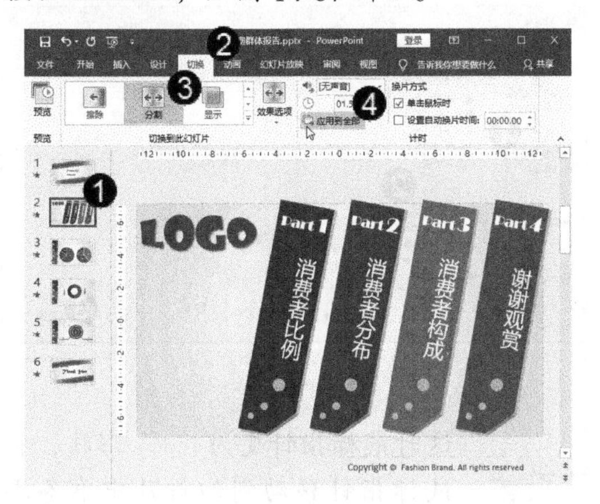

图 14-67

step 2 ① 选择一张准备应用动画方案的幻灯片，② 选择幻灯片中准备应用动画方案的对象，③ 选择【动画】选项卡，④ 单击【高级动画】组中的【添加动画】下拉按钮，⑤ 在弹出的下拉列表中，选择【随机线条】选项，如图 14-68 所示。

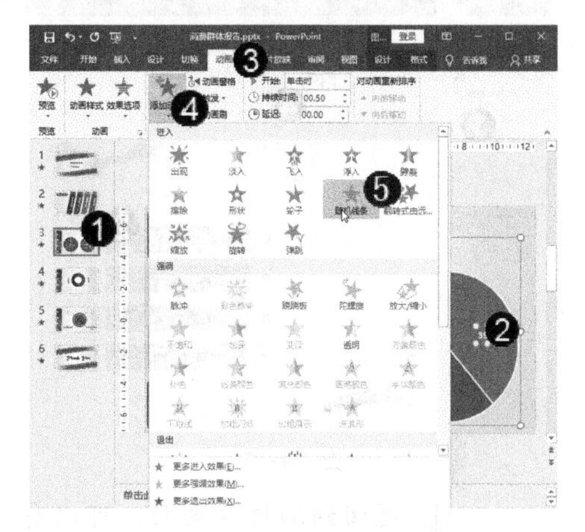

图 14-68

step 3 返回到幻灯片界面，单击【幻灯片放映】按钮，如图 14-69 所示。

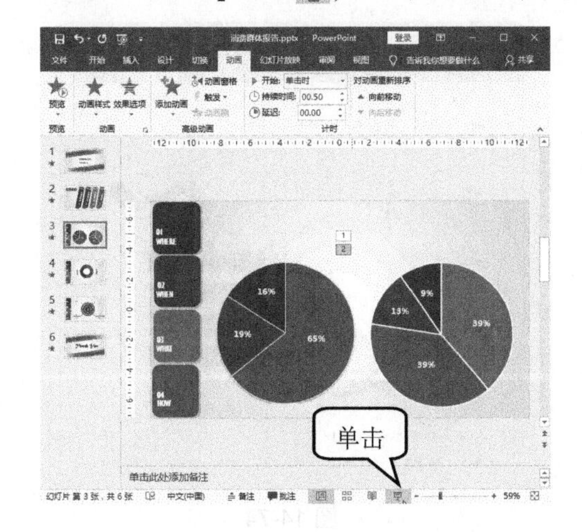

图 14-69

step 4 进入幻灯片放映界面，可以看到设置好的动画效果，将演示文稿保存至电脑中，即可完成创建一份消费群体报告，如图 14-70 所示。

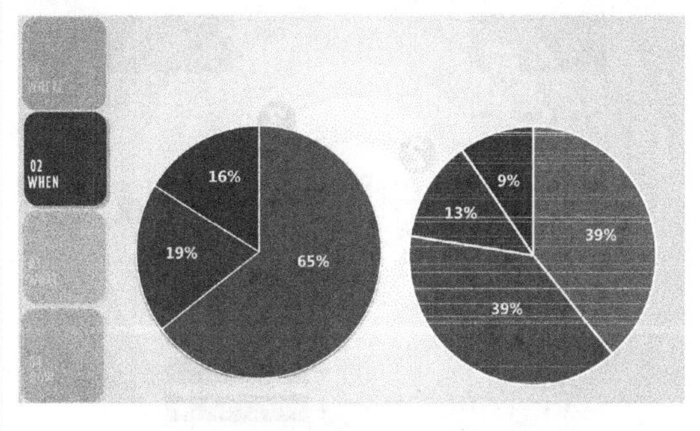

图 14-70

14.6.2 创建一份有交互效果的教育演示文稿

在日常工作中，经常会接触到教育形式的演示文稿，本例将运用本章所学的有关幻灯片交互方面的知识，详细介绍创建一份有交互效果的教育演示文稿的方法。

素材文件 第14章\素材文件\爱我中华.MP3、爱我中华.ppt

效果文件 第14章\效果文件\爱国教育.pptx

step 1 ① 打开素材文件，选择第一张幻灯片，② 选中幻灯片中准备设置超链接的文本，③ 选择【插入】选项卡，④ 在【链接】组中，单击【链接】按钮，如图 14-71 所示。

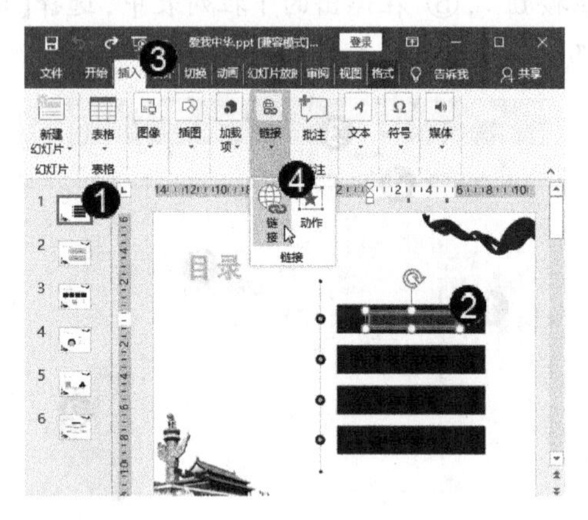

图 14-71

step 2 弹出【插入超链接】对话框，① 选择【本文档中的位置】选项卡，② 在【请选择文档中的位置】列表框中选择相应的幻灯片，在【幻灯片预览】区域中，显示被选中的幻灯片的预览效果，③ 单击【确定】按钮，如图 14-72 所示。

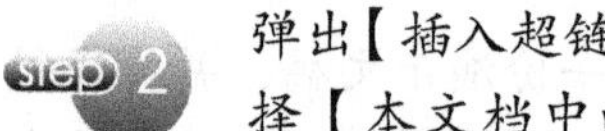

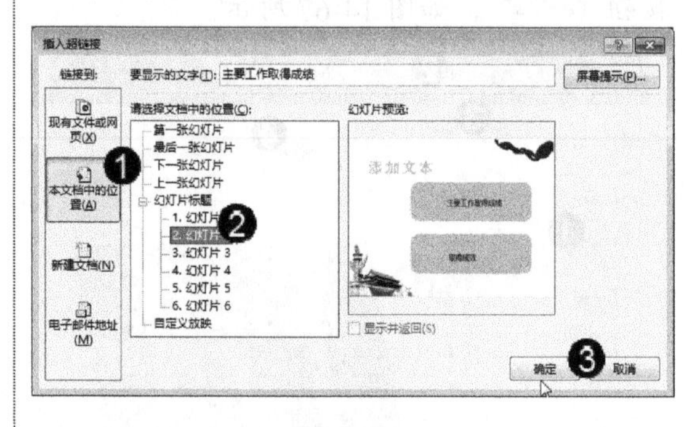

图 14-72

step 3 ① 返回到幻灯片页面，可以看到已经为刚刚选中的文本设置了链接，将其他文本也分别设置相应的链接，② 单击【插图】组中的【形状】下拉按钮，③ 在弹出的下拉列表中，选择【动作按钮】区域中的【声音】选项，如图 14-73 所示。

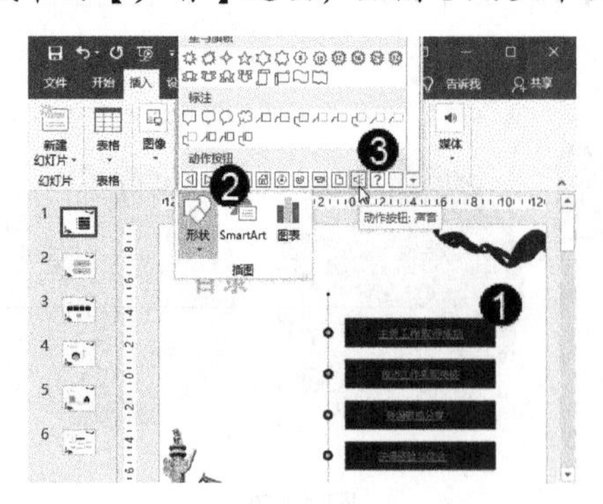

图 14-73

step 4 这时鼠标指针变为“+”形状，将鼠标指针移动到幻灯片中准备添加动作按钮的位置，单击并拖动鼠标指针调整动作按钮的大小，调整大小完成后，释放鼠标左键，如图 14-74 所示。

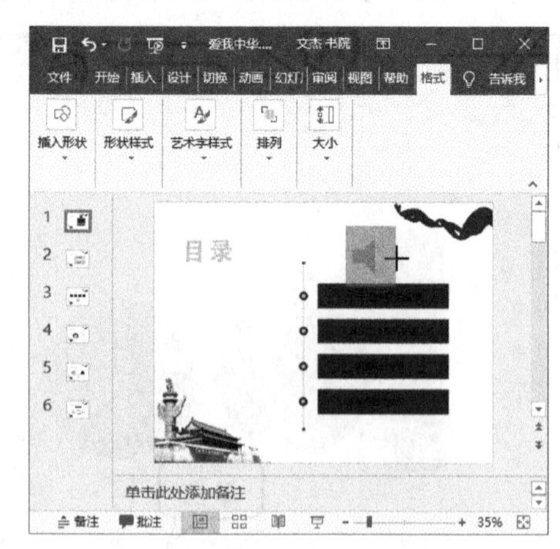

图 14-74

step 5 ① 弹出【操作设置】对话框，选择【单击鼠标】选项卡，② 在【单击鼠标时的动作】区域中，选中【超链接到】单选按钮，③ 单击【超链接到】下拉按钮▾，④ 在展开的下拉列表中选择【其他文件】选项，如图 14-75 所示。

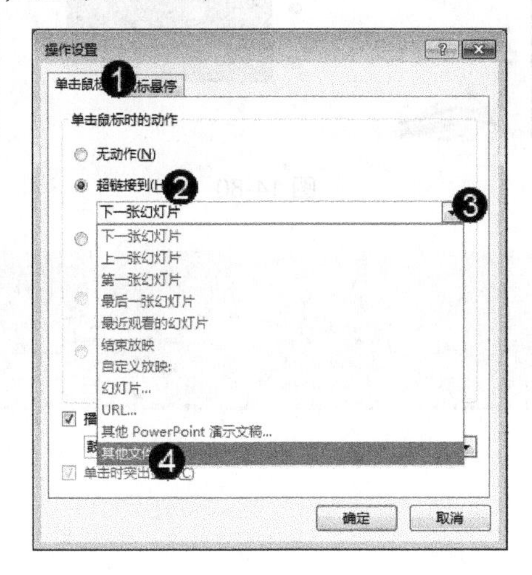

图 14-75

step 7 返回到【操作设置】对话框中，单击【确定】按钮，如图 14-77 所示。

图 14-77

step 9 ① 进入幻灯片放映界面，可以单击超链接查看相应的链接页面，② 也可以单击刚刚添加的动作按钮，播放音频文件，如图 14-79 所示。

step 6 ① 弹出【超链接到其他文件】对话框，找到准备使用的音频文件所在的位置，② 选择准备使用的音频文件，③ 单击【确定】按钮，如图 14-76 所示。

图 14-76

step 8 返回到幻灯片界面，可以看到声音动作按钮已经添加完成，单击【幻灯片放映】按钮，如图 14-78 所示。

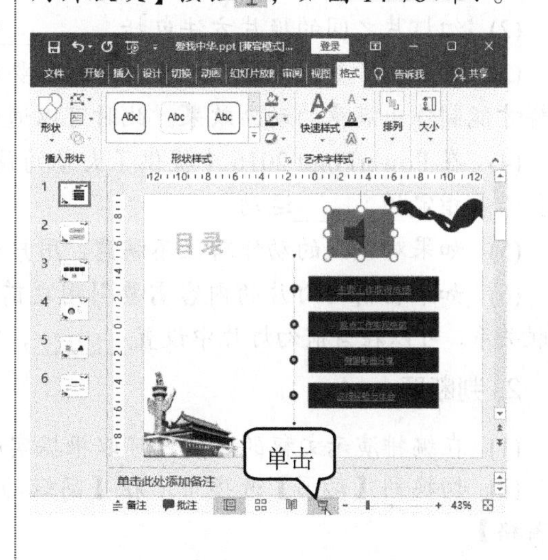

图 14-78

step 10 将创建好的演示文稿保存至电脑中，通过以上步骤，即可创建出一份教育演示文稿，如图 14-80 所示。

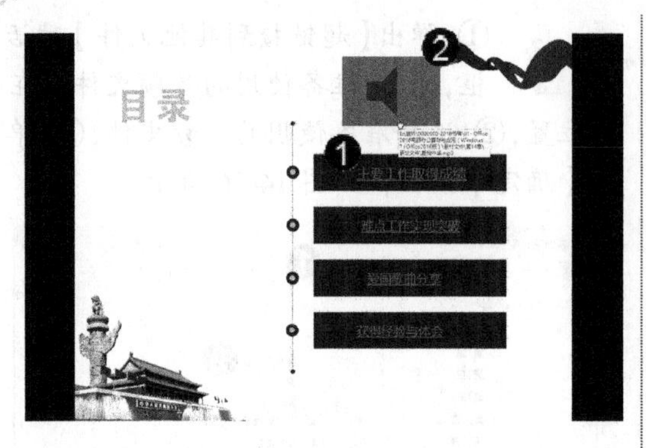

图 14-79

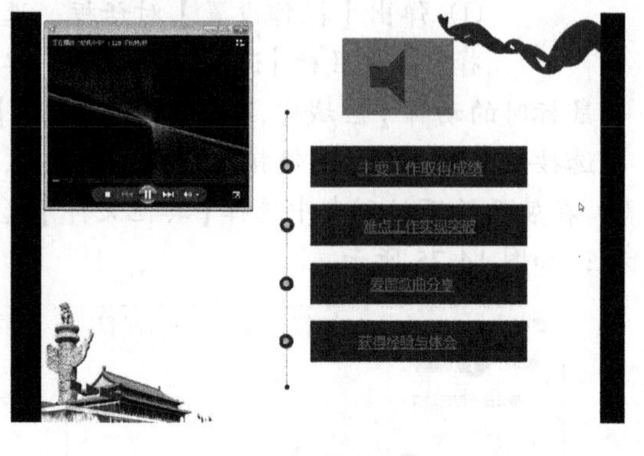

图 14-80

Section 14.7 课后练习与上机操作

本节内容无视频课程，习题参考答案在本书附录。

14.7.1 课后练习

1. 填空题

(1) ________效果是指由一张幻灯片切换至下一张幻灯片时，所呈现的动画状态。

(2) 幻灯片之间的换片方法包括________切换和______切换两种。

(3) 在添加了多个动画效果后，可能需要反复查看各个动画之间的衔接效果是否合理，这样才能制作出满意的动画效果。此时可以通过________来进行设置。

(4) 在 PowerPoint 2016 中提供了大量的预设路径动画，用户可以为对象设置一个路径使其沿着指定的______运动。

(5) 如果对预设的动作路径不满意，用户还可以根据自己的需求________动作路径。

(6) 如果当前幻灯片的内容需要引用之前或者之后的内容，又或者是幻灯片之间存在关联关系，可以在当前幻灯片中设置_______，单击超链接时，将自动跳转至_____的页面中。

2. 判断题

(1) 在编排演示文稿的时候，可以根据实际需求调整幻灯片的切换速度。 (　)

(2) 切换到【动画】选项卡，在【高级动画】组中单击【动画】按钮，即可打开【动画窗格】。 (　)

(3) 如果当前演示文稿需要引用其他演示文稿中的幻灯片，可以将当前演示文稿中的对象设置超链接到其他演示文稿中的幻灯片，这样在单击超链接对象时，可以将其他演示文稿的指定幻灯片打开。 (　)

(4) 除了可以将编辑完成的文件作为超链接项添加到演示文稿的幻灯片中外，还可以在设置超链接项的同时新建一个文档作为超链接对象。 (　)

(5) 在播放演示文稿的时候，为了更方便地控制幻灯片的播放，可以在幻灯片中添加超链接按钮，通过单击超链接按钮，可以实现在播放幻灯片的时候切换到其他幻灯片、返回目录或者直接退出等操作。 (　)

3. 思考题

(1) 如何添加幻灯片切换效果？

(2) 如何应用动画方案？

14.7.2 上机操作

(1) 通过本章的学习，读者基本可以掌握设置幻灯片切换声音效果方面的知识。下面通过练习切换声音效果，达到巩固与提高的目的。素材文件路径为“第 14 章\效果文件\座位表.pptx”。

(2) 通过本章的学习，读者基本可以掌握添加动画效果方面的知识。下面通过练习添加动画效果，达到巩固与提高的目的。素材文件路径为“第 14 章\效果文件\绿茶简介.pptx”。

演示文稿的放映与输出

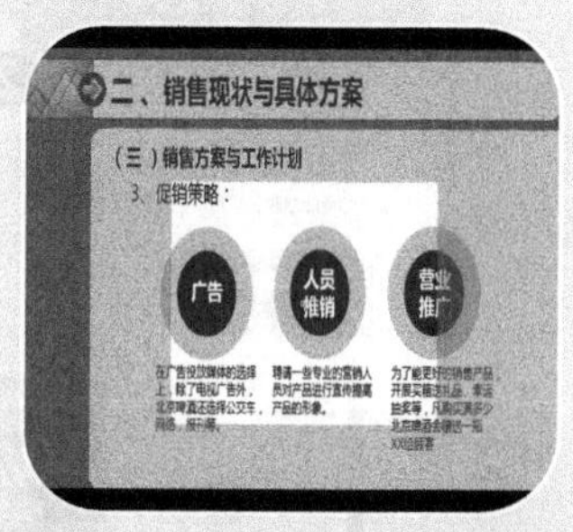

本章介绍演示文稿的放映与输出方面的知识与技巧，主要内容包括放映设置、放映幻灯片、输出与发布演示文稿等。通过本章的学习，读者可以掌握演示文稿的放映与输出方面的基础知识，为深入学习 Office 2016 电脑办公知识奠定基础。

1. 放映设置
2. 放映幻灯片
3. 输出与发布演示文稿

Section 15.1 放映设置

手机扫描下方二维码，观看本节视频课程

演示文稿制作完成后，需要放映幻灯片，为了得到良好的放映效果，需要在放映演示文稿前进行一些设置。本节将详细介绍设置幻灯片放映类型、设置放映选项、放映指定幻灯片、设置换片方式、设置排练计时和录制旁白等相关知识及方法。

15.1.1 设置幻灯片放映类型

制作演示文稿是为了演示和放映。在放映幻灯片时，用户可以根据自己的需要设置放映类型。下面详细介绍设置幻灯片放映类型的操作方法。

step 1 打开演示文稿，① 选择【幻灯片放映】选项卡，② 在【设置】组中单击【设置幻灯片放映】按钮，如图 15-1 所示。

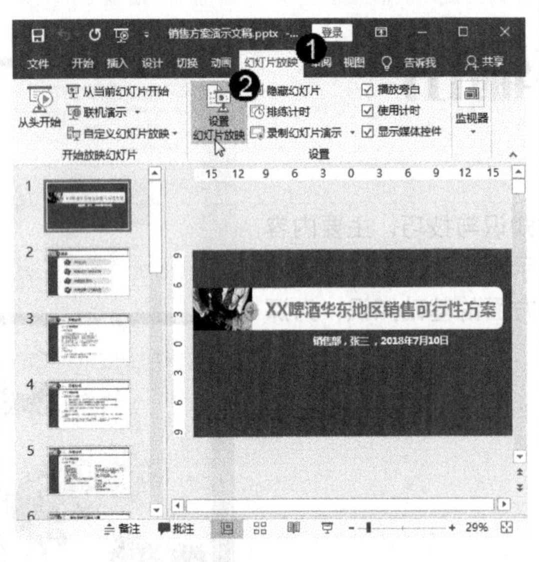

图 15-1

step 2 弹出【设置放映方式】对话框，① 根据需要对“放映类型”“放映选项”“幻灯片放映范围”(放映幻灯片)、“换片方式”以及多显示器的使用等进行设置，② 设置完成后单击【确定】按钮即可，如图 15-2 所示。

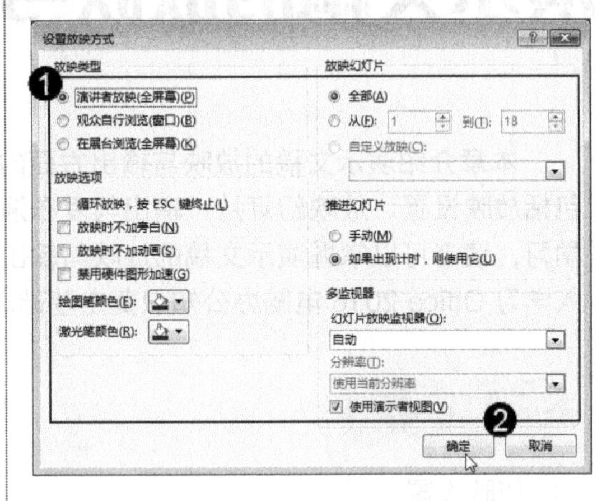

图 15-2

演示文稿的放映类型主要有以下几种。

- 演讲者放映：该方式为传统的全屏放映方式，常用于演讲者亲自播放演示文稿。对于这种方式，演讲者具有完全的控制权，可以决定采用自动方式还是人工方式放映。演讲者可以将演示文稿暂停、添加会议细节或即时反应，还可以在放映的过程中录下旁白。
- 观众自行浏览：以这种方式放映演示文稿时，演示文稿会出现在小型窗口内，并提供相应的操作命令，允许移动、编辑、复制和打印幻灯片。在这种方式中，可

以使用滚动条从一张幻灯片移到另一张幻灯片，还可以同时打开其他程序。

- 在展台浏览：该方式是一种自动运行全屏放映的方式，放映结束 5 分钟之内，若没有指令则重新放映。观众可以切换幻灯片、单击超链接或动作按钮，但是不可以更改演示文稿。

15.1.2 放映指定的幻灯片

在放映幻灯片前，用户可以根据需要设置放映幻灯片的数量，如放映全部幻灯片、放映连续几张幻灯片等。下面详细介绍放映指定幻灯片的操作方法。

step 1 打开【设置放映方式】对话框后，在【放映幻灯片】区域，默认选中【全部】单选按钮，在放映演示文稿时即可放映全部幻灯片，如图 15-3 所示。

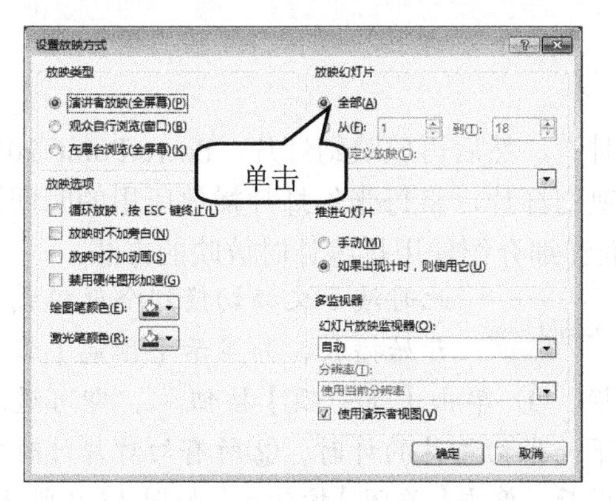

图 15-3

step 2 如果在【放映幻灯片】区域中，选中【从】单选按钮，然后将幻灯片数量设置为“从 1 到 10”，设置完毕后单击【确定】按钮，放映演示文稿时，就会放映指定的 1 到 10 张幻灯片，如图 15-4 所示。

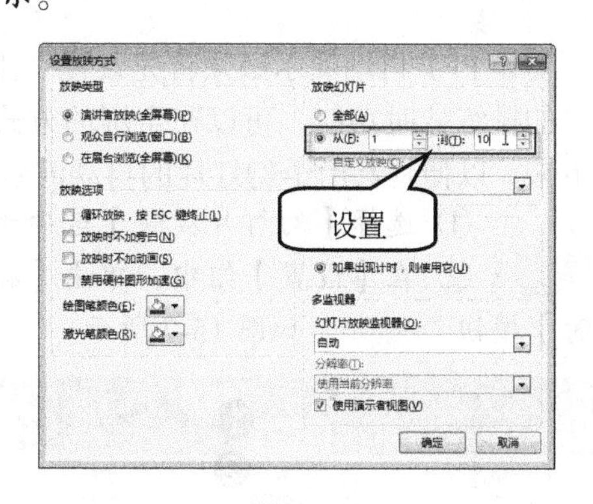

图 15-4

15.1.3 设置换片方式

PowerPoint 演示文稿的换片方式主要有两种：一种是“手动”；另一种是“如果出现计时，则使用它”。

(1) 手动。放映换片的条件是单击，或每隔一定时间自动播放，或者右击，再选择快捷菜单上的【上一张】、【下一张】或【定位】菜单项，此时 PowerPoint 会忽略默认的排练时间，但不会删除。

(2) 如果出现计时，则使用它。使用预设的排练时间自动放映，仍需人工进行换片操作。

下面详细介绍设置换片方式的操作方法。

step 1 打开【设置放映方式】对话框后，在【推进幻灯片】区域选中【手动】单选按钮，此时需要通过单击来切换幻灯片，如图 15-5 所示。

step 2 在【设置放映方式】对话框中，如果在【推进幻灯片】区域，选中【如果出现计时，则使用它】单选按钮，会按照预设的排练时间自动放映幻灯片，如图 15-6 所示。

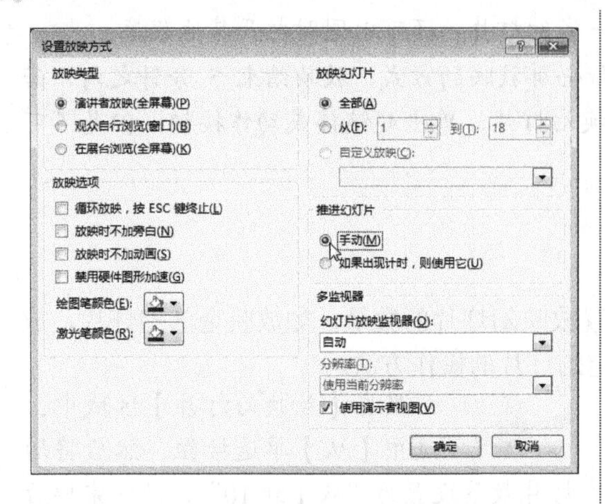

图 15-5

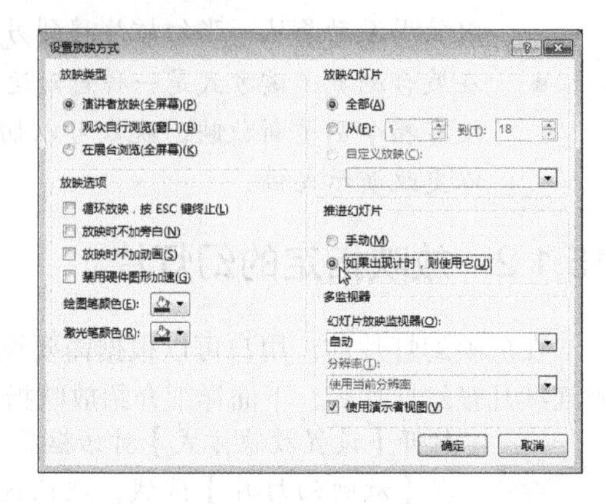

图 15-6

15.1.4 使用排练计时放映

要让 PPT 自动演示必须首先设置“排练计时”，然后再放映幻灯片，PowerPoint 2016 提供的排练计时功能，可以在全屏的方式下放映幻灯片，将每张幻灯片播放所用的时间记录下来，以便将其用于幻灯片的自动演示。下面详细介绍使用排练计时放映的方法。

step 1 ① 选择【幻灯片放映】选项卡，② 在【设置】组中，单击【排练计时】按钮，如图 15-7 所示。

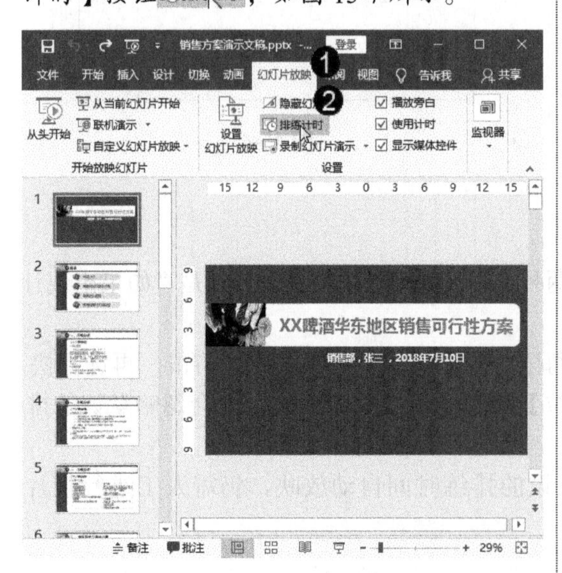

图 15-7

step 2 此时演示文稿切换到全屏模式下开始播放，并显示【预览】工具栏，① 单击【下一项】按钮，即可进入下一张幻灯片的计时，②所有幻灯片计时完成后，单击【关闭】按钮，如图 15-8 所示。

图 15-8

step 3 弹出提示对话框，单击【是】按钮，如图 15-9 所示。

step 4 进入幻灯片的浏览视图，在每一张幻灯片下方将显示设置的持续时间，这样即可完成设置排练计时的操作，如图 15-10 所示。

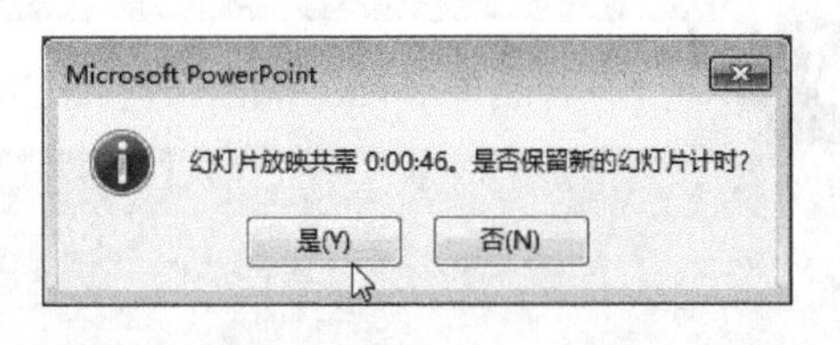

图 15-9

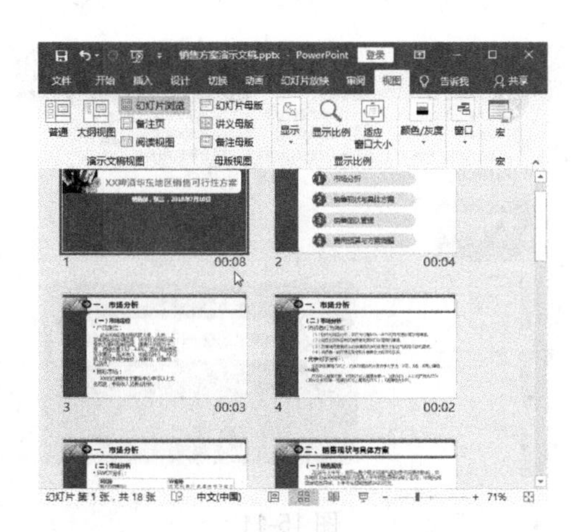

图 15-10

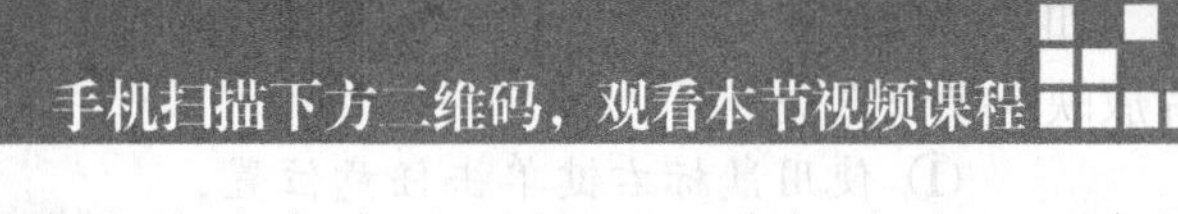

Section 15.2 放映幻灯片

手机扫描下方二维码，观看本节视频课程

设置好演示文稿的放映方式后，就可以进行放映了，在放映演示文稿时可以自由控制，主要包括启动与退出幻灯片放映、控制幻灯片放映、添加墨迹注释等。本节将详细介绍放映幻灯片的相关知识及操作方法。

15.2.1 启动与退出幻灯片放映

置好幻灯片的放映方式后，就可以放映幻灯片了，首先应该掌握启动与退出幻灯片放映的方法。下面将详细介绍启动与退出幻灯片放映的操作方法。

1. 启动幻灯片放映

在 PowerPoint 2016 中，如果准备放映幻灯片，在演示文稿页面的功能区中单击相应按钮即可实现，下面详细介绍其操作方法。

知识精讲

使用 PowerPoint 2016 启动幻灯片放映时，用户可以使用下面所述的任意一种方法：①选择【幻灯片放映】选项卡后，单击【从头开始】按钮、【从当前幻灯片开始】按钮或【自定义幻灯片放映】按钮。②单击演示文稿窗口右下角的【幻灯片放映】按钮。③按键盘上的 F5 键。④按键盘上的 Shift+F5 组合键。

① 选择【幻灯片放映】选项卡，② 在【开始放映幻灯片】组中单击【从头开始】按钮，如图 15-11 所示。

演示文稿将会从头开始播放幻灯片，通过以上步骤即可完成启动幻灯片放映的操作，如图 15-12 所示。

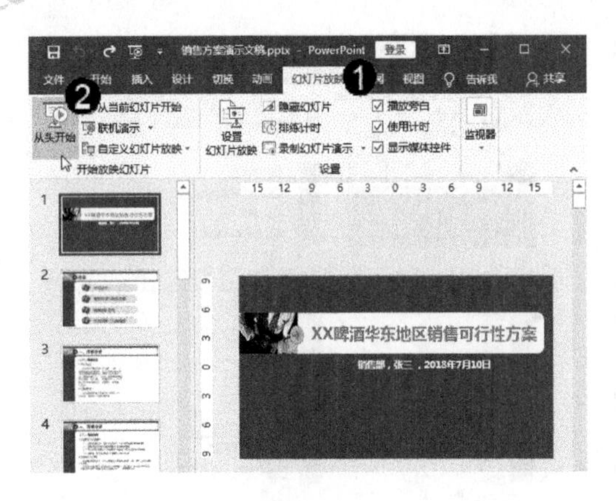

图 15-11

图 15-12

2. 退出幻灯片放映

如果幻灯片放映结束，可以将其退出，方便进行其他工作。下面将具体介绍退出幻灯片放映的操作方法。

① 使用鼠标右键单击任意位置，② 在弹出的快捷菜单中选择【结束放映】菜单项，如图 15-13 所示。

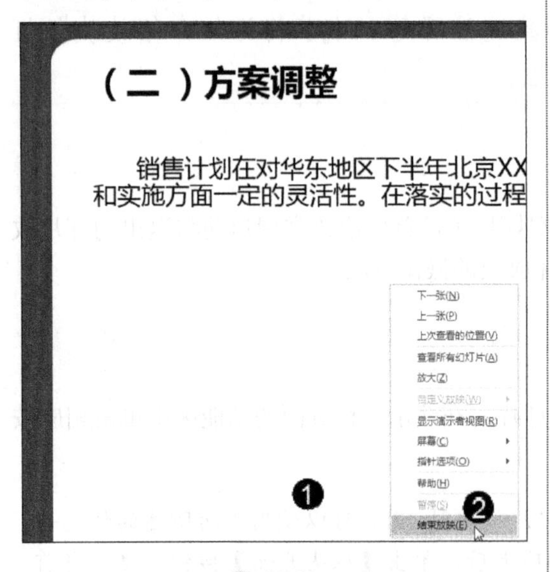

图 15-13

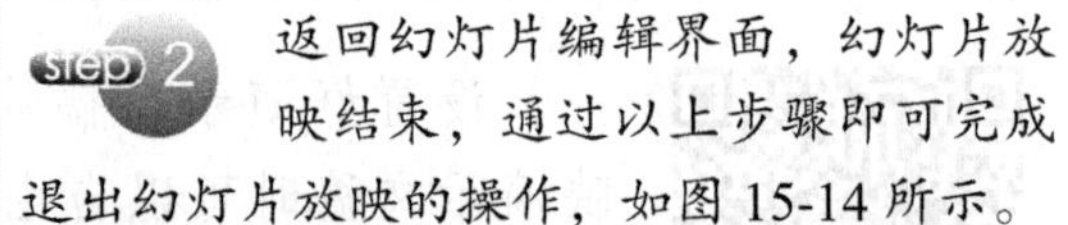

返回幻灯片编辑界面，幻灯片放映结束，通过以上步骤即可完成退出幻灯片放映的操作，如图 15-14 所示。

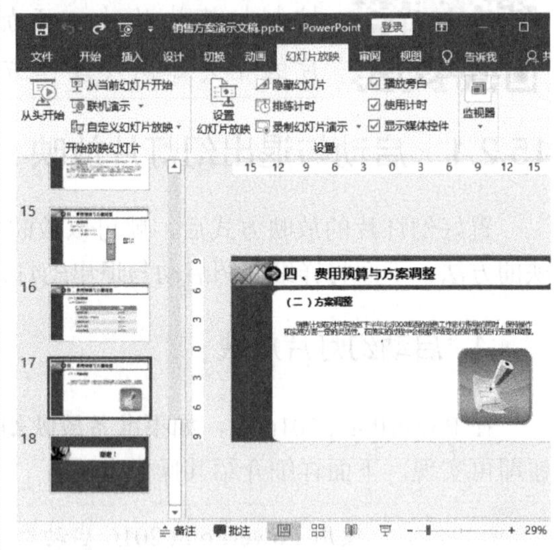

图 15-14

15.2.2 放映演示文稿中的过程控制

在播放演示文稿时，可以根据具体情境的不同，对幻灯片的放映进行控制，如播放上一张或下一张幻灯片、直接定位准备播放的幻灯片、放大以及查看所有幻灯片等操作。下面具体介绍控制幻灯片放映的操作方法。

step 1 ① 在幻灯片放映界面，使用鼠标右键单击任意位置，② 在弹出的快捷菜单中选择【下一张】菜单项，这样即可控制幻灯片的播放进度，如图 15-15 所示。

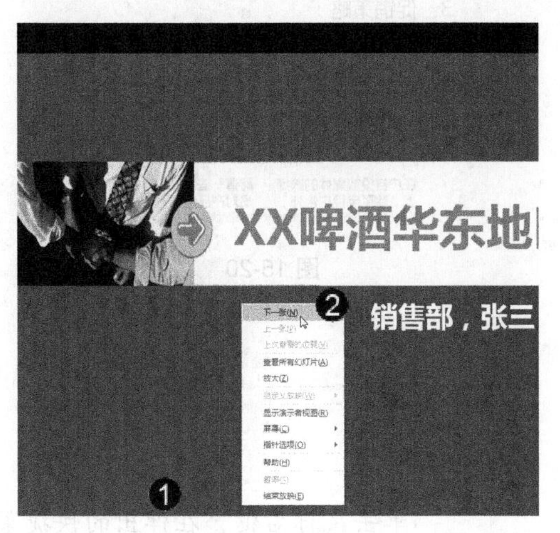

图 15-15

step 2 ① 使用鼠标右键单击任意位置，② 在弹出的快捷菜单中选择【上次查看的位置】菜单项，如图 15-16 所示。

图 15-16

step 3 即可切换到最近查看过的一张幻灯片，单击鼠标右键，在弹出的快捷菜单中选择【查看所有幻灯片】菜单项，如图 15-17 所示。

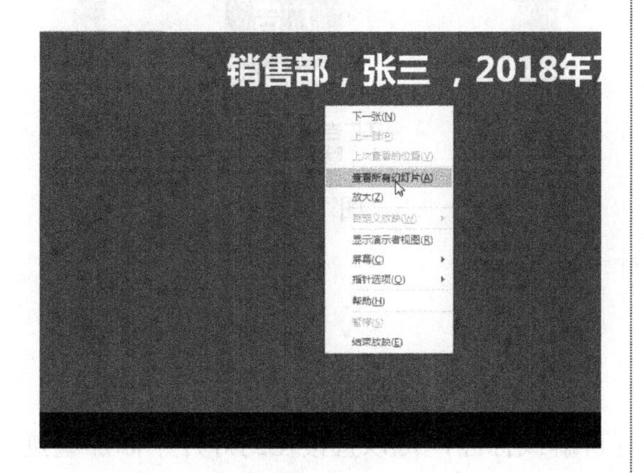

图 15-17

step 4 在垂直滚动条中单击并拖动鼠标，即可查看所有幻灯片，如图 15-18 所示。

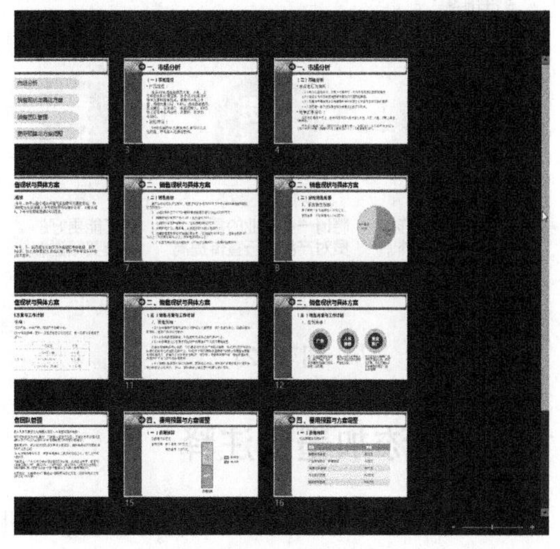

图 15-18

step 5 单击鼠标右键，在弹出的快捷菜单中选择【放大】菜单项，如图 15-19 所示。

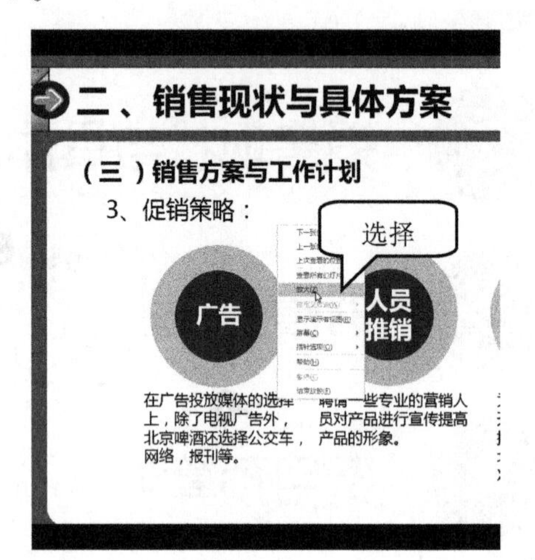

图 15-19

step 6 此时鼠标指针变成了放大镜，在要放大的位置单击，如图 15-20 所示。

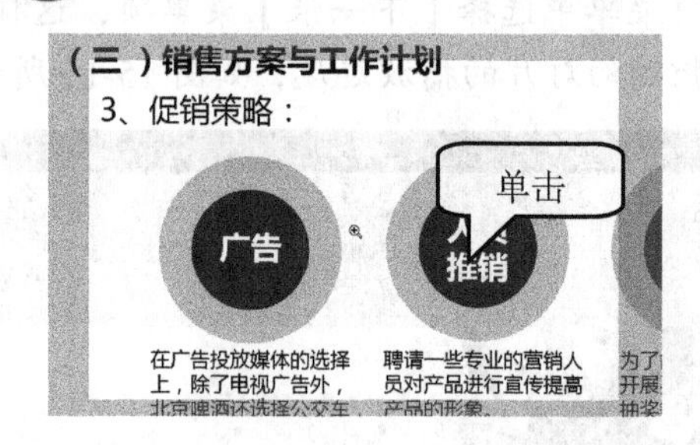

图 15-20

step 7 即可放大方形区域的内容，按键盘上的 Esc 键，即可恢复到正常放映状态，如图 15-21 所示。

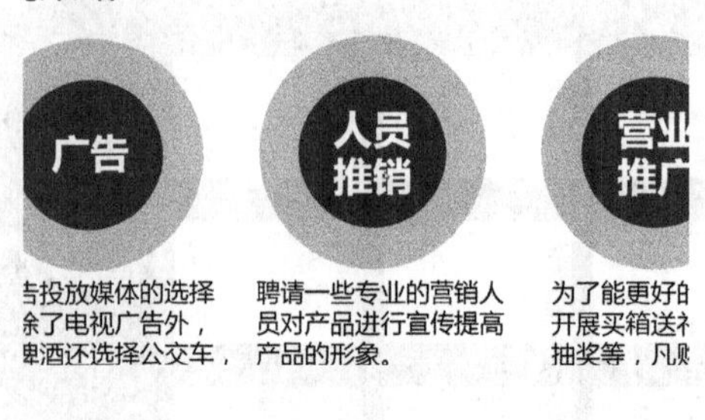

图 15-21

step 8 单击鼠标右键，在弹出的快捷菜单中选择【结束放映】菜单项，即可结束该幻灯片的放映操作，如图 15-22 所示。

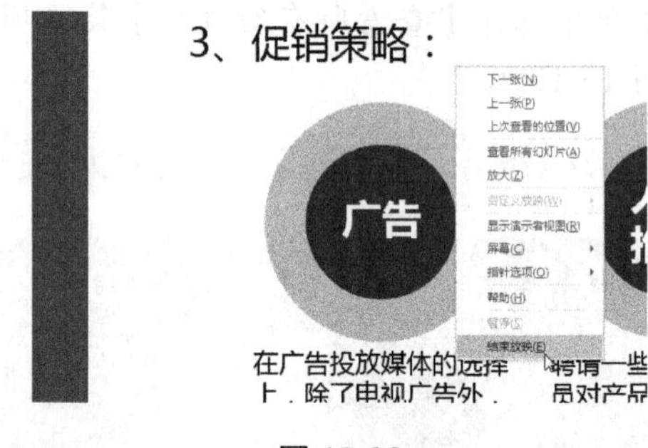

图 15-22

15.2.3　添加墨迹注释

在放映幻灯片时，如果需要对幻灯片进行讲解或标注，可以直接在幻灯片中添加墨迹注释，如圆圈、下画线、箭头或说明的文字等，用以强调要点或阐明关系。下面详细介绍添加墨迹注释的相关操作方法。

step 1 ① 在幻灯片放映界面，使用鼠标右键单击任意位置，② 在弹出的快捷菜单中选择【指针选项】菜单项，③ 在弹出的子菜单中选择准备使用的笔型，如选择【笔】菜单项，如图 15-23 所示。

step 2 在幻灯片页面拖动鼠标指针标注文字说明等内容，可以看到幻灯片页面上已经被添加了墨迹注释，如图 15-24 所示。

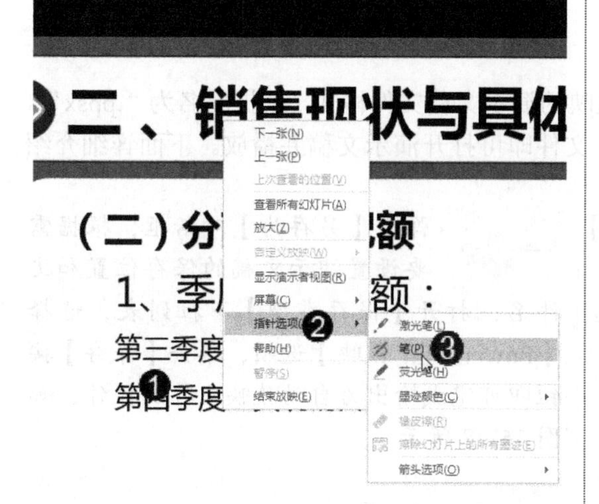

图 15-23

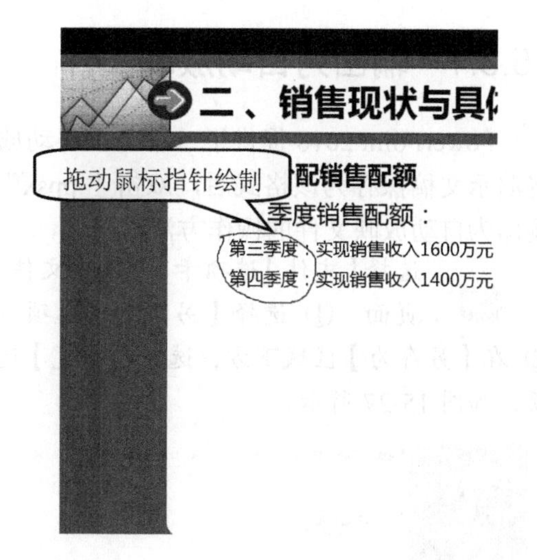

图 15-24

step 3 演示文稿标记完成后，可继续放映幻灯片，结束放映时，会弹出 Microsoft PowerPoint 对话框，询问用户是否保留墨迹注释，如果准备保留墨迹注释可以单击【保留】按钮，如图 15-25 所示。

step 4 返回到普通视图中，可以看到添加墨迹注释的效果，通过以上步骤即可完成在幻灯片中添加墨迹注释的操作，如图 15-26 所示。

二、销售现状与具体方案

（二）分配销售配额

1、季度销售配额：

第三季度：实现销售收入1600万元；

第四季度：实现销

单击

保留(K)　放弃(D)

图 15-25

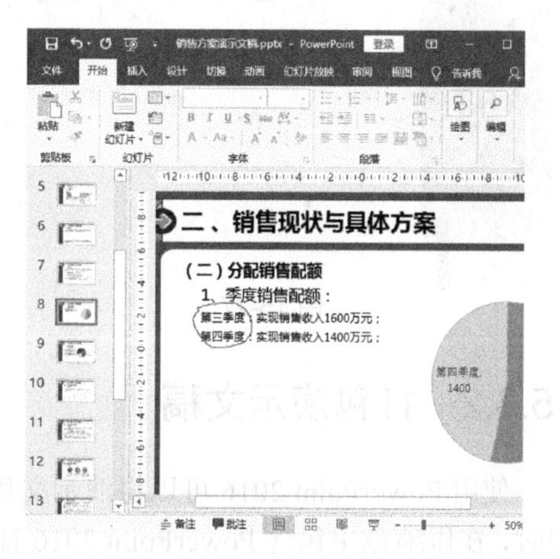

图 15-26

Section 15.3 输出与发布演示文稿

手机扫描下方二维码，观看本节视频课程

制作好演示文稿后，可以将其以各种形式保存和输出。例如，可以将其制作成视频文件，以便在其他的计算机中播放，也可以将演示文稿打包到别的计算机中播放。本节将详细介绍输出与发布演示文稿的相关知识及操作方法。

15.3.1 输出为自动放映文件

PowerPoint 2016 提供了一种可以自动放映的演示文稿文件格式，其扩展名为“.ppsx”。将演示文稿保存为该格式后，双击“.ppsx”文件即可打开演示文稿并播放。下面详细介绍输出为自动放映文件的操作方法。

step 1 选择【文件】选项卡，进入【文件】页面，① 选择【另存为】选项，② 在【另存为】区域下方，选择【浏览】选项，如图 15-27 所示。

图 15-27

step 2 弹出【另存为】对话框，根据需要设置演示文稿的保存位置和文件名，打开【保存类型】下拉列表，选择【PowerPoint 放映】选项，单击【保存】按钮即可完成输出为自动放映文件的操作，如图 15-28 所示。

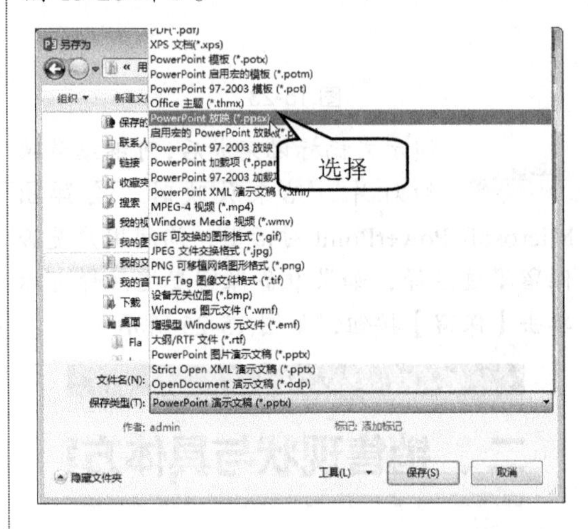

图 15-28

15.3.2 打包演示文稿

使用 PowerPoint 2016 可以将演示文稿压缩到可刻录 CD 光盘、优盘等移动存储设备上，同时，在压缩包中包含 PowerPoint 2016 播放器，这样即使在没有安装 PowerPoint 2016 的计算机中也能观看幻灯片，下面详细介绍其操作方法。

step 1 选择【文件】选项卡，进入【文件】页面，① 选择【导出】选项，② 选择【将演示文稿打包成 CD】选项，③ 单击【打包成 CD】按钮，如图 15-29 所示。

step 2 弹出【打包成 CD】对话框，① 在【将 CD 命名为】文本框中输入打包的名称，② 在【要复制的文件】列表框中选择准备打包的演示文稿，③ 单击【复制到文件夹】按钮，如图 15-30 所示。

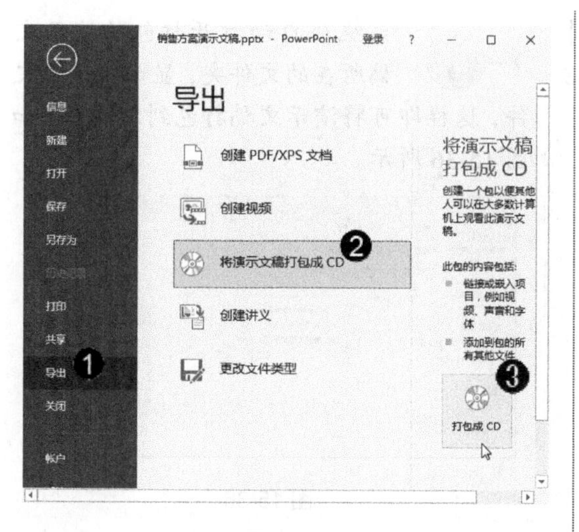

图 15-29

step 3 弹出【复制到文件夹】对话框，① 在【文件夹名称】文本框中输入使用的文件夹名，② 单击【浏览】按钮，如图 15-31 所示。

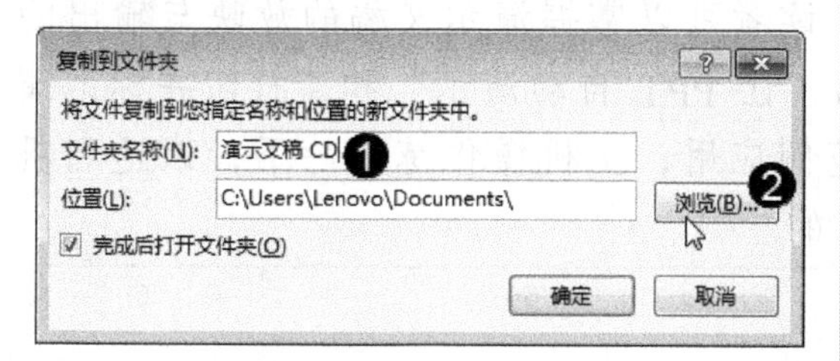

图 15-31

step 5 返回到【复制到文件夹】对话框，① 选中【完成后打开文件夹】复选框，② 单击【确定】按钮，如图 15-33 所示。

图 15-33

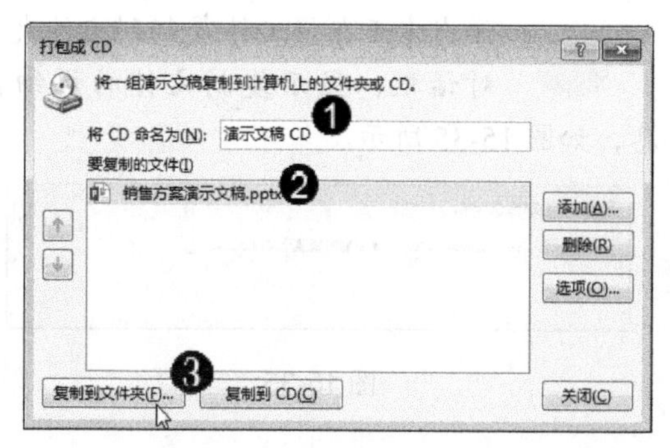

图 15-30

step 4 弹出【选择位置】对话框，① 选择打包文件准备保存的位置，② 选择准备保存打包文件的文件夹，③ 单击【选择】按钮，如图 15-32 所示。

图 15-32

step 6 弹出 Microsoft PowerPoint 对话框，提示“一个或多个演示文稿包含批注、修订或墨迹注释……是否要继续”，单击【继续】按钮，如图 15-34 所示。

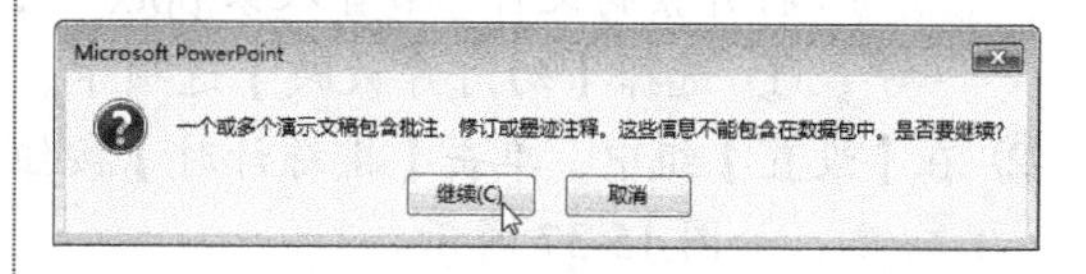

图 15-34

弹出【正在将文件复制到文件夹】对话框，显示复制文件的详细信息，如图 15-35 所示。

图 15-35

系统会自动打开打包的演示文稿所在的文件夹，显示打包的文件，这样即可将演示文稿打包到文件夹，如图 15-36 所示。

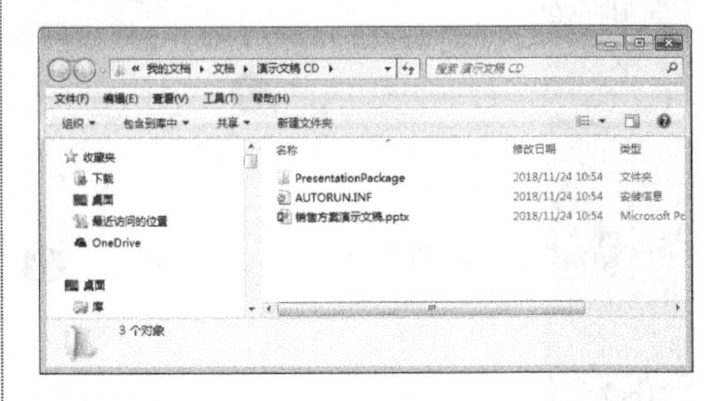

图 15-36

Section 15.4 范例应用与上机操作

手机扫描下方二维码，观看本节视频课程

通过本章的学习，读者可以掌握演示文稿的放映与输出的知识和操作。下面介绍“让 PPT 自动演示”和“打印并标记演示文稿为最终状态”范例应用，上机操作练习一下，以达到巩固学习、拓展提高的目的。

15.4.1 让 PPT 自动演示

如果演讲者是一位新手，本来就很紧张，再让他进行启动 PowerPoint、打开演示文稿、放映等一连串的操作，可能有点为难他。这时，就可以制作一个自动播放的 PPSX 演示文稿。下面详细介绍让 PPT 自动演示的操作方法。

素材文件 第 15 章\素材文件\书香人家.pptx
效果文件 第 15 章\效果文件\书香人家.ppsx

打开素材文件“书香人家.pptx ”，① 选择【幻灯片放映】选项卡，② 在【设置】组中，单击【排练计时】按钮 排练计时，如图 15-37 所示。

此时演示文稿切换到全屏模式下开始播放，并显示【预览】工具栏，① 单击【下一项】按钮，即可进入下一张幻灯片的计时，② 完成设置所有幻灯片计时后，单击【关闭】按钮，如图 15-38 所示。

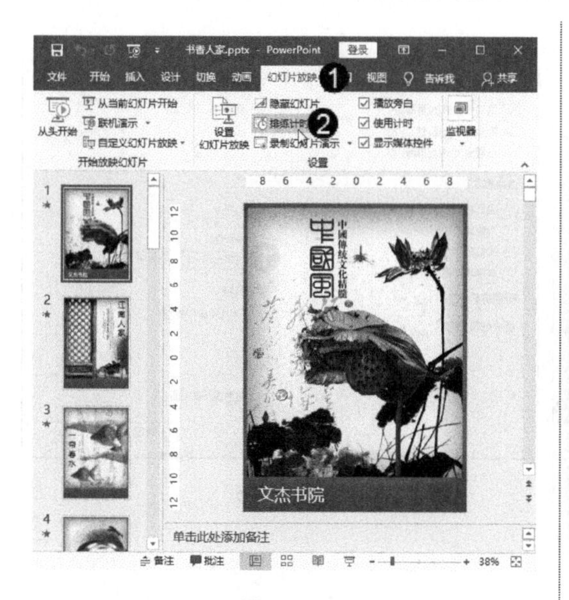

图 15-37

图 15-38

step 3 弹出提示对话框，单击【是】按钮，如图 15-39 所示。

图 15-39

step 4 进入幻灯片浏览视图，在每一张幻灯片下方将显示设置的持续时间，如图 15-40 所示。

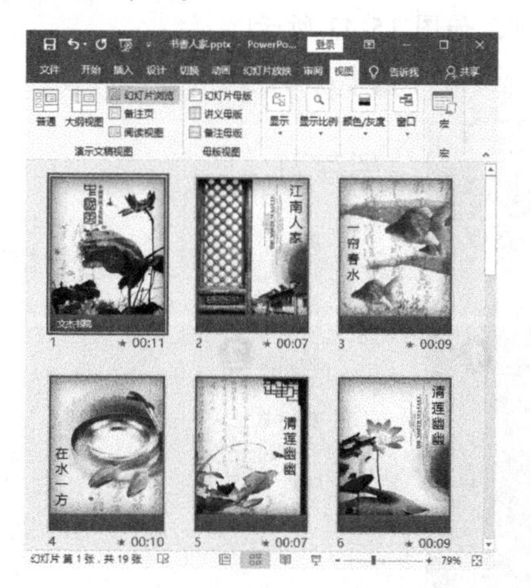

图 15-40

step 5 ① 选择【幻灯片放映】选项卡，② 在【设置】组中单击【设置幻灯片放映】按钮，如图 15-41 所示。

step 6 弹出【设置放映方式】对话框，① 在【推进幻灯片】区域下方，选中【如果出现计时，则使用它】单选按钮，② 单击【确定】按钮，如图 15-42 所示。

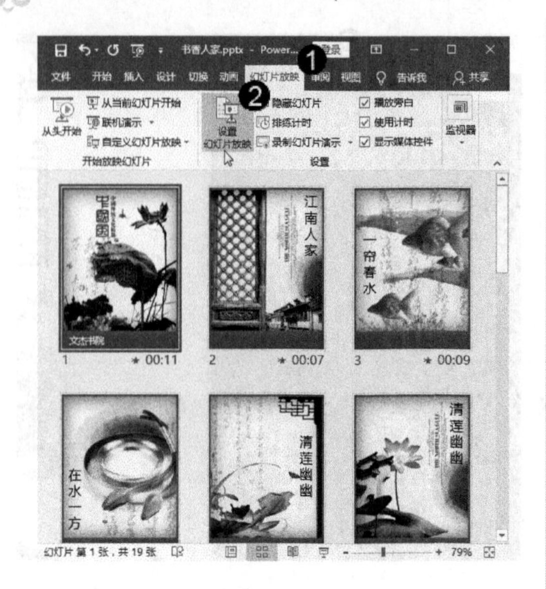

图 15-41

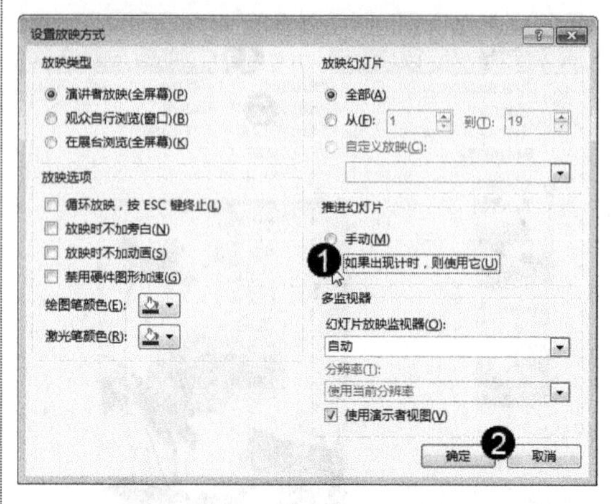

图 15-42

step 7 选择【文件】选项卡，进入【文件】页面，① 选择【另存为】选项，② 在【另存为】区域下方，双击【这台电脑】选项，如图 15-43 所示。

图 15-43

step 8 弹出【另存为】对话框，① 选择准备保存文件的目标位置，② 将保存类型设置为“PowerPoint 放映(*.ppsx)”，③ 单击【保存】按钮，如图 15-44 所示。

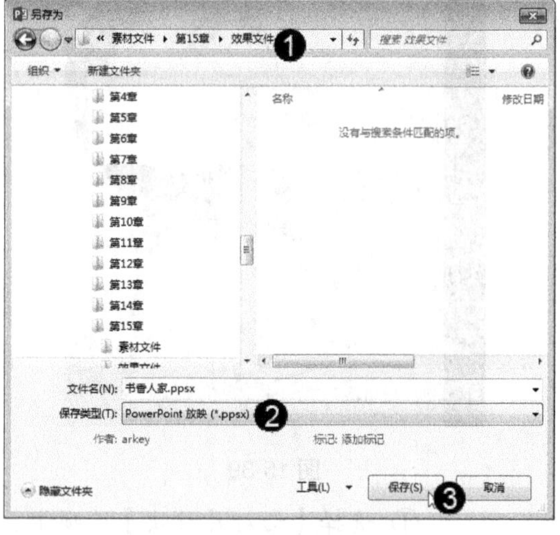

图 15-44

step 9 返回到用户刚刚设置的保存文件的位置，可以看到已经保存了一个文件名为“书香人家.ppsx”的文件，双击该文件，如图 15-45 所示。

图 15-45

可以看到，系统会根据用户设定的时间自动播放 PPT，通过以上步骤即可完成排练计时——让 PPT 自动演示的操作，如图 15-46 所示。

图 15-46

15.4.2 打印并标记演示文稿为最终状态

在编辑演示文稿的过程中，用户可以根据需要为演示文稿中的内容添加批注。在预览演示文稿效果且满意后，可以将其打印输出，为避免对编辑完成的演示文稿进行修改，用户可以将其标记为最终状态并进行保存。下面详细介绍其操作方法。

素材文件 第 15 章\素材文件\企业文化故事演讲.pptx
效果文件 第 15 章\效果文件\标记演示文稿为最终状态.pptx

step 1 打开素材文件“企业文化故事演讲.pptx”① 选择【审阅】选项卡，② 在【批注】组中单击【新建批注】按钮，如图 15-47 所示。

图 15-47

在幻灯片中插入批注，并在批注编辑框中输入相关内容，如图 15-48 所示。

图 15-48

step 3 完成批注的编辑后，可以看到在幻灯片中显示了批注标记，将鼠标指针放置在该标记的上方，会显示“单击显示批注窗格”信息，如图 15-49 所示。

图 15-49

step 4 完成演示文稿的编辑后，用户可以将其进行打印，选择【文件】选项卡，进入【文件】页面，① 选择【打印】选项，在此页面右侧可以看到打印预览情况，② 在【打印机】下拉列表框中选择准备使用的打印机，③ 在【设置】区域中，选择【打印全部幻灯片】选项，④ 用户还可以设置打印颜色，如图 15-50 所示。

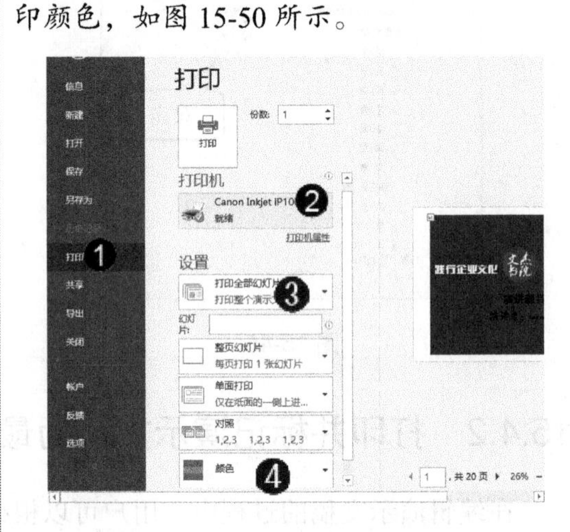

图 15-50

step 5 如果需要将制作完成的演示文稿保存为最终状态，以免再进行修改或编辑，则可以进行如下设置，① 选择【文件】选项卡，进入【文件】页面后，选择【信息】选项，② 单击【保护演示文稿】按钮，③ 在弹出的下拉列表中选择【标记为最终状态】选项，如图 15-51 所示。

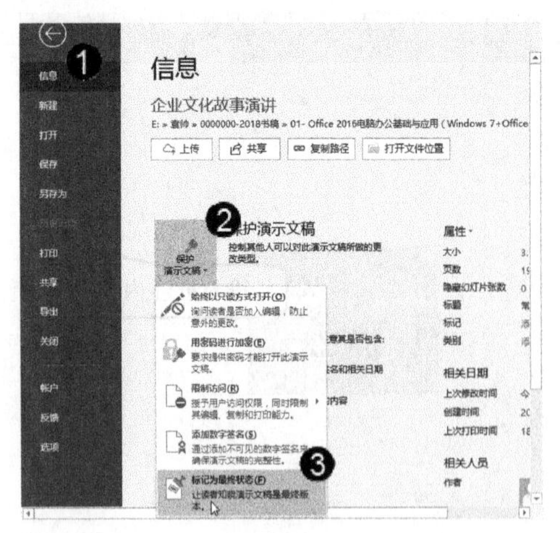

图 15-51

step 6 弹出提示对话框，询问用户是否确定将演示文稿标记为最终版本，单击【确定】按钮，如图 15-52 所示。

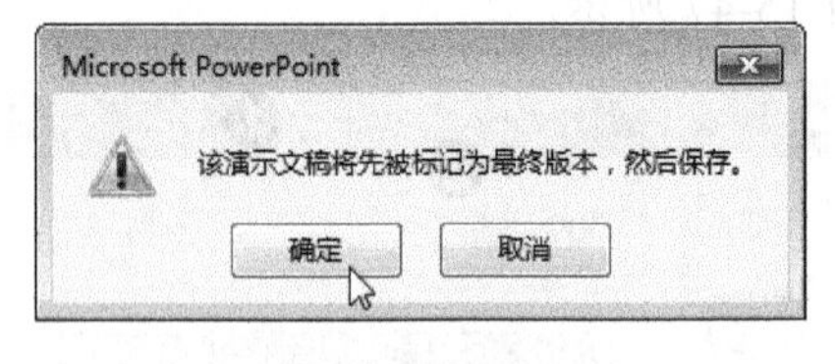

图 15-52

step 7 再次弹出提示对话框，提示用户此文档已被标记为最终状态，不能对文档进行编辑与修改，单击【确定】按钮，如图 15-53 所示。

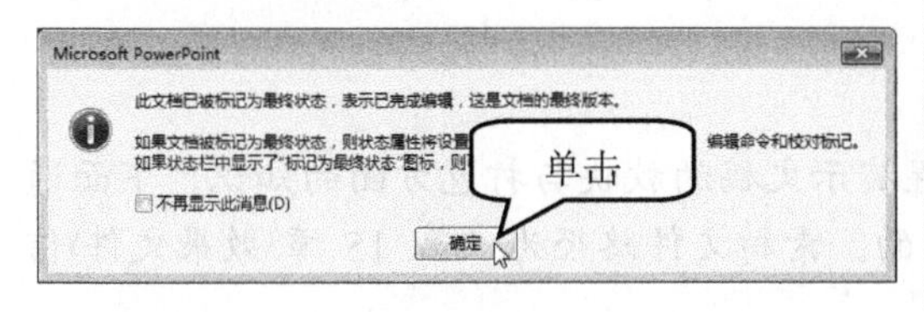

图 15-53

step 8 返回到 PowerPoint 2016 窗口，此时不能执行编辑或修改等相关操作，用户可以在窗口的上方看到提示信息“标记为最终状态……”，表示该文稿已被锁定，如图 15-54 所示。

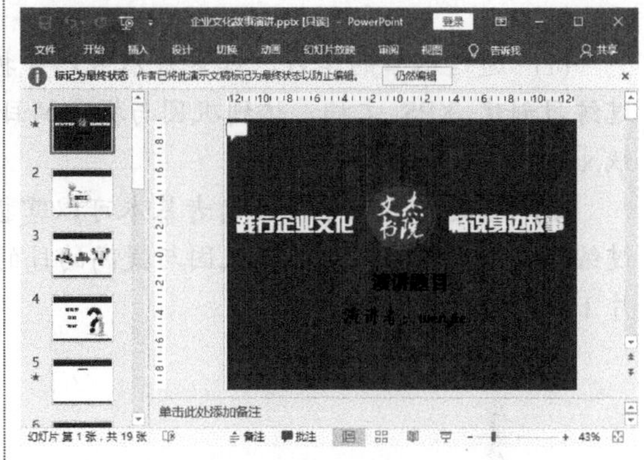

图 15-54

Section 15.5 课后练习与上机操作

本节内容无视频课程，习题参考答案在本书附录。

15.5.1 课后练习

1. 填空题

(1) 在放映幻灯片前，用户可以根据需要设置放映幻灯片的数量，如放映___幻灯片、放映____几张幻灯片等。

(2) 要让 PPT 自动演示必须首先设置__________，然后再放映幻灯片。

(3) 在放映幻灯片时，如果需要对幻灯片进行________或________，可以直接在幻灯片中添加墨迹注释，如圆圈、下画线、箭头或说明的文字等，用以强调要点或阐明关系。

(4) PowerPoint 2016 提供了一种可以______的演示文稿文件格式，其扩展名为“.ppsx”。将演示文稿保存为该格式后，双击“.ppsx”文件即可打开演示文稿并播放。

2. 判断题

(1) PowerPoint 2016 提供的排练计时功能，可以在全屏的方式下放映幻灯片，将每张幻灯片播放所用的时间记录下来，以便将其用于幻灯片的自动演示。 ( )

(2) 使用 PowerPoint 2016 可以将演示文稿压缩到可刻录 CD 光盘、优盘等移动存储设备上，同时，在压缩包中包含 PowerPoint 2016 播放器，这样即使在没有安装 PowerPoint 2016 的计算机中也能观看幻灯片。 ( )

(3) 使用 PowerPoint 2016，可以将演示文稿创建为一个全保真的视频文件，从而通过光盘、网络和电子邮件分发。 ( )

3. 思考题

(1) 如何放映指定的幻灯片？

(2) 如何使用排练计时放映？

15.5.2 上机操作

(1) 通过本章的学习，读者基本可以掌握演示文稿的放映与打包方面的知识。下面通过练习创建 XPS 文档，达到巩固与提高的目的。素材文件路径为“第 15 章\效果文件\信纸.xps”。

(2) 通过本章的学习，读者基本可以掌握演示文稿的放映与打包方面的知识。下面通过练习更改文件类型，达到巩固与提高的目的。素材文件路径为“第 15 章\效果文件\幻灯片 1.png 和幻灯片 2.png”。

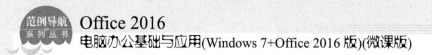

课后练习与上机操作答案

第1章

课后练习答案

1. 填空题

(1) 状态栏　　(2) 标题栏　　(3) 页面视图

(4) Web 版式视图　　(5) 草稿视图

2. 判断题

(1) 对　　(2) 错　　(3) 对　　(4) 对

3. 思考题

选择【开始】选项卡，在【编辑】选项组中单击【替换】按钮。

弹出【查找和替换】对话框，在【查找内容】下拉列表框中输入准备查找的文本，在【替换为】下拉列表框中输入准备替换的文本，单击【替换】按钮，即可完成替换文本的方法。

上机操作

(1) 创建一个空白文档，在文本框中输入请假条的相关内容，将光标停留在准备插入时间的文本处。单击【插入】选项卡中的【日期和时间】按钮，在弹出的【日期和时间】对话框中，选择准备插入的时间样式，单击【确定】按钮。返回到 Word 文档界面，将插入的“日期和时间”调整至合适位置。

(2) 打开 Word 2016 程序，选择【文件】选项卡，进入【文件】页面，选择【新建】选项，在【搜索框】下方的【建议的搜索】区域中，单击【简历和求职信】链接，进入【样板模板】界面，在【分类】区域下方，选择【简历和求职信】选项，单击左侧准备应用的简历模板，弹出该模板对话框，单击【创建】按钮，在文档文本框处，输入个人简历内容，这样即可完成创建个人简历的操作。

第2章

课后练习答案

1. 填空题

(1) 五号　　(2) 宋体　　(3) 上标、下标　　(4) 行距

(5) 段落间距　　(6) 首字下沉　　(7) 水印效果

2. 判断题

(1) 错　　(2) 对　　(3) 对　　(4) 错　　(5) 对

3. 思考题

(1) 选中准备设置首字下沉的段落文本，选择【插入】选项卡，在【文本】组中，单击【首字下沉】下拉按钮，在弹出的下拉列表中，选择准备应用的样式，如“下沉”，这样即可完成设置首字下沉的操作。

(2) 选择【设计】选项卡，在【页面背景】组中单击【页面边框】按钮，弹出【边框和底纹】对话框，单击【页面边框】选项卡，在【设置】区域中，选择【边框】选项，在【样式】区域中选择准备应用的样式，单击【确定】按钮。

返回到文档中，可以看到已经为文档页面添加了边框，这样即可完成设置页面边框的操作。

上机操作

(1) 打开素材文件，选中文档的主标题，选择【开始】选项卡，在【字体】组中单击【字体颜色】按钮，设置标题的字体颜色。

选择【页面布局】选项卡，在【页面背景】组中单击【页面颜色】按钮，设置文档页面颜色。

选择【页面布局】选项卡，在【页面背景】组中单击【页面边框】按钮，设置文档页面边框样式。

选中准备添加项目符号的段落文本，选择【开始】选项卡，在【段落】组中单击【项目符号】按钮，设置段落文本的项目符号样式，通过上述方法既可完成设计入党申请书的操作。

(2) 打开素材文件，选中准备设置分栏效果的段落文本，选择【页面布局】选项卡，在【页面设置】组中单击【分栏】下拉按钮，将文档设置成两栏排版效果。

选中准备设置首字下沉的段落文本，选择【插入】选项卡，在【文本】组中单击【首字下沉】下拉按钮，设置段落文本首字下沉的效果。

选中文档中全部的文本，打开【段落】对话框，选择【缩进和间距】选项卡，在【间距】区域中，在【行距】下拉列表框中选择【(1)5 倍行距】选项，将文档的行距设置为1.5 倍。

打开【水印】对话框，添加“自我鉴定”文字水印。通过上述方法即可完成设计大学生自我鉴定报告的操作。

第 3 章

课后练习答案

1. 填空题

(1) 格式　　(2) 文字　　(3) 对齐　　(4) 添加形状　　(5) 文本

2. 判断题

(1) 对　　　(2) 对　　　(3) 错

3. 思考题

(1) 双击准备进行旋转的图片，在【排列】组中单击【旋转对象】按钮，在展开的下拉列表中选择相应的选项。

(2) 选择【插入】选项卡，在【文本】组中单击【艺术字】下拉按钮，弹出【艺术字样式】下拉列表，在其中选择准备插入艺术字的样式，如选择“渐变填充；金色，主题色 4；边框；金色，主题色 4”。弹出一个文本框，在【请在此放置您的文字】区域中输入准备插入的艺术字文字，如输入“文杰书院”，这样即可完成插入艺术字的操作。

上机操作

(1) 首先插入一张边框图片；然后创建两个横版文本框，分别输入礼券和礼券相关内容；最后设置其中的文字字体和颜色即可。

(2) 选择【插入】选项卡，在【插图】组中单击【剪贴画】按钮。在窗口右侧弹出【剪贴画】窗格，在【搜索文字】文本框中输入“端午节”，然后单击【搜索】按钮。

在窗格下方显示所搜索的“端午节剪贴画”，双击准备使用的剪贴画，即可插入剪贴画；然后将剪贴画的大小调整至合适的大小；最后创建一个文本框，在其中输入端午节海报内容即可。

第 4 章

课后练习答案

1. 填空题

(1) 10 列 8 行　　　(2) 【插入表格】　　　(3) 小文档

(4) 一行　多个　　　(5) 边距　对齐方式

2. 判断题

(1) 对　　　(2) 对　　　(3) 错　　　(4) 对　　　(5) 对

3. 思考题

(1) 选择需要合并的连续单元格，选择【布局】选项卡，在【合并】组中单击【合并单元格】按钮。

(2) 选择需要拆分的单元格，选择【布局】选项卡，在【合并】组中单击【拆分单元格】按钮。弹出【拆分单元格】对话框，在列数和行数文本框中，输入要拆分的数值，单击【确定】按钮。

(3) 选择要应用内置样式的表格，选择【设计】选项卡，在【表格样式】组中单击【其他】下拉按钮。打开【快速样式】下拉列表，在其中选择一种内置的表格样式，如选择“网格表 4-着色 5”。可以看到选择的表格已经应用了内置的表格样式，这样即可完成自动套用表格样式的操作。

上机操作

(1) 打开素材文件“考勤素材.docx”。首先创建一个 3 行 2 列的表格，分别输入“雇员姓名”“职务”“雇员号码”“状态”“部门”和“主管”；然后再创建一个 7 行 6 列的表格，在表格上方分别输入“日期”“开始时间”“结束时间”“正常工作时数”“加班时数”和“总时数”；最后创建一个 2 行 2 列的表格，分别输入“雇员签名”“日期”“主管签名”“日期”即可完成创建考勤记录。

(2) 打开素材文件“顾客资料.docx”，创建一个 7 行 5 列的表格，将第一行表格选中并进行合并操作，然后编辑输入“基本数据”文字。在 2～6 行首个单元格中分别输入公司名称”“地址”“区域”“电话”“联络人”和“其他”。将第二行的第 2、3 个单元格合并；在第 4 个单元格中输入“负责人”。将第 3 行的 2～5 个单元格合并。将第 4 行的第 2、3 个单元格合并，在第 4 个单元格中输入“邮政编码”。在第 5 行第 3 个单元格中输入“传真”。在第 6 行第 3 个单元格中输入“职称”。将最后一行 2～5 个单元格合并。

最后选择整张表格，选择【设计】选项卡，在【表格样式】组中选择【浅色底纹-强调文字颜色 3】样式，即可完成制作顾客资料表格。

第 5 章

课后练习答案

1. 填空题

(1) 阅读版式　大纲　　(2) 模板

2. 判断题

(1) 对　　(2) 错

3. 思考题

(1) 选中需要应用样式的文本，选择【开始】选项卡，在【样式】组中选择准备应用的样式，如选择【样式 1】。

(2) 选择需要标注的位置，选择【引用】选项卡，在【脚注】组中，单击【插入脚注】按钮。输入脚注内容，如“论文摘要”。

上机操作

(1) 打开“三十六计.doc”文件，选择【页面布局】选项卡，单击【页面设置】组中【分栏】下拉按钮，在弹出的下拉列表中，选择【三栏】菜单项。

(2) 打开“念奴娇.docx”文档，将“标题”选中，单击【段落】组中的【启动器】按钮。弹出【段落】对话框，选择【缩进和间距】选项卡，将【大纲级别】调整为“1 级”，单击【确定】按钮。

第6章

课后练习答案

1. 填空题

(1) 注释　批注　　(2) 审阅窗格　批注　　(3) 题注

(4) 交叉引用　　(5) 图表目录　　(6) 分栏符

(7) 预览打印

2. 判断题

(1) 对　　(2) 对　　(3) 错　　(4) 对

3. 思考题

(1) 打开 Word 文档，选择【布局】选项卡，单击【页面设置】组中的【栏】下拉按钮，在弹出的下拉列表中，选择准备应用的分栏样式，如“两栏”。

(2) 打开准备打印的文档文件，单击【自定义快速访问工具栏】下拉按钮，在弹出的下拉列表中，选择【快速打印】选项。

在快速访问工具栏中显示新添加的【快速打印】按钮，单击此按钮，即可完成快速打印文档的操作。

上机操作

(1) 打开素材文档后，选择【视图】选项卡，在【文档视图】组中单击【页面视图】按钮。

选择【视图】选项卡，在【文档视图】组中单击【阅读版式视图】按钮。此时，Word 文档将以全屏阅读版式视图显示两个页面的文档。

选择【视图】选项卡，在【文档视图】组中单击【大纲视图】按钮。此时，Word 文档将以大纲视图显示文档。

(2) 打开已经添加修订信息的素材文档，选择【审阅】选项卡，在【修订】组中单击【显示标记】按钮，在弹出的下拉列表中，取消选中【设置格式】复选框。

在文档中，添加的带有格式修订的信息已经被隐藏，通过上述方法即可完成隐藏修订状态的操作。

选择【审阅】选项卡，在【更改】组中单击【接受】下拉按钮，在弹出的下拉列表中，选择【接受对文档的所有修订】选项。在文档中，添加的所有修订已经被接受。通过上述方法即可完成审阅《毕业感想》文档的操作。

第7章

课后练习答案

1. 填空题

(1) 标题栏　　(2) 【公式】　【数据】　　(3) 编辑栏
(4) 工作表编辑区　　(5) 状态栏　　(6) 移动工作表　复制工作表
(7) 行号　列标　　(8) 合并单元格

2. 判断题

(1) 对　　(2) 对　　(3) 错　　(4) 错　　(5) 对
(6) 对　　(7) 对

3. 思考题

(1) 在Excel 2016工作表界面，右键单击准备设置颜色的工作表标签，在弹出的快捷菜单中，选择【工作表标签颜色】菜单项，在弹出的子菜单中，选择准备应用的颜色。

(2) ① 使用鼠标右键单击准备隐藏的工作表标签，在弹出的快捷菜单中，选择【隐藏】菜单项。

② 使用鼠标右键单击任意的工作表标签，在弹出的快捷菜单中，选择【取消隐藏】菜单项。弹出【取消隐藏】对话框，在【取消隐藏工作表】列表框中，选择准备显示的工作表标签，单击【确定】按钮。

上机操作

(1) 打开Excel 2016程序，选择【文件】选项卡，选择【新建】选项，在【可用模板】区域中，选择【空白工作簿】选项，单击【创建】按钮，可以看到已经新建完成的空白工作簿，在编辑区单元格内分别输入准备应用的内容，例如学号、姓名、数学、语文、英语等，在编辑区内对应编号、姓名、文化程度、职位、联系电话和户口所在地等进行在职员工信息录入，这样即可完成新建学生学习成绩工作簿的操作。

(2) 在Excel 2016工作表界面，右键单击准备设置颜色的工作表标签“一年级”，在弹出的快捷菜单中，选择【工作表标签颜色】菜单项，在弹出的子菜单中，选择准备应用的颜色“蓝色”，返回工作簿界面，可以看到工作表标签“一年级”的颜色变成蓝色。

第8章

课后练习答案

1. 填空题

(1) 数值　忽略　　(2) 科学计数法　　(3) 右对齐

(4) am　pm　　　　　　(5) 单引号　　　　　　(6) 日期格式
(7) 0　空格　　　　　　(8) 填充柄

2. 判断题

(1) 对　　(2) 错　　(3) 对　　(4) 错　　(5) 对
(6) 对　　(7) 错

3. 思考题

(1) 打开素材表格，右键单击准备输入日期的单元格，如“E3”，在弹出的快捷菜单中，选择【设置单元格格式】菜单项。弹出【设置单元格格式】对话框，单击【数字】选项卡，在【分类】区域中，选择【日期】选项，在右侧【类型】下拉列表框中，选择准备应用的日期样式，单击【确定】按钮。

返回到工作簿中，在选中的单元格中输入数值，如“2018/10/1”，然后在键盘上按 Enter 键，确认输入的数值。

(2) ① 打开素材文件，选择准备设置数据有效性的单元格区域，如“F2:F8”。

② 在 Excel 2016 菜单栏中选择【数据】选项卡，在【数据工具】组中，单击【数据验证】下拉按钮，选择【数据验证】选项。弹出【数据验证】对话框，在【验证条件】区域中，单击【允许】下拉箭头，在弹出的下拉菜单项中，选择允许用户输入的值，如“整数”。显示【整数】设置，在【数据】下拉列表框中，选择【介于】菜单项，在【最小值】文本框中，输入允许用户输入的最小值，如“0”，在【最大值】文本框中，输入准备允许用户输入的最大值，如“10000”。

③ 选中单元格区域，单击【输入信息】选项卡，在【选定单元格时显示下列信息】区域中，单击【标题】文本框，输入准备输入的标题，如“允许的数值”，在【输入信息】文本框中，输入准备输入的信息，如“0～10000”。

④ 选中单元格区域，选择【出错警告】选项卡，在【样式】下拉列表框中，选择【警告】菜单项，在【标题】文本框中，输入准备输入的标题，如“信息不符”，在【错误信息】文本框中，输入准备输入的提示信息，如“对不起，您输入的信息不符合要求！”，单击【确定】按钮。

上机操作

(1) 打开素材表格，右键单击准备输入日期的单元格，如“B3”，在弹出的快捷菜单中，选择【设置单元格格式】菜单项。弹出【设置单元格格式】对话框，单击【数字】选项卡，在【分类】区域中，选择【日期】菜单项，在右侧【类型】下拉列表框中，选择准备应用的日期样式，单击【确定】按钮。

返回到工作簿中，在选中的单元格中输入数值，如“2013/03/01”，然后在键盘上按 Enter 键，确认输入的数值。

输入日期数据后，选择该单元格，将鼠标指针移向右下角，直至鼠标指针自动变为“十”形状。

拖动鼠标指针至准备填充的单元格行，可以看到准备填充的内容浮动显示在准备填充区域的右下角。

释放鼠标，用户可以看到准备填充的内容已经被填充至所需的单元格行中。

运用上述方法在 C 列指定的单元格区域中，输入日期数据，如“2013/03/31”，然后使用填充柄填充该数据。

通过上述方法即可完成制作计划表的操作。

(2) 打开素材文件，选择准备设置数据有效性的单元格，如“E5”。

在 Excel 2016 菜单栏中，单击【数据】选项卡，在【数据工具】组中单击【数据验证】按钮。弹出【数据验证】对话框，在【验证条件】区域中，在【允许】下拉列表框中选择【整数】选项。

显示【整数】设置，在【数据】下拉列表框中选择【介于】菜单项，在【最小值】文本框中输入准备允许用户输入的最小值，如“85”，在【最大值】文本框中输入准备允许用户输入的最大值，如“100”。

选中单元格区域，单击【输入信息】选项卡，在【选定单元格时显示下列信息】区域中，单击【标题】文本框，输入准备输入的标题，如“合格数”，在【输入信息】文本框中，输入准备输入的信息，如“85～100”。

选中单元格区域，选择【出错警告】选项卡，在【样式】下拉列表框中，选择【警告】选项，在【标题】文本框中输入准备输入的标题，如“超出范围”，在【错误信息】文本框中输入准备输入的提示信息，如“超出抽检数或未达到合格数”，单击【确定】按钮。

在 Excel 2016 工作表中，单击任意已设置数据有效性的单元格，会显示刚才设置输入信息的提示信息。

如果在已设置数据有效性的单元格中输入无效数据，如“84”，则 Excel 2016 会自动弹出警告提示信息，通过以上方法即可完成在素材“产品检测”中设置数据有效性的操作。

第 9 章

课后练习答案

1. 填空题

(1) 字段标题　　(2) 升序　降序　　(3) 多个条件排序
(4) 简单分类汇总　　(5) 高级分类汇总　两种　　(6) 自定义序列

2. 判断题

(1) 对　　(2) 错　　(3) 对　　(4) 对　　(5) 错

3. 思考题

(1) 打开一个 Excel 表格数据文件，单击数据列表任意单元格，然后依次按键盘上的 Alt 键、D 键和 O 键，即可弹出数据列表对话框，单击【新建】按钮。在空白的文本框中输入相关信息，可以用 Tab 键来切换，输入完成后按 Enter 键或【关闭】按钮即可完成使用“记录单”添加数据的操作。

(2) 选择准备排序的列中的任意单元格，选择【数据】选项卡，在【排序】组中单击【排序】按钮。弹出【排序】对话框，在列表框中将【主要关键字】设为要排序的列标题，打开【次序】下拉列表，选择【自定义序列】选项。

弹出【自定义序列】对话框，在【输入序列】栏中输入需要的序列，单击【添加】按

钮，单击【确定】按钮保存自定义序列的设置。

返回【排序】对话框，打开【次序】下拉列表，选择刚刚设置的自定义序列，单击【确定】按钮。

返回到工作表中，即可查看到数据列表已经按照自定义序列排序，这样即可完成自定义排序的操作。

(3) 在工作表的任意空白单元格处，分别输入准备进行高级筛选的条件。

选择条件区域中任意一个单元格，选择【数据】选项卡，在【排序和筛选】组中，单击【高级】按钮。弹出【高级筛选】对话框，单击【列表区域】的折叠按钮，将准备进行高级筛选的条件区域全部选中。

单击【条件区域】的折叠按钮，选中工作表中高级筛选条件区域。

条件区域选择完成后，单击【高级筛选】对话框中的【确定】按钮。

上机操作

(1) 打开"员工住房津贴以及医疗保险.xlsx" 文件，选择 D 列，选择【数据】选项卡，单击【排序和筛选】组中的【升序】按钮，弹出【排序提醒】对话框，选中【扩展选定区域】单选按钮，单击【排序】按钮，可以看到 D 列的数据已经按照升序排列。

(2) 打开"出库单.xlsx" 文件，选择 C 列，选择【开始】选项卡，单击【样式】组中的【条件格式】下拉按钮，在弹出的下拉列表中，选择【突出显示单元格规则】选项，在弹出的子列表中，选择【大于】子选项，弹出【大于】对话框，在【为大于以下值的单元格设置格式】文本框中，输入"200"，单击【确定】按钮，返回到工作表界面，可以看到所有大于 200 的数值已经被突出显示出来。

第 10 章

课后练习答案

1. 填空题

(1) 公式　=　　(2) 返回值　　(3) 函数　常量
(4) 算术运算符　　(5) 比较运算符　　(6) 运算优先级
(7) 语法　次序　　(8) R1C1　　(9) 位置　绝对引用
(10) 公式　　(11) 数据库函数　数学和三角函数
(12) 插入函数

2. 判断题

(1) 对　(2) 对　(3) 错　(4) 对　(5) 错　(6) 对
(7) 错　(8) 错　(9) 对　(10) 对　(11) 错　(12) 对

3. 思考题

(1) 同时打开【工作簿 1】和【引用数据】工作簿，在【工作簿 1】的 Sheet1 工作表中选中 B2 单元格，输入"="。

切换到【引用数据】工作簿的 Sheet1 工作表，选中要引用的单元格，如 D2 单元格。

此时按键盘上的 Enter 键，即可实现跨工作簿的单元格引用，“工作簿 1”的 Sheet1 工作表的 B2 单元格中引用“引用数据”工作簿 Sheet1 工作表中的 D2 单元格。

(2) 选中准备输入函数的单元格，选择【公式】选项卡，单击【函数库】组中的【插入函数】按钮。弹出【插入函数】对话框，在【选择函数】列表框中选择准备应用的函数，例如 SUM，单击【确定】按钮。弹出【函数参数】对话框，在 SUM 区域中，单击 Number1 文本框右侧的【压缩】按钮。

返回到工作表界面，在工作表中选中准备求和的单元格区域，单击【函数参数】对话框右侧的【展开】按钮。

返回到【函数参数】对话框，可以看到在 Number1 文本框中已经选好了公式计算区域，单击【确定】按钮。

返回到工作表中，可以看到选中的单元格已经计算出了结果，并且在编辑栏中已经输入了函数，通过以上方法，即可完成通过【插入函数】对话框输入函数的操作。

上机操作

(1) 打开“家庭开支.xlsx”文件，选择 C10 单元格，在窗口编辑栏中输入公式“=B4+B5+B6+B7+B8+B9”，单击【输入】按钮，此时在选中的单元格中，系统会自动计算出结果，这样即可创建完成家庭开支工作表。

(2) 打开“电话簿.xlsx”文件，选择 D4 单元格，在窗口编辑栏中输入公式“=REPLACE (C4,1,5,"0417-8")”，并按键盘上的 Enter 键，即可将原来的电话号码升级为“0417-845xxxxx”，选中 D4 单元格，向下拖动复制公式，即可快速将余下的电话号码升级。

第 11 章

课后练习答案

1. 填空题

(1) 图表　(2) 柱形图　垂直轴　(3) 折线图
(4) 饼图　(5) 条形图　(6) 面积图
(7) 散点图　(8) 股价　科学数据　(9) 俯视框架曲面图　三维曲面图
(10) 雷达图　(11) 层级　矩形　(12) 箱形图
(13) 图表区　数据系列　(14) 迷你图

2. 判断题

(1) 对　(2) 错　(3) 对　(4) 对　(5) 错
(6) 对　(7) 错　(8) 对　(9) 错

3. 思考题

(1) 将光标指向控制点，当鼠标指针变为双向箭头形状时，按住鼠标左键并拖动即可调整图表的大小。

将光标指向图表的空白区域，当鼠标指针变为十字带箭头形状时，按住鼠标左键并拖动到目标位置，然后释放鼠标左键即可。

(2) 打开已经创建图表的素材表格，选中准备更改图表类型的图表，选择【设计】选项卡，在【类型】组中，单击【更改图表类型】按钮。弹出【更改图表类型】对话框，选择准备更改的图表样式，如“面积图”，在右侧【面积图】区域，选择准备应用的图表样式，单击【确定】按钮。

(3) 打开素材文件，单击任意一个单元格，如“D2 单元格”，选择【插入】选项卡，单击【表格】组中的【数据透视表】按钮。弹出【创建数据透视表】对话框，在【选择放置数据透视表的位置】区域中，选中【新工作表】单选按钮，单击【确定】按钮。

弹出【数据透视表字段】窗格，在【选择要添加到报表的字段】区域下方，选中准备添加字段的复选框，单击【关闭】按钮。

可以看到在工作簿中新建一个工作表，并创建了一个数据透视表，这样即可完成在 Excel 2016 工作表中创建数据透视表的操作。

上机操作

(1) 打开素材表格，选中准备创建图表的数据区域，选择【插入】选项卡，在【图表】组中，单击【创建图表】启动器按钮。

弹出【插入图表】对话框，选择准备插入的图表样式，如“条形图”，在右侧【条形图】区域，程序自动推荐合适的图表样式，单击【确定】按钮。

选中准备更改图表布局的图表，选择【设计】选项卡，在【更改图表布局】组中，单击【快速布局】下拉按钮，在弹出的【图表布局样式库】中，选择准备应用的布局样式，将图表设置成指定的布局样式。

(2) 打开素材表格，选择准备插入迷你图数据系列的单元格区域，如 A14:J14，选择【插入】选项卡，在【迷你图】组中单击【柱形图】按钮。

弹出【创建迷你图】对话框，在【选择放置迷你图的位置】区域，选择【位置范围】区域右侧的折叠按钮。

返回到 Excel 工作表中，选择准备创建迷你图的单元格区域，如 A17:J17，单击【创建迷你图】对话框右侧的折叠按钮。

返回到【创建迷你图】对话框中，单击【确定】按钮。

返回到 Excel 2016 工作表中，迷你图已经创建完成。

第 12 章

课后练习答案

1. 填空题

(1) 幻灯片浏览　阅读视图　　(2) 普通视图　　(3) 幻灯片　大纲

(4) 幻灯片放映视图　　(5) 占位符

2. 判断题

(1) 对　(2) 错　(3) 错　(4) 对

3. 思考题

(1) 选择准备新建幻灯片的位置，选择【开始】选项卡，在【幻灯片】组中，单击【新建幻灯片】按钮，在弹出的下拉列表中，选择准备新建的幻灯片样式。可以看到在幻灯片窗格中，插入了一个新的幻灯片，通过以上步骤即可完成新建幻灯片的操作。

(2) 打开素材文件后，选择【设计】选项卡，在【主题】组中，在【主题】列表框中，选择准备应用的默认主题。

上机操作

(1) 打开素材文件“文本框样式.pptx”，选择准备设置样式的文本框，选择【格式】选项卡，单击【形状样式】组中的【其他】下拉按钮，弹出【其他主题填充】下拉列表，在其中选择准备应用的文本框样式，即可完成设置文本框样式的操作。

(2) 打开素材文件“楼盘简介(1)pptx”，切换到【设计】选项卡，在【主题】组中打开主题下拉列表，在其中选择要应用的主题，如选择“离子会议室”选项。

可以看到演示文稿中应用了该主题样式，在【设计】选项卡的【变体】组中打开变体下拉列表，在其中展开【颜色】子选项，根据需要选择一种变体颜色方案，如选择“蓝色暖调”，这样即可完成编辑楼盘简介演示文稿的操作。

第13章

课后练习答案

1. 填空题

(1) 预设　(2) 【音频工具/播放】

2. 判断题

(1) 对　(2) 错

3. 思考题

(1) 启动 PowerPoint 2016，打开素材文件，选择【插入】选项卡，在【插图】组中单击【形状】按钮，在弹出的下拉列表中选择准备绘制的图形。

鼠标指针变为十字形状，在准备绘制图形的区域拖动鼠标，调整准备绘制的图形的大小和样式，确认无误后释放鼠标左键完成操作。

(2) 启动 PowerPoint 2016，选择【插入】选项卡，在【文本】组中单击【艺术字】下拉按钮，在弹出的艺术字库中，选择准备使用的艺术字样式。

插入默认文字内容为“请在此放置您的文字”的艺术字，用户选择适用的输入法，在其中输入内容，通过上述方法即可完成插入艺术字的操作。

上机操作

(1) 打开素材后，选择第一张幻灯片，选择【插入】选项卡，在【文本】组中，单击【艺术字】按钮，在弹出的艺术字库中，选择准备使用的艺术字样式。

插入默认文字内容为“请在此放置您的文字”的艺术字，用户选择适用的输入法，在其中输入内容，如“毕业论文答辩 PPT 模板”，这样可以设置演示文稿的主标题。

选择第二张幻灯片，运用上述方法插入“目录”“引言”“总体概述”“总体方案设计”“主要的设计实施过程”和“结论”等艺术字。

选择【插入】选项卡，在【插图】组中单击【形状】按钮，在弹出的下拉列表中，选择准备绘制的图形，如“菱形”。

鼠标指针变为十字形状后，在准备绘制图形的区域拖动鼠标，调整准备绘制的图形的大小和样式，确认无误后释放鼠标左键，绘制多个菱形图形。

调整菱形的位置和大小后，选择【格式】选项卡，在【形状样式】组中单击【形状填充】按钮，在弹出的下拉列表中，选择准备应用的形状颜色。

选择【插入】选项卡，在【文本】组中单击【文本框】下拉按钮，在弹出的下拉列表中，选择准备应用的文本框的文字方向，如选择“横排文本框”选项。

当鼠标指针变为“┼”形状时，在幻灯片中的菱形位置处拖动鼠标即可创建一个空白的文本框，选择合适的输入法，直接在文本框中输入文字，如“1”。

运用相同的操作方法，在其他菱形位置处插入文本框并输入文本，如“2”“3”“4”和“5”。

选择第三张幻灯片，然后运用插入艺术字的方法插入“结束”艺术字。

通过上述方法即可完成制作“毕业论文答辩 PPT 模板”的操作。

(2) 打开素材后，选择第一张幻灯片，在文本框中输入标题名称，如“个人总结模板”。

选择第二张幻灯片，在【添加标题】文本框中输入标题名称，如“个人总结要点”。

在【点击添加内容】文本框中输入文本内容，如“工作心得”和“个人汇报”。

选择第三张幻灯片，在【添加标题】文本框中，输入正文内容，然后调整文本内容的字号、字体及字体颜色等。

输入文本后，选择【插入】选项卡，在【图像】组中单击【图片】按钮。弹出【插入图片】对话框，选择准备插入图片的所在路径，单击准备插入的图片，确认无误后，单击【插入】按钮，插入准备使用的图片。

选择第四张幻灯片，选择【插入】选项卡，在【媒体】组中单击【音频】下拉按钮，在弹出的下拉列表中，选择【文件中的音频】选项。

弹出【插入音频】对话框，选择准备插入音频的所在路径，单击准备插入的音频，确认无误后，单击【插入】按钮，插入准备应用的音频文件。

保存演示文稿，通过上述方法即可完成制作个人总结模板的操作。

第 14 章

课后练习答案

1. 填空题

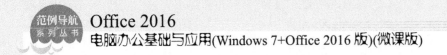

(1) 幻灯片切换　　(2) 单击鼠标时　定时　　(3) 【动画窗格】

(4) 路径　　(5) 自定义　　(6) 超链接　指定

2. 判断题

(1) 对　(2) 错　(3) 对　(4) 对　(5) 错

3. 思考题

(1) 打开准备添加幻灯片切换效果的演示文稿文件，选择准备设置切换效果的幻灯片，选择【切换】选项卡，在【切换到此幻灯片】组中，选择准备应用的切换效果。

设置完成后，在左侧幻灯片区中该幻灯片左侧会出现一个星号标记，单击【预览】组中的【预览】按钮，即可查看该幻灯片的切换效果。

(2) 打开准备添加动画方案的演示文稿文件，选择准备设置动画方案的幻灯片，选择【动画】选项卡，选中幻灯片中准备设置动画的文字，使其转换为可编辑状态，选择【动画】组中准备应用的动画方案。

设置完成后，在左侧幻灯片区中该幻灯片左侧会出现一个星号标记，单击【预览】组中的【预览】按钮，即可查看该幻灯片中文字的动画效果。

上机操作

(1) 打开效果文件“座位表.pptx”，选择准备设置切换声音效果的幻灯片，选择【切换】选项卡，在【计时】组中，单击【声音】下拉按钮，在弹出的下拉列表中，选择准备应用的音效选项，设置完成后，单击【预览】组中的【预览】按钮，即可查看该幻灯片的切换声音效果，保存该演示文稿即可完成设置切换幻灯片声音的操作。

(2) 打开效果文件“绿茶简介.pptx”，选择准备添加动画效果的幻灯片，选择【动画】选项卡，在【高级动画】组中单击【动画窗格】按钮，弹出【动画窗格】，选择准备添加动画的文本，使其变为可编辑状态，单击【高级动画】组中的【添加动画】下拉按钮 ，在弹出的下拉列表中，选择准备应用的动画样式，将所有准备添加动画效果的文本全部添加完成后，单击【播放】按钮，保存该演示文稿即可完成添加动画效果的操作。

第 15 章

课后练习答案

1. 填空题

(1) 全部　连续　　(2) 【排练计时】　　(3) 讲解　标注

(4) 自动放映

2. 判断题

(1) 对　　(2) 错　　(3) 对

3. 思考题

(1) 打开【设置放映方式】对话框后，在【放映幻灯片】区域，默认选中【全部】单选按钮，在放映演示文稿时即可放映全部幻灯片。

如果在【放映幻灯片】区域中，选中【从】单选按钮，然后将幻灯片数量设置为“从 1 到 10”，设置完毕后单击【确定】按钮，放映演示文稿时，就会放映指定的 1 到 10 张幻灯片。

(2) 选择【幻灯片放映】选项卡，在【设置】组中，单击【排练计时】按钮。

此时演示文稿切换到全屏模式下开始播放，并显示【预览】工具栏，单击【下一项】按钮，即可进入下一张幻灯片的计时，完成设置所有幻灯片计时后，单击【关闭】按钮。

弹出提示对话框，单击【是】按钮。

进入幻灯片的浏览视图，在每一张幻灯片下方将显示设置的持续时间，这样即可完成设置排练计时的操作。

上机操作

(1) 打开素材文件“信纸.pptx”，选择【文件】选项卡，选择【保存并发送】选项， 选择【创建 PDF/XPS 文档】选项，单击【创建 PDF/XPS】按钮。

弹出【另存为】对话框， 在【保存类型】下拉列表框中选择 XPS 类型，选中【发布后打开文件】复选框，单击【发布】按钮。

弹出【正在发布】对话框，显示发布进度。系统自动打开保存的 XPS 文档，通过以上步骤即可完成创建 XPS 文档的操作。

(2) 打开素材文件“蝴蝶.pptx”，选择【文件】选项卡，在 Backstage 视图中，选择【保存并发送】选项，在文件类型区域下方，选择【更改文件类型】选项，在【图片文件类型】区域下方，选择【JPEG 文件交换格式】选项，单击【另存为】按钮。

弹出【另存为】对话框，选择文件准备保存的位置，在【文件名】下拉列表框中输入准备保存文件的名称，单击【保存】按钮。

弹出 Microsoft PowerPoint 对话框，提示导出演示文稿中的所有幻灯片还是只导出当前幻灯片信息，单击【每张幻灯片】按钮。

弹出对话框，提示保存完成信息，单击【确定】按钮，即可完成更改文件类型的操作。